高等学校计算机专业规划教材

离散数学及应用

（第2版）

刘 铎 编著

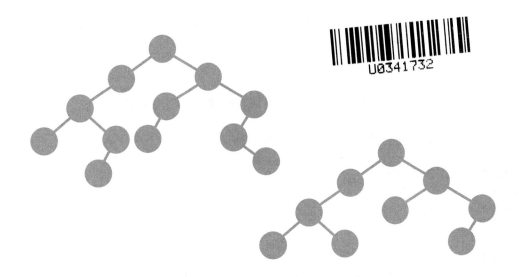

清华大学出版社
北京

内 容 简 介

离散数学是现代数学的一个重要分支，是计算机专业和软件工程专业的基础主干课程，是进一步学习后续课程以及进行研究和开发的基础。本书根据作者多年教学经验编写而成，着重讲解离散数学的基本概念、基本方法及其应用，给出了大量的典型例题和习题，以及若干综合专题、应用案例和实验项目。全书共 10 章，内容包括朴素集合论、数论基础、计数基础、命题逻辑、谓词逻辑、二元关系、函数、偏序关系与格、代数结构、图论与树、形式语言、自动机与正则表达式等。附录给出综合性研讨专题、综合实验、名词中英文对照表等。

本书结构紧凑，内容精炼，体系严谨，语言流畅，讲解详细，可作为高等院校计算机或软件工程专业本科生的"离散数学"课程教材，也可供其他专业学生和科技人员阅读参考。

图书在版编目（CIP）数据

离散数学及应用 / 刘铎编著. —2 版. —北京：清华大学出版社，2018（2021.12 重印）
（高等学校计算机专业规划教材）
ISBN 978-7-302-49663-2

Ⅰ．①离…　Ⅱ．①刘…　Ⅲ．①离散数学 – 高等学校 – 教材　Ⅳ．①O158

中国版本图书馆 CIP 数据核字（2018）第 033864 号

责任编辑：龙启铭　战晓雷
封面设计：何凤霞
责任校对：梁　毅
责任印制：宋　林

出版发行：清华大学出版社
　　　　　网　　　　　址：http://www.tup.com.cn, http://www.wqbook.com
　　　　　地　　　　　址：北京清华大学学研大厦 A 座　　　　邮　　编：100084
　　　　　社　总　机：010-62770175　　　　　　　　　　　　邮　购：010-83470235
　　　　　投稿与读者服务：010-62776969，c-service@tup.tsinghua.edu.cn
　　　　　质　量　反　馈：010-62772015，zhiliang@tup.tsinghua.edu.cn
　　　　　课　件　下　载：http://www.tup.com.cn, 010-83470236
印　装　者：三河市龙大印装有限公司
经　　销：全国新华书店
开　　本：185mm×260mm　　　印　　张：31　　　字　　数：734 千字
版　　次：2012 年 6 月第 1 版　　2018 年 9 月第 2 版　　印　　次：2021 年 12 月第 7 次印刷
定　　价：59.00 元

产品编号：072203-01

第2版前言

自本书第 1 版出版以来，作者收到了来自使用本书的师生的众多反馈，而作者在使用本书的过程中也发现了一些问题，特别是作者目前正在进行"离散数学"课程的 MOOC 建设及实施，这些因素都促使作者进行了第 2 版的编写工作。

第 2 版对各章都进行了一些文字与内容的调整，特别是在正文中讲授知识点时补充了一些简单的应用示例，并增补了一定数量的习题，对部分较难的习题增加了必要的提示。

此外，较大的变化如下：

- 第 4 章增加了"相容关系与集合的覆盖"一节。
- 第 6 章增加了"信息流的格模型"一节。
- 第 8 章增加了点支配、点独立、点覆盖、匹配、边覆盖、网络与流等内容。
- 增加了第 10 章"形式语言、自动机与正则表达式"。
- 增加了附录 A"综合性研讨专题"，可供师生课后阅读和开展研讨使用。
- 附录 B"课程综合实验"增加了三个实验。
- 增加了附录 E"Prolog 语言与逻辑推理"，介绍了逻辑编程语言 Prolog 的基本概念、基本语法以及简单示例。

感谢北京交通大学重点教学改革和建设项目"软件工程专业课程群基于慕课的教学改革研究与实践"对本书出版的支持。感谢清华大学出版社各位编辑为本书的出版所做的细致工作。

在作者完成书稿的过程中，家人和朋友给予了作者很多帮助和大力支持，作者在此深表感谢。

由于水平所限，书中难免有不妥或错误之处，恳请广大读者批评指正，可随时与作者联系（liuduo@bjtu.edu.cn）。

作 者
2018 年 5 月

第1版前言

离散数学是现代数学的一个重要分支,是计算机专业和软件工程专业的基础主干课程,主要包含集合论、数理逻辑、图论和代数结构4部分基本内容,研究离散对象的结构、规律及相互关系。它在数据结构、操作系统、软件工程、数据库原理、计算机网络、人工智能、编译原理、软件设计形式化、信息安全等领域都有广泛的应用。并且该课程对于培养、训练和提高学生的问题抽象能力、逻辑推理能力、利用离散数学模型分析和解决实际应用问题的能力都有非常重要的作用,可以为学生进一步学习后续课程以及进行或参与创新性的研究和开发工作打下坚实基础。

本书的特点是着重讲解基本概念、基本方法及其应用,尽可能减少需要记忆的内容。除严谨系统的理论阐述和细致详尽的内容讲解外,本书给出了大量的典型例题、丰富的应用实例和难易程度不同的大量习题,而且还设计了几个综合的应用案例和实验项目,学生可以利用这些内容加深对基本内容的理解和掌握,更可以动手体会分析问题和解决问题的过程,提高学习的兴趣和效果。

本书的内容由浅入深,可读性强,部分内容比较抽象的章节在标题前加了*号,教师可根据实际情况选择使用。

本书可供高等院校计算机或软件工程专业不同方向本科生一学期的"离散数学"课程教学使用,也可供其他专业学生和科技人员阅读参考。

在编写本书过程中,作者参考了许多已经出版的同类书籍,在此对这些作者表示由衷的感谢!同时特别感谢孙波同志通读全稿并给出很多很好的意见和建议。

本书的出版得到了北京交通大学教学改革项目"'离散结构(双语)'课程研究性教学改革及课程资源建设"的支持。

清华大学出版社龙启铭、战晓雷两位编辑为本书的出版作出大量辛苦而细致的工作,作者在此表示深深的谢意。

最后,虽然作者在结构和内容上斟酌再三,几易其稿,但由于水平所限,书中难免有不妥或错误之处,恳请广大读者批评指正,可随时与作者联系(liuduo@bjtu.edu.cn)。

作 者
2012 年 12 月

目 录

第1章

基 础 知 识

本章主要介绍集合、序列、整除、同余、计数和布尔矩阵等内容，作为后续各章节的知识准备。

1.1 集合与序列

1.1.1 集合的基本概念

集合论的创始人是德国数学家康托（Georg Cantor，1845—1918）。他对集合论的思考与研究是从对三角级数的研究中产生的。1874 年他发表了第一篇关于无穷集合的文章，开创了集合论。

当今，集合的概念和方法被广泛地应用于各种科学和技术领域，是当代科学技术研究中必不可少的数学工具和表述语言。它也是计算机科学与软件工程的理论基础，在程序设计、形式语言、关系数据库、操作系统等计算机学科中都有重要的应用。

集合是数学中最基本的概念，无法给出严格精确的定义。通常，将若干个可确定、可分辨的对象构成的无序整体称为**集合**（**set**），常用大写英文字母 A, B, C, X, Y, Z 等表示。

定义 1.1 组成集合的对象称作该集合的**元素**（**element**），常用小写英文字母 a, b, c, x, y, z 等表示。若对象 a 是集合 S 的元素，则记作 $a \in S$，读作 a 属于 S；若对象 a 不是集合 S 的元素，则记作 $a \notin S$，读作 a 不属于 S。

【例 1.1】 R："方程 $x^2 - 2 = 0$ 的所有实数解"，S："12 的所有正约数"，P："复平面上的所有点"，Q："清华大学的全体学生"都是集合。3 是集合 S 的元素，即 $3 \in S$；而 -3 不是该集合的元素，即 $-3 \notin S$。而"*很大的实数*"、"清华大学的全体*年轻教师*"都不是集合，因为不能明确地判断任意一个对象是否属于该集合。

注：

（a）组成一个集合的条件是能够明确地判断任意一个对象是或者不是该集合的元素，二者必居其一。

（b）集合中的元素没有次序。一个集合中也没有相同的元素。如果一个集合中出现若干个相同的元素，则将它们作为一个元素，即一个集合由它的元素所决定而与描述它时列举其元素的特定顺序无关。

（c）在同一个集合中的诸元素并不一定存在确定的关系。

（d）为了体系的严谨性，我们规定：对于任意集合 A 都有 $A \notin A$。[①]

【例 1.2】 本书规定使用一些特定的符号表示一些常用集合：自然数（nature number）集 N；整数（integer）集 $\mathbb{Z}$，正整数集 $\mathbb{Z}^+$，非零整数集 $\mathbb{Z}^*$；有理数（rational number）集 $\mathbb{Q}$，非零有理数集 $\mathbb{Q}^*$；实数（real number）集 $\mathbb{R}$，非零实数集 $\mathbb{R}^*$；复数（complex number）集 $\mathbb{C}$，非零复数集 $\mathbb{C}^*$。

符号 $\mathbb{Z}$ 来自德语单词 Zahlen，意为整数。有理数是整数相除的商（quotient），因此用 $\mathbb{Q}$ 表示有理数。

使用形式化方法表示一个集合有两种方式——外延表示法和内涵表示法：

（1）外延表示法（列举法）。逐个列出集合的元素，元素与元素之间用逗号","隔开，并将所有元素写在大括号"{ }"里，如：$A=\{a, b, c\}$，$B=\{0, 1, \cdots, 10\}$，$\mathbb{N}=\{0, 1, 2, \cdots\}$。

（2）内涵表示法（描述法）。假设 $P(x)$ 是一个包含 x 的陈述句，表示 x 所具有的性质；对于每个确定的 x，可以明确断定 $P(x)$ 正确与否。集合 $\{x|P(x)\}$ 表示所有使 $P(x)$ 为真的对象 x 所组成的集合，如：$\mathbb{Z}^+=\{x|x$ 是正整数$\}$，$R=\{x|x^2-2=0$ 且 x 是实数$\}$。

定义 1.2 设 A 和 B 是两个集合，如果 A 的任意一个元素都是 B 的元素，则称 A 为 B 的**子集**（**subset**），称 B 为 A 的**超集**（**superset**），记作 $A \subseteq B$（或 $B \supseteq A$），读作 A 包含于 B（或 B 包含 A）。

注：

（a）$\subseteq$ 表示集合与集合之间关系，而 $\in$ 表示元素与集合之间关系。

（b）设 A、B、C 是 3 个集合，若 $A \subseteq B$ 且 $B \subseteq C$，则有 $A \subseteq C$。

定义 1.3 设 A 和 B 是两个集合，如果 $A \subseteq B$ 且 $B \subseteq A$，则称 A 与 B **相等**，记作 $A=B$；否则称它们不相等，记作 $A \neq B$。两个集合相等，当且仅当它们具有相同的元素。

定义 1.4 设 A 和 B 是两个集合，如果 $A \subseteq B$ 且 $A \neq B$，则称 A 为 B 的**真子集**（**proper subset**）记作 $A \subset B$（或 $B \supset A$）。

注：如果 A 是 B 的真子集，则集合 A 中的每一个元素都属于 B，但集合 B 中至少有一个元素不属于 A。

【例 1.3】 设集合 $A=\{x|x$ 是 6 的正约数$\}$，$B=\{1, 2, 3, 6\}$，由于 A 和 B 具有相同的元素，故它们是同一个集合，即 $A=B$。这说明很多集合可以用两种方法来表示，但也有些集合不可以用列举法表示，例如实数集 $\mathbb{R}$。

【例 1.4】 设集合 $A=\{1, 2, 3, 4, 5, 6\}$，$B=\{0, 1, 2, 3, 4, 5, 6, 7\}$。由于对于任意 $a \in A$，均有 $a \in B$，故 $A \subseteq B$。且由于 $7 \in B$ 而 $7 \notin A$，故 $A \subset B$。

定义 1.5 在讨论的具体问题中，所讨论对象全体称作**全集**（**universal set**），记作 U。

注：由全集的定义可知，在讨论具体问题时，所提及的集合均是全集的子集。而针对不同的具体问题可能会有不同的全集。

定义 1.6 不包含任何元素的集合称作**空集**（**empty set**），记作 $\varnothing$。

定理 1.1 设 A 是任意一个集合，$\varnothing$ 是空集，则有：（a）$A \subseteq A$；（b）$\varnothing \subseteq A$。

---

① 在本书中，以（a），（b），（c），…标明的各条目是并列关系，彼此之间没有明显的联系；而以（1），（2），（3），…标明的各条目表示须同时满足的条件。

证明.

（a）对于任意集合 A，它的任一元素都是其自身的元素，因而 $A \subseteq A$。

（b）（反证法）若存在集合 A 使得 $\varnothing$ 不是 A 的子集，则由定义 1.2，存在元素 $x \in \varnothing$ 而且 $x \notin A$；但这与空集的定义相矛盾，因此假设不成立，原结论成立。 □

推论 空集是唯一的。

证明.（这里使用一个在后面还会经常使用的证明技巧。）

设 $\varnothing_1$ 和 $\varnothing_2$ 都是空集，则由定理 1.1，$\varnothing_1 \subseteq \varnothing_2$ 且 $\varnothing_2 \subseteq \varnothing_1$，由定义 1.3 有 $\varnothing_1 = \varnothing_2$。 □

定义 1.7 一个集合 A 所包含的元素数目称为该集合的**基数**或**势**（**cardinality**），记作 $|A|$ 或 $\#A$ 或 $\mathrm{card}(A)$。

定义 1.8 若 $|A| < \infty$，则称 A 为**有限集**或**有穷集**（**finite set**），否则称 A 为**无限集**或**无穷集**（**infinite set**）。

【例 1.5】 $|\{a, b, 2, a, \omega\}| = 4$，$\mathrm{card}(\varnothing) = 0$，它们都是有限集。而 $\mathbb{N}$、$\mathbb{Z}$、$\mathbb{Q}$、$\mathbb{Q}^*$、$\mathbb{R}$、$\mathbb{C}$ 都是无限集。

事实上，无穷集又可分为**无穷可数集**和**无穷不可数集**，无穷可数集和无穷不可数集也分别称为**无穷可列集**和**无穷不可列集**。这部分内容将在 5.6 节中详述。

定义 1.9 假设 A 是集合，A 的所有子集所组成的集合称作 A 的**幂集**（**power set**），记作 $\mathscr{P}(A)$，即 $\mathscr{P}(A) = \{x | x \subseteq A\}$。

【例 1.6】 假设集合 $A = \{a, b, c\}$，计算 $\mathscr{P}(A)$。

解. A 的 0 元子集：$\varnothing$。

A 的 1 元子集：$\{a\}$，$\{b\}$，$\{c\}$。

A 的 2 元子集：$\{a,b\}$，$\{a,c\}$，$\{b,c\}$。

A 的 3 元子集：$\{a,b,c\}$。

于是 $\mathscr{P}(A) = \{\ \varnothing, \{a\}, \{b\}, \{c\}, \{a, b\}, \{a, c\}, \{b, c\}, \{a, b, c\}\ \}$。

【例 1.7】 $\mathscr{P}(\varnothing) = \{\varnothing\}$。

1.1.2 集合的运算及性质

集合的运算就是由给定的集合按照确定的规则产生另外的集合。集合运算主要有以下 5 种。

定义 1.10 设 U 为全集，A、B 为 U 的两个子集，则：

（a）A 与 B 的**交集**（**intersection**）$A \cap B$ 定义为 $A \cap B = \{x | x \in A \text{ 且 } x \in B\}$。

（b）A 与 B 的**并集**（**union**）$A \cup B$ 定义为 $A \cup B = \{x | x \in A \text{ 或 } x \in B\}$。

（c）B 关于 A 的**相对补**（**complement of B with respect to A**）或 A 与 B 的**差集**（**difference**）$A - B$ 定义为 $A - B = \{x | x \in A \text{ 且 } x \notin B\}$，也记作 $A \backslash B$。

（d）A 关于全集 U 的相对补称作 A 的**绝对补**或**补集**（**complement**），记作 $\overline{A}$（或 $\sim A$），即 $\overline{A} = \{x | x \in U \text{ 且 } x \notin A\}$。

（e）A 与 B 的**对称差**（**symmetric difference**）$A \oplus B$ 定义为 $A \oplus B = \{x | x \in A \text{ 或 } x \in B \text{ 且 } x$ 不同时属于 A 和 $B\}$。

注：

（a）由定义可得 $A-B=A\cap\bar{B}$；$A\oplus B=(A-B)\cup(B-A)$。

（b）交运算、并运算也可以扩展到多个集合上，如 $A\cap B\cap C=\{x|x\in A$ 且 $x\in B$ 且 $x\in C\}$，$A\cup B\cup C=\{x|x\in A$ 或 $x\in B$ 或 $x\in C\}$。常用记号为 $\bigcap\limits_{i=1}^{n}A_i$ 和 $\bigcup\limits_{i=1}^{n}A_i$。

【例1.8】 设全集 $U=\{0,1,\cdots,9\}$，集合 $A=\{0,1,2,3\}$，$B=\{1,3,5,7,9\}$，则 $A\cap B=\{1,3\}$，$A\cup B=\{0,1,2,3,5,7,9\}$，$A-B=\{0,2\}$，$B-A=\{5,7,9\}$，$\bar{A}=\{4,5,6,7,8,9\}$，$\bar{B}=\{0,2,4,6,8\}$，$A\oplus B=\{0,2,5,7,9\}$。

定理1.2 设 A、B 是两个集合，则以下各表述彼此等价：

（a）$A\subseteq B$。

（b）$A\cap B=A$。

（c）$A\cup B=B$。

（d）$\mathscr{P}(A)\subseteq\mathscr{P}(B)$。

证明. 只证明（a）与（d）等价，其他由定义易得。

证明集合 $X\subseteq Y$ 的基本方法是：对任意 $x\in X$，论证必有 $x\in Y$。

若 $A\subseteq B$，则对于任意 $X\in\mathscr{P}(A)$，有 $X\subseteq A$，故 $X\subseteq B$，所以 $X\in\mathscr{P}(B)$，即 $\mathscr{P}(A)\subseteq\mathscr{P}(B)$。

若 $\mathscr{P}(A)\subseteq\mathscr{P}(B)$，则对于任意 $a\in A$，有 $\{a\}\subseteq A$，即 $\{a\}\in\mathscr{P}(A)$，于是 $\{a\}\in\mathscr{P}(B)$，即 $\{a\}\subseteq B$，所以 $a\in B$，得到 $A\subseteq B$。　　　　　　　　　　　　□

英国逻辑学家维恩（John Venn，1834—1923）于1881年在《符号逻辑》一书中首先使用相交区域的图解来说明类与类之间的关系。后来人们以他的名字来命名这种用图形来表示集合间关系和集合运算的方法，称作**维恩图**（**Venn diagrams**）或**文氏图**（图1.1）。其构造方法如下：

（1）用一个大的矩形表示全集的所有元素（有时为简单起见，可将全集省略）。

（2）在矩形内画一些圆（或任何其他形状的闭曲线），用圆内部的点表示相应集合的元素。不同的圆代表不同的集合。用阴影或斜线的区域表示新组成的集合。

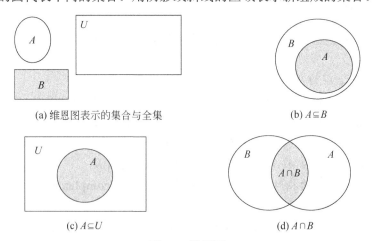

(a) 维恩图表示的集合与全集

(b) $A\subseteq B$

(c) $A\subseteq U$

(d) $A\cap B$

图1.1 维恩图

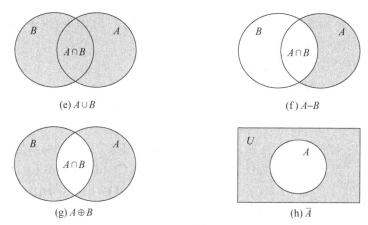

(e) $A \cup B$

(f) $A-B$

(g) $A \oplus B$

(h) $\overline{A}$

图 1.1（续）

维恩图的优点是形象直观，易于理解，而缺点是理论基础不够严谨，因此只能用于说明，不能用于证明。

定理 1.3　（集合运算的代数性质）设 U 为全集，A、B、C 为 U 的子集，$\varnothing$ 为空集，则有

（a）交换律：$A \cup B=B \cup A$，$A \cap B=B \cap A$，$A \oplus B=B \oplus A$。

（b）结合律：$(A \cup B) \cup C=A \cup (B \cup C)$，$(A \cap B) \cap C=A \cap (B \cap C)$，$(A \oplus B) \oplus C=A \oplus (B \oplus C)$。

（c）分配律：$A \cup (B \cap C)=(A \cup B) \cap (A \cup C)$，$A \cap (B \cup C)=(A \cap B) \cup (A \cap C)$。

（d）吸收律：$A \cup (A \cap B)=A$，$A \cap (A \cup B)=A$。

（e）德·摩根律：

　　$\overline{A \cup B}=\overline{A} \cap \overline{B}$，$\overline{A \cap B} = \overline{A} \cup \overline{B}$。　　　　　（绝对形式）

　　$A-(B \cup C)=(A-B) \cap (A-C)$，$A-(B \cap C)=(A-B) \cup (A-C)$　（相对形式）

（f）幂等律：$A \cup A=A$，$A \cap A=A$。

（g）零律：$A \cup U=U$，　$A \cap \varnothing=\varnothing$。

（h）同一律：$A \cup \varnothing=A$，$A \cap U=A$。

（i）排中律：$A \cup \overline{A}=U$。

（j）矛盾律：$A \cap \overline{A}=\varnothing$。

（k）余补律：$\overline{\varnothing}=U$，$\overline{U}=\varnothing$。

（l）双重否定律：$\overline{\overline{A}} = A$。

下面仅以例题的形式证明其中一部分，其余留给读者完成。

【例 1.9】　设 A、B、C 为任意集合，证明
$$A-(B \cap C)=(A-B) \cup (A-C)$$

证明. 证明两个集合 X 和 Y 相等的一般方法是分别证明 $X \subseteq Y$ 和 $Y \subseteq X$。

（1）证明 $(A-B) \cup (A-C) \subseteq A-(B \cap C)$。

假设 $x \in (A-B) \cup (A-C)$，由定义有 $x \in A-B$ 或 $x \in A-C$。

若 $x \in A-B$ 则有 $x \in A$ 且 $x \notin B$，于是 $x \notin B \cap C$。

若 $x \in A-C$ 则有 $x \in A$ 且 $x \notin C$，于是 $x \notin B \cap C$。

总之有 $x \in A$ 且 $x \notin B \cap C$，故得 $x \in A-(B \cap C)$，因此 $(A-B) \cup (A-C) \subseteq A-(B \cap C)$。

（2）证明 $A-(B \cap C) \subseteq (A-B) \cup (A-C)$。

假设 $x \in A-(B \cap C)$，由定义有 $x \in A$ 且 $x \notin B \cap C$。

由 $x \notin B \cap C$，有 $x \notin B$ 或 $x \notin C$。再由 $x \in A$ 得 $x \in A-B$ 或 $x \in A-C$。

故 $x \in (A-B) \cup (A-C)$，进而 $A-(B \cap C) \subseteq (A-B) \cup (A-C)$。

综合（1）和（2），即得 $A-(B \cap C) = (A-B) \cup (A-C)$。 □

定理 1.3 中各定律并非相互独立，即，也可以使用部分定律证明其他定律。

【例1.10】 设 A、B、C 为任意集合，则 $A-(B \cap C) = (A-B) \cup (A-C)$。

证明． $A-(B \cap C) = A \cap \overline{(B \cap C)} = A \cap (\overline{B} \cup \overline{C}) = (A \cap \overline{B}) \cup (A \cap \overline{C}) = (A-B) \cup (A-C)$。 □

使用上述定律还可以证明其他集合运算恒等式。

【例1.11】 假设 $A \subseteq B$，则 $(B-A) \cup A = B$。

证明． $(B-A) \cup A = (B \cap \overline{A}) \cup A = (B \cup A) \cap (\overline{A} \cup A) = B \cap U = B$。 □

1.1.3 序列

定义 1.11 **序列**（sequence）是被排成一列的对象，每个对象不是在其他对象之前，就是在其他对象之后，各对象之间的顺序非常重要。序列中的对象也称为**项**（item），项的个数（可能是无限的）称为序列的**长度**（length）。取出序列中的某些特定的项并保持它们在原来序列中的顺序，所得到的新序列称为原序列的**子序列**（subsequence）。

【例1.12】 以下诸例都是序列：

（a）1, 2, 3, 4, 5, 1, 2, 3

（b）2, 3, 5, 7, 11, 13, …

（c）1, 4, 9, 16, 25, 36, …

（d）apple, egg, egg, apple, egg, egg, …

（e）$\{a\}$, b, $\{\{b\}\}$

（f）d, i, s, c, r, e, t, e

序列可能是有限的（如例 1.12 中的（a）、（e）、（f）），也可以是无限的（如例 1.12 中的（b）、（c）、（d））。有限序列包含**空序列**（empty sequence），它没有任何项。

定义 1.12 对于给定的集合 A，定义 A^* 为所有由 A 中元素生成的有限长度序列全体，A^* 中的元素称为 A 上的**词**（word）或**串**（string）。在不引起混淆时，也可忽略序列各项间的逗号。A^* 中的空序列称作**空串**（empty string），记作 λ 或 ε。此时 A 也称作**字母表**（alphabet）。

【例1.13】 假设 $A = \{a, b, \cdots, z\}$ 为英文字母集合，则 A^* 包含所有有限长度的英文"单词"——无论其是否具有意义，如 bat、cat、djoutrqoanlglkjr、asdfg。

定义 1.13 假设 A 是集合，$w_1 = s_1 s_2 \cdots s_n$ 和 $w_2 = t_1 t_2 \cdots t_m$ 都是 A^* 中的元素，可定义 w_1 和 w_2 的**连接**（catenation）为 $s_1 s_2 \cdots s_n t_1 t_2 \cdots t_m$，记作 $w_1 \circ w_2$。

注：假设 A 是集合，$w \in A^*$，则 $w \circ \lambda = \lambda \circ w = w$。

【例1.14】 假设 $A = \{a, b, \cdots, z\}$，post, office $\in A^*$，则 post$\circ$office = postoffice。

1.2　数 论 基 础

本节主要讨论整数之间的性质，而带余除法是本节所讨论内容的基础。

定理 1.4　（带余除法）设 n 和 m 都是整数且 $n\neq0$，则可以唯一地将 m 写为 $m=q\cdot n+r$，其中 q 和 r 是整数，且 $0\leq r<|n|$。q 称作**商**（quotient），r 称作**余数**（remainder），记作 $r=m \bmod n$。

【例 1.15】　$-29=(-6)\cdot5+1$，$143=11\cdot13+0$，$915=11\cdot78+57$。

定义 1.14　在定理 1.4 的表达式中，若余数 $r=0$，则称 m **能被 n 整除**（m is dividable by n），或 n **整除 m**（n divides m），记作 $n|m$。此时，称 m 是 n 的一个**倍数**（multiple），称 n 是 m 的一个**约数**或**因子**（divisor）。

注：n 整除 m 当且仅当存在整数 q 使得 $m=q\cdot n$。

【例 1.16】　$3|12$，$3|(-15)$；12 的所有因子是 $\{\pm1,\pm2,\pm3,\pm4,\pm6,\pm12\}$。

定理 1.5　假设 a、b、c 是整数，$a\neq0$，则

（a）若 $a|b$ 且 $a|c$，则对于任意的整数 x、y，有 $a|(xb+yc)$。

（b）若 $b\neq0$，$a|b$ 且 $b|c$，则 $a|c$。

（c）若 $b\neq0$，$a|b$ 且 $b|a$，则 $a=\pm b$。

证明.

（a）若 $a|b$ 且 $a|c$，则存在整数 k_1 及 k_2 使得 $b=k_1a$ 及 $c=k_2a$，于是 $xb+yc=xk_1a+yk_2a=(xk_1+yk_2)a$，即 $a|(xb+yc)$。

（b）若 $a|b$ 且 $b|c$，则存在整数 k_1 及 k_2 使得 $b=k_1a$ 及 $c=k_2b$，于是 $c=k_1k_2a$，即 $a|c$。

（c）若 $a|b$ 且 $b|a$，则存在整数 k_1 及 k_2 使得 $b=k_1a$ 及 $a=k_2b$，于是 $a=k_1k_2a$ 且 $a\neq0$，$k_1k_2=\pm1$，即 $a=\pm b$。　□

定理 1.6　对于任意正整数 a，有 $a|a$ 及 $1|a$。

证明. 由 $a=1\cdot a=a\cdot1$ 即得。　□

定义 1.15　若大于 1 的整数 p 的所有正因子只有 p 和 1，则称其为**质数**或**素数**（prime）；否则称其为**合数**（composite number）。

【例 1.17】　$2,3,5,7,11,13,17,19$ 都是素数，而 $4,6,8,9,10,12,14,15,16,18$ 都是合数。

定理 1.7　有无穷多个素数。

证明.（反证法）假设只有有穷多个素数，设为 $p_1,p_2,\cdots,p_n$。令 $m=p_1p_2\cdots p_n+1$，显然有 $p_i\nmid m$，$1\leq i\leq n$。因此要么 m 本身是素数，要么存在大于 p_n 的素数整除 m，与假设产生矛盾。　□

定理 1.8　（算术基本定理，arithmetic fundamental theorem）设正整数 $n>1$，则 n 可唯一地表示为 $p_1^{k_1}p_2^{k_2}\cdots p_s^{k_s}$，其中 $p_1<p_2<,\cdots,<p_s$ 是 s 个相异的素数，指数 k_i 都是正整数。该定理又称作**唯一析因定理**（unique factorization theorem）。该表达式称作整数 n 的素因子分解。

推论　设正整数 a 的素因子分解是 $a=p_1^{k_1}p_2^{k_2}\cdots p_s^{k_s}$，则正整数 d 为 a 的因子的充分

必要条件是 $d=p_1^{r_1}p_2^{r_2}\cdots p_s^{r_s}$，其中 $0\leqslant r_i\leqslant k_i$, $i=1,2,\cdots,s$。

【例 1.18】　$150=2\times3\times5^2$，$168=2^3\times3\times7$。

定义 1.16　设 a 和 b 是两个不全为 0 的整数，若整数 d 满足 $d|a$ 且 $d|b$，则称 d 是 a、b 的公因子（**common divisor**），所有公因子中最大的正整数称作 a 与 b 的**最大公因子**（**greatest common divisor**），记作 $GCD(a,b)$。

定义 1.17　设 a 和 b 是两个不全为 0 的整数，若整数 m 满足 $a|m$ 且 $b|m$，则称 m 是 a, b 的公倍数（**common multiple**），所有公倍数中最小的非负整数称作 a 与 b 的**最小公倍数**（**least common multiple**），记作 $LCM(a,b)$。

定义 1.18　若整数 a 和 b 的最大公因子为 1，则称 a 与 b 互素（**relatively prime**）。

注：对任意的正整数 a 有 $GCD(0,a)=a$, $GCD(1,a)=1$, $LCM(1,a)=a$。

【例 1.19】　$GCD(12,15)=3$，$LCM(12,15)=60$。8 和 15 互素，而 12 和 15 不互素，6、11、35 两两互素。

定理 1.9　设正整数 $a=p_1^{r_1}p_2^{r_2}\cdots p_k^{r_k}$，$b=p_1^{s_1}p_2^{s_2}\cdots p_k^{s_k}$，其中 $p_1,p_2,\cdots,p_k$ 是互异素数，$r_1,r_2,\cdots,r_k,s_1,s_2,\cdots,s_k$ 是非负整数，则

$$GCD(a,b)=p_1^{\min(r_1,s_1)}p_2^{\min(r_2,s_2)}\cdots p_k^{\min(r_k,s_k)}, \quad LCM(a,b)=p_1^{\max(r_1,s_1)}p_2^{\max(r_2,s_2)}\cdots p_k^{\max(r_k,s_k)}$$

推论　设 a、b 是正整数，则 $GCD(a,b)\cdot LCM(a,b)=a\cdot b$。

【例 1.20】　$150=2^1\times3^1\times5^2\times7^0$，$168=2^3\times3^1\times5^0\times7^1$，则

$$GCD(150,168)=2^1\times3^1\times5^0\times7^0=6, \quad LCM(150,168)=2^3\times3^1\times5^2\times7^1=4200$$

当不知道整数 a 和 b 的因子分解时，也可以计算 a 和 b 的最大公因子。欧几里得（Euclid，约公元前 325 年—公元前 265 年）在《几何原本》中提出了计算最大公因子的算法，这被公认是最早的算法，也是人类历史上最美丽的算法之一。在表述该算法之前，先给出下述定理，以奠定该算法的理论基础。

定理 1.10　设 $a=qb+r$，其中 a、b、q、r 都是整数，则

$$GCD(a,b)=GCD(b,r)$$

证明．若 $d|a$ 且 $d|b$，则由定理 1.5，有 $d|b$ 且 $d|r$。

若 $d|b$ 且 $d|r$，则由定理 1.5，有 $d|(qb+r)$，即 $d|a$。

于是，a 与 b 的公因子集合和 b 与 r 的公因子集合相同。继而，最大公因子相同。□

下面给出计算最大公因子的欧几里得算法。

欧几里得算法（辗转相除法）GCD (a, b)

输入：整数 a、b（满足 $a\geqslant b\geqslant0$，且 a、b 不全为 0）。

输出：$GCD(a,b)$。

```
1    If b=0 then return a
2    Else return GCD(b, a mod b)
```

【例 1.21】　使用欧几里得算法求 168 与 150 的最大公因子。

解．

$$\begin{array}{ll} a & b \\ 168 & 150 \end{array} \qquad 168=1\times150+18$$

$$150 \quad 18 \qquad 150=8\times18+6$$
$$18 \quad 6 \qquad 18=3\times6+0$$
$$6 \quad 0$$

得 GCD(168, 150)=6。

由此例，有 6=150−8×18=150−8×(168−1×150)=9×150+(−8)×168，即 GCD(168, 150) 可表示成 168 与 150 的线性组合。更一般地讲，有以下定理。

定理 1.11 对于不全为 0 的整数 a、b 和 d，方程 $sa+tb=d$ 存在整数解 s 和 t 当且仅当 GCD(a, b)|d。方程 $sa+tb=d$ 称作**裴蜀（Bezout）等式**或**贝祖等式**。

证明. （充分性）由定理 1.10 和例 1.21 知，通过回代法，可知 $sa+tb=$GCD(a, b)存在整数解，设其为 s_0、t_0。

若 $d=k\cdot$GCD(a, b)，则 $k\cdot s_0$、$k\cdot t_0$ 是方程的一个解。

（必要性）若方程 $sa+tb=d$ 存在整数解 s 和 t，则由定理 1.5 知 GCD(a, b)|($sa+tb$)=d。

$\square$

推论 1 整数 a 和 b 互素当且仅当存在整数 x 和 y 使得 $xa+yb=1$。

推论 2 假设大于 1 的整数 a 与 b 互素，则存在整数 $s_0>0$，$t_0<0$，$s_1<0$，$t_1>0$ 使得 $s_0a+t_0b=1$ 及 $s_1a+t_1b=1$。

最大公因子和最小公倍数还具有如下性质。

定理 1.12 假设 a、b、c 都是正整数，则

（a）GCD(a, GCD(b, c))=GCD(GCD(a, b), c)。

（b）LCM(a, LCM(b, c))=LCM(LCM(a, b), c)。

（c）GCD(a, LCM(b, c))=LCM(GCD(a, b), GCD(a, c))。

（d）LCM(a, GCD(b, c))=GCD(LCM(a, b), LCM(a, c))。

【例 1.22】

（a）GCD(15, GCD(6, 10))=GCD(15, 2)=1，

　　GCD(GCD(15, 6), 10)=GCD(3, 10)=1。

（b）LCM(15, LCM(6, 10))=LCM(15, 30)=30，

　　LCM(LCM(15, 6), 10)=LCM(30, 10)=30。

（c）GCD(15, LCM(6, 10))=GCD(15, 30)=15，

　　LCM(GCD(15, 6), GCD(15, 30))=LCM(3, 15)=15。

（d）LCM(15, GCD(6, 10))=LCM(15, 2)=30，

　　GCD(LCM(15, 6), LCM(15, 10))=GCD(30, 30)=30。

定义 1.19 设 n 是正整数，a 和 b 是整数，如果 $n|(a-b)$，则称 a 模 n 同余于 b，或 a 与 b 模 n 同余（**congruent**），记作 $a\equiv b(\mod n)$，n 称为模（**modulus**）。

【例 1.23】 $70\equiv5\ (\mod 13)$，$-19\equiv6\ (\mod 25)$。

定理 1.13 以下命题等价：

（a）a 与 b 模 n 同余。

（b）$a \mod n = b \mod n$。

（c）$a=b+kn$，其中 k 是整数。

注：$b|a$ 当且仅当 $a \bmod b = 0$。

定理 1.14 若 $a \equiv b (\bmod n)$，$c \equiv d (\bmod n)$，则 $a \pm c \equiv b \pm d (\bmod n)$，$ac \equiv bd (\bmod n)$。

1.3 计 数 基 础

1.3.1 加法法则与乘法法则

加法法则：设事件 A 有 m 种产生方式，事件 B 有 n 种产生方式，则当 A 与 B 产生的方式不重叠时，"事件 A 或 B 之一"有 $m+n$ 种产生方式。

注：

（a）加法法则又称**加法原理**（**addition principle**），适用于分类选取问题，但要注意适用条件——事件 A 与 B 产生的方式不重叠。

（b）加法法则可以进一步推广：事件 A_1 有 p_1 种产生方式，事件 A_2 有 p_2 种产生方式……事件 A_k 有 p_k 种产生方式，则当其中任何两个事件产生的方式都不重叠时，"事件 A_1 或 A_2 或…或 A_k"有 $p_1+p_2+\cdots+p_k$ 种产生方式。

【例 1.24】 某班选修古代汉语的有 18 人，不选的有 10 人，则该班共有 18+10=28 人。

【例 1.25】 北京每天直达上海的客车有 5 次，客机有 3 班，则每天由北京直达上海的旅行方式有 5+3=8 种。

乘法法则：设事件 A 有 m 种产生方式，事件 B 有 n 种产生方式，则当 A 与 B 产生的方式彼此独立时，"事件 A 与 B"有 $m \cdot n$ 种产生方式。

注：

（a）乘法法则又称**乘法原理**（**multiplication principle**），适用于分步选取问题，但要注意适用条件——事件 A 与 B 产生的方式彼此独立，即无论事件 A 采用何种方式产生，都不影响事件 B。

（b）乘法法则可以进一步推广：事件 A_1 有 p_1 种产生方式，事件 A_2 有 p_2 种产生方式……事件 A_k 有 p_k 种产生方式，则当其中任何两个事件产生的方式都彼此独立时，"事件 A_1 与 A_2 与…与 A_k"有 $p_1 \cdot p_2 \cdots p_k$ 种产生的方式。

【例 1.26】 某种字符串由两个字符组成，第一个字符可选自 $\{a, b, c, d, e\}$，第二个字符可选自 $\{1, 2, 3, 4\}$，则这种字符串共有 5×4=20 个。

【例 1.27】 求 1400 的不同的正因子个数。

解. $1400 = 2^3 5^2 7^1$ 的正因子为 $2^i 5^j 7^k$，其中 $0 \leqslant i \leqslant 3$，$0 \leqslant j \leqslant 2$，$0 \leqslant k \leqslant 1$。于是，1400 的不同的因子数是 $N = (3+1)(2+1)(1+1) = 24$。

定理 1.15 设 A 是集合，如果 $|A|=n$，则 $|\mathscr{P}(A)| = 2^n$。

证明. 假设 $A = \{a_1, a_2, \cdots, a_n\}$，考虑 A 的任一个子集 B，则对于每一个元素 a_i 都有 $a_i \in B$ 和 $a_i \notin B$ 两种可能，由乘法原理，B 的可能数目一共为 2^n。 □

在实际问题中，分类（加法原则）与分步（乘法原则）一般都结合使用，有两种模式：先分类，每类内部分步；或先分步，每步又分类。

【例 1.28】　　*A*、*B*、*C* 是 3 个城市，从 *A* 到 *B* 有 4 条道路，从 *B* 到 *C* 有 2 条道路，从 *A* 直接到 *C* 有 3 条道路，则从 *A* 到 *C* 共有 4×2+3=11 种不同的方式（先分类，类内再分步）。

【例 1.29】　　某种样式的套装上装有 T 恤和衬衫两种，下装为长裤。T 恤可选红色、蓝色和橙色，衬衫可选白色、黄色和粉色，长裤可选黑色、棕色，则共有(3+3)×2=12 种着装方案（先分步，每步再分类）。

【例 1.30】　　求 100!的末尾有多少个 0。

解. 100!=100×99×98×⋯×2×1，将该乘积的每个因子分解，若分解式中共有 *i* 个 5、*j* 个 2，那么 $\min\{i, j\}$ 就是 0 的个数。

1, 2，⋯, 100 中 2 和 5 的倍数的个数如下：

50 个 2 的倍数，*j* >50；

20 个 5 的倍数，其中有 4 个 25 的倍数（多加 4 个 5），因此 *i*=20+4=24, $\min\{i, j\}$=24。

事实上，100!=93326215443944152681699238856266700490715968264381621468592963895217599993229915608941463976156518286253697920827223758251185210916864000000000000000000000000。

【例 1.31】　　苗苗有 *n* 块大白兔奶糖，从生日那天开始，她每天至少吃一块，直到吃完为止。一共有多少种安排方案？

解. 方案数目为 2^{n-1}。

以 *n*=5 的情况来说明计算方法：将 5 块糖按图 1.2（a）所示方式放入 9 个格子内，空白的 4 个格子可以填入 "|" 或保留空白（共两种可能），则每种填法都对应一种吃糖的安排方案，例如图 1.2(b)表示第一天吃两块、第二天吃两块、第三天吃一块；图 1.2(c)表示第一天吃一块、第二天吃四块。

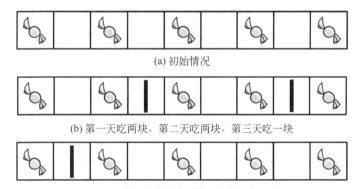

(a) 初始情况

(b) 第一天吃两块，第二天吃两块，第三天吃一块

(c) 第一天吃一块，第二天吃四块

图 1.2　例 1.31 用图

1.3.2　排列与组合

考虑这样一个问题：设集合 *S* 包含 *n* 个元素，从 *S* 中选取 *r* 个元素有多少种取法？

根据取出的元素是否允许重复、取出的过程是否有序可以将该问题分为 4 个子类型：

	不重复选取	重复选取
有序选取	排列	可重排列
无序选取	组合	可重组合

本节将逐一对其进行介绍，首先考虑排列的问题。

定义 1.20　从 n 个不同的对象中取 r 个可重复的对象，按次序排列，称为 n 取 r 的**可重排列**。

此也即当 $|A|=n$ 时，A^* 中长为 r 的串的个数。

定理 1.16　n 取 r 的可重排列数目为 n^r。

证明. 如图 1.3 所示，由于可重复，因此每个位置都有 n 种选择，由乘法原理即得结论。　□

图 1.3　n 取 r 的可重排列示意图

定义 1.21　从 n 个不同的对象中取 r 个不重复的对象，按次序排列，称为 n 取 r 的**排列**（permutation of n objects taken r at a time）。n 取 r 排列的全体构成的集合用 $P(n,r)$ 表示，排列的个数用 $P(n,r)$ 表示；当 $r=n$ 时称为**全排列**或**置换**（**permutation**）。

此也即当 $|A|=n$ 时，A^* 中长为 r 且各项彼此不同的串的个数。

【例 1.32】　设集合 $A=\{a,b,c,d\}$，则

（a）A 上的所有 4 取 3 的排列是

$$
\begin{array}{cccccc}
abc & bac & acb & bca & cab & cba \\
abd & bad & adb & bda & dab & dba \\
bcd & bdc & cbd & cdb & dbc & dcb \\
acd & adc & cad & cda & dac & dca
\end{array}
$$

（b）A 上的所有全排列是

$$
\begin{array}{ccccc}
abcd & abdc & acbd & acdb & adbc & adcb \\
bacd & badc & bcad & bcda & bdac & bdca \\
cabd & cadb & cbad & cbda & cdab & cdba \\
dabc & dacb & dbac & dbca & dcab & dcba
\end{array}
$$

定理 1.17

$$
P(n,r)=\begin{cases} n(n-1)\cdots(n-r+1), & n\geqslant r \\ 0, & n<r \end{cases}
$$

证明. 如图 1.4 所示，从 n 个中取 r 个的排列的典型例子是：从 n 个不同的球中取出 r 个，放入 r 个不同的盒子里，每盒 1 个。第 1 个盒子有 n 种选择，第 2 个有 $n-1$ 种选择……第 r 个有 $n-r+1$ 种选择。故有 $P(n,r)=n(n-1)\cdots(n-r+1)$。当 $r>n$ 时，该表达式中有一项为 0，其积为 0。　□

注：当 $r=n$ 时，全排列的个数为 $n(n-1)\cdots(n-n+1)=n(n-1)\cdots\times2\times1$，此时记之为 $n!$，称之为 n 的**阶乘**（**factorial**）。使用阶乘符号，可以将 $P(n,r)$ 在形式上简化为

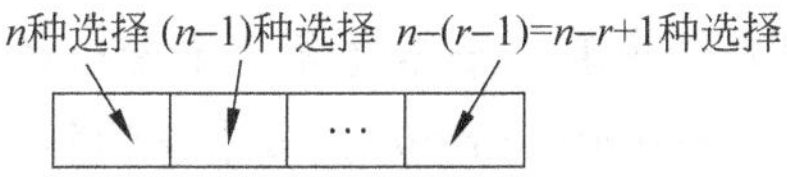

n种选择 $(n-1)$种选择 $n-(r-1)=n-r+1$种选择

		...	

图 1.4 n 取 r 的排列示意图

$$P(n,r) = n(n-1)(n-2)\cdots(n-r+1)$$
$$= \frac{n(n-1)(n-2)\cdots(n-r+1)(n-r)(n-r-1)\cdots\times 2\times 1}{(n-r)(n-r-1)\cdots\times 2\times 1}$$
$$= \frac{n!}{(n-r)!}$$

【例 1.33】 一个社团共有 10 名成员，从中选出一名主席、一名副主席、一名书记，则共有 $P(10, 3)=720$ 种方法。

【例 1.34】 （a）4 个男孩和 4 个女孩站成一排，有多少种方法？

（b）若要求没有女孩相邻，也没有男孩相邻，有多少种方法？

解. （a）$P(8, 8)=8!=40320$。

（b）分为如图 1.5 所示的两种情况，因此方法数为 $2\times 4!\times 4!=1152$。

男	女	男	女	男	女	男	女

女	男	女	男	女	男	女	男

图 1.5 例 1.34 用图

【例 1.35】 排列 26 个字母，使得 a 与 b 之间恰有 7 个字母，有多少种排列方式？

解. 固定 a 和 b，中间选 7 个字母，有 $2\times P(24, 7)$ 种方法，将这 9 个字母视作一个整体，与其余 17 个字母进行全排列有 18! 种方式。故满足题意的排列方式有 $2\times P(24, 7)\times 18!$ 种。

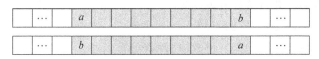

图 1.6 例 1.35 用图

【例 1.36】 由 a, b, b, c, c, c 可以组成多少个长度为 6 的字符串？

解. 对 b 加下标为 b_1, b_2，对 c 加下标为 c_1, c_2, c_3，则一共可以得到 $6!=720$ 个长度为 6 的字符串。另一方面，每一个由 a, b, b, c, c, c 组成的长度为 6 的字符串都可以通过加下标方式得到 $2!\times 3!=12$ 个有下标字符串。因此由 a, b, b, c, c, c 组成的字符串共有 $720/12=60$ 个。

采用类似的方法，可以得到如下定理。

定理 1.18 由 k_1 个 1，k_2 个 2……k_t 个 t 组成的长度为 n 的排列种数为
$$\frac{n!}{k_1!k_2!\cdots k_t!}$$
其中 $n=k_1+k_2+\cdots+k_t$。

下面讨论组合的计数。

定义 1.22 从 n 个不同元素中取 r 个不重复的元素组成一个子集，而不考虑其元素的顺序，称为 **n 取 r 的组合**（**r-combination**），该子集称作 **r-子集**（**r-subset**）。n 取 r 组合的全体构成的集合用 $\mathbf{C}(n,r)$ 表示，其元素个数用 $\mathrm{C}(n,r)$ 表示，有时也记作 $\binom{n}{r}$。

【例 1.37】 设集合 $A=\{a,b,c,d\}$，则 A 上的所有 4 取 3 的组合是：$\{a,b,c\}$，$\{a,b,d\}$，$\{a,c,d\}$，$\{b,c,d\}$。每个 3-子集中元素的所有全排列对应例 1.32（a）结果中的一行。

定理 1.19

$$\mathrm{C}(n,r)=\begin{cases} \dfrac{\mathrm{P}(n,r)}{r!}=\dfrac{n!}{(n-r)!r!}, & n\geqslant r \\ 0, & n<r \end{cases}$$

证明. 从 n 个不同元素中取 r 个不重复的元素可组成 $\mathrm{C}(n,r)$ 个子集，各个子集的所有全排列全体就是所有从 n 个中取 r 个的排列。因而 $\mathrm{C}(n,r)\cdot r!=\mathrm{P}(n,r)$，由此即得结论。 □

也可以这样理解：从 n 个不同的球中取出 r 个，放入 r 个相同的盒子里，每盒 1 个。若放入盒子后再将盒子标号区别，则又回到排列模型。每一个组合可有 $r!$ 个标号方案。故有 $\mathrm{C}(n,r)\cdot r!=\mathrm{P}(n,r)$。

注：由定理 1.19 易得，当 $n\geqslant r$ 时，$\mathrm{C}(n,r)=\mathrm{C}(n,n-r)$。

【例 1.38】 一个社团共有 10 名成员，从中选出 3 人组成指导委员会，则共有 $\mathrm{C}(10,3)=120$ 种方法。（注意和例 1.33 进行比较）

【例 1.39】 有 5 本不同的日文书，7 本不同的英文书，10 本不同的中文书。

（a）取 2 本不同语言的书，共有多少种取法？

（b）取 2 本相同语言的书，共有多少种取法？

（c）任取两本书，共有多少种取法？

解. （a）$5\times 7+5\times 10+7\times 10=155$。

（b）$\mathrm{C}(5,2)+\mathrm{C}(7,2)+\mathrm{C}(10,2)=10+21+45=76$。

（c）是（a）、(b)两种情况之和：$155+76=231$；或者从整体上计算：$\mathrm{C}(22,2)=231$。

【例 1.40】（简单格路问题） 从 $(0,0)$ 点出发沿 x 轴或 y 轴的正方向每步走一个单位，最终走到 (m,n) 点（如图 1.7 所示），有多少条路径？

解. 无论怎样走法，在 x 方向上总共走 m 步，在 y 方向上总共走 n 步。若用一个字母 X 表示 x 方向上的一步，一个字母 Y 表示 y 方向上的一步，则从 $(0,0)$ 到 (m,n) 的每一条路径对应一个由 m 个 X 与 n 个 Y 组成的字符串。这样的字符串共有 $\mathrm{C}(m+n,m)$ 个，即相当于在 $m+n$ 个位置中选 m 个放 X。

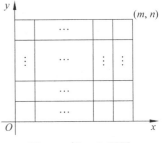

图 1.7 例 1.40 用图

【例 1.41】 从 1~100 中选取 3 个数，使得其和能被 3 整除，有多少种方法？

解. 将 1~100 按照模 3 的余数分为 3 类：

$$A=\{i\,|\,i\equiv 1\pmod 3\}=\{1,4,\cdots,100\}$$

$$B=\{i|i\equiv2(\mathrm{mod}3)\}=\{2, 5, \cdots, 98\}$$
$$C=\{i|i\equiv3(\mathrm{mod}3)\}=\{3, 6, \cdots, 99\}$$

要满足条件，有 4 种取法：（a）3 个数同属于 A；（b）3 个数同属于 B；（c）3 个数同属于 C；（d）A、B、C 中各取一数。

分类选取：

三个数全部取自 A，有 C(34,3) 种方法。

三个数全部取自 B，有 C(33,3) 种方法。

三个数全部取自 C，有 C(33,3) 种方法。

分步处理：

三个数在 A、B、C 中各取 1 个，有 34×33×33 种方法。

故共有 C(34,3) + C(33,3) + C(33,3) + 34×33×33=53 922 种方法。

【例 1.42】　由 a, b, b, c, c, c 可以组成多少个长度为 6 的字符串？

解. 序列共有 6 个位置。先放 c，有 C(6,3) 种方法；再放 b，有 C(3,2) 种方法；最后放 a，有 C_1^1 种方法。因此由 a, b, b, c, c, c 组成的字符串共有 C(6,3)C(3,2)C(1,1)=60。

采用这种方法同样可以得到定理 1.18 的结论。

【例 1.43】　某车站有 6 个入口处，每个入口处每次只能进一人，一组 12 个人进站的方案有多少？

解. 考虑一个进站方案：5 人从入口一进入，无人从入口二进入，2 人从入口三进入，1 人从入口四进入，1 人从入口五进入，3 人从入口六进入。

这个方案可以表示成 ○○○○○ | | ○○ | ○ | ○ | ○○○，其中 ○ 表示人，是彼此不同的，| 表示相邻两个入口之间的分隔，注意 n 个门只用 n–1 个分隔。

于是任意一个进站方案都表示成上面 17 个元素的一个排列。

在 17 个元素的排列中先确定 | 的位置，有 C(17,5) 种选择；再确定人的位置，有 12! 种选择。故 C(17,5)×12! 即为所求。

【例 1.44】　某保密装置须同时使用若干把不同的钥匙才能打开。现有 7 人，每人手中有若干钥匙。须至少 4 人同时到场，他们手中的钥匙才能打开保密装置的锁。回答以下问题：

（a）至少有多少把不同的钥匙？

（b）每人至少持几把钥匙？

解. （a）每 3 人至少缺 1 把钥匙，且每 3 人所缺钥匙不同（否则这两组人在一起也打不开锁）。故至少共有 C(7,3)=35 把不同的钥匙。

（b）任一人对于其他 6 人中的每 3 人，都至少有 1 把钥匙与之相配才能开锁。故每人至少持 C(6,3)=20 把不同的 钥匙。

为加深理解，下面举一个较简单的例子：现有 4 人，其中至少 3 人到场方能开锁，所求如上。共有 C(4,2)=6 把不同的钥匙，每人有 C(3,2)=3 把钥匙，分配方法如图 1.8 所示。

图 1.8　例 1.44 用图

【例 1.45】　把 $2n$ 个人分成 n 组，每组 2 人，有多少种不同的分法？

解. 相当于 $2n$ 个不同的球放到 n 个相同的盒子中，每个盒子 2 个，放法为
$$N = \frac{1}{n!}\mathrm{C}(2n,2)\mathrm{C}(2n-2,2)\cdots\mathrm{C}(2,2) = \frac{1}{n!}\cdot\frac{(2n)!}{(2n-2)!\cdot 2}\cdot\frac{(2n-2)!}{(2n-4)!\cdot 2}\cdots\frac{2!}{0!\cdot 2} = \frac{(2n)!}{2^n n!}$$

【例 1.46】　有 4 种口味的棒糖，可从中选取 3 个（允许选相同口味的），那么一共有多少种不同的选择方法？

解. 假设选择 x_1 个口味 1 的棒糖，x_2 个口味 2 的棒糖，x_3 个口味 3 的棒糖，x_4 个口味 4 的棒糖。则问题转化为求方程 $x_1 + x_2 + x_3 + x_4 = 3$ 的非负整数解的个数。

例如，$x_1 = 2$，$x_2 = 0$，$x_3 = 1$，$x_4 = 0$ 这个解可以看作往 4 个抽屉里面按图 1.9 所示方法放球。

图 1.9　例 1.46 用图

于是方程 $x_1 + x_2 + x_3 + x_4 = 3$ 的每个非负整数解都对应一个放球的方案，相当于在 6 个位置放 3 个 $|$，总方案数是 $\mathrm{C}(6,3)$。

采用类似方法，可得如下定理。

定理 1.20　假设从 n 个相异对象中选取 k 个对象，且允许重复选取，则不同的选取方法数目为 $\mathrm{C}(n+k-1,k)$。

注： 此问题即相当于"k 个相同的球放到 n 个不同的盒子里，每个盒子球数不限，求放球方法数"，也称作 **n 取 k 的可重组合**。

【例 1.47】　（a）由 $\{1,2,3,4,5,6,7,8\}$ 中的数字可以组成多少个长度为 5 的严格增序列？

（b）由 $\{1,2,3,4,5,6,7,8\}$ 中的数字可以组成多少个长度为 5 的非降序列？

解. （a）任何一个 $\{1,2,3,4,5,6,7,8\}$ 的 5-子集都对应一个长度为 5 的严格增序列，因此满足题意的序列总数为 $\mathrm{C}(8,5)=56$。

（b）任何一个 $\{1,2,3,4,5,6,7,8\}$ 的长度为 5 的非降序列都对应一个可重复的 5-组合，因此满足题意的序列总数为 $\mathrm{C}(8+5-1,5)=792$。

1.3.3　鸽巢原理

鸽巢原理（pigeonhole principle）是组合数学中最简单也是最基本的原理，也称作**狄利克雷抽屉原理**（**Dirichlet's drawer principle**）。因为狄利克雷（Dirichlet，1805—1859）首先明确提出抽屉原理并用以证明一些数论中的问题。

定理 1.21　（鸽巢原理）若有 n 个鸽巢，$n+1$ 只鸽子，则至少有一个巢内有至少两只鸽子。

该定理也常被表述为：若 $n+1$ 个苹果放在 n 个抽屉中，则至少有一个抽屉至少有两个苹果。

【例 1.48】　有 3 个子女的家庭中一定有两个孩子是同一性别。

证明. 两种性别作为"抽屉"，3 个孩子作为"苹果"，一定至少有一个抽屉里面有两

只苹果。

【例 1.49】 假设在一个盒子里面有 10 双黑色袜子、12 双蓝色袜子和 8 双红色袜子，那么拿出 4 只袜子一定可以保证有同色的两只。

【例 1.50】 367 人中至少有 2 人的生日相同。

【例 1.51】 证明：在 1~10 中选取 6 个数，则其中必定有两个数的和是 11。

证明. 将 10 个数分为 5 组（5 个抽屉）：$\{1, 10\}$，$\{2, 9\}$，$\{3, 8\}$，$\{4, 7\}$ 和 $\{5, 6\}$。于是任选 6 个数（6 个苹果）都必然存在两个数在同一组中，它们的和就是 11。

【例 1.52】 证明：任意 12 个整数中一定存在两个整数，其差是 11 的倍数。

证明. 任何一个整数模 11 的余数都只有 11 种：0, 1, 2, $\cdots$, 10。于是任意的 12 个整数中必定存在两个整数模 11 的余数相同，它们的差就是 11 的倍数。

【例 1.53】 一次酒会上有 n 名来宾，其中一些来宾相互握手致意，已知没有人和自己握手，两人之间至多只握一次手。证明：一定有两名来宾的握手次数相同。

证明. 将来宾作为"苹果"，握手的次数作为"抽屉"。

每名来宾的握手次数最多为 $n-1$，最少为 0。但是不可能既有来宾握手次数为 $n-1$ 又有来宾握手次数为 0：假如有来宾握手次数为 $n-1$，则说明他与其他任何一名来宾都握过手，那么不可能有来宾没有与其他人握过手；反过来，假如有来宾握手次数为 0，则说明他与其他任何一名来宾都没有握过手，那么不可能有来宾与其他人都握过手。

因此抽屉的个数最多为 $n-1$，苹果的个数为 n，必定有两个苹果在同一个抽屉中，即必定有两名来宾的握手次数相同。

【例 1.54】 任意 7 个不同实数中必定存在两个实数 x 和 y，使得 $0 < \dfrac{x-y}{1+xy} < \dfrac{1}{\sqrt{3}}$。

证明. 首先，对于给定任何实数 x，总能找到唯一的实数 θ，$-\dfrac{\pi}{2} < \theta < \dfrac{\pi}{2}$，使得 $\tan\theta = x$。所以，给定了 7 个不同的实数 n_1, n_2, $\cdots$, n_7，总可以在区间 $\left(-\dfrac{\pi}{2}, \dfrac{\pi}{2}\right)$ 中找到 7 个不同的实数 θ_1, θ_2, $\cdots$, θ_7 使得 $n_1 = \tan\theta_1$，$n_2 = \tan\theta_2$，$\cdots$，$n_7 = \tan\theta_7$。

将区间 $\left(-\dfrac{\pi}{2}, \dfrac{\pi}{2}\right)$ 分为 6 个子区间：$\left(-\dfrac{\pi}{2}, -\dfrac{\pi}{3}\right)$，$\left[-\dfrac{\pi}{3}, -\dfrac{\pi}{6}\right)$，$\left[-\dfrac{\pi}{6}, 0\right)$，$\left[0, \dfrac{\pi}{6}\right)$，$\left[\dfrac{\pi}{6}, \dfrac{\pi}{3}\right)$ 和 $\left[\dfrac{\pi}{3}, \dfrac{\pi}{2}\right)$，$\theta_1$, θ_2, $\cdots$, θ_7 中必定有两个实数 θ_i 和 θ_j（$\theta_i > \theta_j$）在同一区间中，于是 $\tan 0 < \tan\left(\theta_i - \theta_j\right) < \tan\dfrac{\pi}{6}$，即

$$0 = \tan 0 < \tan\left(\theta_i - \theta_j\right) = \frac{\tan\theta_i - \tan\theta_j}{1 + \tan\theta_i \tan\theta_j} = \frac{n_i - n_j}{1 + n_i n_j} < \tan\frac{\pi}{6} = \frac{1}{\sqrt{3}}$$

定理 1.22 （一般性鸽巢原理）设 m_1, m_2, $\cdots$, m_n 都是正整数，并有 $m_1 + m_2 + \cdots + m_n - n + 1$ 只鸽子住进 n 个鸽巢，则至少对某个 i 有：第 i 个巢中至少有 m_i 只鸽子，$i = 1, 2, \cdots, n$。

证明. 如若不然，则对任一 i，都有：第 i 个巢中的鸽子数不超过 $m_i - 1$。于是鸽子总数至多是 $m_1 + m_2 + \cdots + m_n - n$，与假设相矛盾。

注：定理 1.21 是这一原理的特殊情况，即 $m_1=m_2=\cdots=m_n=2$，$m_1+m_2+\cdots+m_n-n+1=n+1$。

推论 1　m 只鸽子住进 n 个巢，且 $m-1=q\cdot n+r$，其中 q 和 r 是整数，且 $0\leqslant r<n$，则至少有一个巢里有 $q+1$ 只鸽子。

推论 2　$n(m-1)+1$ 只鸽子住进 n 个巢，至少有一个巢内至少有 m 只鸽子。

推论 3　若 m_1，m_2，$\cdots$，m_n 是正整数，且 $\dfrac{m_1+m_2+\cdots+m_n}{n}>r-1$，则 $m_1,m_2,\cdots,m_n$ 中至少有一个不小于 r。

【例 1.55】　如果小张在 15 天内作了 170 道习题，那么他一定有某一天做了至少 12 道习题。

证明.　$170-1=169=11\times15+4$，由推论 1 即得。　□

【例 1.56】　在如图 1.10（a）所示的边长为 $\sqrt{3}$ 的正六边形中任意放置 19 个点，则其中必有两点之间的距离不超过 1。

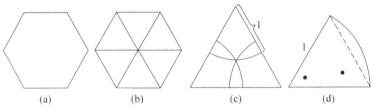

（a）　　　　　（b）　　　　　（c）　　　　　（d）

图 1.10　例 1.56 用图

证明.　按图 1.10(b)所示方法将正六边形划分为 6 个边长为 $\sqrt{3}$ 的正三角形，则 19 个点中必定有 4 个点在同一个正三角形中（包括边界）。

再将该三角形按图 1.10(c)所示方法分为 3 个圆心角为 60° 的扇形（不必互不相交），则这 4 个点中至少存在两点在同一个扇形中（包括边界），例如图 1.10（d）所示的这两个点之间的距离必然不超过 1。　□

【例 1.57】　（Erdös-Szekeres 定理）每个由 $mn+1$ 个互不相等的实数组成的序列中，必定含有一个至少由 $n+1$ 项组成的递增子序列，或有一个至少由 $m+1$ 项组成的递减子序列。

证明.　假设序列是 $a_1, a_2, ..., a_{mn+1}$，从 a_k 开始的最长的递增子序列的长度记为 l_k。如果 $l_k=r$，那么就把 a_k 放入标号为 r 的盒子。

如果不存在含有一个 $n+1$ 的递增子序列，那么盒子的标号只需要 $1\sim n$。

由鸽巢原理，将 $mn+1$ 个元素 $a_1, a_2, \cdots, a_{mn+1}$ 放入这些盒子里，至少有一个盒子里有 $m+1$ 个元素，这 $m+1$ 个元素组成一个递减子序列——因为如果有 $a_i<a_j$，则将 a_i 加到以 a_j 开始的最长的递增子序列前面，可以得到一个从 a_i 开始且长度为 l_j+1 的递增子序列，与 $l_i=l_j$（即 a_i 和 a_j 在同一个盒子里）产生矛盾。　□

注：这一结果是最好的。令$[a, b]$表示序列$(a, a+1, \cdots, b)$，考虑 $I_1, I_2, \cdots, I_m$，其中 $I_k=[(m-k)\times n+1, (m+1-k)\times n]$，这个序列由 mn 个不同的整数组成，而它既没有 $n+1$ 项的递增子序列也没有 $m+1$ 项的递减子序列。例如，$n=4, m=3$ 时，序列是 9, 10, 11, 12, 5, 6, 7, 8, 1, 2, 3, 4。

下面这个例子没有直接使用鸽巢原理，但是其本质思想是和鸽巢原理类似的。

【例 1.58】　假设计算机科学实验室有 15 台工作站和 10 台服务器。可以用一条电缆直接把工作站连到服务器。同一时刻只有一条到服务器的直接连接是有效的。希望保证在任何时候任何一组不超过 10 个工作站都可以通过直接连接同时访问不同的服务器。达到这个目标所需要的最少直接连线的数目是多少？

解．将工作站标记为 $W_1, W_2, \cdots, W_{15}$，服务器标记为 $S_1, S_2, \cdots, S_{10}$。

对于 $k=1, 2, \cdots, 10$，连接 W_k 到 S_k；并且 $W_{11}, W_{12}, W_{13}, W_{14}$ 和 W_{15} 中的每个工作站都连接到所有的 10 个服务器，总共 60 条直接连接。

任何一组 10 个工作站，组里工作站 $W_i(1{\leqslant}i{\leqslant}10)$ 可以直接访问服务器 S_j，而工作站 $W_j(j{\geqslant}11)$ 可以访问任意服务器。

如果工作站和服务器之间直接连接少于 60 条，那么一定存在某个服务器至多连接 5 个工作站（否则至少需要 (5+1)×10=60 条电缆）。除去这 5 个工作站后的其他 10 个工作站都无法访问这个服务器。

从而得到答案是 60。

1.3.4　有限集的计数——容斥原理

【例 1.59】　回顾例 1.8，设全集 $U=\{0, 1, \cdots, 9\}$，集合 $A=\{0, 1, 2, 3\}$，$B=\{1, 3, 5, 7, 9\}$，则 $A{\cap}B = \{1, 3\}$，$A{\cup}B = \{0, 1, 2, 3, 5, 7, 9\}$，$A{-}B = \{0, 2\}$，$B{-}A = \{5, 7, 9\}$，$\bar{A}=\{4, 5, 6, 7, 8, 9\}$，$\bar{B}=\{0, 2, 4, 6, 8\}$，$A{\oplus}B = \{0, 2, 5, 7, 9\}$。使用维恩图表示如图 1.11 所示。

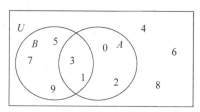

图 1.11　例 1.59 用图

可以看到 $|A{\cup}B|=7$，$|A{\cap}B|=2$，$|A|=4$，$|B|=5$，这 4 个值之间有如下关系：
$$|A|+|B|-|A{\cap}B|=4+5-2=7=|A{\cup}B|$$
这并非偶然现象，而是一般性原理。

定理 1.23　设 A、B 为两个有限集，则
$$|A{\cup}B|=|A|+|B|-|A{\cap}B|$$

证明．显然，若 A 和 B 没有共同的元素，即 $A{\cap}B=\varnothing$，则 $|A_1{\cup}A_2|=|A_1|+|A_2|$（事实上，这就是加法法则的集合论表示）。

若 $A{\cap}B{\neq}\varnothing$，由 $A{\cup}B=(A{-}B){\cup}B$ 且 $(A{-}B){\cap}B=\varnothing$，及 $A=(A{-}B){\cup}(A{\cap}B)$ 且 $(A{-}B){\cap}(A{\cap}B)=\varnothing$，有 $|A{\cup}B|=|A{-}B|+|B|$ 及 $|A|=|A{-}B|+|A{\cap}B|$，即 $|A{\cup}B|=|A|+|B|-|A{\cap}B|$。　　□

推论　设 U 为全集且元素数有限，$A{\subseteq}U$，则 $|\bar{A}|=|U|-|A|$。

证明. $|U| = \left|A \cup \overline{A}\right| = \left|A \cup \overline{A}\right| = |U| = |A| + |\overline{A}| - |A \cap \overline{A}| = |A| + |\overline{A}| - 0$，整理即得。 □

定理 1.23 也称作**容斥原理**（inclusion-exclusion principle），其含义也可以解释为：若 S 为一有限集，P_1、P_2 分别表示两种性质，对于 S 中的任一元素只能为下面 4 种情况之一：

（1）只具有性质 P_1。

（2）只具有性质 P_2。

（3）同时具有性质 P_1 和 P_2。

（4）P_1、P_2 两种性质都不具有。

如用 A_1 表示 S 中具有性质 P_1 的元素的集合，A_2 表示 S 中具有性质 P_2 的元素的集合，则 $\overline{A_1}$ 和 $\overline{A_2}$ 就分别表示 S 中不具有性质 P_1 元素的集合和不具有性质 P_2 的元素的集合。于是有

$$\left|\overline{A_1} \cap \overline{A_2}\right| = |S| - (|A_1| + |A_2| - |A_1 \cap A_2|)$$
$$|A_1 \cup A_2| = |A_1| + |A_2| - |A_1 \cap A_2|$$

【例 1.60】 有多少个以 1 开始或者以 00 结尾的长度为 8 的 0-1 序列？

解. 以 1 开始的长度为 8 的 0-1 序列有 $2^7 = 128$ 个。

以 00 结尾的长度为 8 的 0-1 序列有 $2^6 = 64$ 个。

以 1 开始且以 00 结尾的长度为 8 的 0-1 序列有 $2^5 = 32$ 个。

由容斥原理，满足题意的序列有 128+64–32=160 个。

【例 1.61】 某班 40 名同学中，有 20 人喜欢篮球，15 人喜欢足球，5 人既喜欢篮球又喜欢足球。问：（a）既不喜欢篮球又不喜欢足球的同学有多少人？（b）只喜欢篮球的同学有多少人？

解. 设该班喜欢篮球的同学的集合为 B，喜欢足球的同学的集合为 F，由题意有 $|B|=20$，$|F|=15$，$|B \cap F|=5$。

（a）$|\overline{B} \cap \overline{F}| = 40 - (|B| + |F| - |B \cap F|)$

$\qquad = 40 - (20 + 15 - 5)$

$\qquad = 10$

故既不喜欢篮球又不喜欢足球的同学有 10 人。

（b）由于 $(B \cap F) \cup (B \cap \overline{F}) = B \cap (F \cup \overline{F}) = B \cap U = B$，而且 $(B \cap F) \cap (B \cap \overline{F}) = \varnothing$，因此 $|B - F| = |B \cap \overline{F}| = |B| - |B \cap F| = 20 - 5 = 15$，即只喜欢篮球的同学有 15 人。

定理 1.23 可以推广到 3 个有限集元素的计数问题。

定理 1.24 设 A、B、C 是有限集合，则

$$|A \cup B \cup C| = |A| + |B| + |C| - |A \cap B| - |B \cap C| - |A \cap C| + |A \cap B \cap C|$$

证明. $|A \cup B \cup C|$

$\qquad = |A| + |B \cup C| - |A \cap (B \cup C)|$ （结合律、定理 1.23）

$\qquad = |A| + |B \cup C| - |(A \cap B) \cup (A \cap C)|$ （分配律）

$\qquad = |A| + |B| + |C| - |B \cap C| - (|A \cap B| + |A \cap C| - |(A \cap B) \cap (A \cap C)|)$ （定理 1.23）

$$= |A|+|B|+|C|-|B \cap C|-(|A \cap B|+|A \cap C|-(A \cap A) \cap (B \cap C)|) \quad \text{(交换律、结合律)}$$
$$= |A|+|B|+|C|-|A \cap B|-|B \cap C|-|A \cap C|+|A \cap B \cap C| \quad \text{(幂等律)} \quad \square$$

【例 1.62】 一个培训班只有 3 门课程：数学、作文、英语。已知修这 3 门课的学生分别有 170 人、130 人、120 人，同时修数学、作文两门课的有 50 人，同时修数学、英语的有 20 人，同时修作文、英语的有 25 人，同时修 3 门课程的有 5 人。问：（a）培训班共有多少学生？（b）只修了数学的学生有多少名？

解. 令 M 为修数学的学生集合，C 为修作文的学生集合，E 为修英语的学生集合，则

$$|M|=170, |C|=130, |E|=120, |M \cap C|=50, |M \cap E|=20, |C \cap E|=25, |M \cap C \cap E|=5$$

（a）$|U|=|M \cup C \cup E|=|M|+|C|+|E|-|M \cap C|-|M \cap E|-|C \cap E|+|M \cap C \cap E|=330$，即培训班有 330 名学生。

（b）由 $|M \cap (C \cup E)| = |(M \cap C) \cup (M \cap E)| = |M \cap C|+|M \cap E|-|M \cap C \cap M \cap E| = 50+20-5=65$，有 $|M \cap \bar{C} \cap \bar{E}| = |M \cap \overline{(C \cup E)}| = |M|-|M \cap (C \cup E)|=170-65=105$。

【例 1.63】 软件学院有 20 名教师，可供他们选修的第二外语是日语、法语和德语。已知有 5 人选修日语，8 人选修法语，10 人选修德语，而且其中 3 人同时选修了这 3 门外语，请计算至少有多少人一门外语也没有选修。

解. 设 A、B、C 分别表示选修日语、法语和德语的人。因此 $|A|=5, |B|=8, |C|=10$，$|A \cap B \cap C|=3$。由 $|A \cap B| \geq |A \cap B \cap C|$，$|B \cap C| \geq |A \cap B \cap C|$，$|B \cap C| \geq |A \cap B \cap C|$ 得到：

$$|A \cup B \cup C| = |A|+|B|+|C|-|A \cap B|-|B \cap C|-|A \cap C|+|A \cap B \cap C|$$
$$\leq |A|+|B|+|C|-2|A \cap B \cap C|$$
$$= 5+8+10-2 \times 3=17$$

至少有 3 人一门都没有选修。

容斥原理还可以进一步推广到 m 个有限集的计数问题上。

定理 1.25 设 $A_1, A_2, \cdots, A_m$ 为 m 个有限集，则
$$|A_1 \cup A_2 \cup \cdots \cup A_m|$$
$$= \sum_{i=1}^{m} |A_i| - \sum_{1 \leq i<j \leq m} |A_i \cap A_j| + \sum_{1 \leq i<j<k \leq m} |A_i \cap A_j \cap A_k| - \cdots + (-1)^{m-1} |A_1 \cap A_2 \cap \cdots \cap A_m|$$

证明.（使用数学归纳法）

（1）当 $m=2$ 时结论成立（定理 1.23）。

（2）假设定理 1.25 对 m 个有限集成立，对于 $m+1$ 个有限集：

$$|A_1 \cup A_2 \cup \cdots \cup A_m \cup A_{m+1}|$$
$$= |A_1 \cup A_2 \cup \cdots \cup A_m| + |A_{m+1}| - |(A_1 \cup A_2 \cup \cdots \cup A_m) \cap A_{m+1}|$$
$$= |A_1 \cup A_2 \cup \cdots \cup A_m| + |A_{m+1}| - |(A_1 \cap A_{m+1}) \cup (A_2 \cap A_{m+1}) \cup \cdots \cup (A_m \cap A_{m+1})|$$
$$= \left(\sum_{i=1}^{m} |A_i| - \sum_{1 \leq i<j \leq m} |A_i \cap A_j| + \sum_{1 \leq i<j<k \leq m} |A_i \cap A_j \cap A_k| - \cdots + (-1)^{m-1} |A_1 \cap A_2 \cap \cdots \cap A_m| \right)$$

$$+|A_{m+1}|-\left(\sum_{i=1}^{m}|A_i\cap A_{m+1}|-\sum_{1\leq i<j\leq m}|A_i\cap A_j\cap A_{m+1}|\right.$$

$$\left.+\sum_{1\leq i<j<k\leq m}|A_i\cap A_j\cap A_k\cap A_{m+1}|-\cdots+(-1)^{m-1}|A_1\cap A_2\cap\cdots\cap A_m\cap A_{m+1}|\right)$$

$$=\sum_{i=1}^{m+1}|A_i|-\sum_{1\leq i<j\leq m+1}|A_i\cap A_j|+\sum_{1\leq i<j<k\leq m+1}|A_i\cap A_j\cap A_k|-\cdots+(-1)^m|A_1\cap A_2\cap\cdots\cap A_{m+1}|$$

综合（1）、（2）可知定理 1.25 成立。 □

定理 1.26 设 S 为有穷集，P_1, P_2, $\cdots$, P_m 是 m 种性质，A_i 是 S 中具有性质 P_i 的元素构成的子集，$i=1, 2, \cdots, m$。则 S 中不具有性质 P_1, P_2, $\cdots$, P_m 的元素数为

$$|\overline{A_1}\cap\overline{A_2}\cap\cdots\cap\overline{A_m}|$$

$$=|S|-\sum_{i=1}^{m}|A_i|+\sum_{1\leq i<j\leq m}|A_i\cap A_j|-\sum_{1\leq i<j<k\leq m}|A_i\cap A_j\cap A_k|+\cdots+(-1)^m|A_1\cap A_2\cap\cdots\cap A_m|$$

1.3.5 递推关系

定义 1.23 设序列为 a_0, a_1, $\cdots$, a_n, $\cdots$。一个把 a_n 与某个或某些 $a_i(i<n)$ 联系起来的等式叫做关于序列 $\{a_n\}$ 的**递推关系**（**recurrence relation**）。当给定递推关系和适当的初值后就唯一确定了序列。

【例 1.64】 阶乘数列 $1, 2, 6, 24, 120, \cdots$，其递推关系为 $F(n)=nF(n-1)$，初值 $F(1)=1$。

【例 1.65】 法国数学家卢卡斯（Edouard Lucas）在 1883 年提出了一个数学游戏：传说在世界中心贝拿勒斯（在印度北部）的圣庙里，一块黄铜板上有 3 根宝石柱。印度教的主神大梵天在创造世界的时候，在其中一根柱上从下到上地穿好了由大到小的 64 片金盘。大梵天命令僧侣们将圆盘从下面开始按大小顺序重新摆放在另一根柱子上，并且规定，在小圆盘上不能放大圆盘，在 3 根柱子之间一次只能移动一个圆盘。预言说当这些盘子移动完毕时，世界就将在一声霹雳中消灭，而梵塔、庙宇和众生也都将同归于尽。

这个传说又称作梵天寺之塔问题（Tower of Brahma puzzle），而且有若干变体：其一是寺院的地点位于越南河内，因此该问题也常被称作"河内塔"或音译为"汉诺塔"（Tower of Hanoi）。

下面考虑该问题的一般形式：假设有 n 个圆盘，最初自下而上、自大而小地穿在 A 柱上（如图 1.12 所示），每次按规则移动一个圆盘，最终将所有圆盘移动到 C 柱上。

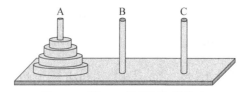

图 1.12 例 1.65 的问题初始状态

注意到其中最大的盘子位于 A 柱的最底部（图 1.13（a）），而要将其移动到 C 柱，必须如图 1.13(b)所示先将 A 柱上所有其他盘子移到 B 柱上（这是一个类似于自己的子问题）；接着如图 1.13(c)所示将最大的盘子从 A 柱移到 C 柱，之后不必再管它；最后再如图 1.13（d）所示将刚才移到 B 柱上的盘子移到 C 柱上（这又是一个子问题）。

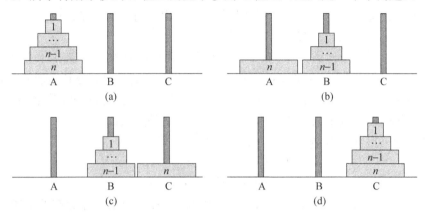

图 1.13 例 1.65 的算法示意

算法的形式化描述如下：

汉诺塔的递归算法 Hanoi (*n*, source, dest, by)

输入：圆盘数 *n*。

```
1    If (n=1) then
1.1      Print (Move disk from source to dest)
2    Else
2.1      Hanoi (n−1, source, by, dest)
2.2      Print (Move disk from source to dest)
2.3      Hanoi (n−1, by, dest, source)
```

用 $T(n)$ 表示移动 n 个圆盘所需要的步数。根据算法先把前面 $n-1$ 个盘子转移到 B 上，然后把第 n 个盘子转到 C 上，最后再一次将 B 上的 $n-1$ 个盘子转移到 C 上。得到递推关系 $T(n)=2T(n-1)+1$。

为求解 $T(n)=2T(n-1)+1$，$T(1)=1$。可使用倒推法：

$$
\begin{aligned}
T(n) &= 2T(n-1)+1 \\
&= 2(2T(n-2)+1)+1 = 2^2 T(n-2)+2+1 \\
&= 2^2(2T(n-3)+1)+2+1 = 2^3 T(n-3)+2^2+2+1 \\
&\vdots \\
&= 2^{n-1}T(1)+2^{(n-1)-1}+\cdots+2^2+2+1 \\
&= 2^{n-1}+2^{(n-1)-1}+\cdots+2^2+2+1 \\
&= 2^n-1
\end{aligned}
$$

回到最初的汉诺塔问题，要将 64 片金盘重新摆放在另一根柱子上，最少需要 $2^{64}-1$ 步，即使僧侣每秒移动一步而且每次移动都用了正确的方法，那么也需要 5.8×10^{11} 年，即5千多亿年！

下面再给出递推关系的另一个经典例子。

【例 1.66】 13 世纪时，意大利数学家斐波那契（Fibonacci，1170—1250）在名为《算盘书》的数学著作中提出了著名的"兔子问题"：假定最初有新生的雌雄兔子一对，除了本月新生的兔子外，每对兔子每个月都可以生出一对新的兔子；而且假定兔子永远不会死，请问 n 个月后一共有多少对兔子？

设满 n 个月时兔子对数为 f_n，其中当月新生兔数目设为 N_n 对，第 $n-1$ 个月存活的兔子数目设为 O_n 对，则有 $f_n = N_n + O_n$。而 $O_n = f_{n-1}$，$N_n = f_{n-2}$，由此得到递推关系 $f_n = f_{n-1} + f_{n-2}$，初值 $f_1 = 1$，$f_2 = 1$。这个序列 1, 1, 2, 3, 5, 8, … 称作斐波那契数列，它有着许多应用。

这类递推关系形式上具有特殊性，下面给出严格的定义。

定义 1.24 假设序列 $a_0, a_1, \cdots, a_n, \cdots$ 的递推关系满足

$$\begin{cases} a_n + c_1 a_{n-1} + c_2 a_{n-2} + \cdots + c_k a_{n-k} = 0 \\ a_0 = d_0, a_1 = d_1, \cdots, a_{k-1} = d_{k-1} \end{cases}$$

其中 $c_1, c_2, \cdots, c_k$ 及 $d_0, d_1, \cdots, d_{k-1}$ 都是常数，$c_k \neq 0$，则称这个方程为 **k 阶常系数线性齐次递推关系**（**linear homogeneous relation of degree k**），$d_0, d_1, \cdots, d_{k-1}$ 为初值。$c(x) = x^k + c_1 x^{k-1} + \cdots + c_{k-1} x + c_k$ 称为该序列的**特征多项式**（**characteristic equation**），其根称为**特征根**（**characteristic root**）。

例如，$\begin{cases} b_n = 2b_{n-1} \\ b_0 = 1 \end{cases}$、$\begin{cases} a_n - 4a_{n-1} + 4a_{n-2} = 0 \\ a_0 = 1, a_1 = 3 \end{cases}$ 都是常系数线性齐次递推关系。

下面给出 2 阶常系数线性齐次递推关系的解法。

假设 α、β 是 $a_n = c_1 a_{n-1} + c_2 a_{n-2}$ 的特征方程 $x^2 - c_1 x - c_2 = 0$ 的两个根，即 $a_n = (\alpha + \beta)a_{n-1} - (\alpha\beta)a_{n-2}$，容易验证有 $a_n - \alpha a_{n-1} = \beta(a_{n-1} - \alpha a_{n-2})$。递推可以得到 $a_n - \alpha a_{n-1} = \beta(a_{n-1} - \alpha a_{n-2}) = \beta^2(a_{n-2} - \alpha a_{n-3}) = \cdots = \beta^{n-1}(a_1 - \alpha a_0)$。由此倒推得到 $a_n - \alpha^n a_0 = (\beta^{n-1} + \alpha\beta^{n-2} + \alpha^2\beta^{n-3} + \cdots + \alpha^{n-1})(a_1 - \alpha a_0)$，有：

当 $\alpha \neq \beta$ 时，$a_n - \alpha^n a_0 = \dfrac{\alpha^n - \beta^n}{\alpha - \beta}(a_1 - \alpha a_0)$，即 $a_n = \dfrac{(a_1 - \beta a_0)}{\alpha - \beta}\alpha^n + \dfrac{(a_1 - \alpha a_0)}{\beta - \alpha}\beta^n$。

当 $\alpha = \beta$ 时，$a_n - \alpha^n a_0 = n\alpha^{n-1}(a_1 - \alpha a_0)$，即 $a_n = a_0\alpha^n + (a_1 - \alpha a_0)n\alpha^{n-1}$。

【例 1.67】 递推关系 $f_n = f_{n-1} + f_{n-2}$ 的特征方程是 $x^2 - x - 1 = 0$，两个互异的特征根是 $\dfrac{1 + \sqrt{5}}{2}$，$\dfrac{1 - \sqrt{5}}{2}$。由初值 $f_1 = 1$，$f_2 = 1$ 可得 $f_0 = 0$，代入上述公式可得

$$f_n = \frac{1}{\sqrt{5}}\left(\frac{1 + \sqrt{5}}{2}\right)^n - \frac{1}{\sqrt{5}}\left(\frac{1 - \sqrt{5}}{2}\right)^n$$

【例 1.68】 递推关系 $\begin{cases} a_n - 4a_{n-1} + 4a_{n-2} = 0 \\ a_0 = 1, a_1 = 3 \end{cases}$ 的特征方程是 $x^2 - 4x + 4 = 0$，特征根是 2（二重），由初值 $a_0 = 1$，$a_1 = 3$ 代入得到 $a_n = 2^n + n2^{n-1}$。

【例 1.69】 使用多米诺（dominos）骨牌，即 1×2 的小方格，覆盖 $2 \times n$ 的方格棋盘，有多少种不同的方式？

解. 假设覆盖 2×n 的方格棋盘的不同方式数为 S_n。

考虑覆盖最左上角的小方格，必定是图 1.14（a）或(b)的情况。在（a）的情况下，继续覆盖完方格棋盘共有 S_{n-2} 种不同方式；在(b)的情况下，继续覆盖完方格棋盘共有 S_{n-1} 种不同方式。

初值是 S_1=1，S_2=2，因此 S_n 就是第 n+1 个斐波那契数。

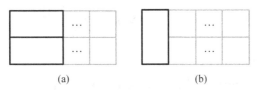

(a)　　　　　　　　　　　(b)

图 1.14　例 1.69 用图

考虑一个问题：家中阳台上有 10 盆不同的花，为保持新鲜感，希望每天重新摆放，使得每盆花都不在第一天放的位置。那么最多可以连续多少天每天摆法都不同？

这就是错排问题的一个具体实例。若一个 n 元素的全排列中所有的元素都不在本来的位置上，那么就称这个全排列为原排列的一个**错排（derangement）**。一个形式化的表述是：若 1–n 的一个全排列 $\sigma_1\sigma_2\cdots\sigma_n$ 满足 $\sigma_i\neq i$ 对所有 $1\leq i\leq n$ 成立，则称 $\sigma_1\sigma_2\cdots\sigma_n$ 为 1–n 的一个错排。

法国数学家德·蒙特莫特（Pierre Rémond de Montmort, 1678—1719）在 1708 年最早提出了这个问题，并在 1713 年解决；尼古拉·伯努利（Nicholas Bernoulli）和欧拉也研究过这个问题，因此这个问题也称作"伯努利-欧拉错装信封问题"（Bernoulli-Euler problem of the misaddressed letters）——某人给 n 个朋友写信，邀请他们来家中聚会，结果粗心的他却把请柬全都装错了信封。请问有多少种全部装错信封的情况？

n 个元素的错排的个数记为 $D(n)$ 或 $d(n)$ 或!n，称作**错排数**或**德·蒙特莫特数**。下面通过两种方法计算 $D(n)$ 的具体值。

方法 1：建立递推关系。

第 1 步，选择第 n 个元素的位置，共有 n–1 种方法（假定放在编号为 k 的位置）。

第 2 步，选择第 k 个元素的位置，有两种可能：第 k 个元素放在编号为 n 的位置，此时剩下的 n–2 个元素进行错排即可（图 1.15（a）），方案数是 $D(n-2)$；或者第 k 个元素不在编号为 n 的位置，此时把编号为 n 的位置视作编号为 k 的位置，将 n–1 个元素进行错排即可（图 1.15（b）），方案数是 $D(n-1)$。

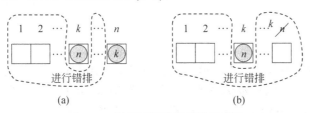

(a)　　　　　　　　　　　(b)

图 1.15　错排问题递推关系示意图

由此得到递推关系 $D(n)=(n-1)(D(n-2)+D(n-1))$，很容易得到初值 $D(1)$=0 和 $D(2)$=1。

令 $N(k)=D(k)/k!$，$k\geq 1$，则整理得到 $(N(k)-N(k-1)) = -(N(k-1)-N(k-2))/k$。于是：

$$N(k)-N(k-1)=-\frac{N(k-1)-N(k-2)}{k}=\frac{N(k-2)-N(k-3)}{k(k-1)}$$

$$=\frac{-(N(2)-N(1))(-1)^{k-1}}{k(k-1)\cdots\times 2}=\frac{(-1)^{k}}{k!}$$

因此 $N(n)=(N(n)-N(n-1))+(N(n-1)-N(n-2))+\cdots+(N(2)-N(1))+N(1)$，得到

$$D(n)=n!N(n)=n!\sum_{i=0}^{n}\frac{(-1)^{i}}{i!}$$

方法 2：应用容斥原理。

n 个元素的全排列有 $n!$ 个，用集合 A_k 表示第 k 个位置是第 k 个元素（即元素 k 没有发生错排）的所有排列，则易得

$|A_i|=(n-1)!$，$1\leqslant i\leqslant n$

$|A_i\cap A_j|=(n-2)!$，$1\leqslant i<j\leqslant n$

$|A_i\cap A_j\cap A_k|=(n-3)!$，$1\leqslant i<j<k\leqslant n$

$\vdots$

$|A_1\cap A_2\cap\cdots\cap A_n|=0!$

则由容斥原理（定理 1.26）也可以得到 $D(n)=n!+\sum_{i=1}^{n}(-1)^{i}\binom{n}{i}(n-i)!$。

1.4 布尔矩阵及其运算

定义 1.25 一个布尔矩阵（**Boolean matrix**）或位矩阵（**bit matrix**）是一个元素为 0 或 1 的矩阵。

定义 1.26 设 $A=[a_{ij}]$ 是一个 $m\times n$ 的布尔矩阵，则定义其补（**complement**）为 $\overline{A}=[\overline{a_{ij}}]=[1-a_{ij}]$。

定义 1.27 设 $A=[a_{ij}]$ 和 $B=[b_{ij}]$ 是两个 $m\times n$ 的布尔矩阵，则定义

（a）A 和 B 的并（**join**）为 $A\vee B=C=[c_{ij}]$，其中 $c_{ij}=\begin{cases}1,&\text{若 }a_{ij}=1\text{或}b_{ij}=1\\0,&\text{若 }a_{ij}=0\text{且}b_{ij}=0\end{cases}$。

（b）A 和 B 的交（**meet**）为 $A\wedge B=D=[d_{ij}]$，其中 $d_{ij}=\begin{cases}1,&\text{若 }a_{ij}=1\text{且}b_{ij}=1\\0,&\text{若 }a_{ij}=0\text{或}b_{ij}=0\end{cases}$。

注：

（a）布尔矩阵的并和交可以扩展到多个布尔矩阵上。

（b）把一个元素看作 1×1 的矩阵，则也可以定义元素间的并和交。

定义 1.28 设 $A=[a_{ij}]$ 是 $m\times n$ 的布尔矩阵，$B=[b_{ij}]$ 是 $n\times r$ 的布尔矩阵，则定义 A 和 B 的布尔积（**Boolean product**）为 $A\odot B=C=[c_{ij}]$，其中

$$c_{ij}=\begin{cases}1,&\text{若存在}k,1\leqslant k\leqslant n,\text{ 使得}a_{ik}=1\text{且}b_{kj}=1\\0,&\text{若所有}k,1\leqslant k\leqslant n,\ a_{ik}\times b_{kj}=0\end{cases}$$

如果将布尔矩阵的元素看作普通的数值，则元素之间可以进行普通的数值运算，矩阵也可以进行通常的加法、乘法运算。于是有如下定理。

定理 1.27　设 $A=[a_{ij}]$ 和 $B=[b_{ij}]$ 是两个 $m \times n$ 的布尔矩阵，则

（a）$A \vee B = C = [c_{ij}]$，其中 $c_{ij} = a_{ij} + b_{ij} - a_{ij}b_{ij}$。

（b）$A \wedge B = D = [d_{ij}]$，其中 $d_{ij} = a_{ij}b_{ij}$。

（c）设 $A+B=E=[e_{ij}]$，则 $A \vee B = C = [c_{ij}]$，其中 $c_{ij} = \begin{cases} 1, & \text{若 } e_{ij} > 0 \\ 0, & \text{若 } e_{ij} = 0 \end{cases}$。

（d）设 $A+B=E=[e_{ij}]$，则 $A \wedge B = D = [d_{ij}]$，其中 $d_{ij} = \begin{cases} 1, & \text{若 } e_{ij} = 2 \\ 0, & \text{若 } e_{ij} < 2 \end{cases}$。

设 $A=[a_{ij}]$ 是 $m \times n$ 的布尔矩阵，$B=[b_{ij}]$ 是 $n \times r$ 的布尔矩阵．则

（e）设 $A \times B = F = [f_{ij}]$，则 $A \odot B = G = [g_{ij}]$，其中 $g_{ij} = \begin{cases} 1, & \text{若 } f_{ij} > 0 \\ 0, & \text{若 } f_{ij} = 0 \end{cases}$。

证明：只证明（e），余者由定义很容易证明。

（e）$g_{ij}=1$ 当且仅当存在 k 使得 $a_{ik}=b_{kj}=1$，而 $f_{ij} = \sum_{k} a_{ik}b_{kj} \geq 1$ 当且仅当存在 k 使得 $a_{ik}>0$ 且 $b_{kj}>0$。于是 $g_{ij}=1$ 当且仅当 $f_{ij}>0$。□

【例 1.70】　设布尔矩阵 $A = \begin{pmatrix} 1 & 1 & 0 & 1 \\ 1 & 0 & 0 & 0 \\ 0 & 1 & 0 & 1 \\ 0 & 0 & 0 & 0 \end{pmatrix}$，$B = \begin{pmatrix} 0 & 1 & 1 & 0 \\ 1 & 1 & 0 & 1 \\ 0 & 0 & 0 & 0 \\ 0 & 0 & 0 & 1 \end{pmatrix}$，则

$$A + B = \begin{pmatrix} 1 & 2 & 1 & 1 \\ 2 & 1 & 0 & 1 \\ 0 & 1 & 0 & 1 \\ 0 & 0 & 0 & 1 \end{pmatrix}, \quad A \vee B = \begin{pmatrix} 1 & 1 & 1 & 1 \\ 1 & 1 & 0 & 1 \\ 0 & 1 & 0 & 1 \\ 0 & 0 & 0 & 1 \end{pmatrix}, \quad A \wedge B = \begin{pmatrix} 0 & 1 & 0 & 0 \\ 1 & 0 & 0 & 0 \\ 0 & 0 & 0 & 0 \\ 0 & 0 & 0 & 0 \end{pmatrix},$$

$$A \times B = \begin{pmatrix} 1 & 2 & 1 & 2 \\ 0 & 1 & 1 & 0 \\ 1 & 1 & 0 & 2 \\ 0 & 0 & 0 & 0 \end{pmatrix}, \quad A \odot B = \begin{pmatrix} 1 & 1 & 1 & 1 \\ 0 & 1 & 1 & 0 \\ 1 & 1 & 0 & 1 \\ 0 & 0 & 0 & 0 \end{pmatrix}$$

定理 1.28　假设布尔矩阵 A、B 和 C 具有兼容大小（即下述诸运算都可进行），则有

（a）交换律：

$$A \vee B = B \vee A, \quad A \wedge B = B \wedge A$$

（b）结合律：

$$(A \vee B) \vee C = A \vee (B \vee C), \quad (A \wedge B) \wedge C = A \wedge (B \wedge C), \quad (A \odot B) \odot C = A \odot (B \odot C)$$

（c）分配律：

$$A \wedge (B \vee C) = (A \wedge B) \vee (A \wedge C), \quad A \vee (B \wedge C) = (A \vee B) \wedge (A \vee C)$$

证明．（a）由定义易得。

（b）假设 $(A \vee B) \vee C = [d_{ij}]$，$A \vee (B \vee C) = [e_{ij}]$。则由定理 1.27，有

$$d_{ij}=(a_{ij}+b_{ij}-a_{ij}b_{ij})+c_{ij}-(a_{ij}+b_{ij}-a_{ij}b_{ij})c_{ij}$$
$$=a_{ij}+b_{ij}+c_{ij}-a_{ij}b_{ij}-a_{ij}c_{ij}-b_{ij}c_{ij}+a_{ij}b_{ij}c_{ij}$$
$$=a_{ij}+(b_{ij}+c_{ij}-b_{ij}c_{ij}-a_{ij}(b_{ij}+c_{ij}-b_{ij}c_{ij}))=e_{ij}$$

即得 $(A \vee B) \vee C = A \vee (B \vee C)$。

假设 $(A \wedge B) \wedge C = [d_{ij}]$，$A \wedge (B \wedge C) = [e_{ij}]$。则由定理 1.27，$d_{ij}=(a_{ij}b_{ij})c_{ij}=a_{ij}(b_{ij}c_{ij})=e_{ij}$，即 $(A \wedge B) \wedge C = A \wedge (B \wedge C)$。

假设 $A \odot B = [d_{ij}]$，$(A \odot B) \odot C = [e_{ij}]$，$B \odot C = [f_{ij}]$，$A \odot (B \odot C) = [g_{ij}]$。

则 $e_{ij}=1$ 当且仅当存在 k 使得 $d_{ik}=c_{kj}=1$，而 $d_{ik}=1$ 当且仅当存在 l 得 $a_{il}=b_{lk}=1$。于是 $e_{ij}=1$ 当且仅当存在 k、l 使得 $a_{il}=b_{lk}=c_{kj}=1$。

同样地，$g_{ij}=1$ 当且仅当存在 l 使得 $a_{il}=f_{lj}=1$，而 $f_{lj}=1$ 当且仅当存在 k 使得 $b_{lk}=c_{kj}=1$。于是 $g_{ij}=1$ 当且仅当存在 k、l 使得 $a_{il}=b_{lk}=c_{kj}=1$。

因此 $(A \odot B) \odot C = A \odot (B \odot C)$。

（c）假设 $A \wedge (B \vee C) = [d_{ij}]$，$(A \wedge B) \vee (A \wedge C) = [e_{ij}]$。则由定理 1.27，有

$$e_{ij} = a_{ij}b_{ij} + a_{ij}c_{ij} - \left(a_{ij}b_{ij}a_{ij}c_{ij} \right)$$
$$= a_{ij}b_{ij} + a_{ij}c_{ij} - \left(a_{ij}b_{ij}c_{ij} \right)$$
$$= a_{ij} \left(b_{ij} + c_{ij} - b_{ij}c_{ij} \right) = d_{ij}$$

即得 $A \wedge (B \vee C) = (A \wedge B) \vee (A \wedge C)$。

假设 $A \vee (B \wedge C) = [d_{ij}]$，$(A \vee B) \wedge (A \vee C) = [e_{ij}]$。则由定理 1.27，有

$$e_{ij} = \left(a_{ij} + b_{ij} - a_{ij}b_{ij} \right)\left(a_{ij} + c_{ij} - a_{ij}c_{ij} \right)$$
$$= a_{ij}^2 + a_{ij}c_{ij} - a_{ij}^2 c_{ij} + a_{ij}b_{ij} + b_{ij}c_{ij} - a_{ij}b_{ij}c_{ij} - a_{ij}^2 b_{ij} - a_{ij}b_{ij}c_{ij} + a_{ij}^2 b_{ij}c_{ij}$$
$$= a_{ij} + a_{ij}c_{ij} - a_{ij}c_{ij} + a_{ij}b_{ij} + b_{ij}c_{ij} - a_{ij}b_{ij}c_{ij} - a_{ij}b_{ij} - a_{ij}b_{ij}c_{ij} + a_{ij}b_{ij}c_{ij}$$
$$= a_{ij} + b_{ij}c_{ij} - a_{ij}b_{ij}c_{ij} = d_{ij}$$

即得 $A \vee (B \wedge C) = (A \vee B) \wedge (A \vee C)$。　　　　□

将布尔矩阵视作一般矩阵时，其转置操作和布尔运算有如下关系。

定理 1.29　假设布尔矩阵 A、B 和 C 具有兼容大小，则有
$$(A \vee B)^{\mathrm{T}}=A^{\mathrm{T}} \vee B^{\mathrm{T}}, \quad (A \wedge B)^{\mathrm{T}}=A^{\mathrm{T}} \wedge B^{\mathrm{T}}, \quad (A \odot B)^{\mathrm{T}}=B^{\mathrm{T}} \odot A^{\mathrm{T}}。$$

习　题　1

1.1　列出下述集合的所有元素。

（a）大于 0 小于 5 的所有整数。

（b）$\{x|x \in \mathbb{Z}$ 且 $x^2=1\}$。

（c）$\{x|x$ 是十进制的数字$\}$。

（d）一年中有 31 天的月份。

1.2　用描述法表示以下集合。

（a）$\{1, 8, 27, 64, 125\}$。

（b）正偶整数的集合。

（c）直角坐标系中单位圆（不包括边界）的点集。

（d）{11, 13, 17, 19, 23, 29}。

1.3 判断以下结论是否成立。

（a）$\varnothing \in \varnothing$。

（b）$\varnothing \subseteq \varnothing$。

（c）$\varnothing \in \{\varnothing\}$。

（d）$\varnothing \subseteq \{\varnothing\}$。

（e）$\{a\} \in \{a, \{a\}\}$。

（f）$\{a\} \subseteq \{a, \{a\}\}$。

1.4 设 a、b、c、d 代表不同的元素，指出以下集合 A 和 B 之间具有何种关系（即 $A \subset B$、$B \subset A$、$A = B$、$A \not\subset B$ 且 $B \not\subset A$ 且 $A \neq B$ 等）。

（a）$A=\{\{a, b\}, \{c\}, \{d\}\}$，$B=\{\{a, b\}, \{c\}\}$。

（b）$A=\{\{a, b\}, \{b\}, \varnothing\}$，$B=\{\{b\}\}$。

（c）$A=\{1\}$，$B=\{\{1\}\}$。

（d）$A = \{x \mid x \in \mathbb{N}, x^2 > 4\}$，$B = \{x \mid x \in \mathbb{N}, x > 2\}$。

（e）$A = \{x \mid x \in \mathbb{R}, x^2 + x - 2 = 0\}$，$B = \{y \mid y \in \mathbb{Q}, y^2 + y - 2 = 0\}$。

（f）$A = \{x \mid x \in \mathbb{R}, x^2 \leqslant 2\}$，$B = \{x \mid x \in \mathbb{R}, 2x^3 - 5x^2 + 4x = 1\}$。

1.5 设 A 表示一年级大学生的集合，B 表示二年级大学生的集合，S 表示软件工程专业学生的集合，C 表示计算机科学技术专业学生的集合，D 表示听离散数学课的学生的集合，M 表示星期一晚上参加音乐会的学生的集合，T 表示星期一白天有考试的学生的集合。下列各句子所对应的集合表达式分别是什么？

（a）所有计算机科学技术专业在学离散数学课的二年级学生。

（b）学离散数学课的、或者星期一晚上去听音乐会的、或者星期一白天有考试的学生。

（c）软件工程专业和计算机科学技术专业以外的、星期一晚上去听音乐会的二年级学生。

（d）星期一晚上去听音乐会但是星期一白天没有考试的学生。

1.6 画出下列集合的维恩图，并用阴影标记给出的集合。

（a）$\overline{A} \cap \overline{B}$。

（b）$A \cup B - C$。

（c）$(A \oplus B) \cup C$。

（d）$(A \cup B) \cap \overline{C}$。

（e）$\overline{A \cap B \cap C}$。

（f）$A \cup (B \cap C)$。

1.7 设 $U=\{a, b, c, d, e\}$，$A=\{d, e\}$，$B=\{a, c\}$，$C=\{b, d\}$，计算下列各式。

（a）$A \cap C$。

（b）$A\cap\bar{C}$。

（c）$(A\cup B)\cap\bar{C}$。

（d）$(A\cup B)\cap(A\cup C)$。

（e）$A\oplus C$。

（f）$A-C$。

1.8　计算 $\mathscr{P}(\{\varnothing\})$，$\mathscr{P}(\mathscr{P}(\varnothing))$，$\mathscr{P}(\{1,2\})$，$\mathscr{P}(\{1,\{2\}\})$。

1.9　设 $U=\{1,2,3,4,5,6\}$，$A=\{1,4\}$，$B=\{1,2,5\}$，$C=\{2,4\}$，求下列集合。

（a）$A\cap\bar{B}$。

（b）$(A\cap B)\cup\bar{C}$。

（c）$\overline{A\cap B}$。

（d）$\mathscr{P}(A)\cap\mathscr{P}(B)$。

（e）$\mathscr{P}(A)-\mathscr{P}(B)$。

1.10　设 $[0,1]$ 和 $(0,1)$ 分别表示实数集上的闭区间和开区间，判断下述陈述是否成立。

（a）$\{0,1\}\subseteq(0,1)$。

（b）$\{0,1\}\subseteq[0,1]$。

（c）$(0,1)\subseteq[0,1]$。

1.11　设 $[a,b]$ 和 (a,b) 分别表示实数集上的闭区间和开区间，计算 $([0,4]\cap[2,5])-(1,3)$。

1.12　假设 X、Y、Z 为任意集合，且 $X\oplus Y=\{1,2,3\}$，$X\oplus Z=\{2,4\}$，若 $2\in Y$，则一定有____$\in Z$。

1.13　设 A、B、C 为任意集合，证明：

（a）$A\cup(B\cap C)=(A\cup B)\cap(A\cup C)$。

（b）$A\cup(A\cap B)=A$，$A\cap(A\cup B)=A$。

（c）$A-B=A-(A\cap B)$。

（d）$A=(A-B)\cup(A\cap B)$。

（e）$(A-B)\cap(A\cap B)=\varnothing$。

（f）$A\cup B=(A-B)\cup B$。

（g）$(A-B)\cap B=\varnothing$。

（h）$A\cap(B-C)=(A\cap B)-C$。

（i）$A\oplus(B\oplus C)=(A\oplus B)\oplus C$。

（j）$A\oplus B=(A\cup B)-(A\cap B)$。

（k）$(A-B)-C=(A-C)-(B-C)=(A-C)-B=A-(B\cup C)$。

（l）$(A-B)-C\subseteq A-(B-C)$。

（m）$(A-B)-C\subseteq(A-B)\cup(B-C)$。

（n）$A\cap(B\cup\bar{A})=A\cap B$，$A\cup(B\cap\bar{A})=A\cup B$。

1.14　设 A、B、C、D 是集合，$A\subseteq C$，$B\subseteq D$，证明以下结论。

（a）$\bar{C}\subseteq\bar{A}$。

（b）$A\cap B\subseteq C\cap D$。

（c）$A\cup B\subseteq C\cup D$。

（d）$A-D \subseteq C-B$。

1.15　设 A、B、C、D 是集合，$A \subseteq C$，$B \subseteq D$，证明或反驳 $A \oplus B \subseteq C \oplus D$。

1.16　设 A、B、C、D 是集合，$A \subset C$，$B \subset D$，证明或反驳以下结论。

（a）$A \cap B \subset C \cap D$。

（b）$A \cup B \subset C \cup D$。

1.17　设 U 是全集，X、Y 是 U 的子集，证明：如果对于一切集合 X 都有 $X \cup Y \subseteq X$，则 $Y=\varnothing$。

1.18　设 A、B 是集合，下述各式在什么条件下成立？证明你的结论。

（a）$A-B=A$。

（b）$A-B=B$。

（c）$A-B=B-A$。

（d）$A \oplus B=A$。

（e）$A \oplus B=\varnothing$。

1.19　设 U 是全集，A、B、C 是 U 的子集，下述各式在什么条件下成立？证明你的结论。

（a）$(A-B) \cup (A-C)=A$。

（b）$(A-B) \cup (A-C)=\varnothing$。

（c）$(A-B) \cap (A-C)=A$。

（d）$(A-B) \cap (A-C)=\varnothing$。

（e）$(A-B) \oplus (A-C)=A$。

（f）$(A-B) \oplus (A-C)=\varnothing$。

（g）$(A-B) \cup (B-A)=A \cup B$。

（h）$(A-B) \cup (B-A)=A$。

（i）$(A-B) \cup B=(A-B)-B$。

1.20　设 U 是全集，A、B、C 是 U 的子集，判断下列陈述的真伪。若为真，请给出证明；若为假，请给出反例。

（a）若 $A \cup B=A \cup C$，则 $B=C$。

（b）若 $A \cap B=A \cap C$，则 $B=C$。

（c）若 $A-B=\varnothing$，则 $A=B$。

（d）若 $A \cup B=A$，则 $B=\varnothing$。

（e）若 $\overline{A} \cup B=U$，则 $A \subseteq B$。

1.21　设 A、B、C 为任意集合，以下结论是否成立？如成立，证明你的结论；如不成立，请给出反例。

（a）$A \cap (B \oplus C)=(A \cap B) \oplus (A \cap C)$。

（b）$A \cup (B \oplus C)=(A \cup B) \oplus (A \cup C)$。

（c）$\mathscr{P}(A) \cap \mathscr{P}(B)=\mathscr{P}(A \cap B)$。

（d）$\mathscr{P}(A) \cup \mathscr{P}(B)=\mathscr{P}(A \cup B)$。

1.22　设 A、B 为任意集合，证明：$\overline{A}=B$ 当且仅当 $A \cup B=U$ 且 $A \cap B=\varnothing$。

1.23　设 A、B、C 为任意集合，证明以下陈述等价。

（a）$A \subseteq B$。

（b）$A-B \subseteq \bar{A}$。

（c）$A - \bar{B} = A$。

（d）$A \cap C \subseteq B \cap C$ 且 $A \cap \bar{C} \subseteq B \cap \bar{C}$。

1.24 假设 A、B 是集合，$A \oplus B = A$，说明集合 A、B 之间有什么关系。

1.25 设 A、B 为任意集合，U 为全集，证明以下陈述等价。

（a）$A \cup B = U$。

（b）$\bar{A} \subseteq B$。

（c）$\bar{B} \subseteq A$。

1.26 设 A、B、C 为任意集合，证明以下陈述等价。

（a）$A = B$。

（b）$A \cup B = A \cap B$。

（c）$A \oplus C = B \oplus C$。

（d）$A \oplus B = \varnothing$。

（e）$A \cup C = B \cup C$ 且 $A \cap C = B \cap C$。

（f）$A \cap C = B \cap C$ 且 $A \cap \bar{C} = B \cap \bar{C}$。

1.27 设 A、B、C 为任意集合，证明：$C \subseteq A$ 当且仅当 $A \cap (B \cup C) = (A \cap B) \cup C$。

1.28 设集合 $A = \{ab, bc, bb\}$，判断以下各字符串是否属于 A^*。

（a）$ababab$。

（b）abc。

（c）$abba$。

（d）$abbcbaba$。

（e）$bcabbab$。

（f）$abbbcba$。

1.29 判断下述陈述的真伪：

$7|13$，$-5|-15$，$0|2$，$2|0$。

1.30 设 m、n 都是正奇数，$m > n$，且 n 不能整除 m，证明：存在正偶数 k 和奇数 r 使得 $m = kn + r(0 < r < n)$ 或 $m = kn - r(0 < r < n)$。

1.31 证明：$7|2222^{5555} + 5555^{2222}$。

1.32 设 a、b 是整数，证明：$11|a^2 + 5b^2$ 当且仅当 $11|a$ 且 $11|b$。

1.33 证明：对任意的整数 n，有

（a）$6|n(n+1)(n+2)$。

（b）$\dfrac{1}{5}n^5 + \dfrac{1}{3}n^3 + \dfrac{7}{15}n$ 是整数。

1.34 当正整数 m 满足什么条件时，$1 + 2 + \cdots + (m-1) + m \equiv 0 (\bmod\ m)$ 一定成立？（不要计算左边的和式。）

1.35 当正整数 m 满足什么条件时，$1^3 + 2^3 + \cdots + (m-1)^3 + m^3 \equiv 0\ (\bmod\ m)$ 一定成立？（不要计算左边的和式。）

1.36　证明：如果整系数方程 $a_0x^n + a_1x^{n-1} + \cdots + a_{n-1}x^1 + a_n = 0$ 有非零整数解 u，则 $u|a_n$。

1.37　判断下述方程是否有整数解。若有整数解，试求出所有的整数解。

（a）$x^2-x+1=0$。

（b）$x^3+x^2-4x-4=0$。

（c）$x^4+5x^3-2x^2+7x+2=0$。

1.38　给出 54 的全部因子。

1.39　对下述每一对数做带余除法，第一个数是被除数，第二个数是除数。

（a）78, 19；（b）–1001, –13；（c）–14, 5；（d）365, –7。

1.40　判断下述各正整数是素数还是合数：113，2^8-1，221。

1.41　证明：$a>1$ 是合数当且仅当存在等式 $a=bc$，其中 $1<b<a$，$1<c<a$。

1.42　设 p 是素数，a、b 是整数，且有 $p|ab$，证明：$p|a$ 或 $p|b$。

1.43　设整数 a、b 互素，c 是整数，证明：若 $a|bc$，则 $a|c$。

1.44　假设 a、b、c、d 均为正整数，下述各陈述是否为真？若为真，请给出证明；否则，请给出反例。

（a）若 $a|c$，$b|c$，则 $ab|c$。

（b）若 $a|c$，$b|d$，则 $ab|cd$。

（c）若 $ab|c$，则 $a|c$。

（d）若 $a|bc$，则 $a|c$ 或 $b|c$。

1.45　设 a 是整数，p 是 a 的除 1 以外最小的正因子，证明：p 是素数而且 $p\leqslant\sqrt{a}$。

1.46　利用因子分解，计算下述每一对数的最大公约数和最小公倍数。

（a）175, 140。

（b）72, 180。

（c）315, 210。

1.47　求满足 $\text{GCD}(a, b)=8$ 且 $\text{LCM}(a, b)=64$ 的所有整数 a、b。

1.48　求满足 $\text{GCD}(a, b)=12$ 且 $\text{LCM}(a, b)=72$ 的所有正整数对 a、b。

1.49　证明定理 1.12。

1.50　设 p 是素数，a 是整数，证明：当 $p|a$ 时，$\text{GCD}(p, a)=p$；否则，$\text{GCD}(p, a)=1$。

1.51　设 p 是素数，a、b 都是非零整数，证明：$a/\text{GCD}(a, b)$ 与 $b/\text{GCD}(a, b)$ 互素。

1.52　设整数 a、b 互素，证明：

（a）对任意的整数 m，有 $\text{GCD}(m, ab)=\text{GCD}(m, a)\text{GCD}(m, b)$。

（b）当 $d>0$ 时，$d|ab$ 当且仅当存在正整数 d_1、d_2，使得 $d=d_1d_2$，$d_1|a$，$d_2|b$，且 d 的这种表示是唯一的。

1.53　假设 a、b、d、m 都是整数，证明：

（a）若 $a|m$，$b|m$，则 $\text{LCM}(a, b)|m$。

（b）若 $d|a$，$d|b$，则 $d|\text{GCD}(a, b)$。

1.54　求一切形如 $7^{n+2}+8^{2n+1}$ 的数的最大公约数，其中 n 是非负整数。

1.55　设 m、n 都是正整数，且 m 与 n 互素，证明：$\text{GCD}(2^m-1, 2^n-1)=1$。并在相同条件

下考虑求 $\text{GCD}(a^m-1, a^n-1)$ 的值，这里 a 是任意整数。

1.56 用欧几里得算法求下述每一对数的最大公约数。

(a) 85, 125； (b) 231, 72； (c) 45, 56； (d) 154, 64。

1.57 下述每一对数 a、b 是否互素？若互素，求整数 x、y 使得 $xa+yb=1$。

(a) 24, 35； (b) 63, 91； (c) 450, 539； (d) 1024, 729。

1.58 (a) 使用欧几里得算法计算 $\text{GCD}(2009, 1394)$。

(b) 计算 s、t 使得 $2009s+1394t=\text{GCD}(2009, 1394)$ 成立。

(c) 计算 $\text{LCM}(2009, 1394)$。

1.59 假设对于不全为 0 的整数 a、b 和 d，方程 $sa+tb=d$ 存在（一组）整数解 s 和 t。证明：值 $s \bmod (b/\text{GCD}(a, b))$ 和值 $t \bmod (a/\text{GCD}(a, b))$ 都是唯一的。即若有 $s_1a+t_1b=d$ 及 $s_2a+t_2b=d$，则有 $s_1\equiv s_2 (\bmod\ b/\text{GCD}(a, b))$ 和值 $t_1\equiv t_2 (\bmod\ a/\text{GCD}(a, b))$。

1.60 判断下述命题是否为真。

(a) $758\equiv 246 (\bmod\ 18)$。

(b) $365\equiv -3 (\bmod\ 18)$。

(c) $-29\equiv 1 (\bmod\ 5)$。

(d) $352\equiv 0 (\bmod\ 11)$。

1.61 给出使得下述同余式成立且大于 1 的正整数 m。

(a) $35\equiv 14 (\bmod\ m)$。

(b) $10\equiv -2 (\bmod\ m)$。

(c) $14^2\equiv 16^2 (\bmod\ m)$。

(d) $-9\equiv -30 (\bmod\ m)$ 且 $27\equiv 1 (\bmod\ m)$。

1.62 证明定理 1.14。

1.63 以下陈述是否成立？若成立，试证明之；若不成立，请举出反例。

(a) 若 $a\equiv b (\bmod\ m)$，则 $a^2\equiv b^2 (\bmod\ m)$。

(b) 若 $a^2\equiv b^2 (\bmod\ m)$，则 $a\equiv b (\bmod\ m)$。

(c) 若 $a^2\equiv b^2 (\bmod\ m^2)$，则 $a\equiv b (\bmod\ m)$。

(d) 若 $a\equiv b (\bmod\ mn)$，则 $a\equiv b (\bmod\ m)$ 且 $a\equiv b (\bmod\ n)$。

(e) 若 $a\equiv b (\bmod\ m)$ 且 $a\equiv b (\bmod\ n)$，则 $a\equiv b (\bmod\ mn)$。

1.64 假设 a、b、c、d、m 均为整数，证明：

(a) 若 $m\neq 0$，则 $a|b$ 当且仅当 $ma|mb$。

(b) 若 $a|c, b|c$ 且 a 与 b 互素，则 $ab|c$。

(c) 若 $a|b$ 且 $b\neq 0$，则 $|a|\leq |b|$。

(d) 若 $d\geq 1, d|m, a\equiv b (\bmod\ m)$，则 $a\equiv b (\bmod\ d)$。

(e) 若 c、m 互素，则 $a\equiv b (\bmod\ m)$ 当且仅当 $ca\equiv cb (\bmod\ m)$。

(f) 当 d 不是素数时，$d|ab$ 不一定能得到 $d|a$ 或 $d|b$。

(g) 若 $m>1, ca\equiv cb (\bmod\ m), d=\text{GCD}(m, c)$，则 $a\equiv b (\bmod\ m/d)$。

(h) 若 $d\geq 1$，则 $a\equiv b (\bmod\ m)$ 当且仅当 $da\equiv db (\bmod\ dm)$。

1.65 设 $f(x)$ 是整系数多项式，p 是素数，证明：$(f(x))^p\equiv f(x^p) (\bmod\ p)$。

1.66　假设正整数 x、y、z 满足 $x^2+y^2=z^2$，且 $GCD(x, y)=1$。

（a）证明：x 和 y 必定是一奇一偶（以下不妨假定 y 是偶数）。

（b）证明：$GCD(x, z)=1$，$GCD\left(\dfrac{z+x}{2}, \dfrac{z-x}{2}\right)=1$。

（c）证明：存在整数 a 和 b，使得 $\dfrac{z+x}{2}=a^2, \dfrac{z-x}{2}=b^2$。于是所有正整数解可以表示为 $x=a^2-b^2$，$y=2ab$，$z=a^2+b^2$。

1.67　两个势均力敌的乒乓球选手甲和乙进行 5 局 3 胜制的比赛，比赛一共有多少种可能情形？

1.68　由 1, 2, 3, 4 这 4 个数字能构成多少个大于 230 的三位数？

1.69　计算机系统的每个用户有一个 6～8 个字符组成的密码，其中每个字符是一个大写字母或者数字，且每个密码必须包含一个数字。有多少种可能的密码？

1.70　试证一个整数是另一个整数的平方当且仅当它的正因子数目为奇数。

1.71　重新排列 13 979 397 中的数字可以组成多少个大于 50 000 000 的数？

1.72　8 粒颜色不同的宝石串成一个项圈，一共有多少种不同的串法？

1.73　n 名男生和 n 名女生排成一个男女相间的队伍，有多少种不同的方案？若围成一个圆桌坐下，又有多少种不同的方案？

1.74　用数字 1 和 2 写成十位数，其中至少有连续 5 位都是数字 1，这样的十位数有多少个？

1.75　由单词 ASSOCIATIVE 中的字母可组成多少个不同的字符串？

1.76　把 12 个孩子分为 3 组玩不同的游戏，有多少种不同的分组方式？

1.77　从整数 1, 2, $\cdots$, 50 中选出两个不同的数，共有多少种方法？若要求这两个数之和是偶数，共有多少种方法？若要求其和为奇数，共有多少种方法？

1.78　从整数 1, 2, $\cdots$, 1000 中选出 3 个不同的数使得其和是 4 的倍数，共有多少种方法？

1.79　甲和乙两单位共 11 人，其中甲单位 7 人，乙单位 4 人，拟从中组成一个 5 人小组，若要求：（a）必须包含乙单位 2 人，或（b）至少包含乙单位 2 人，或（c）乙单位某一人与甲单位某一人不能同时在这个小组，试分别求各有多少种方案。

1.80　设 n、r 为正整数，证明：

（a）$C(n, r)=\dfrac{n}{r}C(n-1, r-1)$。

（b）$C(n, r)=C(n-1, r-1)+C(n-1, r)$。

1.81　在 8×8 的棋盘的方格内放置 5 个 0 和 3 个 1，如果没有两个数字被放在同一行，也没有两个数字被放在同一列，请计算方法数。

1.82　设 N 是正整数。证明：将 N 允许重复地有序拆分成 r 个正整数的和的方案（即将 N 写作 $x_1+x_2+\cdots+x_r=N$，其中 $x_i \geq 1$，所谓"有序"是指 3=1+2 和 3=2+1 视为不同的方案）数为 $C(N-1, r-1)$。

（提示：令 $s_i=\sum\limits_{k=1}^{i} a_k$，$i=1, 2, \cdots, r$，则 $0<s_1<s_2<\cdots<s_r=N$，考虑 s_i 的取值可能。）

1.83　凸 10 边形的任意 3 个对角线不共点，试求该凸 10 边形的对角线交于多少个点？

1.84　圆周上有 n（$n \geq 6$）个点，每两个点之间作线段，假设其中任意 3 条线段在圆内无公共点，求以这些线段确定的交点组成顶点、以这些线段的一部分作为边的三角形的个数。

1.85　证明：对正整数 N 做任何重复的有序拆分，方案数为 $\sum_{r=1}^{N} C(N-1, r-1) = 2^{N-1}$。

1.86　有 10 种不同的 CD，从中选取 5 张（允许从同一种 CD 中选取多张），有多少种不同的选取方法？

1.87　假设有 5 种小说，有 6 种科技书，从中选取 3 本小说和 4 本科技书，分别计算满足如下要求的不同的选书方法数。

（a）可以选择相同种类的书，而且考虑选书的次序。

（b）可以选择相同种类的书，但不考虑选书的次序。

（c）不可以选择相同种类的书，但是要考虑选书的次序。

（d）不可以选择相同种类的书，且不考虑选书的次序。

1.88　试求 n 个完全一样的骰子能掷出多少种不同的方案。

1.89　假设 n 是正整数，求 $\{1, 2, \cdots, n\}$ 到 $\{1, 2, \cdots, n\}$ 的单调不减函数的个数。

1.90　从 $S = \{1, 2, \cdots, n\}$ 中选择 k 个不相邻的数，有多少种方法？

1.91　书架上有 24 卷百科全书，从其中任选 5 卷使得任何两卷都不相邻，这样的选法有多少种？

1.92　有 m 个 A 和 n 个 B 构成序列（$m \leq n$），如果要求每个 A 后面都至少跟着一个 B，可以组成多少个不同的序列？

1.93　10 个男孩和 5 个女孩站成一排，若没有女孩相邻，有多少种方法？如果站成一个圆圈，有多少种方法？

1.94　由 5 个 a、1 个 b、1 个 c、1 个 d 和 1 个 e 组成一个序列。

（a）计算没有两个 a 相邻的序列个数。

（b）计算 b、c、d、e 中的任何两个字母都不相邻的序列个数。

1.95　在 $n+1$ 个小于或等于 $2n$ 的不相等的正整数中，一定存在两个数是互素的。（提示：任意两个相邻的正整数是互素的。）

1.96　（a）从一副标准的 52 张牌中必须选多少张牌才能保证选出的牌中至少有 3 张是同样花色的？

（b）必须选出多少张牌才能保证选出的牌中至少有 3 张是红心？

1.97　证明：在边长为 2 的正方形中选取 5 个点，则其中必定有两个点之间的距离不超过 $\sqrt{2}$。

1.98　证明：在边长为 2 的正三角形中选取 5 个点，则其中必定有两个点之间的距离不超过 1。

1.99　设 n 是正整数。证明：在任意一组 n 个连续的正整数中恰好有一个能被 n 整除。

1.100　设 a_1、a_2、a_3 为任意 3 个整数，b_1、b_2、b_3 为 a_1、a_2、a_3 的任一排列，则 a_1-b_1、a_2-b_2、a_3-b_3 中至少有一个是偶数。

1.101　证明：从 1 到 $2n$ 中任取 $n+1$ 个正整数，则这 $n+1$ 个数中至少有一对数，其中一个是另一个的倍数。

1.102　证明：任取 7 个不同的正整数，其中至少存在两个整数 a 和 b，使得 $a-b$ 或 $a+b$ 能被 10 整除。

1.103　设 $a_1, a_2, \cdots, a_m$ 是正整数序列，证明：存在 k 和 l，$1 \leqslant k \leqslant l \leqslant m$，使得 $a_k + a_{k+1} + \cdots + a_l$ 是 m 的倍数。

1.104　已知一个集合由任意 10 个两两不同的十进制两位正整数组成。证明：这个集合中有两个不相交的子集，其元素之和相等。

1.105　证明：在边长为 1 的正方形中选取 9 个点，则其中必定有 3 个点组成的三角形的面积不超过 1/8。

1.106　在一个 3 行 7 列的方格表中，给每一个小方格涂上黑色或白色，能否使方格表中任意一个矩形的 4 个角上都不是相同的颜色？

1.107　某学生有 37 天的时间准备考试。根据他过去的经验至多需要复习 60 小时，但每天至少要复习 1 小时。证明：无论怎样安排，都存在连续的若干天，使得他在这些天里恰好复习了 12 个小时。

1.108　把 100 台计算机连接到 20 台打印机上，为保证任意 20 台计算机都可以直接访问 20 台不同的打印机，找出至少需要多少条缆线。证明你的答案。

1.109　假设 A、B 为有限集合，证明：

（a）$|A-B| \geqslant |A|-|B|$。

（b）$|A \oplus B| = |A| + |B| - 2|A \cap B|$。

1.110　设一个班里有 50 个学生，在第一次考试中有 26 人得到 A，在第二次考试中有 21 人得到 A，如果两次考试中都没有得到 A 的学生是 17 人，那么有多少学生在两次考试中都得到 A？

1.111　在 1~10 000 中（包括 1 和 10 000）既不是某个整数的平方也不是某个整数的立方的数有多少个？是某个整数的平方但不是某个整数的立方的数有多少个？

1.112　3 只蓝球、2 只红球、2 只黄球排成一排，若黄球不相邻，红球也不相邻，则有多少种方法？

1.113　某班有 65 名学生，其中养猫的有 24 人，养鱼的有 25 人，养狗的有 26 人，同时养猫和养鱼的有 9 人，同时养猫和养狗的有 8 人，同时养鱼和养狗的有 10 人，还有 10 人什么宠物也不养，求同时养 3 种宠物的人数。

1.114　在 1~500 中（包括 1 和 500）不能被 2、3 和 5 整除的数有多少个？

1.115　假设 $|A|=44$，$|B|=50$，$|C|=51$，$|D|=56$，$|A \cap B|=18$，$|A \cap C|=23$，$|A \cap D|=19$，$|B \cap C|=20$，$|B \cap D|=25$，$|C \cap D|=32$，$|A \cap B \cap C|=8$，$|A \cap B \cap D|=7$，$|A \cap C \cap D|=11$，$|B \cap C \cap D|=10$，$|A \cap B \cap C \cap D|=1$，计算 $|A \cup B \cup C \cup D|$。

1.116　使用容斥原理求不超过 120 的素数个数。

1.117　对于图 1.16，给每个顶点分配 k 种颜色中的一种。使相邻顶点的颜色互不相同的分配方式有多少种？

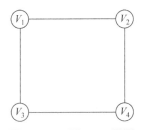

图 1.16　习题 1.117 用图

1.118　设 S 为包含 m 个元素的集合，n 是一个正整数，$n \geq m$。从 S 中选出 n 个元素组成序列，其中，S 的每个元素至少出现一次。证明：这样的排列的数目是

$$C(m,0)(m-0)^n - C(m,1)(m-1)^n + \cdots + (-1)^{(m-1)} C(m,m-1)(1)^n$$

1.119　n 对夫妇坐在摆成一排的 $2n$ 把椅子上，如果每位丈夫都和他的妻子不相邻，那么有多少种不同的坐法？

1.120　一个楼梯有 n 级，每次可以跨上 1 级或 3 级。从楼梯的最底端登到最顶端的不同的方法数满足什么样的递推关系？

1.121　有 n 根火柴，甲、乙二人轮流取，每次只能取一根或两根。若甲先取，最后还由甲取光的方案数为 a_n。求出 a_n 的初始条件以及递推关系。

1.122　秋天到了，n 只猴子采摘了一大堆苹果放到山洞里。第一只猴子悄悄来到山洞，把苹果平均分成 n 份，把剩下的 m（$0<m<n$）个苹果吃了，然后藏起来一份，最后把剩下的苹果重新合在一起。其余的猴子依次悄悄来到山洞，都做同样的操作，恰好每次都剩下了 m 个苹果。建立每只猴子来之前和来之后的苹果数目的递推关系。

1.123　使用倒推法求解递推关系。

（a）$a_1=2$，$a_n=3a_{n-1}+1$。

（b）$a_1=1$，$a_n=a_{n-1}+2n-1$。

（c）$a_1=s$，$a_n=r \times a_{n-1}+t$。

（d）$a_0=0$，$a_n=na_{n-1}+n!(n \geq 1)$。

（e）$a_0=2$，$a_n^2=2a_{n-1}^2+1(n \geq 1)$。

1.124　求解递推关系。

（a）$\begin{cases} a_n - 7a_{n-1} + 12a_{n-2} = 0 \\ \quad a_0 = 4, a_1 = 6 \end{cases}$。

（b）$\begin{cases} a_n + a_{n-2} = 0 \\ a_0 = 0, a_1 = 2 \end{cases}$。

（c）$\begin{cases} a_n - 4a_{n-1} + 4a_{n-2} = 0 \\ \quad a_0 = 0, a_1 = 1 \end{cases}$。

1.125　（a）求与包含两个连续 0 的 n 位二进位串的个数有关的递推关系。

　　　　（b）初始条件是什么？

　　　　（c）包含两个连续 0 的 7 位二进位串有多少个？

1.126 （a）求与不包含连续的相同符号的 n 位三进位串的个数有关的递推关系。

（b）初始条件是什么？

（c）不包含连续的相同符号的 6 位三进位串有多少个？

1.127 包含偶数个 0 的 7 位二进位串有多少个？

1.128 一个 $1 \times n$ 的方格图形用黑白两色为每个方格涂色，每个方格只能涂一种颜色，但是不允许任何两个黑色方格相邻，一共有多少种涂色方案？

1.129 用 a、b 和 c 这 3 个符号组成长度是 n 的符号串，要求没有两个 a 相连，有多少个满足要求的符号串？

1.130 某公司有 n 千万元可以用于对 a、b、c 3 个项目投资。假设每年投资一个项目，投资的规则是：或者对 a 投资 1 千万元，或者对 b 投资 2 千万元，或者对 c 投资 2 千万元。问用完 n 千万元有多少种不同的方案？

1.131 设有 n 条直线，两两相交于一点，任意 3 条直线不相交于一点。这样的 n 条直线把平面分割成几个部分？

1.132 设有 n 条封闭的曲线，两两相交于两点，任意 3 条封闭曲线不相交于一点。这样的 n 条曲线把平面分割成几个部分？

1.133 使用 3 个不同字符在通信信道进行信息传输，如果传送字符 A 需要 2μs，传送字符 B 和字符 C 都各需要 1μs，一个信息是用字符 A、B 或 C 构成的有限长度的字符串（不考虑空串），在 n 微秒内可以传送多少种不同的信息？

1.134 在一个核反应堆中有两类粒子：α粒子和β粒子。每经过 1 个单位时间，1 个α粒子分裂为 3 个β粒子，1 个β粒子分裂为 1 个α粒子和 2 个β粒子。假设在时间 0，反应堆里只有 1 个α粒子，那么在时刻 100 反应堆里总共有多少个粒子？

1.135 有 10 个箱子，编号为 1, 2, …, 10，各有一把锁和一把钥匙，10 把锁各不相同，每个箱子放入一把钥匙后锁好。现在撬开 1 号箱子和 2 号箱子，取出钥匙去开别的箱子，再取出钥匙继续去开其他箱子。如果能够按这样的方式打开所有的箱子，则称其是一种好的放钥匙方法，求好的放钥匙方法种数。

1.136 有 10 个箱子，编号为 1, 2, …, 10，各有一把锁和一把钥匙，10 把锁各不相同，每个箱子放入一把钥匙后锁好。现在撬开 1 号箱子，取出钥匙去开别的箱子，再取出钥匙继续去开其他箱子。如果能够按这样的方式打开所有的箱子，则称其是一种很好的放钥匙方法，求很好的放钥匙方法种数。

1.137 m（$m \geqslant 2$）个人互相传球，接球后就传给别人。由甲开始发球，并把它当做第 1 次传球。球经过 n 次传球后，球仍回到甲手中的传球方式种数。（提示：$S_n + S_{n-1} = (m-1)^{n-1}$。）

1.138 对一个自然数作如下操作：如果是偶数则除以 2，如果是奇数则加 1，如此进行下去，直到得数为 1 时操作停止。经过 9 次操作变为 1 的数有多少个？

1.139 $A = \{1, 2, \cdots, n\}$，其中 n 为给定正整数。设 $S \subseteq A$，且 S 的每个元素都不小于 S 的基数 $|S|$，则称 S 是饱满的（空集也是饱满的）。计算 A 的饱满子集的个数。（提示：将饱满子集 S 分为两种情况分别计数——$n \notin S$ 及 $n \in S$，后者除去 n 后每个元素可以减去 1。）

1.140 假设 m、n 是正整数，设 f_n 是斐波那契数，证明对于斐波那契数有

（a）$f_{m+n}=f_m f_{n-1}+f_{m+1}f_n$。

（b）$f_{n-1}^2 + f_n^2 = f_{2n-1}$。

（c）$f_n f_{n+1}-f_{n-1}f_{n-2}=f_{2n-1}$。

（d）$f_n f_{n+2} - f_{n+1}^2 = \pm 1$。

（e）$f_{2n+2}-(f_1+f_3+\cdots+f_{2n+1})=0$。

1.141 新年时 5 名好朋友每人都写一张贺年卡互相赠送，自己写的贺年卡不能送给自己，那么有多少种赠送方法？

1.142 小明给 n 个朋友写信，邀请他们来家中聚会，如果恰有 m 封请柬装错了信封，请问有几种这样装信封的情况？

1.143 证明：

（a）$D(n)$ 是偶数当且仅当 n 是奇数。

（b）$D(n)=nD(n-1)+(-1)^n$

（c）$n! = \sum_{i=0}^{n}\binom{n}{i}D(n-i)$，这里定义 $D(0)=1$。

1.144 对于给定的布尔矩阵 $\boldsymbol{A}$、$\boldsymbol{B}$，计算 $\boldsymbol{A}\vee\boldsymbol{B}$，$\boldsymbol{A}\wedge\boldsymbol{B}$，$\boldsymbol{A}\odot\boldsymbol{B}$。

（a）$\boldsymbol{A}=\begin{pmatrix}1&0\\0&1\end{pmatrix},\boldsymbol{B}=\begin{pmatrix}1&1\\0&1\end{pmatrix}$。

（b）$\boldsymbol{A}=\begin{pmatrix}1&1\\0&1\end{pmatrix},\boldsymbol{B}=\begin{pmatrix}0&0\\1&1\end{pmatrix}$。

（c）$\boldsymbol{A}=\begin{pmatrix}1&0&0\\0&1&1\\1&0&0\end{pmatrix},\boldsymbol{B}=\begin{pmatrix}1&1&1\\0&0&1\\1&0&1\end{pmatrix}$。

（d）$\boldsymbol{A}=\begin{pmatrix}1&0&0\\0&0&1\\1&0&1\end{pmatrix},\boldsymbol{B}=\begin{pmatrix}1&1&1\\1&1&1\\1&0&0\end{pmatrix}$。

1.145 证明定理 1.29。

第2章

命 题 逻 辑

逻辑是关于思维形式的科学，所谓思维的逻辑形式是指不同的具体思维内容之间的共同的联系方式。

数理逻辑是用数学的方法研究思维的形式结构和规律的学科，它使用符号语言，按照一定的规则，简洁地表达出各种推理的逻辑关系，所以数理逻辑又称符号逻辑，它与计算机科学有着非常密切的联系，是计算机程序设计、人工智能、逻辑设计、机器证明、自动程序设计、计算机辅助设计等计算机理论和应用学科的基础。

命题逻辑是数理逻辑中最基础的内容，以命题为最基本的单位来研究思维的形式结构和规律。

本章主要介绍命题、命题联结符、命题公式、等值演算、范式、推理演算等命题逻辑中的基础问题。

2.1 命题逻辑的基本概念

数理逻辑的主要研究内容和目标是推理，所谓推理就是由某些前提推演出相应的结论，而这些前提和结论都应该是表达判断的并且有明确是非结论的陈述句，我们称之为命题。

定义 2.1 非真即假的陈述句称为**命题**（**proposition**）。一个命题如果是对的或正确的，则称为真命题，其真值为"真"（true），常用 T 或 1 表示；一个命题如果是错的或不正确的，则称为假命题，其真值为"假"（false），常用 F 或 0 表示。

注：

（a）命题必须是陈述句，而祈使句、疑问句、感叹句等都不是命题。

（b）命题必须有确定的、唯一的真值，但这并不意味着一定知道它的真值。

【例 2.1】 判断下列句子哪些是命题，哪些不是命题。

（a）这本书题为《离散数学及应用》。

（b）这本《离散数学及应用》写得好吗？

（c）这本《离散数学及应用》写得真好！

（d）请购买《离散数学及应用》。

（e）5 是素数。

（f）$x+3>5$。

（g）太阳从西方升起。

（h）本命题是假的。

（i）本命题是真的。

（j）天王星上没有生命。

（k）如果明天晴，而且我有空，我就去踢球。

（l）不得不说如果不是因为他是不得已而为之而且没有造成恶劣后果的话我是不会原谅他的。

解. 以上句子中，（b）、（c）、（d）不是命题，因为它们都不是陈述句；（f）的真值随 x 值的变化而不同，因而它不具有确定真值，不是命题；（h）的真值既非真也非假，因此它不是命题；而（i）既可能是真也可能是假，真值不能确定，因此它也不是命题。（a）、（e）、（g）、（j）、（k）和(l)都是命题。其中，（g）是假命题；（j）的真值虽然目前还无法确定，但它的真值客观存在，而且是唯一的。

在本书中，使用小写英文字母 $p, q, r, \cdots$ 或带有下标的小写字母 $p_1, p_2, p_3, \cdots$ 来表示命题，称为**命题变元**或**命题变项**（**propositional variables**）。

例如，p：2+3=5，q：北京是中国的首都，p_1：π是无理数。

严格地讲，命题变项和命题是不同的。命题有具体的含义和确定的真值，而命题变项只有明确表示某个命题时才有具体的含义和确定的真值，命题变项一般只表示一个抽象的命题，其真值可能是 T，也可能是 F（类似于代数中 a、b、c 等符号与确定的具体值的关系）。但通常也简称命题变项为命题。

定义 2.2 不能再分解的命题称为**简单命题**（**simple proposition**）或**原子命题**（**atom proposition**）。

例如，"π是无理数""小李在图书馆"都是原子命题。原子命题的一般形式是"……是……"，如例 2.1 中的（a）、（e）和（g）。

但并非所有命题都是原子命题。

定义 2.3 由原子命题通过逻辑联结词组合而成的命题称为**复合命题**（**compound proposition**）。

例如例 2.1 中的（j）、（k）和(l)都是复合命题。

将命题联结起来的方式叫做**命题联结词**（**proposition connective**）或**命题运算符**（**proposition operator**），主要有以下 6 种。

定义 2.4 设 p 为命题，**否定词**（**negation**）"~"是一元联结词，$\sim p$ 读作"非 p"或"p 的否定"。若 p 的真值为真，则$\sim p$ 的真值为假；反之，若 p 的真值为假，则$\sim p$ 的真值为真。

否定联结词的含义相当于自然语言中的"不""没有""无""否定""并非""取反"等。

【**例 2.2**】 若用 p 表示命题"3 是素数"，则$\sim p$ 即为命题"3 不是素数"。

定义 2.5 设 p、q 为命题，**合取词**（**conjunction**）"∧"是二元联结词，$p \wedge q$ 读作"p 与 q"或"p、q 的合取"。当且仅当 p、q 的真值均为真时，$p \wedge q$ 的真值为真。

合取联结词的含义相当于自然语言中的"p 和 q""p 与 q""p 且 q""p，同时 q""p 并且 q""p 以及 q""p 而且 q""既 p，又 q""不但 p，而且 q""尽管 p，依然 q""虽然

p，但是 q"等。

【例2.3】 若用 p 表示命题"3是素数"，q 表示命题"5是素数"，则"3和5都是素数"可以表示为 $p \wedge q$。

定义2.6 设 p、q 为命题，**析取词（disjunction）** "$\vee$" 是二元联结词，$p \vee q$ 读作"p 或 q"或"p、q 的析取"。当且仅当 p、q 的真值均为假时，$p \vee q$ 的真值为假。

析取联结词的含义相当于自然语言中的"p 或者 q""要么 p，要么 q""不是 p，就是 q"等。

【例2.4】 析取联结词 $\vee$ 与自然语言中的"或者"类似但又有所不同。例如：

（a）苗苗在看电视或者在吃饭。

（b）苗苗今天上午十时在清华大学或者在北京大学。

这两个命题都含有联结词"或者"，但这两个"或者"的逻辑含义是不同的。对于（a），苗苗可以既在看电视又在吃饭；而对于（b），苗苗不可能在同一时间出现在不同地点。

通常称命题（a）中的"或者"为"可兼或"，命题（b）中的"或者"为"不可兼或"。自然语言中的"可兼或"与析取联结词 $\vee$ 相对应，而"不可兼或"与下面介绍的异或联结词相对应。

定义2.7 设 p、q 为命题，**异或词（exclusive or）** "$\oplus$" 是二元联结词，$p \oplus q$ 读作"p 异或 q"。当且仅当 p、q 的真值相同时，$p \oplus q$ 的真值为假。异或也称**不可兼或**。

定义2.8 设 p、q 为命题，**蕴涵词（implication）** "$\Rightarrow$" 是二元联结词，$p \Rightarrow q$ 读作"若 p 则 q"。当且仅当 p 的真值为真、q 的真值为假时，$p \Rightarrow q$ 的真值为假。p 称作**前提**（**premise**），q 称作**结论**（**conclusion**）。

蕴涵联结词的含义相当于自然语言中的"如果 p，则 q""因为 p，所以 q""只要 p，就 q""只有 q，才 p""仅当 q，则 p""p 是 q 的充分条件""q 是 p 的必要条件""既然 p，那么 q"等。

【例2.5】 若用 p 表示命题"今天晴"，q 表示命题"苗苗去图书馆"，则"如果今天晴，那么苗苗去图书馆了"可以表示为 $p \Rightarrow q$。

【例2.6】 若用 p 表示命题"2+2=4"，q 表示命题"北京是中国的首都"，则 $p \Rightarrow q$ 表示"因为 2+2=4，所以北京是中国的首都"。

虽然例2.6中的 p、q 没有任何语义上的关系，但是命题 $p \Rightarrow q$ 确实是真命题。这表明在逻辑语言中仅考虑命题与命题之间的形式关系或说是逻辑内容，联结词仅仅代表命题之间的形式关系，而不考虑命题内容的实际含义，更不顾及日常自然用语中是否有此说法。自然语言中的"如果 p，则 q"，p 与 q 之间常有语义上的因果关系，而条件复合命题 $p \Rightarrow q$ 的 p 与 q 之间不一定有这种关系。

【例2.7】 对于条件复合命题 $p \Rightarrow q$，当 p 为假时，q 不论为真还是为假，蕴涵式的真值均为真。这可以用下面的例子来解释："如果周五地震，那么下次课考试"。用 p 表示"周五地震"，q 表示"下次课考试"，则命题可符号化为 $p \Rightarrow q$。从语义上讲，如果周五地震了，那么一定会考试的；但是周五没有地震的话，是否考试都不违反该承诺。

对于命题 $p \Rightarrow q$，称命题 $q \Rightarrow p$ 为其**逆命题**，命题 $\sim p \Rightarrow \sim q$ 为其**否命题**，命题 $\sim q \Rightarrow \sim p$ 为其**逆否命题**。

定义 2.9 设 p, q 为命题，**等价词**（**equivalence**）"⇔"是二元联结词，$p⇔q$ 读作"p 当且仅当 q"或"p、q 等价"。当且仅当 p、q 的真值相同时，$p⇔q$ 的真值为真。"等价"也称作"**双条件**"（**biconditional**）。

等价联结词的含义相当于自然语言中的"p，当且仅当 q""p 是 q 的充分必要条件""p、q 含义相同"等。

【例 2.8】 用 p 表示"3 是奇数"，q 表示"太阳从东方升起"，则命题"3 是奇数，当且仅当太阳从东方升起"可符号化为 $p⇔q$。

同命题 $p⇒q$ 一样，复合命题 $p⇔q$ 的 p 和 q 之间在语义上也可以没有任何关系，而 $p⇔q$ 的真值仅与 p、q 的真值相关。

把一个用自然语言表述的命题表示为由命题变项、联结词和圆括号表示的复合命题的形式，称为**命题的符号化**，这是进行推理演算的首要步骤。命题的符号化一般经过如下 3 个步骤：

（1）找出命题中各原子命题，将原子命题符号化。

（2）找出命题中各联结词，将联结词符号化。

（3）将原子命题和联结词组成一个复合命题。

【例 2.9】 把下列自然语言命题符号化：

（a）说这本书写得不好是不正确的。

（b）π 和 e 都是无理数。

（c）俞伯牙和钟子期是好朋友。

（d）α 属于集合 A 或者集合 B。

（e）小李生于 1978 年或者 1987 年。

（f）只有在晴天，我才会去公园。

（g）只要是晴天，我就会去公园。

（h）n 是奇数当且仅当 n^2 是奇数。

（i）小李是一名本科生，他的专业是数学或计算机。

（j）不得不说如果不是因为他是不得已而为之而且没有造成恶劣后果的话我是不会原谅他的。

解.

（a）设 p 表示"这本书写得好"，则命题符号化为 ~(~p)。

（b）设 p 表示"π 是无理数"，q 表示"e 是无理数"，则命题符号化为 $p \land q$。

（c）这里出现的"和"并不表示合取关系，它并不是一个复合命题，而仍然是原子命题，因而只能形式化为 p，p 表示"俞伯牙和钟子期是好朋友"。

（d）设 p 表示"α 属于集合 A"，q 表示"α 属于集合 B"，它们是可兼或，命题符号化为 $p \lor q$。

（e）设 p 表示"小李生于 1978 年"，q 表示"小李生于 1987 年"，它们是不可兼或，命题符号化为 $p \oplus q$。

（f）设 p 表示"天气晴"，q 表示"我去公园"，则命题符号化为 $q⇒p$；或者理解为"如果不是晴天我就一定不去公园"，这时命题符号化为 ~$p⇒$~q；这两者都是正确的。

（g）设 p 表示"天气晴"，q 表示"我去公园"，则命题符号化为 $p \Rightarrow q$。

（h）设 p 表示"n 是奇数"，q 表示"n^2 是奇数"，则命题符号化为 $p \Leftrightarrow q$。

（i）设 p 表示"小李是一名本科生"，q 表示"小李的专业是数学"，r 表示"小李的专业是计算机"，则命题符号化为 $p \wedge (q \vee r)$，各分句之间的关系是合取关系。

（j）设 p 表示"他这么做"，q 表示"他造成了恶劣后果"，r 表示"我原谅他"，则命题符号化为 $\sim \sim (\sim (\sim \sim p \wedge \sim q) \Rightarrow \sim r)$。

【例 2.10】　把程序语句"IF P THEN Q ELSE R"表达为复合命题。

解. 由题意，可表达为 $(P \Rightarrow Q) \wedge (\sim P \Rightarrow R)$。

2.2　命题公式及其分类

复合命题是由命题变项、逻辑联结词和括号等符号组成的符号串；但反过来，由这些符号组成的符号串并不一定都是命题。

定义 2.10　命题逻辑中的**命题公式**（well formed formula，简记为 **wff**）递归地定义为

（1）单个命题变项 $p, q, r, \cdots$ 是命题公式。

（2）如果 A 是命题公式，则 $(\sim A)$ 也是命题公式。

（3）如果 A 和 B 是命题公式，则由逻辑联结词联结 A 和 B 的符号串也是命题公式，如 $(A \wedge B)$、$(A \vee B)$、$(A \Rightarrow B)$、$(A \Leftrightarrow B)$ 等。

（4）有限次应用（1）～（3）构成的符号串才是命题公式。

换言之，只有用命题公式表示的符号串才是命题。命题公式也称为**合式公式**，简称**公式**。

【例 2.11】　$(\sim p)$、$(\sim (p \wedge q))$、$(p \wedge (q \vee (\sim r)))$ 都是命题公式；而 $(p \Rightarrow (\wedge q))$、$p \Rightarrow (\sim p \Rightarrow r$ 都不是命题公式。

为简化公式的形式，作如下规定：

（1）各逻辑联结词中，$\sim$ 的优先级最高，其次为 $\wedge$ 和 $\vee$（二者优先级相同），$\Rightarrow$ 和 $\Leftrightarrow$ 的优先级最低（二者优先级相同），符合此次序时，括号可以省略。

（2）公式 $(\sim p)$ 的括号可以省略，写成 $\sim p$。

（3）整个公式最外层的括号可以省略。

【例 2.12】　命题公式 $(((p \wedge (\sim r)) \Rightarrow q) \Rightarrow (p \vee q))$ 的最后一个联结符是 $\Rightarrow$。省去最外层括号，可以将其简化为 $((p \wedge (\sim r)) \Rightarrow q) \Rightarrow (p \vee q)$；进而考虑命题联结词的优先级，可以简化为 $(p \wedge \sim r \Rightarrow q) \Rightarrow p \vee q$。

定义 2.11　设 A 为命题公式，B 为 A 中的一个连续的符号串，且 B 为命题公式，则称 B 为 A 的**子公式**（sub formula）。

【例 2.13】　$p \vee q$、$q \vee r$、$p \wedge (q \vee r)$ 都是公式 $(p \vee q) \Rightarrow (p \wedge (q \vee r))$ 的子公式，而 $p \wedge (q$、$q) \Rightarrow (p$ 都不是该公式的子公式，因为它们本身不是公式。

命题公式不是命题，只有当公式中的每一个命题变项都被赋以确定的真值时，公式的真值才被确定，从而成为一个命题。

定义 2.12   如果一个命题公式 A 含有 n 个命题变项 p_1, p_2, $\cdots$, p_n，则该公式称为 **n 元命题公式**。在一个 n 元命题公式中，对变项组 $(p_1, p_2, \cdots, p_n)$ 指定的一组确定真值称为该公式的一个**真值指派**或**赋值**（assignment）。若指定的一组值使 A 的真值为真，则称这组值为 A 的**成真指派**或**成真赋值**；若使 A 的真值为假，则称这组值为 A 的**成假指派**或**成假赋值**。

注：

（a）n（$n \geqslant 1$）元命题公式共有 2^n 个不同的真值指派。

（b）在命题变项 p_1, p_2, $\cdots$, p_n 次序确定的情况下，$(p_1, p_2, \cdots, p_n)$ 的一个真值指派可以表示为一个由 0 和 1 组成的 n 位符号串。例如一个含命题变项 p_1、p_2、p_3 的命题公式 A 的一个真值指派表示为 101，其含义是 p_1 真值为 T，p_2 真值为 F，p_3 真值为 T。

一个命题公式在每种真值指派（即每种命题变项取值的组合）上的值可以直观地用**真值表**（truth table）来计算和表示：对于一个 n 元命题公式 A，其真值表的输入端（即最左 n 列）的 2^n 行对应它的 2^n 个真值指派；输出端（即最右一列）对应命题公式在它的 2^n 个真值指派下的真值。

为方便构造真值表，特约定如下：

（1）命题变项按字典序排列。

（2）对每个真值指派，以二进制数从小到大或从大到小顺序列出。

（3）若公式较复杂，可先列出各子公式的真值（若有括号，则应从里层向外层展开），最后列出所求公式的真值。

例如，定义 2.4~定义 2.9 中各个命题联结词的真值表如表 2.1 所示。

表 2.1　各个命题联结词的真值表

p	q	$\sim p$	$p \wedge q$	$p \vee q$	$p \oplus q$	$p \Rightarrow q$	$p \Leftrightarrow q$
T	T	F	T	T	F	T	T
T	F	F	F	T	T	F	F
F	T	T	F	T	T	T	F
F	F	T	F	F	F	T	T

【例 2.14】   列出下述命题的真值表，并给出各公式的成真指派和成假指派。

（a）$(p \vee (p \wedge q)) \Rightarrow (\sim p \Rightarrow q)$。

（b）$\sim(\sim p \vee q) \wedge (q \wedge q)$。

（c）$(\sim p \wedge q) \Rightarrow (\sim q \vee p)$。

解.

（a）$(p \vee (p \wedge q)) \Rightarrow (\sim p \Rightarrow q)$ 的真值表如表 2.2 所示。

成真指派为 TT、TF、FT 和 FF，不存在成假指派。

（b）$\sim(\sim p \vee q) \wedge (q \wedge q)$ 的真值表如表 2.3 所示。

不存在成真指派，成假指派为 TT、TF、FT 和 FF。

（c）$(\sim p \wedge q) \Rightarrow (\sim q \vee p)$ 的真值表如表 2.4 所示。

成真指派为 TT、TF 和 FF，成假指派为 FT。

表 2.2　例 2.14（a）的真值表

真值指派		子公式真值				命题公式真值
p	q	$p \wedge q$	$p \vee (p \wedge q)$	$\sim p$	$\sim p \Rightarrow q$	$(p \vee (p \wedge q)) \Rightarrow (\sim p \Rightarrow q)$
T	T	T	T	F	T	T
T	F	F	T	F	T	T
F	T	F	F	T	T	T
F	F	F	F	T	F	T

表 2.3　例 2.14（b）的真值表

真值指派		子公式真值				命题公式真值
p	q	$\sim p$	$\sim p \vee q$	$\sim (\sim p \vee q)$	$q \wedge q$	$\sim (\sim p \vee q) \wedge (q \wedge q)$
T	T	F	T	F	T	F
T	F	F	F	T	F	F
F	T	T	T	F	T	F
F	F	T	T	F	F	F

表 2.4　例 2.14（c）的真值表

真值指派		子公式真值				命题公式真值
p	q	$\sim p$	$\sim p \wedge q$	$\sim q$	$\sim q \vee p$	$(\sim p \wedge q) \Rightarrow (\sim q \vee p)$
T	T	F	F	F	T	T
T	F	F	F	T	T	T
F	T	T	T	F	F	F
F	F	T	F	T	T	T

上述 3 个例子中，（a）的真值表最后一列全为 T，（b）的真值表最后一列全为 F，（c）的真值表最后一列中至少有一个 T。事实上，可以根据命题公式在每种真值指派（即每种命题变项取值的组合）上的值对命题公式进行分类。

定义 2.13　假设 A 为一个 n 元命题公式，若其所有 2^n 个真值指派都是成真指派，则称 A 为**永真式**或**重言式**（**tautology**）；若其所有 2^n 个真值指派都是成假指派，则称 A 为**永假式**或**矛盾式**（**contradiction**）；若其至少存在一个成真指派，则称 A 为**可满足式**（**satisfiable formula**）；若 A 至少存在一个成真指派及成假指派，则称 A 为**非重言的可满足式**。

注：重言式一定是可满足式，但反之不真。

定理 2.1　任意两个重言式的析取或合取仍然是重言式；任意两个矛盾式的析取或合取仍然是矛盾式。

真值表是命题逻辑中的重要工具，它不但能给出公式的成真指派和成假指派，而且可以用来判断公式的类型：

（a）若真值表最后一列全为 T，则公式为重言式，如例 2.14 的（a）。

（b）若真值表最后一列全为 F，则公式为矛盾式，如例 2.14 的（b）。

（c）若真值表最后一列中至少有一个 T，则公式为可满足式，如例 2.14 的（a）和（c）。

2.3 命题逻辑的等值演算

如例 2.9（f）所示，不同的命题公式其含义可能是相同的，这时称 A 与 B 是等值的。

定义 2.14 设 A、B 为两个命题公式，若 $A \Leftrightarrow B$ 为一个重言式，则称 A 与 B **等值**（**equivalent**）或**逻辑等值**（**logically equivalent**），记作 $A \equiv B$，称 $A \equiv B$ 为**等值式**（**equivalence**）。

注：

（a）"$\equiv$"并不是一个逻辑联结符，$A \equiv B$ 表示 A、B 有等值关系，而并非命题。

（b）设 $p_1, p_2, \cdots, p_n$ 是公式 A 和公式 B 中出现的全部命题变项。由定义，A、B 等值当且仅当对于命题变项 $p_1, p_2, \cdots, p_n$ 的任意一组真值指派，A 和 B 的取值均相同。

（c）等值演算不能直接证明两个公式不等值。证明两个公式不等值的基本思想是找到一个真值指派使一个成真，另一个成假。

等值演算就是由已知的等值式推演出新的等值式的过程。判断两个命题公式是否等值主要有两种方法：真值表法和等值演算法。使用真值表法判断两个公式是否等价，只需要将两个公式的真值表列出，判断输出列是否相同即可。

【**例 2.15**】 使用真值表法证明蕴涵等值式 $p \Rightarrow q \equiv \sim p \lor q$。

解. 列出公式 $p \Rightarrow q$ 和公式 $\sim p \lor q$ 的真值表，如表 2.5 所示。

表 2.5　例 2.15 用表

p	q	$p \Rightarrow q$	$\sim p \lor q$
T	T	T	T
T	F	F	F
F	T	T	T
F	F	T	T

从中可以看出，公式 $p \Rightarrow q$ 和公式 $\sim p \lor q$ 的输出列完全相同，因此 $p \Rightarrow q \equiv \sim p \lor q$。

【**例 2.16**】 使用真值表法判断下述 3 个公式之间的等值关系：

$$p \Rightarrow (q \Rightarrow r), (p \Rightarrow q) \Rightarrow r, (p \land q) \Rightarrow r$$

解：列出 3 个公式的真值表，如表 2.6 所示。

表 2.6　例 2.16 用表

真值指派			命题公式真值		
p	q	r	$p \Rightarrow (q \Rightarrow r)$	$(p \Rightarrow q) \Rightarrow r$	$(p \land q) \Rightarrow r$
T	T	T	T	T	T
T	T	F	F	F	F
T	F	T	T	T	T
T	F	F	T	T	T
F	T	T	T	T	T

续表

真值指派			命题公式真值		
p	q	r	$p{\Rightarrow}(q{\Rightarrow}r)$	$(p{\Rightarrow}q){\Rightarrow}r$	$(p{\wedge}q){\Rightarrow}r$
F	T	F	T	F	T
F	F	T	T	T	T
F	F	F	T	F	T

从中可以看出，$p{\Rightarrow}(q{\Rightarrow}r)$ 和 $(p{\wedge}q){\Rightarrow}r$ 是等值的，而 $p{\Rightarrow}(q{\Rightarrow}r)$ 和 $(p{\Rightarrow}q){\Rightarrow}r$ 是不等值的。

当命题变项较多时，真值表法的工作量很大；而等值演算法则以基本等值式为基础，应用代入规则、置换规则，逐步推演。

定理 2.2 （基本等值式）假设 p、q、r 为任意命题，则有

（a）双重否定律　　　　　　$p{\equiv}{\sim}({\sim}p)$。

（b）幂等律　　　　　　　　$p{\vee}p{\equiv}p$，$p{\wedge}p{\equiv}p$。

（c）交换律　　　　　　　　$p{\vee}q{\equiv}q{\vee}p$，$p{\wedge}q{\equiv}q{\wedge}p$。

（d）结合律　　　　　　　　$(p{\vee}q){\vee}r{\equiv}p{\vee}(q{\vee}r)$，$(p{\wedge}q){\wedge}r{\equiv}p{\wedge}(q{\wedge}r)$。

（e）分配律　　　　　　　　$p{\vee}(q{\wedge}r){\equiv}(p{\vee}q){\wedge}(p{\vee}r)$（${\vee}$对${\wedge}$的分配律）。

　　　　　　　　　　　　　　$p{\wedge}(q{\vee}r){\equiv}(p{\wedge}q){\vee}(p{\wedge}r)$（${\wedge}$对${\vee}$的分配律）。

（f）德·摩根律　　　　　　${\sim}(p{\vee}q){\equiv}{\sim}p{\wedge}{\sim}q$，${\sim}(p{\wedge}q){\equiv}{\sim}p{\vee}{\sim}q$。

（g）吸收律　　　　　　　　$p{\vee}(p{\wedge}q){\equiv}p$，$p{\wedge}(p{\vee}q){\equiv}p$。

（h）零律　　　　　　　　　$p{\vee}{\rm T}{\equiv}{\rm T}$，$p{\wedge}{\rm F}{\equiv}{\rm F}$。

（i）同一律　　　　　　　　$p{\vee}{\rm F}{\equiv}p$，$p{\wedge}{\rm T}{\equiv}p$。

（j）排中律（非真即假）　　$p{\vee}{\sim}p{\equiv}{\rm T}$。

（k）矛盾律（不能既真又假）$p{\wedge}{\sim}p{\equiv}{\rm F}$。

（l）蕴含等值式　　　　　　$p{\Rightarrow}q{\equiv}{\sim}p{\vee}q$。

（m）等价等值式　　　　　　$p{\Leftrightarrow}q{\equiv}(p{\Rightarrow}q){\wedge}(q{\Rightarrow}p)$。

（n）假言易位　　　　　　　$p{\Rightarrow}q{\equiv}{\sim}q{\Rightarrow}{\sim}p$。

（o）等价否定等值式　　　　$p{\Leftrightarrow}q{\equiv}{\sim}p{\Leftrightarrow}{\sim}q$。

（p）归谬论　　　　　　　　$(p{\Rightarrow}q){\wedge}(p{\Rightarrow}{\sim}q){\equiv}{\sim}p$。

因为重言式的真值与命题变项的真值无关，对任何指派，它的真值总为真，即重言式的值不依赖于命题变项值的变化。因此，对命题变项以任何公式替换后，得到的仍是重言式。由此得到下面一个重要定理。

定理 2.3 （代入规则）假设 A 是一个重言式，对其中所有相同的命题变项都用同一命题公式进行代换，所得到的结果仍为一个重言式。

注：如用 $(r{\wedge}s)$ 来代换某公式中的 p，记作

$$\frac{p}{(r{\wedge}s)}$$

【例 2.17】用 $(s{\Rightarrow}t)$ 来代换公式 $p{\vee}(q{\wedge}p){\Leftrightarrow}p$ 中的 p，得到 $(s{\Rightarrow}t){\vee}(q{\wedge}(s{\Rightarrow}t)){\Leftrightarrow}(s{\Rightarrow}t)$。

【例 2.18】使用代入规则证明以下重言式：

（a）$(r \vee s) \vee \sim (r \vee s)$。

（b）$((r \vee s) \wedge ((r \vee s) \Rightarrow (p \vee q))) \Rightarrow (p \vee q)$。

解.

（a）$p \vee \sim p$ 为重言式，作代入 $\dfrac{p}{(r \vee s)}$。依据代入规则，知 $(r \vee s) \vee \sim (r \vee s)$ 是重言式。

（b）不难验证 $(a \wedge (a \Rightarrow b)) \Rightarrow b$ 是重言式，作代入 $\dfrac{a}{(r \vee s)}, \dfrac{b}{(p \vee q)}$，便知其是重言式。

定理 2.4 （置换规则）设 $\Phi(A)$ 是含命题公式 A 的命题公式，$\Phi(B)$ 是用命题公式 B 置换了 $\Phi(A)$ 中的 A 之后得到的命题公式（不一定是每一处）。如果 $A \equiv B$，则 $\Phi(A) \equiv \Phi(B)$。

证明. 设 $p_1, p_2, \cdots, p_n$ 是公式 $\Phi(A)$ 和公式 $\Phi(B)$ 中出现的全部命题变项。因为 A 和 B 分别是 $\Phi(A)$ 和 $\Phi(B)$ 的子公式，所以 A 和 B 中所出现的命题变项都包含在 $p_1, p_2, \cdots, p_n$ 之中。由于 $A \equiv B$，因此对于命题变项 $p_1, p_2, \cdots, p_n$ 的任意一组真值指派，A 和 B 的取值均相同，于是 $\Phi(A)$ 和 $\Phi(B)$ 的取值也必然相同。按照定义 2.14 的注（b），$\Phi(A) \equiv \Phi(B)$。 □

【例 2.19】 $((p \vee q) \wedge p) \vee (p \wedge r)$

$\equiv p \vee (p \wedge r)$ （用 p 置换 $(p \vee q) \wedge p$）

$\equiv p$ （用 p 置换 $p \vee (p \wedge r)$）

事实上，在等值演算过程中，常无意识地使用了置换规则。

表 2.7 对于代入规则和置换规则进行了比较。

表 2.7 代入规则和置换规则的比较

比较项	代入规则	置换规则
使用对象	任意重言式	任一命题公式
代换对象	任一命题变项	任一子公式
被代换物	任一命题公式	任一与代换对象等值的命题公式
代换方式	代换同一命题变项的所有出现	代换子公式的某些出现
代换结果	仍为重言式	与原公式等值

使用这两个规则和基本等值式，便可以推导出其他一些更复杂的等值公式。

【例 2.20】 证明 $p \Rightarrow (q \Rightarrow r) \equiv (p \wedge q) \Rightarrow r$。

证明. $p \Rightarrow (q \Rightarrow r)$

$\equiv \sim p \vee (\sim q \vee r)$ （蕴涵等值式）

$\equiv (\sim p \vee \sim q) \vee r$ （结合律）

$\equiv \sim (p \wedge q) \vee r$ （德·摩根律）

$\equiv (p \wedge q) \Rightarrow r$ （蕴涵等值式）

【例 2.21】 证明 $(\sim p \vee (q \vee \sim r)) \wedge (\sim q \vee \sim r) \wedge (p \vee \sim r) \equiv \sim r$。

证明. $(\sim p \vee (q \vee \sim r)) \wedge (\sim q \vee \sim r) \wedge (p \vee \sim r)$

$\equiv (\sim p \vee (q \vee \sim r)) \wedge ((\sim q \wedge p) \vee \sim r)$ （分配律）

$\equiv ((\sim p \vee q) \vee \sim r) \wedge ((\sim q \wedge p) \vee \sim r)$ （结合律）

$\equiv (\sim (p \wedge \sim q) \vee \sim r) \wedge ((\sim q \wedge p) \vee \sim r)$ （德·摩根律）

$\equiv (\sim(p \wedge \sim q) \wedge (\sim q \wedge p)) \vee \sim r$ 　　　　　　　　　（分配律）

$\equiv F \vee \sim r$ 　　　　　　　　　　　　　　　　　（交换律、矛盾律）

$\equiv \sim r$ 　　　　　　　　　　　　　　　　　　　　（同一律）

等值演算除了可以验证两个公式等值外，还可以用来判别命题公式的类型、化简语句、解决逻辑问题等。

【例 2.22】 用等值演算法判断下列公式的类型：

（a）$q \wedge \sim(p \Rightarrow q)$。

（b）$(p \Rightarrow q) \Leftrightarrow (\sim q \Rightarrow \sim p)$。

（c）$((p \wedge q) \vee (p \wedge \sim q)) \wedge r$。

解.

（a）$q \wedge \sim(p \Rightarrow q)$

$\equiv q \wedge \sim(\sim p \vee q)$

$\equiv q \wedge (p \wedge \sim q)$

$\equiv p \wedge (q \wedge \sim q)$

$\equiv p \wedge F$

$\equiv F$

该式为矛盾式。

（b）$(p \Rightarrow q) \Leftrightarrow (\sim q \Rightarrow \sim p)$

$\equiv (\sim p \vee q) \Leftrightarrow (\sim \sim q \vee \sim p)$

$\equiv (\sim p \vee q) \Leftrightarrow (q \vee \sim p)$

$\equiv T$

该式为重言式。

（c）$((p \wedge q) \vee (p \wedge \sim q)) \wedge r$

$\equiv (p \wedge (q \vee \sim q)) \wedge r$

$\equiv (p \wedge T) \wedge r$

$\equiv p \wedge r$

该式为非重言式的可满足式。

【例 2.23】 化简以下语句：

（a）情况并非如此：如果他不来，那么我也不去。

（b）不得不说如果不是因为他是不得已而为之而且没有造成恶劣后果的话我是不会原谅他的。

解.

（a）假设 p 表示命题"他来"，q 表示"我去"，则原语句形式化为 $\sim(\sim p \Rightarrow \sim q)$。

由 $\sim(\sim p \Rightarrow \sim q) \equiv \sim(\sim \sim p \vee \sim q) \equiv \sim(p \vee \sim q) \equiv \sim p \wedge q$ 可将其化简为："我去了，而他没来。"

（b）假设命题 p 表示"他这么做"，q 表示"他造成了恶劣后果"，r 表示"我原谅他"，则原语句形式化为 $\sim \sim(\sim(\sim p \wedge \sim q) \Rightarrow \sim r)$。由 $\sim \sim(\sim(\sim p \wedge \sim q) \Rightarrow \sim r) \equiv r \Rightarrow p \wedge \sim q$ 可将其化简为："我原谅他，说明他这么做了而且没有造成恶劣后果"。

这个例子的结果或许多少有些出人意料，这是因为逻辑联结词是从自然语句中提炼抽象出来的，它仅保留了逻辑内容，而把自然语句所表达的主观因素、心理因素以及文艺修辞方面的因素全部撇开；从而命题联结词只表达了自然语句的一种客观性质。

【例 2.24】　将下面一段程序化简：

```
If  A∧B  then
    If  B∨C  then
        X
    Else
        Y
    End
Else
    If  A∧C  then
        Y
    Else
        X
    End
End
```

解. 将程序形式化为$((A \land B) \land (B \lor C) \Rightarrow X) \land ((A \land B) \land \sim(B \lor C) \Rightarrow Y) \land (\sim(A \land B) \land (A \land C) \Rightarrow Y) \land (\sim(A \land B) \land \sim(A \land C) \Rightarrow X)$。

通过等值演算得到

$((A \land B) \land (B \lor C) \Rightarrow X) \land ((A \land B) \land \sim(B \lor C) \Rightarrow Y) \land (\sim(A \land B) \land (A \land C) \Rightarrow Y) \land (\sim(A \land B) \land \sim(A \land C) \Rightarrow X)$

$\equiv (\sim(A \land \sim B \land C) \Rightarrow X) \land (A \land \sim B \land C \Rightarrow Y)$

因此该程序可以简化为

```
If  A∧~B∧C  then
    Y
Else
    X
End
```

【例 2.25】　小张或小李是三八红旗手；如果小张是三八红旗手，会告知大家的；如果小李是三八红旗手，那么小赵也是；大家并没有被告知小张是三八红旗手。请问：谁是三八红旗手？

解. 假设命题 p：小张是三八红旗手，q：小李是三八红旗手，r：大家被告知小张是三八红旗手，s：小赵是三八红旗手。则题目形式化为$(p \lor q) \land (p \Rightarrow r) \land (q \Rightarrow s) \land \sim r$。

$$(p \lor q) \land (p \Rightarrow r) \land (q \Rightarrow s) \land \sim r$$
$$\equiv (p \lor q) \land (\sim p \lor r) \land (\sim q \lor s) \land \sim r$$
$$\equiv (p \lor q) \land (\sim q \lor s) \land ((\sim p \lor r) \land \sim r)$$
$$\equiv (p \lor q) \land (\sim q \lor s) \land (\sim p \land \sim r)$$
$$\equiv (\sim p \land (p \lor q)) \land (\sim q \lor s) \land \sim r$$
$$\equiv (\sim p \land q) \land (\sim q \lor s) \land \sim r$$

$$\equiv \sim p \wedge (q \wedge (\sim q \vee s)) \wedge \sim r$$
$$\equiv \sim p \wedge (q \wedge s) \wedge \sim r$$
$$\equiv \sim p \wedge q \wedge s \wedge \sim r$$

可得结论：小李和小赵是三八红旗手，小张不是三八红旗手。

【例 2.26】　教室的玻璃被打破了，经调查是甲、乙、丙 3 人其中一人所为。

甲说：不是我做的。

乙说：是我打破的玻璃。

丙说：此事与乙无关。

已知甲、乙、丙 3 人中两人说了假话，一人说了真话，试问实际上是谁打破了玻璃？

解. 用 p 表示玻璃是甲打破的，q 表示玻璃是乙打破的，r 表示玻璃是丙打破的，a 表示甲说的是真话，b 表示乙说的是真话，c 表示丙说的是真话。

那么，若 p 成立，q 和 r 都不成立，因此可表示成 $p \wedge \sim q \wedge \sim r$。同样地，若 q 成立，有 $\sim p \wedge q \wedge \sim r$；若 r 成立，则有 $\sim p \wedge \sim q \wedge r$。

于是 3 人中有且仅有一个人打破了玻璃就表示成 $(p \wedge \sim q \wedge \sim r) \vee (\sim p \wedge q \wedge \sim r) \vee (\sim p \wedge \sim q \wedge r)$。类似地，甲、乙、丙 3 人中两人说了假话、一人说了真话表示为 $(a \wedge \sim b \wedge \sim c) \vee (\sim a \wedge b \wedge \sim c) \vee (\sim a \wedge \sim b \wedge c)$。

再将说了假话还是真话与是何人打破的玻璃联系起来得到 $(a \Leftrightarrow \sim p) \wedge (b \Leftrightarrow q) \wedge (c \Leftrightarrow \sim q)$。

至此，可以将该逻辑问题表示为

$((p \wedge \sim q \wedge \sim r) \vee (\sim p \wedge q \wedge \sim r) \vee (\sim p \wedge \sim q \wedge r)) \wedge ((a \wedge \sim b \wedge \sim c) \vee (\sim a \wedge b \wedge \sim c) \vee (\sim a \wedge \sim b \wedge c)) \wedge (a \Leftrightarrow \sim p) \wedge (b \Leftrightarrow q) \wedge (c \Leftrightarrow \sim q)$

经等值演算化简可得 $(p \wedge \sim q \wedge \sim r) \wedge (\sim a \wedge \sim b \wedge c)$，即玻璃是甲打破的，只有丙说了真话。

2.4　对偶与范式

2.4.1　对偶

在定理 2.2 给出的基本等值式中，很多都是成对出现的，例如 $p \vee p \equiv p$ 和 $p \wedge p \equiv p$，$(p \vee q) \vee r \equiv p \vee (q \vee r)$ 和 $(p \wedge q) \wedge r \equiv p \wedge (q \wedge r)$ 等，它们两两不同之处仅在于将 $\vee$ 换成 $\wedge$，将 $\wedge$ 换成 $\vee$，这种现象称为对偶。

定义 2.15　在仅含有联结词 $\sim$、$\wedge$、$\vee$ 的命题公式 A 中，将 $\vee$ 换成 $\wedge$，$\wedge$ 换成 $\vee$，若包含 F 和 T 亦相互取代，所得命题公式称为 A 的**对偶式（dual）**，记作 A^*。

注：由对偶式的定义显然有 $(A^*)^* = A$，即对偶式是相互的。

【例 2.27】　设 $A = p \vee (\sim p \vee (q \wedge \sim r))$，则 $A^* = p \wedge (\sim p \wedge (q \vee \sim r))$。

定理 2.5　设 A 为一个仅含有联结词 $\sim$、$\wedge$、$\vee$ 的 n 元命题公式，$p_1, p_2, \cdots, p_n$ 是其命题变项，则

$$\sim A(p_1, p_2, \cdots, p_n) \equiv A^*(\sim p_1, \sim p_2, \cdots, \sim p_n)$$

证明. 对 A 中联结词的个数 m 做数学归纳法：

（1）当 $m=0$ 时，只可能为 $A=p$，定理显然成立。

（2）假设定理对于所有 $m \leqslant k$ 都成立。当 $m=k+1$ 时，$A(p_1, p_2, \cdots, p_n)$ 形成命题公式的最后一个联结词仅可能为 ~、$\wedge$ 或 $\vee$。

① 若最后一个联结词为 ~，令 $A(p_1, p_2, \cdots, p_n)=\sim B(p_1, p_2, \cdots, p_n)$，则 B 为一个仅含有联结词 ~、$\wedge$、$\vee$ 的 n 元命题公式，且联结词的个数为 k。由归纳假设有

$$\sim B(p_1, p_2, \cdots, p_n) \equiv B^*(\sim p_1, \sim p_2, \cdots, \sim p_n)$$

于是，$\sim A(p_1, p_2, \cdots, p_n)=\sim\sim B(p_1, p_2, \cdots, p_n) \equiv \sim B^*(\sim p_1, \sim p_2, \cdots, \sim p_n)=A^*(\sim p_1, \sim p_2, \cdots, \sim p_n)$。

② 若最后一个联结词为 $\wedge$，令 $A(p_1, p_2, \cdots, p_n)=B(p_1, p_2, \cdots, p_n) \wedge C(p_1, p_2, \cdots, p_n)$，则 B、C 均为仅含有联结词 ~、$\wedge$、$\vee$ 的 n 元命题公式，且联结词的个数至多为 k。由归纳假设有

$\sim B(p_1, p_2, \cdots, p_n) \equiv B^*(\sim p_1, \sim p_2, \cdots, \sim p_n)$，且 $\sim C(p_1, p_2, \cdots, p_n) \equiv C^*(\sim p_1, \sim p_2, \cdots, \sim p_n)$

于是：

$$\begin{aligned}
&A^*(\sim p_1, \sim p_2, \cdots, \sim p_n) \\
&= (B(\sim p_1, \sim p_2, \cdots, \sim p_n) \wedge C(\sim p_1, \sim p_2, \cdots, \sim p_n))^* \\
&\equiv B^*(\sim p_1, \sim p_2, \cdots, \sim p_n) \vee C^*(\sim p_1, \sim p_2, \cdots, \sim p_n) \\
&\equiv \sim B(p_1, p_2, \cdots, p_n) \vee \sim C(p_1, p_2, \cdots, p_n) \\
&\equiv \sim(B(p_1, p_2, \cdots, p_n) \wedge C(p_1, p_2, \cdots, p_n)) \\
&= \sim A(p_1, p_2, \cdots, p_n)
\end{aligned}$$

③ 若最后一个联结词为 $\vee$，可类似于②进行证明。 □

推论 设 A 为一个仅含有联结词 ~、$\wedge$、$\vee$ 的 n 元命题公式，若 A 为重言式，则 A^* 必为矛盾式。

定理 2.6 （对偶原理）设 A、B 为两个仅含有联结词 ~、$\wedge$、$\vee$ 的 n 元命题公式，若 $A \equiv B$，则 $A^* \equiv B^*$。

证明. 设 $p_1, p_2, \cdots, p_n$ 是公式 A 和公式 B 中出现的全部命题变项。由 $\sim A(p_1, p_2, \cdots, p_n) \equiv A^*(\sim p_1, \sim p_2, \cdots, \sim p_n)$ 及 $\sim B(p_1, p_2, \cdots, p_n) \equiv B^*(\sim p_1, \sim p_2, \cdots, \sim p_n)$，得到 $A^*(\sim p_1, \sim p_2, \cdots, \sim p_n) \equiv B^*(\sim p_1, \sim p_2, \cdots, \sim p_n)$，即 $A^*(p_1, p_2, \cdots, p_n) \equiv B^*(p_1, p_2, \cdots, p_n)$。 □

于是，已知 $A \equiv B$，且 B 是比 A 简单的命题公式，则由对偶原理可直接求出较简单的 B^* 与 A^* 等值。

【例 2.28】 若 $(p \wedge q) \vee (\sim p \vee (\sim p \vee q)) \equiv \sim p \vee q$，则 $(p \vee q) \wedge (\sim p \wedge (\sim p \wedge q)) \equiv \sim p \wedge q$。

2.4.2 析取范式和合取范式

与一个给定的命题公式等值而形式不同的命题公式可以有无穷多个。于是，首要的问题就是能否将所有与命题公式 A 等值的公式化为某一个统一的规范形式。通过这种规范形式，可以判断任意两个形式上不同的公式是否等值，判断任一公式是否为重言式或矛盾式等。

本节将介绍命题逻辑中的的两种规范形式。

定义 2.16 命题变项 p 及其否定式 $\sim p$ 统称**文字(literal)**，且 p 与 $\sim p$ 称为**互补对**。

定义 2.17 由有限个文字的析取所组成的公式称为**析取式**（fundamental disjunction）；由有限个文字的合取所组成的公式称为**合取式**（fundamental conjunction）。

【例 2.29】 p、$\sim p$、$p \vee q$、$p \vee q \vee \sim q$ 都是析取式，p、$\sim p$、$p \wedge q$、$p \wedge q \wedge \sim p$ 都是合取式。

容易看出，一个析取式是重言式当且仅当其中出现互补对，一个合取式是矛盾式当且仅当其中出现互补对。

在此基础上，可以定义析取范式和合取范式。

定义 2.18 形如 $A_1 \vee A_2 \vee \cdots \vee A_n$ 的公式称为**析取范式**（disjunctive normal form），其中 A_i ($i=1, 2, \cdots, n$)为合取式。给定命题公式 A，与 A 等值的析取范式称作 A 的析取范式。

定义 2.19 形如 $A_1 \wedge A_2 \wedge \cdots \wedge A_n$ 的公式称为**合取范式**（conjunctive normal form），其中 A_i ($i=1, 2, \cdots, n$)为析取式。给定命题公式 A，与 A 等值的合取范式称作 A 的合取范式。

【例 2.30】 $(\sim p \wedge q \wedge \sim r) \vee (\sim p \wedge \sim q \wedge \sim r) \vee (p \wedge q)$、$(p \wedge \sim q) \vee (\sim p \wedge q)$、$(\sim p \wedge \sim r) \vee (q \wedge \sim r)$ 都是析取范式，$(p \vee q) \wedge (\sim p \vee \sim q)$、$(\sim p \vee q) \wedge \sim r$、$p \wedge (p \vee r) \wedge (\sim p \vee \sim q \vee r)$ 都是合取范式，而 $p \vee q$、$\sim p \wedge r$、p、$\sim q$ 既是析取范式又是合取范式。

定理 2.7 （a）一个析取范式是矛盾式，当且仅当它的每个合取式都是矛盾式，即每个合取式至少包含一个互补对。

（b）一个合取范式是重言式，当且仅当它的每个析取式都是重言式，即每个析取式至少包含一个互补对。

（c）任何析取范式的对偶式为合取范式；任何合取范式的对偶式为析取范式。

（d）设 B 为 A^* 的析取范式，则 B^* 为 A 的合取范式。

求范式的步骤如下：

（1）利用等值式模式将其他联结词转化成 $\sim$、$\wedge$、$\vee$：
$$p \Rightarrow q \equiv \sim p \vee q, \quad p \Leftrightarrow q \equiv (\sim p \vee q) \wedge (\sim q \vee p) \equiv (p \wedge q) \vee (\sim q \wedge \sim p)$$

（2）简化双重否定号，并将所有 $\sim$ 写到文字里，使之只作用于命题变项：
$$\sim(\sim p) \equiv p, \quad \sim(p \vee q) \equiv \sim p \wedge \sim q, \quad \sim(p \wedge q) \equiv \sim p \vee \sim q$$

（3）利用分配律，将其最终变成合取范式或析取范式：
$$p \vee (q \wedge r) \equiv (p \vee q) \wedge (p \vee r), \quad p \wedge (q \vee r) \equiv (p \wedge q) \vee (p \wedge r)$$

【例 2.31】 求 $(p \vee q \Rightarrow r) \Rightarrow p$ 的析取范式和合取范式。

解. $(p \vee q \Rightarrow r) \Rightarrow p$

$\equiv (\sim(p \vee q) \vee r) \Rightarrow p$ （消去第一个 $\Rightarrow$）

$\equiv \sim(\sim(p \vee q) \vee r) \vee p$ （消去第二个 $\Rightarrow$）

$\equiv (\sim\sim(p \vee q) \wedge \sim r) \vee p$ （$\sim$ 内移）

$\equiv ((p \vee q) \wedge \sim r) \vee p$ （$\sim$ 消去）

$\equiv (p \vee q \vee p) \wedge (\sim r \vee p)$ （$\vee$ 对 $\wedge$ 分配律）

$\equiv (p \vee q) \wedge (\sim r \vee p)$ （合取范式）

$\equiv ((p \vee q) \wedge \sim r) \vee ((p \vee q) \wedge p)$ （$\wedge$ 对 $\vee$ 分配律）

$\equiv (q \wedge \sim r) \vee (p \wedge \sim r) \vee p$ 　　　　（吸收律、分配律，已构成析取范式）

$\equiv (q \wedge \sim r) \vee p$ 　　　　　　　　　　　　（吸收律，另一形式的析取范式）

【例2.32】 求$\sim(p \vee q) \Leftrightarrow (p \wedge q)$的析取范式。

解. $\sim(p \vee q) \Leftrightarrow (p \wedge q)$

　　$\equiv (\sim(p \vee q) \wedge (p \wedge q)) \vee (\sim\sim(p \vee q) \wedge \sim(p \wedge q))$

　　$\equiv (\sim p \wedge \sim q \wedge p \wedge q) \vee ((p \vee q) \wedge (\sim p \vee \sim q))$

　　$\equiv (\sim p \wedge \sim q \wedge p \wedge q) \vee (p \wedge \sim p) \vee (p \wedge \sim q) \vee (q \wedge \sim p) \vee (q \wedge \sim q)$

　　$\equiv (p \wedge \sim q) \vee (q \wedge \sim p)$

【例2.33】 求$\sim(p \vee q) \Leftrightarrow (p \wedge q)$的合取范式。

解. $\sim(p \vee q) \Leftrightarrow (p \wedge q)$

　　$\equiv (\sim\sim(p \vee q) \vee (p \wedge q)) \wedge (\sim(p \wedge q) \vee \sim(p \vee q))$

　　$\equiv ((p \vee q) \vee (p \wedge q)) \wedge ((\sim p \vee \sim q) \vee (\sim p \wedge \sim q))$

　　$\equiv (p \vee q) \wedge (\sim p \vee \sim q)$

从范式的计算方法和上面的例子，可以得到如下定理。

定理2.8 （范式存在定理）任一命题公式都存在着与之等值的析取范式和合取范式。但析取范式和合取范式可能不是唯一的。

2.4.3 主范式

范式的不唯一性给判别两公式是否等值带来了不便，不同形式的析取范式或合取范式可能等值。因此需要引入更"标准"的主范式这一概念。

定义2.20 若n个命题变项$p_1, p_2, \cdots, p_n$组成的合取式$q_1 \wedge q_2 \wedge \cdots \wedge q_n$满足$q_i = p_i$或$\sim p_i$（$1 \leqslant i \leqslant n$），即：

（1）每个命题变项与它的否定式不同时出现，但二者之一必定出现且仅出现一次。

（2）第i个命题变项或其否定出现在从左起的第i位上。

则称合取式$q_1 \wedge q_2 \wedge \cdots \wedge q_n$为极小项（**minterm**）。

将命题变项看成1，命题变项的否定看成0，于是每个极小项对应一个二进制数，该二进制数正是该极小项真值为真的指派。将其转换为十进制数i，作为下角标，则该极小项可以表示为m_i。

【例2.34】 3个命题变项，8个极小项对应情况如下：

$\sim p \ \wedge \ \sim q \ \wedge \ \sim r$ 　　　—— 000 —— 0，记作m_0

$\sim p \ \wedge \ \sim q \ \wedge \ r$ 　　　　—— 001 —— 1，记作m_1

$\sim p \ \wedge \ q \ \wedge \ \sim r$ 　　　　—— 010 —— 2，记作m_2

$\sim p \ \wedge \ q \ \wedge \ r$ 　　　　　—— 011 —— 3，记作m_3

$p \ \wedge \ \sim q \ \wedge \ \sim r$ 　　　　—— 100 —— 4，记作m_4

$p \ \wedge \ \sim q \ \wedge \ r$ 　　　　　—— 101 —— 5，记作m_5

$p \ \wedge \ q \ \wedge \ \sim r$ 　　　　　—— 110 —— 6，记作m_6

$p \ \wedge \ q \ \wedge \ r$ 　　　　　　—— 111 —— 7，记作m_7

一般情况下，n 个命题变项共产生 2^n 个极小项，分别记为 $m_0, m_1, \cdots, m_{2^n-1}$。

【例 2.35】 3 个命题变项，8 个极小项的真值表如表 2.8 所示。

表 2.8 3 个命题变项、8 个极小项的真值表

p	q	r	m_0	m_1	m_2	m_3	m_4	m_5	m_6	m_7
T	T	T	F	F	F	F	F	F	F	T
T	T	F	F	F	F	F	F	F	T	F
T	F	T	F	F	F	F	F	T	F	F
T	F	F	F	F	F	F	T	F	F	F
F	T	T	F	F	F	T	F	F	F	F
F	T	F	F	F	T	F	F	F	F	F
F	F	T	F	T	F	F	F	F	F	F
F	F	F	T	F	F	F	F	F	F	F

定理 2.9 极小项具有如下性质：

（a）对任一含有 n 个命题变项的公式，所有可能的极小项的个数和该公式的解释个数相同，都是 2^n。

（b）每个极小项只在一个真值指派下为真。

（c）极小项两两不等值，并且 $m_i \wedge m_j \equiv F \ (i \neq j)$，因为其中至少包含一对互补对。

（d）恰由 2^n 个极小项的析取构成的公式必为重言式。

定义 2.21 若由 n 个命题变项构成的析取范式中所有的合取式都是极小项，则称其为**主析取范式(full disjunctive normal form)**，用 Σ 表示。给定命题公式 A，与 A 等值的主析取范式称作 A 的主析取范式。

即仅由有限个极小项构成的析取范式称为主析取范式。

【例 2.36】 在由 3 个命题变项构成的命题公式中，$(p \wedge \sim q \wedge \sim r) \vee (p \wedge q \wedge \sim r) \vee (p \wedge q \wedge r)$、$(p \wedge q \wedge r) \vee (\sim p \wedge \sim q \wedge \sim r)$ 都是主析取范式，而 $(p \wedge q) \vee (\sim p \wedge \sim r)$ 不是主析取范式。

求给定命题公式 A 的主析取范式的步骤如下：

（1）求出 A 的一个析取范式 A'。

（2）若 A' 的某合取式 B 中不含命题变项 p_i 或其否定 $\sim p_i$，则将 B 展成如下形式。

$$B \equiv B \wedge (p_i \vee \sim p_i) \equiv (B \wedge p_i) \vee (B \wedge \sim p_i)$$

（3）将重复出现的命题变项、矛盾式及重复出现的极小项都"消去"，如 $p \wedge p$ 用 p 置换，$p \wedge \sim p$ 用 F 置换，$m_i \vee m_i$ 用 m_i 置换。

（4）将极小项按由小到大的顺序排列，并用 Σ 表示之。如 $m_1 \vee m_2 \vee m_5$ 用 $\Sigma(1, 2, 5)$ 表示。

【例 2.37】 求 $((p \vee q) \Rightarrow r) \Rightarrow p$ 的主析取范式。

解. 原公式的析取范式为 $p \vee (q \wedge \sim r)$，用 $p \wedge (\sim q \vee q) \wedge (\sim r \vee r)$ 置换 p，用 $(\sim p \vee p) \wedge (q \wedge \sim r)$ 置换 $(q \wedge \sim r)$，然后展开得极小项：

$((p \vee q) \Rightarrow r) \Rightarrow p$

$\equiv p \vee (q \wedge \sim r)$ （析取范式）

$\equiv (p \land (\sim q \lor q) \land (\sim r \lor r)) \lor ((\sim p \lor p) \land (q \land \sim r))$

$\equiv (p \land \sim q \land \sim r) \lor (p \land \sim q \land r) \lor (p \land q \land \sim r) \lor (p \land q \land r) \lor (\sim p \land q \land \sim r) \lor (p \land q \land \sim r)$

$\equiv m_4 \lor m_5 \lor m_6 \lor m_7 \lor m_2 \lor m_6$

$\equiv m_2 \lor m_4 \lor m_5 \lor m_6 \lor m_7$

$\equiv \Sigma(2, 4, 5, 6, 7)$

类似地，可以定义极大项和主合取范式。

定义 2.22 若 n 个命题变项 $p_1, p_2, \cdots, p_n$ 组成的析取式 $q_1 \lor q_2 \lor \cdots \lor q_n$ 满足 $q_i = p_i$ 或 $\sim p_i$（$1 \leq i \leq n$），即：

（1）每个命题变项与它的否定式不同时出现，但二者之一必定出现且仅出现一次。

（2）第 i 个命题变项或其否定出现在从左起的第 i 位上。

则称析取式 $q_1 \lor q_2 \lor \cdots \lor q_n$ 为极大项（**maxterm**）。

同极小项情况类似，如果将命题变项看成 0，将其否定看成 1，则每一个极大项对应一个二进制数，该二进制数正是该极大项真值为假的指派。此二进制数对应的十进制数 i 作为下角标，则该极大项可以表示为 M_i。

【例 2.38】 3 个命题变项，8 个极大项对应情况如下：

$$p \lor q \lor r \qquad —— 000 ——0，记作 M_0$$
$$p \lor q \lor \sim r \qquad —— 001 ——1，记作 M_1$$
$$p \lor \sim q \lor r \qquad —— 010 ——2，记作 M_2$$
$$p \lor \sim q \lor \sim r \qquad —— 011 ——3，记作 M_3$$
$$\sim p \lor q \lor r \qquad —— 100 ——4，记作 M_4$$
$$\sim p \lor q \lor \sim r \qquad —— 101 ——5，记作 M_5$$
$$\sim p \lor \sim q \lor r \qquad —— 110 ——6，记作 M_6$$
$$\sim p \lor \sim q \lor \sim r \qquad —— 111 ——7，记作 M_7$$

一般情况下，n 个命题变项共产生 2^n 个极大项，分别记为 $M_0, M_1, \cdots, M_{2^n-1}$。

【例 2.39】 3 个命题变项，8 个极大项的真值表如表 2.9 所示。

表 2.9 3 个命题变项，8 个极大项的真值表

p	q	r	M_0	M_1	M_2	M_3	M_4	M_5	M_6	M_7
T	T	T	T	T	T	T	T	T	T	F
T	T	F	T	T	T	T	T	T	F	T
T	F	T	T	T	T	T	T	F	T	T
T	F	F	T	T	T	T	F	T	T	T
F	T	T	T	T	T	F	T	T	T	T
F	T	F	T	T	F	T	T	T	T	T
F	F	T	T	F	T	T	T	T	T	T
F	F	F	F	T	T	T	T	T	T	T

综合例 2.34、例 2.35、例 2.38 和例 2.39，可以得到表 2.10 和表 2.11。

表 2.10　极小项与极大项对应表

极 小 项		命 题 变 项*			极 大 项	
m_7	111——7	p ・ q ・ r			000——0	M_0
m_6	110——6	p ・ q ・ $\sim r$			001——1	M_1
m_5	101——5	p ・ $\sim q$ ・ r			010——2	M_2
m_4	100——4	p ・ $\sim q$ ・ $\sim r$			011——3	M_3
m_3	011——3	$\sim p$ ・ q ・ r			100——4	M_4
m_2	010——2	$\sim p$ ・ q ・ $\sim r$			101——5	M_5
m_1	001——1	$\sim p$ ・ $\sim q$ ・ r			110——6	M_6
m_0	000——0	$\sim p$ ・ $\sim q$ ・ $\sim r$			111——7	M_7

* 对于极大项，・表示 $\vee$；对于极小项，・表示 $\wedge$。

表 2.11　极小项与极大项真值表

p	q	r	m_7	m_6	m_5	m_4	m_3	m_2	m_1	m_0	M_7	M_6	M_5	M_4	M_3	M_2	M_1	M_0
T	T	T	T	F	F	F	F	F	F	F	F	T	T	T	T	T	T	T
T	T	F	F	T	F	F	F	F	F	F	T	F	T	T	T	T	T	T
T	F	T	F	F	T	F	F	F	F	F	T	T	F	T	T	T	T	T
T	F	F	F	F	F	T	F	F	F	F	T	T	T	F	T	T	T	T
F	T	T	F	F	F	F	T	F	F	F	T	T	T	T	F	T	T	T
F	T	F	F	F	F	F	F	T	F	F	T	T	T	T	T	F	T	T
F	F	T	F	F	F	F	F	F	T	F	T	T	T	T	T	T	F	T
F	F	F	F	F	F	F	F	F	F	T	T	T	T	T	T	T	T	F

从表 2.10 及表 2.11 中可以看出，极小项和极大项有如下关系。

定理 2.10　设 m_i 和 M_i 是由命题变项 p_1, p_2, …, p_n 形成的极小项和极大项，则 $m_i \equiv \sim M_i$。

定理 2.11　极大项具有如下性质：

（a）对任一含有 n 个命题变项的公式，所有可能的极大项的个数和该公式的真值指派个数相同，都是 2^n。

（b）每个极大项只在一个真值指派下为假。

（c）极大项两两不等值，并且 $M_i \vee M_j \equiv$ T $(i \neq j)$，因为其中至少包含一对互补对。

（d）恰由 2^n 个极大项的合取构成的公式必为矛盾式。

定义 2.23　设由 n 个命题变项构成的合取范式中所有的析取式都是极大项，则称其为**主合取范式（full conjunctive normal form）**，用 $\prod$ 表示。给定命题公式 A，与 A 等值的主合取范式称作 A 的**主合取范式**。

即仅由有限个极大项构成的合取范式称为主合取范式。

求给定命题公式 A 的主合取范式的步骤如下：

（1）先求出 A 的一个合取范式 A'。

（2）若 A' 的某简单析取式 B 中不含命题变项 p_i 或其否定 $\sim p_i$，则将 B 展成如下形式：

$$B \equiv B \vee (p_i \wedge \sim p_i) \equiv (B \vee p_i) \wedge (B \vee \sim p_i)$$

（3）将重复出现的命题变项、重言式及重复出现的极大项都"消去"。

（4）将极大项按由小到大的顺序排列，并用 $\prod$ 表示之。如 $M_1 \wedge M_2 \wedge M_5$ 用 $\prod(1, 2, 5)$ 表示。

【例 2.40】 求 $((p \vee q) \Rightarrow r) \Rightarrow p$ 的主合取范式。

解. $((p \vee q) \Rightarrow r) \Rightarrow p$

$\equiv (p \vee q) \wedge (p \vee \sim r)$ （合取范式）

$\equiv (p \vee q \vee (r \wedge \sim r)) \wedge (p \vee (q \wedge \sim q) \vee \sim r)$

$\equiv (p \vee q \vee r) \wedge (p \vee q \vee \sim r) \wedge (p \vee q \vee \sim r) \wedge (p \vee \sim q \vee \sim r)$

$\equiv (p \vee q \vee r) \wedge (p \vee q \vee \sim r) \wedge (p \vee \sim q \vee \sim r)$

$\equiv M_0 \wedge M_1 \wedge M_3$

$\equiv \prod(0, 1, 3)$

例 2.37 和例 2.40 计算的是同一个命题公式的主析取范式和主合取范式。事实上，当计算出其中之一时，可以很容易地得到另一个。

设命题公式 A 中含 n 个命题变项，且设 A 的主析取范式中含 k 个极小项 m_{i_1}，m_{i_2}，$\cdots$，m_{i_k}，则 $\sim A$ 的主析取范式中必含 $2^n - k$ 个极小项，设为 m_{j_1}，m_{j_2}，$\cdots$，$m_{j_{2^n - k}}$，即 $\sim A \equiv m_{j_1} \vee m_{j_2} \vee \cdots \vee m_{j_{2^n - k}}$，于是

$$A \equiv \sim\sim A$$
$$\equiv \sim (m_{j_1} \vee m_{j_2} \vee \cdots \vee m_{j_{2^n - k}})$$
$$\equiv \sim m_{j_1} \wedge \sim m_{j_2} \wedge \cdots \wedge \sim m_{j_{2^n - k}}$$
$$\equiv M_{j_1} \wedge M_{j_2} \wedge \cdots \wedge M_{j_{2^n - k}}$$

由此可以给出由 A 的主析取范式求主合取范式的步骤：

（1）求出 A 的主析取范式中没包含的极小项 $m_{j_1}, m_{j_2}, \cdots, m_{j_{2^n - k}}$。

（2）求出与步骤（1）中极小项下角标相同的极大项 $M_{j_1}, M_{j_2}, \cdots, M_{j_{2^n - k}}$。

（3）由以上极大项构成的合取式为 A 的主合取范式。

【例 2.41】 $((p \vee q) \Rightarrow r) \Rightarrow p$

$\equiv m_2 \vee m_4 \vee m_5 \vee m_6 \vee m_7$

$\equiv \sum(2, 4, 5, 6, 7)$

$\equiv M_0 \wedge M_1 \wedge M_3$

$\equiv \prod(0, 1, 3)$

此外，也可以通过真值表来计算 A 的主析取范式和主合取范式：

（1）列出公式 A 的真值表。

（2）找出所有的成真指派和成假指派。

（3）求出每个成真指派对应的极小项的编码，按下角标从小到大析取得到主析取范式。

（4）求出每个成假指派对应的极小项的编码，按下角标从小到大合取得到主合取范式。

【例 2.42】　试由真值表求$((p \vee q) \Rightarrow r) \Rightarrow p$ 的主范式。

解.　由$((p \vee q) \Rightarrow r) \Rightarrow p$ 的真值表（表 2.12）得到$((p \vee q) \Rightarrow r) \Rightarrow p$ 的主析取范式为 $\Sigma(2, 4, 5, 6, 7)$，主合取范式为 $\Pi(0, 1, 3)$。

表 2.12　例 2.42 用表

极小项标号	真值指派			命题公式真值
m	p	q	r	$((p \vee q) \Rightarrow r) \Rightarrow p$
7	T	T	T	T
6	T	T	F	T
5	T	F	T	T
4	T	F	F	T
3	F	T	T	F
2	F	T	F	T
1	F	F	T	F
0	F	F	F	F

关于主范式的存在唯一性，有如下定理。

定理 2.12　（主析取范式定理）任一含有 n 个命题变项的公式都存在唯一的与之等值且恰仅含这 n 个命题变项的主析取范式。

证明.　存在性由构造方法可得，下面只证明唯一性。假设某一命题公式 A 存在两个与之等值的主析取范式 B 和 C，即 $A \equiv B$ 且 $A \equiv C$，则 $B \equiv C$。由于 B 和 C 是不同的主析取范式，不妨设极小项 m_i 只出现在 B 中而不出现在 C 中，于是，下角标 i 的二进制表示为 B 的成真指派，而为 C 的成假指派，这与 $B \equiv C$ 矛盾，因而 B 与 C 必相同。　□

定理 2.13　（主合取范式定理）任一含有 n 个命题变项的公式都存在唯一的与之等值且恰仅含这 n 个命题变项的主合取范式。

证明.　与定理 2.12 的证明类似。　□

主析取范式具有如下用途：

（a）判断两命题公式是否等值。由于任何命题公式的主析取范式都是唯一的，因而若 $A \equiv B$，说明 A 与 B 有相同的主析取范式；反之，若 A、B 有相同的主析取范式，必有 $A \equiv B$。

（b）判断命题公式的类型。设 A 是含 n 个命题变项的命题公式，则

（b.1）A 为重言式，当且仅当 A 的主析取范式中含全部 2^n 个极小项；当且仅当 A 的主合取范式中不含任何极大项——即为空公式。

（b.2）A 为矛盾式，当且仅当 A 的主析取范式中不含任何极小项——即为空公式；当且仅当 A 的主合取范式中含全部 2^n 个极大项。

（b.3）若 A 的主析取范式中至少含一个极小项，则 A 是可满足式。

（c）求命题公式的成真指派和成假指派。

【例 2.43】 判断下列命题公式的类型：

（a）$((p{\Rightarrow}q)\wedge p){\Rightarrow}q$。

（b）$(p{\Rightarrow}q)\wedge q$。

解.

（a）$((p{\Rightarrow}q)\wedge p){\Rightarrow}q$

$\equiv \sim((\sim p\vee q)\wedge p)\vee q$

$\equiv \sim(\sim p\vee q)\vee\sim p\vee q$

$\equiv (p\wedge\sim q)\vee\sim p\vee q$

$\equiv (p\wedge\sim q)\vee(\sim p\wedge(\sim q\vee q))\vee((\sim p\vee p)\wedge q)$

$\equiv (\sim p\wedge\sim q)\vee(\sim p\wedge q)\vee(p\wedge\sim q)\vee(p\wedge q)$

$\equiv m_0\vee m_1\vee m_2\vee m_3$

$\equiv \Sigma(0, 1, 2, 3)$

由以上推演可知，（a）为重言式。

（b）$(p{\Rightarrow}q)\wedge q$

$\equiv (\sim p\vee q)\wedge q$

$\equiv q$

$\equiv (p\vee\sim p)\wedge q$

$\equiv (\sim p\wedge q)\vee(p\wedge q)$

$\equiv m_1\vee m_3$

$\equiv \Sigma(1, 3)$

由以上推演可知，（b）为非重言的可满足式，成真指派为 FT, TT，成假指派为 FF, TF。

【例 2.44】 要从甲、乙、丙 3 人中选派若干人去国外考察，需满足下述条件：

（1）若甲去，则丙必须去。

（2）若乙去，则丙不能去。

（3）甲和乙必须去一人且只能去一人。

问有几种可能的选派方案？

解. 假设命题 p: 派甲去，q: 派乙去，r: 派丙去，则条件（1）形式化为 $p{\Rightarrow}r$，条件（2）形式化为 $q{\Rightarrow}\sim r$，条件（3）形式化为 $(p\wedge\sim q)\vee(\sim p\wedge q)$。问题转化为求下式的成真指派：

$$A=(p{\Rightarrow}r)\wedge(q{\Rightarrow}\sim r)\wedge((p\wedge\sim q)\vee(\sim p\wedge q))$$

计算 A 的主析取范式：

$$(p{\Rightarrow}r)\wedge(q{\Rightarrow}\sim r)\wedge((p\wedge\sim q)\vee(\sim p\wedge q))$$
$$\equiv (\sim p\vee r)\wedge(\sim q\vee\sim r)\wedge((p\wedge\sim q)\vee(\sim p\wedge q))$$
$$\equiv (p\wedge\sim q\wedge r)\vee(\sim p\wedge q\wedge\sim r)$$

可得成真指派为 TFT，FTF。即方案 1——派甲与丙去，方案 2——派乙去。

2.5 命题联结词的完备集

定义 2.24 设 C 是一个联结词的集合，如果任何由 n 个命题变项构成的命题公式都存在仅使用 C 中的联结词构成的等值公式，则称 C 是**完备的联结词集合**，或者说 C 是**联结词的完备集**。

定义 2.25 设 C 是一个联结词的集合，其中可由 C 中的其他联结词定义的联结词称作**冗余联结词**。不含有冗余联结词的联结词完备集称作**极小完备集**。

定理 2.14 如果一个联结词完备集 S_1 中的所有联结词都可由一个联结词集合 S_2 定义，则 S_2 也是联结词完备集。

定理 2.15 下述联结词集合都是完备集：

(a) $S_1=\{\sim, \vee, \wedge\}$。

(b) $S_2=\{\sim, \wedge\}$。

(c) $S_3=\{\sim, \vee\}$。

(d) $S_4=\{\sim, \Rightarrow\}$。

证明. （a）由定理 2.12，任何由 n 个命题变项构成的命题公式都与唯一的主析取范式等值，而在主析取范式中仅含联结词 $\sim$、$\vee$、$\wedge$，所以 $S_1=\{\sim,\vee,\wedge\}$ 是联结词的完备集。

（b）$p\vee q\equiv\sim\sim(p\vee q)\equiv\sim(\sim p\wedge\sim q)$，由 S_1 是完备集及定理 2.14 可得 S_2 是完备集。

（c）$p\wedge q\equiv\sim(\sim p\vee\sim q)$，由 S_1 是完备集及定理 2.14 可得 S_3 是完备集。

（d）$p\vee q\equiv\sim(\sim p)\vee q\equiv\sim p\Rightarrow q$，由 S_3 是完备集及定理 2.14 可得 S_4 是完备集。 □

从定理 2.15 中可以看到，在 $\{\sim, \vee, \wedge\}$ 中，$\vee$ 和 $\wedge$ 都是冗余联结词。

那么有没有单个联结词构成的完备集？答案是肯定的。

定义 2.26 设 p、q 为命题，**与非词**（**sheffer**）"$\uparrow$"是二元联结词，$p\uparrow q$ 读作"p、q 的与非"。当且仅当 p、q 的真值均为真时，$p\uparrow q$ 的真值为假。简言之，$p\uparrow q\equiv\sim(p\wedge q)$。

定义 2.27 设 p、q 为命题，**或非词**（**pierce**）"$\downarrow$"是二元联结词，$p\downarrow q$ 读作"p、q 的或非"。当且仅当 p、q 的真值均为假时，$p\downarrow q$ 的真值为真。简言之，$p\downarrow q\equiv\sim(p\vee q)$。

定理 2.16 下述联结词集合都是完备集：

(e) $S_5=\{\uparrow\}$。

(f) $S_6=\{\downarrow\}$。

证明. （e）$\sim p\equiv\sim(p\wedge p)\equiv p\uparrow p$，$p\wedge q\equiv\sim\sim(p\wedge q)\equiv\sim(p\uparrow q)\equiv(p\uparrow q)\uparrow(p\uparrow q)$，由 S_2 是完备集及定理 2.14 可得 S_5 是完备集。

（f）$\sim p\equiv\sim(p\vee p)\equiv p\downarrow p$，$p\vee q\equiv\sim\sim(p\vee q)\equiv\sim(p\downarrow q)\equiv(p\downarrow q)\downarrow(p\downarrow q)$，由 S_3 是完备集及定理 2.14 可得 S_6 是完备集。 □

这也说明，在逻辑电路中只需一种或非门或者只需一种与非门，就可以构造出所有的逻辑电路。

【例 2.45】 证明联结词集合 $\{\wedge\}$ 不是完备的。

证明. 假设 $\{\wedge\}$ 是完备集，则由联结词完备性的定义有 $\sim p\equiv p_1\wedge p_2\wedge\cdots p_n$。

但当 $p, p_1, p_2, \cdots, p_n$ 都取值为真时，上式左端为假，而右端为真，产生矛盾。 □

此例说明，$\{\sim, \wedge\}$ 是联结词的极小完备集。

2.6 命题逻辑的推理

逻辑是研究思维结构和规则的科学，推理是逻辑的最终目标。为此，首先应该明确什么样的推理是有效的或正确的。

定义 2.28 **推理**是从前提推出结论的思维过程，**前提**（**premise**），或称**假设**（**hypothesis**），是指已知的命题公式 $A_1, A_2, \cdots, A_n$，**结论**（**conclusion**）是从前提出发应用推理规则推出的命题公式 B，**正确的推理**或**有效的推理**即是指 $A_1 \wedge A_2 \wedge \cdots \wedge A_n \Rightarrow B$ 是重言式，此时称 B 是 $A_1, A_2, \cdots, A_n$ 的**逻辑推论**或**有效结论**。也记作

$$
\begin{array}{c}
A_1 \\
A_2 \\
\vdots \\
\underline{\quad A_n \quad} \\
\therefore \quad B
\end{array}
$$

解推理问题的基本方法如下：

（1）将命题符号化。

（2）写出前提、结论和推理的形式结构。

（3）对推理形式的正确性进行判断。

注：这里考虑的是推理形式结构的有效性，而不是结论的正确性。

而我们常提到的"**证明**"就是一个描述推理过程的命题公式序列，其中的每个公式或者是已知前提，或者是由前面的公式应用推理规则得到的结论（中间结论或推理中的结论）。

判断一个推理形式是否正确，从定义上讲就是判断一个蕴涵式是否是重言式，因此前文介绍过的判定公式类型的方法都可以用来判断推理形式的正确与否，具体地讲，包括真值表法、等值演算法和主析取范式法。

【例 2.46】 判断下面的推理是否正确：

若今天是周二，则我要来上课。今天是周二，所以我要来上课。

解. 假设命题 p：今天是周二，q：我来上课，则推理的形式结构为 $(p \Rightarrow q) \wedge p \Rightarrow q$。下面使用等值演算法判断推理的正确性：

$$
\begin{aligned}
& (p \Rightarrow q) \wedge p \Rightarrow q \\
\equiv\ & \sim((\sim p \vee q) \wedge p) \vee q \\
\equiv\ & ((p \wedge \sim q) \vee \sim p) \vee q \\
\equiv\ & \sim p \vee \sim q \vee q \\
\equiv\ & \mathrm{T}
\end{aligned}
$$

因此推理正确。

【例 2.47】 判断下面的推理是否正确：

若今天是周二，则我要来上课。我来上课了，所以今天是周二。

解. 假设命题 p: 今天是周二, q: 我来上课, 则推理的形式结构为 $(p{\Rightarrow}q){\wedge}q{\Rightarrow}p$。下面用主析取范式法判断推理的正确性:

$$
\begin{aligned}
&(p{\Rightarrow}q){\wedge}q{\Rightarrow}p\\
&\equiv {\sim}(({\sim}p\vee q)\wedge q)\vee p\\
&\equiv {\sim}q\vee p\\
&\equiv M_1\\
&\equiv m_0\vee m_2\vee m_3
\end{aligned}
$$

不是重言式, 所以推理不正确。

【例 2.48】 判断下面的推理是否正确:

如果三角形的两边相等, 则其所对的角相等; 一个三角形的两边不相等, 所以其所对角不相等。

解. 设 p: 三角形的两边相等, q: 三角形的两边所对的角相等。则推理的形式结构为 $(p{\Rightarrow}q){\wedge}{\sim}p{\Rightarrow}{\sim}q$。下面用真值表法判断推理的正确性, 如表 2.13 所示。

表 2.13 例 2.48 用表

p	q	$(p{\Rightarrow}q){\wedge}{\sim}p\Rightarrow{\sim}q$	p	q	$(p{\Rightarrow}q){\wedge}{\sim}p\Rightarrow{\sim}q$
T	T	T	F	T	F
T	F	T	F	F	T

该蕴涵式不是重言式, 表明推理不正确, 或论证并非有效。

根据欧几里得几何, 此例中的结论确实成立, 但是这个结论的正确性实际并不是由此例中的两个前提推得的! 这也说明本节考虑的是推理形式结构的有效性, 而不是结论的正确性。

采用判定公式类型的方法来判断推理形式的正确与否具有一般性、广泛性的优点, 但这种方法的不足也很明显: 不能直观看出由前提 A 到结论 B 的推演过程, 而且也难于推广到谓词逻辑中使用。

因此建立推理演算的证明方法 (亦称演绎法), 该方法从前提 $A_1, A_2, \cdots, A_n$ 出发, 配合使用基本推理公式和几条推理规则, 逐步推演出结论 B。这种方法还能给出推理的过程, 使用起来方便, 推演层次清晰, 更近于数学的推理, 而且也容易推广到谓词逻辑。

推理演算的理论依据是

$$(A{\Rightarrow}B){\wedge}((B{\wedge}C){\Rightarrow}R){\Rightarrow}((A{\wedge}C){\Rightarrow}R)\text{是重言式}$$

即, 要从前提 A、C 出发, 推演出结论 R, 可以先由前提 A 推演出结论 B, 而后再由前提 B、C 出发, 推演出结论 R。

下面给出命题逻辑中的基本推理式, 其正确性可以用真值表等方法验证。

定理 2.17 **（基本推理公式）** 以下蕴涵式皆为重言式:

（a）附加律 $\qquad\qquad\qquad\qquad A{\Rightarrow}(A\vee B)$

（b）化简律 $\qquad\qquad\qquad\qquad (A\wedge B){\Rightarrow}A$

（c）前后件附加 $\qquad\qquad\quad (A{\Rightarrow}B){\Rightarrow}((A\vee C){\Rightarrow}(B\vee C))$

$\qquad\qquad\qquad\qquad\qquad\qquad (A{\Rightarrow}B){\Rightarrow}((A\wedge C){\Rightarrow}(B\wedge C))$

$$(A{\Rightarrow}B){\Rightarrow}((C{\Rightarrow}A){\Rightarrow}(C{\Rightarrow}B))$$

（d）对偶 $(A{\Rightarrow}B){\Rightarrow}(B^{*}{\Rightarrow}A^{*})$

（e）假言推理/分离式 $(A{\Rightarrow}B)\wedge A{\Rightarrow}B$

（f）拒取式 $(A{\Rightarrow}B)\wedge{\sim}B{\Rightarrow}{\sim}A$

（g）析取三段论 $(A\vee B)\wedge{\sim}B{\Rightarrow}A$

（h）假言三段论 $(A{\Rightarrow}B)\wedge(B{\Rightarrow}C){\Rightarrow}(A{\Rightarrow}C)$

（i）等价三段论 $(A{\Leftrightarrow}B)\wedge(B{\Leftrightarrow}C){\Rightarrow}(A{\Leftrightarrow}C)$

（j）构造性二难 $(A{\Rightarrow}B)\wedge(C{\Rightarrow}D)\wedge(A\vee C){\Rightarrow}(B\vee D)$

（k）构造性二难(特殊形式) $(A{\Rightarrow}C)\wedge(B{\Rightarrow}C)\wedge(A\vee B){\Rightarrow}C$

$$(A{\Rightarrow}B)\wedge({\sim}A{\Rightarrow}B){\Rightarrow}B$$

（l）破坏性二难 $(A{\Rightarrow}B)\wedge(C{\Rightarrow}D)\wedge({\sim}B\vee{\sim}D){\Rightarrow}({\sim}A\vee{\sim}C)$

而主要的推理规则有以下 6 条：

（a）**前提引入规则**：在证明的任何步骤上，都可引入前提。

（b）**结论引入规则**：在证明的任何步骤上，所证明的结论都可以作为后续证明的前提。

（c）**代入规则**：与命题逻辑等值演算中的代入规则相同。

（d）**置换规则**：在证明的任何步骤上，命题公式中的任何子命题公式都可以用与之等值的命题公式置换。例如 $p{\Rightarrow}q$ 可以用${\sim}p\vee q$ 置换等。

（e）**分离规则**：由 A 及 $A{\Rightarrow}B$ 成立，可将 B 分离出来。

（f）**条件证明规则**：$A_1\wedge A_2{\Rightarrow}B$ 与 $A_1{\Rightarrow}(A_2{\Rightarrow}B)$ 等值。

【例 2.49】 构造下列推理的论证。

前提：$p\vee q, p{\Rightarrow}{\sim}r, s{\Rightarrow}t, {\sim}s{\Rightarrow}r, {\sim}t$

结论：q

解.

（1）$s{\Rightarrow}t$ （前提引入）

（2）${\sim}t$ （前提引入）

（3）${\sim}s$ （（1）（2）拒取式）

（4）${\sim}s{\Rightarrow}r$ （前提引入）

（5）r （（3）（4）分离）

（6）$p{\Rightarrow}{\sim}r$ （前提引入）

（7）${\sim}p$ （（5）（6）拒取式）

（8）$p\vee q$ （前提引入）

（9）q （（7）（8）析取三段论）

表明推理正确。

【例 2.50】 构造下列推理的论证。

前提：$r{\Rightarrow}(q{\Rightarrow}s), {\sim}p\vee r, q$

结论：${\sim}p\vee s$

解.

（1）~$p \lor r$ 　　　　　　　　　　　　　　（前提引入）

（2）$p \Rightarrow r$ 　　　　　　　　　　　　　（（1）置换）

（3）$r \Rightarrow (q \Rightarrow s)$ 　　　　　　　　　　（前提引入）

（4）$p \Rightarrow (q \Rightarrow s)$ 　　　　　　　　　（（2）（3）假言三段论）

（5）$q \Rightarrow (p \Rightarrow s)$ 　　　　　　　　　（（4）置换）

（6）q 　　　　　　　　　　　　　　　（前提引入）

（7）$p \Rightarrow s$ 　　　　　　　　　　　　　（（5）（6）分离）

（8）~$p \lor s$ 　　　　　　　　　　　　　（（7）置换）

表明推理正确。

这个例子说明在证明过程中将析取式写为等值的蕴涵式更便于推理。

【例 2.51】　构造下列推理的论证。

前提：~$(p \Rightarrow q) \Rightarrow$ ~$(r \lor s), (q \Rightarrow p) \lor$ ~r, r

结论：$p \Leftrightarrow q$

解.

（1）$(q \Rightarrow p) \lor$ ~r 　　　　　　　　　（前提引入）

（2）r 　　　　　　　　　　　　　　　（前提引入）

（3）$q \Rightarrow p$ 　　　　　　　　　　　　　（（1）（2）析取三段论）

（4）~$(p \Rightarrow q) \Rightarrow$ ~$(r \lor s)$ 　　　　　（前提引入）

（5）$r \lor s$ 　　　　　　　　　　　　　　（（2）附加）

（6）$p \Rightarrow q$ 　　　　　　　　　　　　　（（4）（5）拒取式）

（7）$p \Leftrightarrow q$ 　　　　　　　　　　　　　（（4）（8）合取）

表明推理正确。

【例 2.52】　刘老师的桌子上多了一盆鲜花，已知如下事实：

（1）花是乐乐或者玲玲送给刘老师的。

（2）如果是玲玲送来的，那么一定不是早晨送来的。

（3）如果玲玲说了真话，那么刘老师的办公室窗户是关上的。

（4）如果玲玲说了假话，那么花一定是早晨送来的。

（5）刘老师办公室的窗户是开着的。

刘老师推测出花是乐乐送来的，他的推断是否正确呢？

解. 首先对前提和结论进行符号化，假设命题

p：乐乐送给刘老师鲜花。

q：玲玲送给刘老师鲜花。

r：花是早晨送来的。

s：玲玲说了真话。

t：刘老师办公室的窗户是开着的。

得到如下推理形式：

前提：$p \lor q, q \Rightarrow$ ~$r, s \Rightarrow$ ~$t,$ ~$s \Rightarrow r, t$

结论：p

之后进行命题逻辑推理：

（1）t （前提引入）

（2）$s \Rightarrow \sim t$ （前提引入）

（3）$\sim s$ （（1）（2）拒取式）

（4）$\sim s \Rightarrow r$ （前提引入）

（5）r （（3）（4）分离）

（6）$q \Rightarrow \sim r$ （前提引入）

（7）$\sim q$ （（5）（6）拒取式）

（8）$p \lor q$ （前提引入）

（9）p （（7）（8）析取三段论）

推理形式结构正确，花是乐乐送来的。

当要证明的结论是蕴涵式 $C \Rightarrow B$ 时，可以应用推理规则（f）"条件证明规则：$A_1 \land A_2 \Rightarrow B$ 与 $A_1 \Rightarrow (A_2 \Rightarrow B)$ 等值"将蕴涵式的前提 C 作为附加前提使用，只需证明蕴涵式的结论 B 即可，这种方法称作**附加前提证明法**。

即假设要证明的推理形式结构如下：

前提：A_1，A_2，$\cdots$，A_n

结论：$C \Rightarrow B$

可以等价地证明推理形式结构：

前提：A_1，A_2，$\cdots$，A_n，C

结论：B

其理论依据是：$A \Rightarrow (C \Rightarrow B) \equiv \sim A \lor (\sim C \lor B) \equiv \sim (A \land C) \lor B \equiv A \land C \Rightarrow B$。

【例 2.53】 构造下列推理的论证。

前提：$r \Rightarrow (q \Rightarrow s)$，$\sim p \lor r$，$q$

结论：$p \Rightarrow s$

解.

（1）p （附加前提引入）

（2）$\sim p \lor r$ （前提引入）

（3）r （（1）（2）析取三段论）

（4）$r \Rightarrow (q \Rightarrow s)$ （前提引入）

（5）$q \Rightarrow s$ （（3）（4）分离）

（6）q （前提引入）

（7）s （（5）（6）分离）

推理正确，$p \Rightarrow s$ 是有效结论。

此外还有一种间接证明方法——**归谬法（反证法）**，即欲证明

前提：A_1，A_2，$\cdots$，A_n。

结论：B

可以等价地证明

前提：A_1，A_2，$\cdots$，A_n，$\sim B$。

结论：矛盾

其理论依据如下。

定义 2.29　若 $A_1 \wedge A_2 \wedge \cdots \wedge A_n$ 是可满足式，则称 $A_1, A_2, \cdots, A_n$ 是**相容的**；若 $A_1 \wedge A_2 \wedge \cdots \wedge A_n$ 是矛盾式，则称 $A_1, A_2, \cdots, A_n$ 是**不相容的**。

定理 2.18　$(A_1 \wedge A_2 \wedge \cdots \wedge A_n \Rightarrow B)$ 为重言式当且仅当 $A_1 \wedge \cdots \wedge A_n \wedge \sim B$ 为矛盾式。

即如果 $A_1, A_2, \cdots, A_n, \sim B$ 不相容，则说明 B 是 $A_1, A_2, \cdots, A_n$ 的逻辑结论。

【例 2.54】　使用归谬法构造下列推理的论证。

前提：$p \Rightarrow (\sim(r \wedge s) \Rightarrow \sim q), p, \sim s$

结论：$\sim q$

解.

（1）$p \Rightarrow (\sim(r \wedge s) \Rightarrow \sim q)$	（前提引入）
（2）p	（前提引入）
（3）$\sim(r \wedge s) \Rightarrow \sim q$	（（1）（2）分离）
（4）$\sim(\sim q)$	（否定结论引入）
（5）q	（（4）置换）
（6）$r \wedge s$	（（3）（5）拒取式）
（7）$\sim s$	（前提引入）
（8）s	（（6）化简）
（9）$s \wedge \sim s$	（（7）（8）合取）

由（9）得出矛盾，说明推理正确。

推理演算方法有其优势，但也有其缺点：规则与公式较多，对技巧的要求较高，不便于机器证明与程序实现。罗宾逊（J.A.Robinson）于 1965 年提出的**归结法（resolution）**可克服这一劣势，它仅需要建立一条推理规则。其理论依据依然是定理 2.18——证明 $A \Rightarrow B$ 是重言式等价于证明 $A \wedge \sim B$ 是矛盾式。

归结法的步骤如下：

（1）将 $A \wedge \sim B$ 化成合取范式：

$$C_1 \wedge C_2 \wedge \cdots \wedge C_n$$

其中 C_i 为析取式。由诸 C_i 构成子句集 $S = \{C_1, C_2, \cdots, C_n\}$。

（2）对 S 中的子句作归结（消互补对），归结结果仍放入 S 中，重复此步。

（3）直至归结出空子句□（矛盾式）。

第（2）步中的"归结"推理规则是：假设子句 1 为 $C_1 = L \vee C_1'$，子句 2 为 $C_2 = \sim L \vee C_2'$，其中 L 和 $\sim L$ 为互补对，则新子句为 $R(C_1, C_2) = C_1' \vee C_2'$（注意消去相同的文字）。其理论依据是：$C_1 \wedge C_2 \Rightarrow C_1' \vee C_2'$ 是重言式。

【例 2.55】　使用归结法证明 $(p \Rightarrow q) \wedge \sim q \Rightarrow \sim p$。

解. 先将 $(p \Rightarrow q) \wedge \sim q \wedge \sim(\sim p)$ 化成合取范式 $(\sim p \vee q) \wedge p \wedge \sim q$。建立子句集 $S = \{\sim p \vee q, p, \sim q\}$。

归结过程如下：

（1）$\sim p \vee q$　　　　　　　　　　　　　　　　　　　　（前提引入）

（2）p （前提引入）

（3）$\sim q$ （前提引入）

（4）q （（1）（2）归结）

（5）□   （（3）（4）归结）

归结出空子句□(矛盾式)，证明结束。

【例 2.56】 如果小张上课认真听讲，并且课后及时复习，那么她就能掌握基本知识点。而她或者未掌握基本知识点，或者已经能够完成作业了。而事实上小张课后及时复习了但并没有完成作业，因此她没有好好听课。这个推理是否正确？

解. 先将原子命题符号化。

p：小张上课认真听讲了。

q：小张课后及时复习了。

r：小张掌握基本知识点了。

s：小张能够完成作业。

得到如下推理形式：

前提：$(p \wedge q) \Rightarrow r \equiv \sim p \vee \sim q \vee r$，$\sim r \vee s$，$\sim s$，$q$

结论：$\sim p$

由前提和结论的否定可以得到子句集 $\{\sim p \vee \sim q \vee r, \sim r \vee s, \sim s, q, p\}$。

然后进行命题逻辑推理：

（1）p （结论的否定引入）

（2）$\sim r \vee s$ （前提引入）

（3）$\sim s$ （前提引入）

（4）$\sim r$ （（2）（3）归结）

（5）$\sim p \vee \sim q \vee r$ （前提引入）

（6）$\sim p \vee \sim q$ （（4）（5）归结）

（7）q （前提引入）

（8）$\sim p$ （（6）（7）归结）

（9）□   （（1）（8）归结）

归结出空子句□，所以推理正确。

习 题 2

2.1 判断下列语句中哪些是命题，哪些是原子命题。

（a）火星上有水。

（b）全体起立！

（c）真辛苦啊！

（d）我可以过来吗？

（e）2+5=7。

（f）$x+y=5$。

（g）只有努力工作，才能做出成绩。

（h）只要是在教室，就不允许吸烟。

（i）如果圣诞老人是不存在的，而且孙悟空也是不存在的，那么很多孩子被骗了。

（j）黄色和蓝色可以调配成绿色。

（k）每个大于 2 的偶数都可以表示为两个素数之和。

（l）除非下雨，苗苗一定会去公园。

2.2 判断下述命题的真值。

（a）如果 1+1=3，那么太阳从东方升起。

（b）如果 1+1=3，那么太阳从西方升起。

（c）4 是 2 的倍数或是 3 的倍数。

（d）2 不是素数当且仅当猫会飞。

2.3 设 p: 发生了堵车，q: 他起晚了，r: 他迟到了。

（a）用逻辑符号表示以下命题。

① 由于堵车，他上班迟到了。

② 只有堵车，他才会迟到。

③ 今天虽然他起晚了，但是没有堵车，所以他没有迟到。

④ 只要发生了堵车，即使他没有起晚，也会迟到。

（b）将下列命题用自然语言描述。

① $p \Rightarrow (q \wedge \sim r)$。

② $\sim(p \vee q) \wedge r$。

③ $\sim(q \Rightarrow p) \wedge p$。

④ $p \vee q \Rightarrow \sim r$。

2.4 对下面的每个前提给出两个结论，要求一个是有效的，而另一个不是有效的。

（a）只有天气热，我才去游泳。我正在游泳，所以_____。

（b）只要天气热，我就去游泳。我没去游泳，所以_____。

2.5 将下列命题符号化。

（a）数理逻辑并非是枯燥无味的。

（b）2 既是偶数又是素数。

（c）虽然今天下雨了，苗苗还是去图书馆看书了。

（d）他一边吃饭，一边看电视。

（e）只要我努力学习，我就不会害怕考试。

（f）只有我努力学习，我才不会害怕考试。

（g）苗苗取得好成绩，原因在于她既聪明又勤奋。

（h）苗苗总在图书馆看书，除非她有课或者身体不舒服。

（i）不经一事，不长一智。

（j）平行四边形 $ABCD$ 是正方形当且仅当它既是矩形又是菱形。

2.6 列出下列公式的真值表。

（a）$(p \Rightarrow \sim p) \Rightarrow \sim p$。

（b）$(p \Leftrightarrow q) \Leftrightarrow (q \oplus \sim p)$。

（c）$(p \wedge (p \vee q)) \Leftrightarrow \sim p$。

（d）$\sim (p \Rightarrow (p \vee q)) \wedge r$。

（e）$\sim (p \Rightarrow q) \wedge ((q \Leftrightarrow \sim r) \vee \sim p)$。

（f）$((p \vee q) \Rightarrow r) \Leftrightarrow s$。

2.7　判断以下公式的类型。

（a）$(q \Rightarrow p) \wedge (\sim p \wedge q)$。

（b）$p \Rightarrow (p \wedge (q \Rightarrow p))$。

（c）$(p \wedge \sim p) \Leftrightarrow q$。

（d）$(p \Rightarrow (q \Rightarrow r)) \Rightarrow ((p \Rightarrow q) \Rightarrow (p \Rightarrow r))$。

（e）$(p \vee \sim p) \Rightarrow ((q \wedge \sim q) \wedge \sim r)$。

（f）$(p \vee q) \wedge (q \vee r) \wedge (r \vee p) \Leftrightarrow (p \wedge q) \vee (q \wedge r) \vee (r \wedge p)$。

2.8　给出以下公式的成真指派和成假指派。

（a）$\sim (q \Rightarrow p) \wedge p$。

（b）$p \Rightarrow (p \vee q)$。

（c）$\sim ((p \Rightarrow q) \Rightarrow r) \Leftrightarrow (q \vee r)$。

（d）$\sim (p \Rightarrow q) \wedge ((q \Leftrightarrow r) \vee p)$。

（e）$(\sim \sim p \Rightarrow \sim q) \wedge (q \vee (\sim r \wedge p))$。

（f）$(\sim \sim p \wedge q) \Rightarrow ((q \Rightarrow r) \Leftrightarrow \sim p)$。

2.9　假设 A、B、C 为任意命题公式，判断下述结论是否成立。

（a）若 $A \vee C \equiv B \vee C$，则 $A \equiv B$。

（b）若 $A \wedge C \equiv B \wedge C$，则 $A \equiv B$。

（c）若 $\sim A \equiv \sim B$，则 $A \equiv B$。

2.10　用等值演算法证明下列等值式。

（a）$p \Rightarrow (q \Rightarrow r) \equiv q \Rightarrow (p \Rightarrow r)$。

（b）$p \Rightarrow (q \Rightarrow p) \equiv \sim p \Rightarrow (p \Rightarrow \sim q)$。

（c）$(p \Rightarrow q) \wedge (p \Rightarrow r) \equiv p \Rightarrow q \wedge r$。

（d）$(p \vee q) \Rightarrow r \equiv (p \Rightarrow r) \wedge (q \Rightarrow r)$。

（e）$(p \Rightarrow q) \wedge (p \Rightarrow \sim q) \wedge r \equiv r \wedge \sim p$。

（f）$\sim (p \Leftrightarrow q) \equiv (p \vee q) \wedge \sim (p \wedge q) \equiv (p \wedge \sim q) \vee (\sim p \wedge q) \equiv \sim p \Leftrightarrow q \equiv p \Leftrightarrow \sim q$。

（g）$((p \wedge q) \Rightarrow r) \wedge (q \Rightarrow (r \vee s)) \equiv (q \wedge (s \Rightarrow p) \Rightarrow r)$。

（h）$(\sim \sim p \wedge q) \Rightarrow ((q \Rightarrow r) \Leftrightarrow \sim p) \equiv (\sim p \vee \sim q \vee \sim r)$。

2.11　用等值演算法判定以下命题形式的类型。

（a）$(p \wedge q) \Rightarrow q$。

（b）$\sim (\sim p \vee q) \wedge q$。

（c）$(\sim \sim p \wedge q) \Rightarrow ((q \Rightarrow \sim r) \Leftrightarrow p)$。

（d）$p \Rightarrow (p \vee q \vee r)$。

（e）$\sim (p \Rightarrow q) \wedge q \wedge r$。

（f）$p \vee q \Rightarrow \sim r$。

2.12　将下面的语句化简。

（a）我没有去接你是不对的，但是你也不应该不等我。

（b）如果不是在办公室没有人的情况下，接通电源，自动监视系统就不工作。

（c）把能被 3 整除、末位是 0、各位数字之和大于 31 的数删除，把不能被 3 整除、末位是 0、各位数字之和小于 31 的数删除，把能被 3 整除、末位是 0、各位数字之和小于 31 的数删除，把不能被 3 整除、末位是 0、各位数字之和大于 31 的数删除，把能被 3 整除、末位不是 0、各位数字之和大于 31 的数删除。

2.13　将下面一段程序化简。

```
If  A∨B  then
    If  A∨C  then
        X
    Else
        Y
    End
Else
    If  B∧C  then
        Y
    Else
        X
    End
End
```

2.14　使用命题逻辑的知识解答下述逻辑问题。

（a）三个人估计比赛结果。

　　　甲说："A 第一，B 第三。"

　　　乙说："A 第二，B 第三。"

　　　丙说："A 第一，B 第二。"

　　　结果三个人中有一个人全部猜对，另两人都只猜对了一半，请问 A、B 的名次是什么？

（b）灵灵新买了一条裙子，但是她不肯给大家看，只是给出了一个提示："我新买的裙子的颜色是红、黄、黑之一。"

　　　小张说："灵灵一定不会买红色的。"

　　　小王说："那一定是黑色或黄色。"

　　　小李说："一定是黑色。"

　　　最后灵灵说："你们三人中间至少有一个说对了，至少有一个人说错了。"

　　　请问，灵灵的新裙子是什么颜色的？

（c）灵灵、平平、欢欢和乐乐有一人只说谎话，而其余三人从不撒谎。他们每人戴一枚戒指，其中之一是妖魔戒指，带着它的人一定会说谎（无论天性如何）。根据以下对话，推断谁是天生只说谎话之人，谁带着妖魔戒指。

　　　灵灵："我的戒指不是妖魔戒指。"

平平：“欢欢天生只说谎话。”

欢欢：“带着妖魔戒指的是乐乐。”

乐乐：“欢欢天生从不说谎话。”

2.15 求下列命题公式的对偶式。

（a）$(p \wedge q) \vee (\sim p \wedge r)$。

（b）$(\sim\sim p \Rightarrow \sim q) \wedge (q \vee (\sim r \wedge p))$。

（c）$\sim(p \Rightarrow q) \wedge ((q \Leftrightarrow r) \vee p)$。

（d）$(p \wedge q) \uparrow (\sim p \wedge q \wedge r)$。

2.16 求下列各命题公式的析取范式和合取范式。

（a）$((p \vee q) \Rightarrow r) \Rightarrow p$。

（b）$(p \vee (q \wedge r)) \Rightarrow (p \vee q \vee r)$。

（c）$p \wedge (q \vee (\sim p \wedge r))$。

（d）$(p \Rightarrow q) \Rightarrow r$。

（e）$(p \Rightarrow q) \vee ((q \wedge p) \Leftrightarrow (q \Leftrightarrow \sim r))$。

（f）$(\sim p \Rightarrow q) \Rightarrow (\sim q \vee p)$。

2.17 由表 2.14 所示的真值表，写出公式 A、B、C 的主合取范式和主析取范式（用 m_i 和 M_i 表示）。

表 2.14 习题 2.17 用表

p	q	A	B	C
T	T	F	T	F
T	F	T	F	T
F	T	T	F	T
F	F	T	T	F

2.18 求下列命题公式的主析取范式和主合取范式。

（a）$q \wedge (p \vee \sim q)$。

（b）$(\sim p \vee \sim q) \Rightarrow (p \Leftrightarrow \sim q)$。

（c）$(p \wedge q) \vee (\sim p \wedge r)$。

（d）$p \wedge (q \vee (\sim p \wedge r))$。

（e）$(p \Rightarrow q) \Rightarrow r$。

（f）$(p \Rightarrow (q \wedge r)) \wedge (\sim p \Rightarrow (\sim q \wedge \sim r))$。

（g）$(p \Rightarrow q) \vee ((q \wedge p) \Leftrightarrow (q \Leftrightarrow \sim r))$。

（h）$p \vee (\sim p \Rightarrow (q \vee (\sim q \Rightarrow r)))$。

2.19 使用将公式化为主范式的方法判断下列各题中两公式是否等值。

（a）$(p \Rightarrow q) \Rightarrow (p \wedge q)$ 与 $(\sim p \wedge q) \wedge (p \Rightarrow q)$。

（b）$(p \Rightarrow r) \wedge (q \Rightarrow r)$ 与 $(p \wedge q) \Rightarrow r$。

（c）$(p \wedge q) \vee (\sim p \wedge r) \vee (q \wedge r)$ 与 $(p \wedge q) \vee (\sim p \wedge r)$。

（d）$p \Rightarrow (q \Rightarrow r)$ 与 $q \Rightarrow (p \Rightarrow r)$。

（e）$p \uparrow q$ 与 $p \downarrow q$。

（f）$(p \vee q) \wedge (q \vee r) \wedge (r \vee p)$ 与 $(p \wedge q) \vee (q \wedge r) \vee (r \wedge p)$。

2.20　利用主范式判断下列命题公式的类型。

（a）$\sim(q \wedge \sim((\sim p \wedge q) \vee p))$。

（b）$(q \Rightarrow p) \wedge (\sim p \wedge q)$。

（c）$(\sim p \Rightarrow q) \wedge r$。

（d）$(p \Rightarrow q \wedge r) \vee (\sim r \Rightarrow (p \Rightarrow q))$。

（e）$((p \vee q) \wedge \sim(\sim p \wedge (\sim q \vee \sim r))) \vee (\sim p \wedge \sim q) \vee (\sim p \wedge \sim r)$。

（f）$(p \Leftrightarrow q) \Rightarrow (\sim p \wedge \sim(q \Rightarrow \sim r))$。

2.21　利用主范式求下列命题公式的成真指派和成假指派。

（a）$(\sim p \wedge q) \vee p$。

（b）$(q \Rightarrow p) \wedge (\sim p \Rightarrow q)$。

（c）$(p \Leftrightarrow q) \Rightarrow \sim(p \vee q)$。

（d）$\sim r \vee \sim p \Rightarrow (p \Leftrightarrow \sim q)$。

（e）$(\sim p \wedge \sim q \wedge \sim r) \vee (p \wedge q)$。

（f）$(p \Rightarrow q) \wedge (\sim p \wedge r)$。

2.22　某单位须从 A、B、C、D、E 5 人中遴选若干人出差，由于工作情况，人选受到如下限制：

（1）若 A 去，则 B 也去。

（2）D、E 中必须去一人。

（3）B、C 去且仅去一人。

（4）C、D 同去或同不去。

（5）若 E 去，则 A、B 也去。

请问：可以选派哪些人出差？有多少种遴选方式？使用将公式化为主范式的方法求解该问题。

2.23　证明联结词集合 $\{\vee\}$ 和 $\{\Rightarrow\}$ 不是完备的。

2.24　证明以下联结词集合是完备的。

（a）$\{\oplus, \wedge, \Leftrightarrow\}$。

（b）$\{\oplus, \vee, \Leftrightarrow\}$。

2.25　给定命题公式 $(p \vee q) \Rightarrow r$，给出该公式在下列各联结词完备集中的等值的表示形式。

（a）$\{\sim, \Rightarrow\}$；（b）$\{\sim, \wedge\}$；（c）$\{\uparrow\}$；（d）$\{\downarrow\}$。

2.26　给定命题公式 $p \Leftrightarrow q$，给出该公式在下列各联结词完备集中的等值的表示形式。

（a）$\{\sim, \Rightarrow\}$；（b）$\{\sim, \vee\}$；（c）$\{\uparrow\}$；（d）$\{\downarrow\}$。

2.27　将命题公式 $p \uparrow q$ 化为只出现联结词"$\downarrow$"的等值公式。

2.28　将下述命题公式化为仅含 $\{\sim, \vee\}$ 联结词的等值公式。

（a）$(p \vee \sim q) \wedge \sim r$。

（b）$p \wedge \sim q \wedge r$。

（c）$p \oplus q$。

2.29 要设计由一个灯泡和 3 个开关 A、B、C 组成的电路，要求在且仅在下述 4 种情况下灯亮：

（1）C 的扳键向上，A、B 的扳键向下。

（2）A 的扳键向上，B、C 的扳键向下。

（3）B、C 的扳键向上，A 的扳键向下。

（4）A、B 的扳键向上，C 的扳键向下。

设 F 为 1 表示灯亮，p、q、r 分别表示 A、B、C 的扳键向上。

（a）求 F 的主析取范式。

（b）在联结词完备集 $\{\sim, \wedge\}$ 上构造 F。

（c）在联结词完备集 $\{\sim, \Rightarrow, \Leftrightarrow\}$ 上构造 F。

2.30 证明下述蕴涵式是重言式。

（a）$((p\Rightarrow q)\Rightarrow q)\Rightarrow p\vee q$。

（b）$((p\Rightarrow q)\Rightarrow(r\Rightarrow(r\Rightarrow p)))\Rightarrow(r\Rightarrow(p\vee q))$。

2.31 利用推理规则构造下面推理的证明。

（a）前提：$\sim(p\wedge\sim q), \sim q\vee r, \sim r$

结论：$\sim p$

（b）前提：$p\vee q, p\Leftrightarrow r, \sim q\vee s$

结论：$s\vee r$

（c）前提：$(p\Rightarrow q)\wedge(r\Rightarrow s), (q\Rightarrow w)\wedge(s\Rightarrow x), \sim(w\wedge x), r$

结论：$\sim p$

（d）前提：$p\vee q, q\Rightarrow r, p\Rightarrow s, \sim s$

结论：$(p\vee q)\wedge r$

（e）前提：$(p\wedge q)\Rightarrow r, \sim s\vee p, q$

结论：$s\Rightarrow r$

（f）前提：$\sim r\vee s, s\Rightarrow q, \sim q$

结论：$q\Leftrightarrow r$

（g）前提：$\sim r\Rightarrow(\sim p\vee s), q\Rightarrow \sim s$

结论：$p\Rightarrow(q\Rightarrow r)$

2.32 使用附加前提方法证明下述推理形式。

（a）前提：$(p\wedge q)\Rightarrow r, \sim s\vee p, q$

结论：$s\Rightarrow r$

（b）前提：$p\Rightarrow q, r\Rightarrow s$

结论：$(p\wedge r)\Rightarrow(q\wedge s)$

（c）前提：$p\Rightarrow q$

结论：$(p\Rightarrow \sim q)\Rightarrow \sim p$

（d）前提：$p\Rightarrow(q\Rightarrow r)$

结论：$(p\Rightarrow q)\Rightarrow(p\Rightarrow r)$

（e）前提：$(p\wedge q)\Rightarrow r$

　　　　　　结论：$p \Rightarrow (q \Rightarrow r)$

　　（f）前提：$\sim r \Rightarrow (\sim p \vee s), q \Rightarrow \sim s$

　　　　　　结论：$p \Rightarrow (q \Rightarrow r)$

2.33　判断下列命题是否相容。

　　（a）$p \Leftrightarrow q, q \Rightarrow r, \sim p \vee s, \sim p \Rightarrow s, \sim s$。

　　（b）$p \vee q, \sim r \vee s, \sim q, \sim s$。

2.34　如果合同是有效的，那么张三应受罚。如果张三应受罚，他将破产。如果银行给张三贷款，他就不会破产。事实上，合同有效并且银行给张三贷款了。验证这些前提是否有矛盾。

2.35　使用归谬法证明以下推理。

　　（a）前提：$\sim p \wedge q, p \vee \sim r, r \vee s, s \Rightarrow u$

　　　　　　结论：u

　　（b）前提：$(p \wedge q) \Rightarrow r, \sim r \vee s, \sim s, p$

　　　　　　结论：$\sim q$

　　（c）前提：$p \Rightarrow (q \Rightarrow r), \sim s \vee p, q$

　　　　　　结论：$s \Rightarrow r$

　　（d）前提：$p \vee q, p \Rightarrow s, q \Rightarrow r$

　　　　　　结论：$s \vee r$

2.36　使用归结法证明以下推理。

　　（a）前提：$p \vee q, p \Rightarrow s, q \Rightarrow r$

　　　　　　结论：$s \vee r$

　　（b）前提：$p \Rightarrow (q \Rightarrow r), \sim s \vee p, q$

　　　　　　结论：$s \Rightarrow r$

　　（c）前提：$p \Rightarrow q$

　　　　　　结论：$(p \Rightarrow \sim q) \Rightarrow \sim p$

　　（d）前提：$\sim r \vee s, s \Rightarrow q, \sim q$

　　　　　　结论：$q \Leftrightarrow r$

2.37　判断下述推理是否正确：或者是晴天，或者会下雨。如果是晴天，我就会去打球；如果我去打球，那么我就不读书。所以如果我在读书，那么天就在下雨。

2.38　证明下面的推理关系。

　　（a）如果 8 是偶数，则 7 能被 2 除尽。7 不能被 2 除尽或者 7 是素数。但是 7 不是素数，所以 8 是奇数。

　　（b）如果我学习，那么我的离散数学课程考试不会不及格。如果我不是沉迷于网络游戏，那么我将会学习。但是我的离散数学课程考试不及格，因此我曾沉迷于网络游戏。

　　（c）如果今天是星期一，则要进行离散数学或数据结构课程的考试；如果数据结构课的老师生病，则不考数据结构；今天是星期一，并且数据结构的老师生病。所以今天进行离散数学的考试。

（d）如果公司的利润高，那么公司有一个好经理或它是一个好企业及大体上是个好的经营年份。现在的情况是：公司的利润高而且不是一个好的经营年份。因此公司有一个好经理。

（e）在意甲比赛中，假如有 4 只球队，其比赛情况如下：若国际米兰队获得冠军，则 AC 米兰队或尤文图斯队获得亚军；若尤文图斯队获得亚军，国际米兰队不能获得冠军；若拉齐奥队获得亚军，则 AC 米兰队不能获得亚军；最后，国际米兰队获得冠军。所以，拉齐奥队不能获得亚军。

（f）如果小张和小王去看电影，那么小李也去看电影；小赵不去看电影或者小张看电影；小王去看电影了。因此当小赵去看电影的时候小李也去。

2.39 灵灵、欢欢和乐乐一起去吃早饭，他们每人要的不是包子就是面条，已知：

（1）如果灵灵要的是包子，那么欢欢要的就是面条。

（2）灵灵或乐乐要的是包子，但是不会两人要的都是包子。

（3）欢欢和乐乐不会两人都要面条。

请问："灵灵要的是面条"这一判断是否正确？

2.40 假定在一个岛上住着 3 类人：骑士、流氓、普通人。骑士总说真话，流氓总说假话，普通人有时说真话有时说假话。侦探为了找出罪犯，询问了岛上的 3 个人 Amy、Brenda、Claire。侦探知道 3 个人中有一人犯罪了，但不知是哪个人。他们也知道罪犯是一个骑士，另两个人不是骑士（可能是流氓也可能是普通人）。此外，侦探还记录了如下供述。Amy 说："我是清白的。"Brenda 说："Amy 说的是真的。"Claire 说："Brenda 不是普通人。"经过分析，侦探找到了罪犯。他是谁？①

---

① 这是美国著名逻辑学家雷蒙德·斯穆里安（Raymond Smullyan）提出的问题。来源：雷蒙德·斯穆里安. 这本书叫什么：奇谲的逻辑谜题. 康宏逵，译. 上海译文出版社，1987.

第3章

谓 词 逻 辑

原子命题是命题逻辑中最基本的组成单元，不能对它再作进一步的分解，但同时也无法反映出某些原子命题的共同特征和相互关系。

例如，用 p 表示命题"小李是大学生"，用 q 表示命题"小王是大学生"，在命题逻辑的范畴中它们是两个独立的原子命题，p 和 q 之间没有任何关系。但是，命题"小李是大学生"和"小王是大学生"之间有着相同的结构和内在的联系，它们都具有相同的谓语（及宾语）"是大学生"，不同的只是主语，它们都描述了"是大学生"这样一个共同的特性；而使用原子命题表示时并没有能将这一共性刻画出来。

再如著名的苏格拉底三段论：

凡是人都是要死的。

苏格拉底是人。

所以苏格拉底是要死的。

这个推理显然是正确的。但是，如用 p、q、r 分别表示上面 3 个命题，由于 $p \wedge q \Rightarrow r$ 不是永真式，因此它不是正确的推理；也就是说，当 p 和 q 都为真时，得不出 r 一定为真。其根本原因在于命题逻辑不能将命题 p、q、r 间的内在的联系反映出来。

为了克服命题逻辑的局限性，引入了谓词和量词对原子命题和命题间的相互关系做进一步的剖析，从而产生了谓词逻辑。

谓词逻辑亦称一阶逻辑，它同命题逻辑一样，是数理逻辑中最基础的内容。

3.1 谓词与量词

3.1.1 谓词

在谓词逻辑中，一般将原子命题分解为个体词和谓词两个部分。

定义 3.1 **个体词**（**individual**）是一个命题里表示思维对象的词，表示独立存在的具体或抽象的客体。简单地讲，个体词表示各种事物，相当于汉语中的名词。具体的、确定的个体词称为**个体常项**，一般用 a、b、c 表示；抽象的、不确定的个体词称为**个体变项**，一般用 x、y、z 表示。个体变项的取值范围称作**个体域**或**论域**（**domain of the discourse**），宇宙间一切事物组成的个体域称作**全总个体域**（**universal domain of individuals**）。

注：本书在提及论域时，如未特别说明，指的都是全总个体域。

定义 3.2　在命题中，表示个体词性质或相互之间关系的词称作**谓词**（**predicate**）。

可以这样来理解谓词：

如果命题里只有一个个体词，这时表示该个体词性质或属性的词便称为谓词。这是一元（目）谓词，以 $P(x)$、$Q(x)$ 等表示。

如果在命题里的个体词多于一个，那么表示这几个个体词间的关系的词称作谓词。这是多元（目）谓词，有 n 个个体的谓词 $P(x_1, x_2, \cdots, x_n)$ 称 **n 元（目）谓词**，以 $P(x, y)$、$Q(x, y)$、$R(x, y, z)$ 等表示。

用谓词表示命题，必须包括个体词和谓词两个部分。例如，在"小李是大学生"中，"小李""大学生"都是个体词，"是大学生"是谓词。在"9 大于 4"中，"9"和"4"都是个体词，"大于"是谓词。

准确地讲，谓词 $P(x), Q(x, y)$ 等是命题形式而不是命题。因为既没有指定谓词符号 P、Q 的含义，而且个体词 x、y 也是个体变项而不代表某个具体的事物，从而无法确定 $P(x)$、$Q(x, y)$ 的真值。仅当赋予谓词确定含义，并且个体词取定为个体常项时，命题形式才化为命题。如 $P(x)$ 表示"x 是素数"，那么 $P(7)$ 是命题，真值为 T；$Q(x, y)$ 表示"x 等于 y"，那么 $Q(4, 5)$ 是命题，真值为 F。

有时将 $P(3)$、$Q(2, 3)$ 这样不包含个体变项的谓词称作**零元谓词**，当赋予谓词确定含义时零元谓词为命题。因而可将命题看成是特殊的谓词。

【**例 3.1**】　将下列命题在一阶逻辑中用零元谓词符号化，并讨论其真值。

（a）8 是素数。

（b）如果 3 大于 4，则 2 大于 6。

解．（a）设一元谓词 $P(x)$ 为"x 是素数"，则"8 是素数"可符号化为零元谓词 $P(8)$，真值为假。

（b）设二元谓词 $G(x, y)$ 为"x 大于 y"，则"如果 3 大于 4，则 2 大于 6"符号化为零元谓词 $G(3, 4) \Rightarrow G(2, 6)$，由于 $G(3, 4)$ 为假，所以该命题为真。

3.1.2　量词

用来表示个体数量的词是**量词**（**quantification**），给谓词加上量词称作谓词的**量化**，可看作是对个体词所加的限制、约束的词，但不是对数量一个、二个、三个等的具体描述，而是讨论两个最通用的数量限制词。

定义 3.3　符号"$\forall$"称作**全称量词**（**universal quantification**），读作"所有的 x""任意 x"或"一切 x"，含义相当于自然语言中的"任意的""所有的""一切的""每一个""凡"等。$(\forall x)P(x)$ 意指对论域 D 中的所有个体都具有性质 P。命题 $(\forall x)P(x)$ 当且仅当对论域中的所有 x 来说 $P(x)$ 均为真时方为真。

定义 3.4　符号"$\exists$"称作**存在量词**（**existential quantification**），读作"存在 x"，含义相当于自然语言中的"某个""存在""有的""至少有一个""有些"等。$(\exists x)P(x)$ 意指对论域 D 中至少有一个个体具有性质 P。

【**例 3.2**】　假设个体 x 的论域是全总个体域，"一切事物都是运动的"可以形式化描述为 $(\forall x)(x$ 是运动的$)$。若以 $P(x)$ 表示"x 是运动的"，则可写作 $(\forall x)(P(x))$，或简写成

($\forall x)P(x)$或$\forall xP(x)$。

【例 3.3】 假设个体 x 的论域是全总个体域，"有的事物是水果"可以形式化描述为
($\exists x)(x$ 是水果)。若以 $Q(x)$ 表示"x 是水果"，那么这句话就可写成($\exists x)Q(x)$，或简写成
($\exists x)Q(x)$或$\exists xQ(x)$。

3.2　谓词公式及分类

与命题逻辑类似，可以对谓词逻辑公式进行分类。

定义 3.5　谓词逻辑中的**谓词公式**（**well formed formula**，简记为 **wff**）递归地定义
为

（1）命题常项、命题变项和原子谓词公式（不含联结词的谓词）是谓词公式。

（2）如果 A 是谓词公式，则~A 也是谓词公式。

（3）如果 A 和 B 是谓词公式，则由逻辑联结词联结 A 和 B 的符号串也是谓词公式，
如($A \wedge B$)、($A \vee B$)、($A \Rightarrow B$)、($A \Leftrightarrow B$)等。

（4）若 A 是谓词公式，且 A 中无$\forall x$ 及$\exists x$ 出现，则($\forall x)A(x)$、($\exists x)A(x)$也是谓词公式。

（5）只有有限次地应用（1）～（4）构成的符号串才是谓词公式。

谓词公式也称为**合式公式**，简称**公式**。

【例 3.4】 ~p、~$P(x, y) \wedge Q(x)$、($\forall x)(F(x) \Rightarrow G(x))$、($\exists x)(A(x) \Rightarrow (\forall y)F(x, y))$都是合式
公式，而($\exists x)(\forall x)F(x)$不是合式公式。

类似于命题逻辑中对命题公式进行的真值指派，可以对谓词逻辑公式赋予不同的
解释。

定义 3.6　谓词公式的一个**解释**（**interpretation**）由下面 4 部分组成：

（1）非空的论域 D。

（2）D 中一部分特定元素。

（3）D 上一些特定的函数。

（4）D 上一些特定的谓词。

注：

（a）解释规定了相应的个体常项、个体变项、函数符号和谓词符号的具体意义以及
个体变项的取值范围。

（b）如果两个解释的 4 个组成部分中至少有一部分不同，则这两个解释是不同的。

（c）一个公式可以用不同的解释给定含义，一个解释可以对应多个不同的公式。

【例 3.5】 谓词公式($\exists x)P(f(x), 2)$的解释 1 为：论域 D 是正整数集合，2 是一个特定
的整数，函数 $f(x)=4x$，谓词 $P(x, y)$表示 $x<y$，那么在解释 1 下该命题是假命题。

解释 2 为：论域 D 为实数集，2 是一个特定的实数，函数 $f(x)=x^2$，谓词 $P(x, y)$表示
$x=y$，那么在解释 2 下该命题是真命题。

类似于命题逻辑，也可以对谓词逻辑公式进行分类。

定义 3.7　设 A 为一个谓词公式，若 A 在任何解释下真值均为真，则称 A 为**普遍有
效的公式**或**逻辑有效式**（**logically valid formula**）。若 A 在任何解释下真值均为假，则称

A 为**不可满足的（unsatisfiable）公式**或**矛盾式**；若至少存在一个解释使 A 为真，则称 A 为**可满足的（satisfiable）公式**。

注：逻辑有效式一定是可满足式，反之不然。

【**例 3.6**】 $(\forall x)(P(x) \vee \sim P(x))$ 和 $(\forall x)P(x) \Rightarrow P(y)$ 都是普遍有效公式，$(\forall x)(P(x) \wedge \sim P(x))$ 和 $(\forall x)P(x) \wedge (\exists y)\sim P(y)$ 都是不可满足公式。例 3.5 中的谓词公式是非普遍有效的可满足公式。

谓词逻辑的判定问题指的是谓词逻辑任一公式的普遍有效性的判定问题。若说谓词逻辑是可判定的，就要求给出一个可行的方法，使得对任一谓词公式都能判定是否是普遍有效的。

在命题逻辑中，一个公式是否是重言式是很容易验证的——至少可以使用真值表列出该公式在所有真值指派下的真值。但是对于谓词逻辑的判定问题，情况大相径庭，对此有如下重要结论。

定理 3.1 （**丘奇-图灵（Church-Turing）定理**）谓词逻辑是**不可判定的(undecidability of first-order logic)**。即：对任一谓词公式而言，没有一个可行的方法判明它是否是普遍有效的。

注：但是谓词逻辑的某些子类是可判定的，下面就主要介绍这些可判定的子类。

定义 3.8 设命题公式 A_0 含命题变项 $p_1, p_2, \cdots, p_n$，用 n 个谓词公式 $A_1, A_2, \cdots, A_n$ 分别处处代换 $p_1, p_2, \cdots, p_n$，所得公式 A 称为 A_0 的**代换实例**。

【**例 3.7**】 $P(y) \Rightarrow Q(z)$ 和 $(\forall x)P(x) \Rightarrow (\exists x)Q(x)$ 都是命题公式 $p \Rightarrow q$ 的代换实例。

定理 3.2 命题公式中的重言式的代换实例都是逻辑有效式，在谓词公式中可仍称为重言式；命题公式中的矛盾式的代换实例都是矛盾式。

证明. 设命题公式 A_0 含命题变项 $p_1, p_2, \cdots, p_n$，若 A_0 为重言式，则不论 $p_1, p_2, \cdots, p_n$ 的真值如何，A_0 的真值总为 T。而对于谓词公式 $A_1, A_2, \cdots, A_n$，无论在何种解释下，它们的真值也都是或者为 T 或者为 F，故用 $A_1, A_2, \cdots, A_n$ 分别处处代换 $p_1, p_2, \cdots, p_n$ 后所得的代换实例的真值也总为 T。

同理可证明，矛盾式的代换实例仍为矛盾式。 □

【**例 3.8**】 判断以下公式类型。

（a） $(\forall x)P(x) \Rightarrow (\exists x)P(x)$。

（b） $(\forall x)P(x) \Rightarrow ((\forall x)(\exists y)Q(x,y) \Rightarrow (\forall x)P(x))$。

（c） $\sim(P(x,y) \Rightarrow Q(x,y)) \wedge Q(x,y)$。

（d） $(\forall x)(\exists y)Q(x,y) \Rightarrow (\exists x)(\forall y)Q(x,y)$。

解. （a）是逻辑有效式，意指如果论域 D 中所有个体都具有性质 P，则一定至少有一个个体具有性质 P。

（b）是逻辑有效式，是命题逻辑中重言式 $p \Rightarrow (q \Rightarrow p)$ 的代换实例。

（c）是不可满足式，是命题逻辑中矛盾式 $\sim(p \Rightarrow q) \wedge q$ 的代换实例。

（d）不是逻辑有效式也不是不可满足式，是可满足式：假设论域是正整数集合，当谓词 $Q(x, y)$ 表示"$x=y$"时，$(\forall x)(\exists y)Q(x, y)$ 为真，$(\exists x)(\forall y)Q(x, y)$ 为假，蕴涵式为假；当谓词 $Q(x, y)$ 表示"$x \leqslant y$"时，$(\forall x)(\exists y)Q(x, y)$ 为真，$(\exists x)(\forall y)Q(x, y)$ 为真，蕴涵式为真。

定义 3.9　设 A 为谓词公式，B 为 A 中的一个连续的符号串，且 B 为谓词公式，则称 B 为 A 的**子公式**（**sub formula**）。

定义 3.10　设 A 为一个谓词公式，$(\forall x)P(x)$ 或 $(\exists x)P(x)$ 为公式 A 的子公式，此时紧跟在 $\forall$、$\exists$ 之后的 x 称为量词的**指导变项**或**作用变项**，$P(x)$ 称为相应量词的**作用域**或**辖域**（**scope**），即为量词所约束的范围。在辖域中 x 的一切出现均称为**约束出现**，受指导变项所约束。所有约束出现的变项称为**约束变项**（**bounded variable**）；在 A 中除了约束变项外出现的变项均称为**自由变项**（**free variable**），不受指导变项的约束。

注：若公式中无自由变项，公式即为命题。

【例 3.9】　（a）$(\forall x)R(x, y)$ 中，$R(x, y)$ 是 $(\forall x)$ 的辖域，x 是约束变项，y 是自由变项。

（b）$(\forall x)P(x) \lor Q(x, y)$ 中，$P(x)$ 是 $(\forall x)$ 的辖域，$P(x)$ 中的 x 是约束变项，$Q(x, y)$ 中的 x 和 y 是自由变项。

（c）$(\exists x)((\forall y)P(x, y))$ 中，$P(x, y)$ 是 $(\forall y)$ 的辖域，$(\forall y)P(x, y)$ 是 $(\exists x)$ 的辖域，x、y 都是约束变项。

（d）$(\forall x)((\exists y)L(x, y) \Rightarrow (\forall y)H(x, y))$ 中，$(\forall x)$ 的辖域是 $((\exists y)L(x, y) \Rightarrow (\forall y)H(x, y))$，$(\exists y)$ 的辖域是 $L(x, y)$，$(\forall y)$ 的辖域是 $H(x, y)$，$L(x, y)$ 和 $H(x, y)$ 中的 x 都受 $(\forall x)$ 约束，$L(x, y)$ 中的 y 受 $(\exists y)$ 约束，$H(x, y)$ 中的 y 受 $(\forall y)$ 约束，这两者是不同的。

3.3　自然语言形式化

命题逻辑表达问题的能力仅限于联结词的使用；而谓词逻辑由于变项、谓词、量词的引入具有比命题逻辑强得多的表达问题的能力，已成为描述计算机所处理的知识的有力工具。

其中首要的工作就是问题本身的形式化描述。类似命题逻辑，将一个用自然语言描述的命题表示成谓词公式的形式，称为谓词逻辑中的自然语言形式化。

基本方法如下：

（1）要将问题分解成一些原子命题和逻辑联结符。

（2）分解出各个原子命题的个体词、谓词和量词。

（3）按照合式公式的表示规则翻译出自然语句。

【例 3.10】　将下述语句翻译为谓词公式，使用全总个体域。

（a）所有的素数都是整数。

（b）有的素数是奇数。

（c）并非所有整数都是素数。

（d）没有奇数是偶数。

（e）所有的素数或者是奇数，或者等于 2。

（f）存在一个奇数，比所有整数都大。

（g）存在唯一的偶素数。

（h）至多有一个偶素数。

（i）哥德巴赫（Goldbach）猜想：每一个大于 2 的偶数都可以表示为两个素数的和。

解. 令谓词 $P(x)$ 表示"x 是整数"，$Q(x)$ 表示"x 是奇数"，$R(x)$ 表示"x 是偶数"，$S(x)$ 表示"x 是素数"，$E(x, y)$ 表示"$x=y$"，$G(x, y)$ 表示"$x>y$"。

（a）这句话可以形式化为 $(\forall x)(S(x)\Rightarrow P(x))$。

需注意的是这句话不能形式化为 $(\forall x)(S(x)\wedge P(x))$，这个公式的意思是说，对宇宙间所有的事物 x 而言，x 既是素数又是整数。

一般地讲，"所有的 A 是 B""是 A 的都是 B""一切 A 都是 B"这类语句的形式描述只能使用"$\Rightarrow$"而不能使用"$\wedge$"。

（b）这句话的形式化描述应为 $(\exists x)(S(x)\wedge Q(x))$。

需注意的是不能使用 $(\exists x)(S(x)\Rightarrow Q(x))$，一般地讲，"有的 A 是 B"这类语句的形式化描述只能使用"$\wedge$"而不能使用"$\Rightarrow$"。

（c）这句话可以形式化为 $\sim(\forall x)(P(x)\Rightarrow S(x))$；也可以把这句话理解为"有的整数不是素数"，这时应形式化为 $(\exists x)(P(x)\wedge\sim S(x))$。它们都是正确的，其理由将在 3.4 节中阐述。

（d）这句话可以形式化为 $\sim(\exists x)(Q(x)\wedge R(x))$。也可以把这句话理解为"所有的奇数都不是偶数"或者"所有的偶数都不是奇数"，这时应形式化为 $(\forall x)(Q(x)\Rightarrow\sim R(x))$ 或者 $(\forall x)(R(x)\Rightarrow\sim Q(x))$，它们都是正确的。

（e）这句话可以形式化为 $(\forall x)(S(x)\Rightarrow(E(x, 2)\vee Q(x)))$。

（f）这句话的含义是"存在一个个体 x，它是奇数；而且，对于任意个体 y，如果它是整数，那么一定有 $y<x$，因此可以形式化为 $(\exists x)(Q(x)\wedge(\forall y)(P(y)\Rightarrow G(x, y)))$。

（g）这句话的含义是"存在一个个体 x，它既是偶数又是素数；而且，如果还有个体 y 也是既是偶数又是素数，那么一定有 $x=y$"，因此可以形式化为 $(\exists x)(S(x)\wedge R(x)\wedge (\forall y)(S(y)\wedge R(y)\Rightarrow E(x, y)))$。

（h）这句话和（g）的区别在于允许不存在偶素数，因此在形式化后也是不同的，应该表示为 $(\forall x)(S(x)\wedge R(x)\Rightarrow(\forall y)(S(y)\wedge R(y)\Rightarrow E(x, y)))$。这句话也可以理解为"不存在不相等的两个个体，它们都既是偶数又是素数"，可形式化为 $\sim(\exists x)(\exists y)(S(x)\wedge R(x)\wedge S(y)\wedge R(y)\wedge\sim E(x, y))$。

（i）形式化为 $(\forall x)(R(x)\wedge G(x, 2)\Rightarrow(\exists y)(\exists z)(S(y)\wedge S(z)\wedge E(x, y+z)))$。

【例 3.11】 假设论域是整数集，将下述语句翻译为谓词公式，并判断其真值。

（a）至少存在一个偶数，且至少存在一个奇数。

（b）至少有一个整数既是偶数又是奇数。

（c）对于任一个整数而言，它或者是偶数，或者是奇数。

（d）所有整数都是偶数或者所有整数都是奇数。

（e）对于任一个整数而言，都存在比它小的整数。

（f）存在一个整数，满足任何整数都大于它。

解. 令谓词 $P(x)$ 表示"x 是奇数"，$Q(x)$ 表示"x 是偶数"，$E(x, y)$ 表示"$x=y$"，$G(x, y)$ 表示"$x>y$"。

（a）这句话可以形式化为 $(\exists x)P(x)\wedge(\exists x)Q(x)$，是真命题。

（b）这句话可以形式化为 $(\exists x)(P(x)\wedge Q(x))$，是假命题。

（c）这句话可以形式化为 $(\forall x)(P(x)\vee Q(x))$，是真命题。

（d）这句话可以形式化为$(\forall x)P(x)\vee(\forall x)Q(x)$，是假命题。

（e）这句话可以形式化为$(\forall x)(\exists y)G(x, y)$，是真命题。

（f）这句话可以形式化为$(\exists y)(\forall x)G(x, y)$，是假命题。

上述例子说明$(\exists x)P(x)\wedge(\exists x)Q(x)$和$(\exists x)(P(x)\wedge Q(x))$、$(\forall x)(P(x)\vee Q(x))$和$(\forall x)P(x)\vee$ $(\forall x)Q(x)$、$(\forall x)(\exists y)G(x, y)$和$(\exists y)(\forall x)G(x, y)$含义不同。这些都是容易混淆的，须注意加以区别。

【例 3.12】　假设论域是全总个体域，将下述语句翻译为谓词公式。

（a）没有人可以永生不死。

（b）天下乌鸦一般黑。

（c）金子一定闪光，但闪光的不一定是金子。

（d）所有的大学生都会说英语，有一些大学生会说法语。

解.

（a）设 $P(x)$表示"x 是人"，$Q(x)$表示"x 会死"。原语句可表示成$\sim(\exists x)(P(x)\wedge\sim Q(x))$。

（b）设 $F(x)$表示"x 是乌鸦"，$G(x, y)$表示"x 与 y 一般黑"。原语句可表示成$(\forall x)(\forall y)$ $(F(x)\wedge F(y)\Rightarrow G(x, y))$，或者$\sim(\exists x)(\exists y)(F(x)\wedge F(y)\wedge\sim G(x, y))$——即不存在个体 x、y 都是乌鸦但不一般黑，这两句话含义是相同的。

（c）设 $G(x)$表示"x 是金子"，$L(x)$表示"x 会闪光"，原语句可表示成$(\forall x)(G(x)\Rightarrow L(x))$ $\wedge(\exists x)(L(x)\wedge\sim G(x))$。

（d）设 $S(x)$表示 "x 是大学生"，$E(x)$表示 "x 会说英语"，$F(x)$表示 "x 会说法语"，原语句可表示成$(\forall x)(S(x)\Rightarrow E(x))\wedge(\exists x)(S(x)\wedge F(x))$。

如果引入二元谓词 $C(x, y)$表示 "x 可以说 y 这种语言"，那么原句子也可以表示为$(\forall x)(S(x)\Rightarrow C(x, 英语))\wedge(\exists x)(S(x)\wedge C(x, 法语))$。

【例 3.13】　假设论域是实数集，将下述语句翻译为谓词公式。

（a）函数 $f(x)$趋向于 a 时的极限值是 b。

（b）函数 $f(x)$在点 x_0 处连续。

（c）任意两个实数之间都存在一个有理数。

解.

（a）原语句可表示成$(\forall\varepsilon)(\varepsilon>0\Rightarrow(\exists\delta)(\delta>0\wedge(\forall x)(|x-a|<\delta\Rightarrow|f(x)-b|<\varepsilon)))$。

（b）原语句可表示成$(\forall\varepsilon)(\varepsilon>0\Rightarrow(\exists\delta)(\delta>0\wedge(\forall x)(|x-x_0|<\delta\Rightarrow|f(x)-f(x_0)|<\varepsilon)))$。

（c）设 $P(x)$表示"x 是有理数"，则原语句可表示成$(\forall x)(\forall y)((x>y)\Rightarrow(\exists z)(P(z)\wedge(x>z)$ $\wedge(z>y)))$。

此例中采用了易于理解的谓词表示形式。

总结上述各例，可以得到以下规律：

（a）"所有的 A 是 B""是 A 的都是 B""一切 A 都是 B"应形式化为$(\forall x)(A(x)\Rightarrow$ $B(x))$。

（b）"有的 A 是 B"应形式化为$(\exists x)(A(x)\wedge B(x))$。

（c）"所有的 A 都不是 B""是 A 的都不是 B""一切 A 都不是 B"应形式化为 $(\forall x)(A(x)\Rightarrow\sim B(x))$或者$\sim(\exists x)(A(x)\wedge B(x))$。

（d）"有的 A 不是 B"应形式化为$(\exists x)(A(x)\wedge\sim B(x))$或者$\sim(\forall x)(A(x)\Rightarrow B(x))$。

（e）"只有一个 A"应形式化为$(\exists x)(A(x)\wedge(\forall y)(A(y)\Rightarrow \text{Equal}(x, y)))$。

（f）"若存在 A 则唯一"应形式化为$(\forall x)(A(x)\Rightarrow(\forall y)(A(y)\Rightarrow \text{Equal}(x, y)))$。

（g）"所有的 A 和 B 都具有关系 C"应形式化为$(\forall x)(\forall y)(A(x)\wedge B(y)\Rightarrow C(x, y))$。

（h）"任何一个 A 都存在一个 B 与之对应满足性质 C"应形式化为$(\forall x)(A(x)\Rightarrow (\exists y)(B(y)\wedge C(x, y)))$。

3.4 谓词逻辑的等值演算

如例 3.12（b）所示，有些命题的形式化表述可能不止一种，但它们的含义都是相同的。因此需在谓词逻辑中也引入"等值"的概念。

定义 3.11 设 A、B 是两个谓词公式，若 $A\Leftrightarrow B$ 是普遍有效的公式，则称 A 与 B 等值，记作 $A\equiv B$。

注：类似于命题逻辑，两个谓词公式 A、B 等值当且仅当在任何解释下，A 和 B 的真值都相同。

相比命题逻辑，量词和谓词的引入使得谓词演算应用更广泛，特别是在计算机科学、人工智能等领域，谓词逻辑是表示知识、实现推理的有力工具。

类似于命题逻辑，谓词逻辑的等值演算仍是以基本等值式为基础，应用等值演算规则逐步推演。

谓词逻辑中的基本等值式主要分两类：其一是从命题公式移植来的等值式，即命题逻辑中基本等值式的代换实例，如$(\forall x)F(x)\Rightarrow(\exists y)G(y)\equiv\sim(\forall x)F(x)\vee(\exists y)G(y)$和$\sim((\forall x)F(x)\vee(\exists y)G(y))\equiv\sim(\forall x)F(x)\wedge\sim(\exists y)G(y)$等；另一类是谓词逻辑所特有的等值式，与量词有关。

定理 3.3 （消去量词等值式）设论域 $D=\{a_1, a_2, \cdots, a_m\}$是有限集合，有

（a）$(\forall x)A(x)\equiv A(a_1)\wedge A(a_2)\wedge\cdots\wedge A(a_m)$。

（b）$(\exists x)A(x)\equiv A(a_1)\vee A(a_2)\vee\cdots\vee A(a_m)$。

注：这一组等值式表明对于有限论域而言，全称量词与合取式相对应，存在量词则对应于析取式。

【**例 3.14**】 设论域 $D=\{a, b, c\}$，消去下面公式中的量词。

（a）$(\forall x)(P(x)\vee Q(x))$。

（b）$(\forall x)(P(x)\Rightarrow(\exists y)Q(y))$。

（c）$(\exists x)(\forall y)R(x,y)$。

解.

（a）$(\forall x)(P(x)\vee Q(x))$

　　$\equiv(P(a)\vee Q(a))\wedge(P(b)\vee Q(b))\wedge(P(c)\vee Q(c))$

（b）$(\forall x)(P(x)\Rightarrow(\exists y)Q(y))$

　　$\equiv(P(a)\Rightarrow(\exists y)Q(y))\wedge(P(b)\Rightarrow(\exists y)Q(y))\wedge(P(c)\Rightarrow(\exists y)Q(y))$

　　$\equiv(\sim P(a)\vee(\exists y)Q(y))\wedge(\sim P(b)\vee(\exists y)Q(y))\wedge(\sim P(c)\vee(\exists y)Q(y))$

　　$\equiv(\sim P(a)\wedge\sim P(b)\wedge\sim P(c))\vee(\exists y)Q(y)$ 　　　　　　　　　（分配律）

$$\equiv (\sim P(a)\wedge\sim P(b)\wedge\sim P(c))\vee(Q(a)\vee Q(b)\vee Q(c))$$

（c）$(\exists x)(\forall y)R(x,y)$

$$\equiv (\exists x)(R(x,a)\wedge R(x,b)\wedge R(x,c))$$

$$\equiv (R(a,a)\wedge R(a,b)\wedge R(a,c))\vee(R(b,a)\wedge R(b,b)\wedge R(b,c))\vee(R(c,a)\wedge R(c,b)\wedge R(c,c))$$

或者

$$(\exists x)(\forall y)R(x,y)$$

$$\equiv ((\forall y)R(a,y))\vee((\forall y)R(b,y))\vee((\forall y)R(c,y))$$

$$\equiv (R(a,a)\wedge R(a,b)\wedge R(a,c))\vee(R(b,a)\wedge R(b,b)\wedge R(b,c))\vee(R(c,a)\wedge R(c,b)\wedge R(c,c))$$

定理 3.4 （量词否定等值式/德·摩根律）设 $A(x)$ 是含 x 自由出现的公式，则

（a）$\sim(\forall x)A(x)\equiv(\exists x)\sim A(x)$。

（b）$\sim(\exists x)A(x)\equiv(\forall x)\sim A(x)$。

即，"不是论域中所有个体都具有性质 A" 和 "论域中至少存在一个个体不具有性质 A" 二者含义是完全相同的，"论域中所有个体都不具有性质 A" 和 "论域中不存在具有性质 A 的个体" 二者含义也是完全相同的。

当论域 $D=\{a_1, a_2, \cdots, a_m\}$ 是有限集合时，有

$$\sim(A(a_1)\wedge A(a_2)\wedge\cdots\wedge A(a_m))\equiv\sim(\forall x)A(x)\equiv(\exists x)\sim A(x)\equiv\sim A(a_1)\vee\sim A(a_2)\vee\cdots\vee\sim A(a_m)$$

$$\sim(A(a_1)\vee A(a_2)\vee\cdots\vee A(a_m))\equiv\sim(\exists x)A(x)\equiv(\forall x)\sim A(x)\equiv\sim A(a_1)\wedge\sim A(a_2)\wedge\cdots\wedge\sim A(a_m)$$

即是命题逻辑中德·摩根律的表现形式。

定理 3.5 （量词辖域收缩与扩张等值式）设 $A(x)$ 是含 x 自由出现的公式，谓词公式 B 中不含 x 的出现，则有

（a）$(\forall x)(A(x)\vee B)\equiv(\forall x)A(x)\vee B$。

（b）$(\exists x)(A(x)\vee B)\equiv(\exists x)A(x)\vee B$。

（c）$(\forall x)(A(x)\wedge B)\equiv(\forall x)A(x)\wedge B$。

（d）$(\exists x)(A(x)\wedge B)\equiv(\exists x)A(x)\wedge B$。

证明. 仅证明（a），余者类似。

（a）假设在某一解释 I 下，$(\forall x)(A(x)\vee B)$ 为真，于是对任一 $x\in D$ 有 $A(x)\vee B$ 为真。

如果 B 为真，则 $(\forall x)A(x)\vee B$ 为真。

如果 B 为假，则对于任一 $x\in D$ 有 $A(x)$ 为真，于是 $(\forall x)A(x)$ 为真，于是 $(\forall x)A(x)\vee B$ 为真。

假设在某一解释 I 下，$(\forall x)(A(x)\vee B)$ 为假，于是存在 $x\in D$ 使得 $A(x)\vee B$ 为假，则 B 和 $A(x)$ 取值都为假。于是 B 和 $(\forall x)A(x)$ 都为假，即 $(\forall x)A(x)\vee B$ 为假。 □

定理 3.6 （量词分配等值式）设 $A(x)$、$B(x)$ 是含 x 自由出现的谓词公式，则有

（a）$(\forall x)(A(x)\wedge B(x))\equiv(\forall x)A(x)\wedge(\forall x)B(x)$。

（b）$(\exists x)(A(x)\vee B(x))\equiv(\exists x)A(x)\vee(\exists x)B(x)$。

证明. 仅证明 $\forall$ 对 $\wedge$ 的分配律。假设在某一解释 I 下 $(\forall x)(A(x)\wedge B(x))$ 为真，于是对任一 $x\in D$ 有 $A(x)\wedge B(x)$ 为真，即 $A(x)$ 为真且 $B(x)$ 也为真，从而 $(\forall x)A(x)\wedge(\forall x)B(x)$ 为真。

反过来，如果 $(\forall x)A(x)\wedge(\forall x)B(x)$ 在一某解释 I 下为真，则 $(\forall x)A(x)$ 和 $(\forall x)B(x)$ 均为真，于是对任一 $x\in D$ 有 $A(x)$ 和 $B(x)$ 均为真，即 $(\forall x)(A(x)\wedge B(x))$ 为真。

∃对∨的分配律可类似证明。　　　　　　　　　　　　　　　　　　　　□

注：

（a）以上两等值式的成立，实际上也反映了全称量词∀与合取∧的对应，存在量词∃与析取∨的对应，以及合取∧、析取∨这两种运算都满足结合律、交换律。

（b）∀对∨不满足分配律，∃对∧不满足分配律。即$(\forall x)(\forall y)(A(x)\lor B(y))$与$(\forall x)(A(x)\lor B(x))$不等值，$(\exists x)(\exists y)(A(x)\land B(y))$与$(\exists x)(A(x)\land B(x))$不等值（可参看例3.11）。

定理 3.7　设$A(x,y)$是含x、y自由出现的谓词公式，则有

（a）$(\forall x)(\forall y)A(x,y)\equiv(\forall y)(\forall x)A(x,y)$。

（b）$(\exists x)(\exists y)A(x,y)\equiv(\exists y)(\exists x)A(x,y)$。

这组等值式的证明将在3.6节中作为例题给出（例3.24）。

注：这组等值式表明相同量词与排列的次序无关，但是对于不同量词，不能随意更换次序，即$(\forall x)(\exists y)A(x,y)$与$(\exists y)(\forall x)A(x,y)$不等值（可参看例3.11）。

定义 3.12　在仅含有联结词~、∧、∨的谓词公式A中，将∨换成∧，将∧换成∨，将全称量词∀换作存在量词∃，将存在量词∃换作全称量词∀，若包含F和T亦相互取代，所得谓词公式称为A的对偶式（**dual**），记作A^*。

谓词逻辑中的对偶依然满足。

定理 3.8　（对偶原理）设A、B为两个仅含有联结词~、∧、∨的n元谓词公式，若$A\equiv B$，则$A^*\equiv B^*$。

例如，由~$(\forall x)P(x)\equiv(\exists x)$~$P(x)$可得~$(\exists x)P(x)\equiv(\forall x)$~$P(x)$。

谓词逻辑包括以下3条等值演算规则。

定理 3.9　（置换规则）设$\varPhi(A)$是含谓词公式A的公式，$\varPhi(B)$是用谓词公式B取代$\varPhi(A)$中的A（不一定是每一处）之后得到的谓词公式，若$A\equiv B$，则$\varPhi(A)\equiv\varPhi(B)$。

谓词逻辑中的置换规则与命题逻辑中的置换规则形式上完全相同，只是在这里A、B是谓词公式。

同一个个体变项符号，如例3.9（b）的公式$(\forall x)P(x)\lor Q(x,y)$中的$x$既有约束出现又有自由出现，容易引起概念上的混淆。为避免这种情况，引入了下面的代替规则和换名规则，使得同一个个体变项符号在一个公式中只呈现一种形式，要么为约束出现，要么为自由出现；同时使不同的量词所约束的个体变项不同名，便于计算机处理。

定理 3.10　（代替规则）将谓词公式A中某个自由出现的个体变项的所有自由出现改成A中未曾出现的某个个体变项符号，其余部分不变，记所得谓词公式为A'，则$A\equiv A'$。

定理 3.11　（换名规则）将谓词公式A中某量词的指导变项及其在辖域内的所有约束出现改成该量词辖域内未曾出现的某个个体变项符号，其余部分不变，记所得谓词公式为A'，则$A\equiv A'$。

即$(\forall x)A(x)\equiv(\forall y)A(y)$，$(\exists x)A(x)\equiv(\exists y)A(y)$。这是不难理解的，因为在同一论域$D$上，"对一切个体$x$，$x$具有性质$P$"同"对一切个体$y$，$y$具有性质$P$"这两者除变项$x$和$y$的区别外并无差异，从而$(\forall x)A(x)$与$(\forall y)A(y)$有相同的真值。

表3.1对于代替规则和换名规则进行了比较。

表 3.1　代替规则和换名规则的比较

比较项	代替规则	换名规则
使用对象	任一谓词公式	
改名对象	自由变项	指导变项及其在辖域内的所有约束出现
改名方式	对公式中出现的所有同名的自由变项进行改名	对指导变项及其量词辖域中出现的约束变项处进行改名
改名限制	公式中未曾出现的某个个体变项符号	新的变项符号应是该量词辖域内未曾出现的
改名结果	与原公式等值	

【例 3.15】　将公式$(\forall x)F(x,y,z)\Rightarrow(\exists y)G(x,y,z)$化为与之等值的公式，使其没有既是约束出现又是自由出现的个体变项符号。

解.　$(\forall x)F(x,y,z)\Rightarrow(\exists y)G(x,y,z)$

$\equiv(\forall u)F(u,y,z)\Rightarrow(\exists y)G(x,y,z)$　　　　　　　　　　　　（换名规则）

$\equiv(\forall u)F(u,y,z)\Rightarrow(\exists v)G(x,v,z)$　　　　　　　　　　　　（换名规则）

或者

$(\forall x)F(x,y,z)\Rightarrow(\exists y)G(x,y,z)$

$\equiv(\forall x)F(x,u,z)\Rightarrow(\exists y)G(x,y,z)$　　　　　　　　　　　　（代替规则）

$\equiv(\forall x)F(x,u,z)\Rightarrow(\exists y)G(v,y,z)$　　　　　　　　　　　　（代替规则）

使用这两类基本等值式和上述 3 条规则，可以进行谓词逻辑的等值演算。

【例 3.16】　证明以下等值式成立。

（a）$(\forall x)(\forall y)(A(x)\vee B(y))\equiv(\forall x)A(x)\vee(\forall x)B(x)$。

（b）$(\exists x)(A(x)\Rightarrow B(x))\equiv(\forall x)A(x)\Rightarrow(\exists x)B(x)$。

（c）$(\forall x)(\exists y)(P(x)\Rightarrow Q(y))\equiv(\exists y)(\forall x)(P(x)\Rightarrow Q(y))$。

解.

（a）$(\forall x)(\forall y)(A(x)\vee B(y))$

$\equiv(\forall x)(A(x)\vee(\forall y)B(y))$　　　　　　　　　（量词辖域收缩等值式）

$\equiv(\forall x)A(x)\vee(\forall y)B(y)$　　　　　　　　　　（量词辖域收缩等值式）

$\equiv(\forall x)A(x)\vee(\forall x)B(x)$　　　　　　　　　　（换名规则）

（b）$(\exists x)(A(x)\Rightarrow B(x))$

$\equiv(\exists x)(\sim A(x)\vee B(x))$　　　　　　　　　　　（置换规则）

$\equiv(\exists x)\sim A(x)\vee(\exists x)B(x)$　　　　　　　　　（量词分配等值式）

$\equiv\sim(\forall x)A(x)\vee(\exists x)B(x)$　　　　　　　　　（德·摩根律）

$\equiv(\forall x)A(x)\Rightarrow(\exists x)B(x)$　　　　　　　　　（置换规则）

（c）$(\forall x)(\exists y)(P(x)\Rightarrow Q(y))\equiv(\forall x)(\exists y)(\sim P(x)\vee Q(y))\equiv(\forall x)\sim P(x)\vee(\exists y)Q(y)$

　　　$(\exists y)(\forall x)(P(x)\Rightarrow Q(y))\equiv(\exists y)(\forall x)(\sim P(x)\vee Q(y))\equiv(\forall x)\sim P(x)\vee(\exists y)Q(y)$

即$(\forall x)(\exists y)(P(x)\Rightarrow Q(y))$和$(\exists y)(\forall x)(P(x)\Rightarrow Q(y))$都与同一个谓词公式等值。

下面证明例 3.12（b）的两种形式化描述等值。

【例 3.17】　设 $F(x)$表示"x 是乌鸦"，$G(x,y)$表示"x 与 y 一般黑"。"天下乌鸦一般

黑"可表示成$(\forall x)(\forall y)(F(x)\wedge F(y)\Rightarrow G(x, y))$，或者$\sim(\exists x)(\exists y)(F(x)\wedge F(y)\wedge\sim G(x, y))$——即不存在个体$x$、$y$都是乌鸦但不一般黑，下面证明这两个谓词公式是等值的：

$$\sim(\exists x)(\exists y)(F(x)\wedge F(y)\wedge\sim G(x, y))$$
$$\equiv(\forall x)\sim(\exists y)(F(x)\wedge F(y)\wedge\sim G(x, y))$$
$$\equiv(\forall x)(\forall y)\sim(F(x)\wedge F(y)\wedge\sim G(x, y))$$
$$\equiv(\forall x)(\forall y)(\sim(F(x)\wedge F(y))\vee G(x, y))$$
$$\equiv(\forall x)(\forall y)(F(x)\wedge F(y)\Rightarrow G(x, y))$$

3.5 前 束 范 式

在命题逻辑中，我们研究过命题公式的规范的、标准的形式，即范式。在谓词逻辑中，谓词公式也有与之相对应的范式。

定义 3.13 设A为一个谓词公式，如果满足

（1）所有量词都位于该公式的最左边。

（2）所有量词前都不含否定词。

（3）量词的辖域都延伸到整个公式的末端。

则称A为**前束范式**（**prenex formal form**）。

前束范式的一般形式为

$$Q_1 x_1 Q_2 x_2\cdots Q_n x_n \quad M(x_1, x_2, \cdots, x_n)$$

其中$Q_i(1\leq i\leq n)$为$\forall$或$\exists$，$Q_1 x_1 Q_2 x_2 \cdots Q_n x_n$称为**前束**，$M$为不含量词的公式，称作公式的**基式**或**母式**。

【例 3.18】 $(\forall x)(\forall y)\sim(P(x)\Rightarrow Q(y))$、$(\forall x)(\exists y)R(x, y)$、$S(x, y)$都是前束范式，而$\sim(\forall x)R(x, y)$和$(\forall x)P(x)\vee(\forall x)Q(x)$都不是前束范式。

下面给出求前束范式的基本方法：

（1）消去谓词公式中的联结词 $\Rightarrow$、$\Leftrightarrow$。

（2）将谓词公式中的否定词$\sim$右移。

（3）将谓词公式中的量词左移（使用量词分配等值式、量词辖域收缩与扩张等值式），必要时将变项改名。

【例 3.19】   求$(\forall x)P(x, y)\Leftrightarrow\sim(\forall y)Q(x, y)$的前束范式。

解. 可按下述步骤实现：

$(\forall x)P(x, y)\Leftrightarrow\sim(\forall y)Q(x, y)$

$\equiv((\forall x)P(x, y)\Rightarrow\sim(\forall y)Q(x, y))\wedge(\sim(\forall y)Q(x, y)\Rightarrow(\forall x)P(x, y))$ （消去联结词 $\Leftrightarrow$）

$\equiv(\sim(\forall x)P(x, y)\vee\sim(\forall y)Q(x, y))\wedge(\sim\sim(\forall y)Q(x, y)\vee(\forall x)P(x, y))$ （消去联结词 $\Rightarrow$）

$\equiv(\sim(\forall z)P(z, y)\vee\sim(\forall u)Q(x, u))\wedge(\sim\sim(\forall v)Q(x, v)\vee(\forall w)P(w, y))$ （换名规则）

$\equiv((\exists z)\sim P(z, y)\vee(\exists u)\sim Q(x, u))\wedge((\forall v)Q(x, v)\vee(\forall w)P(w, y))$ （$\sim$内移）

$\equiv(\exists z)(\sim P(z, y)\vee\sim Q(x, z))\wedge((\forall v)Q(x, v)\vee(\forall w)P(w, y))$ （量词分配等值式）

$\equiv(\exists z)(\sim P(z, y)\vee\sim Q(x, z))\wedge(\forall v)(\forall w)(Q(x, v)\vee P(w, y))$ （量词左移）

$\equiv(\exists z)(\forall v)(\forall w)((\sim P(z, y)\vee\sim Q(x, z))\wedge(Q(x, v)\vee P(w, y)))$ （量词左移）

$\equiv (\exists z)(\forall v)(\forall w)S(x, y, z, v, w)$

注：使用以上步骤，可求得任一公式的前束范式。由于每一步变换都保持等值性，所以，所得到的前束范式与原公式是等值的。这里的 $S(x, y, z, v, w)$ 便是原公式的母式。

由于前束中对量词的次序排列没有约束，如 $(\forall v)(\forall w)$ 也可以写成 $(\forall w)(\forall v)$，以及对母式没有明确的限制，自然其前束范式并不唯一，如上例的前束范式也可以是

$$(\exists z)(\forall w)(\forall v)(S(x, y, z, v, w) \wedge P)$$

其中 P 可以是任一不含量词的普遍有效的公式。

事实上，有如下定理。

定理 3.12　（前束范式存在定理）任一谓词公式都存在与之等值的前束范式，但其前束范式并不唯一。

【例 3.20】　求下列公式的前束范式。

（a）$(\forall x)F(x) \wedge \sim(\exists x)G(x)$。

（b）$(\exists x)F(x) \wedge \sim(\forall x)G(x)$。

（c）$(\forall x)P(x, y) \Rightarrow ((\exists y)Q(x, y) \Rightarrow (\forall z)R(x, z))$。

解.

（a）$(\forall x)F(x) \wedge \sim(\exists x)G(x)$

　　$\equiv (\forall x)F(x) \wedge (\forall x)\sim G(x)$

　　$\equiv (\forall x)(F(x) \wedge \sim G(x))$　　　　　　　　　　（量词分配等值式）

（b）$(\exists x)F(x) \wedge \sim(\forall x)G(x)$

　　$\equiv (\exists x)F(x) \wedge (\exists x)\sim G(x)$

　　$\equiv (\exists x)F(x) \wedge (\exists y)\sim G(y)$　　　　　　　　（换名规则）

　　$\equiv (\exists x)(\exists y)(F(x) \wedge \sim G(y))$　　　　　　　（量词辖域扩张等值式）

（c）$(\forall x)P(x, y) \Rightarrow ((\exists y)Q(x, y) \Rightarrow (\forall z)R(x, z))$

　　$\equiv \sim(\forall x)P(x, y) \vee (\sim(\exists y)Q(x, y) \vee (\forall z)R(x, z))$

　　$\equiv (\exists x)\sim P(x, y) \vee ((\forall y)\sim Q(x, y) \vee (\forall z)R(x, z))$

　　$\equiv (\exists x)\sim P(x, y) \vee (\forall y)(\forall z)(\sim Q(x, y) \vee R(x, z))$　　（量词辖域扩张等值式）

　　$\equiv (\exists u)\sim P(u, v) \vee (\forall y)(\forall z)(\sim Q(x, y) \vee R(x, z))$　　（代替规则、换名规则）

　　$\equiv (\exists u)(\forall y)(\forall z)(\sim P(u, v) \vee \sim Q(x, y) \vee R(x, z))$　　（量词辖域扩张等值式）

3.6　谓词逻辑的推理

与命题逻辑推理相同，谓词逻辑推理也是由某些给定的前提出发，根据一些基本的推理规则推导出相应结论的过程，因而，谓词逻辑推理的形式与命题逻辑推理的形式是一致的。

在谓词逻辑中，从前提 $H_1, H_2, \cdots, H_n$ 出发推出结论 C 的推理形式结构，依然采用如下的蕴涵式形式：

$$(H_1 \wedge H_2 \wedge \cdots \wedge H_n) \Rightarrow C$$

若上式为逻辑有效式，则称推理正确，称 C 为前提 $H_1, H_2, \cdots, H_n$ 的逻辑结论或有效结

论；否则称推理不正确。于是，在谓词逻辑中判断推理是否正确便归结为判断上式是否为逻辑有效式的问题。

由于在谓词逻辑中不能使用真值表法，又不存在判别 $A \Rightarrow B$ 是否普遍有效的一般方法，从而使用基本推理公式及推理规则是谓词逻辑的基本推理演算方法。

除命题逻辑中基本推理公式的代换实例外，还有一些谓词逻辑所特有的、与量词相关的推理公式。

定理 3.13　（**基本推理公式**）以下蕴涵式都是普遍有效公式。

（a）$(\forall x)P(x) \vee (\forall x)Q(x) \Rightarrow (\forall x)(P(x) \vee Q(x))$。

（b）$(\exists x)(P(x) \wedge Q(x)) \Rightarrow (\exists x)P(x) \wedge (\exists x)Q(x)$。

（c）$(\forall x)(P(x) \Rightarrow Q(x)) \Rightarrow ((\forall x)P(x) \Rightarrow (\forall x)Q(x))$。

（d）$(\forall x)(P(x) \Rightarrow Q(x)) \Rightarrow ((\exists x)P(x) \Rightarrow (\exists x)Q(x))$。

（e）$((\exists x)P(x) \Rightarrow (\forall x)Q(x)) \Rightarrow (\forall x)(P(x) \Rightarrow Q(x))$。

（f）$(\forall x)(P(x) \Leftrightarrow Q(x)) \Rightarrow ((\forall x)P(x) \Leftrightarrow (\forall x)Q(x))$。

（g）$(\forall x)(P(x) \Leftrightarrow Q(x)) \Rightarrow ((\exists x)P(x) \Leftrightarrow (\exists x)Q(x))$。

（h）$(\forall x)(P(x) \Rightarrow Q(x)) \wedge (\forall x)(Q(x) \Rightarrow R(x)) \Rightarrow (\forall x)(P(x) \Rightarrow R(x))$。

（i）$(\forall x)(P(x) \Rightarrow Q(x)) \wedge P(a) \Rightarrow Q(a)$。

（j）$(\forall x)(\forall y)P(x, y) \Rightarrow (\exists x)(\forall y)P(x, y)$。

（k）$(\exists x)(\forall y)P(x, y) \Rightarrow (\forall y)(\exists x)P(x, y)$。

（l）$(\forall x)(\exists y)P(x, y) \Rightarrow (\exists x)(\exists y)P(x, y)$。

至此，可以总结一下，两个量词的公式有下列 8 种情况：$(\forall x)(\forall y)P(x, y)$、$(\forall y)(\forall x)P(x, y)$、$(\exists y)(\forall x)P(x, y)$、$(\exists x)(\forall y)P(x, y)$、$(\forall x)(\exists y)P(x, y)$、$(\forall y)(\exists x)P(x, y)$、$(\exists y)(\exists x)P(x, y)$、$(\exists x)(\exists y)P(x, y)$。它们之间的关系等价与蕴涵关系如下（可参看图 3.1）。

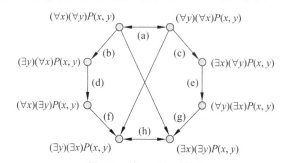

图 3.1　定理 3.13 用图

定理 3.14　以下谓词公式都是普遍有效公式。

（a）$(\forall x)(\forall y)P(x, y) \Leftrightarrow (\forall y)(\forall x)P(x, y)$。

（b）$(\forall x)(\forall y)P(x, y) \Rightarrow (\exists y)(\forall x)P(x, y)$。

（c）$(\forall y)(\forall x)P(x, y) \Rightarrow (\exists x)(\forall y)P(x, y)$。

（d）$(\exists y)(\forall x)P(x, y) \Rightarrow (\forall x)(\exists y)P(x, y)$。

（e）$(\exists x)(\forall y)P(x, y) \Rightarrow (\forall y)(\exists x)P(x, y)$。

（f）$(\forall x)(\exists y)P(x, y) \Rightarrow (\exists y)(\exists x)P(x, y)$。

（g）$(\forall y)(\exists x)P(x, y) \Rightarrow (\exists x)(\exists y)P(x, y)$。

（h）$(\exists y)(\exists x)P(x, y) \Leftrightarrow (\exists x)(\exists y)P(x, y)$。

在图 3.1 中未出现的有向边表示两者之间没有必然联系。

例如，假设论域 D 限定为正整数集合，解释 1 中谓词 $P(x, y)$ 表示 $x=y$，解释 2 中谓词 $P(x, y)$ 表示 $x \times y = y$，解释 3 中谓词 $P(x, y)$ 表示 $x \geqslant y$，解释 4 中谓词 $P(x, y)$ 表示 $x \leqslant y$。

那么在解释 1 下命题 $(\forall x)(\exists y)P(x, y)$ 为真，命题 $(\exists x)(\forall y)P(x, y)$ 为假。

在解释 2 下命题 $(\forall x)(\exists y)P(x, y)$ 为假，命题 $(\exists x)(\forall y)P(x, y)$ 为真。

在解释 3 下命题 $(\exists y)(\forall x)P(x, y)$ 为真，命题 $(\exists x)(\forall y)P(x, y)$ 为假。

在解释 4 下命题 $(\exists y)(\forall x)P(x, y)$ 为假，命题 $(\exists x)(\forall y)P(x, y)$ 为真。

而谓词逻辑所使用的推理规则除命题逻辑的推理演算中用到的 6 条基本推理规则外，还包括 4 条有关量词的消去和引入规则。

（a）**全称量词消去规则**（Universal Specification, US），也称作**全称举例规则**：

$$(\forall x)P(x) \Rightarrow P(y) \quad \text{或} \quad (\forall x)P(x) \Rightarrow P(a)$$

其中 y 是论域中的任一个体。意指如果所有的 $x \in D$ 都具有性质 P，那么 D 中任一个体 y 或特定个体 a 必具有性质 P。

该规则使用的条件如下：

（1）第一式中，取代 x 的 y 应为任意的不在 $P(x)$ 中约束出现的个体变项。

（2）第二式中，a 为任意个体常项。

（3）用 y 或 a 去取代 $P(x)$ 中自由出现的 x 时，必须对 x 的所有自由出现进行取代。

（b）**全称量词引入规则**（Universal Generalization, UG），也称作**全称推广规则**：

$$P(y) \Rightarrow (\forall x)P(x)$$

其中 y 是论域中任一个体。意指如果任一个体 $y \in D$ 都具有性质 P，那么 D 中所有个体 x 都具有性质 P。

该规则使用的条件如下：

（1）无论 $P(y)$ 中自由出现的个体变项 y 取何值，$P(y)$ 应该均为真。

（2）取代自由出现的 y 的 x 不能在 $P(y)$ 中约束出现。

（c）**存在量词消去规则**（Existential Specification, ES），也称作**存在举例规则**：

$$(\exists x)P(x) \Rightarrow P(a)$$

其中 a 是论域中的一个个体常项。意指如果论域 D 中存在某个体具有性质 P，那么必有特定个体 a 具有该性质 P。

该规则使用的条件如下：

（1）a 是使 P 为真的特定的个体常项。

（2）a 不能在 $P(x)$ 中出现。

（3）$P(x)$ 中没有其他自由出现的个体变项。

（4）a 在推导中未曾使用过。

（d）**存在量词引入规则**（Existential Generalization, EG），也称作**存在推广规则**：

$$P(a) \Rightarrow (\exists x)P(x)$$

其中 a 是论域中的一个个体常项。意指如果有个体常项 a 具有性质 P，那么 $(\exists x)P(x)$ 必真。

该规则使用的条件是如下：

（1）a 是特定的个体常项。

（2）取代 a 的 x 不能在 $P(a)$ 中出现。

使用推理规则的推理演算过程如下：

（1）将以自然语句表示的推理问题形式化，转换为谓词公式。

（2）若不能直接使用基本的推理公式则消去量词。

（3）在无量词下使用规则和公式进行推理。

（4）引入量词，得到相应结论。

而且，在谓词逻辑的推理过程中要特别注意如下两点：

（1）在对带量词的谓词公式进行推理证明时，在既需要消去存在量词又需要消去全称量词时，一般要先使用存在量词消去规则，再使用全称量词消去规则。

（2）使用 US、UG、ES、EG 规则时，量词的辖域都必须延伸到整个公式的末端。换言之，在含有多个量词的谓词推理中，使用消去规则应该按照从左到右的顺序，而引入规则的使用应该按照从右到左的顺序。

【例 3.21】 分析下述推理的正确性。

（a）（1）$(\forall x)(\exists y)G(x, y)$ （前提引入）

　　（2）$(\exists y)G(y, y)$ （全称量词消去）

（b）（1）$(\exists x)G(x, y)$ （对任意给定的 y 都成立）

　　（2）$(\forall x)(\exists x)G(x, x)$ （全称量词引入）

（c）（1）$(\exists x)Q(x)$ （前提引入）

　　（2）$(\exists x){\sim}Q(x)$ （前提引入）

　　（3）$Q(a)$ （（1）存在量词消去）

　　（4）${\sim}Q(a)$ （（2）存在量词消去）

　　（5）$Q(a)\wedge{\sim}Q(a)$ （（3）（4）合取）

　　（6）$(\exists x)(Q(x)\wedge{\sim}Q(x))$ （存在量词引入）

（d）（1）$(\forall x)(\exists y)G(x, y)$ （前提引入）

　　（2）$(\exists y)G(x, y)$ （全称量词消去）

　　（3）$G(x, a)$ （存在量词消去）

　　（4）$(\forall x)G(x, a)$ （全称量词引入）

　　（5）$(\exists y)(\forall x)G(x, y)$ （存在量词引入）

解. 在下面的讨论中都假定论域是整数集，谓词 $Q(x)$ 表示"x 是偶数"，$G(x, y)$ 表示"$x>y$"。

（a）前提（1）意为"对于任一个整数而言，都存在比它小的整数"，它是真命题，但是结论（2）意为"存在整数 y，使得 $y>y$"，是假命题，这个推理是不正确的。问题在于（2）违反了全称量词消去规则的使用条件（1），使用了约束变项 y 取代 x。

（b）结论（2）明显不正确，事实上（2）已经不是谓词公式了。问题在于（2）违反了全称量词引入规则的使用条件（2），使用了约束变项 x 取代 y。

（c）前提（1）和（2）意为"存在一个偶数"及"存在一个不是偶数的整数"，都是真命题，但是结论（6）明显是假命题，因此这个推理是不正确的。问题在于（4）违反了存在量词消去规则的使用条件（4），使用了在推导中曾使用过的 a。

（d）前提（1）意为"对于任一个整数而言，都存在比它小的整数"，它是真命题，结论（5）意为"存在一个整数，满足任何整数都大于它"，是假命题，推理不正确。问题在于（3）违反了存在量词消去规则的使用条件（3），$(\exists y)$ 的辖域 $G(x, y)$ 中存在自由变项 x。

下面从语义上来解释这个错误推理的原因：$(\forall x)(\exists y)G(x, y)$ 推演出 $(\exists y)G(x, y)$，继而推演出 $G(x, a)$，但不能再推演出 $(\forall x)G(x, a)$。因为推演出的 $G(x, a)$ 成立时，个体 a 是依赖于 x 的，不是所有的 x 对同一个 a 都有 $G(x, a)$ 成立，于是不能再推演出 $(\forall x)G(x, a)$。

【例 3.22】 分析下述推理的正确性。

（1）$(\forall x)(P(x)\Rightarrow Q(x))$	（前提引入）
（2）$(\exists x)P(x)$	（前提引入）
（3）$P(c)\Rightarrow Q(c)$	（（1）全称量词消去）
（4）$P(c)$	（（2）存在量词消去）
（5）$Q(c)$	（（3）（4）假言推理）
（6）$(\exists x)Q(x)$	（存在量词引入）

解. 由前提（1）和（2）得到结论（6）是一个正确推理，整个推理过程从表面上看也是正确的。但是仔细分析一下会发现，步骤（4）违反了存在量词消去规则的使用条件（4），使用了在推导中曾使用过的 c。从语义上讲，步骤（3）中的 c 可以为任意个体常项，不见得就恰恰是使 P 为真的特定的个体常项，因此步骤（4）不一定成立。

实际上，只要把步骤（3）和步骤（4）的次序调换一下，就得到了正确的推理过程。这也就是前面强调的在谓词逻辑的推理过程中要特别注意的两点中的第一点——一般要先使用存在量词消去规则，再使用全称量词消去规则。

【例 3.23】 构造下述各推理的证明：

（a）前提：$(\forall x)(G(x)\lor H(x))$，$(\forall x)\sim G(x)$

　　　结论：$(\exists x)H(x)$

（b）前提：$(\exists x)P(x)\Rightarrow(\forall x)Q(x)$

　　　结论：$(\forall x)(P(x)\Rightarrow Q(x))$

　　　（注：此即定理 3.13 中的基本推理公式（e）。）

（c）前提：$(\exists x)P(x)\Rightarrow(\forall x)(P(x)\lor Q(x)\Rightarrow R(x))$，$(\exists x)P(x)$

　　　结论：$(\exists x)(\exists y)(R(x)\land R(y))$

（d）前提：$(\forall x)(P(x)\Rightarrow Q(x))$

　　　结论：$(\forall x)P(x)\Rightarrow(\forall x)Q(x)$

　　　（注：此即定理 3.13 中的基本推理公式（c）。）

解.

（a）（1）$(\forall x)(G(x)\lor H(x))$	（前提引入）
（2）$G(a)\lor H(a)$	（全称量词消去）
（3）$(\forall x)\sim G(x)$	（前提引入）

（4）~$G(a)$ （全称量词消去）

（5）$H(a)$ （（2）（4）析取三段论）

（6）$(\exists x)H(x)$ （存在量词引入）

（b）（1）$(\exists x)P(x) \Rightarrow (\forall x)Q(x)$ （前提引入）

（2）$(\forall x)(\forall y)(P(x) \Rightarrow Q(y))$ （（1）置换）

（3）$(\forall y)(P(z) \Rightarrow Q(y))$ （全称量词消去）

（4）$P(z) \Rightarrow Q(z)$ （全称量词消去）

（5）$(\forall x)(P(x) \Rightarrow Q(x))$ （全称量词引入）

（c）（1）$(\exists x)P(x) \Rightarrow (\forall x)(P(x) \lor Q(x) \Rightarrow R(x))$ （前提引入）

（2）$(\exists x)P(x)$ （前提引入）

（3）$(\forall x)(P(x) \lor Q(x) \Rightarrow R(x))$ （（1）（2）分离）

（4）$P(c)$ （（2）存在量词消去）

（5）$P(c) \lor Q(c) \Rightarrow R(c)$ （（3）全称量词消去）

（6）$P(c) \lor Q(c)$ （（4）附加律）

（7）$R(c)$ （（5）（6）分离）

（8）$(\exists x)R(x)$ （（7）存在量词引入）

（9）$(\exists y)R(y)$ （（7）存在量词引入）

（10）$(\exists x)R(x) \land (\exists y)R(y)$ （（8）（9）合取）

（11）$(\exists x)(\exists y)(R(x) \land R(y))$ （（10）置换）

（d）（1）$(\forall x)(P(x) \Rightarrow Q(x))$ （前提引入）

（2）$P(x) \Rightarrow Q(x)$ （全称量词消去）

（3）$(\forall x)P(x)$ （附加前提引入）

（4）$P(x)$ （全称量词消去）

（5）$Q(x)$ （（2）（4）分离）

（6）$(\forall x)Q(x)$ （全称量词引入）

【例3.24】 证明定理3.7，即

（a）$(\forall x)(\forall y)A(x, y) \equiv (\forall y)(\forall x)A(x, y)$。

（b）$(\exists x)(\exists y)A(x, y) \equiv (\exists y)(\exists x)A(x, y)$。

证明.

（a）证明$(\forall x)(\forall y)A(x, y) \Rightarrow (\forall y)(\forall x)A(x, y)$是逻辑有效式：

（1）$(\forall x)(\forall y)A(x, y)$ （前提引入）

（2）$(\forall y)A(x, y)$ （（1）全称量词消去）

（3）$A(x, y)$ （（2）全称量词消去）

（4）$(\forall x)A(x, y)$ （（3）全称量词引入）

（5）$(\forall y)(\forall x)A(x, y)$ （（4）全称量词引入）

类似可证明$(\forall y)(\forall x)A(x, y) \Rightarrow (\forall x)(\forall y)A(x, y)$是逻辑有效式，因此$(\forall x)(\forall y)A(x, y) \equiv (\forall y)(\forall x)A(x, y)$。

（b）的证明类似可得。 $\square$

【例 3.25】   在谓词逻辑中构造以下推理的证明。

（a）所有的人都是要死的，苏格拉底是人，所以苏格拉底是要死的。

（b）所有的素数都是整数，所有的整数都是有理数，所以所有的素数都是有理数。

（c）有的病人喜欢所有的医生，没有一个病人喜欢某一庸医，所以没有医生是庸医。

（d）任何人如果他喜欢步行，则他就不喜欢乘汽车；每个人喜欢乘汽车或者喜欢骑自行车；有的人不喜欢骑自行车；因此有的人不喜欢步行。

解.

（a）将以自然语句表示的推理问题形式化，转换为谓词公式。令 $P(x)$ 表示 "x 是人"，$Q(x)$ 表示 "x 会死"，则得到如下推理形式：

前提：$(\forall x)(P(x) \Rightarrow Q(x))$，$P(\text{苏格拉底})$

结论：$Q(\text{苏格拉底})$

之后进行谓词逻辑推理：

（1）$(\forall x)(P(x) \Rightarrow Q(x))$	（前提引入）
（2）$P(\text{苏格拉底}) \Rightarrow Q(\text{苏格拉底})$	（全称量词消去）
（3）$P(\text{苏格拉底})$	（前提引入）
（4）$Q(\text{苏格拉底})$	（（2）（3）分离）

（b）令 $P(x)$ 表示 "x 是素数"，$Q(x)$ 表示 "x 是整数"，$R(x)$ 表示 "x 是有理数"，得到如下推理形式：

前提：$(\forall x)(P(x) \Rightarrow Q(x))$，$(\forall x)(Q(x) \Rightarrow R(x))$

结论：$(\forall x)(P(x) \Rightarrow R(x))$

之后进行谓词逻辑推理：

（1）$(\forall x)(P(x) \Rightarrow Q(x))$	（前提引入）
（2）$P(x) \Rightarrow Q(x)$	（（1）全称量词消去）
（3）$(\forall x)(Q(x) \Rightarrow R(x))$	（前提引入）
（4）$Q(x) \Rightarrow R(x)$	（（3）全称量词消去）
（5）$P(x) \Rightarrow R(x)$	（（2）（4）假言三段论）
（6）$(\forall x)(P(x) \Rightarrow R(x))$	（（5）全称量词引入）

（c）令 $P(x)$ 表示 "x 是病人"，$Q(x)$ 表示 "x 是庸医"，$D(x)$ 表示 "x 是医生"，$L(x, y)$ 表示 "x 喜欢 y"，则得到如下推理形式：

前提：$(\exists x)(P(x) \wedge (\forall y)(D(y) \Rightarrow L(x, y)))$，$(\forall x)(P(x) \Rightarrow (\forall y)(Q(y) \Rightarrow \sim L(x, y)))$

结论：$(\forall x)(D(x) \Rightarrow \sim Q(x))$

推理过程如下：

（1）$(\exists x)(P(x) \wedge (\forall y)(D(y) \Rightarrow L(x, y)))$	（前提引入）
（2）$P(c) \wedge (\forall y)(D(y) \Rightarrow L(c, y))$	（（1）全称量词消去）
（3）$(\forall x)(P(x) \Rightarrow (\forall y)(Q(y) \Rightarrow \sim L(x, y)))$	（前提引入）
（4）$P(c) \Rightarrow (\forall y)(Q(y) \Rightarrow \sim L(c, y))$	（（3）全称量词消去）
（5）$P(c)$	（（2）化简）
（6）$(\forall y)(D(y) \Rightarrow L(c, y))$	（（2）化简）

（7）$D(y)\Rightarrow L(c, y)$ （（6）全称量词消去）

（8）$(\forall y)(Q(y)\Rightarrow \sim L(c, y))$ （（4）（5）分离）

（9）$Q(y)\Rightarrow \sim L(c, y)$ （（8）全称量词消去）

（10）$L(c, y)\Rightarrow \sim Q(y)$ （（9）置换）

（11）$D(y)\Rightarrow \sim Q(y)$ （（7）（10）假言三段论）

（12）$(\forall y)(D(y)\Rightarrow \sim Q(y))$ （（11）全称量词引入）

（13）$(\forall x)(D(x)\Rightarrow \sim Q(x))$ （（12）换名规则）

（d）令 $W(x)$ 表示"x 喜欢步行"，$B(x)$ 表示"x 喜欢乘汽车"，$K(x)$ 表示"x 喜欢骑自行车"，则得到如下推理形式：

前提：$(\forall x)(W(x)\Rightarrow \sim B(x))$，$(\forall x)(B(x)\vee K(x))$，$(\exists x)(\sim K(x))$

结论：$(\exists x)(\sim W(x))$

推理过程如下：

（1）$(\exists x)(\sim K(x))$ （前提引入）

（2）$\sim K(c)$ （（1）存在量词消去）

（3）$(\forall x)(B(x)\vee K(x))$ （前提引入）

（4）$B(c)\vee K(c)$ （（3）全称量词消去）

（5）$B(c)$ （（2）（4）析取三段论）

（6）$(\forall x)(W(x)\Rightarrow \sim B(x))$ （前提引入）

（7）$W(c)\Rightarrow \sim B(c)$ （（6）全称量词消去）

（8）$\sim W(c)$ （（5）（7）拒取式）

（9）$(\exists x)(\sim W(x))$ （（8）存在量词引入）

习 题 3

3.1 将下列命题用 0 元谓词表示。

（a）天安门位于北京。

（b）小李不是教师，而是运动员。

（c）苗苗非常聪明和美丽。

（d）π 和 e 都是无理数。

（e）俞伯牙和钟子期是好朋友。

（f）α 属于集合 A 或者集合 B。

（g）乐乐既熟悉 C++语言，又熟悉 Java 语言。

（h）鱼我所欲也，熊掌亦我所欲也。

（i）3 大于 2，4 大于 3，所以 4 大于 2。

3.2 令谓词 Odd(x)表示"x 是奇数"，Even(x)表示"x 是偶数"，Prime(x)表示"x 是素数"，Equal(x, y)表示"$x=y$"，Greater(x, y)表示"$x>y$"。将以下各式译为汉语，并判断其真值。

（a）Prime(6)。

（b）$(\forall x)\sim\text{Odd}(x)$。

（c）$(\exists x)\text{Greater}(5, x)$。

（d）$(\forall x)(\exists y)(\text{Greater}(y, x)\wedge\text{Prime}(y))$。

（e）$(\exists x)(\exists y)(\text{Equal}(x, y+2)\wedge\text{Prime}(x)\wedge\text{Prime}(y))$。

（f）$(\forall x)(\forall y)(\forall z)((\text{Equal}(z, x+y)\wedge\text{Odd}(x)\wedge\text{Odd}(y))\Rightarrow\text{Even}(z))$。

3.3　令谓词 Odd(x)表示"x 是奇数"，Even(x)表示"x 是偶数"，Prime(x)表示"x 是素数"，Equal(x, y)表示"$x=y$"，Greater(x, y)表示"$x>y$"。利用谓词公式翻译下列命题。

（a）有不是奇数的素数。

（b）存在奇数 x、y 和偶数 z 使得 x 与 y 的和大于 x 与 z 的和。

（c）对于任意的整数 x、y，存在整数 z 使得 $x+z=y$。

（d）存在大于 10 000 的偶数。

（e）没有最大的素数。

（f）存在介于 2 和 6 之间的整数。

（g）只存在唯一的奇数 1。

3.4　将下列命题用谓词表示出来，使用全总个体域。

（a）人都生活在地球上。

（b）有的人长着金色头发。

（c）并不是所有的实数都能表示成分数。

（d）没有能表示成分数的无理数。

（e）任意的偶数 x 与 y 都有大于 1 的公因子。

（f）存在奇数 x 与 y，它们没有大于 1 的公因子。

（g）说所有乌龟比所有兔子跑得都快是不对的。

（h）说有的乌龟比所有兔子跑得都快是正确的。

（i）一切反动派都是纸老虎。

（j）没有不透风的墙。

（k）有位老师又可爱又聪明。

（l）人固有一死，或轻于鸿毛，或重于泰山。

（m）尽管有些人是勤奋的，但并非所有人都勤奋。

（n）不存在又不好好学习又能拿到好成绩的学生。

（o）直线 a 和 b 平行当且仅当 a 与 b 不相交。

（p）所有老师和有些学生总是准时到达教室。

（q）只有一个北京。

（r）世界上没有两个完全一样的鸡蛋。

（s）不是所有人都一样高。

（t）任何金属都可以溶解在某种液体中。

（u）有一种液体可以溶化任何金属。

（v）凡世间事，预则立，不预则废。

（w）凡是敌人赞同的我们就要反对，凡是敌人反对的我们就要赞同。

（x）凡对顶角都相等，但是相等的两个角未必都是对顶角。

（y）不是所有的男生都比任何一名女生成绩好，但是至少有一名男生成绩超过所有女生。

（z）过平面上两相异点，有且仅有一条直线。

3.5 假设论域是实数集，$\{f_n(x)\}$ 是一个函数序列，$f(x)$ 为一个函数，将函数序列 $\{f_n(x)\}$ 在区间 (a,b) 内收敛于 $f(x)$ 的定义"对任意 $\varepsilon>0, x \in (a,b)$ 都存在正整数 N，使得对任意 $n>N$ 有 $|f(x)-f_n(x)|<\varepsilon$"翻译为谓词公式。

3.6 假设论域是实数集，$\{f_n(x)\}$ 是一个函数序列，$f(x)$ 为一个函数，将函数序列 $\{f_n(x)\}$ 在区间 (a,b) 内一致收敛于 $f(x)$ 的定义"对任意 $\varepsilon>0$，都存在正整数 N，使得 $n>N$ 时对所有 $x \in (a,b)$ 有 $|f(x)-f_n(x)|<\varepsilon$"翻译为谓词公式。

3.7 给定解释 I 为：给定论域 $D=\mathbb{Z}$，$f(x,y)=x+y$，谓词 $F(x,y)$ 表示 $x=y$，$a=2$。求下列各公式在解释 I 下的真值。

（a）$(\exists x)F(f(x,x),a)$。

（b）$(\forall x)F(f(x,a),x)$。

（c）$(\forall x)(\forall y)(F(f(x,a),y) \Rightarrow F(f(y,a),x))$。

（d）$(\forall x)(\forall y)(\exists z)F(f(x,y),z)$。

（e）$(\exists x)(\forall y)(\forall z)F(f(y,z),x)$。

3.8 试给出解释 I 使得在解释 I 下 $(\forall x)(P(x) \Rightarrow Q(x))$ 和 $(\forall x)(P(x) \wedge Q(x))$ 具有不同的真值。

3.9 试给出解释 I 使得在解释 I 下 $(\exists x)(Q(x) \wedge P(x))$ 和 $(\exists x)(Q(x) \Rightarrow P(x))$ 具有不同的真值。

3.10 指出下述公式的指导变项、辖域、自由变项和约束变项。

（a）$(\forall x)(P(x) \wedge Q(x)) \wedge (\exists x)R(x)$。

（b）$(\exists x)(\forall y)(P(x) \Rightarrow R(x,y))$。

（c）$(\exists x)(P(x) \wedge (\forall y)(D(y) \Rightarrow L(x,y)))$。

（d）$(\forall x)(F(x) \Rightarrow G(y)) \Rightarrow (\exists y)(H(x) \wedge L(x,y,z))$。

（e）$(\forall x)P(x,y,z) \vee ((\exists u)Q(x,u) \Rightarrow (\exists w)Q(y,w))$。

3.11 证明以下两个公式都不是逻辑有效式。

（a）$(\forall x)(P(x) \vee Q(x)) \Rightarrow (\forall x)P(x) \vee (\forall x)Q(x)$。

（b）$(\exists x)P(x) \wedge (\exists x)Q(x) \Rightarrow (\exists x)(P(x) \wedge Q(x))$。

3.12 判断下列公式的类型，是普遍有效的给出证明，不是普遍有效的举出反例。

（a）$(\forall x)P(x) \Rightarrow ((\forall x)P(x) \vee (\exists y)G(y))$。

（b）$((\exists x)P(x) \Rightarrow (\exists x)Q(x)) \Rightarrow (\exists x)(P(x) \Rightarrow Q(x))$。

（c）$(\forall x)P(x) \Rightarrow ((\forall x)(\exists y)H(x,y) \Rightarrow (\forall x)P(x))$。

（d）$\sim((\forall x)A(x) \Rightarrow (\exists x)B(x)) \wedge (\exists x)B(x)$。

（e）$(\exists x)(\forall y)P(x,y) \Rightarrow (\forall x)(\exists y)P(x,y)$。

3.13 将公式 $(\forall x)(P(x) \Rightarrow Q(x,y)) \wedge R(x,y)$ 中的约束变项改名，判断以下结果哪个是正确的：$(\forall y)(P(y) \Rightarrow Q(y,y)) \wedge R(x,y)$，$(\forall z)(P(z) \Rightarrow Q(x,y)) \wedge R(x,y)$，$(\forall z)(P(z) \Rightarrow Q(z,y)) \wedge R(x,y)$

3.14 设个体域为 $\{a,b,c\}$，试消去下列命题中的量词。

（a）$(\forall x)P(x) \Rightarrow (\exists x)Q(x)$。

（b）$(\exists x)(P(x) \vee (\forall y)Q(y))$。

（c）$(\forall y)(\exists x)H(x, y)$。

3.15 将下列公式化为与之等值的公式，使其没有既是约束出现又是自由出现的个体变项符号。

（a）$(\forall x)P(x, y) \vee (\exists y)Q(x, y, z)$。

（b）$(\forall x)(P(x, y) \vee (\exists y)Q(x, y, z))$。

（c）$(\exists x)(\forall y)(P(x) \Rightarrow R(x, y)) \Leftrightarrow L(x, y)$。

（d）$((\exists x)P(x, y) \Rightarrow (\forall y)Q(x, y)) \Rightarrow (\forall x)(\exists y)R(x, y)$。

3.16 设 $A(x)$ 是含 x 自由出现的公式，谓词公式 B 中不含 x 的出现，证明：

（a）$(\forall x)(A(x) \Rightarrow B) \equiv (\exists x)A(x) \Rightarrow B$。

（b）$(\exists x)(A(x) \Rightarrow B) \equiv (\forall x)A(x) \Rightarrow B$。

（c）$(\forall x)(B \Rightarrow A(x)) \equiv B \Rightarrow (\forall x)A(x)$。

（d）$(\exists x)(B \Rightarrow A(x)) \equiv B \Rightarrow (\exists x)A(x)$。

3.17 证明下列各等值式。

（a）$(\exists x)(\exists y)(A(x) \wedge B(y)) \equiv (\exists x)A(x) \wedge (\exists x)B(x)$。

（b）$\sim(\exists x)(M(x) \wedge F(x)) \equiv (\forall x)(M(x) \Rightarrow \sim F(x))$。

（c）$(\forall x)(\forall y)(P(x) \Rightarrow Q(y)) \equiv (\exists x)P(x) \Rightarrow (\forall y)Q(y)$。

（d）$(\exists x)(\exists y)(P(x) \Rightarrow Q(y)) \equiv (\forall x)P(x) \Rightarrow (\exists y)Q(y)$。

（e）$\sim(\forall x)(\exists y)((P(x,y) \vee Q(x,y)) \wedge (R(x,y) \vee S(x,y)))$
　　　$\equiv (\exists x)(\forall y)((P(x,y) \vee Q(x,y)) \Rightarrow (\sim R(x,y) \wedge \sim S(x,y)))$。

（f）$\sim(\forall x)((\exists y)L(x,y) \Rightarrow (\forall y)H(x,y)) \equiv (\exists x)(\exists y)(\exists z)(L(x,y) \wedge \sim H(x,z))$。

（g）$(\exists z)(\exists x)((P(x,z) \Rightarrow Q(x,z)) \vee (R(x,z) \Rightarrow S(x,z)))$
　　　$\equiv ((\forall z)(\forall x)P(x,z) \Rightarrow (\exists z)(\exists x)Q(x,z)) \vee ((\forall z)(\forall y)R(y,z) \Rightarrow (\exists z)(\exists y)S(y,z))$。

（h）$((\forall x)P(x) \wedge (\forall x)Q(x) \wedge (\exists x)R(x)) \vee ((\forall x)P(x) \wedge (\forall x)Q(x) \wedge (\exists x)S(x))$
　　　$\equiv (\forall x)(P(x) \wedge Q(x)) \wedge (\exists x)(R(x) \vee S(x))$。

（i）$(\forall x)(P(x) \vee q) \Rightarrow (\exists x)(P(x) \wedge q) \equiv (q \Rightarrow (\exists x)P(x)) \wedge (\sim q \Rightarrow (\exists x)\sim P(x))$。

3.18 以下哪个公式与 $(\forall x)(A(x) \downarrow B(x))$ 等值？

$(\forall x)A(x) \downarrow (\forall x)B(x)$，$(\forall x)A(x) \uparrow (\forall x)B(x)$，$(\exists x)A(x) \downarrow (\exists x)B(x)$，$(\exists x)A(x) \uparrow (\exists x)B(x)$。

3.19 将下列公式化为等价的前束范式。

（a）$(\forall x)F(x) \Rightarrow (\exists x)G(x)$。

（b）$(\exists x)F(x) \Rightarrow (\forall x)G(x)$。

（c）$(\forall x)(P(x) \Rightarrow (\exists y)Q(x, y))$。

（d）$((\forall x)F(x,y) \Rightarrow (\exists y)G(y)) \Rightarrow (\forall x)H(x,y)$。

（e）$\sim((\forall x)(\exists y)P(a, x, y) \wedge (\forall x)Q(x, b)) \Rightarrow R(x)$。

（f）$(\exists x)P(x, y) \Leftrightarrow (\forall z)Q(z)$。

（g）$(\forall x)(\forall y)(\forall z)(P(x, y, z) \wedge ((\exists u)Q(x, u) \Rightarrow (\exists w)Q(y, w)))$。

（h）$(\forall x)(P(x) \Rightarrow (\forall y)((P(y) \Rightarrow (Q(x) \Rightarrow Q(y))) \vee (\forall z)P(z)))$。

3.20 假定论域是整数集，谓词 $P(x)$ 表示"x 是 4 的倍数"，$Q(x)$ 表示"x 是 2 的倍数"，$G(x, y)$ 表示"$x>y$"。判断下述推理是否正确，如果不正确，请指出错误的原因。

（a）（1）$(\exists x)G(x, 5)$　　　　　　　　　　　　（前提引入）

　　　（2）$G(3, 5)$　　　　　　　　　　　　　　　（存在量词消去）

（b）（1）$(\exists x)G(x, a)$　　　　　　　　　　　　（前提引入）

　　　（2）$G(a, a)$　　　　　　　　　　　　　　　（存在量词消去）

（c）（1）$(\exists x)G(x, a)$　　　　　　　　　　　　（前提引入）

　　　（2）$(\exists x)(\exists x)G(x, x)$　　　　　　　　（存在量词引入）

（d）（1）$(\forall x)(P(x)\Rightarrow Q(x))$　　　　　　　（前提引入）

　　　（2）$P(4)\Rightarrow Q(3)$　　　　　　　　　　（全称量词消去）

（e）（1）$(\forall x)P(x)\Rightarrow Q(x)$　　　　　　　（前提引入）

　　　（2）$P(y)\Rightarrow Q(y)$　　　　　　　　　　（全称量词消去）

（f）（1）$P(x)\Rightarrow Q(a)$　　　　　　　　　　　（前提引入）

　　　（2）$(\exists x)(P(x)\Rightarrow Q(x))$　　　　　　（存在量词引入）

（g）（1）$(\forall x)(\exists y)G(x, y)$　　　　　　　　（前提引入）

　　　（2）$(\exists y)G(z, y)$　　　　　　　　　　　（全称量词消去）

　　　（3）$G(z, b)$　　　　　　　　　　　　　　　（存在量词消去）

　　　（4）$(\forall z)G(z, b)$　　　　　　　　　　　（全称量词引入）

　　　（5）$G(b, b)$　　　　　　　　　　　　　　　（全称量词消去）

　　　（6）$(\forall x)G(x, x)$　　　　　　　　　　　（全称量词引入）

3.21 利用推理规则作推理演算，构造以下推理形式的证明。

（a）前提：$(\forall x)(\sim P(x)\Rightarrow Q(x))$, $(\forall x)\sim Q(x)$

　　　结论：$P(a)$

（b）前提：$(\forall x)(P(x)\Rightarrow Q)$

　　　结论：$(\forall x)P(x)\Rightarrow Q$

（c）前提：$(\forall x)(P(x)\vee Q(x))$, $(\forall x)(Q(x)\Rightarrow\sim R(x))$

　　　结论：$(\exists x)(R(x)\Rightarrow P(x))$

（d）前提：$(\forall x)(P(x)\Rightarrow(Q(x)\wedge R(x)))$, $(\exists x)(P(x)\wedge S(x))$

　　　结论：$(\exists x)(R(x)\wedge S(x))$

（e）前提：$(\forall x)(\exists y)P(x, y)$

　　　结论：$(\forall x)(\exists y)(\exists z)(P(x, y)\wedge P(y, z))$

（f）前提：$(\forall x)P(x)\vee(\forall x)Q(x)$

　　　结论：$(\forall x)(P(x)\vee Q(x))$

（g）前提：$(\forall x)(G(x)\Rightarrow H(x))$, $\sim(\exists x)(F(x)\wedge H(x))$

　　　结论：$(\exists x)F(x)\Rightarrow(\exists x)\sim G(x)$

（h）前提：$(\forall x)(H(x)\Rightarrow M(x))$

　　　结论：$(\forall x)(\forall y)(H(y)\wedge N(x, y))\Rightarrow(\exists y)(M(y)\wedge N(a, y))$

（i）前提：$(\forall x)(P(x)\vee Q(x))$

结论：$(\forall x)P(x)\vee(\exists x)Q(x)$

3.22　在谓词逻辑中构造以下推理的证明。

（a）大熊猫都产在中国，欢欢是大熊猫，所以，欢欢产在中国。

（b）所有的狮子都是凶猛动物，有些狮子不喝咖啡，所以有些凶猛动物不喝咖啡。

（c）所有叫得好听的鸟都是色彩鲜艳的，没有大鸟以蜂蜜为主食，不以蜂蜜为主食的鸟色彩是暗淡的，所以叫得好听的鸟是小鸟。

（d）每个不努力的学生都考不上研究生，小王考上了研究生，因此小王如果是学生就一定是努力的学生。

（e）学院的学生不是本科生就是研究生，有的学生是高才生，乐乐不是研究生但是高才生，从而如果乐乐是学院的学生必定是本科生。

（f）除了汤勺以外我没有一样东西是不锈钢做的，你送给我的礼物都是有用的，我的汤勺没用，所以你送给我的礼物不是不锈钢做的。

（g）每个喜欢吃素的人都不喜欢吃肉，每个人或者喜欢吃肉或者喜欢吃青菜，有的人不喜欢吃青菜，所以有的人不喜欢吃素。

（h）每个程序员都编写过程序，木马是一种程序，有的程序员没有编写过木马，因此有些程序不是木马。

（i）书柜里面的每本书都是名作，写出名作的人是天才，某个不出名的人写的书在书柜里，因此某个不出名的人是天才。

（j）不存在不能表示成分数的有理数，无理数都不能表示成分数。所以，无理数都不是有理数。

（k）有理数和无理数都是实数，虚数不是实数。因此，虚数既不是有理数也不是无理数。

第4章
二 元 关 系

"关系"是一个基本而且普遍的概念，例如实数之间存在相等关系和小于关系，集合的子集之间存在相等关系和包含关系，在学生和课程之间存在选课关系，比赛双方间存在胜负关系，人与人之间存在朋友关系，等等。

关系理论的产生可追溯到 1914 年，最早出现在豪斯多夫（Hausdorff，1868—1942）的名著 *Grundzüge der Mengenlehre*（英语译文为 *Basics of Set Theory*，1914）的序型理论中。

本章主要介绍关系的定义、关系的表示方法、关系的运算、关系的性质、关系的闭包、等价关系和集合的划分、相容关系与集合的覆盖以及关系在计算机中的表示方法。

4.1 关系及其表示

4.1.1 有序对与笛卡儿积

例如，4 名学生{张，白，宋，方}有 3 门课程{离散数学，数据结构，计算机网络}可供选择，可以使用什么样的数学结构来表示学生选课的情况？集合可能是一个选择，例如{张，离散数学}。

再考虑另一个问题：他们 4 人进行单循环羽毛球赛，希望使用一种数学结构来表示各场比赛的胜负关系。如果使用集合，由于各个元素是无序的，因此{白，方}和{方，白}事实上是同一个集合，表示的是参与比赛的双方，而无法体现出胜负关系。

所以，需要在数学结构中体现出序（order）。

定义 4.1 由两个对象 a、b 按照一定次序组成的二元组称为一个**有序对**或**序偶**（**ordered pair**），记作(a, b)，其中 a 是它的**第一元素**或**第一坐标**，b 是它的**第二元素**或**第二坐标**。

【例 4.1】 在平面直角坐标系上，每一个点的坐标（例如$(3, -4)$）就是一个有序对。

注：（a）与集合不同，有序对的元素要考虑先后次序，即通常$(a, b) \neq (b, a)$。

（b）有序对(a, b)和(c, d)相等当且仅当 $a = c$ 且 $b = d$。

（c）有序对(a, b)中的两元素可以来自同一集合，也可以来自不同的集合，若干个有序对也可以组成集合。

【例 4.2】 已知$(2, x+5) = (3y-4, y)$，求 x、y。

解. 解方程 $3y-4=2$, $x+5=y$ 得到 $y=2$, $x=-3$。

定义 4.2 设 A、B 为两个集合，定义它们的**笛卡儿积**（**Cartesian product**）$A{\times}B$ 为

$$A{\times}B = \{\, (a, b) \mid a{\in}A \text{ 且 } b{\in}B \,\}$$

它也称作**直积**（**direct product**）。

简言之，集合 A 和 B 的笛卡儿积即为 A 的所有元素和 B 的所有元素两两组成的所有有序对的集合。

笛卡儿积具有如下性质：

（a）若 A 或 B 中有一个为空集，则 $A{\times}B$ 就是空集，即 $A{\times}\varnothing=\varnothing{\times}B=\varnothing$。

（b）笛卡儿积不满足交换律，即一般来讲 $A{\times}B{\neq}B{\times}A$。

【例 4.3】 平面直角坐标系就是笛卡儿积 $\mathbb{R}{\times}\mathbb{R}$，这也是这个定义命名的来历。

【例 4.4】 已知集合 $A=\{0, 1\}$，$B=\{a, b, c\}$，$C = \varnothing$，计算 $A{\times}B$，$B{\times}A$，$A{\times}C$，$A{\times}\mathscr{P}(A)$。

解. $A{\times}B = \{(0,a), (0,b), (0,c), (1,a), (1,b), (1,c)\}$

$B{\times}A = \{(a,0), (b,0), (c,0), (a,1), (b,1), (c,1)\}$

$A{\times}C = \varnothing$

$A{\times}\mathscr{P}(A) = \{(0, \varnothing), (0, \{0\}), (0, \{1\}), (0, \{0,1\}), (1, \varnothing), (1, \{0\}), (1, \{1\}), (1, \{0,1\})\}$

【例 4.5】 $\{$张，白，宋，方$\}{\times}\{$离散数学，数据结构，计算机网络$\}=\{($张，离散数学$)$，$($张，数据结构$)$，$($张，计算机网络$)$，$($白，离散数学$)$，$($白，数据结构$)$，$($白，计算机网络$)$，$($宋，离散数学$)$，$($宋，数据结构$)$，$($宋，计算机网络$)$，$($方，离散数学$)$，$($方，数据结构$)$，$($方，计算机网络$)\}$，表示所有可能的选课情况。

定理 4.1 若 A、B 都是有限集，则 $A{\times}B$ 也是有限集，且 $|A{\times}B|=|A|{\times}|B|$。

证明. 假设 $|A|=m$，$|B|=n$，根据笛卡儿积的定义，考虑 $A{\times}B$ 中的每一个元素 (a, b) 的产生方式：第一元素有 m 种选择，而第二元素有 n 种选择，由乘法原理得到有序对共 $m{\times}n$ 个。 □

定理 4.2 笛卡儿积对于并或交运算满足分配律，即若 A、B、C 都是集合，则

（a）$A{\times}(B{\cap}C) = (A{\times}B){\cap}(A{\times}C)$。

（b）$A{\times}(B{\cup}C) = (A{\times}B){\cup}(A{\times}C)$。

（c）$(B{\cap}C){\times}A = (B{\times}A){\cap}(C{\times}A)$。

（d）$(B{\cup}C){\times}A = (B{\times}A){\cup}(C{\times}A)$。

证明.

（a）假设 $(x, y){\in}A{\times}(B{\cap}C)$，则 $x{\in}A$，$y{\in}B{\cap}C$，由交集的定义有 $y{\in}B$ 且 $y{\in}C$。于是 $(x, y){\in}(A{\times}B)$ 且 $(x, y){\in}(A{\times}C)$，即 $(x, y){\in}(A{\times}B){\cap}(A{\times}C)$，继而得到 $A{\times}(B{\cap}C){\subseteq}(A{\times}B){\cap}(A{\times}C)$。

反过来，假设 $(x, y){\in}(A{\times}B){\cap}(A{\times}C)$，则 $(x, y){\in}A{\times}B$ 且 $(x, y){\in}A{\times}C$，即 $x{\in}A$，$y{\in}B$ 且 $y{\in}C$，由交集的定义有 $y{\in}B{\cap}C$，于是 $(x, y){\in}A{\times}(B{\cap}C)$，继而有 $(A{\times}B){\cap}(A{\times}C){\subseteq}A{\times}(B{\cap}C)$。

故：$A{\times}(B{\cap}C) = (A{\times}B){\cap}(A{\times}C)$。

（b）~（d）的证明与之类似。 □

对于笛卡儿积的概念可以进一步推广。

定义 4.3 m 个集合 $A_1, A_2, \cdots, A_m$ 的笛卡儿积定义为

$$A_1{\times}A_2{\times}\cdots{\times}A_m=\{(a_1, a_2,\cdots, a_m) \mid a_i{\in}A_i, i=1, 2, \cdots, m\}$$

它的元素 $(a_1, a_2,\cdots, a_m)$ 称为一个**有序 m 元组**，或简称 **m 元组**。

注：当 $A_1, A_2, \cdots, A_m=A$ 时，$A_1\times A_2\times\cdots\times A_m$ 也记作 A^m。

【例 4.6】 $\mathbb{R}\times\mathbb{R}\times\mathbb{R}$ 就是空间直角坐标系，其中每一个点都是一个有序 3 元组。

4.1.2 二元关系的定义

实际的选课情况只是笛卡儿积{张，白，宋，方}×{离散数学，数据结构，计算机网络}的一部分。在羽毛球比赛的例子中，{张，白，宋，方}×{张，白，宋，方}也不表示所有场次的胜负关系。例如不可能出现(张，张)，也不可能同时出现(张，白)和(白，张)。

因此在笛卡儿积的基础上还需要定义关系。

定义 4.4 假设 A、B 是集合，$A\times B$ 的子集 R 称为 A 到 B 的一个二元关系，简称为**关系**（relation）。当 $(a, b)\in R$ 时，称 a 与 b 具有关系 R（a is related to b by R），记为 aRb；若 $(a, b)\notin R$，则称 a 与 b 不具有关系 R。如果 $A=B$ 则称 R 为 A 上的一个二元关系。

【例 4.7】 选课关系 R = {(张，数据结构), (张，离散数学), (白，数据结构), (方，计算机网络)}⊆{张，白，宋，方}×{离散数学，数据结构，计算机网络}。

【例 4.8】 单循环羽毛球赛的胜负关系：{(张，白), (宋，张), (张，方), (白，宋), (方，白), (宋，方)}。

【例 4.9】 设集合 $A=\{0, 1\}$，$B=\{1, 2, 3\}$，$R_1=\{(0, 2)\}$，$R_2=A\times B$，$R_3=\varnothing$，$R_4=\{(0, 1)\}$，则 R_1、R_2、R_3、R_4 都是从 A 到 B 的关系，R_3 和 R_4 也是 A 上的关系。

【例 4.10】 假设 A 是任一个集合，则可定义如下关系：

（a）A 上的**空关系**，即空集 $\varnothing$。

（b）A 上的**恒等关系**：$I_A=\{(a, a)|a\in A\}$。

（c）$\mathscr{P}(A)$ 上的**包含关系**：$R_\subseteq=\{(x, y)|x, y\in\mathscr{P}(A)$ 且 $x\subseteq y\}$。

【例 4.11】 假设 A 是非零整数集 $\mathbb{N}^*$ 的任一子集，则可以定义 A 上的整除关系为

$$D_A=\{(x, y)|x, y\in A \text{ 且 } x|y\}$$

假设 B 是实数集 $\mathbb{R}$ 的任一子集，则可以定义 B 上的小于或等于关系为

$$L_B=\{(x, y)|x, y\in B \text{ 且 } x\leqslant y\}$$

（类似地，可定义 A 上的倍数关系以及 B 上的大于或等于关系、小于关系、大于关系等。）

例如，$A=\{1, 2, 3\}$，则 $D_A=\{(1, 1), (1, 2), (1, 3), (2, 2), (3, 3)\}$，$L_A=\{(1, 1), (1, 2), (1, 3), (2, 2), (2, 3), (3, 3)\}$。

【例 4.12】 设 $A\subseteq\mathbb{Z}$，n 为一个正整数，则可定义 A 上的"模 n 同余"关系 R 如下：

$$R=\{(x, y)\mid x, y\in A \text{ 且 } x\equiv y \,(\mathrm{mod}\,n)\}$$

【例 4.13】

（a）$R=\{(x, y)|x, y\in\mathbb{R}, x+4y=2\}$ 代表了平面直角坐标系中的一条直线。

（b）$C=\{(x, y)|x, y\in\mathbb{R}, x^2+y^2=1\}$ 是平面直角坐标系中点的横、纵坐标之间的关系，C 中所有点恰好构成坐标平面上的单位圆。

（c）$R=\{(x, y)|x, y\in\mathbb{R}, y>2x, x>0, x+y<4\}$ 代表了平面直角坐标系中的一个三角形（不含边界）。

（d）$\mathbb{N}$ 上的关系 $R=\{(x, y)|x, y\in\mathbb{N}, x>0, y>0, x+y<4\}=\{(1, 1), (1, 2), (2, 1)\}$ 表示平面直

角坐标系中的一个三角形内部的整点。

定义 4.5 假设 A、B 是集合，$R \subseteq A \times B$ 是 A 到 B 的一个二元关系。

（a）R 的**定义域**（**domain**）为集合 $\text{Dom}(R)=\{a|a \in A$，存在 $b \in B$ 使得 $(a,b) \in R\}$，即 R 中所有有序对的第一元素构成的集合。

（b）R 的**值域**（**range**）为集合 $\text{Ran}(R)=\{b|b \in B$，存在 $a \in A$ 使得 $(a,b) \in R\}$，即 R 中所有有序对的第二元素构成的集合。

（c）对于 A 中任一元素 x，可定义 x 的**像集**（**image**）为 $R(x)=\{y \in B|xRy\}$。

（d）对于 A 的任一子集 A_1，可定义 A_1 的**像集**为 $R(A_1)=\{y \in B|xRy$ 对某 $x \in A_1$ 成立$\}$，即 $R(A_1)=\bigcup\limits_{x \in A_1} R(x)$；且定义 $R(\varnothing)=\varnothing$。

【例 4.14】 假设 $R=\{(1,1),(1,2),(1,4),(2,1),(3,2),(3,4)\}$ 是定义在集合 $A=\{1,2,3,4\}$ 上的关系，则：$\text{Dom}(R)=\{1,2,3\}$，$\text{Ran}(R)=\{1,2,4\}$，$R(2)=\{1\}$，$R(3)=\{2,4\}$，$R(\{2,3\})=\{1,2,4\}$。

定理 4.3 假设 A、B 是集合，R、S 是 A 到 B 的二元关系，若对于所有 $a \in A$ 都有 $R(a)=S(a)$ 成立，则 $R=S$。

证明. 对于任意 $(a,b) \in R$ 有 $b \in R(a)=S(a)$，因此 $(a,b) \in S$。于是 $R \subseteq S$。类似地可证明 $S \subseteq R$，从而 $R=S$。 □

定义 4.6 假设 A、B 是集合，$R \subseteq A \times B$ 是 A 到 B 的一个二元关系，$C \subseteq A$，则定义**关系 R 在集合 C 上的限制**（**restriction of R to C**）为集合 $\{(a,b)|(a,b) \in R$ 且 $a \in C\}$，记之为 $R|_C$。

可以将"关系"概念扩展为多元。

定义 4.7 假设 $A_1,A_2,\cdots,A_m$ 是集合，$A_1 \times A_2 \times \cdots \times A_m$ 的子集 R 称为 $A_1,A_2,\cdots,A_m$ 的**一个 m 元关系**。

【例 4.15】 一条学生信息记录事实上就是一个多元关系，如{李白（姓名），12100188（学号），中国文学（专业），3 班（班级）}；而选课信息也是一个多元关系，如{李白（姓名），12100188（学号），男生体育——击剑（课程名称），李靖（授课教师）}；课程信息、教师信息也是多元关系。

此时关系也可以表示为二维表的形式，如表 4.1 至表 4.4 所示。

表 4.1 学生信息

姓　　名	学　　号	专　　业	班　　级
祖冲之	12101001	数学	1 班
苏东坡	12103102	中国文学	3 班
施耐庵	12103033	中国文学	3 班
马钧	12102022	自动化技术	2 班
公输班	12102024	机械制造	2 班
李白	12103188	中国文学	3 班
秦九韶	12101002	数学	1 班
墨翟	12102026	机械制造	2 班

表4.2 教师信息

教 师 姓 名	教 师 工 号	开 设 课 程
李靖	7809	男生体育——击剑
李靖	7809	军事理论
张良	8266	军事理论
司马迁	7021	中国古代史
⋮	⋮	⋮

表4.3 课程信息

课 程 名	授 课 教 师	上 课 时 间	上 课 地 点
男生体育——击剑	李靖	周一第二大节	体育场
军事理论	张良	周三第四大节	301
军事理论	李靖	周三第四大节	302
中国古代史	司马迁	周二第四大节	208
中国古代史	司马迁	周四第四大节	208
⋮	⋮	⋮	⋮

表4.4 选课信息

学 生 姓 名	学 生 学 号	课 程 名 称	授 课 教 师
李白	12103188	男生体育——击剑	李靖
李白	12103188	军事理论	张良
苏东坡	12103102	中国古代史	司马迁
施耐庵	12103033	中国古代史	司马迁
⋮	⋮	⋮	⋮

而这就是关系数据库模型的理论基础。

1970 年 IBM 公司的研究员科德（E.F.Codd）发表了题为 *A Relation Model of Data for Large Shared Data Banks* 的论文，首次提出了数据库系统的关系模型，并因此获得 1981 年的图灵奖。1977 年 IBM 公司研制的关系数据库的代表系统 System R 开始运行，其后又进行了不断的改进和扩充，出现了基于 System R 的数据库系统 SQL/DB。当前流行的数据库管理系统产品大都是关系型数据库，数据库领域的研究工作也大都以关系方法为基础。

关系数据库的操作语言称为关系代数语言，对关系进行代数运算。关系代数语言的代表是 ISBL（Information System Base Language）语言。

关系代数的运算对象是关系，除传统的并、差、交和笛卡儿积等运算外，还包括选择、投影、连接和除法等专门的关系运算，例如在例 4.15 中通过表 4.1～表 4.4 来得到李白需要在什么时间、要到何处去上课。

4.1.3 二元关系的表示

采用集合的方式表示一个关系主要存在两点不足：不利于计算机进行处理；不够直观。因此关系还有其他 3 种主要的表现形式。

1. 关系矩阵

设 $A=\{a_1, a_2, \cdots, a_m\}$，$B=\{b_1, b_2, \cdots, b_n\}$，$R$ 是从 A 到 B 的关系，则可定义 R 的关系矩阵为一个 $m \times n$ 的布尔矩阵 $M_R = [r_{ij}]_{m \times n}$，其中

$$r_{ij} = \begin{cases} 1 & \text{if } (a_i, b_j) \in R \\ 0 & \text{if } (a_i, b_j) \notin R \end{cases}$$

注：

（a）关系矩阵表示法只适合 A、B 为有限集的情况。

（b）关系矩阵适合表示从 A 到 B 的关系或者 A 上的关系。

（c）用矩阵表示关系，便于用代数方法研究关系的性质，进行关系的运算，也便于用计算机进行处理。

【例4.16】 假设 $R=\{(1, 1), (1, 2), (1, 4), (2, 1), (3, 2), (3, 4)\}$ 是定义在集合 $A=\{1, 2, 3, 4\}$ 上的关系，则 R 的关系矩阵为

$$M_R = \begin{pmatrix} 1 & 1 & 0 & 1 \\ 1 & 0 & 0 & 0 \\ 0 & 1 & 0 & 1 \\ 0 & 0 & 0 & 0 \end{pmatrix}$$

【例 4.17】 {张，白，宋，方}到{离散数学, 数据结构, 计算机网络}的选课关系 $R=\{(张, 离散数学), (张, 数据结构), (白, 数据结构), (方, 计算机网络)\}$ 的关系矩阵为

$$M_R = \begin{pmatrix} 1 & 1 & 0 \\ 0 & 1 & 0 \\ 0 & 0 & 0 \\ 0 & 0 & 1 \end{pmatrix}$$

【例 4.18】 空关系的关系矩阵元素全部为 0，恒等关系的关系矩阵是单位矩阵。

2. 关系图（directed graph，或 digraph）

若 $A=\{a_1, a_2, \cdots, a_m\}$，$R$ 是 A 上的关系，则 R 的关系图的画法如下：

（1）对 A 中每个元素，画一个圆形，并在圆形中标明该元素，称为关系图的**顶点**（vertice）。

（2）如果 $(a_i, a_j) \in R$，则从顶点 a_i 向顶点 a_j 画一个箭头，称为**有向边**或简称**边**（edge），若 $a_i = a_j$ 则称这条边为**自环**（cycle）。

注：关系图表示法只适合表示有限集合 A 上的关系。

【例 4.19】 假设 $R=\{(1, 1), (1, 2), (1, 4), (2, 1), (3, 2), (3, 4)\}$ 是定义在集合 $A=\{1, 2, 3, 4\}$ 上的关系，则 R 的关系图如图 4.1 所示。

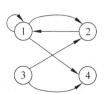

图 4.1 例 4.19 用图

3. 示意图(和关系图不同)

若 $A=\{a_1, a_2, \cdots, a_m\}$，$B=\{b_1, b_2, \cdots, b_n\}$，$R$ 是从 A 到 B 的关系，则 R 示意图的画法如下：

（1）左右两个椭圆分别列出集合 A、B 的所有元素。

（2）如果 (a_i, b_j) 属于关系 R，则从左边的元素 a_i 向右边的元素 b_j 画一个箭头。

【例 4.20】 选课关系 $R=\{($张, 数据结构$), ($张, 离散数学$),$ (白, 数据结构$), ($方, 计算机网络$)\}$ 的示意图如图 4.2 所示。

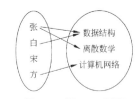

图 4.2 例 4.20 用图

注： 示意图表示法只适合 A、B 为有限集的情况。

假设 $A=\{a_1, a_2, \cdots, a_m\}$，$B=\{b_1, b_2, \cdots, b_n\}$，$R$ 是从 A 到 B 的关系，则 R 的定义域和值域也可以从关系矩阵和关系图中看出：

（a）若 M_R 的第 i 行中含有 1，则 $a_i \in \text{Dom}(R)$；若 M_R 的第 j 列中含有 1，则 $b_j \in \text{Ran}(R)$。

（b）若 R 的关系图中的顶点 a_i 至少发出一条有向边，则 $a_i \in \text{Dom}(R)$；若至少有一条有向边指向顶点 b_j，则 $b_j \in \text{Ran}(R)$。

例如，从例 4.16 和例 4.19 中可以看出 $\text{Dom}(R)=\{1, 2, 3\}$，$\text{Ran}(R)=\{1, 2, 4\}$。

4.2 关系的运算

关系的运算可以由已有关系产生新的关系,关系运算是关系理论的主要手段和工具。

4.2.1 关系的基本运算

首先关系是一种集合，因而集合的交、并、补、差运算对关系也适用。

定义 4.8 假设 A、B 是两个集合，$a \in A$，$b \in B$，R、S 为 A 到 B 的两个关系。

（a）R 与 S 的**交**（**intersection**）关系 $R \cap S$ 定义为：$(a, b) \in R \cap S$ 当且仅当 $(a, b) \in R$ 且 $(a, b) \in S$。

（b）R 与 S 的**并**（**union**）关系 $R \cup S$ 定义为：$(a, b) \in R \cup S$ 当且仅当 $(a, b) \in R$ 或 $(a, b) \in S$。

（c）R 的**补**（**complement**）关系 $\overline{R}$ 定义为：$(a, b) \in \overline{R}$ 当且仅当 $(a, b) \notin R$。

（d）R 与 S 的**差**（**difference**）关系 $R-S$ 定义为：$(a, b) \in R-S$ 当且仅当 $(a, b) \in R$ 且 $(a, b) \notin S$。

另一方面，关系是一种特殊的集合，因而它又有不同于通常集合的运算：关系的逆和关系的复合。

定义 4.9 假设 A、B 是两个集合，R 为 A 到 B 的关系，则 R 的**逆**（**inverse**）关系 R^{-1} 定义为

$$R^{-1}=\{(b, a)|b \in B, a \in A, (a, b) \in R\} \subseteq B \times A$$

简言之，R 的逆关系是由将 R 中每个有序对的元素顺序交换构成的。

定理 4.4 假设 A、B 是集合，R、S 为 A 到 B 的关系，则

（a）$\mathrm{Dom}(R^{-1})=\mathrm{Ran}(R)$，$\mathrm{Dom}(R)=\mathrm{Ran}(R^{-1})$。

（b）$(R^{-1})^{-1}=R$。

（c）$(\overline{R})^{-1}=\overline{R^{-1}}$。

（d）若 $R\subseteq S$，则 $R^{-1}\subseteq S^{-1}$。

（e）若 $R\subseteq S$，则 $\overline{S}\subseteq\overline{R}$。

（f）$(R\cap S)^{-1}=R^{-1}\cap S^{-1}$ 且 $(R\cup S)^{-1}=R^{-1}\cup S^{-1}$。

证明. 只证明（a）和（b），其余类似可证。

（a）若 $x\in\mathrm{Dom}(R^{-1})$，则存在 $y\in A$，使得 $(x,y)\in R^{-1}$，即 $(y,x)\in R$，于是 $x\in\mathrm{Ran}(R)$，从而 $\mathrm{Dom}(R^{-1})\subseteq\mathrm{Ran}(R)$。类似可证明 $\mathrm{Ran}(R)\subseteq\mathrm{Dom}(R^{-1})$。故有 $\mathrm{Dom}(R^{-1})=\mathrm{Ran}(R)$。

类似地可证明 $\mathrm{Dom}(R)=\mathrm{Ran}(R^{-1})$。

（b）若 $(x,y)\in(R^{-1})^{-1}$，由逆的定义有 $(y,x)\in R^{-1}$，即 $(x,y)\in R$。

类似可证明，若 $(x,y)\in R$，即 $(x,y)\in(R^{-1})^{-1}$。故 $(R^{-1})^{-1}=R$。 □

定义 4.10 假设 A、B、C 是集合，R 为 A 到 B 的关系，S 为 B 到 C 的关系，则 $S{\circ}R$ 表示 A 到 C 的一个关系：

$$S{\circ}R=\{(a,c)\mid a\in A, c\in C, \text{存在} b\in B \text{使得}(a,b)\in R \text{且}(b,c)\in S\}$$

称为 R 和 S 的**复合**（composition）**关系**或**合成关系**。

【例 4.21】 实数集 $\mathbb{R}$ 上小于等于关系的逆是大于等于关系；正整数集上整除关系的逆是倍数关系。

【例 4.22】 假设集合 $A=\{1,2,3,4\}$，$R=\{(1,1),(1,2),(1,4),(2,1),(3,2),(3,4)\}$ 和 $S=\{(1,2),(1,3),(2,1),(2,2),(2,4),(4,4)\}$ 是定义在 A 上的关系，则

$\overline{R}=\{(1,3),(2,2),(2,3),(2,4),(3,1),(3,3),(4,1),(4,2),(4,3),(4,4)\}$

$R^{-1}=\{(1,1),(2,1),(4,1),(1,2),(2,3),(4,3)\}$

$R\cap S=\{(1,2),(2,1)\}$

$R\cup S=\{(1,1),(1,2),(1,3),(1,4),(2,1),(2,2),(2,4),(3,2),(3,4),(4,4)\}$

$S{\circ}R=\{(1,1),(1,2),(1,3),(1,4),(2,2),(2,3),(3,1),(3,2),(3,4)\}$

$R{\circ}S=\{(1,1),(1,2),(1,4),(2,1),(2,2),(2,4)\}$

注： 一般来讲关系的复合不满足交换律，即 $S{\circ}R\neq R{\circ}S$。

【例 4.23】 假设 $R=\{(i,j)\mid 2i+j=6\}$ 和 $S=\{(j,k)\mid 3j+k=10\}$ 是实数集 $\mathbb{R}$ 上的关系。若 $(i,k)\in S{\circ}R$，则存在 $j\in\mathbb{R}$ 使得 $2i+j=6$ 且 $3j+k=10$，即 $6i-k=8$，于是 $S{\circ}R=\{(i,k)\mid 6i-k=8\}$。

【例 4.24】 $R=\{(张，数据结构),(张，离散数学),(白，数据结构),(方，计算机网络)\}$，$S=\{(数据结构，逸夫楼),(数据结构，一教),(离散数学，一教),(计算机网络，四教)\}$。

$S{\circ}R=\{(张，逸夫楼),(张，一教),(白，逸夫楼),(白，一教),(方，四教)\}$，表示各人的上课地点。此例表明也可以利用关系的示意图来计算关系的复合，如图 4.3 所示。

定理 4.5 （关系复合运算的保序性）假设 A、B、C 为集合，R_1、R_2 为 A 到 B 的关系，S_1、S_2 为 B 到 C 的关系，$R_1\subseteq R_2$，$S_1\subseteq S_2$，则 $S_1{\circ}R_1\subseteq S_2{\circ}R_2$。

定理 4.6 假设 A、B、C 为集合，R 为 A 到 B 的关系，S 为 B 到 C 的关系，则对于 A 的任意子集 A_1 有 $(S{\circ}R)(A_1)=S(R(A_1))$。

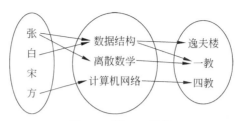

图 4.3 例 4.24 用图

【**例 4.25**】 $R=\{(张，数据结构)，(张，离散数学)，(白，数据结构)，(方，计算机网络)\}$，$S=\{(数据结构，逸夫楼)，(数据结构，一教)，(离散数学，一教)，(计算机网络，四教)\}$。

$(S{\circ}R)(白)=\{逸夫楼，一教\}$ 表示该同学需要去逸夫楼和一教上课；另一方面，$R(白)=\{数据结构\}$，$S(数据结构)=\{逸夫楼，一教\}$。

定理 4.7 设 R 为 A 到 B 的关系，则 $R=R{\circ}I_A=I_B{\circ}R$。

证明. 对任意 $x{\in}A$，有 $I_B{\circ}R(x)=I_B(R(x))=R(x)$ 及 $R{\circ}I_A(x)=R(I_A(x))=R(x)$，由定理 4.3 即得结论。 □

定理 4.8 假设 A、B、C、D 为集合，R 为 A 到 B 的关系，S_1、S_2 为 B 到 C 的关系，T 为 C 到 D 的关系，则

（a）$(S_1{\cup}S_2){\circ}R = (S_1{\circ}R){\cup}(S_2{\circ}R)$。

（b）$(S_1{\cap}S_2){\circ}R \subseteq (S_1{\circ}R){\cap}(S_2{\circ}R)$。

（c）$T{\circ}(S_1{\cup}S_2) = (T{\circ}S_1){\cup}(T{\circ}S_2)$。

（d）$T{\circ}(S_1{\cap}S_2) \subseteq (T{\circ}S_1){\cap}(T{\circ}S_2)$。

证明. 只证明(a)和(b)。

（a）若 $(a, c){\in}(S_1{\cup}S_2){\circ}R$，则由复合运算的定义，存在 $b{\in}B$，使得 $(a, b){\in}R$ 且 $(b, c){\in}S_1{\cup}S_2$。若 $(b, c){\in}S_1$，则 $(a, c){\in}S_1{\circ}R$；若 $(b, c){\in}S_2$，则 $(a, c){\in}S_2{\circ}R$。总而言之有 $(S_1{\cup}S_2){\circ}R{\subseteq}(S_1{\circ}R){\cup}(S_2{\circ}R)$。

反之，对于任意 $(a, c){\in}(S_1{\circ}R){\cup}(S_2{\circ}R)$，若 $(a, c){\in}S_1{\circ}R$ 则存在 $b_1{\in}B$，使得 $(a, b_1){\in}R$ 且 $(b_1, c){\in}S_1{\subseteq}S_1{\cup}S_2$，于是 $(a, c){\in}(S_1{\cup}S_2){\circ}R$；若 $(a, c){\in}S_2{\circ}R$ 则存在 $b_2{\in}B$，使得 $(a, b_2){\in}R$ 且 $(b_2, c){\in}S_2{\subseteq}S_1{\cup}S_2$，于是 $(a, c){\in}(S_1{\cup}S_2){\circ}R$。总而言之有 $(S_1{\circ}R){\cup}(S_2{\circ}R){\subseteq}(S_1{\cup}S_2){\circ}R$。

综合以上两点即得 $(S_1{\cup}S_2){\circ}R = (S_1{\circ}R){\cup}(S_2{\circ}R)$。

（b）若 $(a, c){\in}(S_1{\cap}S_2){\circ}R$，则存在 $b{\in}B$，使得 $(a, b){\in}R$ 且 $(b, c){\in}S_1{\cap}S_2$，从而 $(b, c){\in}S_1$ 且 $(b, c){\in}S_2$。于是 $(a, c){\in}(S_1{\circ}R){\cap}(S_2{\circ}R)$，继而得到 $(S_1{\cap}S_2){\circ}R{\subseteq}(S_1{\circ}R){\cap}(S_2{\circ}R)$。 □

关系的运算和关系的矩阵表示有如下联系。

定理 4.9 假设 A、B、C 为有限集合，R、T 为 A 到 B 的关系，S 为 B 到 C 的关系，则

（a）$\boldsymbol{M}_{(R{\cap}T)}=\boldsymbol{M}_R{\wedge}\boldsymbol{M}_T$。

（b）$\boldsymbol{M}_{(R{\cup}T)}=\boldsymbol{M}_R{\vee}\boldsymbol{M}_T$。

（c）$\boldsymbol{M}_{\bar{R}} = \overline{\boldsymbol{M}_R}$。

（d）$\boldsymbol{M}_{R^{-1}} = \boldsymbol{M}_R^{\mathrm{T}}$。

（e）$\boldsymbol{M}_{(S{\circ}R)}=\boldsymbol{M}_R{\odot}\boldsymbol{M}_S$。

证明. 只证(e)，其余由定义即得。

（e）$(M_R \odot M_S)(i, j)=1$ 当且仅当存在 k 使得 $M_R(i, k)=1$ 且 $M_S(k, j)=1$，即 $(i, k)\in R$ 且 $(k, j)\in S$。而由复合的定义，存在 k 使得 $(i, k)\in R$ 且 $(k, j)\in S$ 当且仅当 $(i, j)\in S\circ R$，即 $M_{(S\circ R)}(i, j)=1$。 □

【例4.26】 假设集合 $A=\{1, 2, 3, 4\}$，$R=\{(1,1), (1,2), (1,4), (2,1), (3,2), (3,4)\}$ 和 $S=\{(1,2), (1,3), (2,1), (2,2), (2,4), (4,4)\}$ 是定义在 A 上的关系，则

$$M_R = \begin{pmatrix} 1 & 1 & 0 & 1 \\ 1 & 0 & 0 & 0 \\ 0 & 1 & 0 & 1 \\ 0 & 0 & 0 & 0 \end{pmatrix}, \quad M_S = \begin{pmatrix} 0 & 1 & 1 & 0 \\ 1 & 1 & 0 & 1 \\ 0 & 0 & 0 & 0 \\ 0 & 0 & 0 & 1 \end{pmatrix}, \quad M_R \odot M_S = \begin{pmatrix} 1 & 1 & 1 & 1 \\ 0 & 1 & 1 & 0 \\ 1 & 1 & 0 & 1 \\ 0 & 0 & 0 & 0 \end{pmatrix}$$

这与例4.22的结果是相符的。

定理4.10 （复合运算的结合律）假设 A、B、C、D 均为非空集合，R 为 A 到 B 的关系，S 为 B 到 C 的关系，T 为 C 到 D 的关系，则
$$T\circ(S\circ R) = (T\circ S)\circ R.$$

证明. 当 A、B、C、D 均为有限集合时，可使用关系矩阵这一工具来证明：
$$M_{T\circ(S\circ R)}=(M_R\odot M_S)\odot M_T, \quad M_{(T\circ S)\circ R}=M_R\odot(M_S\odot M_T)$$

由定理1.28，$(M_R\odot M_S)\odot M_T=M_R\odot(M_S\odot M_T)$，于是 $T\circ(S\circ R) = (T\circ S)\circ R$。

当 A、B、C、D 不全为有限集合时，通过定义也易证明定理的结论。 □

定理4.11 假设 A、B、C 为非空集合，R 为 A 到 B 的关系，S 为 B 到 C 的关系，则
$$(S\circ R)^{-1} = R^{-1}\circ S^{-1}$$

证明. 对于一般情形，可以使用定义4.10证明。

当 A、B、C 为有限集合时，由定理1.29有
$$M_{(S\circ R)^{-1}} = (M_{S\circ R})^{\mathrm{T}} = (M_R\odot M_S)^{\mathrm{T}} = M_S^{\mathrm{T}}\odot M_R^{\mathrm{T}} = M_{S^{-1}}\odot M_{R^{-1}} = M_{R^{-1}\circ S^{-1}}$$

因此，$(S\circ R)^{-1} = R^{-1}\circ S^{-1}$。 □

可以将定理4.4和定理4.11的结果总结为表4.5。

表4.5 定理4.4和定理4.11的结果

□	$\overline{□}$	$□^{-1}$
$R\subseteq S$	$\bar{S}\subseteq\bar{R}$	$R^{-1}\subseteq S^{-1}$
$R\cap S$	$\overline{R\cap S}=\bar{R}\cup\bar{S}$	$(R\cap S)^{-1}=R^{-1}\cap S^{-1}$
$R\cup S$	$\overline{R\cup S}=\bar{R}\cap\bar{S}$	$(R\cup S)^{-1}=R^{-1}\cup S^{-1}$
$S\circ R$	/	$(S\circ R)^{-1}=R^{-1}\circ S^{-1}$
	$(\bar{R})^{-1}=\overline{R^{-1}}$	

4.2.2 关系的幂和道路

对于集合 A 上的关系 R，可定义 R 的幂。

定义 4.11 设 R 为集合 A 上的关系，n 为自然数，则 R 的 **n 次幂**（power）R^n 可递归地定义为

$$R^0=I_A$$
$$R^n=R^{n-1}\circ R \quad n=1, 2, 3, \cdots$$

注：对于 A 上的关系 R，计算 R^n 就是 n 个 R 的复合。由定义可知，对于 A 上的任何关系 R 都有 $R^0=I_A$ 及 $R^1=R$。

定理 4.12 对于任何自然数 m、n 有

$$R^m\circ R^n=R^{m+n}, \quad (R^m)^n=R^{m\times n}$$

证明. 使用数学归纳法。

（a）对于任意给定的 $m\in\mathbb{N}$，施归纳于 n：若 $n=0$，则有

$$R^m\circ R^0=R^m\circ I_A=R^m=R^{m+0}$$

假设 $R^m\circ R^n=R^{m+n}$ 成立，则有

$$R^m\circ R^{n+1}=R^m\circ(R^n\circ R)=(R^m\circ R^n)\circ R=R^{m+n+1}$$

所以对一切 $m, n\in\mathbb{N}$ 有 $R^m\circ R^n=R^{m+n}$。

（b）对于任意给定的 $m\in\mathbb{N}$，施归纳于 n：若 $n=0$，则有

$$(R^m)^0=I_A=R^0=R^{m\times 0}$$

假设 $(R^m)^n=R^{mn}$，则有

$$(R^m)^{n+1}=(R^m)^n\circ R^m=(R^{mn})\circ R^m=R^{mn+m}=R^{m(n+1)}$$

所以对一切 $m, n\in\mathbb{N}$ 有 $(R^m)^n=R^{mn}$。 □

【例 4.27】 假设集合 $A=\{1, 2, 3, 4\}$，$R=\{(1,1), (1,2), (1,4), (2,1), (3,2), (3,4)\}$ 是定义在 A 上的关系，求 R 的 1~4 次幂的关系矩阵。

解.

$$M_R=\begin{pmatrix} 1 & 1 & 0 & 1 \\ 1 & 0 & 0 & 0 \\ 0 & 1 & 0 & 1 \\ 0 & 0 & 0 & 0 \end{pmatrix}, \quad M_{R^2}=\begin{pmatrix} 1 & 1 & 0 & 1 \\ 1 & 1 & 0 & 1 \\ 1 & 0 & 0 & 0 \\ 0 & 0 & 0 & 0 \end{pmatrix},$$

$$M_{R^3}=\begin{pmatrix} 1 & 1 & 0 & 1 \\ 1 & 1 & 0 & 1 \\ 1 & 1 & 0 & 1 \\ 0 & 0 & 0 & 0 \end{pmatrix}, \quad M_{R^4}=\begin{pmatrix} 1 & 1 & 0 & 1 \\ 1 & 1 & 0 & 1 \\ 1 & 1 & 0 & 1 \\ 0 & 0 & 0 & 0 \end{pmatrix}$$

下面从关系图的角度来看关系的幂，首先需要定义道路。

定义 4.12 假设 A 为集合，$a, b\in A$，集合 A 上关系 R 中从 a 到 b 长为 n 的 **道路**（path）是指 A 上的有限序列 $\pi: a, x_1, x_2, \cdots, x_{n-1}, b$，满足

（1）aRx_1。

（2）x_iRx_{i+1}，$1\leq i\leq n-2$。

（3）$x_{n-1}Rb$。

注：长度为 n 的道路包含 $n+1$ 个顶点（允许重复）。

【例 4.28】 在图 4-4 所表示的关系中，$a, b, c,$ d, f, e, b 是长为 6 的道路，$e, b, d, f, h, g, e, b, c$ 是长为 8 的道路。

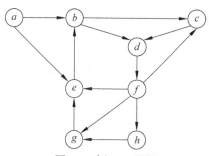

图 4.4 例 4.28 用图

定义 4.13 假设 A 为集合，$a, b \in A$，集合 A 上关系 R 中从 a 到 b 的一条**道路**（**path**）是指 A 上的有限序列 $\pi: a, x_1, x_2, \cdots, x_{n-1}, b$，其中 $n > 0$ 称为该道路的**长度**（**length**），a 称做该道路的**起点**，b 称做该道路的**终点**。若 $a = b$，则称之为**回路**（**circuit**）。

下述定理建立了关系的幂运算和"长为 n 的道路"概念之间的关系。

定理 4.13 设 R 为集合 A 上的关系，$a, b \in A$，则存在 R 中从 a 到 b 长为 n 的道路当且仅当 $(a, b) \in R^n$。

证明. 由定义易得。 □

类似地，可以定义关系 R^∞。

定义 4.14 设 R 为集合 A 上的关系，$a, b \in A$，则 $aR^\infty b$ 当且仅当存在 R 中从 a 到 b 的一条道路。

【例 4.29】 在图 4.4 中，$aR^\infty b$，$eR^\infty h$，但是 $(g, a) \notin R^\infty$。

定义 4.15 假设 $\pi_1: a, x_1, x_2, \cdots, x_{n-1}, b$ 和 $\pi_2: b, y_1, y_2, \cdots, y_{m-1}, c$ 是关系 R 中的两条道路，则定义 π_1 和 π_2 的**复合**（**composition**）为道路 $a, x_1, x_2, \cdots, x_{n-1}, b, y_1, y_2, \cdots, y_{m-1}, c$。

定理 4.14 设 R 为集合 A 上的关系，则 $R^\infty = \bigcup_{i=1}^{\infty} R^i = R \cup R^2 \cup R^3 \cup \cdots$。

证明. 假设 $a, b \in A$ 且 $aR^\infty b$，则由定义存在 R 中从 a 到 b 的道路 π。设 π 的长度为 n，则 $aR^n b$，于是 $R^\infty \subseteq \bigcup_{i=1}^{\infty} R^i$。

反过来，对于任意 $(a, b) \in \bigcup_{i=1}^{\infty} R^i$，必存在整数 n 使得 $(a, b) \in R^n$。由定理 4.13，存在 R 中从 a 到 b 长为 n 的道路，于是 $(a, b) \in R^\infty$。因此 $R^n \subseteq R^\infty$，继而 $\bigcup_{i=1}^{\infty} R^i = R \cup R^2 \cup \cdots \subseteq R^\infty$。 □

定理 4.15 假设 R 是有限集合 A 上的关系，$|A| = n$，则
$$R^\infty = R \cup R^2 \cup R^3 \cup \cdots \cup R^n$$

证明. 分两部分证明：

（a）显然有 $R \cup R^2 \cup R^3 \cup \cdots \cup R^n \subseteq R^\infty = R \cup R^2 \cup R^3 \cup \cdots$。

（b）下面证明 $R^\infty \subseteq R \cup R^2 \cup R^3 \cup \cdots \cup R^n$。

若 $aR^\infty b$，则存在 R 中从 a 到 b 的道路 $\pi: a, x_1, x_2, \cdots, x_{m-1}, b$ 其中 $m \geq 1$。若 $m-1 > n$，则由鸽巢原理，必定存在顶点 x_i 和 x_j，$i < j$，使得 $x_i = x_j$（如图 4.5 所示）。

于是可以得到更短的道路 $\pi: a, x_1, \cdots, x_i, x_{j+1}, \cdots, x_{m-1}, b$，其长度为 $m - (j-i)$。

因此总可以假定道路中间经过的顶点各异，且 $m-1 \leq n$。

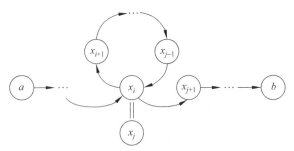

图 4.5　定理 4.15 用图 1

若 $m-1<n$，则定理 4.15 成立。

若 $m-1=n$，则存在 k，使得 $1\leqslant k\leqslant m-1$，$a=x_k$ 或 $b=x_k$；不失一般性，假定 $a=x_k$。则由图 4.6 知，存在更短的道路 $\pi'\colon a, x_{k+1}, \cdots, b$，其长度不超过 n。

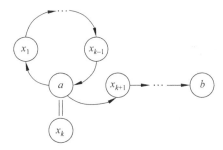

图 4.6　定理 4.15 用图 2

因此，存在从 a 到 b 的道路 π'，其长度不超过 n，即 $(a,b)\in R\cup R^2\cup R^3\cup\cdots\cup R^n$。□

4.3　关系的性质

在集合 A 上可以定义很多不同的关系，但很多时候对我们具有实际意义的只是其中的一部分，它们一般都具有一些特殊的性质。本节将讨论关系的性质及相关问题。

4.3.1　关系性质的定义和判断

定义 4.16　假设 R 为集合 A 上的关系。

（a）如果 $(a,a)\in R$ 对于所有 $a\in A$ 成立，则称 R 是**自反的**（**reflexive**），或称 R 满足自反性。

（b）如果 $(a,a)\notin R$ 对于所有 $a\in A$ 成立，则称 R 是**非自反的**（**irreflexive**），或称 R 满足非自反性。

（c）如果对于任意 $a,b\in A$，若 $(a,b)\in R$ 必然有 $(b,a)\in R$，则称 R 是**对称的**（**symmetric**），或称 R 满足对称性。

（d）如果对于任意 $a,b\in A$，若 $(a,b)\in R$ 必然有 $(b,a)\notin R$，则称 R 是**非对称的**（**asymmetric**），或称 R 满足非对称性。

（e）如果对于任意 $a,b\in A$，若 $(a,b)\in R$ 且 $(b,a)\in R$ 必然有 $a=b$，则称 R 是**反对称的**

（**antisymmetric**），或称 R 满足反对称性。

（f）如果对于任意 $a, b, c \in A$，若 $(a, b) \in R$ 且 $(b, c) \in R$ 必然有 $(a, c) \in R$，则称 R 是**传递的（transitive）**，或称 R 满足传递性。

注：（a）R 是非对称的另一等价定义是：对于任意 $a, b \in A$，$(a, b) \in R$ 和 $(b, a) \in R$ 不同时成立：

$$\forall a \forall b((a, b) \in R \Rightarrow (b, a) \notin R)$$
$$\equiv \forall a \forall b(\sim(a, b) \in R \vee (b, a) \notin R)$$
$$\equiv \forall a \forall b((a, b) \notin R \vee (b, a) \notin R)$$
$$\equiv \sim \exists a \exists b((a, b) \in R \wedge (b, a) \in R)$$

（b）R 是反对称的另一等价定义是：对于任意 $a, b \in A$，若 $(a, b) \in R$ 且 $a \neq b$ 则必然有 $(b, a) \notin R$：

$$\forall a \forall b((a, b) \in R \wedge (b, a) \in R \Rightarrow a = b)$$
$$\equiv \forall a \forall b(\sim((a, b) \in R \wedge (b, a) \in R) \vee a = b)$$
$$\equiv \forall a \forall b(\sim(a, b) \in R \vee \sim(b, a) \in R \vee a = b)$$
$$\equiv \forall a \forall b(\sim((a, b) \in R \wedge a \neq b) \vee \sim(b, a) \in R)$$
$$\equiv \forall a \forall b((a, b) \in R \wedge a \neq b \Rightarrow (b, a) \notin R)$$

（c）若关系 R 是非对称的，一定是反对称的。

简言之，假设 R 为集合 A 上的关系，则

（a）R 满足自反性： $\forall a \, (a, a) \in R$。

（b）R 满足非自反性： $\forall a \, (a, a) \notin R$。

（c）R 满足对称性： $\forall a \forall b \, ((a, b) \in R \Rightarrow (b, a) \in R)$。

（d）R 满足非对称性： $\forall a \forall b \, ((a, b) \in R \Rightarrow (b, a) \notin R)$，

　　　　　　　　　或　$\forall a \forall b((a, b) \notin R \vee (b, a) \notin R)$，

　　　　　　　　　或　$\sim \exists a \exists b((a, b) \in R \wedge (b, a) \in R)$。

（e）R 满足反对称性： $\forall a \forall b \, ((a, b) \in R \wedge (b, a) \in R \Rightarrow b = a)$，

　　　　　　　　　或　$\forall a \forall b \, ((a, b) \in R \wedge a \neq b \Rightarrow (b, a) \notin R)$，

　　　　　　　　　或　$\sim \exists a \exists b((a, b) \in R \wedge (b, a) \in R \wedge a \neq b)$。

（f）R 满足传递性： $\forall a \forall b \forall c \, ((a, b) \in R \wedge (b, c) \in R \Rightarrow (a, c) \in R)$。

【**例 4.30**】 设集合 $A = \{a, b, c\}$，R_1、R_2、R_3 和 R_4 是 A 上的关系，其中

$$R_1 = \{(a, b), (b, a), (c, c)\}, \quad R_2 = \{(a, a), (a, b), (b, c), (c, b)\}$$
$$R_3 = \{(b, a), (b, c)\}, \quad R_4 = \{(a, a), (b, b), (c, c), (a, b), (b, c), (c, a)\}$$

则：

R_1 不具有自反性，不具有非自反性，具有对称性，不具有非对称性，不具有反对称性，不具有传递性。

R_2 不具有自反性，不具有非自反性，不具有对称性，不具有非对称性，不具有反对称性，不具有传递性。

R_3 不具有自反性，具有非自反性，不具有对称性，具有非对称性，具有反对称性，具有传递性。

R_4 具有自反性，不具有非自反性，不具有对称性，不具有非对称性，具有反对称性，不具有传递性。

注：由 $\sim\forall a\forall b\forall c((a,b)\in R\wedge(b,c)\in R\Rightarrow(a,c)\in R)\equiv\exists a\exists b\exists c((a,b)\in R\wedge(b,c)\in R\wedge(a,c)\notin R)$ 可知，关系 R 不具有传递性当且仅当存在有序对 $(a,b)\in R$ 且 $(b,c)\in R$ 但是 $(a,c)\notin R$。而在 R_3 中没有出现这种情况，因此 R_3 具有传递性。

【例 4.31】 假设 A 是任一集合，则 A 上的恒等关系具有自反性、对称性、反对称性、传递性，A 上的空关系满足非自反性、对称性、非对称性、反对称性、传递性。

【例 4.32】 设 A 为 $\mathbb{R}$ 的一个非空子集，则 A 上的小于或等于关系"$\leqslant$"是自反、反对称和传递的：

（1）对于任意 $x\in A$，都有 $x\leqslant x$ 成立，因而满足自反性。

（2）对于任意 $x,y\in A$，若 $x\leqslant y$ 且 $y\leqslant x$ 则必然有 $x=y$，因而满足反对称性。

（3）对于任意 $x,y,z\in A$，若 $x\leqslant y$ 且 $y\leqslant z$ 则必然有 $x\leqslant z$，因而满足传递性。

【例 4.33】 设 A 为 $\mathbb{R}$ 的一个非空子集，则 A 上的小于关系"$<$"是非自反、非对称、反对称和传递的：

（1）对于任意 $x\in A$，都有 $x<x$ 不成立，因而满足非自反性。

（2）对于任意 $x,y\in A$，若 $x<y$ 则一定没有 $y<x$ 及一定有 $x\neq y$，因而满足非对称性、反对称性。

（3）对于任意 $x,y,z\in A$，若 $x<y$ 且 $y<z$ 则 $x<z$，因而满足传递性。

【例 4.34】 设 A 为 $\mathbb{R}$ 的一个非空子集，则 A 上的不等于关系"$\neq$"是非自反和对称的，但不是传递的——由 $x\neq y$ 及 $y\neq z$ 并不能得到 $x\neq z$。

【例 4.35】 对于任意集合 S，$\mathscr{P}(S)$ 上的包含关系 $\subseteq$ 满足自反性、反对称性、传递性，$\mathscr{P}(S)$ 上的真包含关系 $\subset$ 满足非自反性、非对称性、反对称性和传递性。

【例 4.36】 设 A 为 $\mathbb{N}^+$ 的一个非空子集，则

（a）A 上的整除关系"$|$"是自反、反对称和传递的。

（b）A 上的"模 n 同余"关系具有

（1）自反性：$a\equiv a(\mathrm{mod}\ n)$。

（2）传递性：$a\equiv b(\mathrm{mod}\ n)$ 且 $b\equiv c(\mathrm{mod}\ n)$ 则必然有 $a\equiv c(\mathrm{mod}\ n)$。

（3）对称性：若 $a\equiv b(\mathrm{mod}\ n)$ 则 $b\equiv a(\mathrm{mod}\ n)$。

【例 4.37】

（a）单循环篮球联赛中的"打败"关系具有非自反性、非对称性、反对称性，且一般不具有传递性。

（b）双循环足球联赛中的"打败"关系具有非自反性，一般不具有非对称性、反对称性、传递性。

（c）平面上三角形的"相似"关系满足自反性、对称性、传递性。

（d）学生的"同班"关系满足自反性、对称性、传递性。

（e）设 A 与 B 都是 n 阶矩阵，如果存在 n 阶可逆矩阵 P，使得 $P^{-1}AP=B$，则称 A 与 B 相似。矩阵的相似关系满足自反性、对称性、传递性。

定理 4.16 设 R 为集合 A 上的关系，则

（a）R 具有自反性当且仅当 $I_A \subseteq R$。

（b）R 具有非自反性当且仅当 $R \cap I_A = \varnothing$。

（c）R 具有对称性当且仅当 $R = R^{-1}$。

（d）R 具有非对称性当且仅当 $R \cap R^{-1} = \varnothing$。

（e）R 具有反对称性当且仅当 $R \cap R^{-1} \subseteq I_A$。

（f）R 具有传递性当且仅当 $R^2 \subseteq R$。

证明.

（a）假设 $I_A \subseteq R$，则对于任意 $a \in A$，由于 $(a, a) \in I_A$，有 $(a, a) \in R$，因此 R 具有自反性；反过来，如果 R 具有自反性，则对于任意的 $a \in A$ 有 $(a, a) \in R$，因此 $I_A \subseteq R$。

（b）证明过程与（a）类似。

（c）假设 $R = R^{-1}$，则对于任意 $a, b \in A$，若 $(a, b) \in R$ 则 $(a, b) \in R^{-1} = R$，即 $(b, a) \in R$，因此 R 具有对称性。

反过来，假设 R 具有对称性。对于任意 $a, b \in A$，若 $(a, b) \in R^{-1}$ 则由定义有 $(b, a) \in R$，由 R 的对称性有 $(a, b) \in R$，从而 $R^{-1} \subseteq R$；若 $(a, b) \in R$ 则由 R 的对称性有 $(b, a) \in R$，即 $(a, b) \in R^{-1}$，从而 $R \subseteq R^{-1}$。综合这两者得到 $R = R^{-1}$。

（d）、（e）的证明与（c）类似。

（f）假设 $R^2 \subseteq R$。若 $(a, b) \in R$ 且 $(b, c) \in R$，则由复合运算的定义有 $(a, c) \in R^2$，继而 $(a, c) \in R$，于是 R 满足传递性。

反过来，假设 R 满足传递性。若 $(a, c) \in R^2$ 则存在 $b \in A$，使得 $(a, b) \in R$ 且 $(b, c) \in R$，于是 $(a, c) \in R$，即得 $R^2 \subseteq R$。$\quad\square$

定理 4.17　假设集合 A 上的关系 R 具有传递性，则对于所有 $n \geq 1$，$R^n \subseteq R$ 成立。

证明. 对 n 进行归纳：

（1）$n=1$ 时，$R^1 = R \subseteq R$，$n=2$ 时，由定理 4.16(f)有 $R^2 \subseteq R$。

（2）假设 $R^n \subseteq R$ 成立，则 $R^{n+1} = R^n \circ R \subseteq R \circ R \subseteq R$。$\quad\square$

而关系性质在关系矩阵和关系图上的反映可见表 4.6。

表 4.6　关系性质在关系矩阵和关系图上的反映

关　系	关系矩阵的特点	关系图的特点
自反关系	主对角线元素全是 1，即对于所有 i，$M_R(i, i)=1$	每个顶点都有自环
非自反关系	主对角线元素全是 0，即对于所有 i，$M_R(i, i)=0$	每个顶点都无自环
对称关系	矩阵是对称矩阵 $M_R = M_R^T$，即对于所有 i、j，$M_R(i, j)=M_R(j, i)$	如果两个顶点之间有边，一定是一对方向相反的边
非对称关系	对于所有 i、j，若 $M_R(i, j)=1$，则 $M_R(j, i)=0$	两顶点之间至多存在一条有向边，每个顶点都无自环
反对称关系	对于所有 i, j，若 $i \neq j$ 且 $M_R(i, j)=1$，则 $M_R(j, i)=0$	两互异顶点之间至多存在一条有向边，允许存在自环

续表

关　　系	关系矩阵的特点	关系图的特点
传递关系	对于所有 i、j，若 $(M_R \odot M_R)(i, j)=1$，则 $M_R(i, j)=1$	如果存在有向边 (i, j) 和 (j, k)，则存在有向边 (i, k)

保留对称关系的有向图中的顶点，且将所有有向边改作无向边，其结果称作该关系的**图（graph）**。

【例 4.38】　由图 4.7(a)所示的对称关系相应的图为图 4.7(b)。

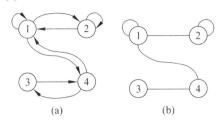

(a)　　　　　　　　　　(b)

图 4.7　例 4.38 用图

【例 4.39】　判断图 4.8 所示各关系的性质。

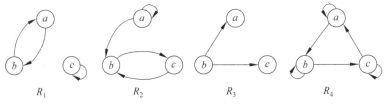

R_1　　　　　　R_2　　　　　　R_3　　　　　　R_4

图 4.8　例 4.39 用图

解. R_1 不具有自反性，不具有非自反性，具有对称性，不具有非对称性，不具有反对称性，不具有传递性。

R_2 不具有自反性，不具有非自反性，不具有对称性，不具有非对称性，不具有反对称性，不具有传递性。

R_3 不具有自反性，具有非自反性，不具有对称性，具有非对称性，具有反对称性，具有传递性。

R_4 具有自反性，不具有非自反性，不具有对称性，不具有非对称性，具有反对称性，不具有传递性。

4.3.2　关系运算对性质的保持

在例 4.22 中，关系 R 和 S 都不具有对称性，但 $R \cap S$ 却具有对称性。本节要解决的问题就是：4.2 节介绍的运算中，哪些可以保持关系的哪些性质，哪些性质有可能因哪种运算而失去，为此给出如下一系列定理。

定理 4.18　设 R 和 S 为集合 A 上的关系，则

（a）若 R 是自反的，那么 R^{-1} 也是自反的。

（b）若 R 和 S 都是自反的，那么 $R \cap S$、$R \cup S$ 及 $S \circ R$ 都是自反的。

（c）R 是自反的当且仅当 $\bar{R}$ 是非自反的。

证明.

（a）若 R 是自反的，由定理 4.16(a) 有 $I_A \subseteq R$；于是由定理 4.4(d)，$I_A = I_A^{-1} \subseteq R^{-1}$，因而 R^{-1} 也是自反的。

（b）若 R 和 S 都是自反的，则由定理 4.16(a) 有 $I_A \subseteq R$ 且 $I_A \subseteq S$，于是 $I_A \subseteq R \cap S$ 且 $I_A \subseteq R \cup S$，即 $R \cap S$ 和 $R \cup S$ 都是自反的。由定理 4.5，$I_A = I_A \circ I_A \subseteq S \circ R$ 知 $S \circ R$ 也是自反的。

（c）R 是自反的当且仅当 $I_A \subseteq R$，而这当且仅当 $\bar{R} \cap I_A = \varnothing$，即 $\bar{R}$ 是非自反的。　□

定理 4.19　设 R 和 S 为集合 A 上的关系，则

（a）若 R 是对称的，那么 R^{-1} 和 $\bar{R}$ 也是对称的。

（b）若 R 是对称的，那么 R^n 也是对称的。

（c）若 R 和 S 都是对称的，那么 $R \cap S$ 和 $R \cup S$ 也是对称的。

证明.

（a）若 R 是对称的，则由定理 4.16(c) 有 $R = R^{-1}$，于是 $R^{-1} = R = (R^{-1})^{-1}$，以及由定理 4.4(c) 有 $(\bar{R})^{-1} = \overline{R^{-1}} = \bar{R}$，故 R^{-1} 和 $\bar{R}$ 也是对称的。

（b）由定理 4.11 易得 $(R^n)^{-1} = (R^{-1})^n$，于是 $(R^n)^{-1} = (R^{-1})^n = R^n$ 也是对称的。

（c）若 R 和 S 都是对称的，则 $R = R^{-1}$ 且 $S = S^{-1}$，于是由定理 4.4(f) 有 $(R \cap S)^{-1} = R^{-1} \cap S^{-1} = R \cap S$ 及 $(R \cup S)^{-1} = R^{-1} \cup S^{-1} = R \cup S$。可知 $R \cap S$ 和 $R \cup S$ 也是对称的。　□

定理 4.20　设 R 和 S 为集合 A 上的关系，则

（a）$(R \cap S)^n \subseteq R^n \cap S^n$，$(R \cup S)^n \supseteq R^n \cup S^n$。

（b）若 R 是传递的，那么 R^{-1} 也是传递的。

（c）若 R 和 S 都是传递的，那么 $R \cap S$ 也是传递的。

证明.

（a）留作习题。

（b）若 R 是传递的则 $R^2 \subseteq R$，且由定理 4.11 和定理 4.4(d) 有 $(R^{-1})^2 = (R^2)^{-1} \subseteq R^{-1}$，于是 R^{-1} 也是传递的。

（c）若 R 和 S 都是传递的，则 $R^2 \subseteq R$ 且 $S^2 \subseteq S$。由 (a)，$(R \cap S)^2 \subseteq R^2 \cap S^2 \subseteq R \cap S$，故 $R \cap S$ 也是传递的。　□

将上述定理总结如表 4.7 所示。

表 4.7　关系运算对性质的保持

R 和 S 满足的性质	满足以下关系				
	$\bar{R}$	R^{-1}	$R \cap S$	$R \cup S$	$S \circ R$
自反性	非自反性	√	√	√	√
非自反性	自反性	√	√	√	×
对称性	√	√	√	√	×
反对称性	√	√	√	×	×
传递性	×	√	√	×	×

注：表中的"×"并不表示"一定不具有"而是表示"不一定具有"。

4.4 关系的闭包

关系的运算能够生成新的关系，但从表 4.7 中可以看到运算也可能会失去一些性质；另一方面，有的关系"先天性"地就缺少一些特定的性质。因而希望通过给关系添加一些有序对使其满足特定性质，而又希望添加的有序对尽可能少，以使得新的关系与原有关系相差不大。于是引入了关系的闭包运算。

定义 4.17 假设 R 是集合 A 上的关系，若存在另一个 A 上的关系 R'，使得

（1） R' 满足某确定的性质。

（2） $R \subseteq R'$。

（3）对于任何 A 上满足该确定性质的 S，如果有 $R \subseteq S$，则有 $R' \subseteq S$。

则称 R' 为 R 的（关于该性质）的闭包（**closure**）。

注：条件（1）确定了新关系的性质，条件（2）确定新关系是在原关系的基础上通过添加有序对产生的，条件（3）确定新关系是包含原关系且具备该性质的"最小"集合。

一般将关系 R 的**自反闭包**记作 $r(R)$，**对称闭包**记作 $s(R)$，**传递闭包**记作 $t(R)$。

定理 4.21 假设 R 是集合 A 上的关系，则

（a） R 是自反的当且仅当 $r(R)=R$。

（b） R 是对称的当且仅当 $s(R)=R$。

（c） R 是传递的当且仅当 $t(R)=R$。

证明. （a）若 R 是自反的，则

（1） R 是自反的。

（2） $R \subseteq R$。

（3）对于任何包含 R 的自反关系 S 都有 $R \subseteq S$。

因而由定义可知 $r(R)=R$。

反之，若 $R=r(R)$，则 R 是某个关系的自反闭包，其必然是自反的。

（b）和（c）的证明方法类似。 □

下面给出关系闭包的构造方法。

定理 4.22 假设 R 是集合 A 上的关系，则 $r(R)=R \cup I_A$，其中 I_A 是 A 上的恒等关系。

证明. 设 $R'=R \cup I_A$，则

（1）由于 $I_A \subseteq R'$，因而 R' 是自反的。

（2）显然有 $R \subseteq R'$。

（3）对于 A 上任一满足 $R \subseteq S$ 的自反关系 S，由定理 4.16(a)知 $I_A \subseteq S$，于是 $R'=R \cup I_A \subseteq S \cup S = S$。

于是由定义知 $R'=R \cup I_A$ 是 R 的自反闭包。 □

定理 4.23 假设 R 是集合 A 上的关系，则 $s(R)=R \cup R^{-1}$。

证明. 设 $R'=R \cup R^{-1}$，则

（1）由于 $\left(R'\right)^{-1}=\left(R \cup R^{-1}\right)^{-1}=R^{-1} \cup \left(R^{-1}\right)^{-1}=R^{-1} \cup R=R'$，因而 R' 是对称的。

（2）显然有 $R \subseteq R'$。

（3）对于 A 上任一满足 $R \subseteq S$ 的对称关系 S，由定理 4.16(c)知 $S = S^{-1}$，而且由于 $R \subseteq S$ 有 $R^{-1} \subseteq S^{-1}$（定理 4.4(d)），故而 $R' = R \cup R^{-1} \subseteq S \cup S^{-1} = S$。

于是由定义知 $R' = R \cup R^{-1}$ 是 R 的对称闭包。　□

定理 4.24　设 R 为集合 A 上的任意二元关系，则

$$t(R) = R^{\infty} = \bigcup_{i=1}^{\infty} R^i$$

证明.

（1）$R \subseteq R^{\infty}$ 显然成立。

（2）若 $aR^{\infty}b$ 且 $bR^{\infty}c$，则由定义，存在 R 中从 a 到 b 的道路 π_1 和从 b 到 c 的道路 π_2，于是 π_1 和 π_2 的复合即为从 a 到 c 的道路，因此有 $aR^{\infty}c$，R^{∞} 具有传递性。

（3）对于 A 上任一满足 $R \subseteq S$ 的传递关系 S，由其满足传递性及定理 4.17 知，对于所有 $n \geq 1$，$S^n \subseteq S$，于是 $R^{\infty} = R \cup R^2 \cup R^3 \cup \cdots \subseteq S \cup S^2 \cup S^3 \cup \cdots \subseteq S$。　□

【例 4.40】　假设集合 $A = \{1, 2, 3, 4\}$，$R = \{(1, 1), (1, 2), (1, 4), (2, 1), (3, 2), (3, 4)\}$ 是定义在 A 上的关系，则

$$r(R) = \{(1, 1), (1, 2), (1, 4), (2, 1), (2, 2), (3, 2), (3, 3), (3, 4), (4, 4)\}$$

$$s(R) = \{(1, 1), (1, 2), (2, 1), (1, 4), (4, 1), (2, 1), (1, 2), (3, 2), (2, 3), (3, 4), (4, 3)\}$$

$$t(R) = \{(1, 1), (1, 2), (1, 4), (2, 1), (2, 2), (2, 4), (3, 1), (3, 2), (3, 4)\}$$

关系的闭包运算在关系图的表现上为（假设 R 是有限集合 A 上关系且 $|A| = n$）：

（a）每个顶点如果没有自环则增加自环，得到的有向图即是该关系自反闭包的有向图。

（b）在该关系的有向图中，如果有顶点 i 到顶点 j 的有向边且 $i \neq j$，则添加（如果该图中不存在）有向边 (j, i)，得到的有向图即是该关系对称闭包的有向图。或者保留该关系的有向图中的顶点，且将所有有向边改作无向边，得到的图即是该关系对称闭包的关系图，即是对称关系的图。

（c）不断更新有向图。如果存在顶点 i 到 j 的道路，则将边 (i, j) 添加到有向图中（如果该图中不存在这条边），直至没有新的有向边可添加为止。最终的结果即是该关系传递闭包的关系图。

关系的闭包运算在关系矩阵上的方法为：当 R 是有限集合 A 上关系且 $|A| = n$ 时，

$$\boldsymbol{M}_{r(R)} = \boldsymbol{M}_R \vee \boldsymbol{M}_{I_A}$$

$$\boldsymbol{M}_{s(R)} = \boldsymbol{M}_R \vee \boldsymbol{M}_{R^{-1}} = \boldsymbol{M}_R \vee \boldsymbol{M}_R^{\mathrm{T}}$$

$$\boldsymbol{M}_{t(R)} = \boldsymbol{M}_R \vee \boldsymbol{M}_{R^2} \vee \boldsymbol{M}_{R^3} \vee \cdots \vee \boldsymbol{M}_{R^n} = \boldsymbol{M}_R \vee (\boldsymbol{M}_R \odot \boldsymbol{M}_R) \vee \cdots \vee (\boldsymbol{M}_R)_{\odot}^n$$

【例 4.41】　假设集合 $A = \{1, 2, 3, 4\}$，$R = \{(1, 2), (2, 4), (3, 1), (3, 3), (4, 2), (4, 3)\}$ 是定义在 A 上的关系，则

$$\boldsymbol{M}_R = \begin{pmatrix} 0 & 1 & 0 & 0 \\ 0 & 0 & 0 & 1 \\ 1 & 0 & 1 & 0 \\ 0 & 1 & 1 & 0 \end{pmatrix}, \quad \boldsymbol{M}_{r(R)} = \begin{pmatrix} 1 & 1 & 0 & 0 \\ 0 & 1 & 0 & 1 \\ 1 & 0 & 1 & 0 \\ 0 & 1 & 1 & 1 \end{pmatrix}, \quad \boldsymbol{M}_{s(R)} = \begin{pmatrix} 0 & 1 & 1 & 0 \\ 1 & 0 & 0 & 1 \\ 1 & 0 & 1 & 1 \\ 0 & 1 & 1 & 0 \end{pmatrix}$$

由 $\boldsymbol{M}_{R^2} = \begin{pmatrix} 0 & 0 & 0 & 1 \\ 0 & 1 & 1 & 0 \\ 1 & 1 & 1 & 0 \\ 1 & 0 & 1 & 1 \end{pmatrix}$, $\boldsymbol{M}_{R^3} = \begin{pmatrix} 0 & 1 & 1 & 0 \\ 1 & 0 & 1 & 1 \\ 1 & 1 & 1 & 1 \\ 1 & 1 & 1 & 0 \end{pmatrix}$, $\boldsymbol{M}_{R^4} = \begin{pmatrix} 1 & 0 & 1 & 1 \\ 1 & 1 & 1 & 0 \\ 1 & 1 & 1 & 1 \\ 1 & 1 & 1 & 1 \end{pmatrix}$

得

$$\boldsymbol{M}_{t(R)} = \boldsymbol{M}_R \vee \boldsymbol{M}_{R^2} \vee \boldsymbol{M}_{R^3} \vee \boldsymbol{M}_{R^4} = \begin{pmatrix} 1 & 1 & 1 & 1 \\ 1 & 1 & 1 & 1 \\ 1 & 1 & 1 & 1 \\ 1 & 1 & 1 & 1 \end{pmatrix}$$

当 $|A|=n$ 时，可以采用如下算法计算关系传递闭包的矩阵表示：

传递闭包构造算法 TransitiveClosure ($\boldsymbol{M}_R$)

输入：$\boldsymbol{M}_R$（R 的关系矩阵）

输出：$\boldsymbol{C}$（$t(R)$的关系矩阵）

```
1     C←M_R, S←M_R
2     For i=1 to n-1
2.1       S←S⊙M_R
2.2       C←C∨S
```

一共进行 $n-1$ 次循环；每次循环中有一次布尔积运算、一次并运算，共用 n^3+n^2 次元素的布尔操作。因此总的元素布尔操作次数为：$(n-1)(n^3+n^2)$，当 n 充分大时，其约等于 n^4。

1960 年，沃舍尔（Stephen Warshall，1935—2006）给出了求传递闭包的一个有效算法。该算法的思路是：考虑 $n+1$ 个矩阵的序列 $\boldsymbol{W}^0$, $\boldsymbol{W}^1$, $\cdots$, $\boldsymbol{W}^n$, $\boldsymbol{W}^k(i, j)=1$ 当且仅当在存在 R 中一条从 x_i 到 x_j 的道路，并且这条道路除起点和终点外中间只经过 $\{x_1, x_2, \cdots, x_k\}$ 中的顶点。则 $\boldsymbol{W}^0$ 就是 R 的关系矩阵，而 $\boldsymbol{W}^n$ 对应 R 的传递闭包。

该算法的理论基础是：一条除起点和终点外中间只经过 $\{x_1, x_2, \cdots, x_k\}$ 中的顶点的从 x_i 到 x_j 的道路分为两种可能（由定理 4.15 的证明过程，可假定该道路经过各个顶点至多一次）：

（1）不经过 x_k（图 4.9 中用虚线表示）。

（2）经过 x_k（图 4.9 中用实线表示）。

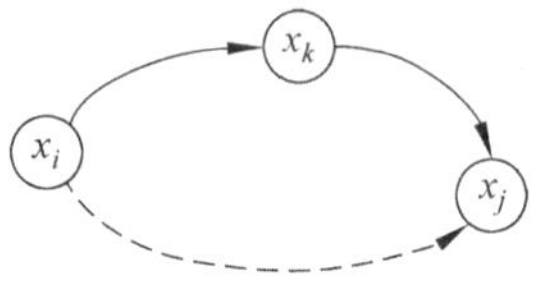

如果是第一种情况，则有 $\boldsymbol{W}^{k-1}(i, j)=1$。

图 4.9　沃舍尔算法的理论基础

如果是第二种情况，则可以把道路分为两段，于是有 $\boldsymbol{W}^{k-1}(i, k)=\boldsymbol{W}^{k-1}(k, j)=1$。

因此 $\boldsymbol{W}^k(i, j)=1$ 当且仅当 $\boldsymbol{W}^{k-1}(i, j)=1$ 或 $\boldsymbol{W}^{k-1}(i, k)=\boldsymbol{W}^{k-1}(k, j)=1$。于是可以从 $\boldsymbol{W}^0=\boldsymbol{M}_R$ 开始，依次计算 $\boldsymbol{W}^1$、$\boldsymbol{W}^2$……直到 $\boldsymbol{W}^n=\boldsymbol{M}_{t(R)}$。

【例 4.42】 假设集合 $A=\{1, 2, 3, 4\}$，$R=\{(1, 2), (2, 4), (3, 1), (3, 3), (4, 2), (4, 3)\}$ 是定义在 A 上的关系，则

$$W^0 = M_R = \begin{pmatrix} 0 & 1 & 0 & 0 \\ 0 & 0 & 0 & 1 \\ 1 & 0 & 1 & 0 \\ 0 & 1 & 1 & 0 \end{pmatrix}, \quad W^1 = \begin{pmatrix} 0 & 1 & 0 & 0 \\ 0 & 0 & 0 & 1 \\ 1 & 1 & 1 & 0 \\ 0 & 1 & 1 & 0 \end{pmatrix}, \quad W^2 = \begin{pmatrix} 0 & 1 & 0 & 1 \\ 0 & 0 & 0 & 1 \\ 1 & 1 & 1 & 1 \\ 0 & 1 & 1 & 1 \end{pmatrix},$$

$$W^3 = \begin{pmatrix} 0 & 1 & 0 & 1 \\ 0 & 0 & 0 & 1 \\ 1 & 1 & 1 & 1 \\ 1 & 1 & 1 & 1 \end{pmatrix}, \quad M_{t(R)} = W^4 = \begin{pmatrix} 1 & 1 & 1 & 1 \\ 1 & 1 & 1 & 1 \\ 1 & 1 & 1 & 1 \\ 1 & 1 & 1 & 1 \end{pmatrix}$$

沃舍尔算法的伪代码描述如下：

沃舍尔算法 Warshall (M_R)输入：M_R（R 的关系矩阵）

输出：C（$t(R)$的关系矩阵）

```
1      C←M_R
2      For k = 1 to n
2.1        For i = 1 to n
2.1.1          For j = 1 to n
2.1.1.1            C[i, j]←C[i, j]∨(C[i, k]∧C[k, j])
```

共需要 $2n^3$ 次元素的布尔操作。

沃舍尔算法在有向图上的操作如下：

```
For k = 1 to n
如果存在边(i, k)和(k, j)则将边(i, j)添加到有向图中
```

【**例 4.43**】 集合 $A=\{1, 2, 3, 4\}$ 上关系 $R=\{(1,2), (2,4), (3,1), (3,3), (4,2), (4,3)\}$ 的传递闭包可按图 4.10 所示方法求得。

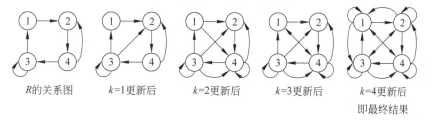

| R的关系图 | $k=1$更新后 | $k=2$更新后 | $k=3$更新后 | $k=4$更新后 即最终结果 |

图 4.10　例 4.43 用图

下面给出沃舍尔算法的"纸上工作法"（假设 R 是有限集合 A 上的关系且 $|A|=n$）：

对于 k 从 1 到 n，执行下述过程：在第 k 次时，第 k 行不为 0 元素所在列画直线，第 k 列不为 0 元素所在行画直线，直线相交位置如果为 0，则改为 1。

【**例 4.44**】 假设集合 $A=\{1, 2, 3, 4\}$，$R=\{(1,2), (2,4), (3,1), (3,3), (4,2), (4,3)\}$ 是定义在 A 上的关系，则"纸上工作法"的过程如图 4.11 所示。

"纸上工作法"的理论依据是：在第 k 次时，第 k 行第 j 列不为 0 则表示 $C[k, j]=1$，第 k 列第 i 行不为 0 则表示 $C[i, k]=1$，第 i 行直线及第 j 列直线相交位置为 $C[i, j]$。

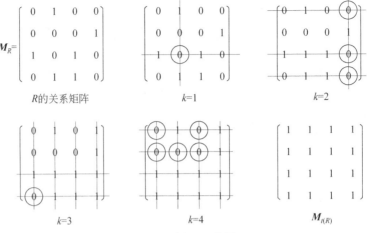

图 4.11　例 4.44 用图

关系的闭包具有如下性质。

定理 4.25　假设 R、S 是集合 A 上的关系且 $R \subseteq S$，则

（a）$r(R) \subseteq r(S)$。

（b）$s(R) \subseteq s(S)$。

（c）$t(R) \subseteq t(S)$。

证明.

（a）由于 $r(S)$ 满足自反性，而且 $R \subseteq S \subseteq r(S)$，因此由自反闭包的定义有 $r(R) \subseteq r(S)$。

（b）和（c）类似可证。　□

定理 4.26　假设 R 是集合 A 上的关系，则

（a）如果 R 是自反的，那么 $s(R)$ 和 $t(R)$ 都是自反的。

（b）如果 R 是对称的，那么 $r(R)$ 和 $t(R)$ 都是对称的。

（c）如果 R 是传递的，那么 $r(R)$ 是传递的。

证明.（a）由于 R 是自反的，由定理 4.16(a)，$I_A \subseteq R$，于是 $I_A \subseteq R \cup R^{-1} = s(R)$，$I_A \subseteq R \cup R^2 \cup \cdots = t(R)$，即 $s(R)$ 和 $t(R)$ 都是自反的。

（b）由于 R 是对称的，由定理 4.16(c)，$R = R^{-1}$。于是 $(r(R))^{-1} = (R \cup I_A)^{-1} = R^{-1} \cup I_A^{-1} = R \cup I_A = r(R)$，故 $r(R)$ 是对称的。

$(t(R))^{-1} = (R \cup R^2 \cup \cdots)^{-1} = R^{-1} \cup (R^2)^{-1} \cdots = R^{-1} \cup (R^{-1})^2 \cup \cdots = R \cup R^2 \cup \cdots = t(R)$，故 $t(R)$ 是对称的。

（c）若 $r(R) = R \cup I_A$ 不具有传递性，则存在 $(a, b) \in R \cup I_A$，$(b, c) \in R \cup I_A$ 使得 $(a, c) \notin R \cup I_A$。首先，很明显，若 $a = b$ 或 $b = c$ 则上式不成立。

若 $a \neq b$ 且 $b \neq c$ 则 $(a, b) \in R$，$(b, c) \in R$，由 R 的传递性得 $(a, c) \in R$，与 $(a, c) \notin R \cup I_A$ 矛盾。因此假设不成立，$r(R) = R \cup I_A$ 具有传递性。　□

定理 4.27　设 R 是集合 A 上任一二元关系，则

（a）$r(s(R)) = s(r(R))$。

（b）$r(t(R)) = t(r(R))$。

（c）$t(s(R)) \supseteq s(t(R))$。

证明. 只证明(c)，其余类似。

由闭包的定义 $R \subseteq s(R)$，因此由定理 4.25 可得 $t(R) \subseteq t(s(R))$。

而且由于 $s(R)$ 具有对称性，由定理 4.26，$t(s(R))$ 也具有对称性。

因为 $s(t(R))$ 是 $t(R)$ 的对称闭包，由定义即有 $s(t(R)) \subseteq t(s(R))$。 □

4.5　等价关系和集合的划分

例 4.31、例 4.36、例 4.37(c)~(e)中的恒等关系、模 n 同余关系、三角形的相似关系、学生的同班关系、矩阵的相似关系等都满足自反性、对称性、传递性，事实上它们同属一类重要的关系——等价关系。

等价关系可以将集合中具有某种共同性质的元素归并成类，从而将对元素的研究转化为更简单的对类的研究。

4.5.1　等价关系、等价类和商集

定义 4.18　假设 R 是非空集合 A 上的关系，如果 R 是自反的、对称的和传递的，则称 R 是 A 上的**等价关系**（equivalence relation）。

【例 4.45】　集合 $A=\{a, b, c\}$ 上的关系 $R=\{(a, a), (b, b), (c, c), (b, c), (c, b)\}$ 和 $S=\{(a, a), (b, b), (c, c), (a, b), (b, a)\}$ 都是等价关系，$R \cap S=\{(a, a), (b, b), (c, c)\}$ 也是等价关系，而 $R \cup S=\{(a, a), (b, b), (c, c), (a, b), (b, a), (b, c), (c, b)\}$ 则不是等价关系。

定理 4.28　假设 R、S 为集合 A 上的两个等价关系，则 $R \cap S$ 也是等价关系。

证明. 由表 4.7 即得。 □

但是，一般来说，$R \cup S$ 由于不一定具有传递性，因此不一定也是等价关系。以下定理给出了将 $R \cup S$ "扩充" 为等价关系的方法。

定理 4.29　假设 R、S 为集合 A 上的等价关系，则包含 $R \cup S$ 的最小等价关系为 $(R \cup S)^{\infty}$。

证明.

（1）显然有 $R \cup S \subseteq (R \cup S)^{\infty}$。

（2）$(R \cup S)^{\infty}$ 实际上是一个等价关系：由表 4.7，$R \cup S$ 具有自反性和对称性，由定理 4.26，$(R \cup S)^{\infty}=t(R \cup S)$ 也具有自反性和对称性，而且 $(R \cup S)^{\infty}=t(R \cup S)$ 明显具有传递性。

（3）任何包含 $R \cup S$ 的等价关系 T 必定具有传递性，由于 $(R \cup S)^{\infty}$ 是 $R \cup S$ 的传递闭包，因此 $(R \cup S)^{\infty} \subseteq T$。 □

【例 4.46】

（a）设 A 为 N^+ 的一个非空子集，n 是一个正整数，则 A 上的模 n 同余关系是一个等价关系。

（b）平面上三角形的相似关系是一个等价关系。

（c）学生的同班关系是一个等价关系。

（d）矩阵的相似关系也是等价关系。

【例 4.47】　设 $A=\{1, 2, \cdots, 8\}$，则

（a）A 上的模 3 同余关系 R 是一个 A 上的等价关系，R 的关系图如图 4.12(a)所示。

（b）A 上的模 2 同余关系 S 是一个 A 上的等价关系，S 的关系图如图 4.12(b)所示。

（c）$R \cap S$ 的关系图如图 4.12(c)所示。

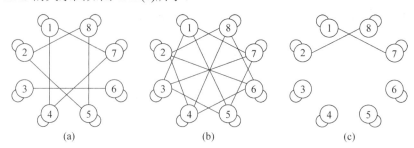

图 4.12　例 4.47 用图

可以看到关系图 4.12(a)被分为 3 个互不连通的部分 $\{1, 4, 7\}$、$\{2, 5, 8\}$ 和 $\{3, 6\}$，每部分中的数两两都具有关系，而不同部分中的数之间则不具有关系。事实上，每一部分中的所有数构成一个等价类。

定义 4.19　假设 R 是非空集合 A 上的等价关系，元素 $a \in A$，集合 $R(a)$ 称为 a 所在的**等价类**（equivalence class），也记作 $[a]_R$ 或 $[a]$；集合 $\{R(a)|a \in A\}$ 称作 A 关于 R 的**商集**（quotient sets），记作 A/R；a 称作 $R(a)$ 的一个**代表元**。

【例 4.48】　设集合 $A=\{1, 2, 3\}$，$A \times A$ 上的关系 R 定义为：$(x, y)R(u, v)$ 当且仅当 $x+y=u+v$。则 R 是一个等价关系，$(A \times A)/R=\{\{(1,1)\}, \{(1,2), (2,1)\}, \{(1,3), (2,2), (3,1)\}, \{(2,3), (3,2)\}, \{(3,3)\}\}$，如图 4.13 所示。

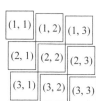

图 4.13　例 4.48 用图

【例 4.49】

（a）在集合 $A=\{1, 2, \cdots, 8\}$ 上的模 3 同余关系 R 中：

$$R(1)=R(4)=R(7)=\{1, 4, 7\}, \quad R(2)=R(5)=R(8)=\{2, 5, 8\}, \quad R(3)=R(6)=\{3, 6\}$$

因此 R 的商集为 $A/R=\{\{1, 4, 7\}, \{2, 5, 8\}, \{3, 6\}\}$。

（b）集合 $A=\{1, 2, \cdots, 8\}$ 上的模 2 同余关系 S 的商集为 $A/S=\{\{1, 3, 5, 7\}, \{2, 4, 6, 8\}\}$。

（c）等价关系 $R \cap S$ 的商集为 $A/(R \cap S)=\{\{1, 7\}, \{2, 8\}, \{3\}, \{4\}, \{5\}, \{6\}\}$。

4.5.2　集合的划分

【例 4.50】　表 4.8 中，各同学之间的同班关系构成等价关系，其等价类是 $\{\{祖冲之, 秦九韶\}, \{马钧, 公输班, 墨翟\}, \{苏东坡, 施耐庵, 李白\}\}$，而这恰恰是将所有同学分为 3 个班的结果，事实上它称作集合的划分。

定义 4.20　设 X 为非空集合，若集合 $\Pi \subseteq \mathscr{P}(X)$ 满足以下条件：

（1）对任意 $A \in \Pi$，A 非空。

（2）对任意 $A, B \in \Pi$，若 $A \neq B$，则 $A \cap B = \varnothing$。

表4.8 例4.50用表

姓　　　名	学　　　号	专　　业	班　　级
祖冲之	12101001	数学	1班
苏东坡	12103102	中国文学	3班
施耐庵	12103033	中国文学	3班
马钧	12102022	自动化技术	2班
公输班	12102024	机械制造	2班
李白	12103188	中国文学	3班
秦九韶	12101002	数学	1班
墨翟	12102026	机械制造	2班

（3） $\bigcup\limits_{A \in \Pi} A = X$ 。

则称 Π 为集合 X 的一个划分（**partition**）或**分划**。 $A \in \Pi$ 称为 X 的**划分块**（**block**）。

【例4.51】 假设集合为 $S = \{a, b, c, d, e, f, g\}$ ，则
$$\pi_1 = \{\ \{a, b, c, e, f\}, \{d, g\}\ \}$$
$$\pi_2 = \{\ \{a, b, g\}, \{d, e, f\}, \{c\}\ \}$$
都是 S 的划分，而
$$\pi_3 = \{\ \{a, b, c, d, e\}, \{g\}\ \}$$
$$\pi_4 = \{\ \{a, b, c, d, e\}, \{e, f, g\}\ \}$$
$$\pi_5 = \{\ \{a, b, c, e, g\}, \{d, f\}, \varnothing\ \}$$
都不是 S 的划分。

【例4.52】 设 n 为正整数， $A_i = \{x | x \equiv i \ (\mathrm{mod}) \ n\}$ ， $0 \le i \le n-1$ ，则 $\pi = \{A_0, A_1, \cdots, A_{n-1}\}$ 就是 $\mathbb{Z}$ 的一个划分。

4.5.3 等价关系与划分的一一对应

首先讨论如何由划分构造一个等价关系。

定理4.30 设 π 是集合 A 的一个划分，定义 A 上的关系 R 为 aRb 当且仅当 a 和 b 属于同一个划分块，则 R 是 A 上的一个等价关系，称作**由 π 决定的等价关系**。

证明.

（1）若 $a \in A$ ，则明显地 a 在自己所处的划分块中，于是 aRa ，因而 R 具有自反性。

（2）若 aRb ，则 a 与 b 处于相同的划分块，于是 bRa ，因而 R 具有对称性。

（3）若 aRb 且 bRc ，则 a 与 b 处于相同的划分块， b 与 c 处于相同的划分块，于是 aRc ，因而 R 具有传递性。

综上可得， R 是 A 上的一个等价关系。 □

【例4.53】 例4.52中的 π 决定的等价关系即是 $\mathbb{Z}$ 的模 n 同余关系，其商集记作 $\mathbb{Z}/n\mathbb{Z} = \{\overline{0}, \overline{1}, \cdots, \overline{n-1}\}$ ， $\overline{i}$ 表示 i 所在的等价类。

由此可得出由集合 X 的划分求等价关系的方法：设 Π 是集合 X 的一个划分，则由 Π

决定的等价关系为 $R = \bigcup_{A \in \Pi}(A \times A)$。

【例 4.54】 集合 $A=\{a, b, c\}$ 的划分 $\{\{a, b\}, \{c\}\}$ 决定的等价关系是
$$\{a, b\}\times\{a, b\} \cup \{c\}\times\{c\}=\{(a, a), (a, b), (b, a), (b, b), (c, c)\}$$

下面讨论如何由等价关系得到一个划分，从而建立等价关系与划分之间的一一对应。

定理 4.31 设 R 是 A 上的一个等价关系，令 $a, b\in A$，则 aRb 当且仅当 $R(a)=R(b)$。

证明. 假设 $R(a)=R(b)$。则由 R 具有自反性有 $b\in R(b)$。于是 $b\in R(a)$，即 aRb。

反过来，假设 aRb。由 R 的对称性有 bRa，于是 $a\in R(b)$ 且 $b\in R(a)$。对于任意 $x\in R(b)$，因 R 具有传递性，由 $x\in R(b)$ 及 $b\in R(a)$ 可得 $x\in R(a)$。因此 $R(b)\subseteq R(a)$。类似地可证明 $R(a)\subseteq R(b)$，故有 $R(a)=R(b)$。   □

定理 4.32 设 R 是 A 上的一个等价关系，则 $\mathscr{P}=A/R=\{R(a)|a\in A\}$ 是 A 的一个划分，而且 R 就恰是由 $\mathscr{P}$ 决定的等价关系。

证明.

（a）对于任意 $a\in A$，由 R 的自反性有 $a\in R(a)$，即 $R(a)$ 非空。

（b）假设 $R(a)\neq R(b)$，断言：$R(a)\cap R(b)=\varnothing$。

否则，若存在 $c\in R(a)\cap R(b)$，则 $c\in R(a)$ 且 $c\in R(b)$，即 aRc 且 bRc。由定理 4.31 有 $R(a)=R(c)=R(b)$，产生矛盾。

因此 $\mathscr{P}=A/R=\{R(a)|a\in A\}$ 是 A 上的一个划分。

而且由定理 4.31，aRb 当且仅当 a、b 属于 $\mathscr{P}=A/R=\{R(a)|a\in A\}$ 的同一个划分块，因此 $\mathscr{P}$ 决定的等价关系就是 R。   □

由划分与等价关系的一一对应，可得以下定理。

定理 4.33 设 R_1 和 R_2 为非空集合 A 上的等价关系，则 $R_1=R_2$ 当且仅当 $A/R_1=A/R_2$。

*4.6　相容关系与集合的覆盖

在实际问题中往往有些关系不具有传递性，例如朋友关系、父子关系等就不具有传递性，本节介绍一种应用广泛的新的关系——相容关系。

定义 4.21 设 X 是非空集合，$S\subseteq \mathscr{P}(X)-\varnothing$，如果 $\bigcup_{A\in S}A=X$，则称 S 是集合 X 的一个覆盖（**covering**）。

【例 4.55】 设 $X=\{1, 2, 3, 4, 5\}$，则 $S_1=\{\{1\}, \{2, 3\}, \{2, 4, 5\}\}$ 和 $S_2=\{\{1\}, \{3, 4\}, \{2, 4, 5\}\}$ 都是集合 X 的覆盖。

定义 4.22 设 R 为集合 X 上的二元关系，如果 R 具有自反性和对称性，则称 R 为 X 上的相容关系（**compatibility relation**）。

【例 4.56】 $R=\{(1, 1), (2, 2), (3, 3), (4, 4), (5, 5), (1, 3), (3, 1), (2, 3), (3, 2), (2, 4), (4, 2), (3, 4), (4, 3), (2, 5), (5, 2), (3, 5), (5, 3), (4, 5), (5, 4)\}$ 是 $\{1, 2, 3, 4, 5\}$ 上的相容关系。

定义 4.23 设 R 是集合 X 上的相容关系，C 是 X 的非空子集，若 $\forall a, b\in C$ 都有 aRb，则称 C 是由 R 产生的相容类（**compatibility block**）。

【例 4.57】 例 4.56 中的相容关系 R 产生的相容类为 $\{1\}$，$\{2, 3, 4, 5\}$，$\{2, 3\}$，$\{3, 4\}$，$\{4, 5\}$，$\{2, 4, 5\}$ 等。

注：

（a）由于集合 X 中任一元素 a 可以组成相容类 $\{a\}$，因此总可以由 X 的若干个相容类形成 X 的覆盖；但由 $X = \{1\} \cup \{2, 3, 4, 5\} = \{1\} \cup \{2, 4, 5\} \cup \{3, 4\}$，可知由 R 产生的覆盖并不唯一。

（b）相容类 $\{2, 3\}$，$\{2, 4, 5\}$，$\{3, 4\}$ 等还可以加入与类中元素符合相容关系的其他元素，构成新的相容类（$\{2, 3\}$ 可以加入元素 4 或 5；$\{2, 4, 5\}$ 可以加入元素 3；$\{3, 4\}$ 可以加入元素 2 或 5），但相容类 $\{1, 3\}$ 和 $\{2, 3, 4, 5\}$ 则不能再添加元素构成新的相容类。

定义 4.24 设 R 是集合 X 上的相容关系，C 是由 R 产生的相容类，如果 C 不能真包含在其他任何相容类中，则称 C 为 R 的**最大相容类**（maximal compatibility block）。

注：易见，若 X 是有限集合，则 X 上相容关系产生的最大相容类只能有有限个。

【例 4.58】 例 4.56 中的相容关系 R 产生的所有最大相容类为 $\{1, 3\}$ 和 $\{2, 3, 4, 5\}$。

定理 4.34 设 R 是有限集合 X 上的相容关系，C 是 R 的一个相容类，则存在 R 的一个最大相容类 C'，使得 $C \subseteq C'$。

证明. 若 C 是最大相容类，则定理成立；否则必定存在 $a \in X$，使得 $C \subset C_1 = C \cup \{a\}$。

类似地，可以得到相容类序列 $C \subset C_1 \subset C_2 \subset \cdots$，由于 X 中的元素个数有限，因此这个序列长度必定有限，而此序列的最后一个相容类就是包含 C 的最大相容类。 □

有限集合 X 中的任一元素 a 可以组成相容类 $\{a\}$，从定理 4.34 可知，$\{a\}$ 必包含在一个最大相容类之中，因此所有最大相容类组成的集合必是 X 的覆盖。

定义 4.25 设 R 是集合 X 上的相容关系，R 的所有最大相容类组成的集合称为 A 的**完全覆盖**。

给定有限集合 X 上相容关系 R，由不同的相容类集合可以构成多个不同的 X 的覆盖，但是 X 的完全覆盖是唯一的。

由集合 X 上相容关系 R 可以得到 X 的覆盖。下述定理表明，由 X 的覆盖也可以得到 X 上的相容关系 R。

定理 4.35 设 S 是集合 X 的覆盖，则由 S 决定的关系 $R = \bigcup_{A \in S} (A \times A)$ 是 X 的一个相容关系。

【例 4.59】 $\{1, 2, 3, 4, 5\}$ 的完全覆盖 $\{\{1, 3\}, \{2, 3, 4, 5\}\}$ 决定了相容关系 $R = \{(1, 1), (2, 2), (3, 3), (4, 4), (5, 5), (1, 3), (3, 1), (2, 3), (3, 2), (2, 4), (4, 2), (3, 4), (4, 3), (2, 5), (5, 2), (3, 5), (5, 3), (4, 5), (5, 4)\}$。

*4.7 关系在计算机中的表示方法

为了便于程序编写，除关系矩阵外，还经常采用边列表、正向表、邻接表等方法表示一个图。

【例 4.60】 假设 $R = \{(1,1), (1,2), (1,4), (2,1), (3,2), (3,4)\}$ 是定义在 $A = \{1,2,3,4\}$ 上的关

系，其关系图如图 4.14 所示。则可采用以下数据结构表示 R：

（a）使用二维数组来存储 R 的关系矩阵。

（b）使用边列表，如图 4.15 所示。

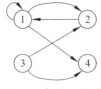

图 4.14　例 4.60 用图

图 4.15　边列表

两个一维数组分别依次存储各有序对的第一元素和第二元素。

（c）使用正向表，如图 4.16 所示。

使用两个一维数组 List1 和 List2，List1(i)到 List1(i+1)−1 之间的值 j 表示存在有向边 $(i, \text{List2}(j))$。（List1(i)=−1 时需特殊处理，此处不详述。）

（d）使用反向表，如图 4.17 所示。

图 4.16　正向表

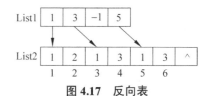

图 4.17　反向表

使用两个一维数组 List1 和 List2，List1(i)到 List1(i+1)−1 之间的值 j 表示存在有向边 $(\text{List2}(j), i)$。（List1(i)=−1 时需特殊处理，此处不详述。）

（e）使用邻接表，如图 4.18 所示。

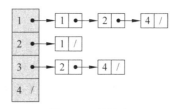

图 4.18　邻接表

纵向的列表表示各个顶点，而若在以 i 开始的横向的链表中存在值为 j 的节点当且仅当原关系中存在有序对 (i, j)。

习　题　4

4.1　假设 $A=\{a, b, c, d\}$，$B=\{1, 2\}$，求 $A\times A$、$A\times B$、$B\times B$。

4.2　假设 $(2x+y, x-2y)=(0, 5)$，求 x、y。

4.3　计算 $\mathscr{P}(\{\varnothing\})\times\{\varnothing\}$。

4.4　假设 $A=\{1, 2, 3, 4\}$，$B=\{a, b, c\}$，求 $A\times A, A\times B, B\times A$ 的元素个数。

4.5 假设 A、B、C 是任意非空集合，证明：

（a）$A \times (B-C)=(A \times B)-(A \times C)$。

（b）$A \times (B \oplus C)=(A \times B) \oplus (A \times C)$。

4.6 假设 A、B、C、D 是任意非空集合，判断下述等式是否成立，如成立请给出证明，如不成立请给出反例。

（a）$(A \cap B) \times (C \cap D)=(A \times C) \cap (B \times D)$。

（b）$(A \cup B) \times (C \cup D)=(A \times C) \cup (B \times D)$。

（c）$(A \oplus B) \times (C \oplus D)=(A \times C) \oplus (B \times D)$。

（d）$(A-B) \times (C-D)=(A \times C)-(B \times D)$。

4.7 假设 A、B、C、D 是任意非空集合，证明：$A \subseteq B$ 且 $C \subseteq D$ 当且仅当 $A \times C \subseteq B \times D$。

4.8 假设 $A=\{1,2,3,4\}$，$B=\{a,b,c\}$，有多少从 A 到 B 的关系？有多少 A 上的关系？

4.9 假设 $|A|=n$，$|B|=m$，那么有多少个从 A 到 B 的不同二元关系？

4.10 若有限集合 A 有 n 个元素，在 A 上可以定义多少个不同的关系？

4.11 假设 $A=\{1,2,3,4\}$，列出关系 R 中元素。

（a）$R=\{(x,y)|x \in A, y \in A, y|x\}$。

（b）$R=\{(x,y)|x \in A, y \in A, (y-x)^2 \in A\}$。

（c）$R=\{(x,y)|x \in A, y \in A, y<x\}$。

（d）$R=\{(x,y)|x \in A, y \in A, x$ 与 y 互素$\}$。

（e）$R=\{(x,y)|x \in A, y \in A, y/x$ 是素数$\}$。

4.12 $\mathbb{Z}^+$ 上关系 R 定义为 $R=\{(x,y)|2x+y=12\}$，求 $\mathrm{Dom}(R)$ 和 $\mathrm{Ran}(R)$。

4.13 假设 $R=\{(0,1),(0,2),(0,3),(1,1),(1,2),(2,3)\}$，计算 $R(0)$、$R(\{1,2\})$、$R|_{\{1,2\}}$。

4.14 假设 A、B 是两个非空集合，R 为 A 到 B 的关系，$C \subseteq A$，证明：$R(C)=\mathrm{Ran}(R|_C)$。

4.15 假设 $A=\{1,2,3,4\}$，用关系矩阵和关系图表示下列二元关系：

（a）$R_1=\{(1,1),(2,2),(3,3),(4,4)\}$。

（b）$R_2=\{(1,2),(2,3),(1,3),(3,1)\}$。

（c）$R_3=\{(2,1)\}$。

（d）$R_4=\{(1,1),(1,2),(1,3),(2,1),(4,2)\}$。

4.16 假设集合 $A=\{1,2,3,4\}$，写出由下述关系矩阵形式定义的 A 上关系的集合表达式和关系图。

$$M_{R_1}=\begin{pmatrix} 1 & 0 & 0 & 0 \\ 0 & 1 & 1 & 0 \\ 0 & 1 & 1 & 0 \\ 0 & 0 & 0 & 1 \end{pmatrix}, \quad M_{R_2}=\begin{pmatrix} 1 & 1 & 0 & 1 \\ 0 & 1 & 0 & 1 \\ 0 & 0 & 1 & 0 \\ 0 & 0 & 0 & 1 \end{pmatrix}, \quad M_{R_3}=\begin{pmatrix} 0 & 0 & 1 & 0 \\ 0 & 0 & 1 & 0 \\ 1 & 1 & 1 & 1 \\ 0 & 0 & 1 & 0 \end{pmatrix}$$

4.17 假设集合 $A=\{1,2,3,4\}$，写出由下述关系图表示的 A 上关系的集合表达式和关系矩阵。

4.18 求集合 $A=\{1,2,3\}$ 上的恒等关系。

4.19 已知集合 $A=\{1,2,3,4,5,6\}$、$B=\{a,b\}$，计算 L_4、D_4、$\mathscr{P}(B)$ 上的包含关系、B 上的恒等关系的关系矩阵和关系图，并求各自的定义域和值域。

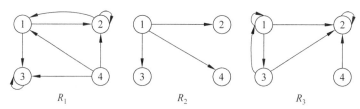

图 4.19 习题 4.17 用图

4.20 假设 R 和 S 都是集合 A 上的关系，证明或反驳：

（a）$\mathrm{Dom}(R\cap S)=\mathrm{Dom}(R)\cap\mathrm{Dom}(S)$。

（b）$\mathrm{Dom}(R\cup S)=\mathrm{Dom}(R)\cup\mathrm{Dom}(S)$。

（c）$\mathrm{Ran}(R\cap S)=\mathrm{Ran}(R)\cap\mathrm{Ran}(S)$。

（d）$\mathrm{Ran}(R\cup S)=\mathrm{Ran}(R)\cup\mathrm{Ran}(S)$。

4.21 假设 R 是集合 $A=\{1,2,3\}$ 上的关系，且 $R(\{1,2\})=\{1,3\}$，$R(\{2,3\})=\{2,3\}$，$R(\{1,3\})=\{1,2\}$，画出 R 的关系图。

4.22 已知 $A=\{1,2,3,4\}$，A 上的关系 R 满足：$R(\{1,2\})=\{1,2\}$，$R(\{1,3\})=\{1,2,4\}$，$R(\{2,3\})=\{2,4\}$，$R(\{3,4\})=\{3,4\}$，计算所有可能的 R。

4.23 假设 R 是集合 A 上的关系，$B,C\subseteq A$，证明或反驳：

（a）$R(B\cap C)=R(B)\cap R(C)$。

（b）$R(B\cup C)=R(B)\cup R(C)$。

4.24 假设 R 和 S 都是集合 A 上的关系，$x\in A$，证明或反驳：

（a）$(R\cap S)(x)=R(x)\cap S(x)$。

（b）$(R\cup S)(x)=R(x)\cup S(x)$。

4.25 假设 A、B 是两个非空集合，R 为 A 到 B 的关系，$C,D\subseteq A$，证明或反驳：
$$R|_{C\cap D}=R|_C\cap R|_D,\quad R|_{C\cup D}=R|_C\cup R|_D$$

4.26 假设 $R=\{(1,2),(2,3),(1,4),(2,2)\}$，$S=\{(1,1),(1,3),(2,3),(3,2),(3,3)\}$ 是集合 $A=\{1,2,3,4\}$ 上的关系，计算 $S\circ R$、$R\circ S$、S^2、R^2。

4.27 假设 $A=\{1,2,3,4\}$，$R=\{(i,j)\mid j=i+1\}$ 和 $S=\{(i,j)\mid i=j+2\}$ 是 A 上的关系，计算 $R\cap S$、$R\cup S$、$S-R$、$\overline{R}$、$S\circ R$、$R\circ S$。给出 $\boldsymbol{M}_R$、$\boldsymbol{M}_S$，计算 $\boldsymbol{M}_R\odot\boldsymbol{M}_S$。

4.28 已知关系 $R=\{(0,1),(1,2),(3,4)\}$，求关系 S 使得 $S\circ R=\{(1,3),(1,4),(3,3)\}$。

4.29 假设集合 A 上的关系 R 和 S 都非空，那么 $S\circ R$ 是否一定也非空？

4.30 假设 A、B、C 是集合，R 为 A 到 B 的关系，S 为 B 到 C 的关系，证明：$\mathrm{Ran}(S\circ R)=S(\mathrm{Ran}(R))$。

4.31 证明定理 4.5。

4.32 证明定理 4.6。

4.33 假设 A、B、C 为非空集合，R 为 B 到 C 的关系，S_1、S_2 为 A 到 B 的关系，则 $R\circ(S_1\cap S_2)=(R\circ S_1)\cap(R\circ S_2)$ 是否成立？如成立请给出证明，如不成立请给出反例。

4.34 假设关系 R 的关系图如图 4.20 所示。

（a）列出所有长度为 2 的道路。

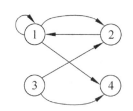

图 4.20 习题 4.34 用图

（b）给出一个长度为 3 的回路。

（c）给出从 2 到 4 的一条道路。

4.35　设 $A=\{a, b, c\}$，定义 A 中的关系如下，求每个关系的各次幂。

（a）$R_1=\{(a, b), (a, c), (c, b)\}$。

（b）$R_2=\{(a, b), (b, c), (c, b)\}$。

（c）$R_3=\{(a, b), (b, a), (c, c)\}$。

（d）$R_4=\{(a, b), (a, a), (a, c)\}$。

4.36　设 $A=\{a, b, c, d\}$，$R=\{(a, b), (b, a), (b, c), (c, d)\}$，求 R 的各次幂，分别用关系矩阵和关系图表示。

4.37　设 $A=\{a, b, c, d, e, f\}$，$R=\{(a, b), (b, c), (c, d), (d, e), (e, f), (f, a), (a, a), (b, b), (c, c), (d, d), (e, e), (f, f)\}$，求 R^5。

4.38　设 $A=\{1, 2, 3\}$，试给出 A 上两个不同的关系 R_1 和 R_2，使得 $R_1^2 = R_1$，$R_2^2 = R_2$。

4.39　设 $A=\{1, 2, 3\}$，试给出 A 上关系 R 使得 $R \not\subseteq R^2$。

4.40　假设 R 为集合 A 上关系，对于任意正整数 m，证明：$(R^m)^{-1}=(R^{-1})^m$。

4.41　假设 R 为有限集合 A 上关系，证明：存在正整数 s、t 使得 $s<t$ 且 $R^s=R^t$。

4.42　设 $A=\{a, b, d, e, f\}$，$R=\{(a, b), (b, a), (d, e), (e, f), (f, d)\}$，求出最小的自然数 m 和 n，使得 $m<n$ 且 $R^m=R^n$。

4.43　给定 $\mathbb{Z}$ 上的如下关系，它们各自具有何性质？

（a）$\{(i, j)|i, j\in\mathbb{Z}, |i-j|<10\}$。

（b）$\{(i, j)|i, j\in\mathbb{Z}, |i\cdot j|=8\}$。

（c）$\{(i, j)|i, j\in\mathbb{Z}, |i|=|j|\}$。

（d）$\{(i, j)|i, j\in\mathbb{Z}, |i|\leqslant|j|\}$。

4.44　对于任意非空集合 S，定义 $\mathscr{P}(S)$ 上的关系 R 为：$R=\{(A, B)|A\in\mathscr{P}(S), B\in\mathscr{P}(S), A\cap B=\varnothing\}$，试确定 R 具有的性质。

4.45　对于任意非空集合 S，定义 $\mathscr{P}(S)$ 上的关系 R 为：$R=\{(A, B)|A\in\mathscr{P}(S), B\in\mathscr{P}(S), A\cap B\neq\varnothing\}$，试确定 R 具有的性质。

4.46　给定集合 $A=\{a, b, c\}$ 上关系的关系矩阵，它具有何种性质？

（a）$M_R = \begin{pmatrix} 1 & 1 & 0 \\ 0 & 1 & 1 \\ 1 & 0 & 1 \end{pmatrix}$。

（b）$M_S = \begin{pmatrix} 1 & 0 & 0 \\ 1 & 1 & 0 \\ 1 & 1 & 1 \end{pmatrix}$。

（c）$M_T = \begin{pmatrix} 0 & 0 & 0 \\ 1 & 0 & 1 \\ 1 & 0 & 0 \end{pmatrix}$。

4.47　给定集合 $A=\{a, b, c\}$ 上关系的关系图，它具有何种性质？

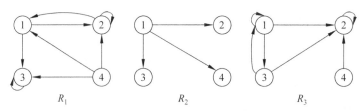

图 4.21 习题 4.47 用图

4.48 设集合 $A = \{1, 2, 3\}$，判断如下 A 上关系具有何种性质：

（a）$R_1 = \{(1, 1), (2, 2), (3, 3), (1, 2)\}$。

（b）$R_2 = \{(1, 1), (2, 2), (3, 3), (1, 2), (2, 1)\}$。

（c）$R_3 = \{(1, 2), (2, 3), (3, 1), (1, 3), (2, 1)\}$。

（d）$R_4 = \{(1, 1), (2, 3)\}$。

4.49 设 R 是 $\mathbb{C}$ 上的关系，xRy 当且仅当 $x - y = a + bi$，其中 a、b 是给定的实数。判断关系 R 具有何种性质。

4.50 给出一个例子满足：R 具有传递性但是 $R^2 \neq R$。

4.51 平面上直线之间的平行关系具有什么性质？

4.52 设集合 $A = \{a, b, c\}$，构造关系 R 满足以下性质：

（a）具有传递性和对称性，但不具有自反性。

（b）具有对称性和自反性，但不具有传递性。

（c）具有非自反性和对称性，但不具有传递性。

（d）既不具有自反性，也不具有非自反性。

（e）具有自反性、传递性、对称性、反对称性。

4.53 是否存在反对称且对称的关系？是否存在非对称且对称的关系？

4.54 假设有限集合 A 有 n 个元素，请计算以下关系的个数：

（a）A 上的自反关系。

（b）A 上的非自反关系。

（c）A 上的对称关系。

（d）A 上的非对称关系。

（e）A 上的反对称关系。

（f）A 上既不具有对称性也不具有反对称性的关系。

4.55 若 R 和 S 都是传递的，判断下述结论是否成立，如成立请给出证明，如不成立请给出反例。

（a）$R - S$ 是传递的。

（b）$R \cup S$ 是传递的。

（c）$S \circ R$ 是传递的。

4.56 若 R 和 S 都是非自反的，判断下述结论是否成立，如成立请给出证明，如不成立请给出反例。

（a）R^{-1} 是非自反的。

（b）$R \cap S$ 是非自反的。

（c）$R \cup S$ 是非自反的。

（d）$S \circ R$ 是非自反的。

4.57　若 R 和 S 都是反对称的，判断下述结论是否成立，如成立请给出证明；如不成立请给出反例。

（a）$\bar{R}$ 是反对称的。

（b）R^{-1} 是反对称的。

（c）$R \cap S$ 是反对称的。

（d）$R \cup S$ 是反对称的。

（e）$S \circ R$ 是反对称的。

4.58　举例说明 R 和 S 都是对称的，但是 $S \circ R$ 不具有对称性。

4.59　若 $R = R^4$，证明：R^3 具有传递性。

4.60　假设 R 和 S 为集合 A 上的对称关系，证明：若 $R \circ S \subseteq S \circ R$，则 $R \circ S = S \circ R$ 且 $S \circ R$ 是对称的。

4.61　假设 R 和 S 为集合 A 上的对称关系，证明：$S \circ R$ 是对称的当且仅当 $R \circ S = S \circ R$。

4.62　证明定理 4.20(a)。

4.63　设 R 和 S 为集合 A 上的关系，给出 $(R \cap S)^n = R^n \cap S^n$，$(R \cup S)^n = R^n \cup S^n$ 的反例。

4.64　如果对于任意 $a, b, c \in A$，若 $(a, b) \in R$ 且 $(b, c) \in R$ 必然有 $(a, c) \notin R$，则称 R 是**反传递的**。证明：R 反传递当且仅当 $(R \circ R) \cap R = \varnothing$。

4.65　如果对于任意 $a, b, c \in A$，若 $(a, b) \in R$ 且 $(b, c) \in R$ 必然有 $(c, a) \in R$，则称 R 是**循环的**。证明：若 R 是自反的和循环的，则 R 是对称的和传递的。

4.66　你觉得为什么不能通过减少有序对来使关系满足特定的性质？

4.67　假设 $A = \{1, 2, 3\}$，A 上的关系 $R = \{(1, 2), (2, 3), (3, 1)\}$，求 $r(R)$，$s(R)$，$t(R)$。（求传递闭包时须使用沃舍尔算法。）

4.68　假设 $R = \{(0, 1), (1, 2), \cdots, (n, n+1), \cdots\} = \{(x, x+1) | x \in \mathbb{N}\}$ 为 $\mathbb{N}$ 上的关系，求 $r(R)$、$s(R)$、$t(R)$。

4.69　设 $A = \{a, b, c, d\}$ 上的关系 $R = \{(a,b), (b,a), (b,c), (c,d), (d,b)\}$，求 $r(R)$、$s(R)$、$t(R)$。（求传递闭包时须使用沃舍尔算法。）

4.70　设 $A = \{1, 2, 3\}$，试给出 A 上的关系 R 使得 $R \cup R^2$ 不具有传递性而 $R \cup R^2 \cup R^3$ 具有传递性。

4.71　假设 R 和 S 是集合 A 上的关系。

（a）证明 $r(R \cup S) = r(R) \cup r(S)$。

（b）证明 $s(R \cup S) = s(R) \cup s(S)$，$t(R \cup S) \supseteq t(R) \cup t(S)$。

（d）举例说明 $t(R \cup S) \neq t(R) \cup t(S)$。

4.72　假设 R 和 S 是集合 A 上的关系。

（a）证明 $r(R \cap S) = r(R) \cap r(S)$。

（b）证明 $s(R \cap S) \subseteq s(R) \cap s(S)$。

（c）证明 $t(R \cap S) \subseteq t(R) \cap t(S)$。

（d）举例说明 $s(R \cap S) \neq s(R) \cap s(S)$。

（e）举例说明 $t(R \cap S) \neq t(R) \cap t(S)$。

4.73 假设 R 是集合 A 上的关系，如果 R 是传递的，那么 $s(R)$ 是否一定也是传递的？

4.74 举例说明 $t(s(R)) \supseteq s(t(R))$ 不能取等号。

4.75 非自反关系的传递闭包是否一定也非自反？为什么？

4.76 反对称关系的传递闭包是否一定也反对称？为什么？

4.77 已知 $A=\{1, 2, 3, 4\}$，$R=\{(1, 1), (1, 2), (2, 1), (2, 2), (3, 3), (4, 4)\}$，计算 A/R。

4.78 给出 $A=\{1, 2, 3\}$ 上所有的等价关系。

4.79 已知 $A=\{1, 2, 3, 4, 5\}$，$A/R=\{\{1, 2\}, \{3, 5\}, \{4\}\}$，计算 R。

4.80 已知 $A=\{1, 2, 3, 4, 5\}$，$A/R=\{\{1\}, \{2, 3, 4\}, \{5\}\}$，计算 $R \circ R^{-1}$。

4.81 已知 $A=\{1, 2, 3, 4\}$，在 $\mathscr{P}(A)$ 上定义关系 R 为 SRT 当且仅当 $|S|=|T|$，证明 R 是一个等价关系，并计算 $\mathscr{P}(A)/R$。

4.82 在 $\mathbb{N}$ 上定义二元关系 R 为 $(a, b) \in R$ 当且仅当 $2|a+b$。

（a）证明：R 是一个等价关系。

（b）计算 $\mathbb{N}/R$。

4.83 在 $\mathbb{N}^+ \times \mathbb{N}^+$ 上定义二元关系 R 为 $(a, b)R(c, d)$ 当且仅当 $2|a+c$。证明 R 是一个等价关系。

4.84 假设 $A=\{1, 2, 3, 4\}$，在 $A \times A$ 上定义二元关系 R 为 $(a, b)R(c, d)$ 当且仅当 $|a-b|=|c-d|$。证明 R 是一个等价关系并求 $A \times A/R$。

4.85 在 $\mathbb{R}^+ \times \mathbb{R}^+$ 上定义二元关系 R 为 $(a, b)R(c, d)$ 当且仅当 $ad=bc$。证明 R 是一个等价关系。

4.86 假设 R 是复数集 $\mathbb{C}$ 上的二元关系，$(z_1, z_2) \in R$ 当且仅当 $|z_1|=|z_2|$。R 是否是等价关系？如果是，请计算 $\mathbb{C}/R$。

4.87 假设 2×2 棋盘的 4 个方格中的每一个可以被涂成红色或蓝色，在所有涂色方案上定义关系 R：假设 C_1 和 C_2 是两个涂色方案，$(C_1, C_2) \in R$ 当且仅当 C_2 可以由旋转 C_1 或者先旋转 C_1 再翻转 C_1 得到。

（a）证明 R 是等价关系。

（b）计算 R 的等价类。

4.88 设 R 是集合 A 上的一个关系，满足对称性和传递性。证明：如果对于任意 $a \in A$，存在 $b \in A$ 使得 $(a, b) \in R$，则 R 是一个等价关系。

4.89 设 R 是集合 A 上的一个关系，满足自反性和传递性，T 是集合 A 上的一个关系。证明：对于任意 $a, b, c \in A$，若 $(a, b) \in T$ 当且仅当 $(a, b) \in R$ 且 $(b, a) \in R$，则 T 是一个等价关系。

4.90 设 R 是集合 A 上的二元关系，设 $S=\{(a, b)|$ 存在 $c \in A$，使得 $(a, c) \in R$ 且 $(c, b) \in R\}$。证明：若 R 是一个等价关系，则 S 也是一个等价关系且 $R=S$。

4.91 假设 S 和 T 是非空集合 A 上的关系，$A \times A$ 上关系 R 定义为 $(x, y)R(u, v)$ 当且仅当 xSu 且 yTv。证明：若 S 和 T 都是 A 上等价关系，则 R 是 $A \times A$ 上等价关系。

4.92 设 R 是集合 A 上的一个自反关系。证明：R 是一个等价关系当且仅当：对于任意 $a, b, c \in A$，若 $(a, b) \in R$ 且 $(a, c) \in R$，则 $(b, c) \in R$。

4.93 设 R 是集合 A 上的一个等价关系，那么 R^2 是否也是等价关系？

4.94 设 R_1、R_2 是集合 A 上的两个等价关系，那么 $r(R_1-R_2)$ 是否也是等价关系？

4.95 假设集合 $A \subseteq \mathbb{Z}$，m, n 为正整数，R 为 A 上的模 m 同余等价关系，S 为 A 上的模 n 同余等价关系。则

（a）$R \cap S$ 和 $(R \cup S)^\infty$ 各代表什么关系？

（b）如何由 A/R 和 A/S 得到 $A/(R \cap S)$？

4.96 假设 R 是集合 A 上的等价关系，$|A|=n$，$|R|=s$ 且 $|A/R|=r$。证明 $rs \geqslant n^2$。

4.97 下面哪些集合构成 8 位二进制串的集合上的划分？

（a）以 1 开始的二进位串的集合、以 00 开始的二进位串的集合、以 01 开始的二进位串的集合。

（b）包含串 00 的二进位串的集合、包含串 01 的二进位串的集合、包含串 10 的二进位串的集合、包含串 11 的二进位串的集合。

（c）以 00 结尾的二进位串的集合、以 01 结尾的二进位串的集合、以 10 为结尾的二进制串的集合、以 11 为结尾的二进制串的集合。

（d）以 111 结尾的二进位串的集合、以 011 结尾的二进位串的集合、以 10 结尾的二进位串的集合、以 11 结尾的二进位串的集合。

（e）含 $3k$ 个 1 的二进位串的集合、含 $3k+1$ 个 1 的二进位串的集合、含 $3k+2$ 个 1 的二进位串的集合，其中 k 是正整数。

4.98 下面哪些是集合 $\mathbb{Z} \times \mathbb{Z}$ 的划分？

（a）x 或 y 是奇数的 (x, y) 对的集合、x 是偶数的 (x, y) 对的集合、y 是偶数的 (x, y) 对的集合。

（b）x 或 y 是奇数的 (x, y) 对的集合、x 和 y 只有一个是奇数的 (x, y) 对的集合、x 和 y 都是偶数的 (x, y) 对的集合。

（c）x 是正数的 (x, y) 对的集合、y 是正数的 (x, y) 对的集合、x 和 y 都是负数的 (x, y) 对的集合。

（d）x 和 y 都被 3 整除的 (x, y) 对的集合、x 被 3 整除且 y 不被 3 整除的 (x, y) 对的集合、x 不被 3 整除且 y 被 3 整除的 (x, y) 对的集合、x 和 y 都不被 3 整除的 (x, y) 对的集合。

（e）$x>0$ 且 $y>0$ 的 (x, y) 对的集合、$x>0$ 且 $y \leqslant 0$ 的 (x, y) 对的集合、$x \leqslant 0$ 且 $y>0$ 的 (x, y) 对的集合、$x \leqslant 0$ 且 $y \leqslant 0$ 的 (x, y) 对的集合。

（f）$x \neq 0$ 且 $y \neq 0$ 的 (x, y) 对的集合、$x=0$ 且 $y \neq 0$ 的 (x, y) 对的集合、$x \neq 0$ 且 $y=0$ 的 (x, y) 对的集合。

4.99 若 π_1 和 π_2 都是集合 A 的划分，若 π_2 中的每一个集合都是 π_1 中某个集合的子集，则称 π_2 是 π_1 的一个加细。证明：对于 16 位二进制串的集合，最后 8 位相同的二进制串的等价类所构成的划分是由最后 4 位相同的二进位串的等价类所构成的划分的加细。

4.100 证明：若 $\pi_1=\{A_1, A_2, \cdots, A_m\}$ 是集合 A 的一个划分，$\pi_2=\{B_1, B_2, \cdots, B_n\}$ 是集合 B 上的一个划分，则 $\pi_1 \times \pi_2$ 是集合 $A \times B$ 的一个划分。

4.101　（a）假设集合 $A=\{1, 2, 3, 4, 5\}$，$\pi_1=\{\{1, 2, 3, 4\}, \{5\}\}$，$\pi_2=\{\{1, 2, 3\}, \{4, 5\}\}$，计算 $\{A_i \cap B_j \mid A_i \cap B_j \neq \varnothing, A_i \in \pi_1, B_j \in \pi_2\}$。

（b）证明：若 $\pi_1=\{A_1, A_2, \cdots, A_m\}$，$\pi_2=\{B_1, B_2, \cdots, B_n\}$ 都是集合 A 的划分，则 $\{A_i \cap B_j \mid A_i \cap B_j \neq \varnothing, A_i \in \pi_1, B_j \in \pi_2\}$ 是集合 A 的一个划分（称为 π_1 与 π_2 的**交叉划分**）。

（c）若 π_1 决定的等价关系是 R_1，π_2 决定的等价关系是 R_2，那么 $\{A_i \cap B_j \mid A_i \cap B_j \neq \varnothing, A_i \in \pi_1, B_j \in \pi_2\}$ 决定的等价关系是什么？

（d）假设集合 $A=\{$全年级学生$\}$，$\pi_1=\{\{$全年级所有男生$\}, \{$全年级所有女生$\}\}$，$\pi_2=\{\{1$ 班学生$\}, \{2$ 班学生$\}, \{3$ 班学生$\}, \{4$ 班学生$\}, \{5$ 班学生$\}\}$，那么 π_1 与 π_2 的交叉划分的各划分块含义是什么？

4.102　包含 4 个元素的集合共有多少种不同的划分？

4.103　假设集合 A 有 n 个元素，证明：A 的包含 k 个划分块的不同划分总数 $S(n, k)$ 满足递推关系

$$S(n, k)=S(n-1, k-1)+k \cdot S(n-1, k)$$

初始条件为 $S(n, 1)=S(n, n)=1$。

4.104　基数为 n 的集合划分数目 B_n 称作**贝尔数（Bell number）**。证明：$B_{n+1} = \sum_{k=0}^{n} \binom{n}{k} B_k$。

4.105　下述关系是否构成相容关系？

（a）三角形 A 和 B 具有关系 R 当且仅当 A 和 B 有相同度数的角。

（b）学生甲和乙具有关系 R 当且仅当甲和乙选修过相同的课程。

4.106　覆盖是否一定是划分？划分是否一定是覆盖？

4.107　若 C_1 和 C_2 都是集合 A 的覆盖，那么 $C_1 \cap C_2$ 和 $C_1 \cup C_2$ 是否也是集合 A 的覆盖？

4.108　证明：若 C_1 是集合 A 的一个覆盖，C_2 是集合 B 上的一个覆盖，则 $C_1 \times C_2$ 是集合 $A \times B$ 的一个覆盖。

4.109　设 $X=\{$bat, cat, doc, zig, bed$\}$，$R=\{(x, y) \mid x, y \in X$ 且 x、y 至少有一个相同的字母$\}$。证明：R 是 X 上的相容关系。

4.110　相容关系是否一定是等价关系？等价关系是否一定是相容关系？

4.111　给定 X 的相容关系 R 的图，如图 4.22 所示，求它的完全覆盖。

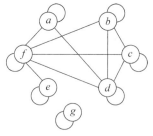

图 4.22　习题 4.111 用图

4.112　不同的完全覆盖是否可决定相同的相容关系？如成立请给出证明，如不成立请给出反例。

第5章

函 数

函数是一种特殊的关系，也称为映射，它在计算机科学与技术以及相关学科中有着重要的作用和广泛的应用。

最初开始使用"函数"一词的是莱布尼茨（Leibniz，1646—1716），用以描述曲线的一个相关量；而中文的"函数"一词由清朝数学家李善兰（1811—1882）译出。

本章主要介绍函数的定义、几种特殊的函数及相关性质、函数的运算以及常用的一些函数。

5.1 函数的定义

定义 5.1 设 f 为集合 A 到 B 的二元关系，若对于任意 $x \in \mathrm{Dom}(f)$ 都存在唯一的 $y \in \mathrm{Ran}(f)$ 使得 $(x, y) \in f$ 成立，则称 f 为**函数(function)**，此时记 $y=f(x)$，称 x 为**自变量**（**argument**），y 为 f 在 x 的值（**value**）或 x 在 f 作用下的像（**image**）。函数也称作**映射**（**mapping**）或**变换**（**transformation**）。

注：$A=A_1 \times A_2 \times \cdots \times A_n$ 时，一般也将 $f((x_1, x_2, \cdots, x_n))$ 简记为 $f(x_1, x_2, \cdots, x_n)$。函数的定义如图 5.1 所示。

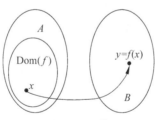

图 5.1 函数

【例 5.1】 $R_1=\{(1,1), (2,3), (4,1), (3,5), (5,3)\}$ 是函数，而 $R_2=\{(1,1), (1,3), (4,1), (3,5), (5,3)\}$ 不是函数，因为 $R_2(1)=\{1, 3\}$。

在函数 R_1 中，$R_1(1)=1$，$R_1(2)=3$，$R_1(4)=1$，$R_1(3)=5$，$R_1(5)=3$，于是 R_1 也可以写作 $R_1=\{(1, R_1(1)), (2, R_1(2)), (4, R_1(4)), (3, R_1(3)), (5, R_1(5))\}$。

【例 5.2】 设 $A=B=\mathbb{R}$，则 $f(x)=x+1$、$g(x)=\sqrt{x}$、$h(x)=\dfrac{1}{x}$ 都是函数。

注：两个函数 f 和 g 相等当且仅当满足下面两个条件：

（1）$\mathrm{Dom}(f) = \mathrm{Dom}(g)$。

（2）对于任意 $x \in \text{Dom}(f) = \text{Dom}(g)$ 都有 $f(x) = g(x)$。

例如，函数 $f(x) = (x^2-1)/(x-1)$ 和 $g(x) = x+1$ 不相等，因为 $\text{Dom}(f) \subset \text{Dom}(g)$。

定义 5.2 设 A、B 是非空集合，f 是 A 到 B 的一个关系，如果对每个 $x \in A$，存在唯一的 $y \in B$，使得 $(x, y) \in f$，则称 f 为 **A 到 B 的函数**，记作 $f: A \rightarrow B$。

注：对于 A 到 B 的函数 f，$\text{Dom}(f) = A$，$\text{Ran}(f) \subseteq B$。

如果一个 A 到 B 的关系是函数，则它的关系矩阵中每一行至多有一个 1；如果它是一个 A 到 B 的函数，则它的关系矩阵每一行恰好有一个 1。

如果一个 A 上的关系是函数，则它的关系图中每一个顶点至多发出一条有向边（出度不超过 1）；如果它是一个 A 上的函数，则它的关系图中每一个顶点恰好发出一条有向边（出度恰为 1）。

【例 5.3】 设 $A = B = \mathbb{R}$，则 $f(x) = x+1$ 是 $\mathbb{R}$ 到 $\mathbb{R}$ 的函数，而 $g(x) = \sqrt{x}$、$h(x) = \dfrac{1}{x}$ 则不是。

定义 5.3 设函数 $f: A \rightarrow B, A_1 \subseteq A$，则称 $f(A_1) = \{ f(x) \mid x \in A_1 \}$ 为 **A_1 在 f 下的像**（**image of A_1 under f**），$f(A)$ 称为**函数的像**（**image**）。

【例 5.4】 设函数 $f: \mathbb{Z}^+ \rightarrow \mathbb{Z}^+$ 定义为 $f(1) = 1, f(n) = n-1$ $(n>1)$，则有 $f(\{2,3\}) = f(\{1,2,3\}) = \{1,2\}$。

下面定义一些常用的函数。

定义 5.4

（a）设 $f: A \rightarrow B$，如果存在 $c \in B$ 使得对所有的 $x \in A$ 都有 $f(x) = c$，则称 $f: A \rightarrow B$ 是**常值函数**。

（b）设 A 是非空集合，称 A 上的恒等关系 I_A 为 A 上的**恒等函数**（**identity function**），也记作 1_A。即对于所有的 $x \in A$，$1_A(x) = x$。

（c）设 R 是 A 上的等价关系，定义从 A 到 A/R 的函数 $g: A \rightarrow A/R$，对任意 $a \in A$，$g(a) = [a]$，即将元素映到该元素所在的等价类，称 g 是从 A 到商集 A/R 的**典范映射**（**canonical map**）或**自然映射**。

注：给定集合 A 和 A 上的一个等价关系 R，就可以确定一个典范映射 $g: A \rightarrow A/R$。不同的等价关系确定不同的典范映射。

【例 5.5】 定义函数 g 为 $g(x) = 2$，则 g 是 $\mathbb{C}$ 到 $\mathbb{C}$ 的常值函数。

【例 5.6】 $A = \{1, 2, 3\}$ 上的等价关系 $R = \{(1,1), (1,3), (2,2), (3,1), (3,3)\} \cup I_A$ 所确定的典范映射是 $g_1(1) = g_1(3) = \{1, 3\}$，$g_1(2) = \{2\}$；$A = \{1, 2, 3\}$ 上的等价关系 I_A 所确定的典范映射是 $g_2(1) = \{1\}$，$g_2(2) = \{2\}$，$g_2(3) = \{3\}$。

5.2 函数的性质

定义 5.5 设函数 $f: A \rightarrow B$。

（a）若 $\text{Ran}(f) = B$，则称 f 是**满射**（**surjection**）或**映上的**（**onto**）。

（b）若任意 $y \in \text{Ran}(f)$ 都存在唯一的 $x \in A$ 使得 $f(x) = y$，则称 $f: A \rightarrow B$ 是**单射**（**injection**）

或——的（one-to-one）；

（c）若 f 既是满射又是单射，则称 f 是**双射**（**bijection**）或**——对应**（**one-to-one correspondence**）。

函数的满射、单射和双射如图 5.2 所示。其中，(a)是满射，(b)是单射，(c)是双射。

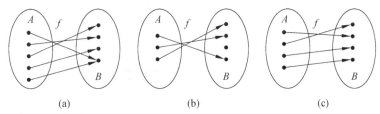

图 5.2 函数的性质

注：

（a）f 是满射意味着：对于任意 $y \in B$，都存在 $x \in A$ 使得 $f(x)=y$；

（b）f 是单射另有如下两个等价定义：

（b-1）对于任意 $a, b \in A$ 满足 $a \neq b$，均有 $f(a) \neq f(b)$。

（b-2）如果 $a, b \in A$ 满足 $f(a)=f(b)$，则 $a=b$。

【例 5.7】 函数 f: $\mathbb{Z}^+ \to \mathbb{Z}^+$，定义为 $f(1)=1$，$f(n)=n-1$ $(n>1)$。f 是满射——对于任意 $y \in \mathbb{Z}^+$，有 $f(y+1)=y$；但不是单射——$f(1)=f(2)=1$。从而 f 不是双射。

【例 5.8】 函数 g: $\mathbb{R} \to \mathbb{R}$，定义为 $g(x)=x^2-2x+1$。g 不是单射——$g(0)=g(2)=1$；g 也不是满射——g 在 $x=1$ 取得最小值 0。从而 g 不是双射。

【例 5.9】 函数 h: $\mathbb{R} \to \mathbb{R}$，定义为 $h(x)=2x+1$。h 是单射——若 $2x_1+1=2x_2+1$，则必然有 $x_1=x_2$；h 是满射——对于任意 $y \in \mathbb{R}$，有 $h\left(\dfrac{y-1}{2}\right)=y$。从而 h 是双射。

【例 5.10】 设 A 是非空集合，A 上的恒等函数 1_A 既是单射又是满射，从而是双射。

【例 5.11】 设 A 是非空集合，R 是 A 上的一个等价关系，则恒等关系 I_A 所确定的典范映射是双射，而其他的典范映射只是满射。

对于有限集合上的函数，有如下主要结果。

定理 5.1 假设 A 和 B 是两个有限集合且满足 $|A|=|B|$，则函数 f: $A \to B$ 是单射当且仅当 f 是满射。

定理 5.2 假设 A 和 B 都是有限集合，则

（a）若 $|A|<|B|$，则必然存在从 A 到 B 的单射函数、必然不存在从 A 到 B 的满射函数。

（b）若 $|A|>|B|$，则必然存在从 A 到 B 的满射函数、必然不存在从 A 到 B 的单射函数。

（c）若 $|A|=|B|$，则必然存在从 A 到 B 的双射函数。

推论 假设 A 是有限集合，B 是无限集合，则

（a）必然不存在从 A 到 B 的满射函数。

（b）必然不存在从 B 到 A 的单射函数。

函数性质在关系矩阵和关系图中的体现是：

（a）如果一个 A 到 B 的函数是单射，则它的关系矩阵中每一列至多有一个 1；如果

它是一个满射，则它的关系矩阵每一列至少有一个 1；如果它是一个双射，则它的关系矩阵每一行每一列都恰好有一个 1。

（b）如果一个 A 到 B 的函数是单射，则它的关系图中每一个顶点至多存在一条指向它的边（入度不超过 1）；如果它是一个满射，则它的关系图中每一个顶点至少存在一条指向它的边（入度不小于 1）；如果它是一个双射，则它的关系图中每一个顶点都发出一条有向边，且恰存在一条指向它的边（出度和入度都恰好为 1）。

5.3　函数的复合

定理 5.3　设 A、B、C 是集合，f 是 A 到 B 的关系，g 是 B 到 C 的关系。若 f、g 是函数，则 $g \circ f$ 也是函数，且满足

（a）$\mathrm{Dom}(g \circ f)=\{x|x \in \mathrm{Dom}(f)$ 且 $f(x) \in \mathrm{Dom}(g)\}$。

（b）对于任意 $x \in \mathrm{Dom}(g \circ f)$ 有 $g \circ f(x)=g(f(x))$。

证明. 由定义 4.10，若对于某个 $x \in \mathrm{Dom}(g \circ f)$ 存在 $y_1, y_2 \in \mathrm{Ran}(g \circ f)$ 使得 $(x, y_1) \in g \circ f$ 且 $(x, y_2) \in g \circ f$，则存在 $t_1 \in \mathrm{Dom}(g)$ 使得 $(x, t_1) \in f$ 且 $(t_1, y_1) \in g$，存在 $t_2 \in \mathrm{Dom}(g)$ 使得 $(x, t_2) \in f$ 且 $(t_2, y_2) \in g$。由于 f 是函数，因此 $t_1=t_2$，又由于 $(t_1, y_1) \in g$，$(t_2, y_2) \in g$ 且 g 是函数，有 $y_1=y_2$，因此 $f \circ g$ 为函数。

（a）由定义 4.10 即得。

（b）由定理 4.6 即得。　　　　□

函数的复合如图 5.3 所示。

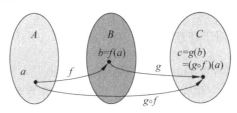

图 5.3　函数的复合

由定理 5.3 及关系复合运算的性质易得以下推论：假设 A、B、C、D 均为非空集合，f 为 A 到 B 的关系，g 为 B 到 C 的关系，h 为 C 到 D 的关系。若 f、g、h 都是函数，则 $(h \circ g) \circ f$ 和 $h \circ (g \circ f)$ 也都是函数，且 $(h \circ g) \circ f = h \circ (g \circ f)$。

【例 5.12】　函数 $f: \mathbb{R} \to \mathbb{R}$ 定义为 $f(x)=x+1$，$g: \mathbb{R} \to \mathbb{R}$ 定义为 $g(x)=2x+1$，$h: \mathbb{R} \to \mathbb{R}$ 定义为 $h(x)=x^2+1$，则：

$$g \circ f(x)=g(f(x))=2f(x)+1=2(x+1)+1=2x+3$$
$$f \circ g(x)=f(g(x))=g(x)+1=2x+1+1=2x+2$$
$$h \circ g \circ f(x)=h(g(f(x)))=(2x+3)^2+1=4x^2+12x+10$$

定理 5.4　假设 A、B、C 为非空集合，函数 $f: A \to B$，$g: B \to C$，则

（a）如果 g 和 f 都是满射，则 $g \circ f$ 也是满射。

（b）如果 g 和 f 都是单射，则 $g \circ f$ 也是单射。

（c）如果 g 和 f 都是双射，则 $g \circ f$ 也是双射。

证明.

（a）对于任意的 $c \in C$，因 g 是满射，故而存在 $b \in B$ 使得 $g(b)=c$；现考察 b，因 f 是满射，故而存在 $a \in A$ 使得 $f(a)=b$。于是 $g \circ f(a) = g(f(a))=g(b)=c$，从而证明了 $g \circ f$ 是满射。

（b）假设存在 $x_1, x_2 \in A$ 使得 $g \circ f(x_1)=g \circ f(x_2)$，则由 $g(f(x_1))=g(f(x_2))$ 及 g 是单射知 $f(x_1)=f(x_2)$，又由于 f 也是单射，所以 $x_1=x_2$。从而证明了 $g \circ f$ 是单射。

（c）由（a）、（b）即得。　□

用图 5.4 说明定理 5.4，其中(a)为满射的复合，(b)为单射的复合，(c)为双射的复合。

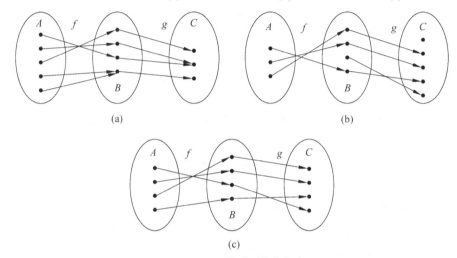

图 5.4　不同性质函数的复合

但是反过来，定理 5.4 的逆定理并不全部成立，而只是部分成立。

定理 5.5　假设 A、B、C 为非空集合，函数 $f: A \to B, g: B \to C$，则

（a）若 $g \circ f$ 是单射，则 f 是单射。

（b）若 $g \circ f$ 是满射，则 g 是满射。

（c）若 $g \circ f$ 是双射，则 f 是单射，g 是满射。

证明.（a）假设 f 不是单射，即存在 $a_1, a_2 \in A, a_1 \neq a_2$ 且 $f(a_1)=f(a_2)$；于是 $g \circ f(a_1) = g(f(a_1))= g(f(a_2))=g \circ f(a_2)$，而这与 $g \circ f$ 是单射矛盾。

（b）若 $g \circ f$ 是满射，则对于任意 $c \in C$，存在 $a \in A$，使得 $g \circ f(a)=c$，于是 $g(f(a))=c$，故 g 是满射。

（c）由(a)、(b)即得。　□

定理 5.5 可用图 5.5 来说明。其中，(a) $g \circ f$ 是单射，而 g 不是单射；(b) $g \circ f$ 是满射，而 f 不是满射；(c) $g \circ f$ 是双射，而 g 不是单射且 f 不是满射。

定理 5.6　假设 A、B 为集合，函数 $f: A \to B$，则 $f = f \circ 1_A = 1_B \circ f$。

证明. 由定理 4.7 即得。　□

在本节最后给出一些除函数复合外的常用记号：

$$(f_1+f_2)(x)=f_1(x)+f_2(x)$$
$$(f_1 \cdot f_2)(x)=f_1(x) \cdot f_2(x)$$
$$(m \cdot f)(x)=m \cdot f(x) \quad (m \text{ 是一个非零常数})$$

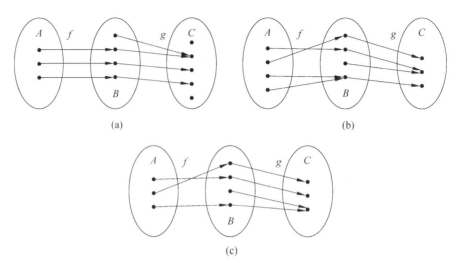

图 5.5　定理 5.5 用图

5.4　逆　函　数

关系的逆关系仍然是关系，而函数作为关系，其逆关系却不一定也是函数。

【例 5.13】　设 $f=\{(1,1), (2,3), (4,1), (3,5), (5,3)\}$ 是一个函数；而 f 的逆关系 $f^{-1}=\{(1,1), (3,2), (1,4), (5,3), (3,5)\}$ 是一个关系，但不是函数。

定义 5.6　假设 A、B 为集合，如果函数 $f:A \to B$ 作为关系的逆关系 f^{-1} 是 B 到 A 的函数，则称之为**可逆的**（**invertible**），此时称 f^{-1} 为 f 的**反函数**或**逆函数**（**inverse function**）。

定理 5.7　假设 A、B 为集合，设 $f:A \to B$，若函数 f^{-1} 存在，则

（a）$f^{-1} \circ f = 1_A$。

（b）$f \circ f^{-1} = 1_B$。

证明. 假设函数 f^{-1} 存在，对于任意 $x \in A$，由于 f 是 A 到 B 的函数，因此存在 $y \in B$，使得 $(x, y) \in f$。于是 $(x, x) \in f^{-1} \circ f$，即得 $1_A \subseteq f^{-1} \circ f$。又由于 f 和 f^{-1} 都是函数，定理 5.3 表明 $f^{-1} \circ f$ 也是函数，因此对于任意 $x \in A$，若还存在 $y \in A$ 使得 $(x, y) \in f^{-1} \circ f$，则必然有 $y=x$，即 $f^{-1} \circ f = 1_A$。

类似地，可证明 $f \circ f^{-1} = 1_B$。　　　　　　　　　　　　　　　　□

下面的定理给出了逆函数存在的充要条件。

定理 5.8　假设 A、B 为非空集合，函数 $f:A \to B$，则 f 可逆当且仅当 f 是双射，且 f 的逆函数若存在则也是双射。

证明.（充分性）假设 f 是双射。下面证明 f^{-1} 是 B 到 A 的函数。

因为 f 是函数，所以 f^{-1} 是关系，且由 f 是双射有 $\mathrm{Dom}(f^{-1}) = \mathrm{Ran}(f) = B$，$\mathrm{Ran}(f^{-1}) = \mathrm{Dom}(f) = A$。对于任意的 $b \in B$，若存在 $a_1, a_2 \in A$ 使得 $(b, a_1) \in f^{-1}$ 且 $(b, a_2) \in f^{-1}$，则由关系逆的定义有 $(a_1, b) \in f$ 且 $(a_2, b) \in f$，根据 f 是单射可得 $a_1 = a_2$。从而证明了 f^{-1} 是 B 到 A 的函数。

（必要性）假设 f 可逆，以下分两个步骤证明 f 是双射：

（1）f 是单射：由定理 5.7，$f^{-1} \circ f = 1_A$，而 1_A 是单射，由定理 5.5，f 是单射。

（2）f 是满射：由定理 5.7，$f \circ f^{-1} = 1_B$，而 1_B 是满射，由定理 5.5，f 是满射。

下面证明 f^{-1} 也是双射：

（1）f^{-1} 是满射：由定理 5.7，$f^{-1} \circ f = 1_A$，而 1_A 是满射，由定理 5.5，f^{-1} 是满射。

（2）f^{-1} 是单射：由定理 5.7，$f \circ f^{-1} = 1_B$，而 1_B 是单射，由定理 5.5，f^{-1} 是单射。□

注：由定理 5.8 及关系的逆运算、复合运算的性质，易得：

（a）若函数 $f: A \to B$ 是双射，则 $(f^{-1})^{-1} = f$。

（b）若函数 $f: A \to B$，$g: B \to C$ 均是双射，则 $(g \circ f)^{-1} = f^{-1} \circ g^{-1}$。

【例 5.14】 函数 $h: \mathbb{R} \to \mathbb{R}$，$h(x) = 2x+1$ 是双射，因此可逆，其逆函数是 $h^{-1}(x) = \dfrac{x-1}{2}$。

而函数 $g: \mathbb{R} \to \mathbb{R}$，$g(x) = -x^2 + 2x - 1$ 不是双射，因此不存在 g 的逆函数。

本节最后给出一个更强的结果，它在实际应用中具有重要意义和价值。

定理 5.9 假设 A、B 为集合，若 A 到 B 的函数 f 和 B 到 A 的函数 g 满足 $g \circ f = 1_A$ 及 $f \circ g = 1_B$，则 f 是一个 A 到 B 的双射，g 是一个 B 到 A 的双射，而且 f 和 g 互为逆函数。

证明. 由 $g \circ f = 1_A$ 知 f 是满射，由 $f \circ g = 1_B$ 知 f 是单射，因此 f 是双射，f 可逆。且 $f^{-1} = f^{-1} \circ (f \circ g) = (f^{-1} \circ f) \circ g = 1_A \circ g = g$。

类似地可证明 g 也是双射，g 可逆且 $g^{-1} = f$。□

由此逆函数也可以等价地作如下定义。

定义 5.7 假设 A、B 为集合，对于函数 $f: A \to B$，若存在函数 f^{-1} 使得 $f^{-1} \circ f = 1_A$ 且 $f \circ f^{-1} = 1_B$，则称 f 为可逆的，此时称 f^{-1} 为 f 的反函数或逆函数。

5.5 计算机科学中的常用函数

定义 5.8 设 U 为全集，对于任意集合 $A \subseteq U$，可定义 A 的**特征函数**（**characteristic function**）$\chi_A: U \to \{0,1\}$ 为

$$\chi_A(a) = \begin{cases} 1, & a \in A \\ 0, & a \in \bar{A} \end{cases}$$

【例 5.15】 设全集 $U = \{0, 1, \cdots, 9\}$，集合 $A = \{0, 1, 2, 3\}$，$B = \{1, 3, 5, 7, 9\}$，则 $A \cap B = \{1, 3\}$，$A \cup B = \{0, 1, 2, 3, 5, 7, 9\}$，$A - B = \{0, 2\}$，$\bar{A} = \{4, 5, 6, 7, 8, 9\}$，$\bar{B} = \{0, 2, 4, 6, 8\}$，$A \oplus B = \{0, 2, 5, 7, 9\}$。

则有：$\chi_A(0) = 1$，$\chi_A(1) = 1$，$\chi_A(2) = 1$，$\chi_A(3) = 1$，$\chi_A(4) = 0$，$\chi_A(5) = 0$，$\chi_A(6) = 0$，$\chi_A(7) = 0$，$\chi_A(8) = 0$，$\chi_A(9) = 0$。

类似地，可定义 $\chi_{\bar{A}}$、χ_B、$\chi_{\bar{B}}$、$\chi_{A \cap B}$、$\chi_{A \cup B}$、χ_{A-B}、$\chi_{A \oplus B}$，它们在各元素的取值如表 5.1 所示。

表 5.1 例 5.15 用表

特征函数	0	1	2	3	4	5	6	7	8	9
χ_A	1	1	1	1	0	0	0	0	0	0
$\chi_{\bar{A}}$	0	0	0	0	1	1	1	1	1	1

续表

特征函数	0	1	2	3	4	5	6	7	8	9
χ_B	0	1	0	1	0	1	0	1	0	1
$\chi_{\overline{B}}$	1	0	1	0	1	0	1	0	1	0
$\chi_{A \cap B}$	0	1	0	1	0	0	0	0	0	0
$\chi_{A \cup B}$	1	1	1	1	0	1	0	1	0	1
χ_{A-B}	1	0	1	0	0	0	0	0	0	0
$f_{A \oplus B}$	1	0	1	0	0	1	0	1	0	1

一般情况下，假设全集 U 的基数是 n 且其元素有一个确定的顺序，于是每一个全集的子集都一一对应着一个 n 维 0-1 向量，也即 $1 \times n$ 的布尔矩阵，于是集合运算可以转化为布尔矩阵之间的运算。例如，若集合 A 对应的布尔矩阵是 $\mathbf{V}_A$，集合 B 对应的布尔矩阵是 $\mathbf{V}_B$，则集合 $\overline{A}$ 对应的布尔矩阵是 $\overline{\mathbf{V}_A}$，集合 $A \cup B$ 对应的布尔矩阵是 $\mathbf{V}_A \vee \mathbf{V}_B$，集合 $A \cap B$ 对应的布尔矩阵是 $\mathbf{V}_A \wedge \mathbf{V}_B$。

将布尔运算转化为布尔矩阵运算可以方便地使用计算机表示集合和进行集合间的运算。

定理 5.10 特征函数满足以下等式：

（a）对于所有 $x \in U$，$\chi_{\overline{A}}(x) = 1 - \chi_A(x)$。

（b）对于所有 $x \in U$，$\chi_{A \cap B}(x) = \chi_A(x)\chi_B(x)$。

（c）对于所有 $x \in U$，$\chi_{A \cup B}(x) = \chi_A(x) + \chi_B(x) - \chi_A(x)\chi_B(x)$。

（d）对于所有 $x \in U$，$\chi_{A \oplus B}(x) = \chi_A(x) + \chi_B(x) - 2\chi_A(x)\chi_B(x)$。

（e）对于所有 $x \in U$，$\chi_{A-B}(x) = \chi_A(x)(1 - \chi_B(x))$。

定义 5.9 定义在 $\mathbb{R}$ 上的**地板函数**（**floor function**），也称作**下取整函数**，其值是不超过自变量 x 的最大整数，记作 $\mathrm{floor}(x)$ 或 $\lfloor x \rfloor$。

【例 5.16】 $\lfloor 5 \rfloor = 5$，$\lfloor 2.4 \rfloor = 2$，$\lfloor -2.4 \rfloor = -3$，$\lfloor -\pi \rfloor = -4$。

注：下取整函数也称作高斯函数，记作 $[x]$，这是因为该表示方法首次出现于高斯的数学巨著《整数论研考》（*Disquisitiones Arithmeticae*）。

定义 5.10 定义在 $\mathbb{R}$ 上的**天花板函数**（**ceiling function**），也称作**上取整函数**，其值是不小于 x 的最小整数，记做 $\mathrm{ceiling}(x)$ 或 $\lceil x \rceil$。

【例 5.17】 $\lceil 5 \rceil = 5$，$\lceil 2.4 \rceil = 3$，$\lceil -2.4 \rceil = -2$，$\lceil -\pi \rceil = -3$。

下取整函数和上取整函数分别如图 5.6(a) 和 (b) 所示。

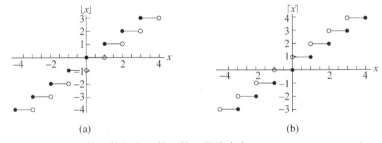

图 5.6 下取整函数和上取整函数（图片来自 Wolfram MathWorld）

上取整函数和下取整函数具有如下性质。

定理 5.11 设 n 为任意整数，x 为实数，则

(a-1) $\lfloor x \rfloor = n$ 当且仅当 $n \le x < n+1$。

(a-2) $\lceil x \rceil = n$ 当且仅当 $n-1 < x \le n$。

(a-3) $\lfloor x \rfloor = n$ 当且仅当 $x-1 < n \le x$。

(a-4) $\lceil x \rceil = n$ 当且仅当 $x \le n < x+1$。

(b) $x-1 < \lfloor x \rfloor \le x \le \lceil x \rceil < x+1$。

(c-1) $\lfloor -x \rfloor = -\lceil x \rceil$。

(c-2) $\lceil -x \rceil = -\lfloor x \rfloor$。

(d-1) $\lfloor x+n \rfloor = \lfloor x \rfloor + n$。

(d-2) $\lceil x+n \rceil = \lceil x \rceil + n$。

【例 5.18】 GCD 和 LCM 都是 $\mathbb{Z}^+ \times \mathbb{Z}^+$ 到 $\mathbb{Z}^+$ 的函数，是满射而非单射。

假设 f 是集合 $\{1, 2, 3\}$ 上的一个双射，则 $f(1)f(2)f(3)$ 构成 $\{1, 2, 3\}$ 的一个置换。例如 $f=\{(1, 2), (2, 3), (3, 1)\}$，则 $f(1)f(2)f(3)$ 为 231。

定义 5.11 假设非空有限集合 S 包含 n 个元素，S 上的一个双射称为 S 的一个 **n 元置换**或简称**置换**（**permutation**），表示为

$$\pi = \begin{pmatrix} x_1 & x_2 & \cdots & x_n \\ f(x_1) & f(x_2) & \cdots & f(x_n) \end{pmatrix}$$

其中 x_i 表示 S 中的互异元素，n 称为置换的**阶**（**order**）。

【例 5.19】 置换的表示形式是不唯一的，例如图 5-7 表示的集合 $S=\{1, 2, 3\}$ 上的置换可写为下述 6 种形式之一：

$$\pi = \begin{pmatrix} 1 & 2 & 3 \\ 3 & 2 & 1 \end{pmatrix}, \quad \pi = \begin{pmatrix} 1 & 3 & 2 \\ 3 & 1 & 2 \end{pmatrix}, \quad \pi = \begin{pmatrix} 2 & 1 & 3 \\ 2 & 3 & 1 \end{pmatrix},$$

$$\pi = \begin{pmatrix} 2 & 3 & 1 \\ 2 & 1 & 3 \end{pmatrix}, \quad \pi = \begin{pmatrix} 3 & 1 & 2 \\ 1 & 3 & 2 \end{pmatrix}, \quad \pi = \begin{pmatrix} 3 & 2 & 1 \\ 1 & 2 & 3 \end{pmatrix}$$

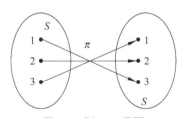

图 5.7 例 5.19 用图

【例 5.20】 集合 $S=\{1, 2, 3\}$ 上的置换（双射函数）有 3!=6 个，分别为

$$\pi_1 = \begin{pmatrix} 1 & 2 & 3 \\ 1 & 2 & 3 \end{pmatrix}, \quad \pi_2 = \begin{pmatrix} 1 & 2 & 3 \\ 1 & 3 & 2 \end{pmatrix}, \quad \pi_3 = \begin{pmatrix} 1 & 2 & 3 \\ 2 & 1 & 3 \end{pmatrix},$$

$$\pi_4 = \begin{pmatrix} 1 & 2 & 3 \\ 2 & 3 & 1 \end{pmatrix}, \quad \pi_5 = \begin{pmatrix} 1 & 2 & 3 \\ 3 & 1 & 2 \end{pmatrix}, \quad \pi_6 = \begin{pmatrix} 1 & 2 & 3 \\ 3 & 2 & 1 \end{pmatrix}$$

一般地讲，假设 S 是有 n 个元素的有限集，则

（a）S 的任一个置换都有 $n!$ 种不同的表示。

（b）S 共有 $n!$ 个彼此不同的置换，其全体用 $\mathbf{S}_n$ 表示。

定义 5.12 假设有限集合 S 包含 n 个元素，则称 S 上的恒等函数为 S 的**恒等置换**或**不变置换**。

由于置换就是一个双射，因此置换存在逆置换，具体地讲：假设非空有限集合 S 包含 n 个元素，S 的置换 $\pi = \begin{pmatrix} x_1 & x_2 & \cdots & x_n \\ y_1 & y_2 & \cdots & y_n \end{pmatrix}$ 的逆置换为 $\pi^{-1} = \begin{pmatrix} y_1 & y_2 & \cdots & y_n \\ x_1 & x_2 & \cdots & x_n \end{pmatrix}$，而 S 的置换 $\pi_1 = \begin{pmatrix} x_1 & x_2 & \cdots & x_n \\ y_1 & y_2 & \cdots & y_n \end{pmatrix}$ 和 $\pi_2 = \begin{pmatrix} y_1 & y_2 & \cdots & y_n \\ z_1 & z_2 & \cdots & z_n \end{pmatrix}$ 的复合为 $\pi_2 \circ \pi_1 = \begin{pmatrix} x_1 & x_2 & \cdots & x_n \\ z_1 & z_2 & \cdots & z_n \end{pmatrix}$。

注：在习惯上也常将置换的复合称作置换的**乘积**或**积**。

【例 5.21】 对于集合 $S=\{1, 2, 3\}$ 上的两个置换 $\pi_1 = \begin{pmatrix} 1 & 2 & 3 \\ 3 & 1 & 2 \end{pmatrix}$ 和 $\pi_2 = \begin{pmatrix} 1 & 2 & 3 \\ 2 & 1 & 3 \end{pmatrix}$，有

$$\pi_1^{-1} = \begin{pmatrix} 3 & 1 & 2 \\ 1 & 2 & 3 \end{pmatrix} = \begin{pmatrix} 1 & 2 & 3 \\ 2 & 3 & 1 \end{pmatrix}, \quad \pi_2^{-1} = \begin{pmatrix} 2 & 1 & 3 \\ 1 & 2 & 3 \end{pmatrix} = \begin{pmatrix} 1 & 2 & 3 \\ 2 & 1 & 3 \end{pmatrix} = \pi_2,$$

$$\pi_2 \circ \pi_1 = \begin{pmatrix} 1 & 2 & 3 \\ 3 & 2 & 1 \end{pmatrix}, \quad \pi_1 \circ \pi_2 = \begin{pmatrix} 1 & 2 & 3 \\ 1 & 3 & 2 \end{pmatrix}$$

定义 5.13 假设 π 是集合 S 的一个置换，则可定义 π 的**幂**为

$$\pi^0 = 1_S$$
$$\pi^n = \pi^{n-1} \circ \pi, \quad n \geq 1$$

注：易见 $(\pi^{-1})^n = (\pi^n)^{-1}$。

定义 5.14 假设 π 是集合 S 的一个置换，使得 $\pi^k = 1_S$ 成立的最小正整数 k 称作 π 的**周期**（**period**），记作 $\mathrm{per}(\pi)$。

【例 5.22】 对于集合 $S=\{1, 2, 3\}$ 上的置换 $\pi = \begin{pmatrix} 1 & 2 & 3 \\ 3 & 1 & 2 \end{pmatrix}$，$\pi^1 = \pi$，$\pi^2 = \begin{pmatrix} 1 & 2 & 3 \\ 2 & 3 & 1 \end{pmatrix}$，$\pi^3 = 1_S$，因此 π 的周期为 3。

定理 5.12 假设 π 是有限集合 S 的一个置换，则 π 的周期必定存在。

证明. 考察无限序列 π^1，π^2，π^3，$\cdots$，由于有限集合 S 的置换也只有有限个，因此必定存在 $1 \leq i < j$ 使得 $\pi^i = \pi^j$，于是 $\pi^{j-i} = (\pi^j) \circ (\pi^i)^{-1} = 1_S$。即序列 π^1，π^2，π^3，$\cdots \pi^{j-i}$ 中必定存在最小正整数 k 使得 $\pi^k = 1_S$，其即为 π 的周期。 $\square$

定义 5.15 假设有限集合 S 包含 n 个元素，以 $(a_1, a_2, \cdots, a_r)$ 表示 S 的一个如下置换：将 a_1 映射为 a_2，将 a_2 映射为 a_3……将 a_{r-1} 映射为 a_r，将 a_r 映射为 a_1，同时将其他元素映射到自身。$(a_1, a_2, \cdots, a_r)$ 称为一个 **r-轮换**或简称**轮换**（**cycle permutation**），r 称作该轮换的**长度**。2-轮换也称作**对换**。

注：通常将 1_S 写作轮换(1)。

【例 5.23】 置换 $\pi_0 = \begin{pmatrix} 1 & 2 & 3 \\ 1 & 2 & 3 \end{pmatrix}$ 可写作 (1)，$\pi_1 = \begin{pmatrix} 1 & 2 & 3 \\ 1 & 3 & 2 \end{pmatrix}$ 可写作 (2, 3)，

$$\pi_2 = \begin{pmatrix} 1 & 2 & 3 \\ 3 & 2 & 1 \end{pmatrix}$$ 可写作$(1, 3)$,　$$\pi_3 = \begin{pmatrix} 1 & 2 & 3 \\ 2 & 1 & 3 \end{pmatrix}$$可写作$(1, 2)$,　$$\pi_4 = \begin{pmatrix} 1 & 2 & 3 \\ 2 & 3 & 1 \end{pmatrix}$$可写作$(1, 2,$

$3)$,　$$\pi_5 = \begin{pmatrix} 1 & 2 & 3 \\ 3 & 1 & 2 \end{pmatrix}$$可写作$(1, 3, 2)$。

定义 5.16　若两个轮换$\sigma_1 = (a_1, a_2, \cdots, a_r)$和$\sigma_2 = (b_1, b_2, \cdots, b_s)$满足$\{a_1, a_2, \cdots, a_r\} \cap \{b_1, b_2, \cdots, b_s\} = \varnothing$，则称它们是**不相交的轮换**。

注：容易证明，不相交轮换对于复合运算是可换的。

定理 5.13　任一置换可唯一（不计轮换的次序）表示成若干不相交轮换的复合（积）。

【例 5.24】　对于置换$\pi = \begin{pmatrix} 1 & 2 & 3 & 4 & 5 & 6 & 7 & 8 \\ 2 & 3 & 5 & 7 & 8 & 4 & 6 & 1 \end{pmatrix}$，从 1 开始，发现$\pi(1)=2$,$\pi(2)=3$,

$\pi(3)=5$,$\pi(5)=8$,$\pi(8)=1$,于是得到轮换$(1, 2, 3, 5, 8)$；再从$\{1, 2, 3, 4, 5, 6, 7, 8\} \backslash \{1, 2, 3, 5,$ $8\}$选择 4，由$\pi(4)=7$,$\pi(7)=6$,$\pi(6)=4$得到轮换$(4, 7, 6)$。因此，π可以分解为$\pi=(1, 2, 3, 5, 8) \circ (4, 7, 6)$。

定义 5.17　设A为有限集合，n为一确定正整数，则A^*到A^n的函数$H:A^* \to A^n$可称作一个**哈希函数（hash function）**。

哈希函数也称**散列函数**或**杂凑函数**，可以将任意长度的输入数据（字符串）打乱、混合、压缩，映射成一个定长的输出字符串，于是创建一个叫做"摘要"的数字"指纹"，使得数据量变小，并将数据的格式固定下来。

虽然广泛地讲，每个A^*到A^n的函数都可以称作哈希函数，但是并非所有这样的函数都是"好"的哈希函数，更不都是适合实际应用的哈希函数。一个好的哈希函数一般要满足以下两个要求：

（a）冲突尽可能少。由于A^*是无限集合，而A^n是有限集合，因此H必定不是单射（定理 5.2 的推论）。即必定存在不同的自变量产生相同的哈希值（即函数值），这种现象称为**冲突（collision）**或**碰撞**。好的哈希函数应尽可能减少冲突的出现。

（b）散列值应尽可能均匀地分布在整个值域范围内，这样可以减少冲突的发生。

【例 5.25】　假设$A=\{0, 1, 2, \cdots, 9\}$，则每一个非负整数都可以看作A^*中的一个元素，对于给定的正整数m，可定义函数f为$f(x)=x \bmod m$。则f是A^*到A^n的哈希函数（不一定是满射），其中$n = \lceil \log_{10} m \rceil$。

例如，学生的学号范围取值为 20120000 至 20122999，可取其模 1000 后的余数作为其哈希值（即学号的末 3 位）。

【例 5.26】　可以取输入数值的平方值的中间若干位作为哈希值。

具体地讲，哈希函数的输入是可变大小（任意长度）的消息m，输出是固定长度（如 64 比特）的摘要值$H(m)$。对于密码学中使用的安全哈希函数有如下要求：

- 快速性：已知m，计算$H(m)$是容易的。
- 单向性：已知$c=H(m)$，求m在计算上是不可行的。
- 弱抗碰撞性：对给定的消息m_1，找到另一个与之不同的消息m_2，使得$H(m_1)=H(m_2)$在计算上是不可行的。

- 强抗碰撞性：找到两个不同的消息 m_1 和 m_2，使得 $H(m_1)=H(m_2)$ 在计算上是不可行的。
- 敏感性：$c=H(m)$，c 的每一比特都与 m 的每一比特相关，并有高度敏感性，即每改变 m 的一比特，都将对 c 产生明显影响。

例 5.25 给出的哈希函数的例子在密码学上是不适用的。

*5.6 双射函数及集合的势

1638 年，伽利略（Galileo Galilei，1564—1642）在《关于两种新科学的对话》中借 3 个中世纪学者的对话指出：对于每个自然数，都有且只有一个平方数与之对应。于是就产生了一个问题：自然数和自然数的平方哪个多？或者更一般地讲：部分和全体哪个多？当时它不仅困惑了伽利略，也使许多数学家束手无策。

我们已经知道 $\mathbb{N} \subset \mathbb{Z} \subset \mathbb{Q} \subset \mathbb{R} \subset \mathbb{C}$，那么它们的元素哪个更"多"？还有没有比 $\mathbb{C}$ 元素更多的集合？

1874—1894 年间，康托（Cantor，1845—1918）圆满地解决了这个问题，其基本思想是"一一对应"。

定义 5.18 假设 A 和 B 是两个集合，如果存在 A 到 B 的双射，则称集合 A 与集合 B 是**等势**的，记作 $A \approx B$；或称 A 和 B 的**基数相等**，记作 $|A|=|B|$。

【例 5.27】由定理 5.2，集合 $A=\{a, b, c\}$ 和 $B=\{$李白，杜甫，白居易$\}$ 是等势的。

定理 5.14 集合族（即集合的集合）上的等势关系是一个等价关系。

证明. 设集合族为 S，对任意的集合 $A, B \in S$ 有

（1）等势关系具有自反性：集合 A 上的恒等函数 I_A 给出了 A 到 A 的双射函数。

（2）等势关系具有对称性：假设 $A \approx B$，则存在 A 到 B 的一个双射函数 f。于是由定理 5.8，f^{-1} 给出了 B 到 A 的双射函数，即 $B \approx A$。

（3）等势关系具有传递性：假设 $A \approx B$ 且 $B \approx C$，即存在 A 到 B 的双射函数 f、B 到 C 的双射函数 g，则 $g \circ f$ 给出了 A 到 C 的双射函数，即 $A \approx C$。   □

如果两个有限集合的元素个数是相同的，由定理 5.2，必定存在两个集合之间的双射函数，因此它们一定是等势的；而如果两个有限集合的元素个数是不同的，必定不存在两个集合之间的双射函数，因此它们一定是不等势的。因此对于有限集合，可以按其元素个数划分为不同的等价类。

下面将主要讨论有限集合和无限集合之间的等势关系，以及无限集合之间的等势关系。

定理 5.15 有限集合不能与其任意真子集等势。

证明. 设 B 为有限集合 A 的真子集，则有 $|A|>|B|$。由定理 5.2，不存在集合 B 到集合 A 的双射函数，故 A 与 B 不等势。   □

【例 5.28】   自然数集 $\mathbb{N}=\{0, 1, 2, \cdots\}$ 和集合 $\{x^2 \mid x \in \mathbb{N}\}=\{0,1,4,9,\cdots\}$ 是等势的，双射函数为 $f(x)=x^2$。这样就回答了伽利略的问题，也说明有时候部分和全体"一样大"。事

实上，可以证明任意无限集合必与其某个真子集等势，而这给出了无限集的本质（与定理 5.15 比较），经常用来作为无限集合的定义。

【例 5.29】 自然数集 $\mathbb{N} = \{0, 1, 2, \cdots\}$ 和整数集 $\mathbb{Z}$ 是等势的。双射函数为

$$f : \mathbb{N} \to \mathbb{Z}, f(n) = \begin{cases} -\dfrac{1+n}{2}, & \text{当} n \text{是奇数} \\ \dfrac{n}{2}, & \text{当} n \text{是偶数} \end{cases}$$

【例 5.30】 自然数集 $\mathbb{N} = \{0, 1, 2, \cdots\}$ 和集合 $\mathbb{N} \times \mathbb{N}$ 是等势的。

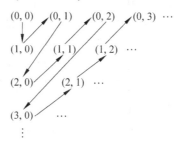

图 5.8 例 5.30 用图

如图 5.8 所示，将 $\mathbb{N} \times \mathbb{N}$ 中元素排成一个二维表格，而后沿箭头方向建立 $\mathbb{N} \times \mathbb{N}$ 和 $\mathbb{N}$ 的一一对应关系：$f(x, y) = \dfrac{(x+y)(x+y+1)}{2} + y$。

【例 5.31】 对于任意的实数 a、b，$a < b$，开区间 $(0, 1)$ 与 (a, b) 是等势的。双射函数为 $f(x) = (b-a)x + a$。

类似地，可以证明对于任意的实数 a、b，$a < b$，闭区间 $[0, 1]$ 与 $[a, b]$ 是等势的。

【例 5.32】 开区间 $(0, 1)$ 与闭区间 $[0, 1]$ 是等势的。主要是处理端点 0、1 的对应，选择一个无限序列 $\dfrac{1}{2}, \dfrac{1}{2^2}, \dfrac{1}{2^3}, \dfrac{1}{2^4}, \cdots$，建立以下对应关系：

$$\begin{array}{cccccc} 0 & 1 & \dfrac{1}{2} & \dfrac{1}{2^2} & \cdots & \dfrac{1}{2^i} & \cdots \\ \downarrow & \downarrow & \downarrow & \downarrow & & \downarrow \\ \dfrac{1}{2} & \dfrac{1}{2^2} & \dfrac{1}{2^3} & \dfrac{1}{2^4} & \cdots & \dfrac{1}{2^{i+2}} & \cdots \end{array}$$

其他的数对应到自己。具体地讲，双射函数 f 是

$$f(x) = \begin{cases} \dfrac{1}{2}, & x = 0 \\ \dfrac{1}{2^{i+2}}, & x = \dfrac{1}{2^i}, i = 0, 1, 2, \cdots \\ x, & \text{其他} \end{cases}$$

【例 5.33】 开区间 $(0, 1)$ 与实数集 $\mathbb{R}$ 是等势的。双射函数为 $f(x) = \tan\dfrac{(2x-1)\pi}{2}$。

【例 5.34】   开区间(0, 1)与(0, 1)×(0, 1)是等势的。

将每一个实数 $x \in (0, 1)$表示成无限小数形式 $x=0.x_1x_2 \cdots x_i \cdots$（例如 0.5 可表示成 0.4999$\cdots$，0.781 可表示为 0.780999$\cdots$）。

于是可以建立(0, 1)与(0, 1)×(0, 1)之间的双射：$f(0.x_1x_2x_3x_4x_5x_6 \cdots)=(0.x_1x_3x_5 \cdots,$ $0.x_2x_4x_6 \cdots)$，因此(0, 1)与(0, 1)×(0, 1)是等势的。

【例 5.35】   实数集$\mathbb{R}$与复实数集$\mathbb{C}$是等势的。

由例 5.33 和例 5.34 易得实数集$\mathbb{R}$和集合$\mathbb{R} \times \mathbb{R}$是等势的。而$\mathbb{C} \approx \mathbb{R} \times \mathbb{R}$，双射函数为$f(a+bi)=(a, b)$。故$\mathbb{R} \approx (0, 1) \approx (0, 1) \times (0, 1) \approx \mathbb{R} \times \mathbb{R} \approx \mathbb{C}$。

下面的问题是：自然数集$\mathbb{N}=\{0, 1, 2, \cdots\}$和实数集$\mathbb{R}$都是无限集合，它们是否等势？

定理 5.16   自然数集$\mathbb{N}=\{0, 1, 2, \cdots\}$和闭区间[0, 1]不等势。

证明. 采用反证法。假设存在一个双射函数 $f: \mathbb{N} \to [0,1]$，则[0,1]中的元素必与$\mathbb{N}$中的元素一一对应，那么[0,1]中的元素必可排列成如下的形式：

$$\text{Ran}(f)=[0, 1]=\{x_0, x_1, x_2, x_3, \cdots\}.$$

设每个 x_i 的小数形式是 $0.a_{i0}a_{i1}a_{i2} \cdots a_{ij} \cdots$，且 $a_{ij} \in \{0, 1, 2, \cdots, 9\}$。则有

$$f(0)=x_0=0.\,a_{00}a_{01}a_{02} \cdots a_{0j} \cdots$$
$$f(1)=x_1=0.\,a_{10}a_{11}a_{12} \cdots a_{1j} \cdots$$
$$f(2)=x_2=0.\,a_{20}a_{21}a_{22} \cdots a_{2j} \cdots$$
$$\vdots$$
$$f(i)=x_i=0.\,a_{i0}a_{i1}a_{i2} \cdots a_{ij} \cdots$$
$$\vdots$$

由于 f 是双射，因此任一[0,1]中的实数均应出现在上表中的某一行。

下面按照对角线构造一个新的小数 $x^*=0.a_{00}^*a_{11}^*a_{22}^*a_{33}^* \cdots a_{ii}^* \cdots$，使得 $a_{ii}^* \neq a_{ii}$ $(i=0,1,2,\cdots, n,\cdots)$且 $a_{ii}^* \neq 9$（这是为了避免出现 0.79999999$\cdots$等类似情况）。那么显然有 $x^* \in [0,1]$，而 x^* 又不在上表中，这是因为 x^* 与上表中任一项都至少存在一位不同。因此 f 不可能是满射，更不可能是双射。 □

结合例 5.32、例 5.33 和定理 5.16 的结果，可以得到如下推论。

推论   （康托定理，**1890** 年）自然数集$\mathbb{N}=\{0, 1, 2, ...\}$和实数集$\mathbb{R}$不等势。

对于不等势的集合，有如下定义。

定义 5.19   假设 A 和 B 是两个集合。

（a）如果存在 A 到 B 的单射，则称集合 A **劣势**于集合 B，记作 $A \leq B$；或称 A 的基数小于等于 B 的基数，记作$|A| \leq |B|$。

（b）如果存在 A 到 B 的单射，但不存在 A 到 B 的双射，则称集合 A **严格劣势**于集合 B，记作 $A<B$；或称 A 的基数小于 B 的基数，记作$|A|<|B|$。

定义 5.20   与自然数集合或其子集等势的集合称为**可数（countable）集合**或可列集合，自然数集合的基数记为$\aleph_0$(读作阿列夫零)；否则称作**不可数（uncountable）集合**或不可列集合。换言之，设 A 是集合，若$|A| \leq \aleph_0$，则称 A 为可数集或可列集。

定义 5.21   全体实数构成的集合$\mathbb{R}$是不可数的，其基数称作**连续统（continuum）**。

【例 5.36】   集合 $A=\{1, 3, 5, \cdots, 2n-1, \cdots\}$，$B=\{1, 4, 9, 16\}$都是可数集；而开区间(0, 1)、

闭区间[0, 1]都是不可数集合。

以下不加证明地给出两个重要结果。

定理 5.17 (策梅罗(Zermelo)定理)设 A、B 为任意两个集合，其基数的关系必符合以下 3 条之一：

（a）$|A|<|B|$。

（b）$|A|>|B|$。

（c）$|A|=|B|$。

定理 5.18 （康托-伯恩斯坦-施罗德（Cantor–Bernstein–Schroeder）定理）设 A, B 为任意两个集合，若有 $|A|\leq|B|$ 且 $|B|\leq|A|$，则有 $|A|=|B|$。

由定理 5.17 可以得到如下结论。

定理 5.19 $\mathbb{Q}\approx\mathbb{N}$。

证明.（1）$f(x)=x$ 给出了 $\mathbb{N}$ 到 $\mathbb{Q}$ 的单射函数，因此 $\mathbb{N}\leq\mathbb{Q}$。

（2）由 $\mathbb{N}\approx\mathbb{Z}$，容易证明 $\mathbb{N}\times\mathbb{N}\approx\mathbb{Z}\times\mathbb{N}$。构造单射函数 f，其将 0 映到 $(0, 0)$，将非零有理数 $\dfrac{b}{a}$（其中 $b\in\mathbb{Z}$，$a\in\mathbb{N}$，GCD$(a, b)=1$）映到 (b, a)，因此 $\mathbb{Q}\leq\mathbb{Z}\times\mathbb{N}$。

由（1）、（2）和例 5.30 可得 $\mathbb{Q}\approx\mathbb{N}$。$\qquad\blacksquare$

定理 5.20 （康托定理，**1890** 年）设 A 为一个集合，$\mathscr{P}(A)$ 为 A 的幂集，则有 $|A|<|\mathscr{P}(A)|$。

证明. 对任一函数 $g: A\to\mathscr{P}(A)$，构造集合 $B=\{x|x\in A$ 且 $x\notin g(x)\}$。显然有 $B\subseteq A$，即 $B\in\mathscr{P}(A)$。

对任意的 $x\in A$，若 $x\in B$ 则 $x\notin g(x)$，因此 $B\neq g(x)$）。这说明 $B\notin\text{Ran}(g)$，即 g 不是满射，当然也不是双射。因此不存在双射函数 $g: A\to\mathscr{P}(A)$。$\qquad\blacksquare$

此定理说明不存在最大基数。

对于自然数集合 $\mathbb{N}$，其幂集的基数有何特点呢？

定理 5.21 $|\mathscr{P}(\mathbb{N})|=|\mathbb{R}|$。

由例 5.28 至例 5.35 及定理 5.20、定理 5.21 可得到如下结论：

$\mathbb{N}\times\mathbb{N}\approx\mathbb{Q}\approx\mathbb{Z}\approx\mathbb{N}<\mathscr{P}(\mathbb{N})\approx\mathbb{R}\approx[a, b]\approx(a, b)\approx\mathbb{C}$（其中 a、b 为任意实数，$a<b$）。

1878 年，康托猜测：不存在一个集合，其基数在自然数集的基数和连续统之间，即不存在集合 A 使得 $\aleph_0<|A|<|\mathbb{R}|$，这就是著名的**连续统假设（continuum hypothesis）**。在 1900 年第二届国际数学家大会上，大卫·希尔伯特（David Hilbert，1862—1943）把康托尔的连续统假设列入 20 世纪有待解决的 23 个重要数学问题之首，因此它又被称为**希尔伯特第一问题**。

1938 年哥德尔（Kurt Gödel，1906—1978）证明了连续统假设与目前使用的公理化集合论体系（Zermelo–Fraenkel set theory with the axiom of choice，ZFC）不矛盾，即不能在 ZFC 中被证伪；1963 年科恩（Paul Joseph Cohen，1934—2007）证明连续假设和 ZFC 是彼此独立的，即连续统假设不能在 ZFC 公理系统内证明其正确性与否。

习 题 5

5.1 判断以下哪些 $A=\{1,2,3,4\}$ 上的关系构成函数。

（a）$R=\{(x,y)\mid x\in A, y\in A, y+x<7\}$。

（b）$R=\{(x,y)\mid x\in A, y\in A, x^2+y^2\leqslant 20\}$。

（c）$R=\{(x,y)\mid x\in A, y\in A, y=x^2\}$。

（d）$R=\{(x,y)\mid x\in A, y\in A, x=y^2\}$。

5.2 判断以下哪些 $A=\{a,b,c\}$ 上的关系构成函数，哪些构成 A 上的函数。

（a）$R=\{(a,b),(a,c),(b,b),(b,a)\}$。

（b）$R=\{(a,b),(b,b)\}$。

（c）$R=\{(a,b),(b,b),(c,c)\}$。

5.3 判断以下哪些关系 f 是 A 到 B 的函数。

（a）$A=B=\mathbb{R}$，xfy 当且仅当 $x^2=y^2$。

（b）$A=B=\mathbb{R}$，xfy 当且仅当 $x^3=y^3$。

（c）$A=B=\mathbb{C}$，$(a+bi)f(c+di)$ 当且仅当 $a=c$。

5.4 假设 f 和 g 都是集合 A 到集合 B 的函数，证明：$f\cap g$ 也是函数。

5.5 将集合 A 到集合 B 的所有函数的集合记为 B^A，称为**指数集**，即 $B^A=\{f\mid f: A\rightarrow B\}$。如果设 A、B 都是有限集合，$|A|=m$，$|B|=n$，请计算 $|B^A|$。

5.6 设 $f: \mathbb{Z}^+\rightarrow\mathbb{Z}^+$，定义为

$$f(x)=\begin{cases} x/2, & \text{若}x\text{为偶数} \\ x+1, & \text{若}x\text{为奇数} \end{cases}$$

令 $A=\{0,1\}$，$B=\{2\}$，计算 $f(A)$、$f(B)$。

5.7 设 $f: A\rightarrow B$，$B_1\subseteq B$，证明：$f(A\cap f^{-1}(B_1))=f(A)\cap B_1$。

5.8 若 f 是 X 到 Y 的函数，$A,B\subseteq X$。证明：$f(A)-f(B)\subseteq f(A-B)$。

5.9 设 f 是从集合 X 到 Y 的函数，f^{-1} 是 f 作为关系的逆关系。令 $S=\{f^{-1}(\{y\})\mid y\in Y\}$，证明：$S$ 是 X 的一个划分。

5.10 假设集合 $A=\{a,b,c,d,e,f\}$ 上划分 $\{\{a,b,c\},\{d,e\},\{f\}\}$ 决定的等价关系为 R，计算 A/R 的典范映射。

5.11 （a）给出一个 $\mathbb{Z}^+$ 到 $\mathbb{Z}^+$ 的既非单射又非满射的函数的例子。

（b）给出一个 $\mathbb{Z}^+$ 到 $\mathbb{Z}^+$ 的是单射但不是满射的函数的例子。

（c）给出一个 $\mathbb{Z}^+$ 到 $\mathbb{Z}^+$ 的非单射但是是满射的函数的例子。

（d）给出一个 $\mathbb{Z}^+$ 到 $\mathbb{Z}^+$ 的既是单射又是满射的函数的例子。

5.12 判断下面的函数是否为单射、满射、双射？为什么？

（a）$f: \mathbb{Z}^+\rightarrow\mathbb{R}$，$f(x)=\ln x$。

（b）$f: \mathbb{R}\rightarrow\mathbb{R}$，$f(x)=|x|$。

（c）$f: \mathbb{R}^+\rightarrow\mathbb{R}^+$，$f(x)=(x^2+1)/x$，其中 $\mathbb{R}^+$ 为正实数集。

（d）$f: \mathbb{N}\times\mathbb{N}\rightarrow\mathbb{N}$，$f(x,y)=x+y+1$。

（e）f:　$\mathbb{N} \times \mathbb{N} \rightarrow \mathbb{N} \times \mathbb{N}$，$f(x, y)=(x+y, x-y)$。

5.13　证明函数 f:　$\mathbb{Z}^+ \times \mathbb{Z}^+ \rightarrow \mathbb{Z}^+$ 是双射，其中 $f(m, n)=(m+n-2)(m+n-1)/2+m$。

5.14　证明定理 5.1。

5.15　证明定理 5.2。

5.16　假设 A 和 B 是两个有限集，函数 f:　$A \rightarrow B$，证明：

（a）若 f 是单射，则 $|A| \leqslant |B|$。

（b）若 f 是满射，则 $|B| \leqslant |A|$。

5.17　对于任意 $a \in \mathbb{R}$，定义函数 $f(a)=\{x | x \in \mathbb{R}$ 且 $x \leqslant a\}$，证明：f 是 $\mathbb{R}$ 到 $\mathscr{P}(\mathbb{R})$ 的单射，且当 $a \leqslant b$ 时，$f(a) \subseteq f(b)$。

5.18　设 A 是有限集合，$f: A \rightarrow A$，证明：

（a）若有自然数 $n \geqslant 1$ 使得 $f^n=1_A$，则 f 为双射。

（b）若 f 为双射，则有自然数 $n \geqslant 1$ 使得 $f^n=1_A$。

5.19　设 A、B 都是有限集合，$|A|=m$，$|B|=n$，请计算集合 A 到集合 B 的所有单射函数的个数。

5.20　设 A、B 都是有限集合，$|A|=|B|=n$，请计算集合 A 到集合 B 的所有双射函数的个数。

5.21　设 A 是集合，对于 $a \in A$，定义从 A 到 A 的函数到 A 的计值函数 E_a 为 $E_a(f)=f(a)$。

（a）E_a 是单射么？证明你的结论。

（b）E_a 是满射么？证明你的结论。

5.22　假设有函数 $f: A \rightarrow B$，$g: C \rightarrow D$。

（a）$A \times C$ 到 $B \times D$ 的关系 $f \times g$ 定义为 $f \times g((x, y))=(f(x), g(y))$，证明：$f \times g$ 是 $A \times C$ 到 $B \times D$ 的函数。

（b）证明：若 f 和 g 都是单射，则 $f \times g$ 也是单射。

（c）证明：若 f 和 g 都是满射，则 $f \times g$ 也是满射。

（d）证明：若 f 和 g 都是双射，则 $f \times g$ 也是双射。

5.23　假设 $f: A \rightarrow B$，$C, D \subseteq A$。

（a）证明：$f(C \cap D) \subseteq f(C) \cap f(D)$。

（b）举例说明 $f(C \cap D)=f(C) \cap f(D)$ 不是永真的。

（c）说明对于什么函数上述等式为真。

5.24　对于以下集合 A 和 B，构造从 A 到 B 的双射函数。

（a）$A=(0, 1)$，$B=(5, 25)$（二者都是实数集上的开区间）。

（b）$A=\{a, b, c\}$，$B=\{张三, 李四, 王五\}$。

（c）$A=\mathbb{R}$，$B=\mathbb{R}^+$。

5.25　设 a、b、m 为整数，其中 $m>1$。证明：

$$E(i)=(ai+b) \bmod m$$

是 $\{1, 2, \cdots, m-1\}$ 上的双射函数当且仅当 a 与 m 互素。

5.26　假设 $f=\{(a, \alpha), (b, \alpha), (c, \beta)\}$，$g=\{(\alpha, 0), (\beta, 1)\}$，计算 $g \circ f$。

5.27　设函数 f:　$\mathbb{R} \rightarrow \mathbb{R}$ 定义为 $f(x)=\sin(x)$，g:　$\mathbb{R} \rightarrow \mathbb{R}$ 定义为 $g(x)=x^3-1$，h:　$\mathbb{R} \rightarrow \mathbb{R}$ 定义为 $h(x)=2^x$，计算 $g \circ f(x)$、$f \circ g(x)$、$h \circ g \circ f(x)$。

5.28 设函数 $f: \mathbb{R} \to \mathbb{R}$ 定义为 $f(x)=256\,x$，$g: \mathbb{R} \to \mathbb{R}$ 定义为 $g(x)=2^x$，$h: \mathbb{R} \to \mathbb{R}$ 定义为 $h(x)=x^3$，计算 $g{\circ}f(x)$、$f{\circ}g(x)$、$h{\circ}g{\circ}f(x)$。

5.29 设函数 $f: \mathbb{R} \to \mathbb{R}$，$f(x)=\begin{cases} x^2, & x \geqslant 3 \\ -2, & x < 3 \end{cases}$；$g: \mathbb{R} \to \mathbb{R}$，$g(x)=x+2$。计算 $f{\circ}g$ 和 $g{\circ}f$。

5.30 设函数 $f: \mathbb{R} \to \mathbb{R}$，$f(x)=\begin{cases} 0, & x > 1 \\ x^2, & x \leqslant 1 \end{cases}$；$g: \mathbb{R} \to \mathbb{R}$，$g(x)=x-2$。计算 $f{\circ}g$ 和 $g{\circ}f$。

5.31 设 $f: \mathbb{Z}^+ \to \mathbb{Z}^+$，定义为

$$f(x)=\begin{cases} x/2, & \text{若} x \text{为偶数} \\ x+1, & \text{若} x \text{为奇数} \end{cases}$$

计算 $f^4(15)$、$f^6(65)$。

5.32 假设有两个 $\mathbb{Z}^+$ 到 $\mathbb{Z}^+$ 的函数：$f(n)=n+1$，$g(n)=\max(1, n-1)$，证明：

（a）f 是单射而不是满射。

（b）g 是满射而不是单射。

（c）$g{\circ}f=1_{\mathbb{Z}^+}$，而 $f{\circ}g \neq 1_{\mathbb{Z}^+}$。

5.33 假设 A、B 为集合，函数 $f: A \to B, g: B \to A, h: B \to A$，且满足 $g{\circ}f=h{\circ}f=1_A$，$f{\circ}g=f{\circ}h=1_B$。证明：$g=h$。

5.34 假设 A、B、C 为集合，函数 $f: A \to B, g: B \to C$，举出满足以下性质的例子。

（a）$g{\circ}f$ 是单射，而 g 不是单射。

（b）$g{\circ}f$ 是满射，而 f 不是满射。

（c）$g{\circ}f$ 是双射，而 g 不是单射且 f 不是满射。

5.35 设 $A=\{1, 2, 3, 4\}$，求出 A 上所有的可逆函数。

5.36 设函数 $f: \mathbb{R} \to \mathbb{R}$，$f(x)=\begin{cases} x^2, & x \geqslant 3 \\ 9, & x < 3 \end{cases}$；$g: \mathbb{R} \to \mathbb{R}$，$g(x)=x+2$。如果 f 和 g 存在逆函数，则求出它们的逆函数；如果不存在逆函数，请说明理由。

5.37 设函数 $f: \mathbb{R} \times \mathbb{R} \to \mathbb{R} \times \mathbb{R}$ 定义为 $f(x, y)=(x+y, x-y)$。

（a）证明：f 是双射。

（b）求 f 的逆函数。

（c）求 $f{\circ}f$。

5.38 设 $f_1, f_2, f_3: \mathbb{Z}^+ \to \mathbb{Z}^+$ 定义为

$$f_1(n)=2n$$
$$f_2(n)=\begin{cases} 0, & n=0 \text{ 或 } n=1 \\ n-1, & n>1 \end{cases}$$
$$f_3(n)=\begin{cases} n-1, & n \bmod 2 = 0 \\ n+1, & n \bmod 2 = 1 \end{cases}$$

分析 f_1、f_2、f_3 是否为单射、满射、双射，说明 f_1、f_2、f_3 是否可逆。

5.39 试举出一个例子说明 $f{\circ}f = f$ 成立，其中 $f: A \to A$ 且 $f \neq 1_A$。若 f 的逆函数存在，是否还存在满足条件的 f？

5.40　设 $f: A \to B$，$g: B \to C$，$h: C \to A$；若 $h \circ g \circ f = 1_A$，$f \circ h \circ g = 1_B$，$g \circ f \circ h = 1_C$。
证明：f、g、h 均为双射。

5.41　假设 $U=\{1, 2, 3, 4, 5, 6, 7, 8\}$，$A=\{2, 3, 5, 7\}$，$B=\{1, 2, 4, 8\}$，计算特征函数 χ_A、χ_B。
用 0-1 序列表示集合 $A \cap B$、$A \cup B$、$A-B$、$\bar{A}$、$\bar{B}$、$A \oplus B$。

5.42　证明定理 5.10。

5.43　证明定理 5.11。

5.44　假设 A、B、C 为非空集合，使用特征函数证明：

（a）$(A \oplus B) \oplus C = A \oplus (B \oplus C)$。

（b）$A-(B \cup C)=(A-B) \cap (A-C)$。

（c）$A \cup (A \cap B) = A$。

5.45　计算 $\lceil 2.7 \rceil$，$\lceil -2.7 \rceil$，$\lceil 14 \rceil$，$\lceil -14 \rceil$，$\lceil \pi \rceil$。

5.46　计算 $\lfloor 2.7 \rfloor$，$\lfloor -2.7 \rfloor$，$\lfloor 14 \rfloor$，$\lfloor -14 \rfloor$，$\lfloor \pi \rfloor$。

5.47　证明：若 n 是整数，则 $n = \lceil n/2 \rceil + \lfloor n/2 \rfloor$。

5.48　（a）对于哪些实数 x、y 而言，$\lfloor x+y \rfloor = \lfloor x \rfloor + \lfloor y \rfloor$？

（b）对于哪些实数 x、y 而言，$\lceil x+y \rceil = \lceil x \rceil + \lceil y \rceil$？

（c）对于哪些实数 x、y 而言，$\lceil x+y \rceil = \lceil x \rceil + \lfloor y \rfloor$？

5.49　证明：对于任一整数 n，$\lfloor n/2 \rfloor \times \lceil n/2 \rceil = \lfloor n^2/4 \rfloor$ 成立。

5.50　证明：若 n 是奇数，则 $\lceil n^2/4 \rceil = (n^2+3)/4$。

5.51　证明：若 m 是整数而 x 非整数，则 $\lfloor x \rfloor + \lfloor m-x \rfloor = m-1$；若 x 也是整数，则等于 m。

5.52　证明：若 x 是实数，则 $\lfloor \lfloor x/2 \rfloor / 2 \rfloor = \lfloor x/4 \rfloor$，$\lceil \lceil x/2 \rceil / 2 \rceil = \lceil x/4 \rceil$。

5.53　当 m 是正整数时，求 $\sum_{k=0}^{m} \lfloor \sqrt{k} \rfloor$ 的公式。

5.54　证明：设 a、b 是任意两个实数，则

（a）$\lfloor 2a \rfloor \geq 2 \lfloor a \rfloor$。

（b）$\lfloor 2a \rfloor + \lfloor 2b \rfloor \geq \lfloor a \rfloor + \lfloor a+b \rfloor + \lfloor b \rfloor$。

（c）$\lfloor a \rfloor + \lfloor b \rfloor = \lfloor a-b \rfloor$ 或 $\lfloor a-b \rfloor + 1$。

5.55　证明：设 a 是实数，n 是正整数，则

（a）$\left\lfloor \dfrac{\lfloor na \rfloor}{n} \right\rfloor = \lfloor a \rfloor$。

（b）$\lfloor a \rfloor + \left\lfloor a + \dfrac{1}{n} \right\rfloor + \cdots + \left\lfloor a + \dfrac{n-1}{n} \right\rfloor = \lfloor na \rfloor$。

5.56　如果 a_n 表示不是完全平方的第 n 个正整数，证明：

（a）$a_n = n + \lfloor \sqrt{a_n} \rfloor$。

（b）$a_n = n + \{ \sqrt{n} \}$，其中 $\{x\}$ 表示最接近于实数 x 的整数。

5.57　在 7 个元素的集合中，共有多少种不同的 7 阶置换？

5.58 设 $A=\{1, 2, 3, 4, 5, 6\}$，$\pi_1 = \begin{pmatrix} 1 & 2 & 3 & 4 & 5 & 6 \\ 3 & 4 & 1 & 2 & 6 & 5 \end{pmatrix}$，$\pi_2 = \begin{pmatrix} 1 & 2 & 3 & 4 & 5 & 6 \\ 2 & 3 & 1 & 5 & 4 & 6 \end{pmatrix}$，

$\pi_3 = \begin{pmatrix} 1 & 2 & 3 & 4 & 5 & 6 \\ 6 & 3 & 2 & 5 & 4 & 1 \end{pmatrix}$，计算 π_1^{-1}，π_2^{-1}，$\pi_2 \circ \pi_1$，$\pi_1 \circ \pi_2$，$(\pi_1 \circ \pi_2) \circ \pi_3$，

$\pi_1 \circ (\pi_2 \circ \pi_3)^{-1}$。

5.59 证明定理 5.13。

5.60 设 $A=\{1, 2, 3, 4, 5, 6, 7, 8\}$，计算

（a）$(3, 5, 7, 8) \circ (1, 3, 2)$。

（b）$(2, 6) \circ (3, 5, 7, 8) \circ (2, 5, 3, 4)$。

（c）$(1, 4) \circ (2, 4, 5, 6) \circ (1, 4, 6, 7)$。

（d）$(5, 8) \circ (1, 2, 3, 4) \circ (3, 5, 6, 7)$。

5.61 设 $A=\{1, 2, 3, 4, 5, 6, 7, 8\}$，将以下的置换写成不相交轮换的复合：

（a）$\begin{pmatrix} 1 & 2 & 3 & 4 & 5 & 6 & 7 & 8 \\ 4 & 3 & 2 & 5 & 1 & 8 & 7 & 6 \end{pmatrix}$。

（b）$\begin{pmatrix} 1 & 2 & 3 & 4 & 5 & 6 & 7 & 8 \\ 6 & 5 & 7 & 8 & 4 & 3 & 2 & 1 \end{pmatrix}$。

（c）$\begin{pmatrix} 1 & 2 & 3 & 4 & 5 & 6 & 7 & 8 \\ 2 & 3 & 4 & 1 & 7 & 6 & 8 & 5 \end{pmatrix}$。

（d）$\begin{pmatrix} 1 & 2 & 3 & 4 & 5 & 6 & 7 & 8 \\ 2 & 3 & 1 & 4 & 6 & 7 & 8 & 5 \end{pmatrix}$。

5.62 将 $(4, 5, 6) \circ (5, 6, 7) \circ (6, 7, 1) \circ (1, 2, 3) \circ (2, 3, 4) \circ (3, 4, 5)$ 写成不相交轮换的复合。

5.63 设 $A=\{1, 2, 3, 4, 5, 6\}$，$\pi = \begin{pmatrix} 1 & 2 & 3 & 4 & 5 & 6 \\ 4 & 3 & 5 & 1 & 2 & 6 \end{pmatrix}$。

（a）将 π 写成不相交轮换的复合。

（b）计算 π^{-1}。

（c）计算 π^2。

（d）求 π 的周期。

5.64 假设有限集合 S 包含 n 个元素，$\sigma=(a_1, a_2, \cdots, a_r)$ 是 S 的一个轮换，$\tau \in \mathbf{S}_n$，证明：$\tau \circ \sigma \circ \tau^{-1} = (\tau(a_1), \tau(a_2), \cdots, \tau(a_r))$。

5.65 假设有限集合 S 包含 n 个元素，$\sigma=(a_1, a_2, \cdots, a_r)$ 是 S 的一个轮换。

（a）给出 σ 的逆 σ^{-1}。

（b）计算 σ 的幂 σ^n。

（c）计算 σ 的周期 $\mathrm{per}(\sigma)$。

5.66 若置换 π 可写成不相交轮换的复合为 $\pi=\sigma_1 \circ \sigma_2 \circ \cdots \circ \sigma_k$，请计算 π 的周期 $\mathrm{per}(\pi)$。

5.67 说明例 5.25、例 5.26 给出的哈希函数的例子在密码学上是不适用的。

5.68 证明：$\mathbb{Z}$ 和 $2\mathbb{Z} = \{2x \mid x \in \mathbb{Z}\} = \{0, 2, -2, 4, -4, \cdots\}$ 是等势的。

5.69 证明：开区间 $(0, 1)$ 和半开半闭区间 $[0, 1)$ 是等势的。

5.70 证明：实数集 $\mathbb{R}$ 和正实数集 $\mathbb{R}^+$ 是等势的。

5.71 设 A、B、C 是任意的集合，证明：

（a）$A \leqslant A$；

（b）若 $A \leqslant B$ 且 $B \leqslant C$，则 $A \leqslant C$。

5.72 设 A、B、C、D 是任意的集合，若 $A \approx B$ 且 $C \approx D$，证明：$A \times C \approx B \times D$。

5.73 若 $A \subseteq B \subseteq C$，且 $A \approx C$。证明：$|A| = |B| = |C|$。

5.74 找出 $\mathbb{N}$ 的 3 个不同的子集，使得它们都与 $\mathbb{N}$ 等势。

5.75 设 A 是有限集，B 是可数集，证明：$A \times B$ 是可数集。

5.76 计算下述集合的基数。

（a）$\{x, y, z\}$。

（b）$\{x \mid x = n^{100}$ 且 $n \in \mathbb{N}\}$。

（c）平面直角坐标系中单位圆上的所有点。

5.77 证明：全体整系数多项式组成的集合是可数集。

5.78 称整系数 n 次不可约多项式方程

$$a_0 x^n + a_1 x^{n-1} + \ldots + a_{n-1} x^1 + a_n = 0 \qquad (a_0 \neq 0)$$

的实数根为 n 次**代数数**（**algebraic integer**）。证明：全体代数数组成的集合是可数集。

5.79 通常称不是代数数的实数为**超越数**（**transcendental number**）。证明：全体超越数组成的集合是不可数集，而且与 $\mathbb{R}$ 等势。

第6章

偏序关系

"次序"是我们经常遇到的一种关系，如体育比赛中的排名、姓氏笔画的排序等等，本章即是要研究一类与"次序"有关的重要关系——偏序关系，继而建立元素之间的可比结构。

本章主要介绍偏序关系和偏序集、哈斯图、偏序集中的特殊元素、拓扑排序、格的基本概念和一些特殊的格。

6.1 偏序关系和偏序集

6.1.1 偏序关系和偏序集的定义与性质

从例 4.32、例 4.35、例 4.36 中可以看到实数间的小于或等于关系、整数间的整除关系、集合之间的包含关系都具有类似的性质：自反性、反对称性和传递性。事实上它们都属于同一类特殊关系——偏序关系，它和等价关系同为很重要的关系。

定义 6.1 假设 R 是集合 A 上的关系，如果 R 是自反的、反对称的和传递的，则称 R 是 A 上的一个**偏序**（**partial order**）或**半序**（**semi order**）关系，一般简记作"≤"或"≥"。集合 A 和偏序关系 R 构成的有序二元组(A, R)称作**偏序集**（**partially ordered set**，简记为 **poset**）或**半序集**（**semi ordered set**）。

【**例 6.1**】

（a）任意非空集合 A 上的恒等关系 I_A 是 A 上的偏序关系。

（b）小于或等于关系、大于或等于关系、整除关系、倍数关系和包含关系也是相应集合上的偏序关系。

（c）设 n 是正整数，$\mathbf{D}_n$ 是 n 所有正因子的集合，则 $\mathbf{D}_n$ 上的整除关系 "|" 是一个偏序关系，在本书中将该偏序集记作$(\mathbf{D}_n, |)$。

定理 6.1 假设$(A, \leq)$是偏序集，$B \subseteq A$，则$(B, \leq|_B)$也是偏序集。

证明. 由定义易得。 □

定理 6.2 若 R 为 A 上的偏序关系，则 R^{-1} 也是 A 上的偏序关系，称之为 R 的**对偶**（**dual**）。

证明. 由表 4.7，如果 R 是自反的、反对称的和传递的，则 R^{-1} 也是自反的、反对称的和传递的，即也是一个偏序关系。 □

【**例 6.2**】 实数集 $\mathbb{R}$ 上的小于或等于关系 "≤" 是偏序关系，其对偶偏序关系为大于或等于关系"≥"。

定义 6.2 假设(A, R)为偏序集，$a, b \in A$，如果$a \leq b$或$b \leq a$成立，则称a、b是**可比的**（**comparable**），否则称a、b是**不可比的**（**incomparable**）。

定义 6.3 假设(A, R)为偏序集，如果对于任意$a, b \in A$，a、b都是可比的，则称R为**线序**（**linear order**）或**全序**（**total order**），(A, R)称作**线序集**（**linearly ordered set**）或**全序集**（**totally ordered set**），也称为**链**（**chain**）。

【**例 6.3**】

（a）集合A至少有两个元素时，A上的恒等关系I_A不是全序关系。

（b）实数集$\mathbb{R}$上的小于或等于关系是全序关系。

（c）整数集$\mathbb{Z}$上的整除关系不是全序关系，例如 2 和 3 就不可比。

（d）集合A至少有两个元素时，$\mathcal{P}(A)$上的包含关系不是全序关系。

由例 4.32~4.35 中看到，任意集合A的幂集$\mathcal{P}(A)$上的真包含关系与包含关系定义类似，但是不是偏序关系；实数上的小于和小于或等于关系定义类似，但也不是偏序关系。事实上，它们属于另一类特殊关系：

定义 6.4 假设R是集合A上的关系，如果R是非自反的和传递的，则称R是A上的一个**拟序**（**quasiorder**）关系，一般简记作"<"或">"。

定理 6.3 假设R是集合A上的关系，如果R是非自反和传递的，则R一定是非对称的。

证明.（反证法）假设R不是非对称的，则存在$a, b \in A$，使得$(a, b) \in R$且$(b, a) \in R$，由R具有传递性则得到$(a, a) \in R$，与R具有非自反性矛盾。　　　□

下述定理指明了偏序关系和拟序关系之间的联系。

定理 6.4 假设R是集合A上的关系。

（a）如果R是一个拟序关系，那么$r(R) = R \cup I_A$是一个偏序关系。

（b）如果R是一个偏序关系，那么$R - I_A$是一个拟序关系。

由此，若$(A, \leq)$为偏序集，则用$a < b$表示$a \leq b$且$a \neq b$。

定义 6.5 假设$(A, \leq)$和$(A', \leq')$是两个偏序集，函数$f: A \to A'$是双射，若对于任意$a, b \in A$，$a \leq b$当且仅当$f(a) \leq' f(b)$，则称f为$(A, \leq)$到$(A', \leq')$的一个**同构**（**isomorphism**），此时称$(A, \leq)$和$(A', \leq')$是**同构的**（**isomorphic**）。

【**例 6.4**】 函数$f(x) = 2^x$给出了$(\mathbb{Z}^+, \leq)$和$(\{2^i \mid i \in \mathbb{Z}^+\}, |)$之间的同构。

【**例 6.5**】 函数$f(x) = \ln x$给出了$(\mathbb{R}^+, \leq)$和$(\mathbb{R}, \leq)$之间的同构。

定理 6.5 假设$(A, \leq)$和$(A', \leq')$是两个偏序集，若函数$f: A \to A'$是$(A, \leq)$到$(A', \leq')$的一个同构，则f^{-1}是$(A', \leq')$到$(A, \leq)$的一个同构。

证明. 由定理 5.8，f^{-1}是双射。接下来只需证明对任意$c, d \in A'$，$c \leq d$当且仅当$f^{-1}(c) \leq f^{-1}(d)$。

由定义 6.5，$f^{-1}(c) \leq f^{-1}(d)$当且仅当$f(f^{-1}(c)) \leq f(f^{-1}(d))$，即$c \leq d$。　　　□

假设$f: A \to A'$是偏序集$(A, \leq)$和$(A', \leq')$之间的一个同构，B是A的一个子集且$B' = f(B)$，则由同构的定义易得以下定理。

定理 6.6 （对应原理）如果B中元素满足某性质，该性质与A中的一个或多个元素相关联，而且这个性质可以只使用关系≤来定义，则 B' 的元素也必然满足同样的性质，这个性质使用关系≤'来定义。

6.1.2 积偏序和字典序

定义 6.6 假设 $(A, \leq_1)$ 和 $(B, \leq_2)$ 是两个偏序集，则可以定义在 $A \times B$ 上的偏序关系≤为

$$(a, b) \leq (a', b') 当且仅当 a \leq_1 a' 且 b \leq_2 b'$$

称之为积偏序（**product partial order**），记为 $(A \times B, \leq) = (A, \leq_1) \times (B, \leq_2)$。

【例 6.6】 $(\mathbf{D}_3, |) \times (\mathbf{D}_2, |)$ 构成偏序集，$(a, b) \leq (c, d)$ 当且仅当 $a|c$ 且 $b|d$。而且 $(\mathbf{D}_3, |) \times (\mathbf{D}_2, |)$ 与 $(\mathbf{D}_6, |)$ 同构，双射函数是 $f((a, b)) = a \times b$。

此外，在集合 $A \times B$ 上还有一种常用的偏序定义方式。

定义 6.7 假设 $(A, \leq_1)$ 和 $(B, \leq_2)$ 是两个偏序集，则可以在 $A \times B$ 上定义偏序关系≺为

$$(a, b) \prec (a', b') 当且仅当 a <_1 a'，或者 a=a' 且 b \leq_2 b'$$

称之为词典序（**lexicographic order**）或字典序（**dictionary order**）。

词典序也可以扩展到 m 个集合的笛卡儿积 $A_1 \times A_2 \times \cdots \times A_m$ 上：$(a_1, a_2, \cdots, a_m) \prec (a_1', a_2', \cdots, a_m')$ 当且仅当

$$a_1 < a_1'，或$$
$$a_1 = a_1' 且 a_2 < a_2'，或$$
$$a_1 = a_1' 且 a_2 = a_2' 且 a_3 < a_3'，或$$
$$\vdots$$
$$a_1 = a_1'，a_2 = a_2'，\cdots，a_{m-1} = a_{m-1}' 且 a_m \leq a_m'$$

【例 6.7】 设 $S = \{a, b, c, \cdots, z\}$ 为英文字母集合，则有：bat ≺ cat，life ≺ line，technologist ≺ technologize。

于是在相同长度的英文单词之间可以进行排序，在英文词典中单词 bat 也的确在单词 cat 之前。但是不同长度的单词之间应该如何排序呢？在英文词典上的位置又该如何安排？

如果查阅一本英文词典，会发现：

（1）post 排在 postoffice 之前。

（2）apple 排在 theory 之前。

（3）arithmetic 排在 zoo 之前。

而这事实上是通过将词典序扩展到 S^* 上实现的：

假设 $x = a_1 a_2 \cdots a_n$，$y = b_1 b_2 \cdots b_m$，且 $k = \min(n, m)$，则 $x \prec y$ 当且仅当

（1）$(a_1, a_2, \cdots, a_n) = (b_1, b_2, \cdots, b_n)$ 且 $n \leq m$，或

（2）$(a_1, a_2, \cdots, a_k) \prec (b_1, b_2, \cdots, b_k)$ 且 $(a_1, a_2, \cdots, a_k) \neq (b_1, b_2, \cdots, b_k)$。

6.1.3 哈斯图

偏序关系的关系图具有如下特点。

定理 6.7 假设 $(A, \leq)$ 是偏序集，则在拟序集 $(A, <)$ 中不存在长度大于 1 的圈。

证明. 假设在 $(A, <)$ 中存在长度大于 1 的道路 π：$a, x_1, x_2, \cdots, x_{n-1}, a$，则由定义有

$a<x_1$，$x_1<x_2$，$x_2<x_3$，$\cdots$，$x_{n-1}<a$。由传递性有 $a<a$，即得矛盾。　　　　　□

基于此，可以将偏序关系的关系图简化为**哈斯图**，其得名于哈斯（Helmut Hasse，1898—1979），原因主要是哈斯有效地利用了它们，但是哈斯并不是第一个使用它们的人。

由 A 上 R 的关系图得到哈斯图的方法如下：

（1）去掉所有顶点的自环，得到拟序关系"$<$"的关系图。

（2）若 $a<b$ 且不存在 c 使得 $a<c$ 且 $c<b$，则在哈斯图中保留有向边 (a, b)。

（3）重新组织各个顶点的位置，使得各个有向边的方向都朝向上方或斜上方（定理6.7 保证可以做到这一点）。

（4）去掉边的箭头，用小圆圈代表集合中的元素。

【例 6.8】　偏序集（$\{1, 2, 3, 4, 5, 6\}$，|）的关系图为图 6.1(a)，其哈斯图的画法如下：

（1）去掉所有顶点的自环（图 6.1(b)）。

（2）若 $a<b$ 且不存在 c 使得 $a<c$ 且 $c<b$，则保留有向边 (a, b)（图 6.1(c)）。

（3）重新组织各个顶点的位置，使得各个有向边的方向都朝向上方或斜上方（图 6.1(d)）。

（4）去掉有向边的箭头，用小圆圈代表集合中的元素，其结果就是（$\{1, 2, 3, 4, 5, 6\}$，|）的哈斯图（图 6.1(e)）。

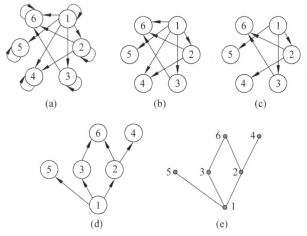

图 6.1　例 6.8 用图

【例 6.9】

（a）集合 $\{1, 2, \cdots, 12\}$ 上整除关系的哈斯图如图 6.2(a)所示。

（b）（$\{2, 3, 6, 12, 24, 36\}$，|）的哈斯图如图 6.2(b)所示。

（c）（$\{1, 2, 3, 4\}$，$\leqslant$）的哈斯图如图 6.2(c)所示。

（d）偏序集（$\mathbf{D}_8$，|）的哈斯图如图 6.2(d)所示。

（e）$\mathscr{P}(\{a, b, c\})$ 上的包含于关系$\subseteq$是一个偏序关系，它的哈斯图如图 6.2(e)所示。

（f）偏序集（$\mathbf{D}_{30}$，|）的哈斯图如图 6.2(f)所示。

注意到图 6.2(e)和图 6.2(f)只有各个点的标号不同，事实上这是因为它们是同构的：同构是 $f(\varnothing)=1, f(\{a\})=2, f(\{b\})=3, f(\{c\})=5, f(A \cup B)=\mathrm{LCM}(f(A), f(B))$。（$\{1,2,3,4\}$，$\leqslant$）

和$(\mathbf{D}_8, |)$也是同构的，同构是$f(m)=2^m$。

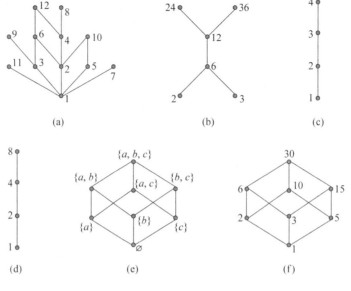

图 6.2　例 6.9 用图

注：哈斯图只是表示有限偏序集的一种工具，例如无限偏序集$(\mathbb{R}, \leq), (\mathbb{C}, \leq)$就不能使用哈斯图表示。

【例 6.10】　已知偏序集(A, R)的哈斯图为图 6.3，试求关系R的关系矩阵。

解. 从位置最高的点开始画起，逐步"降低"，最终得到关系矩阵。

$$
M_R = \begin{pmatrix}
1 & 0 & 0 & 1 & 1 & 1 & 1 & 1 \\
0 & 1 & 0 & 1 & 1 & 1 & 1 & 1 \\
0 & 0 & 1 & 0 & 0 & 0 & 0 & 0 \\
0 & 0 & 0 & 1 & 0 & 1 & 1 & 1 \\
0 & 0 & 0 & 0 & 1 & 0 & 1 & 1 \\
0 & 0 & 0 & 0 & 0 & 1 & 0 & 0 \\
0 & 0 & 0 & 0 & 0 & 0 & 1 & 1 \\
0 & 0 & 0 & 0 & 0 & 0 & 0 & 1
\end{pmatrix}
$$

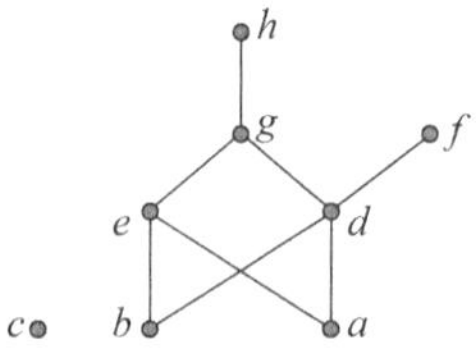

图 6.3　例 6.10 用图

6.2　偏序集中的特殊元素

6.2.1　偏序集中的特殊元素

定义 6.8　假设$(A, \leq)$为偏序集。

（a）如果存在$x \in A$，并且不存在$a \in A$，使得$x < a$，则称x为$(A, \leq)$的极大元（**maximal element**）。

（b）如果存在$x \in A$，并且不存在$a \in A$，使得$a < x$，则称x为$(A, \leq)$的极小元（**minimal** element）。

（c）如果存在 $x \in A$，使得任意 $a \in A$ 都满足 $a \leq x$，则称 x 为$(A, \leq)$的**最大元**（greatest element 或 maximum element），常记作 I 或 1，称作**幺元**（unit element）。

（d）如果存在 $x \in A$，使得任意 $a \in A$ 都满足 $x \leq a$，则称 x 为$(A, \leq)$的**最小元**（least element 或 minimum element），常记作 O 或 0，称作**零元**（zero element）。

简言之，假设（$A, \leq$）为偏序集，则

$x \in A$ 是$(A, \leq)$的极大元：$\forall a\ (a \in A \wedge x \leq a \Rightarrow a=x)$。

$x \in A$ 是$(A, \leq)$的极小元：$\forall a\ (a \in A \wedge a \leq x \Rightarrow a=x)$。

$x \in A$ 是$(A, \leq)$的最大元：$\forall a\ (a \in A \Rightarrow a \leq x)$。

$x \in A$ 是$(A, \leq)$的最小元：$\forall a\ (a \in A \Rightarrow x \leq a)$。

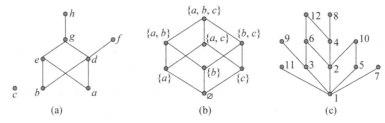

图 6.4　例 6.11~6.13 用图

【例 6.11】　设偏序集的哈斯图由图 6.4(a)表示，则其极大元是 c、f、h，极小元是 a、b、c，没有最大元，没有最小元。

【例 6.12】　偏序集$(\mathscr{P}(\{a, b, c\}), \subseteq)$（见图 6.4 (b)）中，极大元是$\{a, b, c\}$，极小元是 $\varnothing$，最大元是$\{a, b, c\}$，最小元是 $\varnothing$。

【例 6.13】　偏序集$(\{1, 2, \cdots, 12\}, |)$（见图 6.4 (c)）中，极大元是 7、8、9、10、11、12，极小元是 1，没有最大元，最小元是 1。

注：有时候，极大元/极小元只有一个（如例 6.12）；有时，极大元/极小元也可能存在多个（如例 6.11）。孤立结点既是极小元也是极大元（如例 6.11）。对于无限偏序集，可能不存在极小元和极大元，例如$(\mathbb{Z}, \leq)$；但对于有限偏序集，必定存在极小元和极大元。

定理 6.8　假设$(A, \leq)$为有限偏序集，则 A 中一定存在极大元（极小元）。

证明. 令 a 为集合 A 中任一元素。

若 a 不是极大元，则由定义存在 $a_1 \in A$ 使得 $a < a_1$。

若 a_1 不是极大元，则由定义存在 $a_2 \in A$ 使得 $a_1 < a_2$。

……

由于 A 是有限集，因此上述过程不能无限地进行下去，在该过程终止时，会得到

$$a < a_1 < a_2 \cdots < a_{k-1} < a_k$$

a_k 就是$(A, \leq)$的一个极大元。

类似地可证明，A 中一定存在极小元。　　　　　　　　　　　　　　　　□

从哈斯图来看，极大元不存在"更高"的元素，极小元不存在"更低"的元素；最大元

是比其他所有元素都"高"的元素，最小元是比其他所有元素都"低"的元素。

从例6.11~例6.13来看，最大(小)元可能不存在，也可能存在一个，但没有出现有多个最大(小)元的情况。事实上，有以下定理。

定理 6.9 任何一个偏序集$(A, \leq)$中最多只有一个最大元(最小元)。

证明. 设a、b都是$(A, \leq)$的最大元，则由最大元的定义有$b \leq a$且$a \leq b$，而$\leq$具有反对称性，故$a=b$，即$(A, \leq)$最大元若存在则必唯一。同理可以证明$(A, \leq)$最小元若存在则必唯一。 □

定义 6.9 假设$(A, \leq)$为偏序集，$B \subseteq A$，则

（a）如有$x \in A$，对于B的任意元素b，都满足$b \leq x$，则称x为B的**上界**（**upper bound**）。

（b）如有$x \in A$，对于B的任意元素b，都满足$x \leq b$，则称x为B的**下界**（**lower bound**）。

（c）假设元素x是集合B的上界，如果对于B的所有上界a都有$x \leq a$，则称x为B的**最小上界**或**上确界**（**least upper bound**），记作LUB(B)。

（d）假设元素x是集合B的下界，如果对于B的所有下界a都有$a \leq x$，则称x为B的**最大下界**或**下确界**（**greatest lower bound**），记作GLB(B)。

简言之，假设$(A, \leq)$为偏序集，且$B \subseteq A$，则

$x \in A$是B的上界：$\forall b\, (b \in B \Rightarrow b \leq x)$。

$x \in A$是B的下界：$\forall b\, (b \in B \Rightarrow x \leq b)$。

$x \in A$是B的上确界：$\forall a\, (a \in A \wedge \forall b(b \in B \Rightarrow b \leq a) \Rightarrow x \leq a)$。

$x \in A$是B的下确界：$\forall a\, (a \in A \wedge \forall b(b \in B \Rightarrow a \leq b) \Rightarrow a \leq x)$。

【**例 6.14**】 设集合$\{1, 2, \cdots, 12\}$上的整除关系的哈斯图由图6.5(a)表示，则

（a）集合$B_1 = \{2, 3, 6\}$的上界是6、12，下界是1，上确界是6，下确界是1。

（b）集合$B_2 = \{4, 6, 10\}$不存在上界和上确界，下界是1、2，下确界是2。

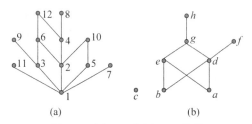

图 6.5 例6.14和例6.15用图

【**例 6.15**】 设偏序集的哈斯图由图6.5(b)表示，则

（a）集合$B_1 = \{d, g, f\}$不存在上界和上确界，下界是a、b、d，下确界是d。

（b）集合$B_2 = \{d, e\}$的上界是g、h，下界是a、b，上确界是g，不存在下确界。

注：从上面两个例子中可以看到，即使对于有限偏序集，

（a）上（下）界、上（下）确界不一定存在，而且如果存在也不一定属于B。

（b）上（下）界若存在也不一定唯一，但上（下）确界如果存在则唯一。

定理 6.10 假设$(A, \leq)$为偏序集，$B \subseteq A$，则 B 的上(下)确界若存在则必定唯一。

直观地讲，在哈斯图中，若某点 x"向下走"可达到 B 中每一元素，则 x 是 B 的一个上界，所有上界中位置"最低"的为 B 的上确界；若某点 x"向上走"可达到 B 中每一元素，则 x 是 B 的一个下界，所有下界中位置"最高"的为 B 的下确界。

假设$(A, \leq)$为偏序集，$B \subseteq A$，则可以将之前的讨论总结如表 6.1 所示。

表 6.1 偏序集中的特殊元素的存在性和唯一性

特殊元素	存在性	唯一性	备注
极大元/极小元	可能不存在；但若 A 是有限集则一定存在	可能不唯一	
最大元/最小元	即使存在极大元/极小元也可能不存在最大元/最小元	若存在必定唯一	
B 的上界/下界	可能不存在	可能不唯一	若存在也可能不属于 B
B 的上确界/下确界	即使存在上界/下界也可能不存在上确界/下确界	若存在必定唯一	若存在也可能不属于 B

由对应原理（定理 6.6）可得以下定理。

定理 6.11 假设偏序集$(A, \leq)$和$(A', \leq')$在函数 $f: A \rightarrow A'$作用下同构，则

（a）若 a 是$(A, \leq)$的极大元（极小元），则 $f(a)$ 是$(A', \leq')$的极大元（极小元）。

（b）若 a 是$(A, \leq)$的最大元（最小元），则 $f(a)$ 是$(A', \leq')$的最大元（最小元）。

（c）设 B 是 A 的一个子集，若 a 是 B 的上界（下界、上确界、下确界），则 $f(a)$ 是 $f(B)$ 的上界（下界、上确界、下确界）。

（d）如果$(A, \leq)$的每个子集都存在上确界（下确界），则$(A', \leq')$的每个子集也都存在上确界（下确界）。

定理 6.12 设$(A, \leq)$为偏序集，$(A, \geq)$是其对偶，则

（a）若 a 是$(A, \leq)$的极大元（极小元、最大元、最小元），则 a 是$(A, \geq)$的极小元（极大元、最小元、最大元）。

（b）设 $B \subseteq A$，若 a 在$(A, \leq)$下是 B 的上界（下界、上确界、下确界），则 a 在$(A, \geq)$下是 B 的下界（上界、下确界、上确界）。

6.2.2 拓扑排序

下面考虑一个实际问题。小方准备组织一次演讲比赛，有如下环节（未排序）：

（a）购买奖品和装饰物；　　　　（b）申请经费；

（c）确定地点；　　　　　　　　（d）进行彩排；

（e）确定参赛人员；　　　　　　（f）确定主题；

（g）借服装；　　　　　　　　　（h）开始现场比赛；

（i）确定时间；　　　　　　　　（j）确定嘉宾。

但是要满足以下限制条件：

（1）确定演讲主题之后才能确定演讲比赛的时间。

（2）确定主题之后才能准备申请经费。

（3）在确定选手是否能参加之前先要确定比赛时间。

（4）购买何种装饰物须由比赛地点确定。

（5）只有当选手确定之后，才能借服装、租场地和确定要邀请的嘉宾。

（6）如果申请经费没有成功，那么不能购买奖品和装饰品。

（7）在彩排之前需要借服装和确定地点。

（8）比赛只有当嘉宾都邀请成功、已购买奖品而且彩排过才能进行。

于是，各个环节及其先后关系可以表示为图 6.6(a)，如果忽略向上或向斜上的箭头，则得到一个偏序关系 R 的哈斯图（图 6.6(b)）。

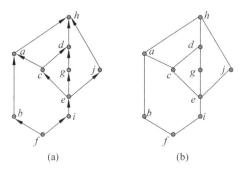

图 6.6　各环节先后关系图

但是小方每次只能做一件事，而且做事的先后顺序要受到前述诸约束。因此需要求一个全序关系 R'，使得若 $(a, b) \in R$，则有 $(a, b) \in R'$。

定义 6.10　假设 $(A, \leqslant)$ 是偏序集，对其进行**拓扑排序（topological sorting）**是指将其扩张成一个全序集 $(A, \prec)$，使得 $\leqslant \subseteq \prec$，即对于任意 $a, b \in A$，若 $a \leqslant b$ 则 $a \prec b$。

注：有时也将 A 的元素在 $\prec$ 意义下"从小到大"逐一列出所形成的序列称作 $(A, \leqslant)$ 的一个拓扑排序。

【例 6.16】　设 $R = \{(a, b), (a, c), (a, a), (b, b), (c, c)\}$ 是集合 $A = \{a, b, c\}$ 上的偏序关序，则 a, b, c 和 a, c, b 都是 (A, R) 的拓扑排序，这也说明一般情况下可行的拓扑排序不唯一。

拓扑排序的算法为：

拓扑排序　TopologicalSorting ((A, R))

输入：偏序集 (A, R)

输出：A 的元素在 $\prec$ 意义下"从小到大"逐一列出所形成的序列

```
1.  B←A, S←R, List←Λ
2.  While |B|>0 do
2.1.     从 B 中选择一个极小元 x 加入队列 List
2.2.     B←B-{x}
2.3.     S←S|_B
3.  Return List
```

由于 A 是有限集合，因此步骤 2.1 一定可以实行；另一方面，每次执行步骤 2.2 都

使得|B|减少 1，故而算法一定会终止。

回到小方组织演讲比赛的问题，其拓扑排序之一即是 $f, b, i, e, c, a, g, j, d, h$。

6.3 格与布尔代数

6.3.1 格的定义

设$(A, \leq)$为偏序集，B 是 A 的一个有限子集，从 6.2.1 节可以看到，B 的上确界、下确界并不一定存在；而当 A 的任一个有限子集 B 都存在上确界、下确界时，称这种特殊的偏序集$(A, \leq)$为格。

定义 6.11 假设$(L, \leq)$为偏序集，如果对于任意 $a, b \in L$，$\{a, b\}$ 都存在上确界和下确界，则称$(L, \leq)$为一个**格**（**lattice**）。将 LUB($\{a, b\}$)记作 $a \vee b$，称之为 a 与 b 的**并**（**join**）；将 GLB($\{a, b\}$)记作 $a \wedge b$，称之为 a 与 b 的**交**（**meet**）。

注：这里的$\vee$和$\wedge$符号只代表格中的二元运算，而不再有其他的含义，要与逻辑运算中的析取联结词和合取联结词区分开。

定理 6.13 假设$(L, \leq)$是一个格，则 L 的任一个有限子集 B 都存在上确界、下确界。

【例 6.17】

（a）任一全序集$(A, \leq)$都是一个格。事实上，对于任意 $a, b \in A$，有 $a \leq b$ 或 $b \leq a$ 成立；不妨设 $a \leq b$，则 $a \vee b = b$，$a \wedge b = a$。

（b）$(\mathbb{Z}^+, |)$是一个格。对于任意 $x, y \in \mathbb{Z}^+$，$x \vee y = \mathrm{LCM}(x, y)$，$x \wedge y = \mathrm{GCD}(x, y)$。

（c）设 n 是正整数，则$(\mathbf{D}_n, |)$构成一个格。对于任意 $x, y \in \mathbf{D}_n$，$x \vee y = \mathrm{LCM}(x, y)$，$x \wedge y = \mathrm{GCD}(x, y)$。

（d）设 S 是集合，则$(\mathscr{P}(S), \subseteq)$是格。对任意 $A, B \in \mathscr{P}(S)$，$A \vee B = A \cup B$，$A \wedge B = A \cap B$。

（e）设 S 是集合且元素数大于 1，则 S 上的恒等关系 I_S 是偏序关系，但是(S, I_S)不是格。

【例 6.18】 判断图 6.7 中的哈斯图表示的偏序集是否构成格，并说明理由。

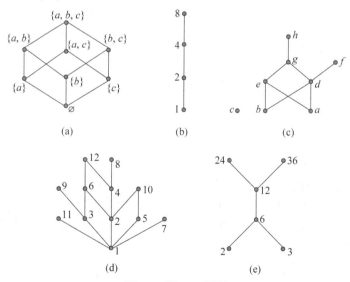

图 6.7 例 6.18 用图

解.

（a）和（b）是格。

（c）不是格——$\{h, f\}$ 没有上确界，事实上集合元素数多于 1 且存在孤立结点的偏序集一定不是格。

（d）不是格——$\{9, 10\}$ 没有上确界。

（e）不是格——$\{2, 3\}$ 没有下确界，$\{24, 36\}$ 没有上确界。

定义 6.12 设 f 是含有格中元素以及符号=、≥、≤、$\vee$ 和 $\wedge$ 的命题。令 f^* 是将 f 中的≥替换成≤、≤替换成≥、$\vee$ 替换成 $\wedge$、$\wedge$ 替换成 $\vee$ 所得到的命题，则称 f^* 为 f 的**对偶命题**。

【例 6.19】 在格中令 f 是 $(a \vee b) \wedge c \leq c$，$f^*$ 是 $(a \wedge b) \vee c \geq c$，则 f 与 f^* 互为对偶命题。

定理 6.14 （格的对偶原理）设 f 是含有格中元素以及符号=、≥、≤、$\vee$ 和 $\wedge$ 的命题，若 f 对一切格为真，则 f 的对偶命题 f^* 也对一切格为真。

证明. 事实上，命题 f^* 对格 $(L, \leq)$ 为真当且仅当 f 对格 $(L, \geq)$ 为真，因为二者的形式是完全相同的。 □

【例 6.20】 对一切格 L，命题"对任意 $a, b \in L$，$a \wedge b \leq a$"都为真。根据对偶原理，对一切格 L，命题"对任意 $a, b \in L$，$a \vee b \geq a$"也为真。

定理 6.15 （格的保序性）假设 $(L, \leq)$ 为格，则对于任意 $a, b, c \in L$ 都有

（a）若 $a \leq b$ 则

$$a \vee c \leq b \vee c, \quad a \wedge c \leq b \wedge c$$

（b）若 $a \leq b$ 且 $c \leq d$ 则

$$a \vee c \leq b \vee d, \quad a \wedge c \leq b \wedge d$$

（c）$a \leq c$ 且 $b \leq c$ 当且仅当 $a \vee b \leq c$；$c \leq a$ 且 $c \leq b$ 当且仅当 $c \leq a \wedge b$。

证明. 根据对偶原理，(a)~(c)只证其中一个命题即可。

（a）由"$\vee$"的定义有 $b \leq b \vee c$，又 $a \leq b$，由偏序关系的传递性有 $a \leq b \vee c$；又由"$\vee$"的定义有 $c \leq b \vee c$，故 $b \vee c$ 是 $\{a, c\}$ 的一个上界。于是由上确界的定义可得 $a \vee c \leq b \vee c$。

（b）由于 $a \leq b$，故 $a \vee c \leq b \vee c$，由于 $c \leq d$ 故 $b \vee c \leq b \vee d$，综合二者可得 $a \vee c \leq b \vee d$。

（c）若 $a \leq c$ 且 $b \leq c$，则由(b)有 $a \vee b \leq c \vee c = c$。反过来，假设 $a \vee b \leq c$，则由 $\vee$ 的定义及传递性即有 $a \leq c$ 且 $b \leq c$。 □

定理 6.16 假设 $(L, \leq)$ 为格，则对于任意 $a, b \in L$ 都有

（a）$a \vee b = b$ 当且仅当 $a \leq b$。

（b）$a \wedge b = a$ 当且仅当 $a \leq b$。

（c）$a \wedge b = a$ 当且仅当 $a \vee b = b$。

证明. 由定义即得。 □

定理 6.16 表明格中的"$\leq$"关系可以由 $\vee$ 和 $\wedge$ 定义，于是格 $(L, \leq)$ 也可记作 $(L, \vee, \wedge)$，而且可以将 $\vee$ 和 $\wedge$ 视作 L 的两个运算，它们满足下述代数性质。

定理 6.17 假设 $(L, \vee, \wedge)$ 为格，则运算 $\vee$ 和 $\wedge$ 适合幂等律、交换律、结合律和吸收律，即对于任意 $a, b, c \in L$ 都有

（a）幂等律：$a \vee a = a$，$a \wedge a = a$。

（b）交换律：$a \vee b = b \vee a$，$a \wedge b = b \wedge a$。

（c）结合律：$(a \vee b) \vee c = a \vee (b \vee c)$，$(a \wedge b) \wedge c = a \wedge (b \wedge c)$。

（d）吸收律：$a \vee (a \wedge b) = a$，$a \wedge (a \vee b) = a$。

证明. 根据对偶原理，(a)~(d)只证其中一个命题即可。

（a）由定理 6.16 及 $a \leqslant a$ 即得。

（b）由定义即得。

（c）由上确界的定义有

$$(a \vee b) \vee c \geqslant a \vee b \geqslant a \qquad \text{①}$$
$$(a \vee b) \vee c \geqslant a \vee b \geqslant b \qquad \text{②}$$
$$(a \vee b) \vee c \geqslant c \qquad \text{③}$$

由②和③可得

$$(a \vee b) \vee c \geqslant b \vee c \qquad \text{④}$$

由式①和④有 $(a \vee b) \vee c \geqslant a \vee (b \vee c)$。

可类似地证明 $(a \vee b) \vee c \leqslant a \vee (b \vee c)$，由偏序关系的反对称性即得 $(a \vee b) \vee c = a \vee (b \vee c)$。

（d）由 $a \wedge b \leqslant a$ 及定理 6.16 即得 $a \vee (a \wedge b) = a$。　　　　□

定理 6.18　设 $(L_1, \leqslant)$ 和 $(L_2, \leqslant)$ 是格，则 $L = L_1 \times L_2$ 在积偏序下构成一个格。

定义 6.13　假设 $(L, \vee, \wedge)$ 为格，$S \subseteq L$ 且 S 非空，若对于任意 $a, b \in S$ 都有 $a \vee b \in S$ 及 $a \wedge b \in S$，则称 S 是 L 的一个**子格**（**sublattice**）。

注：对于子格元素，上确界和下确界都在原来的格中求。

【例 6.21】

（a）若集合 $A \subseteq B \subseteq \mathbb{R}$，则 $(A, \leqslant)$ 是 $(B, \leqslant)$ 的子格。

（b）对于任意正整数 n，$(\mathbf{D}_n, |)$ 是 $(\mathbb{Z}^+, |)$ 的子格。

（c）对于任意正整数 m、n，若 $n | m$，则 $(\mathbf{D}_n, |)$ 是 $(\mathbf{D}_m, |)$ 的子格。

（d）若集合 $A \subseteq B$，则 $(\mathscr{P}(A), \subseteq)$ 是 $(\mathscr{P}(B), \subseteq)$ 的子格。

【例 6.22】　如图 6.8(a)所示的偏序集作为集合是 $\mathbf{D}_{30}$（图 6.8(b)）的一个子集，但是并不是 $(\mathbf{D}_{30}, |)$ 的子格。在图 6.8(a)所示的偏序集中，$6 \wedge 15 = 1$；而在 $(\mathbf{D}_{30}, |)$ 中，$6 \wedge 15 = 3$。

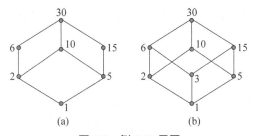

图 6.8　例 6.22 用图

定义 6.14　若格 $(L_1, \leqslant_1)$ 和 $(L_2, \leqslant_2)$ 作为偏序集是同构的，则称它们为同构的格（**isomorphic lattices**）。

定理 6.19　（格同构的保运算性）假设 f 是格 $(L_1, \vee_1, \wedge_1)$ 到 $(L_2, \vee_2, \wedge_2)$ 的一个同构，则对于任意 $a, b \in L_1$ 有

$$f(a \vee_1 b)=f(a) \vee_2 f(b), \quad f(a \wedge_1 b)=f(a) \wedge_2 f(b)$$

证明. 由定理 6.11 即得。 □

【例 6.23】

（a）若有限集合 S_1 与 S_2 基数相同，即 $|S_1|=|S_2|$，则格 $(\mathscr{P}(S_1), \subseteq)$ 与 $(\mathscr{P}(S_2), \subseteq)$ 同构。

设 $S_1=\{a_1, a_2, \cdots, a_n\}$，$S_2=\{b_1, b_2, \cdots, b_n\}$，则同构为 $f(a_1)=b_1, f(a_2)=b_2, \cdots, f(a_n)=b_n$，$f(A \cup B)=f(A) \cup f(B)$。

（b）设 $n=p_1 \cdot p_2 \cdots \cdot p_s$ 是 s 个相异素数的积，则 $(\mathbf{D}_n, |)$ 同构于 $(\mathscr{P}(S), \subseteq)$，其中 S 是包含 s 个元素的有限集。

设 $S=\{a_1, a_2, \cdots, a_s\}$，则同构为 $f(p_1)=a_1, f(p_2)=a_2, \cdots, f(p_s)=a_s, f(\mathrm{LCM}(a, b))=f(a) \cup f(b)$。

（c）若 $n=p^k$ 是素数的幂，则 $(\mathbf{D}_n, |)$ 同构于 $(\{1, 2, \cdots, k\}, \leqslant)$，同构为 $f(p^i)=i$。

（d）若 $\mathrm{GCD}(m, n)=1$ 则 $(\mathbf{D}_m, |) \times (\mathbf{D}_n, |)$ 同构于 $(\mathbf{D}_{mn}, |)$，同构为 $f(a, b)=a \cdot b$。

【例 6.24】 所有包含 4 个元素的格（在同构的意义下）如图 6.9(a) 所示，而所有包含五个元素的格（在同构的意义下）则如图 6.9(b) 所示。

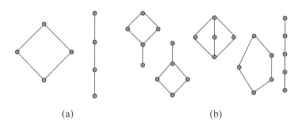

$$(a) \qquad\qquad (b)$$

图 6.9 例 6.24 用图

6.3.2 特殊的格

在本节中将逐一介绍一些具有特殊性质的格，其主要有 4 类：有界格、分配格、有补格、模格。

定义 6.15 存在最大元及最小元的格称作**有界格**（bounded lattice）。

【例 6.25】

（a）对于任意集合 S，幂集格 $(\mathscr{P}(S), \subseteq)$ 是有界格（即使 S 是无限集），其最大元为 S，最小元为 $\varnothing$。

（b）$(\mathbb{Z}^+, |)$ 不是有界格，没有最大元。

（c）$(\mathbb{R}, \leqslant)$ 不是有界格，既没有最大元也没有最小元。

（d）$(\mathbf{D}_n, |)$ 是有界格，最大元为 n，最小元为 1。

定理 6.20 有限格 $L=\{a_1, a_2, \cdots, a_n\}$ 是有界格，L 的最小元是 $a_1 \wedge a_2 \wedge \cdots \wedge a_n$，$L$ 的最大元是 $a_1 \vee a_2 \vee \cdots \vee a_n$。

证明. 直接验证即得。 □

定理 6.21 设 $(L, \vee, \wedge)$ 是一个有界格，则对任意 $a \in L$ 有 $a \vee 1=1$，$a \wedge 1=a$，$a \vee 0=a$，$a \wedge 0=0$。（这里的 0 指最小元，1 指最大元。）

证明. 由最大元、最小元的定义及定理 6.16 即得。 □

定义 6.16 若格 L 中的 $\vee$ 运算对 $\wedge$ 有分配律，$\wedge$ 运算对 $\vee$ 也有分配律，即对于任意 $a, b, c \in L$ 有

$$a \wedge (b \vee c) = (a \wedge b) \vee (a \wedge c), \quad a \vee (b \wedge c) = (a \vee b) \wedge (a \vee c)$$

则称 L 为**分配格**（**distributive lattice**）。

注：事实上在任何格中这两个分配不等式都是等价的，即由 $a \wedge (b \vee c) = (a \wedge b) \vee (a \wedge c)$ 可得 $a \vee (b \wedge c) = (a \vee b) \wedge (a \vee c)$，反之亦然：

$(a \vee b) \wedge (a \vee c)$

$= ((a \vee b) \wedge a) \vee ((a \vee b) \wedge c)$ （$\wedge$ 对 $\vee$ 的分配律）

$= a \vee ((a \wedge c) \vee (b \wedge c))$ （吸收律、$\wedge$ 对 $\vee$ 的分配律）

$= (a \vee (a \wedge c)) \vee (b \wedge c)$ （结合律）

$= a \vee (b \wedge c)$ （吸收律）

【例 6.26】 指出下图中哪些格是分配格。

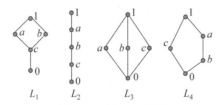

图 6.10 例 6.26 用图

解. L_1 和 L_2 是分配格，而 L_3 和 L_4 不是分配格：

在 L_3 中 $a \wedge (b \vee c) = a \wedge 1 = a$，而 $(a \wedge b) \vee (a \wedge c) = 0 \vee 0 = 0$。

在 L_4 中 $a \wedge (b \vee c) = a \wedge 1 = a$，而 $(a \wedge b) \vee (a \wedge c) = b \vee 0 = b$。

L_3 称为**钻石格**，L_4 称为**五角格**。

【例 6.27】 每个链都是分配格。对于格中任意元素 a、b、c，不妨假设 $b \geq c$，则

$$a \wedge (b \vee c) = a \wedge b, \quad (a \wedge b) \vee (a \wedge c) = a \wedge b$$

【例 6.28】 $(\mathbb{Z}^+, |)$、$(\mathbb{R}, \leq)$、$(\mathbf{D}_n, |)$ 都是分配格。对于任意非空集合 S，幂集格 $(\mathscr{P}(S), \subseteq)$ 是分配格。

而对于一个格是否是分配格，主要有如下两条判则。

定理 6.22 格 L 是分配格当且仅当对任意 $a, b, c \in L$，若 $a \wedge b = a \wedge c$ 且 $a \vee b = a \vee c$，则 $b = c$。

证明. （必要性）若格 L 是分配格，且有 $a \wedge b = a \wedge c$ 及 $a \vee b = a \vee c$，则

$b = b \wedge (a \vee b) = b \wedge (a \vee c) = (b \wedge a) \vee (b \wedge c) = (c \wedge a) \vee (b \wedge c) = c \wedge (a \vee b) = c \wedge (a \vee c) = c$

该定理的充分性证明较难，故在本书中略去。 □

定理 6.23 格 L 是分配格当且仅当 L 不含有与钻石格或五角格同构的子格。

证明. （必要性）假设格 L 是分配格，则 L 显然不含有与钻石格或五角格同构的子格。

（充分性）若格 L 不是分配格，则由定理 6.22 存在 $a, b, c \in L$，使得 $a \wedge b = a \wedge c$，$a \vee b = a \vee c$，且 $b \neq c$。

若 b、c 可比，不妨假设 $b \leq c$，则 L 存在与五角格同构的子格（图 6.11(a)）。

若 b、c 不可比，则 L 存在与钻石格同构的子格（图 6.11(b)）。 □

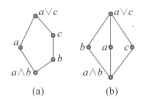

(a)　　(b)

图 6.11　定理 6.23 用图

【例 6.29】 图 6.12 中的格均非分配格。

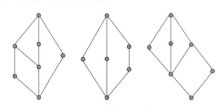

图 6.12　例 6.29 用图

定义 6.17 假设 $(L, \vee, \wedge)$ 为有界格，其最大元为 1，最小元为 0，对于元素 $a \in L$，若元素 $a' \in L$ 满足

$$a \vee a' = 1 \text{ 及 } a \wedge a' = 0$$

则称 a' 是 a 的一个补元（**complement**）。

注：容易验证，如果 a 是 b 的一个补元，则 b 也是 a 的一个补元；$1' = 0$ 且 $0' = 1$。

【例 6.30】 考虑图 6.13 中的 4 个格，求出所有元素的补元。

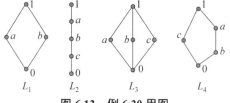

图 6.13　例 6.30 用图

解. 在 L_1 中，$1' = 0$ 且 $0' = 1$，$a' = b$，$b' = a$。

在 L_2 中，$1' = 0$ 且 $0' = 1$，a、b 和 c 都不存在补元。

在 L_3 中，$1' = 0$ 且 $0' = 1$，a、b 和 c 都存在两个补元，如 c 的两个补元是 a 和 b。

在 L_4 中，$1' = 0$ 且 $0' = 1$，$a' = b' = c$，即 c 存在两个补元 a 和 b。

上例表明，格中元素可能没有补元；也可能存在多个补元；下述定理表明，对于一些特殊的格，元素的补元若存在必唯一。

定理 6.24 设 $(L, \leq)$ 为有界分配格。

（a）若 L 中元素 a 存在补元，则其补元唯一。

（b）若 L 中元素 a 存在补元，则 $(a')' = a$。

（c）（**德·摩根律**）对于任意 $a, b \in L$，若 a、b 都存在补元，则 $(a \wedge b)' = a' \vee b'$，$(a \vee b)' =$

$a'\wedge b'$。

证明.

（a）假设 b、c 都是 a 的补元，则有 $a\vee c=1$，$a\wedge c=0$，$a\vee b=1$，$a\wedge b=0$。从而得到 $a\vee c=a\vee b$，$a\wedge c=a\wedge b$，由于 L 是分配格，因此有 $b=c$。

（b）$(a')'$ 与 a 都是 a' 的补元，由补元的唯一性得 $(a')'=a$。

（c）对任意 $a,b\in L$ 有

$$(a\wedge b)\vee(a'\vee b')=(a\vee a'\vee b')\wedge(b\vee a'\vee b')=(1\vee b')\wedge(a'\vee 1)=1\wedge 1=1$$

$$(a\wedge b)\wedge(a'\vee b')=(a\wedge b\wedge a')\vee(a\wedge b\wedge b')=(0\wedge b)\vee(a\wedge 0)=0\vee 0=0$$

故 $a'\vee b'$ 是 $a\wedge b$ 的补元，由补元唯一性有 $(a\wedge b)'=a'\vee b'$。同理可证 $(a\vee b)'=a'\wedge b'$。　　□

注：(c)可以推广到有限个元素，即

$$(a_1\wedge a_2\wedge\cdots\wedge a_n)'=a_1'\vee a_2'\vee\cdots\vee a_n',\quad (a_1\vee a_2\vee\cdots\vee a_n)'=a_1'\wedge a_2'\wedge\cdots\wedge a_n'$$

定义 6.18　若有界格 $(L,\vee,\wedge)$ 中每一个元素都存在（至少一个）补元，则称 L 为**有补格（complemented lattice）**。

【例 6.31】　在图 6.13 所示的 4 个格中，L_1、L_3 和 L_4 是有补格，L_2 不是有补格。

【例 6.32】　设 S 为非空集合，则幂集格 $(\mathcal{P}(S),\subseteq)$ 是有补格：对于任意 $A\in\mathcal{P}(S)$，$A'=S-A$。

【例 6.33】　设 $n=p_1\cdot p_2\cdot\cdots\cdot p_s$ 是 s 个相异素数的积，则 $(\mathbf{D}_n,|)$ 是有补格：对于任意 $a|n$，$a'=n/a$。

定义 6.19　假设 $(L,\vee,\wedge)$ 是一个格，如果对于任意 $a,b,c\in L$，当 $a\leq b$ 时，有

$$a\vee(c\wedge b)=(a\vee c)\wedge b$$

则称 L 为**模格（modular lattice）**。

定理 6.25　格 $(L,\leq)$ 是模格当且仅当：对任意的 $a,b,c\in L$，若 $a\leq b$，$c\vee a=c\vee b$，$c\wedge a=c\wedge b$，则 $a=b$。

证明.（a）假设 $(L,\leq)$ 是模格，$a,b,c\in L$ 且 $a\leq b$，$a\vee c=b\vee c$，$a\wedge c=b\wedge c$，则

$$a=a\vee(c\wedge a)=a\vee(c\wedge b)=(a\vee c)\wedge b=(b\vee c)\wedge b=b$$

（b）假设 $(L,\leq)$ 是一个满足定理中所述条件的格，$a,b,c\in L$ 且 $a\leq b$，则

$$a\vee(b\wedge c)\leq(a\vee b)\wedge(a\vee c)=b\wedge(a\vee c)\quad（由 a\vee b=b 及习题 6.41(b)）$$

故而

$$(b\wedge(a\vee c))\vee c\geq(a\vee(b\wedge c))\vee c=a\vee((b\wedge c)\vee c)=a\vee c$$

$$(a\vee(b\wedge c))\wedge c\leq(b\wedge(a\vee c))\wedge c=b\wedge((a\vee c)\wedge c)=b\wedge c$$

又有

$$(b\wedge(a\vee c))\vee c\leq(a\vee c)\vee c=a\vee c,\quad(a\vee(b\wedge c))\wedge c\geq(b\wedge c)\wedge c=b\wedge c$$

因此 $(b\wedge(a\vee c))\vee c=(a\vee(b\wedge c))\vee c$（$=a\vee c$），$(a\vee(b\wedge c))\wedge c=(b\wedge(a\vee c))\wedge c$（$=b\wedge c$），即得 $a\vee(b\wedge c)=b\wedge(a\vee c)$，即 $(L,\leq)$ 是模格。　　□

定理 6.26　分配格必定是模格，但模格不一定是分配格。

【例 6.34】　图 6.11(b)所示钻石格是模格但不是分配格。

*6.3.3　布尔代数

定义 6.20　如果一个格既是有补格又是分配格，则称它作**布尔格（Boolean lattice）**

或**布尔代数**（**Boolean algebra**）。有有限个元素的布尔代数称作**有限布尔代数**（**finite Boolean algebra**）。

由定理 6.24，在布尔代数中，一个元素的补元是唯一的。因此可以把求补元的运算看作是布尔代数中的一元运算，进而可将布尔代数记为$(B, \vee, \wedge, ', 0, 1)$，其中$'$为求补运算，0 指最小元，1 指最大元。

【例 6.35】

（a）设 $n=p_1 \cdot p_2 \cdots p_s$ 是 s 个相异素数的积，则$(\mathbf{D}_n, |)$是有限布尔代数，可表示为$(\mathbf{D}_n, GCD, LCM, ', 1, n)$，其中求补运算$'$为：对于任意 $a|n$，$a'=n/a$。

（b）对于任意非空集合 S，幂集格$(\mathscr{P}(S), \subseteq)$是布尔代数，可表示为$(\mathscr{P}(S), \cup, \cap, ', \varnothing, S)$，其中求补运算$'$为：对于任意 $A \in \mathscr{P}(S)$，$A'=S-A$。

定理 6.27 设元素 b、c 属于一个布尔格，则 $b \wedge c'=0$ 当且仅当 $b \leq c$。

证明. 假设 $b \leq c$，则 $b \wedge c'=(b \wedge c') \vee 0=(b \wedge c') \vee (c \wedge c')=(b \vee c) \wedge c'=c \wedge c'=0$。

反过来，若 $b \wedge c'=0$，则 $b \wedge c=(b \wedge c) \vee (b \wedge c')=b \wedge (c \vee c')=b \wedge 1=b$，即得 $b \leq c$。 □

定义 6.21 若布尔代数$(B_1, \vee, \wedge, ', 0, 1)$和$(B_2, \blacktriangledown, \blacktriangle, \overline{}, \theta, e)$作为格是同构的，则称它们为**同构的布尔代数**。

由定理 6.11 及定理 6.19 易得 $f(0)=\theta$，$f(1)=e$ 及 $f(a \vee b)=f(a) \blacktriangledown f(b)$，$f(a \wedge b)=f(a) \blacktriangle f(b)$，$f(a')=\overline{f(a)}$，即布尔代数的同构对于 $\wedge, \vee, '$ 是保运算的。

【例 6.36】 假设集合 S 满足 $|S|=s$，$n=p_1 \cdot p_2 \cdots p_s$ 是 s 个相异素数的积，则$(\mathscr{P}(S), \subseteq)$与$(\mathbf{D}_n, |)$是同构的布尔代数。

假设有限集合 S 满足 $|S|=n$，则$(\mathscr{P}(S), \subseteq)$是一个布尔格。按照第 5 章中特征函数的方法，$S$ 的每个子集对应一个长为 n 的 0-1 序列，例如图 6.14(b)表示图 6.14(a)所示的格。将这个格命名为 B_n。

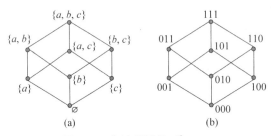

图 6.14 有补分配格$(\mathscr{P}(S), \subseteq)$

于是若 $x=a_1a_2\cdots a_n, y=b_1b_2\cdots b_n$ 是 B_n 的两个元素，则

（a）$x \leq y$ 当且仅当 $a_k \leq b_k$（作为数字 0 或 1）对所有 $k=1, 2, \cdots, n$ 成立。

（b）$x \wedge y=c_1c_2\cdots c_n$，其中 $c_k=\min\{a_k, b_k\}$。

（c）$x \vee y=d_1d_2\cdots d_n$，其中 $d_k=\max\{a_k, b_k\}$。

（d）$x'=z_1z_2\cdots z_n$，其中 $z_k=1-a_k$。

【例 6.37】 在图 6.14 中，$001 \leq 101$，$110'=001$，$110 \vee 101=111$，$110 \wedge 101=100$。

对于有限布尔代数有如下结果。

定理 6.28 （**有限布尔代数的表示定理/Stone 表示定理**）任何有限布尔代数都与某个

B_n 同构，其中 n 为正整数。因此，任何有限布尔代数的元素个数都是 2 的幂。

*6.3.4 信息流的格模型

在信息系统中，用户或进程称作**主体（subject）**，系统中被处理、被控制或被访问的对象（如文件、目录、进程、存储器、体外设备等）称为**客体（subject）**，于是就形成了主体和客体、主体与主体、客体与客体相互间的关系。

在这些关系中，都可能产生信息的传递，如两个进程之间的通信、用户之间的对话、用户甲写一个文件而用户乙读该文件等。这就产生了**信息流（information flow）**的概念——在空间和时间上向同一方向运动中的一组信息，它有共同的信息源和信息接收者。

要实现信息系统安全的目的，就需要通过一些策略对系统中的信息流进行控制，这可以使用格模型来描述。

在常用的多级安全策略中，每组信息都被分配了一个安全级别，不同安全级别及其之间的关系使用线性格 L_1 表示。此外，假设系统中所有可能的信息持有者的集合为 U，则某信息的安全持有范围就是 U 的一个子集，于是可以使用子集格 L_2 表示。

所有安全类别及其之间允许的信息流动可以使用 $L_1 \times L_2$ 来描述，在其中 $(a, b) \leq (c, d)$ 当且仅当 $a \leq c$ 且 $b \subseteq d$。约定只有 $(a, b) \leq (c, d)$ 时，信息可以从权限是 (a, b) 的主体流向权限是 (c, d) 的主体，即信息流动受到以下限制：高密级的信息不能流动到低密级，信息不能从在具有互异元素的子集（即 L_2 中的不可比元素）之间流动，集合 $A \subseteq U$ 掌握的信息集合 $B \supseteq A$ 也应该掌握。

例如，某系统的安全级别分为无级别级 0（Unclassified）、秘密级 1（Secret）、机密级 2（Confidential）和绝密级 3（Top Secret）4 级，不同安全级别及其之间的关系为线性格 $L_1 = (\{0, 1, 2, 3\}, \leq)$。系统有两类用户 a 和 b，不同的信息持有范围为子集格 $L_2 = (\{\varnothing, \{a\}, \{b\}, \{a, b\}\}, \subseteq)$。所有安全类别所允许的信息流动可以用图 6.15 表示。

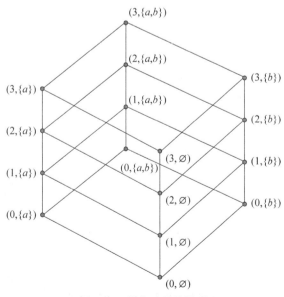

图 6.15 信息流的格模型

事实上，任何一个信息流动策略都可以修改为一个格模型，与原模型相容。方法如下：

（1）产生回路的安全类统一压缩成一个安全类。

（2）对无上确界的两个安全类 A、B 增加一个安全类 $A \vee B$。

（3）对无下确界的两个安全类 A、B 增加一个安全类 $A \wedge B$。

例如，图 6.16(a)中 B、C、H 三个安全类等价，因此压缩成一个安全类 BCH 得到图 6.16(b)；对 E 和 F 增加安全类 $E \wedge F$、$E \vee F$ 得到图 6.16(c)；对 D 和 G 增加一个安全

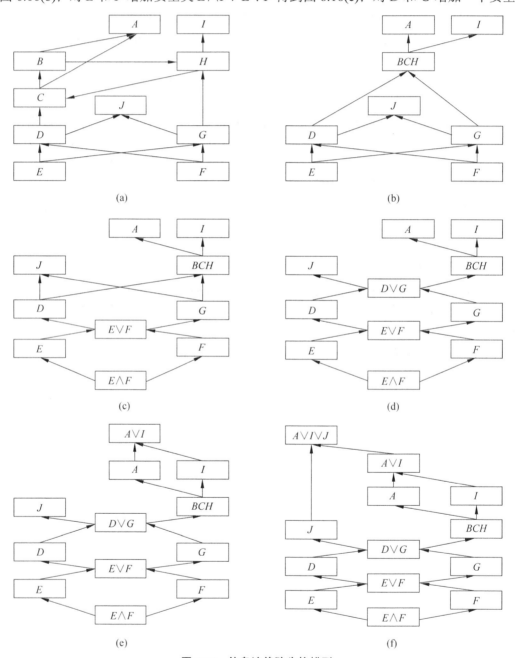

图6.16　信息流修改为格模型

类 $D \vee G$ 得到图 6.16(d)；对 A 和 I 增加一个安全类 $A \vee I$ 得到图 6.16(e)；对 $A \vee I$ 和 J 增加一个安全类 $A \vee I \vee J$ 得到图 6.16(f)，形成一个格。

习 题 6

6.1 设 $A=\{a, b, c, d\}$，以下 A 上关系中哪些是偏序关系？如果是的话，画出相应的哈斯图。

（a）$\{(a, a), (b, b), (c, c), (d, d)\}$。

（b）$\{(a, a), (a, b), (a, c), (d, d)\}$。

（c）$\{(a, a), (a, b), (a, c), (b, b), (b, c), (c, c)\}$。

（d）$\{(a, b), (b, c), (c, a), (a, a), (b, b), (c, c), (d, d)\}$。

（e）$\{(a, a), (a, b), (a, c), (a, d), (b, b), (c, c), (d, d)\}$。

6.2 图 6.17 由关系图表示的关系中，哪些是偏序关系，哪些是全序关系？

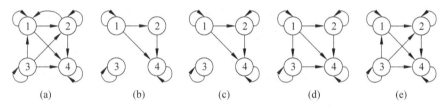

图 6.17 习题 6.2 用图

6.3 证明定理 6.4。

6.4 n 满足什么条件时，$(\mathbf{D}_n, |)$ 是一个全序集？

6.5 证明：若 $(A, \leqslant)$ 是全序集，则 $(A, \leqslant^{-1})$ 也是全序集。

6.6 假设 R 是集合 A 上的关系，证明：如果 R 是一个拟序关系，那么 R^{-1} 也是拟序关系。

6.7 假设 R 和 S 都是集合 A 上的偏序关系，那么

（a）$R \cap S$ 是否也是 A 上的偏序关系？

（b）$R \cup S$ 是否也是 A 上的偏序关系？

6.8 假设关系 R 定义在由实数集的所有非空子集组成的集合上。判断以下每个关系是否是自反的、对称的、反对称的、传递的，是否是偏序。

（a）如果对于任意的 $\varepsilon > 0$，存在 $a \in A$ 和 $b \in B$ 使得 $|a-b| < \varepsilon$，则 $(A, B) \in R$。

（b）如果对任意 $a \in A$ 和 $\varepsilon > 0$，存在 $b \in B$ 使得 $|a-b| < \varepsilon$，则 $(A, B) \in R$。

（c）如果对于任意 $a \in A$，$b \in B$ 和 $\varepsilon > 0$，存在 $a' \in A$ 和 $b' \in B$ 使得 $|a-b'| < \varepsilon$ 且 $|a'-b| < \varepsilon$，则 $(A, B) \in R$。

6.9 假设 $S = \{F | F$ 是由命题变量 p、q 组成的命题公式$\}$，"$\Leftrightarrow$" 是 S 上的等价关系。

（a）计算 $|S/\Leftrightarrow|$。

（b）定义 $S/\Leftrightarrow$ 上的关系 $R = \{([A]_\Leftrightarrow, [B]_\Leftrightarrow) | [A]_\Leftrightarrow \in S/\Leftrightarrow, [B]_\Leftrightarrow \in S/\Leftrightarrow, A \Rightarrow B\}$，证明：$R$ 是一个偏序。

6.10 设 $(A, \leqslant)$ 是偏序集，$B \subseteq A$，若 B 中任意两个元素都可比，则 B 称为 A 的一个链，B

中的元素个数称为链的长度；若 B 中任意两个不同元素都不可比，则 B 称为 A 的一个反链，B 的元素个数称为反链的长度。（易见，链和反链的任意子集分别是链和反链。）

例如，在偏序集$(\{1, 2, 3, 6, 9, 18\}, |)$中，$\{1, 2, 6, 18\}$、$\{1, 3, 6, 18\}$和$\{1, 3, 9, 18\}$都是 A 中长度为 4 的链，$\{2, 3\}$和$\{6, 9\}$都是该偏序集中长度为 2 的反链；在偏序集$(\{2, 3, 6, 12, 24, 36\}, |)$中，$\{2, 6, 12, 24\}$、$\{2, 6, 12, 36\}$、$\{3, 6, 12, 24\}$和$\{3, 6, 12, 36\}$都是 A 中长度为 4 的链，$\{2, 3\}$、$\{24, 36\}$都是该偏序集中长度为 2 的反链。

设$(A, \leq)$是偏序集，证明：如果 A 中最长链的长度是 n，那么 A 的全部元素能被分成 n 条不相交的反链的并。

（提示：用数学归纳法，施归纳于 n；还应注意到 A 的所有极大元构成一条反链。）

6.11　设$(A, \leq)$是偏序集，$|A|=mn+1$，这里 m、n 为正整数，则 A 中或者存在一条长度为 $m+1$ 的反链，或者存在一条长度为 $n+1$ 的链。

6.12　证明：在任意 $mn+1$ 个人中，要么存在 $m+1$ 个人组成的一个序列，其中每个人（除了第一个人以外）都是序列中前一个人的后代；要么存在 $n+1$ 个人，其中没有一个人是其他 n 个人中任何一个人的后代。

6.13　若$(A, \leq)$和$(B, \leq)$都是全序集，则积偏序是否也是全序集？词典序是否是全序集？

6.14　假设 R 是集合 S 上的关系，$S'\subseteq S$，定义 $S'\times S'$ 上的关系 R' 为 $R'=R\cap(S'\times S')$，确定下述每一断言是真还是假。

（a）若 R 是传递的，则 R' 也是传递的。

（b）若 R 是偏序关系，则 R' 也是偏序关系。

（c）若 R 是拟序关系，则 R' 也是拟序关系。

（d）若 R 是全序关系，则 R' 也是全序关系。

6.15　请给出集合 A 上的一个关系，使得其既是偏序关系又是等价关系。

6.16　设 R 是偏序关系，求证：$R\cup R^{-1}$ 是等价关系。

6.17　思考：在商务印书馆 2011 年出版的《新华字典》第 11 版中各个字的顺序是如何排的呢？

6.18　针对图 6.18 中各哈斯图，写出集合以及偏序关系。

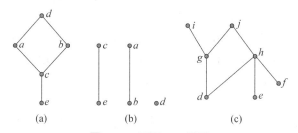

图 6.18　习题 6.18 用图

6.19　求偏序集$(\mathscr{P}(\{a, b, c\})-\{a, b, c\}-\varnothing, \subseteq)$中的极大元、极小元、最大元、最小元。

6.20　画出$(\{1, 2, 3, 4, 5, 6, 7, 8, 9, 10\}, |)$的哈斯图，并求其极大元、极小元、最大元、最小元。

6.21 已知偏序集的哈斯图如图 6.19 所示，求其极大元、极小元、最大元、最小元，求集合 $B_1=\{2, 3, 7, 14, 21\}$，$B_2=\{2,14\}$，$B_3=\{2,7\}$，$B_4=\{2,7,14\}$ 的上界、下界、上确界、下确界。

6.22 已知 $(\{2, 3, 6, 12, 24, 36\}, |)$ 的哈斯图如图 6.20 所示，求其极大元、极小元、最大元、最小元，求集合 $B_1=\{2, 6, 3\}$，$B_2=\{3, 36\}$，$B_3=\{6, 12\}$ 的上界、下界、上确界、下确界。

6.23 已知偏序集的哈斯图如图 6.21 所示，求其极大元、极小元、最大元、最小元，求集合 $B_1=\{c, d, g, h\}$，$B_2=\{a, b, c, i\}$，$B_3=\{a, e, f, h\}$，$B_4=\{d, g, i, j\}$ 的上界、下界、上确界、下确界。给出其的一个拓扑排序。

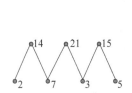

图 6.19 习题 6.21 用图

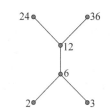

图 6.20 习题 6.22 用图

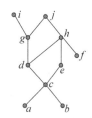

图 6.21 习题 6.23 用图

6.24 关于一个软件项目的任务的哈斯图如图 6.22 所示，对这个软件项目的任务进行拓扑排序。

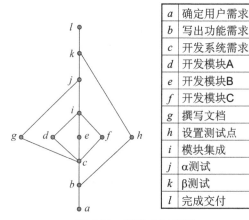

a	确定用户需求
b	写出功能需求
c	开发系统需求
d	开发模块A
e	开发模块B
f	开发模块C
g	撰写文档
h	设置测试点
i	模块集成
j	α测试
k	β测试
l	完成交付

图 6.22 习题 6.24 用图

6.25 构造下述偏序集的例子：
（a）是偏序集，但不是全序集。
（b）是全序集，而且不存在最小元。
（c）是偏序集，存在最大元但不存在最小元。
（d）是偏序集，存在极小元但不存在极大元。

6.26 假设 $(A, \leq)$ 是偏序集，$B \subseteq A$，证明：若 $(B, \leq|_B)$ 存在最大（小）元，则该最大（小）元在 $(A, \leq)$ 中恰为 B 的上（下）确界。

6.27 证明定理 6.10。

6.28 证明：最大(小)元一定是唯一的极大(小)元，反之则不然。

6.29 若$(A, \leq)$的任意非空的子集B都有最小元的存在，则称$\leq$为A的良序（well order），称$(A, \leq)$是**良序集（well ordered set）**。例如，$(\mathbb{Z}^+, \leq)$是良序集，而$(\mathbb{Z}, \leq)$不是良序集。

证明：

（a）良序集是全序集。

（b）有限全序集是良序集。

6.30 在图6.23由哈斯图表示的偏序集中，哪些是格？

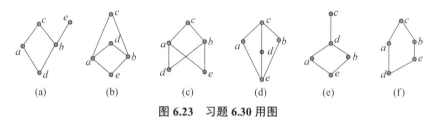

(a) (b) (c) (d) (e) (f)

图6.23 习题6.30用图

6.31 设A是集合，$\mathcal{E}$是A上的所有等价关系构成的集合。证明：$(\mathcal{E}, \subseteq)$是格。

6.32 证明定理6.13。

6.33 证明定理6.18。

6.34 设格$L=(\{1, 2, 5, 6, 10, 15, 30\}, |)$。以下诸偏序集是否是格，是否是$L$的子格？

（a）$(\{1, 2, 5, 10\}, |)$。

（b）$(\{1, 6, 15, 30\}, |)$。

（c）$(\{2, 10, 15, 30\}, |)$。

（d）$(\{1, 2, 15, 30\}, |)$。

6.35 求图6.24中格L的所有子格。

6.36 已知格的哈斯图如图6.25所示。

（a）$\{a, b, c, e, f, g, h, i\}$是否是该格的子格？

（b）给出该格的至少包含5个元素的子格。

（c）计算h的所有补元素；计算f的所有补元素。

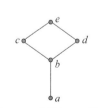

图6.24 习题6.35用图

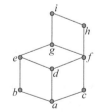

图6.25 习题6.36用图

6.37 设$(L, \leq)$为格，$a \in L$，定义集合$S=\{x | x \in L$ 且 $x \leq a\}$，证明：$(S, \leq)$是$(L, \leq)$的一个子格。

6.38 设a、b为格$(L, \leq)$中的两个不同元素，且$a \leq b$，定义集合$S=\{x | x \in L$ 且 $a \leq x \leq b\}$，证明：$(S, \leq)$是$(L, \leq)$的一个子格。

6.39　证明：一个格是链的充要条件是它的所有非空子集都是子格。

6.40　证明：对于格$(L, \leq)$中任何元素 a、b、c、d，有$(a \wedge b) \vee (c \wedge d) \leq (a \vee c) \wedge (b \vee d)$。

6.41　证明：若 L 是格，则对于任意 $a, b, c \in L$，有

（a）$a \wedge (b \vee c) \geq (a \wedge b) \vee (a \wedge c)$。

（b）$a \vee (b \wedge c) \leq (a \vee b) \wedge (a \vee c)$。

6.42　证明：在有补格中，$1' = 0$ 且 $0' = 1$。

6.43　证明：具有两个以上元素的链不是有补格。

6.44　证明：在元素个数大于 1 的有界格中，每个元素都不是自己的补元。

6.45　在图 6.26 由哈斯图表示的偏序集中，哪些是分配格？

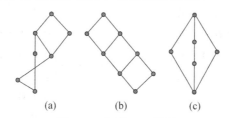

（a）　　　　　（b）　　　　　（c）

图 6.26　习题 6.45 用图

6.46　举出两个具有 6 个元素的格，其中一个是分配格，而另一个不是。

6.47　假设 L 是有界分配格，证明：L 中具有补元的元素全体构成 L 的一个子格。

6.48　对于模格$(L, \leq)$，若有 3 个元素 $a, b, c \in L$，使得下述 3 个式子的任何一个式子中把"$\leq$"换成"$=$"若成立，则另外两个式子中把"$\leq$"换成"$=$"也必成立：
$$a \vee (b \wedge c) \leq (a \vee b) \wedge (a \vee c)$$
$$(a \wedge b) \vee (a \wedge c) \leq a \wedge (b \vee c)$$
$$(a \wedge b) \vee (b \wedge c) \vee (c \wedge a) \leq (a \vee b) \wedge (b \vee c) \wedge (c \vee a)$$

6.49　设$(L, \leq)$是模格，证明：对任意的 $a, b, c \in L$，若$(a \vee b) \wedge c = b \wedge c$，则必有$(c \vee b) \wedge a = b \wedge a$。

（提示：先证明 $b = (a \vee b) \wedge (c \vee b)$，再计算 $b \wedge a$。）

6.50　证明：L 是分配格当且仅当对于任意 $a, b, c \in L$，有
$$(a \wedge b) \vee (b \wedge c) \vee (c \wedge a) = (a \vee b) \wedge (b \vee c) \wedge (c \vee a)$$

（提示："$\Leftarrow$"——先证明 L 是模格，再证明 $a \vee ((a \vee b) \wedge (b \vee c) \wedge (c \vee a)) = (a \vee b) \wedge (c \vee a)$ 及 $a \vee ((a \wedge b) \vee (b \wedge c) \vee (c \wedge a)) = a \vee (b \wedge c)$。）

6.51　设元素 a、b 属于一个布尔格，证明：$a' \vee b = 1$ 当且仅当 $a \leq b$。

6.52　假设$(B, \vee, \wedge, ', 0, 1)$是布尔代数，证明：对于任意 $a, b, c \in B$，有
$$a \wedge (a' \vee b) = a \wedge b, \quad a \vee (a' \wedge b) = a \vee b$$

6.53　假设$(B, \vee, \wedge, ', 0, 1)$是布尔代数，证明：对于任意 $a, b \in B$，$a \leq b$ 当且仅当 $b' \leq a'$。

6.54　证明：对于任意的 $n > 1$，$(B_n, \leq)$ 与积格 $\underbrace{(B_1, \leq) \times (B_1, \leq) \times \cdots \times (B_1, \leq)}_{n\text{次}}$ 同构。

6.55　以下由关系矩阵表示的关系中哪些构成布尔代数？

$$（a）\quad M_R = \begin{pmatrix} 1 & 0 & 0 & 0 & 0 & 1 \\ 0 & 1 & 0 & 1 & 1 & 0 \\ 0 & 0 & 1 & 1 & 1 & 1 \\ 0 & 0 & 0 & 1 & 1 & 0 \\ 0 & 0 & 0 & 0 & 1 & 0 \\ 0 & 0 & 0 & 0 & 0 & 1 \end{pmatrix}$$

$$（b）\quad M_R = \begin{pmatrix} 1 & 1 & 1 & 1 & 1 & 1 & 1 & 1 \\ 0 & 1 & 0 & 1 & 1 & 1 & 1 & 1 \\ 0 & 0 & 1 & 0 & 0 & 1 & 0 & 1 \\ 0 & 0 & 0 & 1 & 1 & 1 & 1 & 1 \\ 0 & 0 & 0 & 0 & 1 & 0 & 1 & 1 \\ 0 & 0 & 0 & 0 & 0 & 1 & 0 & 1 \\ 0 & 0 & 0 & 0 & 0 & 0 & 1 & 1 \\ 0 & 0 & 0 & 0 & 0 & 0 & 0 & 1 \end{pmatrix}$$

$$（c）\quad M_R = \begin{pmatrix} 1 & 0 & 0 & 0 & 0 & 0 & 0 & 0 \\ 1 & 1 & 0 & 0 & 0 & 0 & 0 & 0 \\ 1 & 1 & 1 & 0 & 0 & 0 & 0 & 0 \\ 1 & 1 & 1 & 1 & 0 & 0 & 0 & 0 \\ 1 & 1 & 0 & 0 & 1 & 0 & 0 & 0 \\ 1 & 1 & 0 & 0 & 1 & 1 & 0 & 0 \\ 1 & 1 & 1 & 1 & 1 & 1 & 1 & 0 \\ 1 & 1 & 1 & 1 & 1 & 1 & 1 & 1 \end{pmatrix}$$

$$（d）\quad M_R = \begin{pmatrix} 1 & 1 & 1 & 1 & 0 & 0 & 0 & 0 \\ 0 & 1 & 0 & 1 & 0 & 0 & 0 & 0 \\ 0 & 0 & 1 & 1 & 0 & 0 & 0 & 0 \\ 0 & 0 & 0 & 1 & 0 & 0 & 0 & 0 \\ 1 & 1 & 1 & 1 & 1 & 1 & 1 & 1 \\ 0 & 1 & 0 & 1 & 0 & 1 & 0 & 1 \\ 0 & 0 & 1 & 1 & 0 & 0 & 1 & 1 \\ 0 & 0 & 0 & 1 & 0 & 0 & 0 & 1 \end{pmatrix}$$

6.56 证明：若素数 p 满足 $p^2 | n$，则 $(\mathbf{D}_n, |)$ 不是布尔代数。

第 7 章

代 数 结 构

代数学历史悠久，几千年前人们就有了数的概念，并知道了一些解方程的方法。随着人类社会的发展，人们对数的认识逐渐深化，从自然数、整数、有理数、实数，最后扩展到复数。早期代数学处理的对象是具体的数，而近世代数学（即抽象代数学）的研究对象是抽象的代数结构，它是在集合基础上结合具有某些指定性质的运算而形成的，也称为代数系统。

代数结构不以某一具体对象为研究对象，而以一大类具有某种共同性质的对象为研究对象，研究它们所具有的共同属性与运算规律，从而揭示事物间的本质和内在关系。

抽象代数学在计算机科学与软件科学中应用广泛，如计算机软件形式说明和开发、算法设计与分析、信息处理与安全等，对学科的产生和发展有重大影响；与此同时，这些学科的迅速发展对抽象代数学也提出了新的要求，促使它不断发展。

本章将介绍代数结构的基本概念和性质，以及几类常用的代数结构：半群、亚群、群、环、域、格和布尔代数。

7.1 代 数 结 构

7.1.1 运算与代数结构的定义

设 f 是从集合 A^2 到集合 A 的函数，则对于 A^2 中的每一个有序对 $(a_i, a_j) \in A$，有 $a_k \in A$，使得 $f(a_i, a_j) = a_k$，所以函数关系 $f(a_i, a_j) = a_k$ 可以看作是集合 A 中的两个元素 a_i、a_j 经过运算 f 后在 A 中得到运算结果 a_k。于是可以得到二元运算的定义。

定义 7.1 设 A 为非空集合，函数 $f : A \times A \rightarrow A$ 称作 A 上的一个二元运算（**binary operation**），简称为**二元运算**。二元运算常用 $\cdot$、$*$、$\Box$、$\bigcirc$、$\otimes$、$\oplus$、$\triangle$、∇ 等符号表示，而且通常将 $\Box(a, b)$ 写作 $a \Box b$。这时也称 A 对 f 封闭（**closed**）。

定义 7.2 设 A 为非空集合，函数 $f : A \rightarrow A$ 称作 A 上的一个一元运算（**unary operation**），简称为**一元运算**。通常将 $f(a)$ 写作 fa。

注：运算是抽象的，我们重点强调参与运算的元素与运算结果的对应关系，而非运算的过程。

定义 7.3 设 A 为非空集合，$f_1, f_2, \cdots, f_k$ 为 A 上的 k 个运算（包括一元运算和二元运算），则称 $(A, f_1, f_2, \cdots, f_k)$ 为一个代数结构（**algebraic structure**）或代数系统（**algebraic system**）。

【例 7.1】

（a）设 A 为集合，则 $\cap$、$\cup$、$\oplus$、$-$ 均为 $\mathscr{P}(A)$ 上的二元运算，求补运算 "$\overline{}$" 是 $\mathscr{P}(A)$ 上的一元运算。

（b）$\mathbb{Z}$、$\mathbb{N}$、$\mathbb{Q}$、$\mathbb{R}$、$\mathbb{C}$ 上的普通加法、减法和乘法均为相应集合的二元运算，求相反数为相应集合的一元运算。

（c）设 A 为非空集合，则连接运算 $\circ$ 是 A^* 上的二元运算。

（d）在 $\mathbb{Z}$ 的 "模 n 同余" 关系的商集 $\mathbb{Z}/n\mathbb{Z} = \{\overline{0}, \overline{1}, \cdots, \overline{n-1}\}$ 上可以定义模 n 加法 "$+_n$" 和模 n 乘法 "$\times_n$"：对任意 $\overline{a}$、$\overline{b}$，$\overline{a} +_n \overline{b} = \overline{a+b}$，$\overline{a} \times_n \overline{b} = \overline{a \times b}$。

【例 7.2】

（a）假设集合 A 为所有正奇整数，则普通加法 "$+$" 在 A 上不封闭，即存在两个正奇整数，其和不是正奇整数，因此 "$+$" 不是 A 上的二元运算。

（b）普通减法不是 $\mathbb{Z}^+$ 上的二元运算，例如 $1 - 3 \notin \mathbb{Z}^+$。

（c）正整数集 $\mathbb{Z}^+$ 上的普通除法不是 $\mathbb{Z}^+$ 上的二元运算，因为两个正整数相除的结果可能不是整数。这时也称 $\mathbb{Z}^+$ 对除法运算不封闭。

（d）实数集合 $\mathbb{R}$ 上的除法不是 $\mathbb{R}$ 上的二元运算，因为 $0 \in \mathbb{R}$，而 0 不能做除数。但在 $\mathbb{R}^* = \mathbb{R} - \{0\}$ 上可以定义除法运算。

【例 7.3】

（a）设 $\mathbf{M}_n(\mathbb{R})$ 表示所有 n 阶实方阵全体，则矩阵的加法和乘法都是 $\mathbf{M}_n(\mathbb{R})$ 上的二元运算，转置运算（记作 ^{T}）是 $\mathbf{M}_n(\mathbb{R})$ 上的一元运算。$(\mathbf{M}_n(\mathbb{R}), +, \times, ^T)$ 构成一个代数结构。

（b）设 $\mathbf{B}_n$ 表示所有 n 阶布尔矩阵，则 $\wedge$、$\vee$、$\odot$ 都是布尔矩阵上的二元运算；$(\mathbf{B}_n, \wedge, \vee, \odot)$ 构成一个代数结构。

（c）设 A 为非空集合，S 表示 A 上的关系全体，则 $(S, \circ)$ 是一个代数结构。

（d）若 $(L, \leq)$ 是一个格，则 $(L, \vee, \wedge)$ 是一个代数结构，特别是：

(d-1)$(\mathbb{Z}^+, \text{LCM}, \text{GCD})$ 是一个代数结构。

(d-2)$(\mathbf{D}_n, \text{LCM}, \text{GCD})$ 是一个代数结构，其中 n 是一个正整数。

(d-3)$(A, \max, \min)$ 是一个代数结构，其中 $A \subseteq \mathbb{R}$。

(d-4)$(\mathscr{P}(A), \cup, \cap)$ 是一个代数结构，其中 A 为非空集合。

对于有限集合 A 上的一元运算和二元运算，还可以使用运算表的方式给出。表 7.1 和表 7.2 是运算表的一般形式，其中 $a_1, a_2, \ldots, a_n$ 是 A 中元素。

表 7.1 一元运算

a_i	$\circ a_i$
a_1	$\circ a_1$
a_2	$\circ a_2$
$\vdots$	$\vdots$
a_n	$\circ a_n$

表 7.2 二元运算

$\circ$	a_1	a_2	$\cdots$	a_n
a_1	$a_1 \circ a_1$	$a_1 \circ a_2$	$\cdots$	$a_1 \circ a_n$
a_2	$a_2 \circ a_1$	$a_2 \circ a_2$	$\cdots$	$a_2 \circ a_n$
$\vdots$	$\vdots$	$\vdots$	$\vdots$	$\vdots$
a_n	$a_n \circ a_1$	$a_n \circ a_2$	$\cdots$	$a_n \circ a_n$

【例 7.4】   集合 $\mathscr{P}(\{1, 2\})$ 上 $\cup$ 运算的运算表如表 7.3 所示。

【例 7.5】 集合 $\mathscr{P}(\{1,2\})$ 上 $\oplus$ 运算的运算表如表 7.4 所示。

<table>
<tr><td colspan="5" align="center">表 7.3 例 7.4 用表</td></tr>
<tr><td>∪</td><td>∅</td><td>{1}</td><td>{2}</td><td>{1,2}</td></tr>
<tr><td>∅</td><td>∅</td><td>{1}</td><td>{2}</td><td>{1,2}</td></tr>
<tr><td>{1}</td><td>{1}</td><td>{1}</td><td>{1,2}</td><td>{1,2}</td></tr>
<tr><td>{2}</td><td>{2}</td><td>{1,2}</td><td>{1,2}</td><td>{1,2}</td></tr>
<tr><td>{1,2}</td><td>{1,2}</td><td>{1,2}</td><td>{1,2}</td><td>{1,2}</td></tr>
</table>

<table>
<tr><td colspan="5" align="center">表 7.4 例 7.5 用表</td></tr>
<tr><td>⊕</td><td>∅</td><td>{1}</td><td>{2}</td><td>{1,2}</td></tr>
<tr><td>∅</td><td>∅</td><td>{1}</td><td>{2}</td><td>{1,2}</td></tr>
<tr><td>{1}</td><td>{1}</td><td>∅</td><td>{1,2}</td><td>{2}</td></tr>
<tr><td>{2}</td><td>{2}</td><td>{1,2}</td><td>∅</td><td>{1}</td></tr>
<tr><td>{1,2}</td><td>{1,2}</td><td>{2}</td><td>{1}</td><td>∅</td></tr>
</table>

【例 7.6】 $\mathbb{Z}/4\mathbb{Z} = \{\bar{0}, \bar{1}, \bar{2}, \bar{3}\}$ 上定义的模 4 加法和模 4 乘法的运算表如表 7.5 和表 7.6 所示。

<table>
<tr><td colspan="5" align="center">表 7.5 例 7.6 用表 1</td></tr>
<tr><td>$+_4$</td><td>$\bar{0}$</td><td>$\bar{1}$</td><td>$\bar{2}$</td><td>$\bar{3}$</td></tr>
<tr><td>$\bar{0}$</td><td>$\bar{0}$</td><td>$\bar{1}$</td><td>$\bar{2}$</td><td>$\bar{3}$</td></tr>
<tr><td>$\bar{1}$</td><td>$\bar{1}$</td><td>$\bar{2}$</td><td>$\bar{3}$</td><td>$\bar{0}$</td></tr>
<tr><td>$\bar{2}$</td><td>$\bar{2}$</td><td>$\bar{3}$</td><td>$\bar{0}$</td><td>$\bar{1}$</td></tr>
<tr><td>$\bar{3}$</td><td>$\bar{3}$</td><td>$\bar{0}$</td><td>$\bar{1}$</td><td>$\bar{2}$</td></tr>
</table>

<table>
<tr><td colspan="5" align="center">表 7.6 例 7.6 用表 2</td></tr>
<tr><td>$\times_4$</td><td>$\bar{0}$</td><td>$\bar{1}$</td><td>$\bar{2}$</td><td>$\bar{3}$</td></tr>
<tr><td>$\bar{0}$</td><td>$\bar{0}$</td><td>$\bar{0}$</td><td>$\bar{0}$</td><td>$\bar{0}$</td></tr>
<tr><td>$\bar{1}$</td><td>$\bar{0}$</td><td>$\bar{1}$</td><td>$\bar{2}$</td><td>$\bar{3}$</td></tr>
<tr><td>$\bar{2}$</td><td>$\bar{0}$</td><td>$\bar{2}$</td><td>$\bar{0}$</td><td>$\bar{2}$</td></tr>
<tr><td>$\bar{3}$</td><td>$\bar{0}$</td><td>$\bar{3}$</td><td>$\bar{2}$</td><td>$\bar{1}$</td></tr>
</table>

【例 7.7】 $\mathbb{Z}/5\mathbb{Z} = \{\bar{0}, \bar{1}, \bar{2}, \bar{3}, \bar{4}\}$ 上定义的模 5 加法和模 5 乘法的运算表如表 7.7 和表 7.8 所示。

<table>
<tr><td colspan="6" align="center">表 7.7 例 7.7 用表 1</td></tr>
<tr><td>$+_5$</td><td>$\bar{0}$</td><td>$\bar{1}$</td><td>$\bar{2}$</td><td>$\bar{3}$</td><td>$\bar{4}$</td></tr>
<tr><td>$\bar{0}$</td><td>$\bar{0}$</td><td>$\bar{1}$</td><td>$\bar{2}$</td><td>$\bar{3}$</td><td>$\bar{4}$</td></tr>
<tr><td>$\bar{1}$</td><td>$\bar{1}$</td><td>$\bar{2}$</td><td>$\bar{3}$</td><td>$\bar{4}$</td><td>$\bar{0}$</td></tr>
<tr><td>$\bar{2}$</td><td>$\bar{2}$</td><td>$\bar{3}$</td><td>$\bar{4}$</td><td>$\bar{0}$</td><td>$\bar{1}$</td></tr>
<tr><td>$\bar{3}$</td><td>$\bar{3}$</td><td>$\bar{4}$</td><td>$\bar{0}$</td><td>$\bar{1}$</td><td>$\bar{2}$</td></tr>
<tr><td>$\bar{4}$</td><td>$\bar{4}$</td><td>$\bar{0}$</td><td>$\bar{1}$</td><td>$\bar{2}$</td><td>$\bar{3}$</td></tr>
</table>

<table>
<tr><td colspan="6" align="center">表 7.8 例 7.7 用表 2</td></tr>
<tr><td>$\times_5$</td><td>$\bar{0}$</td><td>$\bar{1}$</td><td>$\bar{2}$</td><td>$\bar{3}$</td><td>$\bar{4}$</td></tr>
<tr><td>$\bar{0}$</td><td>$\bar{0}$</td><td>$\bar{0}$</td><td>$\bar{0}$</td><td>$\bar{0}$</td><td>$\bar{0}$</td></tr>
<tr><td>$\bar{1}$</td><td>$\bar{0}$</td><td>$\bar{1}$</td><td>$\bar{2}$</td><td>$\bar{3}$</td><td>$\bar{4}$</td></tr>
<tr><td>$\bar{2}$</td><td>$\bar{0}$</td><td>$\bar{2}$</td><td>$\bar{4}$</td><td>$\bar{1}$</td><td>$\bar{3}$</td></tr>
<tr><td>$\bar{3}$</td><td>$\bar{0}$</td><td>$\bar{3}$</td><td>$\bar{1}$</td><td>$\bar{4}$</td><td>$\bar{2}$</td></tr>
<tr><td>$\bar{4}$</td><td>$\bar{0}$</td><td>$\bar{4}$</td><td>$\bar{3}$</td><td>$\bar{2}$</td><td>$\bar{1}$</td></tr>
</table>

而且，还可以将二元运算的概念一步推广。

定义 7.4 设 A 为任意非空集合，函数 $f: A^n \to A$ 称为集合 A 上的一个 **n 元运算**。

7.1.2 二元运算的性质

本节讨论二元运算的主要性质，包括单个二元运算性质、两个二元运算之间的性质以及二元运算中的一些特殊元素。

定义 7.5 设 $\square$ 是非空集合 A 上的二元运算，如果对于任意 $a, b \in A$，都有 $a \square b = b \square a$，则称运算 $\square$ 在 A 上是**可交换的**（**commutative**），或称运算 $\square$ 在 A 上满足**交换律**。

定义 7.6 设 $\square$ 是非空集合 A 上的二元运算，如果对于任意 $a, b, c \in A$，都有 $(a \square b) \square c$

$= a□(b□c)$，则称运算□在 A 上是**可结合的**（**associative**），或称运算□在 A 上满足**结合律**。此时连续的运算之间不必加括号。

【例 7.8】 $\mathbb{Z}/n\mathbb{Z}=\{\overline{0},\overline{1},\cdots,\overline{n-1}\}$ 上定义的模 n 加法和模 n 乘法满足交换律和结合律。

【例 7.9】

（a）在实数集 $\mathbb{R}$ 上的普通减法"$-$"不满足交换律和结合律。

（b）在 $\mathbb{R}^+$ 上定义二元运算÷为普通除法，于是÷不满足交换律和结合律。例如：
$$4÷2≠2÷4，且 4÷(2÷2)=4≠(4÷2)÷2$$

（c）在正实数集 $\mathbb{R}^+$ 上可以定义二元运算◊为 $a◊b=a^b$，则◊不满足交换律和结合律。例如：
$$2◊3=8≠9=3◊2，且 2◊(3◊2)=2^9≠2^6=(2◊3)◊2$$

【例 7.10】

（a）集合上函数的复合运算不是可交换的，但是可结合的。

（b）设 A 为非空集合，A^* 上的连接运算。不满足交换律，但是满足结合律。

（c）$\mathbf{M}_n(\mathbb{R})$ 上的矩阵加法满足交换律和结合律，矩阵乘法满足结合律但不满足交换律。

定义 7.7 设□是非空集合 A 上的二元运算，如果对于任意 $a\in A$，都有 $a□a=a$，则称运算□在 A 上是**等幂的**（**idempotent**），或称运算□在 A 上满足**幂等律**。

定义 7.8 设□、○是非空集合 A 上的二元运算，如果对于任意 $a, b, c\in A$，都有 $a□(b○c)=(a□b)○(a□c)$ 及 $(b○c)□a=(b□a)○(c□a)$，则称二元运算□对于○在 A 上具有**分配性**（**distributive**），或称运算□对于○在 A 上满足**分配律**。

定义 7.9 设□、○是非空集合 A 上的二元运算且都可交换，如果对于任意 $a,b\in A$，都有 $a□(b○c)=a$ 及 $a○(b□c)=a$，则称运算□和○在 A 上满足**吸收律**（**absorption law**）。

【例 7.11】

（a）若 $(L,\leq)$ 是一个格，则代数结构 $(L,\vee,\wedge)$ 中的运算$\vee$和$\wedge$满足交换律、结合律、幂等律和吸收律（定理 6.17）。但一般$\vee$对于$\wedge$不满足分配律，$\wedge$对于$\vee$也不满足分配律；当分配律满足时，$(L,\leq)$ 是分配格。

（b）设 U 为全集，则$\cap$、$\cup$ 是 $\mathcal{P}(U)$ 上的二元运算，满足交换律、结合律、幂等律和吸收律，$\cap$对于$\cup$满足分配律，$\cup$对于$\cap$也满足分配律（定理 1.3）。

下面介绍二元运算中的一些特殊元素。

定义 7.10 设□是非空集合 A 上的二元运算，若 $e\in A$ 满足：对于任意 $a\in A$，都有 $a=e□a=a□e$，则称 e 是 A 上关于运算□的**单位元**（**identity**）或**幺元**。

【例 7.12】

（a）代数结构 $(\mathbb{R},+)$ 中的单位元为 0；代数结构 $(\mathbb{R},×)$ 中的单位元为 1。

（b）设 A 为集合，$S=\mathcal{P}(A)$，则 S 上的二元运算$\cup$存在单位元$\varnothing$，S 上的二元运算$\cap$存在单位元 A。

（c）设 $\mathbf{M}_n(\mathbb{R})$ 表示所有 n 阶实方阵全体，则单位矩阵 $\mathbf{I}_n$ 是关于乘法运算的单位元，零矩阵是关于加法运算的单位元。

【例 7.13】 (所有正偶整数, ×)不存在单位元。

定理 7.1　设□是非空集合 A 上的二元运算，若运算□存在单位元，则单位元唯一。

证明. 假设 e 和 i 都是 A 上关于运算□的单位元。

由于 i 是 A 上关于运算□的单位元，故对于任意 $a \in A$ 有 $a \square i = i \square a = a$，特别地，$e \square i = i \square e = e$。

另一方面，由于 e 是 A 上关于运算□的单位元，有 $e \square i = i \square e = i$，因此 $e = i$。

即，若运算□的单位元存在则唯一。　　　　　　　　　　　　　　　　　□

定义 7.11　设□是非空集合 A 上的二元运算，若 $\theta \in A$ 满足：对于任意 $a \in A$，都有 $\theta \square a = a \square \theta = \theta$，则称 θ 是 A 上关于运算□的**零元**（**zero element**）。

【例 7.14】

（a）代数结构$(\mathbb{R}, +)$中不存在零元，代数结构$(\mathbb{R}, \times)$中的零元为 0。

（b）设 A 为集合，$S = \mathscr{P}(A)$，则 S 上的二元运算 $\cup$ 存在零元 A，S 上的二元运算 $\cap$ 存在零元 $\varnothing$。

定理 7.2　设□是非空集合 A 上的二元运算，若运算□存在零元，则零元唯一。

定义 7.12　设□是非空集合 A 上的二元运算且存在单位元 $e \in A$，如果对于元素 $a \in A$，存在 $b \in A$，使得 $b \square a = a \square b = e$，则称 b 是 a **关于运算□的逆元**（**inverse**），记作 $b = a^{-1}$。

【例 7.15】

（a）整数集 $\mathbb{Z}$ 上的加法运算中，0 是单位元，而对于任意 $a \in \mathbb{Z}$，其逆元是 $-a$。

（b）整数集 $\mathbb{Z}$ 上的乘法运算中，1 是单位元，而对于任意 $a \neq \pm 1$，a 不存在逆元。

（c）$\mathbb{R}^* = \mathbb{R} - \{0\}$ 上的乘法运算的单位元是 1，对于任意 $a \in \mathbb{R}^*$，其逆元是 $\dfrac{1}{a}$。

（d）设 A 为集合，$X \in \mathscr{P}(A)$。若 $X \neq \varnothing$，则 X 关于 $\cup$ 运算不存在逆元；若 $X \neq A$，则 X 关于 $\cap$ 运算都不存在逆元；而 $\varnothing$ 关于 $\cup$ 运算存在逆元 $\varnothing$，A 关于 $\cap$ 运算存在逆元 A。

（e）对于 $\mathbb{Z}/n\mathbb{Z} = \{\overline{0}, \overline{1}, \overline{2}, \cdots, \overline{n-1}\}$ 上的模 n 加法，单位元是 $\overline{0}$，元素 $\overline{a}$ 的逆元为 $\overline{n-a}$。

（f）对于 $\mathbb{Z}/n\mathbb{Z} = \{\overline{0}, \overline{1}, \overline{2}, \cdots, \overline{n-1}\}$ 上的模 n 乘法，单位元是 $\overline{1}$，元素 $\overline{a}$ 存在逆元当且仅当 a 与 n 互素。此时由裴蜀等式，存在整数 s 和 t 使得 $sa + tn = 1$，可得 $sa \equiv 1 \pmod{n}$，即 $\overline{a} \times_n \overline{s} = \overline{1}$。特别是当 p 是素数时，$\mathbb{Z}/p\mathbb{Z} - \{\overline{0}\}$ 中任一元素均存在逆元。

定理 7.3　设□是非空集合 A 上的二元运算，若运算□是可结合的，则任意元素的逆元若存在则唯一。

证明. 假定元素 x 关于运算□存在两个逆元 y 和 z，则有

$$(z \square x) \square y = e \square y = y, \quad z \square (x \square y) = z \square e = z$$

由于□具有结合性，因此 $(z \square x) \square y = z \square (x \square y)$，于是 $y = z$。　　　　　□

注：如果二元运算□不是可结合的，则一个元素的逆元可能不只一个。例如集合 $\{a, b, c\}$ 上的二元运算□的运算表如表 7.9 所示。

a 是关于□的单位元，而且 b 和 c 都是 b 的逆元。这与定理 7.3 并无矛盾，这是因为运算□不是可结合的。

如果$(A, \square)$是一个代数结构，□是 A 上的一个二元运算，那么该运算的性质在运算表上的反映是：

表 7.9 □的运算表

□	a	b	c
a	a	b	c
b	b	a	a
c	c	a	a

（a）运算□具有封闭性，当且仅当运算表中的每个元素都属于 A。

（b）运算□具有可交换性，当且仅当运算表关于主对角线对称。

（c）运算□具有等幂性，当且仅当运算表的主对角线上的每一元素与它所在行（列）的表头元素相同。

（d）A 关于□有零元，当且仅当该元素所对应的行和列中的元素都与该元素相同。

（e）A 关于□有单位元，当且仅当该元素所对应的行和列依次与运算表的行和列相一致。

（f）设 A 中有单位元，a 和 b 互为逆元，当且仅当位于 a 所在行、b 所在列的元素以及 b 所在行、a 所在列的元素都是单位元。

【例 7.16】 二元运算□的运算表如表 7.10 所示。

表 7.10 例 7.16 用表

□	a	b	c	d
a	a	a	a	a
b	a	b	c	d
c	a	c	b	b
d	a	d	b	c

该运算表关于主对角线对称，因此运算□具有可交换性。a 是关于运算□的零元。b 是关于运算□的单位元。c 有两个逆元是 c 和 d，因此运算□不具有结合性。

7.2 群

法国数学家伽罗华（Galois，1811—1832）提出了群的概念，引入了群论的一系列重要结果，以讨论方程式的可解性。他由此给出了一个方程可用根式求解的充分必要条件，系统化地阐释了五次以上之方程式没有公式解，而四次以下有公式解。

群论是抽象代数中得到充分发展的一个分支，已广泛地运用于数学、物理、通信和计算机科学。本节将介绍群的基本概念和基本性质，并给出一些重要结果。

7.2.1 半群与亚群

半群是具有一个二元运算的代数结构，在计算机科学的形式语言和自动机理论中得到广泛应用。

定义 7.13 满足如下性质的代数结构$(S, \cdot)$称为**半群**（**semigroup**）。

（1）集合 S 非空。

（2）运算·满足结合律。

注：通常称 $a \cdot b$ 为 a 和 b 的积（**product**）。若半群$(S, \cdot)$中的运算·满足交换性，则称为**可交换半群**。在不引起混淆的情况下，也可以将$(S, \cdot)$简记为 S。

定义 7.14　含有单位元的半群$(S, \cdot)$称为**亚群**（**monoid**），也称作**含幺半群、单元半群、独异点**。

【例 7.17】

（a）$(\mathbb{Z}^+, +)$是一个可交换半群，但不是亚群，因为不存在单位元。

（b）$(\mathbb{Z}, +)$，$(\mathbb{Q}, +)$，$(\mathbb{R}, +)$，$(\mathbb{C}, +)$都是可交换亚群(单位元是 0)；$(\mathbb{Z}, \times)$，$(\mathbb{Q}, \times)$，$(\mathbb{R}, \times)$，$(\mathbb{C}, \times)$都是可交换亚群(单位元是 1)。

（c）$(\mathbb{Z}/n\mathbb{Z}, +_n)$是可交换亚群（单位元为 $\bar{0}$），$(\mathbb{Z}/n\mathbb{Z}, \times_n)$也是可交换亚群（单位元为 $\bar{1}$）。

（d）$(\mathbf{M}_n(\mathbb{R}), +)$是可交换亚群，而$(\mathbf{M}_n(\mathbb{R}), \times)$是不可交换亚群。

（e）设 A 为非空集合，则$(A^*, \circ)$是一个亚群，称作**自由亚群**，其单位元是空串λ。

（f）设 U 为全集，则$(\mathscr{P}(U), \cap)$和$(\mathscr{P}(U), \cup)$都是可交换亚群。

定理 7.4　设$(S, \cdot)$是一个半群，如果 S 是一个有限集，则必有 $a \in S$，使得 $a \cdot a = a$。

证明.　由于$(S, \cdot)$是半群，对于任意 $x \in A$，考察序列 $x, x^2, \cdots, x^n, x^{n+1}, \cdots$，由鸽巢原理，其中必有两项相同。不妨假设 $x^i = x^j$，$1 \leqslant i < j$，令 $j - i = l$。

（a）若 $j > 2i$，则记 $a = x^{j-i}$，有 $a \cdot a = x^{2(j-i)} = x^{j+j-2i} = x^{i+j-2i} = x^{j-i} = a$。

（b）若 $j \leqslant 2i$，由于 $x^i = x^j = x^{j+l} = x^{j+2l} = x^{j+3l} = \cdots$，总存在正整数 m 使得 $m \cdot l > i$，于是 $x^i = x^{j+ml}$，$j + m \cdot l > 2i$，又转化为情形(a)。　□

7.2.2　群的概念

定义 7.15　满足下述 4 个条件的代数结构$(G, \cdot)$称为**群**（**group**）。

（1）运算·关于 G 是封闭的，即对于任意 $a, b \in G$，运算的结果 $a \cdot b$ 也属于 G。

（2）运算·是可结合的，即对于任意 $a, b, c \in G$，等式 $a \cdot (b \cdot c) = (a \cdot b) \cdot c$ 成立。

（3）G 中存在单位元 e，即对于任意 $a \in G$，等式 $e \cdot a = a \cdot e = a$ 成立。

（4）G 的任何元素都存在逆元，即对于任意 $a \in G$，存在元素 $a' \in G$ 使 $a \cdot a' = a' \cdot a = e$。$a'$ 称作 a 的逆，通常记作 a^{-1}。

在不引起混淆的情况下，通常将 $a \cdot b$ 简记为 ab，将$(G, \cdot)$简记为 G。若群$(G, \cdot)$中的运算·满足交换性，则称其为**交换群**或**可换群**（**commutative group**）或**阿贝尔群**（**Abelian group**）。

由群的概念以及 7.2.1 节介绍的半群的相关概念，可以得到

$$\{群\} \subseteq \{亚群\} \subseteq \{半群\}$$

定义 7.16　设$(G, \cdot)$是一个群。如果 G 是有限集，那么称$(G, \cdot)$为**有限群**（**finite group**），G 中元素的个数通常称为该有限群的**阶数**（**order**），记为$|G|$。如果 G 是无限集，则称$(G, \cdot)$为**无限群**。

【例 7.18】

（a）$(\mathbb{Z},+)$，$(\mathbb{Q},+)$，$(\mathbb{R},+)$，$(\mathbb{C},+)$都是群；但$(\mathbb{R},\times)$不是群，因为$0\in\mathbb{R}$关于乘法无逆元。

（b）$(\mathbf{M}_n(\mathbb{R}),\times)$不构成群，因为存在不可逆矩阵；但是($n$阶可逆实方阵全体,$\times$)构成不可交换的群。

（c）$G=\{1,-1\}$在普通乘法下构成群。

（d）$(\mathbb{Z}/n\mathbb{Z},+_n)$是可换群，但是$(\mathbb{Z}/n\mathbb{Z},\times_n)$不是群，因为$\overline{0}$关于$\times_n$运算不存在逆元。然而，当$p$是素数时，$(\mathbb{Z}/p\mathbb{Z}-\{\overline{0}\},\times_n)$是可换群。

（e）$S=\{1,2,3,\cdots,n\}$上的所有n元置换在函数复合运算下构成一个群。

前两例群元素的个数是无限的，所以是无限群；后三例群元素的个数是有限的，所以是有限群。

【例 7.19】 二维欧氏空间刚体旋转可表示为 $\boldsymbol{T}_\alpha = \begin{pmatrix} \cos\alpha & \sin\alpha \\ -\sin\alpha & \cos\alpha \end{pmatrix}$，其作用如图 7.1 所示。

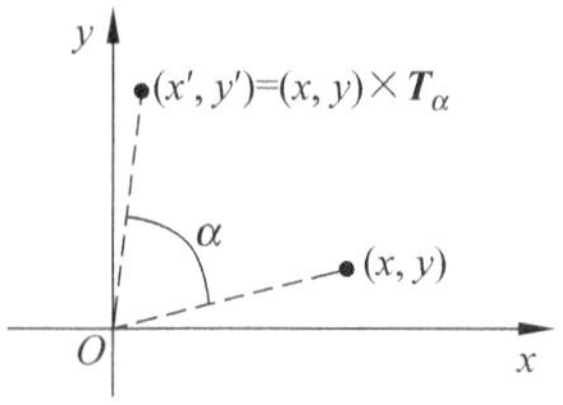

图 7.1　例 7.19 用图

则所有刚体旋转 $\boldsymbol{T}=\{\boldsymbol{T}_\alpha\}$ 在矩阵乘法运算下构成群：

① $\boldsymbol{T}_\alpha \times \boldsymbol{T}_\beta = \begin{pmatrix} \cos\alpha & \sin\alpha \\ -\sin\alpha & \cos\alpha \end{pmatrix} \times \begin{pmatrix} \cos\beta & \sin\beta \\ -\sin\beta & \cos\beta \end{pmatrix}$

$= \begin{pmatrix} \cos\alpha\cos\beta - \sin\alpha\sin\beta & \sin\alpha\cos\beta + \sin\beta\cos\alpha \\ -\sin\alpha\cos\beta - \sin\beta\cos\alpha & \cos\alpha\cos\beta - \sin\alpha\sin\beta \end{pmatrix}$

$= \begin{pmatrix} \cos(\alpha+\beta) & \sin(\alpha+\beta) \\ -\sin(\alpha+\beta) & \cos(\alpha+\beta) \end{pmatrix} = \boldsymbol{T}_{\alpha+\beta}$，从而满足封闭性。

② 矩阵乘法满足结合律。

③ 存在单位元 $\boldsymbol{T}_0 = \begin{pmatrix} \cos 0 & \sin 0 \\ -\sin 0 & \cos 0 \end{pmatrix} = \begin{pmatrix} 1 & 0 \\ 0 & 1 \end{pmatrix}$。

④ 每个元素都存在有逆元：$(\boldsymbol{T}_\alpha)^{-1} = \boldsymbol{T}_{-\alpha} = \begin{pmatrix} \cos\alpha & -\sin\alpha \\ \sin\alpha & \cos\alpha \end{pmatrix}$。

【例 7.20】 令 $A=\mathscr{P}(\{1,2\})$，A 上的运算$\oplus$如表 7.11 所示。则$(A,\oplus)$构成一个群。

【例 7.21】 假设集合 $G=\{e,a,b,c\}$，G 上的运算*如表 7.12 所示。

<table>
<tr><td colspan="5" align="center">表 7.11　例 7.20 用表</td></tr>
<tr><td>$\oplus$</td><td>$\varnothing$</td><td>$\{1\}$</td><td>$\{2\}$</td><td>$\{1,2\}$</td></tr>
<tr><td>$\varnothing$</td><td>$\varnothing$</td><td>$\{1\}$</td><td>$\{2\}$</td><td>$\{1,2\}$</td></tr>
<tr><td>$\{1\}$</td><td>$\{1\}$</td><td>$\varnothing$</td><td>$\{1,2\}$</td><td>$\{2\}$</td></tr>
<tr><td>$\{2\}$</td><td>$\{2\}$</td><td>$\{1,2\}$</td><td>$\varnothing$</td><td>$\{1\}$</td></tr>
<tr><td>$\{1,2\}$</td><td>$\{1,2\}$</td><td>$\{2\}$</td><td>$\{1\}$</td><td>$\varnothing$</td></tr>
</table>

<table>
<tr><td colspan="5" align="center">表 7.12　例 7.21 用表</td></tr>
<tr><td>*</td><td>e</td><td>a</td><td>b</td><td>c</td></tr>
<tr><td>e</td><td>e</td><td>a</td><td>b</td><td>c</td></tr>
<tr><td>a</td><td>a</td><td>e</td><td>c</td><td>b</td></tr>
<tr><td>b</td><td>b</td><td>c</td><td>e</td><td>a</td></tr>
<tr><td>c</td><td>c</td><td>b</td><td>a</td><td>e</td></tr>
</table>

则$(G,*)$是一个群，称作克莱因（Klein）四元群。

【例 7.22】 假设一个人面向正北，定义 $A=\{$立正，向左转，向后转，向右转$\}$，定义

A 上的运算。为两个动作相继完成，例如，向后转。向左转=向右转，向左转。向后转=向右转，向左转。向右转=立正。

运算。的运算表如表 7.13 所示。

表 7.13　例 7.22 用表

。	立正	向左转	向后转	向右转
立正	立正	向左转	向后转	向右转
向左转	向左转	向后转	向右转	立正
向后转	向后转	向右转	立正	向左转
向右转	向右转	立正	向左转	向后转

可以验证 $(A,\circ)$ 构成一个群。

定义 7.17　假设 $(S,\square)$ 和 $(T,\bigcirc)$ 都是群，f 是从 S 到 T 的一个函数，如果对于任意 a, $b\in S$，都有 $f(a\square b)=f(a)\bigcirc f(b)$，则称 f 为 $(S,\square)$ 到 $(T,\bigcirc)$ 的一个**同态映射**（**homomorphism**），简称**同态**，称 $(S,\square)$ 和 $(T,\bigcirc)$ 是同态的（**homomorphic**）。

定义 7.18　假设 $(S,\square)$ 和 $(T,\bigcirc)$ 都是群，f 是从 S 到 T 的一个双射，如果对于任意 a, $b\in S$，都有 $f(a\square b)=f(a)\bigcirc f(b)$，则称 f 为 $(S,\square)$ 到 $(T,\bigcirc)$ 的一个**同构映射**（**isomorphism**），简称**同构**，称 $(S,\square)$ 和 $(T,\bigcirc)$ 是同构的（**isomorphic**），记作 $(S,\square)\cong(T,\bigcirc)$。

定义 7.19　假设 $(S,\square)$ 是群，若函数 f 是从 $(S,\square)$ 到 $(S,\square)$ 的一个同态，则称 f 为**自同态**（**endomorphism**）；若 f 是从 $(S,\square)$ 到 $(S,\square)$ 的一个同构，则称 f 为**自同构**（**automorphism**）。

【例 7.23】　克莱因四元群和例 7.20 给出的例子 $(A,\oplus)$ 是同构的，同构函数是：$f(e)=\varnothing$，$f(a)=\{1\}$，$f(b)=\{2\}$，$f(c)=\{1,2\}$。

【例 7.24】　例 7.22 给出的例子和 $(\mathbb{Z}/4\mathbb{Z},+_4)$ 是同构的，同构函数是：$f($立正$)=\overline{0}$，$f($向左转$)=\overline{1}$，$f($向后转$)=\overline{2}$，$f($向右转$)=\overline{3}$。

实际上这个同构可以作如下解释：俯视站立者，立正相当于逆时针旋转零个 $90°$，向左转相当于逆时针旋转一个 $90°$，向后转相当于逆时针旋转两个 $90°$，向右转相当于逆时针旋转三个 $90°$，。运算相当于旋转角度的相加，而且角度是模 $360°$（即 4 个 $90°$）的。

【例 7.25】　定义集合 $A=\{2^i\,|\,i\in\mathbb{Z}\}$，则 $(A,\times)$ 是群，而且 $(\mathbb{Z},+)$ 与之同构。同构函数 f 定义为 $f(x)=2^x$。

【例 7.26】　假设集合 $A=\left\{\begin{pmatrix}a&0\\0&d\end{pmatrix}\bigg|\,a,d\in\mathbb{R}^*\right\}$，则 A 在矩阵乘法运算下构成一个群，单位元为 $\begin{pmatrix}1&0\\0&1\end{pmatrix}$。设集合 $B=\left\{\begin{pmatrix}a&0\\0&0\end{pmatrix}\bigg|\,a\in\mathbb{R}^*\right\}$，则 B 在矩阵乘法运算下构成一个群，单位元为 $\begin{pmatrix}1&0\\0&0\end{pmatrix}$。$A$ 到 B 的函数 $f\left(\begin{pmatrix}a&0\\0&d\end{pmatrix}\right)=\begin{pmatrix}a&0\\0&0\end{pmatrix}$ 给出了 A 到 B 的一个同态，但不是同构。

【例 7.27】　$(\mathbb{R},+)$ 和 $(\mathbb{R}^+,\times)$ 这两个群是同构的。其同构函数 f 定义为 $f(x)=e^x$。对于任意 x, $y\in\mathbb{R}$，$f(x+y)=e^{x+y}=e^x\times e^y=f(x)\times f(y)$；若 $x\neq y$，则 $e^x\neq e^y$，所以 f 为单射；又因为对

于任意 $y \in \mathbb{R}^+$，存在 $x = \ln y \in \mathbb{R}$，使得 $f(x) = e^x = y$，所以 f 为满射。

【例 7.28】 定义 $\mathbb{R}^*$ 上的函数 $\varphi_1(x) = |x|$，$\varphi_2(x) = 2x$，$\varphi_3(x) = x^2$，$\varphi_4(x) = 1/x$，$\varphi_5(x) = -x$，则其中 φ_1、φ_3 和 φ_4 是 $(\mathbb{R}^*, \times)$ 的自同态，φ_4 是 $(\mathbb{R}^*, \times)$ 的自同构；而 φ_2 和 φ_5 不是 $(\mathbb{R}^*, \times)$ 的自同态，原因是：$\varphi_2(x) \cdot \varphi_2(y) = 2x \cdot 2y \neq 2xy = \varphi_2(x \cdot y)$，$\varphi_5(x) \cdot \varphi_5(y) = (-x) \cdot (-y) \neq -xy = \varphi_5(x \cdot y)$。

【例 7.29】 $\phi_a : \mathbb{Z} \to \mathbb{Z}, \phi_a(x) = ax$ 给出了 $(\mathbb{Z}, +)$ 的一个自同态，其中 $a \in \mathbb{Z}$。当 $a = \pm 1$ 时，ϕ_a 是自同构。

定理 7.5 假设 $(S, \square)$ 和 $(T, \bigcirc)$ 都是群，f 是从 $(S, \square)$ 到 $(T, \bigcirc)$ 的一个同构，e_1 和 e_2 分别是 $(S, \square)$ 和 $(T, \bigcirc)$ 的单位元，则

（a） $e_2 = f(e_1)$。

（b） 对于任意 $x \in S$，$f(x)^{-1} = f(x^{-1})$。

证明.

（a） 对于任意 $y \in T$，由于 f 是满射，因此存在 $x \in S$，使得 $f(x) = y$。由于

$$y \bigcirc f(e_1) = f(x) \bigcirc f(e_1) = f(x \square e_1) = f(x) = y$$
$$f(e_1) \bigcirc y = f(e_1) \bigcirc f(x) = f(e_1 \square x) = f(x) = y$$

及单位元的唯一性（定理 7.1），得 $e_2 = f(e_1)$。

（b） $f(x) \bigcirc f(x^{-1}) = f(x \square x^{-1}) = f(e_1) = e_2$，$f(x^{-1}) \bigcirc f(x) = f(x^{-1} \square x) = f(e_1) = e_2$，再由 $\bigcirc$ 运算满足结合性及定理 7.3 得 $f(x)^{-1} = f(x^{-1})$。 $\square$

【例 7.30】 $(\mathbb{R}, +)$ 和 $(\mathbb{R}^*, \times)$ 这两个群是不同构的。

采用反证法证明：假设存在 $(\mathbb{R}^*, \times)$ 到 $(\mathbb{R}, +)$ 的同构函数 f，则有 $f(-1) + f(-1) = f((-1) \cdot (-1)) = f(1)$，$f(1) + f(1) = f(1 \cdot 1) = f(1)$，因此 $f(-1) = f(1)$，这与 f 是单射矛盾。

定理 7.6 群之间的同构是一个等价关系。

7.2.3 群的性质

定理 7.7 假设 G 是群，则对于 G 中任意一个元素 a，其逆元是唯一的。

证明. 由群的定义及定理 7.3 即得。 $\square$

定理 7.8 （消去律）假设 G 是群，则

（a） 若 $ab = ac$ 则 $b = c$（左消去律）。

（b） 若 $ba = ca$ 则 $b = c$（右消去律）。

证明. （a） 若 $ab = ac$ 则 $a^{-1}(ab) = a^{-1}(ac)$，由结合律有 $(a^{-1}a)b = (a^{-1}a)c$，即 $eb = ec$，继而 $b = c$。

类似地可证明 (b)。 $\square$

定理 7.9 假设 G 是群，$a, b \in G$，则：

（a） 方程 $ax = b$ 在 G 中存在唯一解 $a^{-1}b$。

（b） 方程 $ya = b$ 在 G 中存在唯一解 ba^{-1}。

证明. （a） 由 $a(a^{-1}b) = (aa^{-1})b = eb = b$ 及消去律知方程 $ax = b$ 在 G 中存在唯一解。

类似可证明 (b)。 $\square$

定理 7.10 设 $(G, \cdot)$ 是一个群，则对于任意 $a, b \in G$，有

（a） $(a^{-1})^{-1} = a$。

（b）$(ab)^{-1}=b^{-1}a^{-1}$。

证明.

（a）因为 a^{-1} 是 a 的逆元，有 $aa^{-1}=a^{-1}a=e$，又由逆元的唯一性，即得 $(a^{-1})^{-1}=a$。

（b）由于 $(b^{-1}a^{-1})(ab)=b^{-1}(a^{-1}a)b=b^{-1}eb=e$，及 $(ab)(b^{-1}a^{-1})=a^{-1}(b^{-1}b)a=a^{-1}ea=e$，又由逆元的唯一性，即得 $(ab)^{-1}=b^{-1}a^{-1}$。 □

注：以上定理的结果可以推广为：若 $(G,\cdot)$ 是一个群，$a,b,\cdots,c\in G$，则有 $(ab\cdots c)^{-1}=c^{-1}\cdots b^{-1}a^{-1}$。

定理 7.11 设 $(G,\cdot)$ 是一个群，则在关于运算·的运算表中任何两行或两列都是不相同的，而且每一行每一列都是 G 中元素的一个置换。

证明.

（1）设 S 中关于运算·的单位元是 e。由于对于任意 $a,b\in G$ 且 $a\neq b$，总有

$$a\cdot e=a\neq b=b\cdot e \text{ 和 } e\cdot a=a\neq b=e\cdot b$$

即在·的运算表中 a 行与 b 行、a 列与 b 列都不可能是相同的。

（2）考察第 a 行，如果 $ab=ac$，则由消去律知 $b=c$。因此 a 行中各项彼此不同，即此行是 G 中元素的一个置换。同理可以证明运算表中每一列都是 G 中元素的一个置换。 □

使用该定理可以很快地判断出哪些代数结构不是群，例如表 7.14 表示的运算一定不构成群；但反过来，即使运算表满足定理 7.11，也不能断定它就是群，例如表 7.15 表示的运算其实也并不构成群。

表 7.14　*的运算表

*	0	1	2	3
0	0	1	1	3
1	3	0	2	2
2	2	3	0	1
3	1	2	3	0

表 7.15　*的运算表

*	0	1	2	3
0	0	1	2	3
1	3	0	1	2
2	2	3	0	1
3	1	2	3	0

假设 G 是群，$x\in G$，则 x 的幂 x^n 可递归地定义为

$$x^0=e$$
$$x^n=x^{n-1}\cdot x \qquad n=1,2,3,\cdots$$
$$x^n=(x^{-n})^{-1} \qquad n=-1,-2,-3,\cdots$$

类似于定理 4.12，有以下定理。

定理 7.12 假设 G 是群，$x\in G$，则对于任何整数 m、n 有

$$x^m\circ x^n=x^{m+n}, \qquad (x^m)^n=x^{m\times n}$$

当 G 是有限群时，有以下定理。

定理 7.13 若 G 是有限群，则对于任意 $a\in G$，存在正整数 r，使得 $a^r=e$。

证明. 设 $|G|=n$，则由鸽巢原理，$a,a^2,\cdots,a^n,a^{n+1}$ 中必有两项相同。不妨假设 $a^m=a^l$，$1\leqslant m<l\leqslant n+1$，令 $l-m=r$，于是由消去律可得 $e=a^r$。 □

定理 7.14 若 G 是有限群，则对于任意 $a\in G$，存在正整数 r，使得 $a^r=a^{-1}$。

证明. 由定理 7.13，存在正整数 r 使得 $a^r=e$，则由消去律有 $a^{r-1}=a^{-1}$。

若 $r-1>0$，则可得需证明之结论。

若 $r-1=0$，表明 $r=1$，即 $a=e$，于是 $a^1=e=a^{-1}$。 □

7.2.4 子群

定义 7.20   假设 G 是一个群，$H \subseteq G$ 是 G 的一个子集，如果 H 在 G 中的运算下也构成一个群，则称 $(H, \cdot)$ 是 $(G, \cdot)$ 的一个**子群**（**subgroup**），记作 $H \leq G$。

【例 7.31】   假设 $(G, \cdot)$ 是一个群，e 是 G 的单位元，则 $(\{e\}, \cdot)$ 和 $(G, \cdot)$ 都是 $(G, \cdot)$ 的子群，它们称作 $(G, \cdot)$ 的**平凡子群**（**trivial subgroup**）；而其他子群称作非平凡子群。

【例 7.32】 $(\mathbb{Z}, +)$ 是 $(\mathbb{Q}, +)$ 的子群，$(\mathbb{Q}, +)$ 是 $(\mathbb{R}, +)$ 的子群，$(\mathbb{R}, +)$ 是 $(\mathbb{C}, +)$ 的子群。

【例 7.33】 $(\mathbb{Z}/4\mathbb{Z}, +_4)$ 中 $(\{\bar{0}, \bar{2}\}, +_4)$ 构成它的一个非平凡子群。

【例 7.34】   克莱因四元群有 5 个子群：$\{e\}$，$\{e, a, b, c\}$，$\{e, a\}$，$\{e, b\}$，$\{e, c\}$。

【例 7.35】   定义 $n\mathbb{Z} = \{n \cdot x \mid x \in \mathbb{Z}\}$，则 $(n\mathbb{Z}, +)$ 是整数群的子群。当 $n \neq 0, \pm 1$ 时，$(n\mathbb{Z}, +)$ 是整数群的非平凡子群。

定理 7.15   假设 $(G, \cdot)$ 是一个群，$(H, \cdot)$ 是群 $(G, \cdot)$ 的子群，则 G 的单位元属于 H，而且对于任意 $a \in H$，a 在 H 中的逆元 a_H^{-1} 就是 a 在 G 中的逆元 a^{-1}。

证明. 设 e_H 和 e 分别是 H 和 G 的单位元，e_H^{-1} 为 e_H 在 G 中的逆元，则

$$e_H = e \cdot e_H = (e_H^{-1} \cdot e_H) e_H = e_H^{-1} \cdot (e_H e_H) = e_H^{-1} \cdot e_H = e$$

又，对任意 $a \in H$，有

$$a_H^{-1} = a_H^{-1} \cdot e = a_H^{-1} \cdot (a \cdot a^{-1}) = (a_H^{-1} \cdot a) \cdot a^{-1} = e_H a^{-1} = e \cdot a^{-1} = a^{-1}$$ □

定理 7.16   假设 $(G, \cdot)$ 是一个群，$H \subseteq G$，$H \neq \varnothing$，则 H 是 G 的子群当且仅当对于任意 $h_1, h_2 \in H$ 有

（1）$h_1 \cdot h_2 \in H$，且

（2）$h_1^{-1} \in H$。

证明. 必要性是显然的，下面只证明充分性。

由(1)知运算 $\cdot$ 在 H 上具有封闭性。

运算 $\cdot$ 在 G 上可结合，故在 G 的子集 H 上也可结合。

对于任意 $h_1 \in H$，由(2)可知 $h_1^{-1} \in H$，再由(1)可得 $e = h_1 \cdot h_1^{-1} \in H$，于是 H 关于 $\cdot$ 运算存在单位元。

对于任意 $h_1 \in H$，由(2)可知 $h_1^{-1} \in H$。

即 H 是 G 的子群。 □

定理 7.17   假设 $(G, \cdot)$ 是一个群，H 是 G 的有限非空子集，则 H 是 G 的子群当且仅当对于任意 $h_1, h_2 \in H$ 有 $h_1 \cdot h_2 \in H$。

证明. 必要性是显然的，下面只证明充分性。

只须证明 $h_1^{-1} \in H$ 即可。类似于定理 7.14 的证明过程，可知存在正整数 r，使得 $h_1^r = h_1^{-1}$。又由对于任意 $h_1, h_2 \in H$ 有 $h_1 \cdot h_2 \in H$ 知 $h_1^{-1} = h_1^r \in H$。 □

定理 7.18   假设 $(G, \cdot)$ 是一个群，$H \subseteq G$，$H \neq \varnothing$，则 H 是 G 的子群当且仅当对于任意 $h_1, h_2 \in H$ 有 $h_1 \cdot h_2^{-1} \in H$。

证明. 必要性是显然的，下面只证明充分性。

对于任意 $h_1 \in H$，$e = h_1 \cdot h_1^{-1} \in H$，即 H 中包含单位元 e。

对于任意 $h_1 \in H$，$h_1^{-1} = e \cdot (h_1)^{-1} \in H$。

对于任意 $h_1, h_2 \in H$，有 $h_2^{-1} \in H$，故 $h_1 \cdot h_2 = h_1 \cdot (h_2^{-1})^{-1} \in H$。

由定理 7.16 知，H 是 G 的子群。　　　　　　　　　　　　　　□

定理 7.19　假设 $(G, \cdot)$ 是有限群，$a \in G$，则 $\{a^n | n \in \mathbb{Z}\}$ 是 G 的一个子群，称作 **由 a 生成的子群**，记作 $<a>$。

7.2.5　循环群与置换群

定义 7.21　在群 $(G, \cdot)$ 中，若存在 $a \in G$，使得 $G = \{a^n | n \in \mathbb{Z}\}$，则称 $(G, \cdot)$ 为一个**循环群**，称 a 为循环群 G 的一个**生成元**（**generator**）。此时也记 $G = (a)$。

注：若 a 是循环群 G 的一个生成元，则 a^{-1} 也是循环群 G 的一个生成元。

【例 7.36】　$(\mathbb{Z}, +)$ 是循环群，生成元为 1 和 –1。

【例 7.37】　$\mathbb{Z}/4\mathbb{Z} = \{\bar{0}, \bar{1}, \bar{2}, \bar{3}\}$ 上模 4 加法的运算表为表 7.5。从中可以看出 $(\mathbb{Z}/4\mathbb{Z}, +_4)$ 是一个循环群，$\bar{1}$ 和 $\bar{3}$ 都是生成元。

【例 7.38】　$(\mathbb{Z}/n\mathbb{Z}, +_n)$ 是循环群，$\bar{1}$ 为它的一个生成元。

定义 7.22　设 S 是非空有限集，S_n 是 S 的所有置换的集合，$\circ$ 是函数的复合运算。则 $(S_n, \circ)$ 是一个群，称作集合 S 的 **n 次对称群**（**symmetric group of degree n**）。对称群 $(S_n, \circ)$ 的子群称做 S 的**置换群**（**permutation group**）。

【例 7.39】　如图 7.2 所示，一个正三角形可以围绕它的中心旋转 120°，围绕它的中心旋转 240°，绕 3 条对称轴翻转，或者不动。3 个顶点在每种变换下都产生一个置换：

$$\pi_0 = \begin{pmatrix} 1\ 2\ 3 \\ 1\ 2\ 3 \end{pmatrix} \qquad\qquad （不动）$$

$$\pi_1 = \begin{pmatrix} 1\ 2\ 3 \\ 1\ 3\ 2 \end{pmatrix} \qquad\qquad （绕对称轴 l_1 翻转）$$

$$\pi_2 = \begin{pmatrix} 1\ 2\ 3 \\ 3\ 2\ 1 \end{pmatrix} \qquad\qquad （绕对称轴 l_2 翻转）$$

$$\pi_3 = \begin{pmatrix} 1\ 2\ 3 \\ 2\ 1\ 3 \end{pmatrix} \qquad\qquad （绕对称轴 l_3 翻转）$$

$$\pi_4 = \begin{pmatrix} 1\ 2\ 3 \\ 2\ 3\ 1 \end{pmatrix} \qquad\qquad （围绕中心旋转 120°）$$

$$\pi_5 = \begin{pmatrix} 1\ 2\ 3 \\ 3\ 1\ 2 \end{pmatrix} \qquad\qquad （围绕中心旋转 240°）$$

这 6 种动作形成一个置换群。

【例 7.40】　如图 7.3 所示，一个正方形可以围绕中心旋转 0°、90°、180°、270°，也可以围绕 4 条对称轴作翻转，这 8 种动作构成一个置换群。

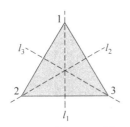

图 7.2　例 7.39 用图

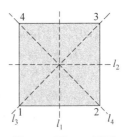

图 7.3　例 7.40 用图

$$\pi_0 = \begin{pmatrix} 1 & 2 & 3 & 4 \\ 1 & 2 & 3 & 4 \end{pmatrix}$$ （围绕中心旋转 0°）

$$\pi_1 = \begin{pmatrix} 1 & 2 & 3 & 4 \\ 2 & 3 & 4 & 1 \end{pmatrix}$$ （围绕中心旋转 90°）

$$\pi_2 = \begin{pmatrix} 1 & 2 & 3 & 4 \\ 3 & 4 & 1 & 2 \end{pmatrix}$$ （围绕中心旋转 180°）

$$\pi_3 = \begin{pmatrix} 1 & 2 & 3 & 4 \\ 4 & 1 & 2 & 3 \end{pmatrix}$$ （围绕中心旋转 270°）

$$\pi_4 = \begin{pmatrix} 1 & 2 & 3 & 4 \\ 2 & 1 & 4 & 3 \end{pmatrix}$$ （绕对称轴 l_1 翻转）

$$\pi_5 = \begin{pmatrix} 1 & 2 & 3 & 4 \\ 4 & 3 & 2 & 1 \end{pmatrix}$$ （绕对称轴 l_2 翻转）

$$\pi_6 = \begin{pmatrix} 1 & 2 & 3 & 4 \\ 1 & 4 & 3 & 2 \end{pmatrix}$$ （绕对称轴 l_3 翻转）

$$\pi_7 = \begin{pmatrix} 1 & 2 & 3 & 4 \\ 3 & 2 & 1 & 4 \end{pmatrix}$$ （绕对称轴 l_4 翻转）

7.2.6　陪集与拉格朗日定理

本节主要讨论群的分解，先给出陪集的定义。

定义 7.23　设 $(H, \cdot)$ 是群 $(G, \cdot)$ 的一个子群，$g \in G$，则可定义由 g 所确定的 H 在 G 中的**左陪集**（**left coset**）为 $gH = \{g \cdot h | h \in H\}$，简称为 H 关于 g 的左陪集；定义由 g 所确定的 H 在 G 中的**右陪集**（**right coset**）为 $Hg = \{h \cdot g | h \in H\}$，简称为 H 关于 g 的右陪集。

【**例 7.41**】　设 $G = \{\pi_0, \pi_1, \pi_2, \pi_3\}$ 是一个 4 次置换群，其中 $\pi_0 = \begin{pmatrix} 1 & 2 & 3 & 4 \\ 1 & 2 & 3 & 4 \end{pmatrix}$，

$\pi_1 = \begin{pmatrix} 1 & 2 & 3 & 4 \\ 2 & 1 & 3 & 4 \end{pmatrix}$，　$\pi_2 = \begin{pmatrix} 1 & 2 & 3 & 4 \\ 1 & 2 & 4 & 3 \end{pmatrix}$，　$\pi_3 = \begin{pmatrix} 1 & 2 & 3 & 4 \\ 2 & 1 & 4 & 3 \end{pmatrix}$，则 G 上的复合运算如表 7.16 所示。

表 7.16　例 7.41 用表

∘	π_0	π_1	π_2	π_3
π_0	π_0	π_1	π_2	π_3
π_1	π_1	π_0	π_3	π_2
π_2	π_2	π_3	π_0	π_1
π_3	π_3	π_2	π_1	π_0

记 $S=\{\pi_0, \pi_1\}$，$T=\{\pi_2, \pi_3\}$，则 $(S, \circ)$ 是 $(G, \circ)$ 的子群。可以计算得到 $\pi_0 S=S$，$\pi_1 S=S$，$\pi_2 S=T$，$\pi_3 S=T$，$T\cap S=\varnothing$，$T\cup S=G$，即 $\{\pi_0 S, \pi_1 S, \pi_2 S, \pi_3 S\}$（去掉重复的元素）构成 G 的一个划分。将这个结果一般化，得到以下定理。

定理 7.20　设 $(H, \cdot)$ 是群 $(G, \cdot)$ 的一个子群，在 G 上定义二元关系 R 为：对于任意 a, $b\in G$，$(a, b)\in R$ 当且仅当 $b^{-1}a\in H$，则 R 是 G 上的等价关系，且其等价类与相应的左陪集相等，即 $R(a)=aH$。

证明．设 e 是 G 的单位元。

（1）R 满足自反性：任意 $a\in G$，由于 $e=a^{-1}a\in H$，有 $(a, a)\in R$。

（2）R 满足对称性：假设 a, $b\in G$，$(a, b)\in R$，即 $b^{-1}a\in H$。由于 H 是群，因此 $a^{-1}b=(b^{-1}a)^{-1}\in H$，即 $(b, a)\in R$。

（3）R 满足传递性：假设 $a, b, c\in G$，$(a, b)\in R$，$(b, c)\in R$，即 $b^{-1}a\in H$，$c^{-1}b\in H$。因此 $c^{-1}a=(c^{-1}b)\cdot(b^{-1}a)\in H$，即 $(a, c)\in R$。

由此可知，R 是一个等价关系。下面证明 $R(a)=aH$。

对于任意 $x\in R(a)$，有 $(a, x)\in R$，由对称性得 $(x, a)\in R$，即 $a^{-1}x\in H$。因此存在 $h\in H$ 使得 $a^{-1}x=h$，即 $x=ah\in aH$。得到 $R(a)\subseteq aH$。

反过来，假设 $x\in aH$，则存在 $h\in H$ 使得 $x=ah$ 即 $a^{-1}x=h$，$(x, a)\in R$，由对称性得 $(a, x)\in R$，即 $x\in R(a)$。得到 $aH\subseteq R(a)$。故有 $R(a)=aH$。　□

注：如在此定理表述中将 R 的定义改为"对于任意 a, $b\in G$，$(a, b)\in R$ 当且仅当 $ba^{-1}\in H$"，则 R 仍是 G 上的等价关系，不过此时等价类与相应的右陪集相等，即 $R(a)=Ha$。

推论　设 $(H, \cdot)$ 是群 $(G, \cdot)$ 的一个子群，对于任意 $x, y\in G$，有

（a）或者 $xH=yH$，或者 $xH\cap yH=\varnothing$。

（b）或者 $Hx=Hy$，或者 $Hx\cap Hy=\varnothing$。

（c）$G=\cup\,\{aH|a\in G\}=\cup\,\{Ha|a\in G\}$。

将群 G 用子群 H 的互不相同的左陪集来进行划分，称作 G 关于子群 H 的**左陪集分解**；类似地可以定义 G 关于子群 H 的**右陪集分解**。

定理 7.21　设 $(H, \cdot)$ 是群 $(G, \cdot)$ 的一个有限子群，$g\in G$，则 $|gH|=|Hg|=|H|$。

证明．设 $H=\{h_1, h_2, ..., h_n\}$，则 $gH=\{gh_1, gh_2, ..., gh_n\}$。若有 $gh_i=gh_j$，则由消去律得到 $h_i=h_j$。因此 $gh_1, gh_2, ..., gh_n$ 中诸项各异，即得 $|gH|=n=|H|$。

类似可证明 $|Hg|=n=|H|$。　□

定理 7.22　设 $(H, \cdot)$ 是群 $(G, \cdot)$ 的一个有限子群，$S_L=\{aH|a\in G\}$，$S_R=\{Ha|a\in G\}$，则 $|S_L|=|S_R|$。

证明. 只需给出 S_L 和 S_R 之间的双射即可。

定义 $f(aH)=Ha^{-1}$，则由定理 7.20 及之后的注记可知 $aH=bH$ 当且仅当 $b^{-1}a\in H$，而 $Ha^{-1}=Hb^{-1}$ 当且仅当 $b^{-1}(a^{-1})^{-1}\in H$，即 $b^{-1}a\in H$。因此 f 是双射。   □

注：该定理说明 S_L 与 S_R 的基数相同，即左陪集和右陪集的"个数"相同。

定义 7.24 设 $(H,\cdot)$ 是群 $(G,\cdot)$ 的一个子群，H 在 G 中全体左（右）陪集组成的集合的基数称为 H 在 G 中的**指数(index)**，记作 $[G:H]$。

注：$[G:H]$ 可能是有限的，也可能是无限的。在本书中主要讨论 $[G:H]$ 为有限值的情形。关于有限群的阶有以下重要的结果。

定理 7.23 （拉格朗日定理）设 $(H,\cdot)$ 是有限群 $(G,\cdot)$ 的一个子群，则 $|G|=[G:H]\cdot|H|$。

证明. 假设 G 的左陪集分解为 $G=a_1H\cup a_2H\cup\cdots\cup a_kH$，其中 $k=[G:H]$。由定理 7.21，$|a_iH|=|H|$。因此 $|G|=\sum_{i=1}^{k}|a_iH|=\sum_{i=1}^{k}|H|=k|H|=[G:H]\cdot|H|$。   □

推论 任何素数阶群不可能有非平凡子群。

【例 7.42】 6 阶群只能有 1、2、3、6 阶子群。

注：拉格朗日定理表述的是——m 阶群若有 n 阶子群，则 n 整除 m；但其逆不真——即使 n 能整除 m，m 阶群也不一定有 n 阶子群。（参考习题 7.91。）

定义 7.25 设 $(H,\cdot)$ 是群 $(G,\cdot)$ 的一个子群，若对于任意 $g\in G$，有 $gH=Hg$，则称 $(H,\cdot)$ 是 $(G,\cdot)$ 的**正规子群(normal subgroup)**或正则子群、不变子群，记作 $H\triangleleft G$。

在正规子群中左陪集和右陪集相等，因此统称为陪集。

【例 7.43】 阿贝尔群的子群都是正规子群。

【例 7.44】 $n\mathbb{Z}$ 是 $\mathbb{Z}$ 的正规子群。

定理 7.24 群 $(G,\cdot)$ 的子群 $(H,\cdot)$ 是 $(G,\cdot)$ 的一个正规子群当且仅当对于任意 $g\in G$，$h\in H$，有 $ghg^{-1}\in H$。

证明. （必要性）对于任意 $g\in G$，$h\in H$，由于 $gH=Hg$，存在 $h_1\in H$ 使得 $gh=h_1g$，即 $ghg^{-1}=h_1\in H$。

（充分性）即证明对于任意 $g\in G$，$gH=Hg$。

对于任意 $h\in H$，$gh\in gH$，由于 $ghg^{-1}\in H$，存在 $h_1\in H$ 使得 $ghg^{-1}=h_1$，即 $gh=h_1g\in Hg$。这表明 $gH\subseteq Hg$。

类似地可以证明 $Hg\subseteq gH$。于是 $gH=Hg$，即 H 是 G 的一个正规子群。   □

定义 7.26 设 $(H,\cdot)$ 是 $(G,\cdot)$ 的一个正规子群，定义 G/H 为 $\{Hg|g\in G\}$，对于任意 Ha，$Hb\in G/H$ 定义 G/H 上的运算。为 $Ha\circ Hb=Hab$，则 $(G/H,\circ)$ 构成一个群，称为 G 关于 H 的**商群（quotient group）**。

证明.

（1）证明∘运算是良性定义的：即若 $Ha=Hx$ 且 $Hb=Hy$，则 $Hx\circ Hy=Ha\circ Hb$。

若 $Ha=Hx=xH$，$Hb=Hy=yH$，则对于任意 $h\in H$，存在 h_1，$h_2\in H$ 使得 $hab=xh_1b=xyh_2\in xyH$。由此得到 $Hab\subseteq xyH=Hxy$。类似地可以证明 $Hxy\subseteq Hab$。因此有 $Hxy=Hab$。

（2）∘运算的封闭性是显然的。

（3）∘运算的结合性由群 $(G,\cdot)$ 上运算的结合性易得。

（4）G/H 中存在关于。运算的单位元 $He=H$。

（5）G/H 中任何一个元素都存在关于。运算的逆元：$(Ha)^{-1}=Ha^{-1}$。

因此 $(G/H, \circ)$ 构成一个群。　　　　　　　　　　　　　　　　　　□

【例 7.45】 在例 7.41 中，$G=\{\pi_0, \pi_1, \pi_2, \pi_3\}$，其中 $\pi_0 = \begin{pmatrix} 1 & 2 & 3 & 4 \\ 1 & 2 & 3 & 4 \end{pmatrix}$，$\pi_1 = \begin{pmatrix} 1 & 2 & 3 & 4 \\ 2 & 1 & 3 & 4 \end{pmatrix}$，

$\pi_2 = \begin{pmatrix} 1 & 2 & 3 & 4 \\ 1 & 2 & 4 & 3 \end{pmatrix}$，$\pi_3 = \begin{pmatrix} 1 & 2 & 3 & 4 \\ 2 & 1 & 4 & 3 \end{pmatrix}$，$S=\{\pi_0, \pi_1\}$，$T=\{\pi_2, \pi_3\}$，则 $G/S=\{S, T\}=\{\{\pi_0, \pi_1\},$

$\{\pi_2, \pi_3\}\}$，G/S 上运算表如表 7.17 所示。

表 7.17　例 7.45 用表

。	$\{\pi_0, \pi_1\}$	$\{\pi_2, \pi_3\}$
$\{\pi_0, \pi_1\}$	$\{\pi_0, \pi_1\}$	$\{\pi_2, \pi_3\}$
$\{\pi_2, \pi_3\}$	$\{\pi_2, \pi_3\}$	$\{\pi_0, \pi_1\}$

$(G/S, \circ)$ 是一个商群。

*7.3　环　与　域

本节要讨论含有两个二元运算的代数结构，首先介绍环。

7.3.1　环

定义 7.27　设 $(R, +, \cdot)$ 为一个代数结构，其中 R 是非空集合，$+$ 和 $\cdot$ 是两个二元运算，若

（1）$(R, +)$ 构成交换群，

（2）$(R, \cdot)$ 构成半群，

（3）$\cdot$ 运算对于 $+$ 运算满足分配律，

则称 $(R, +, \cdot)$ 是一个**环**（**ring**），通常称 $+$ 运算为环中的**加法**，$\cdot$ 运算为环中的**乘法**。

通常将环中加法单位元记作 0，乘法单位元（若存在）记作 1；对任何元素 x，称 x 的加法逆元为**负元**，记作 $-x$；若 x 存在乘法逆元，则称之为**逆元**，记作 x^{-1}。

【例 7.46】

（a）整数集、有理数集、实数集和复数集关于普通的加法和乘法构成环，分别称为**整数环** $\mathbb{Z}$，**有理数环** $\mathbb{Q}$，**实数环** $\mathbb{R}$ 和**复数环** $\mathbb{C}$。

（b）n 阶实矩阵集合 $\mathbf{M}_n(\mathbb{R})$ 关于矩阵的加法和乘法构成环。

（c）关于 x 的实系数多项式全体 $\mathbb{R}[x]$ 关于多项式的加法和乘法构成环，称作**实系数多项式环**。

（d）设 $A=\{a+bi | a, b \in \mathbb{Z}\}$，其中 $i^2=-1$，则 A 关于复数加法和乘法构成环，称作**高斯整数环**。

定理 7.25　设 $(R, +, \cdot)$ 是环，则

（a）对于任意 $a \in R$，$a \cdot 0 = 0 \cdot a = 0$（即加法单位元 0 恰好是乘法的零元）。

（b）对于任意 $a, b \in R$，$(-a) \cdot b = a \cdot (-b) = -(a \cdot b)$。

（c）对于任意 $a, b, c \in R$，$(-a) \cdot (-b) = a \cdot b$。

（d）对于任意 $a, b, c \in R$，$a \cdot (b-c) = a \cdot b - a \cdot c$，$(b-c) \cdot a = b \cdot a - c \cdot a$。

证明.

（a）$a \cdot 0 = a \cdot (0+0) = a \cdot 0 + a \cdot 0$，由消去律得 $0 = a \cdot 0$；同理可证明 $0 \cdot a = 0$。

（b）$(-a) \cdot b + a \cdot b = (-a+a) \cdot b = 0 \cdot b = 0$，类似地有 $a \cdot b + (-a) \cdot b = 0$，所以 $(-a) \cdot b$ 是 $a \cdot b$ 的加法逆元，即 $-(a \cdot b)$。

同理可证明 $a \cdot (-b) = -(a \cdot b)$。

（c）$(-a) \cdot (-b) = -(a \cdot (-b)) = -(-(a \cdot b)) = a \cdot b$

（d）$a \cdot (b-c) = a \cdot (b+(-c)) = a \cdot b + a \cdot (-c) = a \cdot b - a \cdot c$，$(b-c) \cdot a = (b+(-c)) \cdot a = b \cdot a + (-c) \cdot a = b \cdot a - c \cdot a$。

□

【例 7.47】 在环中计算 $(a+b)^3$，$(a-b)^2$。

解. $(a+b)^3 = (a+b) \cdot (a+b) \cdot (a+b)$
$$= (a^2 + b \cdot a + a \cdot b + b^2) \cdot (a+b)$$
$$= a^3 + b \cdot a^2 + a \cdot b \cdot a + b^2 \cdot a + a^2 \cdot b + b \cdot a \cdot b + a \cdot b^2 + b^3$$
$$(a-b)^2 = (a-b) \cdot (a-b) = a^2 - b \cdot a - a \cdot b + b^2$$

定义 7.28 假设 $(R, +, \cdot)$ 是环，则

（a）若环中乘法 $\cdot$ 满足交换律,则称 R 是**交换环**（**commutative ring**）。

（b）如果对于乘法存在单位元,则称 R 是**含幺环**（**ring with identity**）。

（c）如果对于任意 $a, b \in R$，$a \cdot b = 0$ 必然有 $a = 0$ 或 $b = 0$，则称其为**无零因子环**（**domain**）；换言之，若其是无零因子环，则对于任意 $a, b \in R$，$a \neq 0$ 且 $b \neq 0$ 必然有 $a \cdot b \neq 0$。

（d）若环 $(R, +, \cdot)$ 是交换、含幺和无零因子的，则称其为**整环**（**integral domain**）。

【例 7.48】

（a）整数环 $\mathbb{Z}$、有理数环 $\mathbb{Q}$、实数环 $\mathbb{R}$ 和复数环 $\mathbb{C}$ 都是交换环、含幺环、无零因子环和整环。

（b）实系数多项式环 $\mathbb{R}[x]$ 是整环。

（c）$n(n \geq 2)$ 阶实矩阵集合 $\mathbf{M}_n(\mathbb{R})$ 关于矩阵的加法和乘法构成环，它是含幺环，但不是交换环和无零因子环，也不是整环。

（d）$(2\mathbb{Z}, +, \cdot)$ 构成交换环和无零因子环，但不是含幺环和整环。

（e）$(\mathbb{Z}/4\mathbb{Z}, +_4, \times_4)$ 是交换环、含幺环（单位元 $\bar{1}$），但不是无零因子环（因为 $\bar{2} \cdot \bar{2} = \bar{0}$）和整环。对于一般的 n，$(\mathbb{Z}/n\mathbb{Z}, +_n, \times_n)$ 是含幺交换环，称作**模 n 整数剩余类环**；可以证明 $(\mathbb{Z}/n\mathbb{Z}, +_n, \times_n)$ 是整环当且仅当 n 是素数。

定理 7.26 环 $(R, +, \cdot)$ 是无零因子环当且仅当环中乘法运算满足消去律，即对于任意 $a, b, c \in R$，$a \neq 0$，必有

（1）由 $a \cdot b = a \cdot c$ 可得 $b = c$，且

（2）由 $b \cdot a = c \cdot a$ 可得 $b = c$。

推论 整环满足消去律。

定义 7.29 假设 $(R, +, \cdot)$ 是环，S 是 R 的非空子集，若 S 关于环 R 的加法和乘法也构

成一个环，则称 S 为 R 的**子环**（**subring**）。若 S 是 R 的子环，且 $S \subset R$，则称 S 是 R 的**真子环**（**proper subring**）。

【例 7.49】 整数环 $\mathbb{Z}$、有理数环 $\mathbb{Q}$ 都是实数环 $\mathbb{R}$ 的真子环，也是复数环 $\mathbb{C}$ 的真子环。$\{0\}$ 和 $\mathbb{R}$ 也是实数环 $\mathbb{R}$ 的子环，称为平凡子环。

定理 7.27 设 $(R, +, \cdot)$ 是环，S 是 R 的非空子集，若满足

（1）对于任意 $a, b \in S$，$a - b \in S$，且

（2）对于任意 $a, b \in S$，$ab \in S$，

则 S 是 R 的子环。

【例 7.50】

（a）$(n\mathbb{Z}, +, \cdot)$ 是整数环的子环。

（b）$\{\bar{0}\}$、$\{\bar{0}, \bar{3}\}$、$\{\bar{0}, \bar{2}, \bar{4}\}$、$\mathbb{Z}/6\mathbb{Z}$ 都是 $(\mathbb{Z}/6\mathbb{Z}, +_6, \times_6)$ 的子环。

7.3.2 域

定义 7.30 设 $(F, +, \cdot)$ 是代数结构，F 是非空集合，$+$ 和 $\cdot$ 是 F 上的两个二元运算，若满足

（1）$(F, +)$ 构成交换群，其中加法单位元记作 0，

（2）$(F - \{0\}, \cdot)$ 构成交换群，

（3）$\cdot$ 运算对于 $+$ 运算满足分配律，

则称 $(F, +, \cdot)$ 是一个**域**（**field**）。

定理 7.28 域是整环。

反之不然，如 $(\mathbb{Z}, +, \times)$ 是整环却不是域。但是有如下结果。

定理 7.29 有限整环是域。

证明. 假设 $(F, +, \cdot)$ 是有限整环，$|F| = n$，只要证明对于任意 $x \in F - \{0\}$，存在 x 关于 $\cdot$ 运算的逆即可。

由鸽巢原理，$x, x^2, \cdots, x^n, x^{n+1}$ 中必有两项相同。不妨假设 $x^m = x^l$，$1 \leq m < l \leq n+1$，令 $l - m = r$，于是由整环满足消去律（定理 7.26 的推论）可得 $x^{-1} = x^{r-1}$。 $\square$

【例 7.51】

（a）有理数集、实数集和复数集关于普通的加法和乘法都构成域，分别称为**有理数域**、**实数域**和**复数域**。

（b）实系数多项式环 $\mathbb{R}[x]$ 是整环，但不是域。

（c）可以证明对于一般的 n，$(\mathbb{Z}/n\mathbb{Z}, +, \times)$ 是域当且仅当 n 是素数。

（d）$A = \{a + bi \mid a, b \in \mathbb{Q}\}$，其中 $i^2 = -1$，其关于复数加法和乘法构成域。

（e）$S = \{a + b\sqrt{3} \mid a, b \in \mathbb{Q}\}$，其关于实数加法和乘法构成域，乘法单位元是 1，对于 $a + b\sqrt{3} \in S$，其关于乘法的逆元是 $\dfrac{a}{a^2 - 3b^2} - \dfrac{b}{a^2 - 3b^2}\sqrt{3}$。

*7.4　作为代数结构的格与布尔代数

"格" 还可以从代数结构的角度来定义。

定义 7.31　如果非空集合 L 上的两个二元运算 $\vee$ 和 $\wedge$ 满足如下的交换、结合、吸收律，则称 $(L, \vee, \wedge)$ 是一个**格**。即对于任意 $a, b, c \in L$，有

（1）交换律：$a \vee b = b \vee a, a \wedge b = b \wedge a$。

（2）结合律：$(a \vee b) \vee c = a \vee (b \vee c), (a \wedge b) \wedge c = a \wedge (b \wedge c)$。

（3）吸收律：$a \vee (a \wedge b) = a, a \wedge (a \vee b) = a$。

（4）幂等律：$a \vee a = a, a \wedge a = a$。

注：幂等律不是必需的，事实上由吸收律，有 $a \vee a = a \vee (a \wedge (a \vee a)) = a$，$a \wedge a = a$ 类似可得。

【例 7.52】　$(\mathbf{D}_n, \text{LCM}, \text{GCD})$ 是一个格：对于任意 $x, y, z \in \mathbf{D}_n$，有

$$\text{GCD}(x, x) = x, \quad \text{LCM}(x, x) = x \qquad \text{（满足幂等律）}$$
$$\text{GCD}(x, y) = \text{GCD}(y, x), \text{LCM}(x, y) = \text{LCM}(y, x) \qquad \text{（满足交换律）}$$
$$\text{GCD}(x, \text{GCD}(y, z)) = \text{GCD}(\text{GCD}(x, y), z)$$
$$\text{LCM}(x, \text{LCM}(y, z)) = \text{LCM}(\text{LCM}(x, y), z) \qquad \text{（满足结合律）}$$
$$\text{GCD}(x, \text{LCM}(x, y)) = x, \text{LCM}(x, \text{GCD}(x, y)) = x \qquad \text{（满足吸收律）}$$

关系 "|" 定义为：$x|y$ 当且仅当 $\text{LCM}(x, y) = y$，则 $(\mathbf{D}_n, |)$ 与 $(\mathbf{D}_n, \text{LCM}, \text{GCD})$ 是同一个格。

【例 7.53】　对于任意集合 S，$(\mathscr{P}(S), \cup, \cap)$ 是一个格，而且与 $(\mathscr{P}(S), \subseteq)$ 是同一个格。

定理 7.30　定义 7.31 与定义 6.11 是等价的。

证明思路.

（1）利用运算 $\vee$ 或 $\wedge$ 定义 L 上的二元关系 R：aRb 当且仅当 $a \wedge b = a$。

（2）证明 R 为 L 上的偏序。

（3）证明 (L, R) 满足定义 6.11。

（4）证明对于 L 中任意两个元素 x、y，$\text{LUB}(x, y) = x \vee y, \text{GLB}(x, y) = x \wedge y$。　□

这时可以采用代数的方法定义格的同构。

定义 7.32　设 $(L_1, \vee_1, \wedge_1)$ 和 $(L_2, \vee_2, \wedge_2)$ 是两个格，如果存在双射 $f: L_1 \to L_2$，使得对于任意的 $a, b \in L_1$ 有

$$f(a \vee_1 b) = f(a) \vee_2 f(b), \quad f(a \wedge_1 b) = f(a) \wedge_2 f(b)$$

成立，则称 f 是格 L_1 到 L_2 的**同构**，L_1 和 L_2 是**同构**的格。

类似地，布尔代数也可以采用代数的方法定义。

定义 7.33　（布尔代数的公理化定义 I）设 $(B, \vee, \wedge, ', 0, 1)$ 是代数结构，其中 $\vee$ 和 $\wedge$ 是两个二元运算，$'$ 是一个一元运算，0 和 1 是 B 的两个元素，若对于任意 $a, b, c \in B$，下述公理成立：

（1）交换律：$a \vee b = b \vee a, a \wedge b = b \wedge a$。

（2）分配律：$a \wedge (b \vee c) = (a \wedge b) \vee (a \wedge c), a \vee (b \wedge c) = (a \vee b) \wedge (a \vee c)$。

（3）同一律：$a \vee 0 = a, a \wedge 1 = a$。

（4）补元律：$a \vee a'=1$，$a \wedge a'=0$。

则称$(B, \vee, \wedge, ', 0, 1)$是一个**布尔代数**。

定义 7.34　（布尔代数的公理化定义Ⅱ）设$(B, \vee, \wedge, ', 0, 1)$是代数结构，其中$\vee$和$\wedge$是两个是二元运算，$'$是一个一元运算，0 和 1 是 B 的两个元素，若对于任意$a, b, c \in B$，下述公理成立：

（1）交换律：$a \vee b=b \vee a$，$a \wedge b=b \wedge a$。

（2）分配律：$a \wedge (b \vee c)=(a \wedge b) \vee (a \wedge c)$，$a \vee (b \wedge c)=(a \vee b) \wedge (a \vee c)$。

（3）吸收律：$a \vee (a \wedge b)=a$，$a \wedge (a \vee b)=a$。

（4）结合律：$(a \vee b) \vee c=a \vee (b \vee c)$，$(a \wedge b) \wedge c = a \wedge (b \wedge c)$。

（5）补元律：$a \vee a'=1$，$a \wedge a'=0$。

则称$(B, \vee, \wedge, ', 0, 1)$是一个**布尔代数**。

注：可以证明，布尔代数的 3 种定义是等价的。

定理 7.31　定义 7.33 与定义 7.34 是等价的。

证明.

（1）若代数结构$(B, \vee, \wedge, ', 0, 1)$满足定义 7.34 的条件，则

$$a \vee 0$$
$$= a \vee (a \wedge a') \qquad\qquad （由补元律）$$
$$= a \qquad\qquad\qquad\qquad （由吸收律）$$

$$a \wedge 1$$
$$= a \wedge (a \vee a') \qquad\qquad （由补元律）$$
$$= a \qquad\qquad\qquad\qquad （由吸收律）$$

即代数结构$(B, \vee, \wedge, ', 0, 1)$也满足定义 7.33 的条件。

（2）若代数结构$(B, \vee, \wedge, ', 0, 1)$满足定义 7.33 的条件，则对于任意$a \in B$，有

$$1=a \vee a'=a \vee (a' \wedge 1)=(a \vee a') \wedge (a \vee 1)=1 \wedge (a \vee 1)= a \vee 1$$
$$0=a \wedge a'=a \wedge (a' \vee 0)=(a \wedge a') \vee (a \wedge 0)=0 \vee (a \wedge 0)=a \wedge 0$$

于是，

$$a \vee (a \wedge b)=(a \wedge 1) \vee (a \wedge b)=a \wedge (1 \vee b)=a \wedge 1=a$$
$$a \wedge (a \vee b)=(a \vee 0) \wedge (a \vee b)=a \vee (0 \wedge b)=a \vee 0=a \qquad （即吸收律成立）$$

$$[a \vee (b \vee c)] \wedge [(a \vee b) \vee c]$$
$$= \{ a \wedge [(a \vee b) \vee c] \} \vee \{ (b \vee c) \wedge [(a \vee b) \vee c] \} \qquad （由分配律）$$
$$= \{ [a \wedge (a \vee b)] \vee (a \wedge c) \} \vee \{ \{b \wedge [(a \vee b) \vee c]\} \vee \{c \wedge [(a \vee b) \vee c]\} \} \qquad （由分配律）$$
$$= [a \vee (a \wedge c)] \vee \{ \{b \wedge [(a \vee b) \vee c] \} \vee c \} \qquad （由吸收律）$$
$$= a \vee \{ \{[b \wedge (a \vee b)] \vee (b \wedge c)\} \vee c \} \qquad （由吸收律、分配律）$$
$$= a \vee \{ [b \vee (b \wedge c)] \vee c \} \qquad （由吸收律）$$
$$= a \vee (b \vee c) \qquad （由吸收律）$$

另一方面，

$$[a \vee (b \vee c)] \wedge [(a \vee b) \vee c]$$
$$= \{ [a \vee (b \vee c)] \wedge (a \vee b) \} \vee \{ [a \vee (b \vee c)] \wedge c \} \qquad （由分配律）$$

$$= \{\{[a \vee (b \vee c)] \wedge a\} \vee \{[a \vee (b \vee c)] \wedge b\}\} \vee \{(a \wedge c) \vee [(b \vee c) \wedge c]\} \quad （由分配律）$$

$$= \{a \vee \{[a \vee (b \vee c)] \wedge b\}\} \vee [(a \wedge c) \vee c] \qquad\qquad （由吸收律）$$

$$= \{a \vee \{(a \wedge b) \vee [(b \vee c) \wedge b]\}\} \vee c \qquad\qquad （由吸收律、分配律）$$

$$= \{a \vee [(a \wedge b) \vee b]\} \vee c \qquad\qquad\qquad （由吸收律）$$

$$= (a \vee b) \vee c \qquad\qquad\qquad\qquad （由吸收律）$$

即结合律成立。于是代数结构$(B, \vee, \wedge, ', 0, 1)$也满足定义 7.34 的条件。　　□

这时可以从代数的角度上定义布尔代数之间的同构。

定义 7.35　设$(B_1, \vee, \wedge, ', 0, 1)$和$(B_2, \blacktriangledown, \blacktriangle, \overline{}, \theta, e)$是两个布尔代数，如果存在双射$f: B_1 \to B_2$，对于任意的$a, b \in B_1$有

$$f(a \vee b) = f(a) \blacktriangledown f(b), \quad f(a \wedge b) = f(a) \blacktriangle f(b), \quad f(a') = \overline{f(a)},$$

成立，则称f是布尔代数B_1到B_2的**同构**。

注：由$f(a \vee b) = f(a) \blacktriangledown f(b)$，$f(a \wedge b) = f(a) \blacktriangle f(b)$，$f(a') = \overline{f(a)}$及补元律可得$f(0) = \theta$，$f(1) = e$。

习　题　7

7.1　判断下列说法是否正确。

(a) 设S是所有偶数构成的集合，规定S上的二元运算$*$为$x*y = 5 \times x \times y$，则$(S, *)$构成一个代数结构。

(b) 有理数集合$\mathbb{Q}$在除法"÷"下构成一个代数结构。

(c) 有理数集合$\mathbb{Q}$在取绝对值运算下构成一个代数结构。

7.2　设$|S| = n$，则在S上可以定义多少个不同的二元运算？

7.3　设$S = \{x \mid x \in \mathbb{Z}^+ 且 x < 255\}$，判断以下在$S$上定义的运算$\bigcirc$否满足封闭性。

(a) $a \bigcirc b = \max(a, b)$。

(b) $a \bigcirc b = \min(a, b)$。

(c) $a \bigcirc b = \mathrm{GCD}(a, b)$。

(d) $a \bigcirc b = \mathrm{LCM}(a, b)$。

7.4　举例说明，存在既不满足交换律又不满足结合律的运算。

7.5　设$A = \{1, 2, 5, 10\}$，在A上定义运算$*$为$a*b = \mathrm{GCD}(a, b)$，给出运算$*$的运算表。

7.6　设$S = \{0, 1, 2, 3\}$，在S上定义运算$*$为$a*b = (a + ab) \bmod 4$，给出运算$*$的运算表。

7.7　对于以下在$\mathbb{R}$上定义的运算$\bigcirc$，判断$\bigcirc$是否满足交换律？$\bigcirc$是否满足结合律？是否存在单位元和零元？对于$x \in \mathbb{R}$，是否存在x关于$\bigcirc$的逆元？

(a) $a \bigcirc b = b$。

(b) $a \bigcirc b = |a - b|$。

(c) $a \bigcirc b = a + b - ab$。

(d) $a \bigcirc b = a + 2b$。

(e) $a \bigcirc b = \sqrt{a^2 + b^2}$。

（f）$a \bigcirc b = b + ab$。

7.8 给定运算$\bigcirc$的运算表，如表 7.18 和表 7.19 所示，判断：$\bigcirc$是否满足交换律？$\bigcirc$是否满足结合律？是否存在单位元和零元？

（a）

表 7.18　习题 7.8（a）用表

$\bigcirc$	a	b	c
a	a	b	c
b	b	c	a
c	c	a	b

（b）

表 7.19　习题 7.8（b）用表

$\bigcirc$	a	b	c	d	e
a	a	b	c	d	e
b	b	b	b	b	b
c	c	b	c	a	a
d	d	b	a	d	c
e	e	b	a	c	e

7.9 在$\mathbb{Z}^+$上定义运算$*$为$x*y = \text{LCM}(x, y)$，请回答：

（a）$*$运算是否满足交换性？

（b）$*$运算是否满足结合性？

（c）$*$运算是否存在单位元？

（d）$*$是否存在零元？

7.10 在$\mathbb{Z}^+$上定义运算$*$为$x*y = x^y$，请回答：

（a）$*$运算是否满足交换性？

（b）$*$运算是否满足结合性？

（c）$*$运算是否存在单位元？

（d）$*$是否存在零元？

7.11 在$\mathbb{R} \times \mathbb{R}$上定义运算$\square$为$(a, b)\square(c, d) = (ac, ad+b)$，请回答：

（a）$\square$运算是否满足封闭性？

（b）$\square$运算是否满足交换性？

（c）$\square$运算是否满足结合性？

（d）$\square$运算是否存在单位元？

（e）对于$(x, y) \in \mathbb{R} \times \mathbb{R}$，是否存在$(x, y)$关于$\square$的逆元？

7.12 在$\mathbb{R} \times \mathbb{R}$上定义运算$\square$为$(a, b)\square(c, d) = (a+c, ad+b)$，请回答：

（a）$\square$运算是否满足封闭性？

（b）$\square$运算是否满足交换性？

（c）□运算是否满足结合性？

（d）□运算是否存在单位元？

（e）对于$(x, y) \in \mathbb{R} \times \mathbb{R}$，是否存在$(x, y)$关于□的逆元？

7.13 在$\mathbb{R}$上定义∇运算为$a \nabla b = (ab)/2$，Δ运算为$a \Delta b = (a+b)/3$，请回答：

（a）∇运算是否满足封闭性？Δ运算是否满足封闭性？

（b）∇运算是否满足交换律？Δ运算是否满足交换律？

（c）∇运算是否满足结合律？Δ运算是否满足结合律？

（d）∇运算是否满足幂等律？Δ运算是否满足幂等律？

（e）∇运算和Δ运算是否满足吸收律？

（f）∇运算对于Δ运算是否满足分配律？Δ运算对于∇运算是否满足分配律？

（g）∇运算是否存在单位元？Δ运算是否存在单位元？

（h）∇运算是否存在零元？Δ运算是否存在零元？

（i）对于$x \in \mathbb{R}$，是否存在x关于∇的逆元？是否存在x关于Δ的逆元？

7.14 在集合$A = \{-3, -2, -1, 0, 1, 2, 3\}$上定义$\nabla$运算为$a \nabla b = \min(a, b)$，$\Delta$运算为$a \Delta b = \max(a, b)$，请回答：

（a）∇运算是否满足封闭性？Δ运算是否满足封闭性？

（b）∇运算是否满足交换律？Δ运算是否满足交换律？

（c）∇运算是否满足结合律？Δ运算是否满足结合律？

（d）∇运算是否满足幂等律？Δ运算是否满足幂等律？

（e）∇运算和Δ运算是否满足吸收律？

（f）∇运算对于Δ运算是否满足分配律？Δ运算对于∇运算是否满足分配律？

（g）∇运算是否存在单位元？Δ运算是否存在单位元？

（h）∇运算是否存在零元？Δ运算是否存在零元？

（i）对于$x \in \mathbb{R}$，是否存在x关于∇的逆元？是否存在x关于Δ的逆元？

7.15 证明定理7.2。

7.16 证明：若代数结构$(A, \square)$存在单位元e和零元θ，且A至少有两个元素，则$e \neq \theta$。

7.17 设*是集合S上的二元运算，在什么情况下，关于*的单位元和零元是S中的同一个元素？在什么情况下，零元存在逆元？

7.18 设□和〇是集合S上的两个二元运算，而且对于任意$x, y \in S$，$x \square y = x$。证明：〇对□满足分配律。

7.19 设$A = \{a, b, c\}$，定义在A上的二元运算*满足封闭性、交换律、幂等律且$a*b = c$，$c*b = b$，请给出运算*的一个运算表，说明它是否可结合。

7.20 设□和〇是集合S上的两个二元运算，而且都满足吸收律。证明：□和〇都满足幂等律。

7.21 设集合A上运算□和〇分别具有单位元e_1和e_2，而且〇对□、□对〇都满足分配律。证明：对于任意$x \in A$，有$x \square x = x \bigcirc x = x$。

（提示：计算$e_1 \bigcirc (e_2 \square e_1)$、$e_2 \square (e_1 \bigcirc e_2)$、$(x \bigcirc e_2) \square (x \bigcirc e_2)$、$(x \square e_1) \bigcirc (x \square e_1)$。）

7.22 设$A = \{1, 2, 3\}$，B是A上所有等价关系的集合。

（a）列出 B 的元素。

（b）给出 B 上∩运算的运算表。

7.23 设 $(A, *)$ 是一个半群，而且对于任意 $a, b \in A$，$a \neq b$，有 $a*b \neq b*a$。

（a）证明：对于任意 $a \in A$，有 $a*a=a$。

（b）证明：对于任意 $a, b \in A$，有 $a*b*a=a$。

（c）证明：对于任意 $a, b, c \in A$，有 $a*b*c=a*c$。

7.24 在 $\mathbb{R}$ 上定义运算 $\otimes$ 为：对于任意 $x, y \in \mathbb{R}$，$x \otimes y = x+y+xy$。证明：$(\mathbb{R}, \otimes)$ 是一个可换亚群。

7.25 定义 $\mathbb{R}^+$ 上的运算 $\circ$ 为 $a \circ b = \dfrac{a+b}{1+ab}$，代数结构 $(\mathbb{R}^+, \circ)$ 是半群吗？是亚群吗？

7.26 设 $A=\{a, b, c\}$，定义在 A 上的二元运算 $*$ 满足 $x*y=x$。

（a）证明：$(A, *)$ 是一个半群。

（b）试通过增加最少的元素使得 A 扩张成一个亚群。

7.27 设 $(A, \square)$ 是一个亚群，$m \in A$，在 A 上定义运算 $\bigcirc$ 为 $x \bigcirc y = x \square m \square y$，证明：$(A, \bigcirc)$ 是一个半群。并请讨论在什么情况下 $(A, \bigcirc)$ 是一个亚群。

7.28 在 $\mathbb{R}^*$ 上定义 $*$ 运算为 $a*b=3ab$，证明：$(\mathbb{R}^*, *)$ 是一个群。

7.29 在 $\mathbb{Z}$ 上定义 $*$ 运算为 $a*b=a+b-10$，证明：$(\mathbb{Z}, *)$ 是一个群。

7.30 $U_n = \left\{ x \mid x \in \mathbb{C}, x^n=1 \right\}$，$n$ 是一个给定的正整数，证明：$(U_n, \times)$ 是一个群。

7.31 设 $A = \mathbb{R} - \{0,1\}$，在 A 上定义如下 6 个函数：

$$f_1(x)=x, \quad f_2(x)=1-x, \quad f_3(x)=\frac{1}{x}, \quad f_4(x)=\frac{1}{1-x}, \quad f_5(x)=1-\frac{1}{x}, \quad f_6(x)=\frac{x}{x-1}$$

证明：$(\{f_1, f_2, f_3, f_4, f_5, f_6\}, \circ)$ 构成一个群，其中 $\circ$ 是函数的复合运算。

7.32 某个通信系统传输的二进制码字格式为 $\boldsymbol{x}=(x_1, x_2, x_3, x_4, x_5, x_6, x_7)$，其中 x_1, x_2, x_3, x_4 是数据位，x_5, x_6, x_7 是校验位，满足 $x_5=x_1 \oplus x_2 \oplus x_3$，$x_6=x_1 \oplus x_2 \oplus x_4$，$x_7=x_1 \oplus x_3 \oplus x_4$。其中 $\oplus$ 表示异或运算（即模 2 加法），$0 \oplus 0=0$，$0 \oplus 1=1$，$1 \oplus 0=1$，$1 \oplus 1=0$（事实上，这就是 $(7,4)$ 汉明码）。

设 S 是所有这样码字构成的集合，定义 S 上的运算为

$$\boldsymbol{x} \oplus \boldsymbol{y} = (x_1 \oplus y_1, x_2 \oplus y_2, x_3 \oplus y_3, x_4 \oplus y_4, x_5 \oplus y_5, x_6 \oplus y_6, x_7 \oplus y_7)$$

证明：$(S, \oplus)$ 构成一个群。

7.33 完成表 7.20 所示的运算表，使之成为一个群。

表 7.20 习题 7.33 用表

$*$	a	b	c	d
a				
b				c
c		b		
d				

7.34 设 G 为非可换的群，证明：G 中存在非单位元 a 和 b，$a \neq b$，且 $ab=ba$。

7.35 设$(G, \cdot)$是群，证明：在$(G, \cdot)$中，除单位元e外，不可能有任何别的等幂元。

7.36 设$(G, \cdot)$是群，且G的阶大于1，证明：在$(G, \cdot)$中不存在零元。

7.37 设代数结构$(G, \cdot)$满足如下条件：

（1）$\cdot$运算满足结合律。

（2）对于任意$a, b \in G$，方程$ax=b$在G中存在唯一解。

（3）对于任意$a, b \in G$，方程$ya=b$在G中存在唯一解。

证明：$(G, \cdot)$是群。

7.38 设有限代数结构$(G, \cdot)$满足如下条件：

（1）$\cdot$运算满足结合律。

（2）对于任意$a, b, c \in G$，若$ac=bc$则$a=b$。

（3）对于任意$a, b, c \in G$，若$ca=cb$则$a=b$。

证明：$(G, \cdot)$是群。

7.39 设$(G, \cdot)$是群，$(A, *)$是一个代数结构，f是G到A的一个满射，且满足对于任意$a, b \in G$，$f(a \cdot b) = f(a) * f(b)$，证明：$(A, *)$是群。

7.40 设$(G, \cdot)$是群，定义G上的关系R为$R=\{(x, y) |$存在$a \in G$使得$y=axa^{-1}\}$，证明：R是G上的等价关系。

7.41 设$(G, \cdot)$是群，对于任意$a \in G$，都满足$a^2=e$，证明：G是可换群。

7.42 证明：群$(G, \cdot)$是可换群的充要条件是对于任意$a, b \in G$，$(a \cdot b)^2=a^2 \cdot b^2$。

7.43 证明：群$(G, \cdot)$是可换群的充要条件是对于任意$a, b \in G$，$(a \cdot b)^{-1}=a^{-1} \cdot b^{-1}$。

7.44 设$(G, \cdot)$是群，证明：如果对于任意$a, b \in G$，都有$(a \cdot b)^3=a^3 \cdot b^3$，$(a \cdot b)^4=a^4 \cdot b^4$，$(a \cdot b)^5=a^5 \cdot b^5$，则$G$是可换群。

（提示：计算$(a \cdot b) \cdot (a \cdot b)^3$得到$a^3 \cdot b = b \cdot a^3$、$(a \cdot b) \cdot (a \cdot b)^4$得到$a^4 \cdot b = b \cdot a^4$，之后计算$a \cdot a^3 \cdot b$。）

7.45 对以下各小题给出的群G_1和G_2以及函数$f: G_1 \rightarrow G_2$，说明f是否是从G_1到G_2的同态，是否是从G_1到G_2的同构。

（a）$G_1=(\mathbb{Z}, +)$，$G_2=(\mathbb{R}^*, \times)$，$f(x)=\begin{cases} 1 & x\text{是偶数} \\ -1 & x\text{是奇数} \end{cases}$。

（b）$G_1=(\mathbb{R}, +)$，$G_2=(A, \times)$，其中$A=\{z \mid z \in \mathbb{C}, |z|=1\}$，$f(x)=\cos x + i\sin x$。

（c）$G_1=G_2=(\mathbf{M}_n(\mathbb{R}), +)$，$f(A)=A^T$，其中$A \in \mathbf{M}_n(\mathbb{R})$。

7.46 令$\omega = \dfrac{-1+\sqrt{-3}}{2}$，证明：$(\{1, \omega, \omega^2\}, \times)$是一个群，其中$\times$是复数乘法，而且其与$(\mathbb{Z}/3\mathbb{Z}, +_3)$同构。

7.47 证明：克莱因四元群和$(\mathbb{Z}/4\mathbb{Z}, +_4)$是不同构的。

7.48 证明：例7.26中的两个群A和B是不同构的。

7.49 证明定理7.6。

7.50 设$(G, \cdot)$是群，$a \in G$，定义G上的函数f为$f(g)=aga^{-1}$，证明：f是G的自同构。

7.51 设$(G, \cdot)$是可换群，定义G上的函数f为$f(g)=g^2$。证明：f是G的自同态。

7.52 设$(G, \cdot)$是群，定义G上的函数f为$f(g)=g^{-1}$。证明：

（a）f是双射。

（b）f 是 G 的自同构当且仅当$(G, \cdot)$是可换群。

7.53 证明：$\phi_a : \mathbb{Z}/n\mathbb{Z} \to \mathbb{Z}/n\mathbb{Z}, \phi_a(\overline{x}) = \overline{ax}$ 是$(\mathbb{Z}/n\mathbb{Z}, +_n)$的一个自同构，当且仅当 a 与 n 互素。

7.54 群 G 上的自同构全体记作 Aut(G)，证明：Aut(G)关于函数的复合运算构成一个群，称作 G 的**自同构群**。

7.55 判断下述子集是否构成(n 阶可逆实方阵全体, ×)的子群。

（a）n 阶可逆对称矩阵全体。

（b）n 阶上三角可逆矩阵全体。

（c）行列式的值大于 0 的 n 阶矩阵全体。

（d）行列式的值小于 0 的 n 阶矩阵全体。

（e）n 阶对角可逆矩阵全体。

7.56 设 $G=\{A, B, C, D\}$，其中 $A = \begin{pmatrix} 1 & 0 \\ 0 & 1 \end{pmatrix}$，$B = \begin{pmatrix} -1 & 0 \\ 0 & -1 \end{pmatrix}$，$C = \begin{pmatrix} 0 & 1 \\ -1 & 0 \end{pmatrix}$，$D = \begin{pmatrix} 0 & -1 \\ 1 & 0 \end{pmatrix}$，$G$ 上的运算是矩阵乘法。请给出 G 的所有子群。

7.57 一个群能够同构于它的一个非平凡子群么？如果能，试举出一例。

7.58 设$(G, \cdot)$是群，C 是与 G 中每个元素都可交换的元素构成的集合，称 C 是 G 的**中心**，证明：C 是 G 的子群。

7.59 设 f 是群 G_1 到 G_2 的同态映射，H 是 G_1 的子群，证明：$f(H)$ 是 G_2 的子群。

7.60 设$(G, \cdot)$是群，对于任意的 $a \in G$，令 $H=\{y | ya=ay, y \in G\}$，证明：$(H, \cdot)$是群$(G, \cdot)$的子群。

7.61 设$(H, \cdot)$是群$(G, \cdot)$的子群，$a \in G$，定义 $aHa^{-1}=\{aha^{-1}|h \in H\}$。证明：$aHa^{-1}$ 是 G 的子群，称作 H 的一个**共轭子群**。

7.62 设$(H, \cdot)$和$(S, \cdot)$都是群$(G, \cdot)$的子群。

（a）证明：$(H \cap S, \cdot)$也是$(G, \cdot)$的子群。

（b）$(H \cup S, \cdot)$是否一定是$(G, \cdot)$的子群？

7.63 设$(H, \cdot)$和$(S, \cdot)$都是群$(G, \cdot)$的子群，证明：若 $H \cup S=G$，则 $H=G$ 或 $S=G$。即任何一个群都不能是它的两个真子群的并。

7.64 设$(H, \cdot)$和$(S, \cdot)$都是群$(G, \cdot)$的子群，定义 G 上的关系 R 为 $R=\{(x, y)|$存在 $h \in H$, $s \in S$ 使得 $y=hxs\}$，证明：R 是 G 上的等价关系。

7.65 证明定理 7.19。

7.66 设$(G, \cdot)$是群，e 是单位元，G 上的等价关系 R 满足：$\forall a, b, c \in G$，若$(ab)R(ac)$则 bRc，证明：等价类$[e]=\{x|eRx, x \in G\}$构成 G 的子群。

7.67 假设$(G, \cdot)$是群，$L(G)$是 G 的所有子群的集合，即 $L(G)=\{H|H \leqslant G\}$，证明：$(L(G), \subseteq)$是格，称为 G 的**子群格**。

7.68 求群$(\mathbb{Z}_{18}, +_{18})$的子群格。

7.69 证明：任何循环群一定是可换群。

7.70 求循环群$(\mathbb{Z}_{12}, +_{12})$的所有生成元和子群。

7.71 设 $G=(a)$ 是循环群，s、t 是正整数，$A=(a^s)$，$B=(a^t)$，求 $A\cap B$ 的一个生成元。

7.72 设 $(S_3, \circ)$ 为集合 S 的 3 次对称群，定义 S_3 上的关系 R 为 $R=\{(x, y)|$存在 $a\in S_3$ 使得 $y=a\circ x\circ a^{-1}\}$，求等价关系 R 确定的划分。

7.73 设多项式 $f=(x_1+x_2)(x_3+x_4)$，找出使得 f 保持不变的所有下标的置换，这些置换是否构成 S_4 的子群？

7.74 设置换 $a=\begin{pmatrix} 1 & 2 & 3 & 4 & 5 & 6 & 7 & 8 \\ 2 & 3 & 4 & 1 & 6 & 7 & 8 & 5 \end{pmatrix}$，$b=\begin{pmatrix} 1 & 2 & 3 & 4 & 5 & 6 & 7 & 8 \\ 5 & 8 & 7 & 6 & 3 & 2 & 1 & 4 \end{pmatrix}$。设 $G=\{a^n b^m|m$ 和 n 是正整数$\}$。

（a）证明：G 是 S_8 的子群。

（b）求 G 的阶。

（c）G 是否是交换群？

（d）求 G 的所有交换子群。

（提示：$a^2=b^2$，$a^4=e$，$b^4=e$，$aba=b$，$a^3 b=ab^3=ba$，$bab=a$，$b^3 a=ba^3=ab$。）

7.75 设 $G=\{f| f:\mathbb{R}\rightarrow\mathbb{R}, f(x)=ax+b$，其中 $a, b\in\mathbb{R}, a\neq 0\}$，二元运算 $\circ$ 是函数的复合。

（a）证明：$(G, \circ)$ 是群。

（b）若 S 和 T 分别是由 G 中 $a=1$ 和 $b=0$ 的所有函数构成的集合，证明：$(S, \circ)$ 和 $(T, \circ)$ 都是 $(G, \circ)$ 的子群。

（c）写出 S 和 T 在 G 中所有的左陪集。

7.76 求群 $(\mathbb{Z}_6, +_6)$ 的每个子群及其相应的所有左陪集。

7.77 求 $(\mathbb{Z}_8, +_8)$ 中子群 $H=\{\overline{0}, \overline{4}\}$ 的所有左陪集与右陪集。

7.78 设 $(G, \cdot)$ 是群，$(H, \cdot)$ 是群 $(G, \cdot)$ 的子群，证明：若 $x\in G$ 且 xH 是 G 的子群，则 $x\in H$。

7.79 设 $(G, \cdot)$ 是群，$(H, \cdot)$ 是群 $(G, \cdot)$ 的子群，证明：在 H 确定的陪集中，只有一个陪集是子群。

7.80 设 $(H, \cdot)$ 是群 $(G, \cdot)$ 的一个子群，对于任意 $x, y\in G$，证明：

（a）$x\in xH$，$x\in Hx$。

（b）若 $x\in yH$，则 $xH=yH$；若 $x\in Hy$，则 $Hx=Hy$。

（c）若 $x\in yH$，则 $x^{-1}y\in H$；若 $x\in Hy$，则 $xy^{-1}\in H$。

7.81 设 $A=\{a, b, c, d, e\}$，A 上的运算 * 的运算表如表 7.21 所示。

（a）证明 $\{e, a\}$ 在 * 运算下构成一个群。

（b）使用拉格朗日定理证明 $(A, *)$ 不是群。

表 7.21　习题 7.81 用表

*	a	b	c	d	e
a	e	d	b	c	a
b	a	e	c	d	b
c	b	d	a	e	c
d	c	b	d	a	e
e	a	c	d	b	e

7.82　设$(G, \cdot)$是群，e 为单位元，证明：G 的阶数为偶数当且仅当 G 存在中非单位元的元素 a 使得 $a^2=e$。

（提示：对任意 $x \neq e$，考虑 $y=x^{-1}$ 与 x 的关系；考虑$(\{a, e\}, \cdot)$。）

7.83　若有限可换群 G 中所有元素的积不等于单位元 e，证明：G 的阶数为偶数。

（提示：反证法，并使用习题 7.82 的结论。）

7.84　设群$(G, \cdot)$的阶为 6，证明：G 至多有一个阶为 3 的子群。

7.85　设$(H, \cdot)$和$(K, \cdot)$分别是群$(G, \cdot)$的 r 阶和 s 阶子群，证明：若 r 和 s 互素，则 $H \cap K=\{e\}$。

7.86　设 $i^2 = -1$，令 $G = \left\{ \pm \begin{pmatrix} 1 & 0 \\ 0 & 1 \end{pmatrix}, \pm \begin{pmatrix} i & 0 \\ 0 & -i \end{pmatrix}, \pm \begin{pmatrix} 0 & i \\ i & 0 \end{pmatrix}, \pm \begin{pmatrix} 0 & 1 \\ -1 & 0 \end{pmatrix} \right\}$。

（a）证明：G 关于矩阵乘法构成群。

（b）找出$(G, \times)$的所有子群，并画出子群格。

（c）证明：G 的所有子群都是正规子群。

7.87　证明：$(\{(1), (1, 2) \circ (3, 4), (1, 3) \circ (2, 4), (1, 4) \circ (2, 3)\}, \circ)$是 S_4 的正规子群，且与克莱因四元群同构。

7.88　设$(S, \square)$和$(T, \bigcirc)$都是群，对于任意$(s_1, t_1), (s_2, t_2) \in S \times T$，定义$(s_1, t_1) \blacklozenge (s_2, t_2)=(s_1 \square s_2, t_1 \bigcirc t_2)$。

（a）证明：$(S \times T, \blacklozenge)$是群，称作 S 和 T 的**积群（product group）**。

（b）假设 $H=\{(s, e_2) | s \in S, e_2$ 是 T 的单位元$\}$，证明：$(H, \blacklozenge)$是$(S \times T, \blacklozenge)$的正规子群。

7.89　设$(G, \cdot)$是群，$(H_1, \cdot)$和$(H_2, \cdot)$都是群$(G, \cdot)$的子群，定义 $H_1 \cdot H_2=\{h_1 \cdot h_2 | h_1 \in H_1, h_2 \in H_2\}$。

（a）请问 $H_1 \cdot H_2$ 是否一定是 G 的子群？

（b）如果 $H_1 \subseteq H_2$，那么 $H_1 \cdot H_2$ 是否一定是 G 的子群？

（c）证明：若 H_2 是 G 的正规子群，则 $H_1 \cdot H_2$ 是 G 的子群。

（d）证明：$H_1 \cdot H_2$ 是 G 的子群当且仅当 $H_1 \cdot H_2=H_2 \cdot H_1$。

7.90　设$(H, \cdot)$和$(S, \cdot)$都是群$(G, \cdot)$的正规子群，证明：$(H \cap S, \cdot)$也是$(G, \cdot)$的正规子群。

7.91　设$(\{\sigma_1, \sigma_2, \cdots, \sigma_{12}\}, \circ)$是一个置换群，其中

$\sigma_1=(1)$，　$\sigma_2=(2, 3, 4)$，　$\sigma_3=(2, 4, 3)$，　$\sigma_4=(1, 2) \circ (3, 4)$，　$\sigma_5=(1, 2, 3)$，　$\sigma_6=(1, 2, 4)$，

$\sigma_7=(1, 3, 2)$，　$\sigma_8=(1, 3, 4)$，　$\sigma_9=(1, 3) \circ (2, 4)$，　$\sigma_{10}=(1, 4, 2)$，　$\sigma_{11}=(1, 4, 3)$，

$\sigma_{12}=(1, 4) \circ (2, 3)$

证明它不存在 6 阶子群。

7.92　设$(G, \cdot)$是 n 阶有限群，e 是单位元，$a \in G$，$<a>$是由 a 生成的子群。证明：

（a）$<a>$是$(G, \cdot)$的正规子群。

（b）$<a>$的阶数可以整除 n。

（c）$<a>$的阶数是满足 $a^m=e$ 的最小正整数 m。

（d）$a^n=e$。

7.93　设$(G, \cdot)$是 n 阶群，证明：n 是大于 1 的奇数当且仅当 G 中除单位元的任意元素可以写成另一个元素的平方。

（提示：必要性——对任意 $x \neq e$，假设$<x>$的阶数为 m，考虑 $x^{(m+1)/2}$。）

充分性——证明 $f(x)=y$，$x=y^2$ 是双射，并使用习题 7.82 的结论。）

7.94　设 S 为下列集合，+和×为普通加法和乘法。问 S 和+、×能否构成环？能否构成整环？能否构成域？为什么？

（a）$S=\{x|x=3n, n\in\mathbb{Z}\}$。

（b）$S=\{x|x=3n+1, n\in\mathbb{Z}\}$。

（c）$S=\{x|x\in\mathbb{Z}, x\geqslant 0\}$。

（d）$S=\left\{x\,|\,x=a+b\sqrt{2}, a,b\in\mathbb{Q}\right\}$。

（e）$S=\left\{x\,|\,x=a+b\sqrt[3]{5}, a,b\in\mathbb{Q}\right\}$。

7.95　设 A 为集合，证明：$\mathscr{P}(A)$ 关于集合的对称差运算 $\oplus$ 和集合的交运算 $\cap$ 构成环 $(\mathscr{P}(A), \oplus, \cap)$。

7.96　设 R 是环，$a, b\in R$，证明：如果 a、b 与 $ab-1$ 均可逆，则 $a-b^{-1}$ 与 $(a-b^{-1})^{-1}-a^{-1}$ 也可逆而且 $[(a-b^{-1})^{-1}-a^{-1}]^{-1}=aba-a$。

7.97　设 $(R, +, \cdot)$ 是一个环，且对于任意的 $x\in R$，有 $x\cdot x=x$，证明：

（a）对于任意 $x\in R$，有 $x+x=0$。

（提示：计算 $(x+x)\cdot(x+x)$。）

（b）$(R, +, \cdot)$ 是一个交换环。

（提示：计算 $(x+y)\cdot(x+y)$。）

7.98　举出满足以下条件的例子：

（a）$(R, +, \cdot)$ 是没有单位元的环，$S\subset R$，$(S, +, \cdot)$ 是含幺环。

（提示：例如 $R=\left\{\begin{pmatrix} a & b \\ 0 & 0 \end{pmatrix}\middle|\ a, b\in\mathbb{R}\right\}$。）

（b）$(R, +, \cdot)$ 是含幺环，$S\subset R$、$(S, +, \cdot)$ 也是含幺环，但是这两个环的单位元不同。

7.99　设 S 是 $\mathbb{R}$ 上所有函数的集合，定义 S 上的加法+为 $(f_1+f_2)(x)=f_1(x)+f_2(x)$；定义 S 上的乘法×为 $(f_1\times f_2)(x)=f_1(x)\times f_2(x)$。证明：$(S, +, \times)$ 是含幺交换环。

7.100　设 $(B, \vee, \wedge, ', 0, 1)$ 是布尔代数，在 B 上定义运算 $\oplus$ 和 $\otimes$ 为
$$a\oplus b=(a\wedge b')\vee(a'\wedge b), \quad a\otimes b=a\wedge b$$
证明：$(B, \oplus)$ 是一个交换群，$(B, \oplus, \otimes)$ 是一个以 1 为单位元的含幺交换环。

7.101　在 $\mathbb{R}$ 上定义运算 $\oplus$ 和运算 $\otimes$ 为：对于任意 $x, y\in\mathbb{R}$，$x\oplus y=x+y-1$，$x\otimes y=x+y-xy$。证明 $(\mathbb{R}, \oplus, \otimes)$ 是一个交换环，并指出其零元和单位元（如果存在）。

7.102　设 R 是含幺环，$u, v\in R$。证明下述 3 个命题彼此等价：

（a）$v=u^{-1}$。

（b）$uvu=u$，$vu^2v=1$。

（提示：$uv=(vu^2v)uv=vu(uvu)v$，$vu=vu(vu^2v)=v(uvu)uv$。）

（c）$uvu=u$ 且 v 是满足该条件的唯一元素。

（提示：证明 $uv\cdot 1\cdot uv=uv$，$vu\cdot 1\cdot vu=vu$。）

7.103　证明定理 7.26。

7.104　假设正整数 $n>1$，证明：$(\mathbb{Z}/n\mathbb{Z}, +_n, \times_n)$ 是整环当且仅当 n 是素数。

7.105　证明定理 7.27。

7.106　假设 $(R, +, \cdot)$ 是一个环，$a \in R$，$R_1 = \{x \mid x \in R, xa = 0\}$，证明：$R_1$ 是 R 的子环。

7.107　假设 $(R, +, \cdot)$ 是一个环，$C = \{x \mid x \in R$, 对任意 $a \in R$, 有 $ax=xa\}$，C 称作 R 的**中心**，证明：C 是 R 的子环。

7.108　证明：对于任意的素数 p，$(\mathbb{Z}/p\mathbb{Z}, +_p, \times_p)$ 是域。

7.109　完成定理 7.30 的证明。

7.110　若 L 是如定义 7.31 所定义的格，证明：对于任意 $a, b, c \in L$，有

（a）$a \wedge (b \vee c) \geq (a \wedge b) \vee (a \wedge c)$。

（b）$a \vee (b \wedge c) \leq (a \vee b) \wedge (a \vee c)$。

7.111　在布尔代数 $(B, \vee, \wedge, ', 0, 1)$ 中，对于任意 $x \in B$，证明：满足 $x \vee y=1$, $x \wedge y=0$ 的元素 $y \in B$ 是唯一的，即 $y=x'$。

7.112　假设某布尔代数 $(B, \vee, \wedge, ', 0, 1)$ 如定义 7.33（或定义 7.34）所定义，证明对于所有 $x, y \in B$，有

（a）$x \vee x=x$, $x \wedge x=x$　　　　　　　（幂等律）

（b）$(x')'=x$　　　　　　　　　　　　　（双重否定律）

（c）$0'=1$, $1'=0$　　　　　　　　　　（零律）

（d）$(x \vee y)'=x' \wedge y'$, $(x \wedge y)'=x' \vee y'$　　（德·摩根律）

（e）$x=y$ 当且仅当 $(x \wedge y') \vee (x' \wedge y)=0$。

7.113　设 $(B, \vee, \wedge, ', 0, 1)$ 是布尔代数。证明：对所有 $x, y \in B$，以下三者等价：

（a）$x \leq y$。

（b）$x \wedge y'=0$。

（c）$x' \vee y=1$。

7.114　设 $(B, \vee, \wedge, ', 0, 1)$ 是布尔代数且 $A \subseteq B$。证明：$(A, \vee, \wedge, ', 0, 1)$ 是布尔代数当且仅当 $1 \in A$ 且对所有 $x, y \in A$ 有 $x \wedge y' \in A$。

7.115　设 $(B, \vee, \wedge, ', 0, 1)$ 是布尔代数。证明：对所有 $a, b, c \in B$，有
$$(a \vee b') \wedge (b \vee c') \wedge (c \vee a')=(a' \vee b) \wedge (b' \vee c) \wedge (c' \vee a)$$

第8章

图　　论

图论使用图的方法研究客观世界，包括实体物理空间，也包括非实体的观念世界。在图论中，用"顶点"表示事物，用"边"表示事物间的联系。

1736 年，数学家欧拉（Leonhard Euler, 1707—1783）解决了著名的哥尼斯堡七桥问题，从而奠定了图论的基础。1847 年，物理学家基尔霍夫（Gustav Robert Kirchhoff, 1824—1887）把图论应用于电路网络的研究，引进了"树"的概念，开创了图论应用于工程科学的先例。

伴随着计算机科技的迅猛发展，图论近几十年来发展迅猛，应用范围更加广泛，成为研究和解决许多应用问题的基本工具之一。在解决运筹学、信息论、控制论、网络理论、博弈论、化学、社会科学、经济学、建筑学、心理学、语言学、软件科学、算法学和计算机科学中的问题时，图论扮演着越来越重要的角色，受到工程界和数学界的特别重视，发挥了重要作用。特别是厄多斯(Erdős，1913—1996)首先研究的随机图在复杂网络中的应用，已经产生了大量的成果。

图论研究的课题和包含的内容十分广泛，很难在一本教材中概括它的全貌。限于篇幅，本章仅能介绍一些基本的图论概念、理论以及与实际应用有关的基本图类和算法，为应用、研究和进一步学习提供基础知识。

8.1　基　本　概　念

在 4.1.3 节中，我们曾用图形来表示二元关系，用点表示集合的元素，若 aRb 则在图中有由点 a 指向点 b 的有向线段。本章中的图是这一概念的扩展。

8.1.1　无向图、有向图和握手定理

定义 8.1　一个无向图（**undirected graph** 或 **graph**）G 指一个三元组(V, E, γ)，其中

（1）$V=\{v_1, v_2, \cdots, v_n\}$是一个有限集合，称作**顶点集**，其元素称作**顶点、结点**或**点**（**vertex/ node/ point**），$|V|$称作 G 的**阶**。

（2）$E=\{e_1, e_2, \cdots, e_m\}$是一个有限集合，称作**边集**，其元素称作**边**（**edge/arc/line**）。

（3）γ 是 E 到 V 的元素个数为 1 或 2 的子集全体的一个函数，即对于任意$e\in E$，有 $\gamma(e)=\{u, v\}\subseteq V$（$u$ 和 v 不必互异），此时 u 和 v 称作边 e 的**端点**（**end points**）。

【例 8.1】　在图 8.1 中，无向图 $G=(V, E, \gamma)$，其中 $V=\{v_1, v_2, v_3, v_4\}$，$E=\{e_1, e_2, e_3, e_4,$

e_5），$\gamma(e_1)=\{v_2, v_4\}$，$\gamma(e_2)=\{v_2, v_3\}$，$\gamma(e_3)=\{v_3, v_4\}$，$\gamma(e_4)=\{v_3, v_4\}$，$\gamma(e_5)=\{v_4\}$。

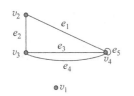

图 8.1 例 8.1 用图

若无特殊说明，约定用 n 表示图 G 的顶点数，用 m 表示图 G 的边数，一个边数为 m 的 n 阶图可简称为 (n, m)-图。例如图 8.1 是一个 $(4, 5)$-图。

现实世界中的很多问题都可以表示为图。例如用顶点来表示城市，如果两个城市之间有火车可以直达，就用边将表示这两个城市的点连接起来，这样就形成了一个图；再如将工厂表示为顶点，两个工厂之间若存在业务联系，则用边将它们对应的顶点相连，这样就构成了工厂间的业务联系图。

和生活中或几何中的"图"不同，图论研究的对象"图"的顶点是可以任意游走的，边也可以拉伸，表示顶点的圆点和表示边的线的形状、相对位置没有实际意义，我们关心的是其间的关系。所以一个图的图形表示法可能不是唯一的，从几何上看来完全不同的图在图论中可能代表了相同的图。

【例 8.2】 图 8.2 中 (a) 和 (b) 表示的实际上是同一个无向图。

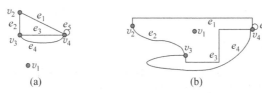

图 8.2 例 8.2 用图

定义 8.2 假设 $G=(V, E, \gamma)$ 为无向图，$e \in E$，若 $\gamma(e)=\{u, v\}$，则称 e 是 u 与 v 之间的一条边，称 u 和 v 是**相邻顶点**（**adjacent vertices**），并称边 e 分别与 u 和 v 相**关联**；若 $u=v$，则称 e 为一个**自环**或简称**环**（**loop**）。

定义 8.3 假设 $G=(V, E, \gamma)$ 为无向图，若 G 的两条边 e_1 和 e_2 都与同一个顶点关联，则称 e_1 和 e_2 是**邻接**的（**adjacent**）或相邻的。

定义 8.4 假设 $G=(V, E, \gamma)$ 为无向图，若 G 中关联同一对顶点（允许相同）的边多于一条，则称这些边为**重边**或**平行边**（**parallel edges**），这些边的条数称作重边的**重数**。

定义 8.5 假设 $G=(V, E, \gamma)$ 为无向图，$v \in V$，顶点 v 的**度数**（**degree**）$\deg(v)$ 是 G 中与 v 关联的边的数目（自环在计度数时为 2）。图 G 中最大的点度数和最小的点度数分别记为 $\Delta(G)$ 和 $\delta(G)$。

定义 8.6 假设 $G=(V, E, \gamma)$ 为无向图，G 中度数为零的顶点称为**孤立顶点**（**isolated vertex**）；图中度数为 1 的顶点称为**悬挂点**（**pendant vertex**），与悬挂点相关联的边称为**悬挂边**（**pendant edge**）；图中度数为 k 的顶点称为 k **度点**；图中度数为奇数的顶点称为**奇度点**，图中度数为偶数的顶点称为**偶度点**。

【例 8.3】 在图 8.1 中，$\deg(v_1)=0$，$\deg(v_2)=2$，$\deg(v_3)=3$，$\deg(v_4)=5$；v_2 和 v_3 是相邻顶点，且是 e_2 的两个端点；v_1 和 v_4 是不相邻的顶点；v_1 是孤立顶点，e_3 和 e_4 是重边，e_1 和 e_4 是邻接边，e_2 和 e_5 不相邻，e_5 是环。

定义 8.7 不存在自环和重边的无向图称为**简单图**。

【**例 8.4**】 图 8.1 所示的图不是简单图，而图 8.3 所示的图是简单图。

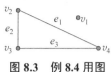

图 8.3 例 8.4 用图

对于无向简单图而言，由于每条边可以使用顶点对唯一表示，因此可以用 $\gamma(e)$ 代表 e，例如图 8.3 表示的图也可以简写为 $G=(V, E)$，其中 $V=\{v_1, v_2, v_3, v_4\}$，$E=\{\{v_2, v_4\}, \{v_2, v_3\}, \{v_3, v_4\}\}$，有时也将边 $\{u, v\}$ 简写为 uv（此时将 uv 和 vu 视为等同）。

下面介绍图论中最基本的定理，它是欧拉在解决哥尼斯堡七桥问题时建立的第一个图论结果。

定理 8.1 （图论基本定理/握手定理）假设 $G=(V, E, \gamma)$ 为无向图，则有 $\sum_{v \in V} \deg(v) = 2|E|$，即所有顶点度数之和等于边数的两倍。

证明. 可使用归纳法证明：

（1）当边数为 0 时，每个顶点都是孤立顶点，因此 $\sum_{v \in V} \deg(v) = 0 = 2|E|$ 成立。

（2）每增加一条边时，该边的两个端点（可能是同一个顶点）的度数都增加 1，因此 $\sum_{v \in V} \deg(v)$ 增加 2，$|E|$ 增加 1。

由（1）、（2）可知定理成立。 □

【**例 8.5**】 在图 8.1 中，$\deg(v_1)=0$，$\deg(v_2)=2$，$\deg(v_3)=3$，$\deg(v_4)=5$；$0+2+3+5=10=2 \times |E|$。

推论 在任何无向图中，奇数度的顶点数必是偶数。

证明. 设 V_o 和 V_e 分别是图 G 的奇度点集合和偶度点集合，则由定理 8.1 有 $\sum_{v \in V} \deg(v) = \sum_{v \in V_o} \deg(v) + \sum_{v \in V_e} \deg(v) = 2|E|$。

由于 $\sum_{v \in V_e} \deg(v)$ 是偶数之和，从而 $\sum_{v \in V_o} \deg(v) = 2|E| - \sum_{v \in V_e} \deg(v)$ 必然也是偶数，而只有偶数个奇数的和才为偶数，即 $|V_o|$ 必须是偶数。 □

【**例 8.6**】 假设一共有 9 个工厂，证明：

（a）在它们之间不可能每个工厂都只与其他 3 个工厂有业务联系。

（b）在它们之间不可能只有 4 个工厂与偶数个工厂有业务联系。

证明. 将每个工厂用一个点表示，在有业务联系的两个工厂之间加边，则可构成一个无向图。

（a）如果每个工厂都只与其他 3 个工厂有业务联系，那么图 G 中每个点的度数都是 3，与定理 8.1 的推论矛盾。

（b）如果只有 4 个工厂与偶数个工厂有业务联系，则有 5 个工厂与奇数个工厂有业务联系，即图 G 中有 5 个顶点具有奇数度数，与定理 8.1 的推论矛盾。

【**例 8.7**】 证明：不存在具有奇数个面而且每个面都具有奇数条棱的多面体。

证明. 假设存在这样的多面体。作无向图 G，其以多面体的面作为图的顶点，如果两个面之间存在公共的棱，则在代表这两个面的两个顶点之间添加一条边。根据假设，$|V|$ 为奇数，而且对于任意 $v \in V$，$\deg(v)$ 也是奇数，这与定理 8.1 的推论矛盾。

由无向图中各顶点的度数构成的序列称为该图的一个**度数序列**。例如图 8.1 的一个度数序列是 0, 2, 3, 5。

定理 8.2 对给定的非负整数序列 $d_1, d_2, \cdots, d_n$, 存在以 $d_1, d_2, \cdots, d_n$ 为度数序列的 n 阶无向图 G 当且仅当 $\sum_{i=1}^{n} d_i$ 是偶数。

证明. 将顶点度数为奇数的顶点两两配对, 两点之间连一条边, 而后在每个顶点处不断增加自环即可。 □

下面介绍几类常用的特殊图。

定义 8.8 假设 $G=(V, E, \gamma)$ 为无向图, 若 G 中所有顶点都是孤立顶点, 则称 G 为**零图**（**null graph**）或**离散图**（**discrete graph**）；若 $|V|=n$, $|E|=0$, 则称 G 为 n 阶零图。

定义 8.9 所有顶点的度数均相等的无向图称为**正则图**（**regular graph**）；所有顶点的度数均为 k 的正则图称为 k **度正则图**, 也记作 k**-正则图**。

注：零图是零度正则图。

【**例 8.8**】 图 8.4 中(a)、(b)、(c)、(d)都是 3 度正则图。

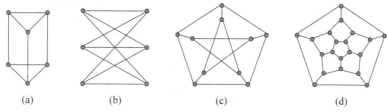

(a)　　　(b)　　　(c)　　　(d)

图 8.4　例 8.8 用图

定义 8.10 任意两个相异顶点都相邻的简单图称为**完全图**（**complete graph**）, n 阶完全图记为 K_n。

注：显然, K_n 是 $n-1$ 度正则图。

如果记 $V=\{1, 2, \cdots, n\}$, 则完全图的边集是 $E=\{\{u, v\} | 1 \leqslant u < v \leqslant n\}$。

【**例 8.9**】 图 8.5 是一些常用的完全图。

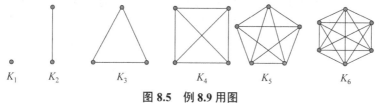

K_1　K_2　　K_3　　　K_4　　　K_5　　　K_6

图 8.5　例 8.9 用图

定理 8.3 n 阶完全图中的边数是 $\frac{1}{2}n(n-1)$。

证明. 因为完全图中每点的度都是 $n-1$, 故 $\sum_{v \in V} \deg(v) = n(n-1)$, 于是由定理 8.1, 边数为 $\frac{1}{2}n(n-1)$。 □

定义 8.11 如果图的顶点集 V 由集合 $\{0, 1\}$ 上的所有长为 n 的二进制串组成, 两个顶点邻接当且仅当它们的标号序列仅在一位上数字不同。这样的简单图称作 **n-立方体**

（**n-cube**）图，记作 Q_n 或者 B_n；$n>3$ 时，又称为 **n 维超立方体**（**hypercube**）图。

在 n-立方体图中，两个顶点 $x_1x_2\cdots x_n$ 与 $y_1y_2\cdots y_n$ 邻接，当且仅当在一个坐标上的数字不同，即 $\sum\limits_{i=1}^{n}|x_i-y_i|=1$。

【**例 8.10**】 图 8.6 显示了 B_1、B_2、B_3 和 B_4。

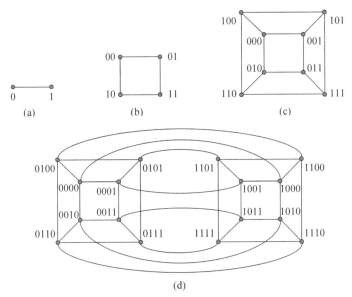

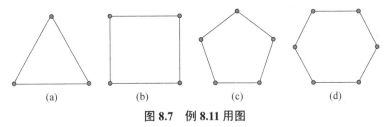

图 8.6 例 8.10 用图

定义 8.12 假设 $V=\{1, 2, \cdots, n\}$（$n\geqslant 3$），$E=\{\{u, v\}|1\leqslant u, v\leqslant n, \ u-v\equiv 1(\bmod\ n)\}$，则称简单图 $G(V, E)$ 为**圈图**（**cycle graph**），记作 C_n。

定义 8.13 假设 $V=\{0, 1, 2, \cdots, n\}$（$n\geqslant 3$），$E=\{\{u, v\}|1\leqslant u, v\leqslant n, \ u-v\equiv 1(\bmod\ n)$，或者 $u=0$，$v\geqslant 1\}$，则称简单图 $G(V, E)$ 为**轮图**（**wheel graph**），记作 W_n。

从直观上讲，轮图 W_n 就是在圈图 C_n 中增加一个顶点连接所有其他顶点。

【**例 8.11**】 $n=3, 4, 5, 6$ 的圈图 C_n 见图 8.7。

图 8.7 例 8.11 用图

【**例 8.12**】 $n=3, 4, 5, 6$ 的轮图 W_n 见图 8.8。

定义 8.14 若简单图 $G=(V, E)$ 的顶点集 V 存在一个划分 $\{V_1, V_2\}$ 使得 G 中任一条边的两端分别属于 V_1 和 V_2，则称 G 是**二部图**（**bipartite graph**），此时也可以将 G 写作 $G=(V_1, V_2, E)$。如果 V_1 中的每个顶点都与 V_2 中每个顶点相邻，则称 G 是**完全二部图**（**complete bipartite graph**），记作 $K_{r,s}$，其中 $r=|V_1|$，$s=|V_2|$。V_1 和 V_2 称作 G 的互补顶点子集。

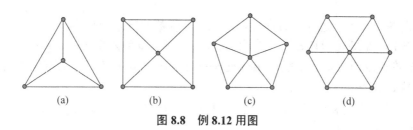

图 8.8 例 8.12 用图

【例 8.13】 图 8.9 中，(a)和(b)都是二部图，(a)是完全二部图 $K_{3,3}$，而(b)不是完全二部图；(c)和(d)都不是二部图。

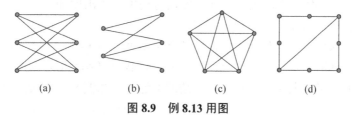

图 8.9 例 8.13 用图

如果边存在方向，就得到了有向图。

定义 8.15 一个**有向图**（**directed graph** 或 **digraph**）G 指一个三元组 (V, E, γ)，其中：

（1）$V=\{v_1, v_2, \cdots, v_n\}$ 是一个有限集合，称作**顶点集**，其元素称作**顶点**（**vertex**）或**结点**。

（2）$E=\{e_1, e_2, \cdots, e_m\}$ 是一个有限集合，称作**边集**，其元素称作**边**（**edge**）。

（3）γ 是 E 到 $V \times V$ 的一个函数，对于任意 $e \in E$，若 $\gamma(e)=(u, v) \in V \times V$，则 u 称作边 e 的**始点**，v 称作边 e 的**终点**。

注：在本章中如不加特殊声明，所提及的"图"均泛指无向图和有向图，即它既可以表示无向图又可以表示有向图。

【例 8.14】 如图 8.10 所示，有向图 $G=(V, E, \gamma)$ 中 $V=\{v_1, v_2, v_3, v_4\}$，$E=\{e_1, e_2, e_3, e_4, e_5\}$，$\gamma(e_1)=(v_4, v_2)$，$\gamma(e_2)=(v_3, v_2)$，$\gamma(e_3)=(v_3, v_4)$，$\gamma(e_4)=(v_4, v_3)$，$\gamma(e_5)=(v_4, v_4)$。

例如城市间的道路如果有单行线，那么就应该将其抽象为有向图模型；再如图 8.11 所示的程序流程图，也可以抽象为有向图模型。

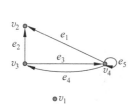

图 8.10 例 8.14 用图

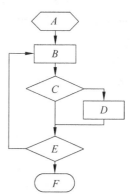

图 8.11 程序流程图

在有向图中，由于边存在方向性，因此点的度数的概念稍有不同。

定义 8.16　假设 $G=(V, E, \gamma)$ 为有向图，$v \in V$，顶点 v 的**入度**（**in-degree**）$\deg^-(v)$ 是以 v 为终点的有向边的数目，**出度**（**out-degree**）$\deg^+(v)$ 是以 v 为始点的有向边的数目，顶点 v 的**度数** $\deg(v)=\deg^-(v)+\deg^+(v)$。

【例 8.15】　在图 8.12 中，$\deg^+(v_1)=0$，$\deg^-(v_1)=0$，$\deg^+(v_2)=0$，$\deg^-(v_2)=2$，$\deg^+(v_3)=2$，$\deg^-(v_3)=1$，$\deg^+(v_4)=3$，$\deg^-(v_4)=2$。

定理 8.4　对于任意有向图 (V, E, γ)，有 $\sum\limits_{v \in V} \deg^+(v) = \sum\limits_{v \in V} \deg^-(v) = |E|$。

证明. 任何一条有向边，在计算顶点度数时提供一个出度和一个入度。因此，任意有向图出度之和等于入度之和等于边数。　　　　　　　　　　　　　　　　□

定义 8.17　假设 $G=(V, E, \gamma)$ 为图，W 是 E 到 $\mathbb{R}$ 的一个函数，则称 (G, W) 是一个**赋权图**（**weighted graph**），对于 $e \in E$，$W(e)$ 称作边 e 的**权重**（**weight**）或简称权。

在赋权图中，习惯上将边的权重标在边的旁边，例如图 8.13 就是一个赋权图。

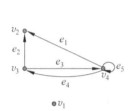

图 8.12　例 8.15 用图

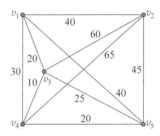

图 8.13　赋权图示例

8.1.2　图的同构与子图

一个图的图形表示不一定是唯一的，有很多表面上看来不同的图之间的差别仅在于顶点和边的名称的差异，而从邻接关系的意义上看，它们本质上都是一样的，可以把它们看成是同一个图的不同表现形式。这就是图的同构概念。

定义 8.18　设 $G_1=(V_1, E_1, \gamma_1)$ 和 $G_2=(V_2, E_2, \gamma_2)$ 是两个无向图，如果存在 V_1 到 V_2 的双射 f 和 E_1 到 E_2 的双射 g，满足对于任意的 $e \in E_1$，若 $\gamma_1(e)=\{u, v\}$，则 $\gamma_2(g(e))=\{f(u), f(v)\}$，则称 G_1 和 G_2 是**同构的**（**isomorphic**），并记之为 $G_1 \cong G_2$。

将定义叙述改为"满足对于任意的 $e \in E_1$，若 $\gamma_1(e)=(u, v)$，则 $\gamma_2(g(e))=(f(u), f(v))$"，则该定义也适用于有向图。

【例 8.16】　图 8.14 中(a)和(b)是同构的，点集之间的双射函数是 $f(v_1)=a$，$f(v_2)=b$，

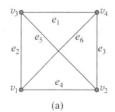

(a)

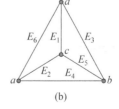

(b)

图 8.14　例 8.16 用图

$f(v_3)=c, f(v_4)=d$，边集之间的双射函数是 $g(e_i)=E_i$，$i=1, 2, \cdots, 6$。

易知，图之间的同构关系是一种等价关系。由于我们感兴趣的主要是图的结构和性质，因此在本书中不区别同构的图，即只考虑等价类中的代表元素，而不再标出图的全部顶点名称和边的名称。

【例 8.17】 图 8.16 中(a)、(b)、(c)、(d)和(e)是同构的，称作**彼得森图**（**Peterson graph**）。

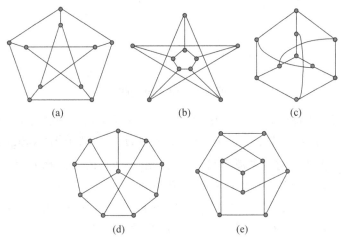

图 8.15 例 8.17 用图

【例 8.18】 画出所有不同构的具有 4 个顶点、3 条边的简单图。

解. 如图 8.16 所示。

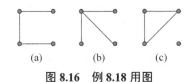

图 8.16 例 8.18 用图

目前尚没有一个有效的方法可以判定两个图是否同构，下面给出图同构的一些必要条件：

（a）同构的图顶点数相同。

（b）同构的图边数相同。

（c）同构的图顶点度数序列在不计次序的情况下相同。

但是同时满足这 3 个条件的两个图也可能不同构。

【例 8.19】 图 8.17 的(a)和(b)满足上述 3 个条件，但是彼此不同构。

图 8.17 例 8.19 用图

定义 8.19 假设 $G=(V, E)$ 是一个 n 阶简单图，令 $E'=\{\{u, v\}\mid u, v\in V, u\neq v, \{u, v\}\notin E\}$，则称 (V, E') 为 G 的**补图**（**complement graph**），记作 $\overline{G}=(V, E')$。若 G 与 $\overline{G}$ 同构，则称 G

是**自补图**（**self-complementary graph**）。

从直观上说，n 阶简单图 G 的补图就是完全图 K_n 去除 G 的边集后得到的图。

【例 8.20】 在图 8.18 中，(a)的补图是(b)。

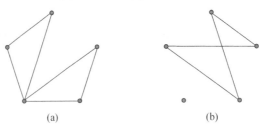

图 8.18　例 8.20 用图

定义 8.20 设 $G=(V_1, E_1, \gamma_1)$ 和 $H=(V_2, E_2, \gamma_2)$ 是两个图，若满足 $V_2 \subseteq V_1$、$E_2 \subseteq E_1$，及 $\gamma_2 = \gamma_1|_{E_2}$，即对于任意 $e \in E_2$，有 $\gamma_2(e)=\gamma_1(e)$，则称 H 是 G 的**子图**（**subgraph**）。当 $V_2=V_1$ 时，称 H 是 G 的**生成子图**或**支撑子图**；当 $E_2 \subset E_1$ 或 $V_2 \subset V_1$ 时，称 H 是 G 的**真子图**；当 $V_2=V_1$ 且 $E_2=E_1$ 或 $E_2=\varnothing$ 时，称 H 是 G 的**平凡子图**。

定义 8.21 设 $H=(V_2, E_2, \gamma_2)$ 是 $G=(V_1, E_1, \gamma_1)$ 的子图，若 $E_2=\{e|\gamma_1(e)=\{u, v\} \subseteq V_2\}$，即 E_2 包含了图 G 中 V_2 之间的所有边，则称 H 是 G 的**导出子图**。

【例 8.21】 在图 8.19 中，H_1 是 G 的子图，H_2 是 G 的导出子图，H_3 是 G 的支撑子图，H_4 不是 G 的子图。

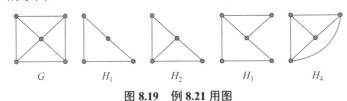

图 8.19　例 8.21 用图

下面介绍构造子图的几种常用方法。

定义 8.22 设 v 是图 G 的一个顶点，从 G 中删去顶点 v 及其关联的全部边以后得到的图称为 G 的**删点子图**，记为 $G-v$；显然它是 G 的导出子图。

【例 8.22】 图 8.20(a)为图 G，(b)为图 $G-v$。

定义 8.23 设 e 是图 G 的一条边，从 G 中删去边 e 之后得到的图称为 G 的**删边子图**，记为 $G-e$。显然它是 G 的支撑子图。

【例 8.23】 图 8.21(a)为图 G，(b)为图 $G-e$。

图 8.20　例 8.22 用图　　　　图 8.21　例 8.23 用图

8.1.3 道路、回路与连通性

定义 8.24 有向图 $G=(V, E, \gamma)$ 中的一条**道路**（**path**）π 是指一个点-边序列 $v_0, e_1, v_1,$ $e_2, \cdots, v_{k-1}, e_k, v_k$，满足对于所有 $i=1, \cdots, k$，$\gamma(e_i)=(v_{i-1}, v_i)$，称 π 是从 v_0 到 v_k 的道路。如果 $v_0=v_k$，则称 π 是**回路**（**circuit**）。v_0 称为道路 π 的起点，v_k 称为 π 的终点，k 称为 π 的长度。如果在道路/回路 π 中各边互异，则称 π 是**简单道路**（**simple path**）/**简单回路**（**simple circuit**）。如果在道路/回路 π 中，除 v_0 和 v_k 外，图中每个顶点至多出现一次，则称 π 是**初级道路**/**初级回路**；初级回路也称作**圈**（**cycle**）。

注：

（a）类似地可以定义无向图 $G=(V, E, \gamma)$ 中的道路 π 为点-边序列 $v_0, e_1, v_1, e_2, \cdots, v_{k-1}, e_k,$ v_k，满足对于所有 $i=1, \cdots, k$，$\gamma(e_i)= \{v_{i-1}, v_i\}$。继而可以定义无向图中的回路、道路端点、长度、简单道路/简单回路、初级道路/初级回路。

（b）对于简单图而言，由于每条边可以使用顶点对唯一表示，因此道路 $v_0, e_1, v_1, e_2, \cdots,$ v_{k-1}, e_k, v_k 也可以仅用顶点序列 $v_0, v_1, \cdots, v_k$ 表示。

【例 8.24】 在图 8.22 中，$v_3, e_2, v_2, e_1, v_4, e_5, v_4$ 是一条简单道路但不是初级道路，$v_3,$ e_2, v_2, e_1, v_4 是一条初级道路，v_3, e_3, v_4, e_4, v_3 是一条简单回路。

定理 8.5 假设简单图 G 中每个顶点的度数都大于 1，则 G 中存在回路。

证明. 假设 π：$v_0, v_1, \cdots, v_{k-1}, v_k$ 是图 G 中最长的一条初级道路，显然 v_0 和 v_k 都不会与不在道路 π 上的任何顶点相邻，否则将可以产生更长的一条道路。但是 $\deg(v_0)>1$，因此必定存在 π 上的顶点 v_i 与 v_0 相邻，于是产生了回路（如图 8.23 所示）。□

定义 8.25 假设 u 和 v 是无向图或有向图 G 中的两个顶点，如果 $u=v$ 或者图中存在从 u 到 v 的道路，则称 u 到 v 是**可达的**（**reachable**），否则称 u 到 v 是**不可达的**。

注：容易看出，可达性是无向图的顶点集上的一个等价关系。

【例 8.25】 在图 8.24 中，v_3 到 v_2 是可达的，v_2 到 v_3 是不可达的。

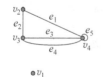

图 8.22 例 8.24 用图

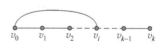

图 8.23 定理 8.5 用图

定义 8.26 假设 G 是无向图，如果图中任意两相异点之间都存在道路，则称 G 为**连通的**（**connected**）或**连通图**；否则称图 G 是**不连通的**（**disconnected**）。

注：定义 1 阶简单图也是连通图。

定义 8.27 假设无向图 G 的顶点集 V 在可达关系下的等价类为 $\{V_1, V_2, \cdots, V_k\}$，则 G 关于 V_i 的导出子图称作图 G 的一个**连通分支**（**connected component**），其中 $i=1, 2, \cdots, k$。

注：连通图是只有一个连通分支的无向图。

【例 8.26】 图 8.25 是有 3 个连通分支的非连通图。

定义 8.28 假设 $G=(V, E, \gamma)$ 是连通图，若 $e \in E$，且 $G-e$ 不连通，则称 e 是图 G 中一

条割边或桥（**bridge**）。

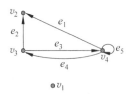

图 8.24　例 8.25 用图

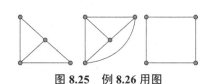

图 8.25　例 8.26 用图

【**例 8.27**】　图 8.26 中，e_1、e_2 都是桥，而 e_3、e_4、e_5 都不是桥。

注：图中每条悬挂边都是桥。

定理 8.6　连通图中边 e 是桥当且仅当 e 不属于图中任意一条回路。

对于有向图而言，连通性的情况要复杂些。

定义 8.29　假设 G 是有向图，如果忽略图中边的方向后得到的无向图是连通的，则称 G 为**连通的**或**有向连通图**；否则称图 G 是**不连通的**。

定义 8.30　假设 G 是有向连通图，如果对于图中任意两个顶点 u 和 v，u 到 v 和 v 到 u 都是可达的，则称 G 为**强连通的**（**strongly connected**）；如果对于图中任意两个顶点 u 和 v，u 到 v 和 v 到 u 至少之一是可达的，则称图 G 是**单向连通的**。

注：强连通图必是单向连通图，单向连通图必是有向连通图。但是这两个命题反过来并不成立。

定义 8.31　假设 G 是有向图，如果图中不存在有向回路，则称 G 为**有向无环图**（**Directed Acyclic Graph**），简记作 **DAG**。

【**例 8.28**】　图 8.27 中的(a)是强连通的，(b)是单向连通的但不是强连通的，(c)是有向连通的但不是单向连通的；(a)和(b)都不是 DAG，(c)是 DAG。

图 8.26　例 8.27 用图

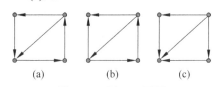

图 8.27　例 8.28 用图

8.1.4　图的矩阵表示

图用图形表示的优点是直观形象，但是当顶点数和边数的值比较大时，这种方法不是很方便。图论中的图主要研究的是顶点集以及顶点之间是否具有某种关系，因此可以仿照之前的关系矩阵，用矩阵形式来表示图，以便于用代数方法研究图的性质，也便于计算机处理。

定义 8.32　设 G 是有向图，顶点集为 $V=\{v_1, v_2, \cdots, v_n\}$。构造矩阵 $A=(a_{ij})_{n \times n}$，其中：

$$a_{ij} = \begin{cases} m, & \text{若存在} m \text{条} v_i \text{到} v_j \text{的有向边} \\ 0, & \text{若不存在} v_i \text{到} v_j \text{的有向边} \end{cases}$$

则称 A 是有向图 G 的**邻接矩阵**（**adjacent matrix**）。

有向图 G 的邻接矩阵 A 具有如下性质：

（a）A 中第 i 行元素之和为顶点 v_i 的出度，即 $\sum_{j=1}^{n} a_{ij} = \deg^+(v_i)$。

（b）A 中第 i 列元素之和为顶点 v_i 的入度，即 $\sum_{j=1}^{n} a_{ij} = \deg^-(v_i)$。

（c）A 在普通乘法意义下的 k 次幂 A^k 的第 i 行第 j 列元素值为 G 中从 v_i 到 v_j 的长度为 k 的不同道路数目。

对于无向图也可以类似地定义邻接矩阵。

定义 8.33　设 G 是无向图，顶点集为 $V=\{v_1, v_2, \cdots, v_n\}$。构造矩阵 $A=(a_{ij})_{n \times n}$，其中：

$$a_{ij} = \begin{cases} m, & \text{若存在} m \text{条以} v_i \text{到} v_j \text{为两端的边} \\ 0, & \text{若} v_i \text{到} v_j \text{不相邻} \end{cases}$$

则称 A 是无向图 G 的**邻接矩阵**。

无向图 G 的邻接矩阵 A 具有如下性质：

（a）A 是对称矩阵。

（b）A 中第 i 行元素之和等于第 i 列元素之和，为顶点 v_i 的度数，即 $\sum_{j=1}^{n} a_{ij} = \sum_{j=1}^{n} a_{ji} = \deg(v_i)$。

（c）A 在普通乘法意义下的 k 次幂 A^k 的第 i 行第 j 列元素值为 G 中从 v_i 到 v_j 的长度为 k 的不同道路数目。

【例 8.29】　图 8.28 的邻接矩阵是 $A = \begin{pmatrix} 0 & 0 & 0 & 0 \\ 0 & 0 & 0 & 0 \\ 0 & 1 & 0 & 1 \\ 0 & 1 & 1 & 1 \end{pmatrix}$，$A^3 = \begin{pmatrix} 0 & 0 & 0 & 0 \\ 0 & 0 & 0 & 0 \\ 0 & 2 & 1 & 2 \\ 0 & 3 & 2 & 3 \end{pmatrix}$ 中 $a_{42}=3$ 表

明从 v_4 到 v_2 有 3 条长度为 3 的不同道路：

$$v_4, e_5, v_4, e_4, v_3, e_2, v_2$$
$$v_4, e_5, v_4, e_5, v_4, e_1, v_2$$
$$v_4, e_4, v_3, e_3, v_4, e_1, v_2$$

【例 8.30】　图 8.29 的邻接矩阵是 $A = \begin{pmatrix} 0 & 0 & 0 & 0 \\ 0 & 0 & 1 & 1 \\ 0 & 1 & 0 & 2 \\ 0 & 1 & 2 & 1 \end{pmatrix}$，$A^3 = \begin{pmatrix} 0 & 0 & 0 & 0 \\ 0 & 5 & 8 & 9 \\ 0 & 8 & 8 & 15 \\ 0 & 9 & 15 & 15 \end{pmatrix}$ 中 $a_{22}=5$

表明从 v_2 到 v_2 有 5 条长度为 3 的不同回路：

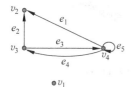

图 8.28　例 8.29 用图　　　　　　　　　　图 8.29　例 8.30 用图

$$v_2, e_2, v_3, e_3, v_4, e_1, v_2$$
$$v_2, e_2, v_3, e_4, v_4, e_1, v_2$$
$$v_2, e_1, v_4, e_3, v_3, e_2, v_2$$
$$v_2, e_1, v_4, e_4, v_3, e_2, v_2$$
$$v_2, e_1, v_4, e_5, v_4, e_1, v_2$$

对于二部图 $G=(X, Y, E)$，还可以采用矩阵形式来表示。例如图 8.30(a)的矩阵形式就是图 8.30(b)。

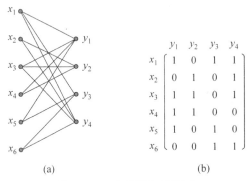

图 8.30　二部图的矩阵形式

8.2　欧　拉　图

18 世纪时，普列戈利亚（Pregel）河流经东普鲁士的哥尼斯堡（Königsberg，今名加里宁格勒，属俄罗斯），将该市陆地分成了 4 个部分：两岸及两个河心岛。陆地间共有 7 座桥相通（如图 8.31 所示）。当时的居民一直在议论一个话题：能否从任何一块陆地出发，通过每座桥一次且仅一次，最后又返回出发点？

欧拉在 1736 年解决了这一问题，发表了图论史上第一篇重要文献，标志着图论的开端。

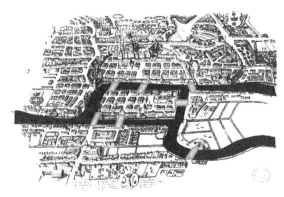

图 8.31　哥尼斯堡七桥(图片来源：维基百科)

欧拉注意到行人在同一块陆地内部如何行走与问题无关，因此他用顶点 a、b、c、d

分别表示 4 块陆地，用边来表示连接陆地的桥。这样，他就将这个实际问题转化为在图 8.32 所示的图中寻找包括每条边一次且仅一次的回路。本节即介绍解决这一问题的相关概念和方法。

定义 8.34 通过图 G 中每条边一次且仅一次的道路称作该图的一条**欧拉道路**（**Eulerian path**）；通过图 G 中每条边一次且仅一次的回路称作该图的一条**欧拉回路**（**Eulerian circuit**）；存在欧拉回路的图称为**欧拉图**（**Eulerian graph**）。

注：欧拉道路是经过所有边的简单道路，欧拉回路是经过所有边的简单回路。

【例 8.31】 图 8.33 中的(a)存在欧拉回路，(b)不存在欧拉回路但是存在欧拉道路，(c)不存在欧拉道路。

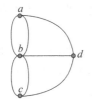

图 8.32 哥尼斯堡七桥的抽象图

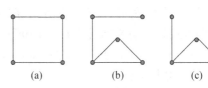

图 8.33 例 8.31 用图

欧拉在 1736 年给出了欧拉道路/回路存在的必要条件；1873 年，希尔霍尔策（Carl Hierholzer）首次给出了刻画欧拉图的充要条件。

定理 8.7 无向图 G 是欧拉图当且仅当 G 是连通的而且所有顶点都是偶数度。

证明.（必要性）假设无向图 G 是欧拉图，即图中存在欧拉回路，则沿着该回路朝一个方向前进时，经一条边进入某顶点后必定经由另一条边离开，因此每个顶点都和偶数条边关联，即各顶点的度都是偶数。

（充分性）设连通图 G 的顶点都是偶数度，采用构造法证明欧拉回路的存在性。从任意点 v_0 出发，构造 G 的一条简单回路 C：由于各顶点的度均是偶数，因此不可能停留在某点 $v_i \neq v_0$ 上而不能继续向前构造，因此最终一定能够回到 v_0，构成简单回路 C（如图 8.34(a)加粗边所示）。

若 C 包含了 G 中的所有边，它即是 G 的欧拉回路。否则，从 G 中删去 C 的各边及孤立顶点（如果存在），得到 G_1，显然 G_1 中各顶点的度仍然是偶数。由于原图是连通的，G_1 和原图的其他部分必然有公共顶点 u。从这一点出发，在原图的剩余部分中重复上述步骤得到回路 C'（如图 8.34(b)加粗边所示）。将 C 和 C' 连接起来得到包含边数比原来更多的 G 的一条简单回路（如图 8.34(c)加粗边所示）。不断重复上述构造过程，最终可以构造出包含图 G 所有边的回路，即 G 的一条欧拉回路。 □

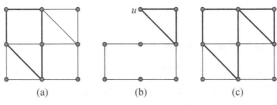

图 8.34 定理 8.7 用图

定理 8.8　无向图 G 存在欧拉道路当且仅当 G 是连通的而且 G 中奇数度顶点不超过两个。

证明.（必要性）设连通图 G 含有一条欧拉道路 L，则在 L 中除起点与终点外，其余每个顶点都与偶数条边相关联，因此，G 中最多有两个奇数度的顶点。

（充分性）若 G 没有奇数度顶点，则由定理 8.7，G 存在欧拉回路，其就是一条欧拉道路。

若 G 有两个奇数度顶点 u 和 v，则在图 G 中添加边 uv 得到 G'，由定理 8.7，G' 存在欧拉回路 C。从 C 中去掉边 uv，则得到一条简单道路 L，其两个端点是 u 和 v，并且包含了 G 的全部边，即 L 是 G 的一条欧拉道路。　　　　　　　□

由定理 8.8 知道，图 8.32 所示图的 4 个顶点都是奇数度顶点，因此不存在欧拉道路，所以哥尼斯堡七桥问题不存在满足要求的路线。

【**例 8.32**】　图 8.35 中的(a)、(b)所有顶点都是偶数度，因此它们都是欧拉图；(c)中有两个奇数度顶点，因此不存在欧拉回路，但是存在欧拉道路；(d)中有 8 个奇数度顶点，因此不存在欧拉道路。

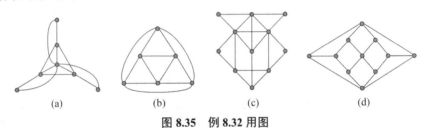

(a)　　　　　　　(b)　　　　　　　(c)　　　　　　　(d)

图 8.35　例 8.32 用图

前面讨论了欧拉道路存在性的判定问题，下面介绍弗勒里（Fleury）于 1883 年提出的在存在欧拉道路/回路的无向图中构造该道路/回路的算法：

弗勒里算法 Fleury (G)

输入：至多有两个奇数度顶点的图 $G=(V, E, \gamma)$

输出：以序列形式呈现的欧拉回路/道路 π

1　　选择图中一个奇数度顶点 $v \in V$，如果图中不存在奇数度顶点，则任意选取一个顶点 v，道路序列 $\pi \leftarrow v$

2　　如果 $|E| \neq 0$，则

2.1　　　　如果与 v 关联的边多于一条，则任选其中不是桥的一条边 e；否则选择桥 e

2.2　　　　假设 e 的两个端点是 v 和 u，$\pi \leftarrow \pi \circ e \circ u$，$v \leftarrow u$

2.3 ·　　　删除边 e 及孤立顶点（如果存在）

2.4　　　　返回步骤 2

3　　输出序列 π

表 8.1 给出了弗勒里算法的一个实例。

定理 8.9　假设连通图 G 中有 k 个度为奇数的顶点，则 G 的边集可以划分成 $k/2$ 条简单道路，而不可能分解为 $k/2-1$ 或更少条简单道路。

表 8.1　弗勒里算法实例

选择的边 e	顶点 v	当前的道路 π	G
	v_1	v_1	
e_1	v_2	v_1, e_1, v_2	
e_2	v_3	v_1, e_1, v_2, e_2, v_3	
e_4	v_4	$v_1, e_1, v_2, e_2, v_3, e_4, v_4$（注意此时不能选择桥 e_3）	
e_5	v_5	$v_1, e_1, v_2, e_2, v_3, e_4, v_4, e_5, v_5$	
e_6	v_3	$v_1, e_1, v_2, e_2, v_3, e_4, v_4, e_5, v_5, e_6, v_3$	
e_3	v_1	$v_1, e_1, v_2, e_2, v_3, e_4, v_4, e_5, v_5, e_6, v_3, e_3, v_1$	

证明. 由握手定理知 k 必定是偶数。将这 k 个顶点两两配对后增添互不相邻的 $k/2$ 条边，得到一个无奇数度顶点的连通图 G'。由定理 8.7，图 G' 中存在欧拉回路 C。在 C 中删去增添的这 $k/2$ 条边，便得到了 $k/2$ 条简单道路，它们包含了原图 G 中的所有边。

假设图 G 的边集可以分为 q 条简单道路，则在图 G 中添加 q 条边可以得到欧拉图 G'。因此图中所有顶点都是偶数度，而每添加一条边最多可以将两个奇度点变为偶度点，即有 $2q \geqslant k$。　　　$\square$

【例 8.33】　图 8.36(a)所示的图中有 8 个奇数度顶点，因此可以将它的边集分解为 4 条简单道路，如图 8.36(b)所示。

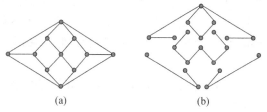

(a)　　　　　　(b)

图 8.36　例 8.33 用图

无向图的欧拉道路问题及其有关结果很容易推广到有向图中。

定理 8.10　有向图 G 中存在欧拉回路当且仅当 G 是连通的，而且 G 中每个顶点的入度都等于出度。有向图 G 中存在欧拉道路但不存在欧拉回路当且仅当 G 是连通的，除两个顶点外，其余每个顶点的入度都等于出度，而且这两个顶点中一个顶点的入度比出度大 1，另一顶点的入度比出度小 1。

此定理的证明与定理 8.7、定理 8.8 的证明类似。

【例 8.34】　图 8.37 中，(a)存在欧拉回路；(b)不存在欧拉回路，但是存在欧拉道路；(c)不存在欧拉道路。

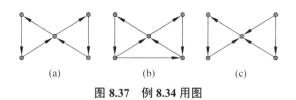

图 8.37　例 8.34 用图

8.3　哈密顿图

1857 年爱尔兰数学家哈密顿（William Rowan Hamilton，1805—1865）发明了"周游世界"玩具：用一个正十二面体的 20 个顶点代表世界上 20 个大城市，30 条棱表示这些城市之间的交通线路（如图 8.38(a)所示）。要求游戏者从任意一个城市（即顶点）出发，沿棱行走经过每个城市一次且只经过一次，最终返回出发地。

后来由于立体的玩具不太好用，又诞生了它的木板状的版本（如图 8.38(b)所示）。

问题的实质是：在图 8.38(b)所示的连通图中，是否存在包含所有顶点的初级回路？这个问题的解（之一）由图 8.38(c)给出。更重要的是，由此引出了哈密顿道路和哈密顿回路的概念。

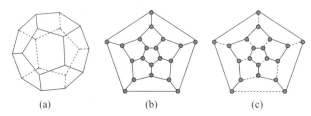

图 8.38　"周游世界"玩具

定义 8.35　通过图 G 中每个顶点一次且仅一次的道路称作该图的一条**哈密顿道路**（**Hamiltonian path**）；通过图 G 中每个顶点一次且仅一次的回路称作该图的一条**哈密顿回路**（**Hamiltonian circuit**）；存在哈密顿回路的图称为**哈密顿图**（**Hamiltonian graph**）。

注：

（a）由定义可以看出，图 G 中是否存在自环和重边不影响哈密顿道路/回路的存在性，因此之后只须考虑简单图的情况。

（b）哈密顿图中一定不存在悬挂边。

（c）存在哈密顿道路的图中不存在孤立顶点。

【例 8.35】　图 8.39 中，(a)存在哈密顿回路；(b)不存在哈密顿回路，但是存在哈密顿道路；(c)不存在哈密顿道路。

【例 8.36】　图 8.40(a)中没有哈密顿回路。

解. 将图中顶点分为两类（在图 8.40(b)中分别用实心顶点和空心顶点表示），如果图中存在哈密顿回路，它一定是两种顶点交错出现的初级回路。但图中实心顶点有 7 个，空心顶点有 9 个，无法组成满足要求的初级回路。因此 G 中没有哈密顿回路。

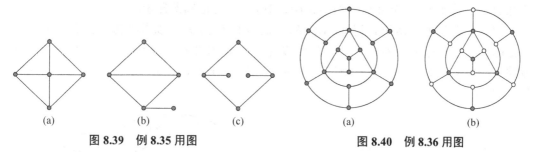

图 8.39 例 8.35 用图　　　　　图 8.40 例 8.36 用图

【例 8.37】 有 7 位科学家参加一个会议，已知 A 只会讲英语，B 会讲英语和汉语，C 可以讲英语、意大利语和俄语，D 会日语和汉语，E 会德语和意大利语，F 会讲法语、日语和俄语，G 可以讲德语和法语。可否安排他们在一个圆桌围坐，使得相邻的科学家都可以使用相同的语言交流。

解. 用顶点表示科学家，如果两位科学家有共同语言则在代表他们的顶点之间连一条边，可以形成如图 8.41(a)所示的图。一个满足要求的排座位方案即是图中的一个哈密顿回路（如图 8.41(b)加粗边所示）。

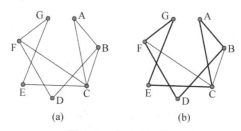

图 8.41 例 8.37 用图

尽管欧拉图问题与哈密顿图问题类似，但是后者却要困难得多（NPC 问题），至今尚未找到一个简单的充分必要条件去判定一个图是否哈密顿图。哈密顿图的刻画一直是图论中的重要课题之一，本节将介绍几个基本结果。

定理 8.11 设 $G=(V, E)$ 是 n（$n \geq 2$）阶简单图，如果 G 中任一对顶点 u 和 v 都满足 $\deg(u)+\deg(v) \geq n-1$，则 G 中存在哈密顿道路。

证明. $n=2$ 时易验证定理成立，下面假设 $n \geq 3$。

首先证明 G 是连通图。否则，图 G 至少有两个连通分支 $G_1=(V_1, E_1)$ 和 $G_2=(V_2, E_2)$，任取 $v_1 \in V_1$，$v_2 \in V_2$，得 $\deg(v_1)+\deg(v_2) \leq |V_1|-1+|V_2|-1=n-2$，与条件矛盾。

接下来，采用构造法证明图 G 存在哈密顿道路。假设 π：$v_1, v_2, \cdots, v_{k-1}, v_k$ 是图 G 中最长的一条初级道路（易知 $k \geq 3$），显然 v_1 和 v_k 都不会与不在道路 π 上的任何顶点相邻，否则将可以产生更长的一条道路。

若 $k=n$，则该初级道路经过了 G 的全部顶点，即是 G 中的一条哈密顿道路。

若 $k<n$，下面证明因此必定存在比 π 更长的初级回路，由而导致矛盾。

首先证明必定存在 $1<i \leq k$ 使得 $\{v_1, v_i\} \in E$，$\{v_{i-1}, v_k\} \in E$（如图 8.42 所示）。

如若不然，假设与 v_1 相邻的顶点为 v_{i_1}，v_{i_2}，$\cdots$，v_{i_l}，则 v_k 必定与 v_{i_1-1}，v_{i_2-1}，$\cdots$，v_{i_l-1}

不相邻，于是 $\deg(v_1)+\deg(v_k)\leqslant t+(k-1-t)=k-1<n-1$，与已知条件矛盾。

因此必定存在 $1<i\leqslant k$ 使得 $\{v_1,v_i\}\in E$，$\{v_{i-1},v_k\}\in E$，于是可以得到初级回路 $v_1,v_2,\cdots,v_{i-1},v_k,v_{k-1},\cdots,v_i,v_1$（如图 8.43 中加粗边所示），即 G 中存在仅经过这 k 个顶点的初级回路 C。不妨对 C 上的顶点重新编号，使得回路 C 的形式为 $v_1,v_2,\cdots,v_{k-1},v_k,v_1$（如图 8.44(a)所示）。

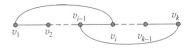

图 8.42　定理 8.11 用图 1

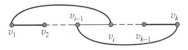

图 8.43　定理 8.11 用图 2

然后证明存在比 π 更长的初级道路，因而导致矛盾。

因为 G 是连通图且 $k<n$，所以一定存在 C 之外的顶点与 C 中某点相邻，不妨假设顶点 u 与 v_j 相邻，于是可以得到长度为 $k+1$ 的初级道路 $v_{j+1},v_{j+2},\cdots,v_k,v_1,v_2,\cdots,v_j,u$（如图 8.44(b)中加粗边所示）。　□

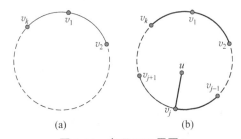

(a)　　　　　　　(b)

图 8.44　定理 8.11 用图 3

定理 8.12　设 $G=(V,E)$ 是 n（$n\geqslant 3$）阶简单图，如果 G 中任一对顶点 u 和 v 都满足 $\deg(u)+\deg(v)\geqslant n$，则 G 是哈密顿图。

证明.　由定理 8.11，G 中存在哈密顿道路：$v_1,v_2,\cdots,v_{n-1},v_n$（必要时对顶点重新编号）。类似于定理 8.11 的证明过程，可得到必定存在 $1<i\leqslant n$ 使得 $\{v_1,v_i\}\in E$，$\{v_{i-1},v_n\}\in E$，并由此可以构造一条哈密顿回路。　□

推论 1　设 $G=(V,E)$ 是 n（$n\geqslant 3$）阶简单图，如果 G 中任一顶点的次数都至少是 $n/2$，则 G 是哈密顿图。

【例 8.38】　当 $n>2$ 时，完全图 K_n 是哈密顿图。

推论 2　设 G 是一个 (n,m) 简单图，若 $m\geqslant(n^2-3n+6)/2$，则 G 是哈密顿图。

证明.　如果图中存在两个顶点 u,v，使得 $\deg(u)+\deg(v)<n$，则在图 G 中删去这两个点，构成 $n-2$ 阶简单图 G'。G' 中的边数为 $m'\geqslant m-(\deg(u)+\deg(v))>(n^2-3n+6)/2-n=(n-2)(n-3)/2$，与 G' 是简单图矛盾。

因此，G 中任一对顶点 u 和 v 都满足 $\deg(u)+\deg(v)\geqslant n$，由定理 8.12，$G$ 是哈密顿图。　□

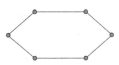

图 8.45　哈密顿图

注意，上述结果都是充分条件，不满足这些条件的图也可能是哈密顿图，例如图 8.45 所示的图显然是哈密顿图，但是它每个顶点的度数都是 2，不满足定理 8.12 的条件。

【例 8.39】 假设在 n（$n \geqslant 4$）个人中，任意两人合在一起能认识其余的 $n-2$ 个人，则他们可以围成一圈，使相邻者相识。

证明. 以每个人为一个顶点，相识者之间加边，便构成一个图 G。问题转化为证明图 G 是哈密顿图。由题意可知对于任意两顶点 u、v，有 $\deg(u)+\deg(v) \geqslant n-2$。

若 u、v 代表的两人相识，则 $\deg(u)+\deg(v) \geqslant n-2+1+1 = n$。

若 u、v 代表的两人不相识，他们两人合在一起能认识其余的 $n-2$ 个人。假设存在顶点 w 与 u 相邻，则必然有 w 与 v 相邻，否则 u、w 代表的两人合在一起仍然不认识 v 代表的人。同理，若存在顶点 w 与 v 相邻，则必然有 w 与 u 相邻。这说明 u、v 代表的两人都认识其余的全部 $n-2$ 个人，于是 $\deg(u)+\deg(v) = n-2+n-2 \geqslant n$。

由定理 8.12 可知图中存在哈密顿回路，即所有人可以围成一圈，使相邻者相识。□

下面介绍一个与哈密顿道路/回路相关的有趣问题——骑士巡游（**Knight's tour**）：在 8×8 的国际象棋盘的某一位置上放置一个棋子马（亦称骑士），然后采用国际象棋中"马走日字"的规则前进，要求经过棋盘上每个小格子一次且仅一次。根据是否要求棋子马最终回到出发点，又可以把骑士巡游问题分为骑士巡游道路问题和骑士巡游回路问题。例如图 8.46(a)是一个骑士巡游道路，图 8.46(b)是一个骑士巡游回路。

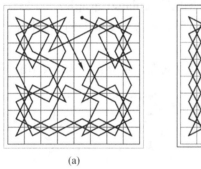

(a)   (b)

图 8.46 骑士巡游道路和骑士巡游回路

而后人们又把骑士巡游问题推广到一般的 $m \times n$（$m \leqslant n$）棋盘上，施文克（Schwenk）证明，除了以下 3 种情况外，$m \times n$（$m \leqslant n$）棋盘上都存在骑士巡游回路：

（1）m 和 n 都是奇数而且 $n \neq 1$。

（2）$m = 1, 2, 4$。

（3）$m = 3$ 而且 $n = 4, 6, 8$。

虽然骑士巡游回路的存在性已经得到了证明，但它的构造算法仍是一个活跃的课题。

另一个与哈密顿回路相关的问题是**旅行商问题**（**Traveling Saleman Problem，TSP**），又称作**旅行推销员问题、货郎担问题**。问题的描述是：有一个推销员，要到 n 个城市推销商品，这 n 个城市两两之间的距离是已知的，他希望找到一条最短的路线，走遍所有的城市，最后再回到他出发的城市。使用图论的语言描述就是：给定一个权值都为正数的赋权完全图，求各边权值和最小的哈密顿回路。

【例 8.40】 图 8.47 所示图中的一条各边权值和最小哈密顿回路是 $v_1, v_2, v_5, v_4, v_3, v_1$，权值和为 135。

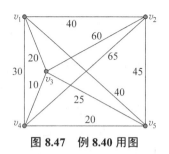

图 8.47　例 8.40 用图

旅行商问题在现实生活中有很多的应用领域，如规划最合理高效的道路交通，以减少拥堵；更好地规划物流，以减少运营成本；在互联网环境中更好地设置节点，以利于信息流动等。但是旅行商问题也是一个著名的难题（NPC 问题），至今尚没有有效的解决方法，因此为之设计高效的近似算法始终是最优化领域和算法领域的研究热点。

8.4　平　面　图

定义 8.36　如果可以将无向图 G 画在平面上，使得除端点处外，各边彼此不相交，则称 G 是**具有平面性的图**，或简称为**平面图（planar graph）**，否则称 G 是**非平面图**。

注：容易看出，图 G 中是否存在自环和重边不影响图的平面性。因此之后只须考虑简单图的情况。

【例 8.41】　图 8.48 中(a)和(b)都是平面图，可分别画为(c)和(d)的形式。

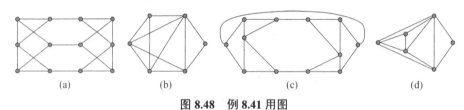

(a)　　　　(b)　　　　(c)　　　　(d)

图 8.48　例 8.41 用图

【例 8.42】　图 8.49 中(a)和(b)都是非平面图，无论怎么画，都会有一条边与其他边相交，例如(c)和(d)（有关这一结论更严格的证明将在定理 8.16 给出）。

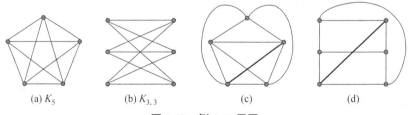

(a) K_5　　　(b) $K_{3,3}$　　　(c)　　　(d)

图 8.49　例 8.42 用图

定义 8.37　设图 G 可以画在平面上且满足无边相交，G 的边将平面划分为若干个封闭区域，则称之为 G 的**面（face）**，包围面的边称为该面的**边界（boundary）**，面的边界中的边数称为面的**次数（degree）**（桥在计次数时算作两条边）。

注：若一条边不是桥，它必是两个面的公共边界；桥只能是一个面的边界。两个以

一条边为公共边界的面称为**相邻的面**。

【例 8.43】 图 8.50(a)中有 5 个顶点、6 条边、3 个面，其中 f_1、f_2 称为内部面，f_3 称为外部面，f_1 的次数为 1，f_2 的次数为 6，f_3 的次数为 5。图 8.50(b)中有 3 个顶点、6 条边、5 个面，其中 f_1 的次数为 1，f_2 的次数为 3，f_3 的次数为 2，f_4 的次数为 2，f_5 的次数为 4。

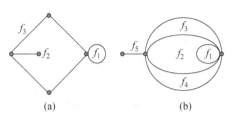

图 8.50 例 8.43 用图

连通平面图 G 的顶点数 n、边数 m 和面数 f 具有如下数值特点。

定理 8.13 平面图 G 的所有面的次数之和等于边数的两倍。

定理 8.14 （**欧拉公式**）设 G 是一个面数为 f 的(n, m)-连通平面图，则

$$n-m+f=2$$

证明. 对图的边数 m 作归纳：

（1）$m=0$ 时，由于 G 是连通图，因此 G 只包含一个孤立顶点，只有一个外部面。于是

$$n-m+f=1-0+1=2$$

（2）假设 $m=k$ 时欧拉公式成立。对于 $m=k+1$ 情形，分两种情况讨论：

① 图中存在悬挂点（如图 8.51(a)中的 v），则删去与之相连的悬挂边后，边数和点数都减少 1 而面数不变，因此 $n-m+f$ 的值不发生变化。

② 图中不存在悬挂点，则每个顶点的度数都大于 1，由定理 8.5，图中存在回路 C，C 上任一边都一定是两个面的公共边界（如图 8.51(b)中的 e），删去此边后这两个面合并为一个面，因此顶点数不变，边数减少 1，面数也减少 1，于是 $n-m+f$ 的值也不发生变化。 □

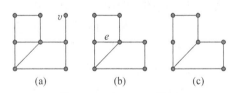

图 8.51 定理 8.14 用图

推论 设 G 是一个面数为 f 的(n, m)-平面图，且有 l 个连通分支，则 $n-m+f=l+1$。

证明. 假设这 l 个分支是 $G_1, G_2, \cdots, G_l$，并设 G_i 的顶点数、边数和面数分别是 n_i、m_i 和 f_i，显然有 $\displaystyle\sum_{i=1}^{l} n_i = n$ 和 $\displaystyle\sum_{i=1}^{l} m_i = m$，此外由于外部面是各个连通分支共用的，因此 $\displaystyle\sum_{i=1}^{l} f_i = f + l - 1$。

由于每个 G_i 都是平面连通图，因此由欧拉公式有 $n_i-m_i+f_i=2$，于是有

$$n-m+f = \sum_{i=1}^{l} n_i - \sum_{i=1}^{l} m_i + \sum_{i=1}^{l} f_i + 1 - l = \sum_{i=1}^{l}(n_i - m_i + f_i) + 1 - l = 2l + 1 - l = l + 1 \qquad \square$$

定理 8.15 设 G 是一个面数为 f 的(n, m)-连通简单平面图，$n \geq 3$，每个面的次数至少是 l，则 $m \leq \dfrac{l}{l-2}(n-2)$。

证明： 由定理 8.13 有 $l \cdot f \leq 2m$。代入欧拉公式可得：$2 = n - m + f \leq n - m + \dfrac{2}{l}m$，整理即得 $m \leq \dfrac{l}{l-2}(n-2)$。 $\qquad \square$

推论 1 设 G 是一个面数为 f 的(n, m)-连通简单平面图且 $n \geq 3$，则 $m \leq 3n-6$。

证明. 由于 G 是简单图，而且 $n \geq 3$，因此每个面的次数至少为 3，代入定理 8.15 中的公式即得。 $\qquad \square$

推论 2 设 G 是一个面数为 f 的(n, m)-连通简单平面图，$n \geq 3$ 且每个面的次数至少是 4，则 $m \leq 2n-4$。

推论 3 在任何简单连通平面图中，至少存在一个度数不超过 5 的顶点。

证明. 若全部顶点的度数均大于 5，则由握手定理有 $6n \leq 2m$，即 $3n \leq m$。再由推论 1 得到 $3n \leq 3n-6$，产生矛盾。 $\qquad \square$

利用定理 8.15 及其推论可以判定某些图是非平面图。

定理 8.16 K_5 和 $K_{3,3}$ 都是非平面图。

证明.

（a）假设简单图 K_5 是平面图，则由推论 1 应有 $10 = m \leq 3n-6 = 3 \times 5 - 6 = 9$，产生矛盾，因此 K_5 不是平面图。

（b）假设二部图 $K_{3,3}$ 是平面图，其中最短的回路长度为 4，因此每个面的次数至少是 4，由推论 2 应有 $9 = m \leq 2n-4 = 2 \times 6 - 4 = 8$，产生矛盾。 $\qquad \square$

注意，定理 8.15 及其推论只是图可平面性的必要条件，而非充分条件；换言之，即使满足定理 8.15 的图也可能是非平面图，例如，图 8.52 中每个面的次数至少为 3，点数 $n=7$，边数 $m=11$，$11 \leq 3 \times 7 - 6 = 15$，满足定理 8.15 推论 1 的条件。但是该图只是在 $K_{3,3}$ 基础上增加一个度数为 2 的点和两条边，并不是平面图。

因此上述方法只可用来判别某个图是非平面图，而不能用来断定一个图是平面图。

波兰数学家库拉托夫斯基（Kuratowski，1896—1980）建立了一个定理，定性地说明了平面图的本质，可用以判断任何一个图是否是平面图。

定义 8.38 假设 $G=(V, E, \gamma)$ 是无向图，$e \in E$，顶点 u 和 v 是边 e 的两端，e 的**细分**（**subdivision**）是指在 G 中增加一个顶点 w，删去边 e，再增加以 u 和 w 为端点的边 e_1 及以 w 和 v 为端点的边 e_2。

从直观上看，e 的细分就是在边的中间增加一个 2 度的顶点 w，即如图 8.53 所示。

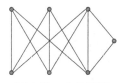

图 8.52 非平面图

图 8.53 边的细分

定义 8.39 假设 G 是无向图，G 的一个**细分**是指对 G 的边做零次或多次细分后得到的图。

【例 8.44】 图 8.54 中的(b)和(c)都是(a)的细分。

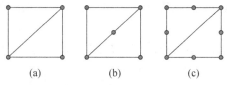

图 8.54 例 8.44 用图

定理 8.17 （**库拉托夫斯基定理**）一个无向图是平面图当且仅当它不包含与 K_5 或 $K_{3,3}$ 的细分同构的子图。

【例 8.45】 彼得森图不是平面图。

证明. 采用如图 8.55(a)所示的形式，图 8.55(b)是(a)的一个子图，其是图 8.55(c)的细分，而(c)即是二部图 $K_{3,3}$，其中实心顶点和空心顶点标明了两个互补顶点子集。

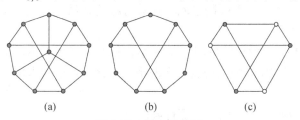

图 8.55 例 8.45 用图

【例 8.46】 证明图 8.56(a)和(b)所示两图都不是平面图。

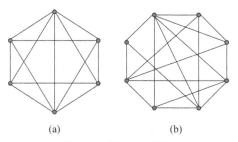

图 8.56 例 8.46 用图 1

证明.

（a）删除图 8.57(a)所示的虚线边，得到如图 8.57(b)所示的子图，其就是 K_5 的一个细分（如图 8.57(c)所示）。

（b）采用两种方法证明。

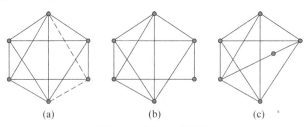

图 8.57　例 8.46 用图 2

方法 1：删除图 8.58(a)中画成虚线的边和空心顶点，得到如图 8.58(b)所示的子图，其同构于 $K_{3,3}$。

方法 2：删除图 8.58(c)所示的虚线边，得到 K_5 的细分（如图 8.58(d)所示）。

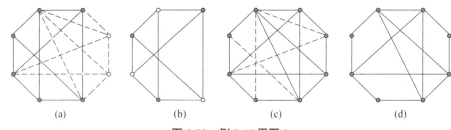

图 8.58　例 8.46 用图 3

此外，在可平面图和哈密顿图之间存在着有趣的联系，可以用于判定一个给定的哈密顿图是否是可平面图。

算法的基本思想是：如果简单图 G 既是哈密顿图又是平面图，那么在 G 画为平面图后，G 的不在哈密顿回路 C 中的边将落在两个集合之一：C 的内部（interior）或 C 的外部（exterior）。

具体而言，简单哈密顿图的可平面性判断算法如下：

哈密顿图的可平面性判断算法 QHPlanar (G)

输入：(n, m)-简单哈密顿图 G

输出：G 是否可平面化的判断

1　将图 G 的哈密顿回路 C 画在平面上形成一个环，使得 C 将整个平面划分成内部区域及外部区域

2　设 G 的不在 C 中的边为 e_1，e_2，$\cdots$，e_{m-n}，在新的图 G' 中构造顶点 e_1，e_2，$\cdots$，e_{m-n}

3　若边 e_i 和 e_j 在 G 的新画法中是必须交叉的，即它们二者无法同时画在 C 的内部或外部，则在图 G' 的顶点 e_i 和 e_j 之间连一条边

4　若 G' 是二部图则返回判断结果"是"，否则返回"否"

【例 8.47】　图 8.59(a)、(b)、(c)都是哈密顿图，按照上述算法得到(d)、(e)、(f)。其中只有(d)是二部图，所以(a)是平面图，而(b)、(c)两图都不是平面图。

另一个与平面图相关的重要概念即是对偶图。

定义 8.40　设 G 是一个平面图，满足下列条件的图 G^* 称为 G 的对偶图（**dual graph**）：

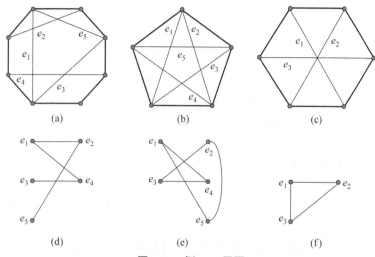

图 8.59 例 8.47 用图

（1）G 的面 f 与 G^* 中的顶点 v^* 一一对应。

（2）若 G 中的面 f_i 和 f_j 邻接于共同边界 e，则在 G^* 中有与 e 一一对应的边 e^*，其以 f_i 和 f_j 所对应的点 v_i^* 与 v_j^* 为两个端点。

（3）若割边 e 处于 f 内，则在 G^* 中 f 所对应的点 v 有一个自环 e^* 与 e 一一对应。

下面通过一个例子来说明对偶图的画法：假设平面图 G 如图 8.60(a)所示。

（1）在图 G 中的每个面内画一个顶点（图 8.60(b)中的空心顶点）。

（2）在这些新的顶点之间添加边（图 8.60(b)中的虚线），每条新的边恰与 G 中的一条边相交一次。

所得的新图（包括空心顶点和虚线边）即为 G 的对偶图 G^*（整理后如图 8.60(c)所示）。

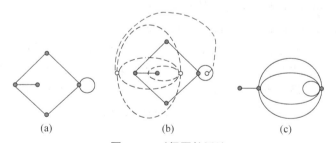

图 8.60 对偶图的画法

从这个例子中可以看出，平面图 G 的对偶图 G^* 也是平面图，而且是连通的。G 的自环和 G^* 的桥之间以及 G 的桥和 G^* 的自环之间存在着对应关系。

同时，图 8.60(a)和图 8.60(c)恰是例 8.43 所示两图（图 8.50），它们的顶点数、边数和面数之间存在一定关系。

定理 8.18 假设 G^* 是平面连通图 G 的对偶图，n、m、f、n^*、m^*、f^* 分别是 G 和 G^* 的顶点数、边数和面数，则有

（a）$n=f^*$。

（b）$m=m^*$。

（c）$f=n^*$。

（d）若面 f 对应于顶点 v^*，则 f 的次数等于 v^* 的度数。

证明.（b）、（c）、（d）由对偶图的画法即得，下面证明（a）。

由于 G^* 和 G 都是平面连通图，由欧拉公式有 $n-m+f=2$ 及 $n^*-m^*+f^*=2$，又 $m=m^*$，$f=n^*$，即得 $n=f^*$。 □

图的平面性问题有许多实际的应用。例如在高速公路的设计、电路印刷板的设计中都要考虑如何避免线路交叉；如果无法避免交叉，那么怎样才能使交叉数尽可能地少？或者如何进行分层设计以使每层都无交叉？这些问题都与图的平面表示相关。

8.5 顶点支配、独立与覆盖

本节讨论顶点、边和图的一些关系，在本节中都假设 $G(V, E)$ 是没有孤立顶点的简单图。

定义 8.41 设 $G=(V, E)$ 是无向简单图，$D \subseteq V$，若对于任意 $v \in V-D$，都存在 $u \in D$，使得 $uv \in E$，则称 D 为一个**支配集**（**dominating set**）。若 D 是图 G 的支配集，且 D 的任何真子集都不再是支配集，则称 D 为一个**极小支配集**（**minimal dominating set**）。如果图 G 的支配集 D 满足对于 G 的任何支配集 D' 都有$|D| \leqslant |D'|$，则称 D 是 G 的一个**最小支配集**（**minimum dominating set**），最小支配集 D 的元素数称作图 G 的**支配数**（**domination number**），记作 $\gamma(G)$。

注：

（a）对于 V 中任一个顶点而言，它或者属于支配集，或者与支配集中一个元素相邻。

（b）一个图中的极小支配集可能是不唯一的。

（c）一个图中的最小支配集可能是不唯一的。

（d）每个最小支配集都是极小支配集，但不是每个极小支配集都是最小支配集。

【例 8.48】 在图 8.61 中，$\{v_1, v_2, v_3\}$ 不是支配集；$\{v_5, v_6, v_7\}$ 是支配集，但不是极小支配集；$\{v_1, v_3, v_5\}$ 是极小支配集，但不是最小支配集；$\{v_3, v_6\}$ 既是极小支配集也是最小支配集；$\{v_6, v_7\}$ 也是最小支配集。图 8.61 的支配数是 2。

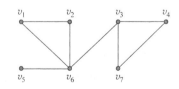

图 8.61 例 8.48 用图

【例 8.49】

（a）在任一简单图 $G(V, E)$ 中，V 都是支配集。

（b）完全图 K_n（$n \geqslant 3$）的支配数为 1。

（c）完全二部图 $K_{m,n}$ 的支配数为 2。

（b）轮图 W_n（$n \geqslant 3$）的支配数为 1。

例如，在一个分布式计算系统中，每个节点都有一台计算服务器，有些节点放置数据存储器，节点之间使用数据线连接。为提高速度，要求每个节点都可以直接访问到数据存储器；同时，为了节约成本，要求数据存储器尽可能少。这就可以抽象为支配集的问题。

定义 8.42 设 $G=(V, E, \gamma)$ 是一个无向图，$S \subseteq V$，若对任意 $u, v \in S$，都有 u 与 v 不相邻，则称 S 是 G 的一个点独立集或简称**独立集**（independent set），空集 $\varnothing$ 是任意图的点独立集；若对 G 的任何独立集 T，都有 $S \not\subset T$，则称 S 是 G 的一个**极大独立集**（maximal independent set）。特别地，称具有最大基数的独立集为**最大独立集**（maximum independent set）。图 G 中最大独立集的基数称为 G 的**独立数**（independence number），记为 $\alpha(G)$。

注：

（a）极大点独立集不是任何其他点独立集的子集。

（b）若点独立集 S 是 G 的一个极大独立集，则对于任意 $u \in V-S$，都存在 $v \in S$，使得 u 与 v 相邻。

（c）一个图中的极大独立集可能是不唯一的。

（d）一个图中的最大独立集可能是不唯一的。

（e）每个最大独立集都是极大独立集，但不是每个极大独立集都是最大独立集。

【例 8.50】 在图 8.61 中，$\{v_1, v_2, v_3\}$ 不是独立集；$\{v_1, v_3\}$ 是独立集，但不是极大独立集；$\{v_4, v_6\}$ 是极大独立集，但不是最大独立集；$\{v_1, v_3, v_5\}$ 既是极大独立集也是最大独立集；$\{v_2, v_4, v_5\}$ 也是最大独立集。图 8.61 的独立数是 3。

【例 8.51】

（a）在任一简单图 $G(V, E)$ 中，空集 $\varnothing$ 都是独立集。

（b）完全图 K_n（$n \geqslant 3$）的独立数为 1。

（c）完全二部图 $K_{m,n}$ 的独立数为 $\max(m, n)$。

（d）圈图 C_n（$n \geqslant 3$）的独立数为 $\lfloor n/2 \rfloor$。

（e）轮图 W_n（$n \geqslant 3$）的独立数为 $\lfloor n/2 \rfloor$。

例如，在某个通信系统中，由于传输过程中存在电磁干扰，输入符号可能和输出符号不同。例如，输入 a_1 时输出端可能会是 a_1、a_5，输入 a_2 时输出端可能会是 a_1、a_2、a_5，输入 a_3 时输出端可能会是 a_1、a_3，输入 a_4 时输出端可能会是 a_3、a_4，输入 a_5 时输出端可能会是 a_4、a_5。因此该通信系统中只能使用 $\{a_1, a_2, a_3, a_4, a_5\}$ 中的部分符号，而不是全体；但从效率角度出发，又希望能供使用的符号尽可能多。如果输入符号 x 和 y 时可能具有相同的输出，则在顶点 x 和 y 之间连一条无向边。于是该问题就可以抽象为求图 8.62 中最大点独立集的问题。

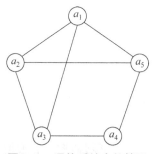

图 8.62 通信系统中的符号

在图的独立数和支配数之间存在如下关系。

定理 8.19   一个独立集也是支配集当且仅当它是极大独立集。

证明.（充分性）假设 S 是图的一个极大独立集，但不是支配集，则存在顶点 v 与 S 中所有顶点都不相邻，这就与 S 作为独立集的"极大性"产生矛盾。

（必要性）如果 S 既是独立集也是支配集，但不是极大独立集，则有独立集 S_1 满足 $S \subset S_1$，考虑顶点 $u \in S_1 - S$，则 u 与 S 中所有顶点都不相邻，与 S 是支配集产生矛盾。   □

定理 8.20   无向简单图的极大独立集都是极小支配集，反之不真。

证明.   假设 S 是图的一个极大点独立集，由定理 8.19，S 是支配集。

如果 S 不是极小支配集，则存在集合 $S_1 \subset S$，S_1 也是支配集，考虑顶点 $u \in S - S_1$，则 u 必定与 S_1 中某顶点相邻。换言之，存在一条边的两端点都属于 S，与 S 是独立集产生矛盾。

反过来，极小支配集不一定是极大独立集。例如在图 8.61 中，$\{v_3, v_6\}$ 是极小支配集，但不是极大独立集。   □

这个例子也表明了 $\alpha(G) \geqslant \gamma(G)$。

定义 8.43   设 $G(V, E)$ 是简单图，$V^* \subseteq V$。如果对于任意 $e \in E$，都存在 $v \in V^*$，使得 v 是 e 的一个端点，则称 V^* 为 G 的一个**点覆盖集**，简称**点覆盖**（vertex cover）。若 V^* 是图 G 的点覆盖，且 V^* 的任何真子集都不再是点覆盖，则称 V^* 为一个**极小点覆盖**（minimal vertex cover）。如果图 G 的点覆盖 V^* 满足对于 G 的任何点覆盖 V' 都有 $|V^*| \leqslant |V'|$，则称 V^* 是 G 的一个**最小点覆盖**（minimum vertex cover），最小点覆盖 V^* 的元素数称作图 G 的**点覆盖数**（vertex cover number），记作 $\beta(G)$。

注：

（a）在极小点覆盖中，不存在所有相邻顶点都属于 V^* 的顶点。

（b）一个图中的极小点覆盖可能是不唯一的。

（c）一个图中的最小点覆盖可能是不唯一的。

（d）每个最小点覆盖都是极小点覆盖，但不是每个极小点覆盖都是最小点覆盖。

（e）明显有 $\beta(G) \geqslant \gamma(G)$。

【例 8.52】   在图 8.61 中，$\{v_1, v_2, v_3\}$ 不是点覆盖集；$\{v_1, v_2, v_4, v_6, v_7\}$ 是点覆盖集，但不是极小点覆盖集；$\{v_1, v_2, v_3, v_5, v_7\}$ 是极小点覆盖集，但不是最小点覆盖集；$\{v_1, v_3, v_4, v_6\}$ 既是极小点覆盖集也是最小点覆盖集；$\{v_2, v_4, v_6, v_7\}$ 也是最小点覆盖集。图 8.61 的点覆盖数是 4。

【例 8.53】

（a）在任一简单图 $G(V, E)$ 中，V 是点覆盖。

（b）完全图 K_n（$n \geqslant 3$）中点覆盖数是 $n-1$。

（c）完全二部图 $K_{m, n}$ 的点覆盖数是 $\min(m, n)$。

（d）圈图 C_n（$n \geqslant 3$）的点覆盖数为 $\lceil n/2 \rceil$。

（e）轮图 W_n（$n \geqslant 3$）的点覆盖数为 $\lceil n/2 \rceil + 1$。

例如，一个小区需要在一些路口安置 360° 全方位摄像监控，要求能够监控所有通道，这就可以抽象为点覆盖集的问题。

在简单图中，点覆盖集与独立集具有如下关系。

定理 8.21 在简单图 $G(V, E)$ 中，$V^* \subseteq V$ 是点覆盖集当且仅当 $V-V^*$ 是独立集。

证明. （必要性）假设 $V^* \subseteq V$ 是点覆盖集，若 $V-V^*$ 不是独立集，则存在顶点 $u, v \in V-V^*$，使得 u、v 相邻，而这与 V^* 是点覆盖集产生矛盾——边 uv 没有被"覆盖"住。

（充分性）如果 $V-V^*$ 是独立集，但 $V^* \subseteq V$ 不是点覆盖集，则存在边 $uv \in E$ 使得 $u, v \notin V^*$，于是 $u, v \in V-V^*$ 且 u, v 相邻，与 $V-V^*$ 是独立集矛盾。 ☐

推论 1 在简单图 $G(V, E)$ 中，$V^* \subseteq V$ 是极小点覆盖集当且仅当 $V-V^*$ 是极大独立集。

证明. 如果 V^* 是极小点覆盖集但 $V-V^*$ 不是极大独立集，则存在另一个独立集 S，$V-V^* \subset S$，于是由定理 8.21，$V-S$ 是点覆盖集而且 $V^* = V-(V-V^*) \supset V-S$，与 V^* 的"极小"性矛盾。

类似地可证明如果 $V-V^*$ 是极大独立集，则 $V^* \subseteq V$ 是极小点覆盖集。 ☐

推论 2 在简单图 $G(V, E)$ 中，$V^* \subseteq V$ 是最小点覆盖集当且仅当 $V-V^*$ 是最大独立集，继而有 $\alpha(G)+\beta(G)=|V|$。

证明. 如果 V^* 是最小点覆盖集但 $V-V^*$ 不是最大独立集，则存在最大独立集 S，$|S|>|V-V^*|$，于是由定理 8.21，$V-S$ 是点覆盖集而且 $|V-S|=|V|-|S|<|V|-|V-V^*|=|V^*|$，与 V^* 的"最小"矛盾。

类似地可证明，如果 $V-V^*$ 是最大独立集，则 V^* 是最小点覆盖集。

继而自然有 $\alpha(G)+\beta(G)=|V|$。 ☐

【**例 8.54**】 在图 8.61 中，$\alpha(G)=3$，$\beta(G)=4$，$\alpha(G)+\beta(G)=|V|=7$。

8.6 匹 配

考虑一个工作分配问题：有 m 个人和 n 项工作，每个人都有能力可以从事其中一项或几项工作，但一个人只能从事一项工作，而一项工作也只能分配给一个人。要如何进行安排，才能使尽量多的人有工作可做？在什么条件下，每个人都可以有工作？

这个问题可以使用图的模型来描述：用顶点 x_1, x_2, $\cdots$, x_m 表示 m 个人，用顶点 y_1, y_2, $\cdots$, y_n 表示 n 项工作，若 x_i 可以胜任工作 y_j，则在 x_i 和 y_j 之间连一条边，于是可以得到一个二部图。而工作安排问题就是在图中寻找边的集合，使得每个顶点与这个集合中至多一条边关联——这就是图中的"匹配"；让尽可能多的人有工作可做，则是求图中的"最大匹配"。

本节都假设图 G 是简单图。

8.6.1 匹配与最大匹配

定义 8.44 设 $G=(V, E)$ 是简单图，$M \subseteq E$。如果 M 中任何两条边都不邻接，则称 M 为 G 中的一个**匹配**（**matching**）或**边独立集**。设顶点 $v \in V$，若存在 $e \in M$，使得 v 是 e 的一个端点，则称 v 是 M-**饱和的**（**matched** 或 **saturated**），否则称 v 是 M-**非饱和的**（**unmatched**）。

定义 8.45 若匹配 M 满足对任意 $e \in E-M$，$M \cup \{e\}$ 不再构成匹配，则 M 称是 G 的一个**极大匹配**（**maximal matching**）。如果图 G 的匹配 M 满足对于 G 的任何匹配 M' 都有 $|M| \geq |M'|$，则称 M 是 G 的一个**最大基数匹配**（**maximum-cardinality matching**）或**最大匹配**（**maximum matching**），最大匹配 M 的元素数称作图 G 的**匹配数**（**matching number**），记作 $\nu(G)$。

注：

（a）极大匹配不是任何其他匹配的子集。

（b）若匹配 M 是 G 的一个极大匹配，则对于任意 $e \in E-M$，都存在 $e_1 \in M$，使得 e 与 e_1 相邻。

（c）一个图中的极大匹配可能是不唯一的。

（d）一个图中的最大匹配可能是不唯一的。

（e）每个最大匹配都是极大匹配，但不是每个极大匹配都是最大匹配。

（f）显然图 G 的匹配数不超过 G 的阶数的一半。

定义 8.46 饱和图 G 中每个顶点的匹配称作**完全匹配**（**complete matching**）或**完美匹配**（**perfect matching**）。

注：

（a）在完美匹配中，每个顶点都关联匹配中的一条边。

（b）如果图 G 存在完美匹配，则图 G 的匹配数为 G 的阶数的一半，此时的阶数为偶数。

（c）每个完美匹配都是最大匹配，但不是每个最大匹配都是完美匹配。

【例 8.55】 在图 8.63(a)中，边集 $M_1 = \{e_3, e_7\}$、$M_2 = \{e_4, e_6\}$、$M_3 = \{e_3, e_5, e_7\}$、$M_4 = \{e_1, e_7, e_8\}$ 都是图的匹配（分别如图 8.63(b)、(c)、(d)、(e)所示），M_3 和 M_4 是 G 的完美匹配，M_2、M_3 和 M_4 是 G 的极大匹配，但 M_2 不是最大匹配。在图 8.63(b)中，$\{v_1, v_3, v_4, v_6\}$ 是 M_1-饱和顶点，$\{v_2, v_5\}$ 是 M_1-非饱和顶点。图 8.63(a)的匹配数是 3。

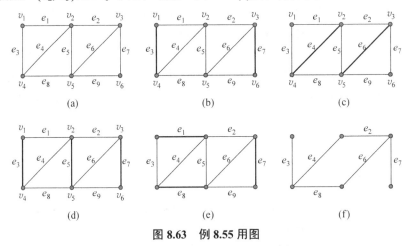

图 8.63 例 8.55 用图

【例 8.56】 图 8.63(f)的匹配数是 2，但其中不存在完美匹配。

【例 8.57】

（a）完全图 K_n（$n \geqslant 3$）的匹配数为 $\lfloor n/2 \rfloor$。

（d）完全二部图 $K_{m,n}$ 的匹配数为 $\min(m, n)$。

（c）圈图 C_n（$n \geqslant 3$）的匹配数为 $\lfloor n/2 \rfloor$。

（d）轮图 W_n（$n \geqslant 3$）的匹配数为 $\lceil n/2 \rceil$。

伯奇（Claude Berge）在 1957 年给出了一个匹配构成最大匹配的充要条件。在描述该定理之前，需要先给出如下定义。

定义 8.47　设 M 是 G 中一个匹配，若 G 中一条初级道路是由 M 中的边和 $E-M$ 中的边交替出现组成的，则称其为**交错道路**（alternating path）；若一条交错道路的始点和终点都是 M-非饱和顶点，则称其为 **M-可增广道路**（augmenting path）。

注：易知可增广道路的长度一定是奇数。

【例 8.58】　在图 8.64 中，匹配 $M=\{x_1y_1, x_3y_2, x_4y_4, x_5y_5, x_6y_7\}$，则道路 $x_2y_3x_4y_4$ 不是交错道路，$x_1y_1x_3y_2$、$x_3y_4x_4$、$y_3x_4y_4x_5y_5x_6y_7x_7$ 都是交错道路，$y_3x_4y_4x_5y_5x_6y_7x_7$ 是 M-可增广道路，而 $x_1y_1x_3y_2$ 和 $x_3y_4x_4$ 不是 M-可增广道路。

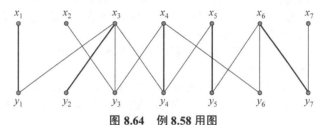

图 8.64　例 8.58 用图

定理 8.22　（伯奇引理）匹配 M 为图 $G=(V, E)$ 的最大匹配当且仅当 G 中不存在 M-可增广道路。

证明．（必要性）假设 M 为最大匹配，且存在一条 M-可增广道路 $e_1e_2\cdots e_{2k+1}$，则 e_2、e_4、$\cdots$、e_{2k} 为属于 M 的边，e_1、e_3、$\cdots$、e_{2k+1} 为不属于 M 的边。

构造新集合 $M_1=(M-\{e_2, e_4, \cdots, e_{2k}\}) \cup \{e_1, e_3, \cdots, e_{2k+1}\}$，易于验证 M_1 也是 G 的一个匹配。但是 $|M_1|=|M|+1$，与"M 为最大匹配"矛盾。

（充分性）如果 G（例如图 8.65(a)）中不存在 M-可增广道路（例如图 8.65(b)），而 M 不是最大匹配，则必有最大匹配 M_1（例如图 8.65(c)）。

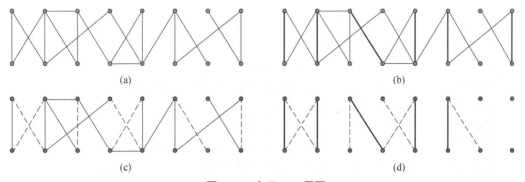

（a）　　　　　　　　　　　　　　　　（b）

（c）　　　　　　　　　　　　　　　　（d）

图 8.65　定理 8.22 用图

令 $M_2=M_1\oplus M$，则图 (V, M_2) 中的所有顶点度数不超过 2。因此图 (V, M_2) 中每个连通分支或者是一个单独的回路，或者是一个单独的道路，而且道路是交错的（例如图 8.65(d)）。

由于 $|M_1|>|M|$，因此 $M_2=M_1\oplus M$ 中原本属于 M_1 的边多于原本属于 M 的边。所以一定存在一条交错道路以 M_1 中的边开始，以 M_1 中的边结束，于是它就是 G 中的一条 M-可增广道路，产生矛盾。   □

基于伯奇引理，可以给出求二部图中最大匹配的算法，其基本思想是从任何一个初始匹配开始，不断寻找可增广道路从而扩大匹配的基数，直至不能再扩大为止。

为表述该算法，首先补充一个定义。

定义 8.48 设 W 是图 G 的顶点集的一个子集，则 $N_G(W)=\{v|$存在 $u\in W$，使得 u 与 v 相邻$\}$ 称作 W 的**邻接顶点集**（**neighborhood of** W）。

最大匹配算法 MaxMatch (G)

输入：二部图 $G=(X, Y, E)$

输出：G 的一个最大匹配 M

1   任选一个初始匹配 M，给饱和顶点标记 1，其余顶点标记 0
2   若 X 中各顶点都已有非 0 标记，则此时 M 已是最大匹配，算法终止；否则，
2.1   选择一个 0 标记点 $x\in X$，令 $U\leftarrow\{x\}$，$V\leftarrow\varnothing$
2.2   若 $N_G(U)=V$，则 x 无法作为一条可增广道路的端点，给 x 标记 2，转步骤 2
2.3   否则选择 $y\in N_G(U)-V$，
2.3.1   若 y 的标记为 1，则存在边 $yz\in M$，令 $U\leftarrow U\cup\{z\}$，$V\leftarrow V\cup\{y\}$，转到步骤 2.2
2.3.2   否则，存在一条 x 至 y 的可增广道路 P，令 $M\leftarrow M\oplus P$，给 x 和 y 标记 1，转到步骤 2

算法中标记 1 表示已饱和顶点，0 表示未处理顶点。

【例 8.59】 设图 8.66 中的初始匹配 $M=\{x_2y_3, x_3y_4\}$，求最大匹配。

解.

算法第 1 轮：

步骤 2.1   找到非饱和点 $x=x_1$，$U\leftarrow\{x_1\}$，$V\leftarrow\varnothing$（图 8.66(b)）。

步骤 2.2 $N_G(U)=\{y_3, y_5\}\neq V$。

步骤 2.3   选择 $y_5\in N_G(U)-V$，y_5 的标记为 0。

步骤 2.3.2 $P=\{x_1y_5\}$，$M\leftarrow M\oplus P=\{x_2y_3, x_3y_4, x_1y_5\}$，将 x_1 和 y_5 标记为 1（图 8.66(c)）。

算法第 2 轮：

步骤 2.1   找到非饱和点 $x=x_4$，$U\leftarrow\{x_4\}$，$V\leftarrow\varnothing$（图 8.66(d)）。

步骤 2.2 $N_G(U)=\{y_4, y_5\}\neq V$。

步骤 2.3   选择 $y_5\in N_G(U)-V$，y_5 的标记为 1。

步骤 2.3.1 $y_5x_1\in M$，$U\leftarrow U\cup\{x_1\}=\{x_4, x_1\}$，$V\leftarrow V\cup\{y_5\}=\{y_5\}$。

步骤 2.2 $N_G(U)=\{y_3, y_4, y_5\}\neq V$（图 8.66(e)）。

步骤 2.3   选择 $y_3\in N_G(U)-V$，y_3 的标记为 1。

步骤 2.3.1 $y_3x_2\in M$，$U\leftarrow U\cup\{x_2\}=\{x_4, x_1, x_2\}$，$V\leftarrow V\cup\{y_3\}=\{y_5, y_3\}$。

步骤 2.2 $N_G(U)=\{y_1, y_2, y_3, y_4, y_5\}\neq V$（图 8.66(f)）。

步骤 2.3   选择 $y_1\in N_G(U)-V$，y_1 的标记为 0。

步骤 2.3.2　　$P=\{x_4y_5, x_1y_5, x_1y_3, x_2y_3, x_2y_1\}$（图 8.66(g)），$M\leftarrow M\oplus P=\{x_1y_3, x_2y_1, x_3y_4,$
$x_4y_5\}$，将 x_4 和 y_1 标记为 1（图 8.66(h)）。

算法第 3 轮：

步骤 2.1　　找到非饱和点 $x=x_5$，$U\leftarrow\{x_5\}$，$V\leftarrow\varnothing$（图 8.66(i)）。

步骤 2.2　　$N_G(U)=\{y_5\}\neq V$。

步骤 2.3　　选择 $y_5\in N_G(U)-V$，y_5 的标记为 1。

步骤 2.3.1　　$y_5x_4\in M$，$U\leftarrow U\cup\{x_4\}=\{x_5, x_4\}$，$V\leftarrow V\cup\{y_5\}=\{y_5\}$（图 8.66(j)）。

步骤 2.2　　$N_G(U)=\{y_5, y_4\}\neq V$。

步骤 2.3　　选择 $y_4\in N_G(U)-V$，y_4 的标记为 1。

步骤 2.3.1　　$y_4x_3\in M$，$U\leftarrow U\cup\{x_3\}=\{x_5, x_4, x_3\}$，$V\leftarrow V\cup\{y_4\}=\{y_5, y_4\}$（图 8.66(k)）。

步骤 2.2　　$N_G(U)=\{y_5, y_4\}=V$，给 x 标记 2，转步骤 2。

步骤 2　　X 中各顶点都已有非 0 标记（图 8.66(l)），此时 M 已是最大匹配，算
法终止。

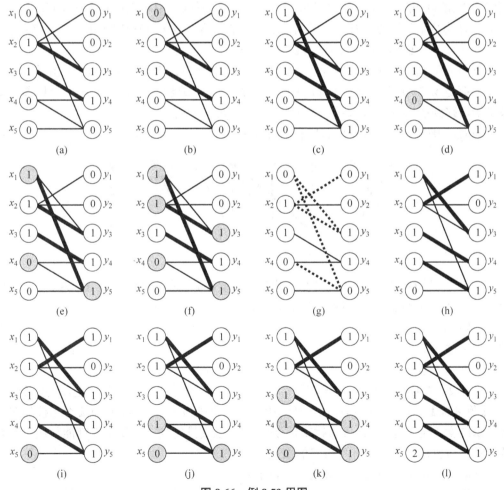

图 8.66　例 8.59 用图

8.6.2 霍尔定理及其应用

霍尔（Philip Hall）曾研究二部图中的匹配，并于 1935 年提出了著名的**霍尔婚配定理**（**Hall's marriage theorem**），或简称**霍尔定理**（**Hall's theorem**）。

定理 8.23 （霍尔定理）设 $G=(X, Y, E)$ 为二部图，G 中存在使 X 中每个顶点饱和的匹配 M（即 $|M|=|X|$）当且仅当对任何非空集合 $S \subseteq X$，$|N_G(S)| \geqslant |S|$（该条件表示任意子集 S 都有足够多的相邻顶点）。

证明. （必要性）假设存在匹配 $M \subseteq E$ 使 X 中每个顶点饱和，则 $|N_G(S)| \geqslant |N_{(X, Y, M)}(S)| = |S|$。

（充分性）假设 M 是一个最大匹配，且存在 M-非饱和顶点 $x \in X$。

如果 x 是孤立顶点，则 $|N_G(\{x\})| = 0 < 1 = |\{x\}|$，与条件矛盾。

否则，考虑所有从 x 开始的交错道路，记 Y 中所有 x 可以通过这些道路到达的顶点为集合 T，记 X 中所有 x 可以通过这些道路到达的顶点为集合 W（包括 x 本身）。由于所有从 x 开始的极长的（即不能再延长了）交错道路的终点都不能是 Y 中 M-非饱和顶点（否则将产生 M-可增广道路，与 M 是最大匹配矛盾），所以 T 中顶点都是 M-饱和顶点。

记 R 为从 x 开始的所有交错道路的边形成的集合，则 $R \cap M$ 中的边构成了 $W-\{x\}$ 和 T 中顶点的一一对应，$|W-\{x\}| = |T|$（例如图 8.67）。

下面证明 $N_G(W) = T$。如果存在 $y \in N_G(W) - T$，那么存在 $z \in W$，使得 $zy \in E$。又由于 $W-\{x\}$ 中元素都是 M-饱和顶点或 x 本身，因此 $zy \notin M$。于是，或者 x 就是 z；或者 x 可以通过某条交错道路到达 z，再经过边 zy 可以到达 y，与 $y \notin T$ 矛盾。

最后，$|W| = |W-\{x\}| + 1 > |W-\{x\}| = |T| = |N_G(W)|$，与条件产生矛盾。 □

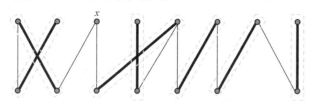

图 8.67 定理 8.23 用图

推论 1 设 $G=(X, Y, E)$ 为二部图，若存在正整数 k，使得对任意 $x \in X$，有 $\deg(x) \geqslant k$，对任意 $y \in Y$，有 $\deg(x) \leqslant k$，则 G 中存在使 X 中每个顶点饱和的匹配。

证明. 假设非空集合 $S \subseteq X$，则 S 中顶点关联的边至少 $k|S|$ 条，而这些边都与 $N_G(S)$ 中的顶点关联，由于 Y 中顶点度数都不超过 k，因此 $|N_G(S)| \geqslant k|S|/k = |S|$。所以存在使 X 中每个顶点饱和的匹配。 □

推论 2 对任意正整数 k，k-正则二部图中必定存在使 X 中每个顶点饱和的匹配。

【**例 8.60**】 如果一次集体相亲活动中有 n 个男孩和 n 个女孩，任意 k 个男孩加在一起认识的女孩至少有 k 人（$1 \leqslant k \leqslant n$），则一定可以安排得当，使每个人都能与认识的人约会——这也是"婚配定理"得名的由来。

下面介绍霍尔定理的一个应用——拉丁方。

假设一块地用作某一作物的 3 个品种 A、B、C 的试验田，影响它们生长的因素有彼此独立的两类：3 种不同肥料和 3 种不同的土壤。可以将地面划分为 3 行，每行施以不同肥料；分为 3 列，每列铺以不同的土壤，将地面分为 9 格，每格栽种一个品种。试验目的是观察不同肥料、不同土壤情况对作物生长的影响。试验方案如图 8.68 所示。

再如，希望测试 1~4 共 4 种品牌小轿车轮胎的抗磨损能力，但考虑到同一品牌的轮胎安装在小轿车不同位置也会对磨损有所影响。可以使用 4 辆小轿车甲、乙、丙、丁按图 8.69 所示的方案进行测试。

肥料1 $\begin{bmatrix} A & B & C \\ C & A & B \\ B & C & A \end{bmatrix}$
肥料2
肥料2
土 土 土
壤 壤 壤
1   2   3

图 8.68 作物试验

左前轮 $\begin{bmatrix} 1 & 2 & 3 & 4 \\ 2 & 3 & 4 & 1 \\ 3 & 4 & 1 & 2 \\ 4 & 1 & 2 & 3 \end{bmatrix}$
右前轮
左前轮
右前轮
甲 乙 丙 丁

图 8.69 轮胎测试

图 8.68 和图 8.69 的方阵都满足：恰有 n 种不同的元素，每种元素恰有 n 个，并且每种元素在每行和每列中恰好只出现一次——这样的方阵称为拉丁方。

定义 8.49 称每行及每列都包含给定的 n 个符号恰一次的一个 n 阶方阵为**拉丁方**（**Latin square**）。

例如，以下两个方阵都是集合 $\{1, 2, 3, 4\}$ 上的 4 阶拉丁方。

$$L_1 = \begin{pmatrix} 1 & 2 & 3 & 4 \\ 3 & 4 & 1 & 2 \\ 4 & 3 & 2 & 1 \\ 2 & 1 & 4 & 3 \end{pmatrix} \qquad L_2 = \begin{pmatrix} 1 & 2 & 3 & 4 \\ 4 & 3 & 2 & 1 \\ 2 & 1 & 4 & 3 \\ 3 & 4 & 1 & 2 \end{pmatrix}$$

著名数学家和物理学家欧拉最早研究了这样的方阵，他使用拉丁字母来作为方阵里元素的符号，拉丁方因此而得名。拉丁方不仅影响了统计学实验设计，而且出现在离散数学及代数的许多不同领域中。

一般来说，设 $S=\{1, 2, \cdots, n\}$，构造 S 上 n 阶拉丁方的主体思路就是逐行生成元素，具体步骤如下：

（1）构造一个完全二部图 $K_{n,n}=(S, C, E)$，其中 $C=\{c_1, c_2, \cdots, c_n\}$，$c_i$（$1 \leqslant i \leqslant n$）的含义是第 i 列。

（2）由于完全二部图 $K_{n,n}$ 是 n 正则二部图，根据定理 8.23 的推论 2，存在完全匹配 M_1。将 M_1 中每条边属于 X 中顶点的标号分别作为第一行的元素，具体地讲，c_1 在 M_1 下配对的顶点的标号作为第 1 行第 1 列的元素，c_2 在 M_1 下配对的顶点的标号作为第 1 行第 2 列的元素……得到矩阵的第一行。

（3）令 $E \leftarrow E - M_1$，(S, C, E) 是 $n-1$ 正则二部图，根据定理 8.23 的推论 2，(S, C, E) 存在完全匹配 M_2，于是产生矩阵的第 2 行。

（4）令 $E \leftarrow E - M_2$，(S, C, E) 是 $n-2$ 正则二部图，(S, C, E) 存在完全匹配 M_3，于是产生矩阵的第 3 行。

（5）依次进行，直至 E 为空，即得 n 阶拉丁方。

【例8.61】 构造5阶拉丁方的过程如图8.70(a)～(e)所示，$M_1=\{11, 22, 33, 44, 55\}$，$M_2=\{12, 25, 31, 43, 54\}$，$M_3=\{14, 21, 32, 45, 53\}$，$M_4=\{13, 24, 35, 41, 52\}$，$M_5=\{15, 23, 34, 42, 51\}$，得到如下拉丁方：

$$\begin{pmatrix} 1 & 2 & 3 & 4 & 5 \\ 3 & 1 & 4 & 5 & 2 \\ 2 & 3 & 5 & 1 & 4 \\ 4 & 5 & 1 & 2 & 3 \\ 5 & 4 & 2 & 3 & 1 \end{pmatrix}$$

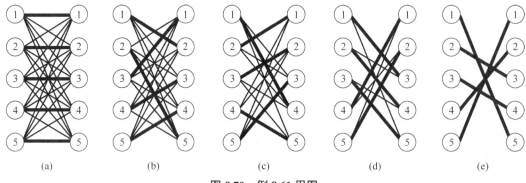

图8.70 例8.61用图

8.6.3 匹配与覆盖

定义8.50 设 $G=(V, E)$ 是没有孤立顶点的简单图，$E^* \subseteq E$。如果对于任意 $v \in V$，都存在 $e \in E^*$，使得 v 是 e 的一个端点，则称 E^* 为 G 的一个**边覆盖集**，简称**边覆盖（edge cover）**。若 E^* 是图 G 的边覆盖，且 E^* 的任何真子集都不再是边覆盖，则称 E^* 为一个**极小边覆盖（minimal edge cover）**。如果图 G 的边覆盖 E^* 满足对于 G 的任何边覆盖 E' 都有 $|E^*| \leqslant |E'|$，则称 E^* 是 G 的一个**最小边覆盖（minimum edge cover）**，最小边覆盖 E^* 的元素数称作图 G 的**边覆盖数（edge covering number）**，记作 $\rho(G)$。

注：

（a）显然有孤立顶点的简单图不存在边覆盖。

（b）极小边覆盖 E^* 中任何一条边的两个端点不可能都与 E^* 中的其他边相关联。

（c）明显有 $\rho(G) \geqslant |V|/2$。

（d）一个图中的极小边覆盖可能是不唯一的。

（e）一个图中的最小边覆盖可能是不唯一的。

（f）每个最小边覆盖都是极小边覆盖，但不是每个极小边覆盖都是最小边覆盖。

【例8.62】 在图8.71中，$\{e_1, e_2, e_3\}$ 不是边覆盖集；$\{e_1, e_5, e_6, e_7, e_8\}$ 是边覆盖集，但不是极小边覆盖集；$\{e_3, e_4, e_5, e_7, e_8\}$ 是极小边覆盖集，但不是最小边覆盖集；$\{e_1, e_5,$

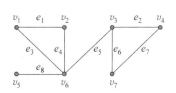

图8.71 例8.62用图

$e_7, e_8\}$ 既是极小边覆盖集也是最小边覆盖集；$\{e_1, e_2, e_6, e_8\}$ 也是最小边覆盖集。图 8.71 的边覆盖数是 4。

【例 8.63】

（a）在任一简单图 $G(V, E)$ 中，E 都是边覆盖。

（b）任何完美匹配都是最小边覆盖。

（c）完全图 K_n（$n \geqslant 3$）的边覆盖数 $\rho(G) = \lceil n/2 \rceil$。

（d）完全二部图 $K_{m, n}$ 的边覆盖数 $\rho(G) = \max(m, n)$。

（e）圈图 C_n（$n \geqslant 3$）的边覆盖数为 $\lceil n/2 \rceil$。

（f）轮图 W_n（$n \geqslant 3$）的边覆盖数为 $\lfloor n/2 \rfloor + 1$。

下述定理给出了最大匹配与最小边覆盖之间的关系。

定理 8.24 设 $G(V, E)$ 是没有孤立顶点的简单图，M 为 G 的一个匹配，N 为 G 的一个边覆盖，则 $|N| \geqslant \rho(G) \geqslant |V|/2 \geqslant \nu(G) \geqslant |M|$；且当等号成立时，$M$ 为 G 的一个完美匹配，N 为 G 的一个最小边覆盖。

此定理的证明是显然的。

定理 8.25 设 $G(V, E)$ 是没有孤立顶点的简单图（例如图 8.72(a)），则有

（a）设 M 为 G 的一个最大匹配，对 G 中每一个 M-非饱和顶点均取一条与其关联的边，组成集合 N，则 $M \cup N$ 构成 G 的一个最小边覆盖（例如图 8.72(b) 和 (c)）。

（b）设 N 为 G 的一个最小边覆盖，若 N 存在相邻的边，则移去其中一条，直至不存在相邻的边为止，构成的边集合 M 则为 G 的一个最大匹配（例如图 8.72(d) 和 (e)）。

（c）$\rho(G) + \nu(G) = |V|$。

证明.（将此定理的 3 个部分放在一起证明。）

（a）由于 M 为 G 的一个最大匹配，因此 G 有 $n - 2\nu(G)$ 个非饱和顶点，不可能有两个相邻的非饱和顶点，因此 $|N| = n - 2\nu(G)$。$|M \cup N| = n - 2\nu(G) + \nu(G) = n - \nu(G)$。明显 $M \cup N$ 构成了 G 的一个边覆盖，因此 $n - \nu(G) \geqslant \rho(G)$。

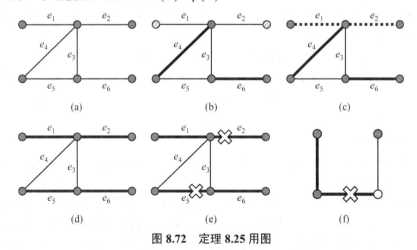

图 8.72 定理 8.25 用图

（b）由于 N 是一个最小边覆盖，因此 N 中任何一条边的两个端点不可能都与 N 中其他边相关联。所以从 N 中移去边的时候，产生且只产生 M 中的一个 M-非饱和顶点（例

如图 8.72(f)）。而最终 M-非饱和顶点的个数为 $n-2|M|$，故移去的边的数目就是 $n-2|M|$。得到 $|M|=|N|-(n-2|M|)$，于是 $\rho(G)=|N|=n-|M|\geqslant n-\nu(G)$。

（c）由(a)部分的证明有 $n-\nu(G)\geqslant\rho(G)$，由(b)部分的证明有 $\rho(G)\geqslant n-\nu(G)$，故而必定有 $n-\nu(G)=\rho(G)$（于是证明了(a)）、$\rho(G)=n-\nu(G)$（于是证明了(b)）和 $\rho(G)+\nu(G)=|V|$。□

【例 8.64】 在图 8.71 中，$\{e_1, e_5, e_7\}$ 是一个最大匹配，图 8.71 的匹配数是 3，边覆盖数是 4，二者的和是顶点数 7。

此外，1931 年匈牙利数学家柯尼希（Dénes König）给出了二部图中匹配数和最小点覆盖数的相等关系。

证明这个结果之前，需要先引入一个结论。

定理 8.26 假设 K 为没有孤立顶点的简单图 G 的任意一个点覆盖集，M 为 G 的任意一个匹配，则 $|M|\leqslant|K|$。特别是 $\nu(G)\leqslant\beta(G)$。

此定理是显然的，只要注意到 M 中每条边至少有一端属于 K 即可。

推论 假设 K 为没有孤立顶点的简单图 G 的任意一个点覆盖集，M 为 G 的任意一个匹配，若 $|M|=|K|$，则 M 是一个最大匹配，K 是一个最小覆盖。

证明. 由 $|M|\leqslant\nu(G)\leqslant\beta(G)\leqslant|K|$ 即得。□

定理 8.27 （柯尼希-艾盖尔瓦里定理，König-Egerváry theorem）二部图中最大匹配的边数等于最小点覆盖数的顶点数。

证明. 假设 M 是一个最大匹配，V^* 为 G 的一个最小点覆盖集。

（1）由定理 8.26 有 $|M|\leqslant|V^*|$。

（2）令 $X_c=V^*\cap X$，$Y_d=V^*\cap Y$，$c=|X_c|$，$d=|Y_d|$。

考虑顶点为 $X_c\cup(Y-Y_d)$ 的 G 的导出子图 G'，它也是二部图，其中存在使 X_c 中每个顶点饱和的匹配 M_1：若存在 $S\subseteq X_c$，$|N_{G'}(S)|<|S|$，则 $(V^*-S)\cup N_{G'}(S)$ 同样构成了点覆盖集，但元素数小于 V^*，与 V^* 的最小性矛盾。

同理，顶点为 $(X-X_c)\cup Y_d$ 的 G 的导出子图中存在使 Y_d 中每个顶点饱和的匹配 M_2。

易见 $M_1\cup M_2$ 也是 G 的一个匹配，于是 $|M|\geqslant|M_1\cup M_2|=|M_1|+|M_2|=|X_c|+|Y_d|=|V^*|$。

综合(1)、(2)可得 $|M|=|V^*|$。□

柯尼希-艾盖尔瓦里定理还可以从另一个角度来描述：

所谓布尔矩阵的**覆盖**，是指选择了矩阵中某些行与列，这些行与列包含了矩阵中的所有非零元 1。称能覆盖全部非零元的最小行数、列数之和为最小覆盖数，记为 S。

对于任一个 $m\times n$ 布尔矩阵，如果覆盖了全部 m 行或全部 n 列，就会覆盖全部非零元。因此显然有 $S\leqslant\min(m, n)$。

【例 8.65】 图 8.73(a)中最小覆盖数为 5，而图 8.73(b)中最小覆盖数为 4（覆盖其第 1、2 行，第 4、5 列）。

容易看出，每个布尔矩阵都可以视为二部图的矩阵形式，而每个覆盖都对应于二部图中的一个点覆盖。定义 $m\times n$ 布尔矩阵的**秩（term rank）** 为矩阵中不在同行同列的 1 元素的最大个数，易见它的秩小于 $\min(m, n)$，而且二部图的矩阵形式的秩就是最大匹配数。则定理 8.27 也可以等价表述为以下形式。

定理 8.28 布尔矩阵的秩等于其最小覆盖数。

由此，如果将布尔矩阵和二部图（的矩阵形式）视为等同，则二部图的最大匹配数、二部图的点覆盖数、布尔矩阵的秩、布尔矩阵的最小覆盖数四者相等。

下面直观地解释一下最小覆盖与最大匹配之间的关系。假设一个最小覆盖盖住了矩阵的 c 行 d 列，现对矩阵进行调整（如图 8.74 所示）：将盖住的 c 行记为 X_c 并放在上面，将盖住的 d 列记为 Y_d 并放在右面，则由 X_c 到 $Y-Y_d$ 有使 X_c 中每个顶点饱和的匹配；Y_d 到 $X-X_c$ 也有使 Y_d 中每个顶点饱和的匹配。

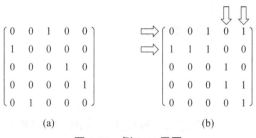

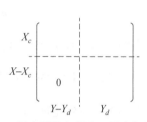

图 8.73　例 8.65 用图　　　　　　图 8.74　最小覆盖与最大匹配之间的关系

本节最后给出由最大匹配 M（例如图 8.75(a)）构造最小点覆盖集合的方法：

如果 X 中不存在 M-非饱和顶点，则 X 本身就是一个最小点覆盖集。

考虑 M-非饱和顶点 $x \in X$。

如果 x 是孤立顶点，则不会出现在任何匹配和最小点覆盖中，因此可以不考虑所有孤立顶点。

否则考察所有从 x（例如图 8.75(b) 中的 x_4）开始的交错道路，记 Y 中所有 x 可以通过这些道路到达的顶点为集合 Y_x（例如图 8.75(b) 中 $Y_x=\{y_2, y_5\}$），并记 $Y_1=\bigcup\limits_{\substack{x \in X \\ \text{是} M\text{-非饱和}}} Y_x$。

易见每个 Y_1 中的元素都与 M 中唯一的一条边关联，记 M 中与 Y_1 中的元素关联的边集合为 M_1，则 $|Y_1|=|M_1|$（例如图 8.75(c)）。记 X 中与 $M-M_1$ 相关联的顶点集合为 X_1（例如图 8.75(d)），则 $|X_1|=|M|-|M_1|$。明显有 $|Y_1 \cup X_1|=|Y_1|+|X_1|=|M|$。

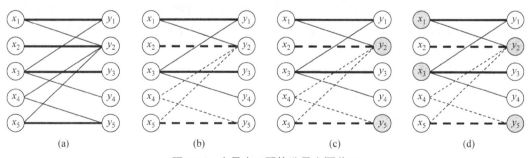

图 8.75　由最大匹配构造最小覆盖(1)

断言：$Y_1 \cup X_1$ 就是一个最小点覆盖集。

只须证明 $Y_1 \cup X_1$ 是一个点覆盖集即可，"最小性"由定理 8.27 立得。如果存在边 uv，$u \in X-X_1$，$v \in Y-Y_1$，则由 X_1、Y_1 的构造方法可知：或者 u 本身是 M-非饱和顶点，经过 uv 可到达顶点 v；或者存在 M-非饱和顶点 $x \in X$，从 x 开始的某一条交错道路 P 可以到达顶

点 u，而由 P 经过 uv 可到达顶点 v（参看图 8.76）。这两者都与 $v \in Y-Y_1$ 产生矛盾。

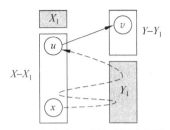

图 8.76　由最大匹配构造最小覆盖(2)

结合图 8.74，则 Y_1 就是 Y_d，X_1 就是 X_c。

*8.6.4　二部图中的最佳匹配

最大匹配、霍尔定理都是在边权值为 1（或者说是边无权值）的情况下的匹配问题。但在实际应用问题中，边通常具有不同的权值，而且存在多个最大匹配。

例如不同的人从事不同工作时可能具有各不相同的效益或者成本，于是在人员工作安排时，不仅要求每个人有工作可做，而且还进一步要求总的工作效益最高或者成本最小。此时人员和工作可以形成一个二部图，而效益或者代价可以作为边的权值，之后寻找权值总和最大或最小的最大匹配。

在这样的模型中，边的权值称作**代价（cost）**，这个最大或最小的权值总和称作**最优值**，这样的完美匹配称作**最佳匹配（optimal matching）**。

设 $G=(X, Y, E)$ 为赋权完全二部图，其中 $X=\{x_1, x_2, \cdots, x_n\}$，$Y=\{y_1, y_2, \cdots, y_n\}$，边 $x_i y_j$ 的权记为 $c(i, j)$ 或 c_{ij}，假定权值都是非负整数。则最优值为 $\max\left(\sum_{i=1}^{n} c(i, j_i)\right)$ 或者 $\min\left(\sum_{i=1}^{n} c(i, j_i)\right)$，其中 $j_1, j_2, \cdots, j_n$ 构成 1~n 的一个置换。

下面给出求赋权完全二部图中最大权匹配的算法（算法的"描述语言"是计算在算法过程中间某状态下的最小覆盖，但其本质和计算该状态下的最大匹配是一致的）。在算法中定义"标号"函数为 $l: X \cup Y \to \mathbb{Z}$，对于 $v \in X \cup Y$，$l(v)$ 称为顶点 v 的标号。

最大权匹配算法 MaxWeightMatch (G)

输入：赋权完全二部图 $G=(X, Y, E)$

输出：G 的一个最大权匹配 M

1　令界值 $l(x_i)=\max_j(c_{ij})$，构造矩阵 $\boldsymbol{B}=(b_{ij})$，其中 $b_{ij}=l(x_i)-c_{ij}$
　　令界值 $l(y_j)=-(\min_i(b_{ij}))$，更新矩阵 $\boldsymbol{B}$，$b_{ij} \leftarrow b_{ij}+l(y_j)$
2　在矩阵 B 中对 0 元素进行最小覆盖，设覆盖数为 r
　　（使用 8.6.1 节算法 MaxMatch 及 8.6.3 节最后部分由最大匹配构造最小点覆盖集合的方法可得）
3　若 $r=n$，转到步骤 6
4　在未覆盖的元素中选最小元 δ。考虑矩阵 B 中的所有元素 b_{ij}
4.1　　　若第 i 行、第 j 列均已被覆盖，则 $b_{ij} \leftarrow b_{ij}+\delta$

4.2　　若第 i 行、第 j 列均未被覆盖，则 $b_{ij} \leftarrow b_{ij} - \delta$

5　　修改各行各列的标号值

5.1　　若第 i 行未被覆盖，则 $l(x_i) \leftarrow l(x_i) - \delta$

5.2　　若第 j 列已被覆盖，则 $l(y_j) \leftarrow l(y_j) + \delta$

5.3　　删除矩阵 B 的所有覆盖标记，转到步骤 2

6　　计算 $\sum\limits_{i=1}^{n} l(x_i) + \sum\limits_{j=1}^{n} l(y_j)$，即为最大权，算法结束

$$C = \begin{bmatrix} 9 & 7 & 9 & 8 & 9 \\ 8 & 3 & 3 & 3 & 4 \\ 7 & 5 & 1 & 2 & 2 \\ 9 & 1 & 4 & 3 & 5 \\ 5 & 2 & 4 & 1 & 4 \end{bmatrix}$$

该算法中矩阵 B 也是 G 的某个子图 G' 的矩阵形式表示，对 G' 的最大匹配对应于对当前矩阵 B 的 0 元素的最小覆盖，其中 $e_{ij} \in G'$ 当且仅当 $b_{ij} = 0$。

图 8.77　例 8.66 用图 1

【例 8.66】　已知利润矩阵如图 8.77 所示，求最大利润。

解. 过程如图 8.78 所示。

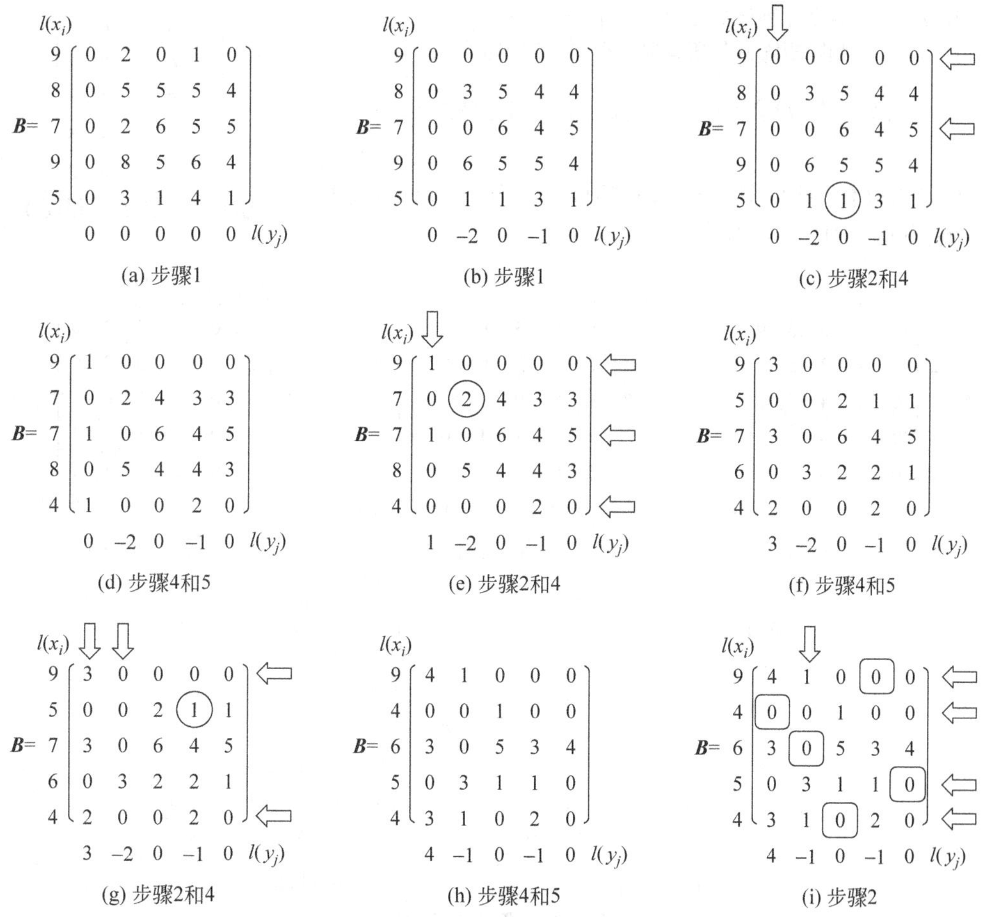

图 8.78　例 8.66 用图 2

因此，一个最佳匹配是 $\{x_1 y_4, x_2 y_1, x_3 y_2, x_4 y_5, x_5 y_3\}$，其最大利润为 $w_{14} + w_{21} + w_{32} + w_{45} + w_{53} = (l(x_1) + \cdots + l(x_5)) + (l(y_1) + \cdots + l(y_5)) = 30$。

类似地，可以得到最小权匹配算法。

最小权匹配算法 MinWeightMatch (*G*)

输入：赋权完全二部图 $G=(X, Y, E)$

输出：G 的一个最小权匹配 M

1　　令界值 $l(x_i)=\min_j(c_{ij})$，构造矩阵 $\boldsymbol{B}=(b_{ij})$，其中 $b_{ij}=c_{ij}-l(x_i)$
　　　令界值 $l(y_j)=\min_i(b_{ij})$，更新矩阵 $\boldsymbol{B}$，$b_{ij}\leftarrow b_{ij}-l(y_j)$

2　　在矩阵 $\boldsymbol{B}$ 中对 0 元素进行最小覆盖，设覆盖数为 r

3　　若 $r=n$，转到步骤 6

4　　在未覆盖的元素中选最小元 δ。考虑矩阵 $\boldsymbol{B}$ 中的所有元素 b_{ij}

4.1　　　　若第 i 行、第 j 列均已被覆盖，则 $b_{ij}\leftarrow b_{ij}+\delta$

4.2　　　　若第 i 行、第 j 列均未被覆盖，则 $b_{ij}\leftarrow b_{ij}-\delta$

5　　修改各行各列的标号值

5.1　　　　若第 i 行未被覆盖，则 $l(x_i)\leftarrow l(x_i)+\delta$

5.2　　　　若第 j 列已被覆盖，则 $l(y_j)\leftarrow l(y_j)-\delta$

5.3　　　　删除矩阵 $\boldsymbol{B}$ 的所有覆盖标记，转到步骤 2

6　　计算 $\sum\limits_{i=1}^{n}l(x_i)+\sum\limits_{j=1}^{n}l(y_j)$，即为最小权，算法结束

$$\begin{bmatrix} 7 & 6 & 4 & 6 & 1 \\ 4 & 6 & 5 & 7 & 2 \\ 3 & 5 & 7 & 6 & 8 \\ 4 & 7 & 8 & 6 & 5 \\ 2 & 6 & 5 & 6 & 3 \end{bmatrix}$$

图 8.79　例 8.67 用图 1

【**例 8.67**】　计算图 8.79 所示的成本矩阵中的最小成本。

解．过程如图 8.80 所示。

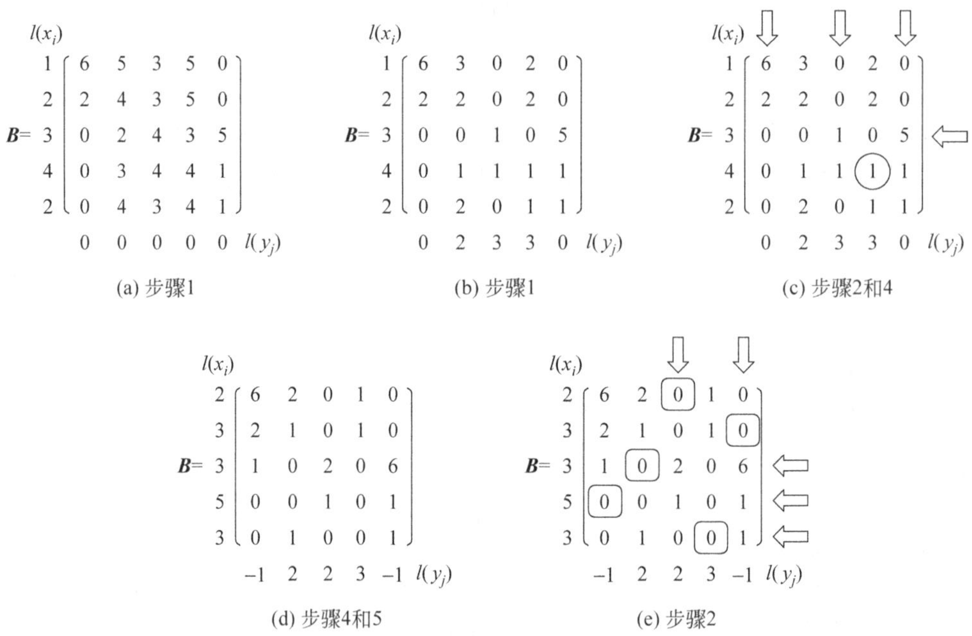

(a) 步骤1　　　　(b) 步骤1　　　　(c) 步骤2和4

(d) 步骤4和5　　　　(e) 步骤2

图 8.80　例 8.67 用图 2

因此，一个最佳匹配是 $\{x_1y_3, x_2y_5, x_3y_2, x_4y_1, x_5y_4\}$，其最小成本为 $w_{13}+w_{25}+w_{32}+w_{41}+w_{54}$ $=(l(x_1)+\cdots+l(x_5))+(l(y_1)+\cdots+l(y_5))=21$。

下面对算法的正确性进行证明。

定理 8.29 算法 MaxWeightMatch 的结果是最大权匹配。

证明. 分 3 个步骤证明。

（1）断言：在算法步骤 1 中矩阵 $\boldsymbol{B}$ 始终满足 $b_{ij}=l(x_i)+l(y_j)-c_{ij}\geq0$。

不失一般性，假设算法在某轮变换时，最小覆盖盖住了共 c 行和 d 列，$c+d<n$，δ 是未覆盖的最小元，算法步骤 4.1 和 4.2 中矩阵 $\boldsymbol{B}$ 中的元素变化为 b^*_{ij}，步骤 5 中标号变为 $l^*(x_i)$、$l^*(y_j)$（$1\leq i,j\leq n$）。

由步骤 5.1，若第 i 行未被覆盖，则 $l^*(x_i)=l(x_i)-\delta$；由步骤 5.2，若第 j 列已被覆盖，则 $l^*(y_j)=l(y_j)+\delta$。

若 b_{ij} 既被行覆盖也被列覆盖，由步骤 4.1，则

$$b^*_{ij}=b_{ij}+\delta,\quad l^*(x_i)+l^*(y_j)-b^*_{ij}=l(x_i)+(l(y_j)+\delta)-(b_{ij}+\delta)=l(x_i)+l(y_j)-b_{ij}$$

若 b_{ij} 只被行覆盖，则

$$b^*_{ij}=b_{ij},\quad l^*(x_i)+l^*(y_j)-b^*_{ij}=l(x_i)+l(y_j)-b_{ij}$$

若 b_{ij} 只被列覆盖，则

$$b^*_{ij}=b_{ij},\quad l^*(x_i)+l^*(y_j)-b^*_{ij}=(l(x_i)-\delta)+(l(y_j)+\delta)-b_{ij}=l(x_i)+l(y_j)-b_{ij}$$

若 b_{ij} 未被覆盖，由步骤 4.2，则

$$b^*_{ij}=b_{ij}-\delta,\quad l^*(x_i)+l^*(y_j)-b^*_{ij}=(l(x_i)-\delta)+l(y_j)-(b_{ij}-\delta)=l(x_i)+l(y_j)-b_{ij}$$

由于 $0\leq\delta\leq b_{ij}$，因此 $b^*_{ij}\geq0$，且 $l(x_i)+l(y_j)-b_{ij}$ 的值保持不变，为 c_{ij}，特别是 $b_{ij}=0$ 时，$l(x_i)+l(y_j)=c_{ij}$。

（2）算法一定会终止。

首先图中的完美匹配是有限个的，因此最佳匹配一定存在。

① 每轮算法都使得 $\sum\limits_{i=1}^{n}\big(l(x_i)+l(y_i)\big)$ 下降，这可由

$$\sum_{i=1}^{n}\big(l^*(x_i)+l^*(y_i)\big)=\sum_{i=1}^{n}\big(l(x_i)+l(y_i)\big)-(n-c)\delta+d\delta$$

$$=\sum_{i=1}^{n}\big(l(x_i)+l(y_i)\big)-(n-(c+d))\delta$$

及 $c+d<n$ 立得。

② $\sum\limits_{i=1}^{n}\big(l(x_i)+l(y_i)\big)$ 具有下界。

假设最佳匹配为 $M=\{x_1y_{j_1},x_2y_{j_2},\ldots,x_ny_{j_n}\}$，考虑任一种满足 $b_{ij}=l'(x_i)+l'(y_j)-c_{ij}\geq0$（$1\leq i,j\leq n$）的标号方法 l'，都有 $\sum\limits_{i=1}^{n}c(x_i,y_{j_i})\leq\sum\limits_{i=1}^{n}\big(l'(x_i)+l'(y_{j_i})\big)$，知 $\sum\limits_{i=1}^{n}\big(l(x_i)+l(y_i)\big)$ 以最佳匹配的最优值为下界。

③ 由于 $l(x_i)$ 和 $l(y_j)$ 都是整数，δ 是正整数，因此 $\sum\limits_{i=1}^{n}\big(l(x_i)+l(y_i)\big)$ 不会无限下降，算法必定在有限步骤后终止。

（3）断言：算法终止时，一定可以得到最佳匹配。

算法终止时一定出现了 n 个不在同行、同列的 b_{ij} 均为 0，假设它们是 $b_{1,j_1},b_{2,j_2},\cdots,$

b_{n,j_n}，因此对当前矩阵 $\boldsymbol{B}$ 的 0 元素最小覆盖的覆盖数为 n。对应于 G' 的匹配数为 n，就是 G 的一个完美匹配 M，而且此时有 $\sum_{i=1}^{n}\left(l(x_i)+l(y_i)\right)=\sum_{1\leqslant i\leqslant n}c(i,j_i)$。

考虑原图 G 的任意一个完美匹配 $M'=\{\, x_1 y_{j_1}, x_2 y_{j_2}, \cdots, x_k y_{j_k} \,\}$，则由矩阵 $\boldsymbol{B}$ 始终满足 $b_{ij}=l(x_i)+l(y_j)-c_{ij}\geqslant 0$ 可得 $\sum_{i=1}^{n}c\left(x_i,y_{j_i}\right)\leqslant\sum_{i=1}^{n}\left(l(x_i)+l(y_{j_i})\right)=\sum_{1\leqslant i\leqslant n}c(i,j_i)$。

这表明算法终止时即得最大权匹配。 □

也可以从二部图的匹配的角度来证明算法一定会终止。

在步骤 2 中，假设通过算法 MaxMatch 求出的 G' 中最大匹配为 M。

如果 X 中不存在 M-非饱和顶点，则 X 本身就是一个完美匹配，算法终止。

否则考虑 M-非饱和顶点 $x\in X$。按照 G 和 G' 的构造方法，x 不可能是孤立顶点，考察所有从 x 开始的交错道路，记 Y 中所有 x 可以通过这些道路到达的顶点为集合 Y_x，记 X 中所有 x 可以通过这些道路到达的顶点为集合 X_x（包含点 x 本身）。记 $S=\bigcup_{\substack{x\in X \\ \text{是}M\text{-非饱和}}}X_x$，

$T=\bigcup_{\substack{x\in X \\ \text{是}M\text{-非饱和}}}Y_x$。则 $(X-S)\cup T$ 就是 G' 的一个最小点覆盖集，也是对当前矩阵 $\boldsymbol{B}$ 的 0 元素的最小覆盖，被覆盖的行的集合是 $X-S$，被覆盖的列的集合是 T。由 $(X-S)$ 到 $(Y-T)$ 有使 $(X-S)$ 中每个顶点饱和的匹配；T 到 S 也有使 T 中每个顶点饱和的匹配（图 8.81(a)）。

注意由步骤 4 和步骤 4.2，算法在每一轮变换中都会在未被覆盖的位置添加至少一个 0。这相当于在 G' 中添加一条边 $uv\in S\times(Y-T)$。

由 S 的构造方法可知，或者 u 本身就是 M-非饱和顶点，或者存在 M-非饱和顶点 $x\in X$，从 x 开始的某一条交错道路可以到达顶点 u。

若 v 是 M-非饱和顶点（图 8.81(b)），则产生由 x 到 v 的 M-可增广道路，因此可以扩充 M（至多发生 n 次）。

若 v 是 M-饱和顶点，则可以扩充 S 和 T（图 8.81(c)，这个环节在扩充 M 之前至多发生 n 次）。

因此算法在至多执行 n^2 轮后必定终止。

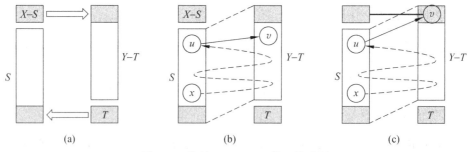

图 8.81　算法 MaxMatch 的可终止性

8.7 图 的 着 色

定义 8.51 对简单图 G 的每个顶点赋予一种颜色，使得相邻的顶点颜色不同，称为图 G 的一种**点着色**（vertex coloring）。对简单图 G 进行点着色所需要的最少颜色数称为 G 的**点色数**（chromatic number），记为 $\chi(G)$。

注：对于 n 阶简单图 G，明显地有 $\chi(G) \leqslant n$。

定义 8.52 对简单图 G 的每条边赋予一种颜色，使得相邻的边颜色不同，称为图 G 的一种**边着色**（edge coloring）。

定义 8.53 对无桥平面图 G 的每个面赋予一种颜色，使得相邻的面颜色不同，称为图 G 的一种**面着色**（face coloring）。

利用对偶图的概念，可以把平面图 G 的面着色问题转化为研究对偶图 G^* 的点着色问题；而通过下面的线图概念，也可以将图的边着色问题转化为点着色问题。

定义 8.54 假设 G 是简单图，构造图 $L(G)$，G 中的边和 $L(G)$ 中的顶点一一对应，如果 G 中的边 e_1 和 e_2 相邻，则在 $L(G)$ 中与 e_1 和 e_2 相对应的两个顶点间连一条边，称 $L(G)$ 是 G 的**线图**（line graph）。

【**例 8.68**】 在图 8.82 中，(b)是(a)的线图，(d)是(c)的线图，(e)是彼得森图的线图。

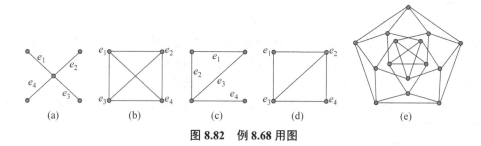

图 8.82 例 8.68 用图

【**例 8.69**】 图 8.83(a)的点色数是 2，(b)的点色数是 4，(c)的点色数是 3。

【**例 8.70**】 彼得森图中含有长度为 5 的圈，因此至少要用 3 种颜色才能够正常着色。另一方面，彼得森图可以用 3 种颜色进行点着色（如图 8.84 所示）。因此彼得森图的点色数是 3。

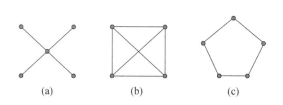

图 8.83 例 8.69 用图

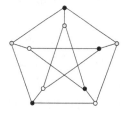

图 8.84 例 8.70 用图

【**例 8.71**】

（a）$\chi(G) = 1$ 当且仅当 G 是离散图。

（b）$\chi(K_n)=n$。

（c）$\chi(C_n)=2$，n 是偶数时；$\chi(C_n)=3$，n 是奇数时。（$n\geq3$）

（d）$\chi(W_n)=3$，n 是偶数时；$\chi(W_n)=4$，n 是奇数时。（$n\geq3$）

（e）$\chi(G)=2$ 当且仅当 G 是二部图。

【例8.72】 有 6 种化学药品，其中药品 a 和 b 不能存放在同一个仓库中，否则将发生化学反应，类似地，a 和 d、b 和 e、b 和 f、c 和 d、c 和 e、c 和 f、d 和 e 也不能存放在同一个仓库中，请问至少需要多少个仓库存放这 6 种药品？

解. 用顶点表示药品，如果两种药品不能存放在同一个仓库中，则在代表着两种药品的顶点之间连一条边，于是得到图 8.85(a)。问题转化为对图 8.85(a) 的顶点着色问题，该图的点色数为 3（如图 8.85(b) 所示），因此至少需要 3 个仓库。

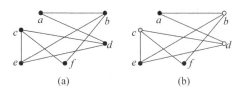

图 8.85 例 8.72 用图

【例8.73】 学校期末要举行各个课程的考试，要求学同一门课程的学生考试时间尽可能相同，问至少要举行多少场考试？

这个问题也可以转化为顶点着色：用顶点表示考试，顶点 u 和 v 邻接当且仅当有学生既要参加 u 课程的考试又要参加 v 课程的考试。那么，所得图的每一种顶点着色方案都给出了考试的一种安排方式，而最少的考试场次正好对应着图的点色数 $\chi(G)$。

图 G 的点着色可以确立其顶点集 V 上的一个二元关系 R，$(u, v)\in R$ 当且仅当 u 和 v 着以同一种颜色。由此可以得到 V 的一个划分 $\{V_1, V_2, \cdots, V_k\}$，其中每个划分块 V_i 都是 G 的一个点独立集。

反过来，若 $\{V_1, V_2, \cdots, V_k\}$ 是 V 上对应于点独立集的一个划分，则可由此确定 G 的一种着色法。

显然，图 G 的点色数就是将顶点集 V 关于独立集作划分时，划分块为最少时的数目。

决定一个图的点色数是一个难题（准确地讲，它是一个 NP 完全问题），目前尚不存在有效的方法，因此在对图进行点着色时常采用近似算法，尽管不能得到最优结果，但是算法的执行却是快捷有效的。

下面介绍韦尔奇-鲍威尔（Welch-Powell）点着色算法：

韦尔奇-鲍威尔算法 Welch-Powell (G)

输入：简单图 G

输出：图 G 的一个点着色方案

1． 将图中顶点按度数不增的方式排成一个序列

2． 使用一种新颜色对序列中的第一个顶点进行着色，并且按照序列次序，对与已着色顶点不邻接的每一顶点着同样的颜色，直至序列末尾。然后从序列中去掉已着色的顶点，得到一个新的序列

3． 对新序列重复步骤 2，直至得到空序列

【**例 8.74**】　使用韦尔奇-鲍威尔方法对图 8.86(a)进行顶点着色。

解. 将图中各顶点按度数不增的次序排列得到顶点序列：b, a, d, g, h, c, e, f。

对顶点 b 着以第一种颜色，依次考察序列中其他顶点：a、d、g、h 与 b 相邻，因此它们不能着第一种颜色；c 与 b 不相邻，所以顶点 c 也着第一种颜色；e 与已着色的顶点 c 相邻，因此不能着第一种颜色；f 与已着色的顶点 b 和 c 都不相邻，因此着第一种颜色；至此第一轮着色过程结束（如图 8.86(b)所示），得到新的顶点序列：a, d, g, h, e。

重复上述过程，对顶点 a、d、e 着第二种颜色，对顶点 g 着第三种颜色，对顶点 h 着第四种颜色，至此结束，得到图 8.86(c)。

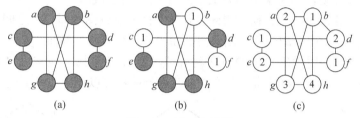

图 8.86　例 8.74 用图

要说明的是，韦尔奇-鲍威尔算法并不总能得到最少颜色数目的着色方案。例如在图 8.87(a)中，每个顶点的度数都是 3，如果按照 a, b, c, d, e, f, g, h 的顺序排列顶点，那么使用韦尔奇-鲍威尔算法将得到图 8.87(b)的结果，共使用了 4 种颜色；而如果按照 $a, c, e,$ g, b, d, f, h 的顺序排列顶点，那么使用韦尔奇-鲍威尔算法将得到图 8.87(c)的结果，共使用了两种颜色，达到了该图的点色数。

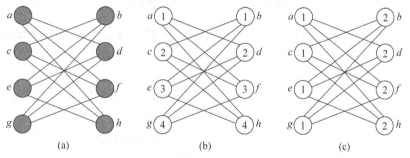

图 8.87　韦尔奇-鲍威尔算法的说明

下面介绍两个有关图着色的著名问题。

每个平面图都可以只使用 4 种颜色进行面着色，这就是著名的"四色定理"：一张各国地域连通，并且相邻国家有一段公共边界的平面地图上，可以用 4 种颜色为地图着色，使得相邻国家着有不同的颜色。它在图论发展史上起到过巨大的推动作用。

1852 年，佛朗西斯·古思里（Francis Guthrie）在绘制英格兰分郡地图时，发现许多地图都只需用 4 种颜色染色，就能保证有相邻边界的分区颜色不同。他将这个发现告诉了他的弟弟弗雷德里克·古思里。弗雷德里克将他哥哥的发现作为一个猜想向老师德·摩根提出。德·摩根对此很感兴趣，当天就和爱尔兰数学家哈密顿通信，将这个问题向他提出。而哈密顿则与之相反，对它丝毫不感兴趣，他在 3 天后的回信中告诉德·摩根，他不会尝试解决这个问题。

1879 年，肯普（Alfred Kempe）宣布证明了四色定理。但是在 1890 年，希伍德（Heawood）指出了肯普的证明存在漏洞，而且他使用肯普的方法证明了"五色定理"。

直到 1976 年四色定理才最终由数学家阿佩尔（Kenneth Appel）和哈肯（Wolfgang Haken）在科克（J. Koch）的帮助下证明。他们的证明方法是将地图上的无限种可能情况归纳为 1936 种状态，再由电脑逐个检查这些状态是否可以用 4 种颜色进行面着色，过程共用了一千多个小时。四色定理是第一个主要由电脑证明的理论，但这一证明并没有被所有的数学家接受，因为采用的方法不能由人工直接验证。

在证明四色定理过程中，研究者还发现了平面哈密顿图和面着色之间的一个有趣联系：哈密顿回路将平面分成若干个回路内部面和若干个回路外部面，使用颜色 A 和 B 交替将内部面着色，使用颜色 C 和 D 交替将外部面着色，得到了一个使用 4 种颜色的面着色（如图 8.88 所示）。一般地讲，每个平面哈密顿图都可以使用 4 种颜色进行面着色。

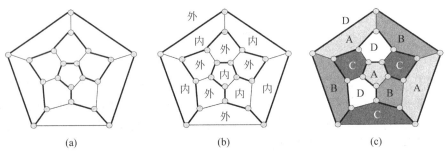

(a)   (b)   (c)

图 8.88   平面哈密顿图的面着色

接下来介绍与边着色相关的一个著名问题——拉姆齐数（Ramsey's number）。

我们将证明如下结果：任意 6 个人中必定有 3 个人彼此都认识或者有 3 个人彼此互不相识。

用顶点来表示 6 个人，如果两个人相识就在代表这两个人的顶点之间画一条边并染蓝色，如果两个人不相识就在代表着两个人的顶点之间画一条边并染红色，于是得到一个 6 阶完全图，每条边染以红蓝两色之一（此时不要求相邻的边必须异色）。问题转化为证明无论如何对边染色，图中一定存在同色三角形。（在下文中用实线表示蓝色边，用虚线表示红色边）。

考虑任一个顶点（不妨假设它是 v_1），与之关联的边有 5 条，由鸽巢原理，其中必定有 3 条边同色，不妨假设边 v_1v_2、v_1v_3、v_1v_4 同为蓝色（如图 8.89(a)所示）。下面考察边 v_2v_3、v_2v_4、v_3v_4。如果其中存在蓝色边，则将产生蓝色三角形（如图 8.89(b)所示）；如果 3 条边都是红色，则将产生红色三角形（如图 8.89(c)所示）

但是 5 个人在一起有可能达不到要求的条件，如图 8.90 所示，图中既不存在红色三角形又不存在蓝色三角形。

这个问题的一般形式是：给定整数 s 和 t，计算最小的整数 n，使得任意 n 个人中必

图 8.89 拉姆齐数   图 8.90 5 个人在一起有可能达不到要求

定有 s 个人彼此相识或 t 个人互不相识。用图论的语言讲就是：对于给定整数 s 和 t，计算最小的整数 n，使得对 n 阶完全图的边任意染以红色或蓝色（相邻边可以颜色相同）后，图中都一定存在红色 s 阶完全图子图或蓝色 t 阶完全图子图。这时的 n 记作 $R(s, t)$，称作**拉姆齐数**。上述例子表明 $R(3, 3)=6$，这个问题和结果最早是由拉姆齐（Frank Plumpton Ramsey，1903—1930）于 1930 年在论文《形式逻辑上的一个问题》（*On a Problem in Formal Logic*）中提出并证明的。

但是即使对于很小的 s 和 t 值，计算 $R(s, t)$ 通常也是很困难的，目前已知的拉姆齐数非常少。厄尔多斯（Paul Erdös，1913—1996）曾用一个故事来描述计算拉姆齐数的难度："如果有一支外星人军队来到地球，要求获得 $R(5, 5)$ 的值，否则便会毁灭地球。这时，我们应该集中全世界所有的电脑和数学家来寻找这个值。但是倘若它们要求的是 $R(6, 6)$ 的值，我们要做的应该是去竭力毁灭这伙外星人。"

8.8 网 络 与 流

图 8.91(a)表示一个地区的供水管线图。图中的边表示水管，边的权重是水管的容量上限，有向边表示仅允许单向流动；图中的顶点是水管的接合点，并附有控制水流流向与流量的机器；只有一个水源——自来水厂（顶点 1），只有一个最终的终点——终极用户（顶点 7）。水流流动时不能超过各条管线的容量限制。

类似的问题包括：图 8.91(b)表示一个地区的各条主干道，整个地区只有一个入口（顶点 1）和一个出口（顶点 6），有向图的边表示单行线，每条单行线都有各自的最大吞吐量（单位时间通过的车辆数），希望计算单位时间内从此地区可以通过的最大可能车辆数。

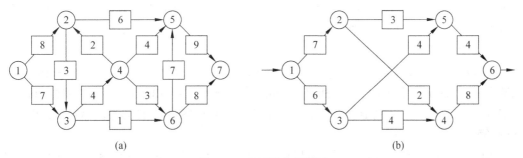

图 8.91 流网络应用模型

这类问题可以抽象为统一的图模型。

定义 8.55 假设 $G=(V, E)$ 是一个连通无重边且不包含自环的有向图。如果 G 中
（1）只有一个入度为 0 的顶点，记之作 s，称作源（sourse）。
（2）只有一个出度为 0 的顶点，记之作 t，称作汇（sink）。
（3）每条有向边 $e=(u, v)$ 都存在一个非负的权值 c_{uv}，称作边的容量（capacity）。
则称 G 是一个网络（network）或流网络（flow network），也记作 $G=(V, E, s, t, c)$。

有向边也称作弧（arc），边 $e=(u, v)$ 通常也记作 uv。

【例 8.75】 图 8.92 展示了一个网络实例，各边容量在方形框中表示。

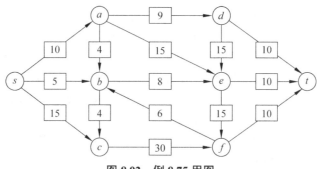

图 8.92　例 8.75 用图

一些类似的问题也可以抽象成定义 8.55 的网络。

（a）事实上如果有重边，将所有重边的容量求和作为其中一条边的总容量并删除其他重边，可以得到等价的网络图。

（b）自环的存在与否不影响问题的分析和求解，为简洁起见要求图不存在自环。

（c）在实际应用中，有时需要考虑点的权重（例如中转站的容量上限），假设该顶点的容量为 w，可以通过如图 8.93 所示的方式修改。

图 8.93　点的权重的消除处理

（d）有时网络 N 中可能有多个源和多个汇，可以通过下述方式将网络 N 扩大为 N'，将问题转化为单个源和单个汇的网络 N' 中的最大流问题：增加两个新的顶点 s 和 t，添加 s 到每个源的有向边，添加每个汇到 t 的有向边，并且将足够大的容量 c_0 赋予这些新加的有向边。分别称 s 和 t 为**超源（super-source）**和**超汇（super-sink）**（通常取 c_0 大于每个源发出边容量之和即可）。

【例 8.76】 从城市 A 到城市 C 可以直达，也可以途经城市 B。在 18:00 到 19:00 晚高峰期间平均行驶时间是：A 到 B 需要 15min，B 到 C 需要 30min，A 到 C 需要 30min。而路的最大容量是：A 到 B 的容量是 1000 辆，B 到 C 容量是 1500 辆，A 到 C 容量是 2000 辆。

引入一个超源和一个超汇后，可以用图 8.94 表示这段时间的交通容量。在图中，如果在 t_1 时刻离开城市 X 并在 t_2 时刻到达城市 Y，则在 "X, t_1" 向 "Y, t_2" 引一条边，边的权值是路的容量。

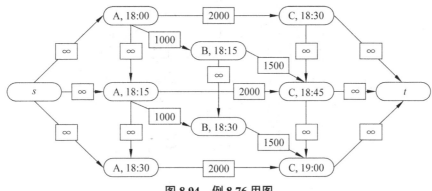

图 8.94 例 8.76 用图

定义 8.56 假设顶点 $v \in V$，定义 v 的**前驱**（**predecessor**）为 $\mathrm{pred}(v)=\{u|(u, v)\in E\}$，定义 v 的**后继**（**successor**）为 $\mathrm{succ}(v)=\{u|(v, u)\in E\}$。

定义 8.57 若实值函数 $f\colon E\to\mathbb{R}$ 满足

（1）**容量限制**（capacity constraint）：对所有 $e=(u, v)\in E$，有 $f_{uv}=f(e)\leqslant c_{uv}$。

（2）**流量守恒**（flow conservation）：对所有顶点 $v\in V-\{s, t\}$，$\displaystyle\sum_{u\in\mathrm{pred}(v)} f_{uv} = \sum_{u\in\mathrm{succ}(v)} f_{vu}$。

则称它是网络的一个**容许流分布**，或简称为一个**流**（**flow**），f_{uv} 称作边 (u, v) 上的**流量**。如果边 $e=(u, v)$ 满足 $f_{uv}=c_{uv}$，则称 e 为**饱和边**。

定义 8.58 对所有顶点 $v\in V-\{s\}$，定义 $f(\bullet, v)=\displaystyle\sum_{u\in\mathrm{pred}(v)} f_{uv}$，称作顶点 v 的**总流入量**；对所有顶点 $u\in V-\{t\}$，定义 $f(u, \bullet)=\displaystyle\sum_{v\in\mathrm{succ}(u)} f_{uv}$，称作顶点 u 的**总流出量**。为完整性考虑，可以补充定义 $f(\bullet, s)=0$，$f(t, \bullet)=0$。

流量守恒表明：流在除了源和汇以外的各个顶点的总流入量等于总流出量，即既不产生也不消耗。

定义 8.59 设 f 是网络图 G 的一个流，$f(s, \bullet)$ 称作流 f 的**流量**或者**值**（**value**），即源 s 的总流出量，记作 $|f|$。若 G 的任意一个流 f' 都满足 $|f|\geqslant|f'|$，则称 f 是 G 的一个**最大流**（**maximum flow**）。

【例 8.77】 对于图 8.92 的网络实例，图 8.95(a)表示了一个流（例如可以理解为允

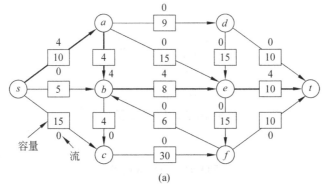

(a)

图 8.95 例 8.77 用图

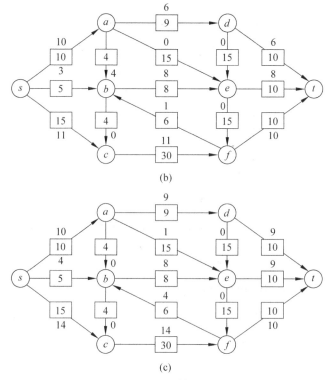

图 8.95（续）

许 4 辆车沿粗线所示道路通过此地区），图 8.95(b)和(c)表示另外两个不同的流。(a)、(b)、(c)所示的流的值分别是 4、24、28；(c)是该网络的一个最大流。

【例 8.78】　一般而言，网络的最大流是不唯一的，例如图 8.96 所示的网络。

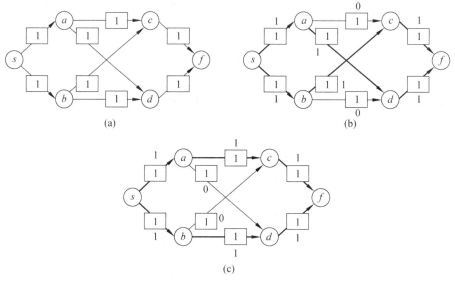

图 8.96　例 8.78 用图

下面描述最大流的另一种刻画。

定义 8.60 在网络 $G=(V, E, s, t, c)$ 中，任何一个满足 $s \in S$, $t \in T=V-S$ 的顶点 V 的划分 $\{S, T\}$ 称作一个 **s-t 割**（**s-t cut**），简称**割**（**cut**）。一个 s-t 割的**容量**（**capacity**）定义为 $\displaystyle\sum_{\substack{u \in S, v \in T \\ (u,v) \in E}} c_{uv}$，记为 $\mathrm{cap}(S, T)$。如果图 G 的 s-t 割 (S, T) 使得任意一个 G 的 s-t 割 (S', T') 都有 $\mathrm{cap}(S, T) \leqslant \mathrm{cap}(S', T')$，则称 (S, T) 是图 G 的一个最小 s-t 割，简称**最小割**（**minimum cut**）。

【例 8.79】 在图 8.92 所示的网络中，图 8.97(a)、(b)、(c) 表示不同的 s-t 割，容量分别是 30、62、28；(c) 是该网络的一个最小割。

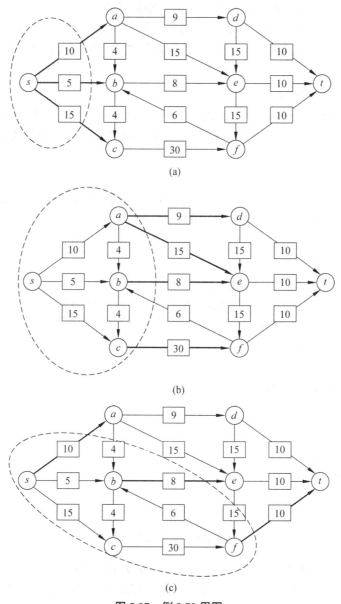

图 8.97 例 8.79 用图

【例 8.80】　一般而言，网络的最小 s-t 割不唯一，例如图 8.98 所示的网络。

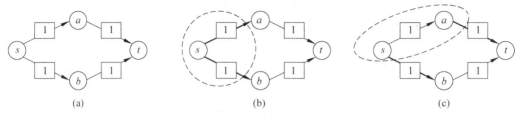

图 8.98　例 8.80 用图

下面建立流与割之间的关系，首先引入一些符号的定义。

定义 8.61　在网络 $G=(V, E, s, t, c)$ 中，假设 A、B 都是 V 的非空子集。定义 $f(A,B)=\sum\limits_{\substack{u\in A,v\in B\\(u,v)\in E}}f_{uv}$，即从 A 穿出进入 B 的边的总流量；定义 $c(A,B)=\sum\limits_{\substack{u\in A,v\in B\\(u,v)\in E}}c_{uv}$，即从 A 穿出进入 B 的边的总容量。

定理 8.30　假设 $G=(V, E, s, t, c)$ 是一个网络，令 f 是一个流，(S, T) 是一个 s-t 割，则通过该割的流量等于由源 s 发出的流量。即 $f(S, T)-f(T, S)=|f|$。特别地有 $f(\bullet, t)=|f|$。

证明. 对 $|S|$ 进行归纳证明。

$S=\{s\}$ 时明显成立。

假设定理对于 $|S|<k$ 时都成立。如图 8.99 所示，当 $|S|=k$ 时，任取 $v\in S-\{s\}$，令 $S'=S-\{v\}$，$T'=T\cup\{v\}$，则由 $|S'|=k-1$ 可知 $f(S', T')-f(T', S')=|f|$。

将顶点 v 添加到 S' 后，

$f(S, T)-f(T, S)$

$=(f(S', T')-f(S', \{v\})+f(\{v\}, T))-(f(T', S')-f(\{v\}, S')+f(T, \{v\}))$

$=f(S', T')-f(T', S')+((f(\{v\}, T)+f(\{v\}, S'))-(f(T, \{v\})+f(S', \{v\})))$

$=f(S', T')-f(T', S')+f(v, \bullet)-f(\bullet, v)$

$=f(S', T')-f(T', S')$。

表明 $f(S, T)-f(T, S)$ 是不变量，值必定是 $|f|$。

特别地有 $f(\bullet, t)=f(V-\{t\}, \{t\})-f(\{t\}, V-\{t\})=|f|$。　　□

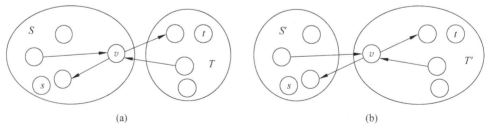

图 8.99　定理 8.30 用图

【例 8.81】　在图 8.92 的网络中，读者可以通过图 8.100(a)~(f)验证定理 8.30，其中 (a)、(c)、(e)都是同一个流的不同的 s-t 割，(b)、(d)、(f)是另一个流的不同 s-t 割。

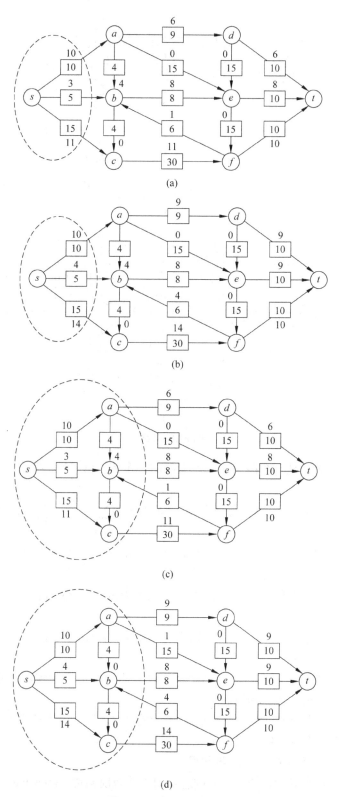

图 8.100 例 8.81 用图

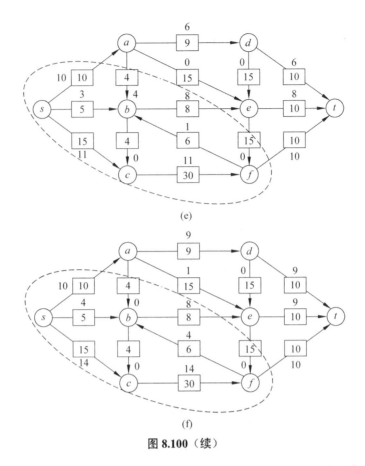

图 8.100（续）

定理 8.31 设 G 是一个网络，令 f 是 G 的一个流，(S, T) 是 G 的一个 s-t 割，则 $|f| \leqslant \mathrm{cap}(S, T)$。

证明. 由定理 8.30，$|f|=f(S, T)-f(T, S) \leqslant f(S, T)=\displaystyle\sum_{\substack{u \in S, v \in T \\ (u,v) \in E}} f_{uv} \leqslant \sum_{\substack{u \in S, v \in T \\ (u,v) \in E}} c_{uv}=\mathrm{cap}(S, T)$. □

推论 设 G 是一个网络，f 是一个流，(S, T) 是一个 s-t 割，则若 $|f|=\mathrm{cap}(S, T)$，则 f 是一个最大流且 (S, T) 是一个最小 s-t 割。

证明. 假设 f_1 是任意一个流，则由定理 8.31 有 $|f_1| \leqslant \mathrm{cap}(S, T)=|f|$，因此 f 是一个最大流。

假设 (S_1, T_1) 是任意一个 s-t 割，则由定理 8.31 有 $\mathrm{cap}(S, T)=|f| \leqslant \mathrm{cap}(S_1, T_1)$，因此 (S, T) 是一个最小 s-t 割。 □

在给出最大流和最小割的更深刻联系，以及描述构造最大流和最小割的算法之前，先给出剩余图和可增广道路的概念。

定义 8.62 假设网络 $G=(V, E, s, t, c)$ 中有流 f，则可如下定义 G 关于 f 的**剩余图**（**residual graph**）为 $G_f=(V, E_f, s, t, c')$：

（1）G_f 的顶点集与 G 的顶点集相同。

（2）G_f 的边集合 E_f 有两类：$\{(u, v) | f_{uv} < c_{uv}\}$，称为**前向边**（**forward edge**）；$\{(u, v) | f_{vu} > 0\}$，称为**后向边**（**backward edge**）；即 $E_f=\{(u, v) | f_{uv} < c_{uv}$ 或 $f_{vu} > 0\}$。

（3）容量 $c'_{uv} = \begin{cases} c_{uv} - f_{uv}, & \text{if } f_{uv} < c_{uv} \\ f_{vu}, & \text{if } f_{vu} > 0 \end{cases}$。

注：不同的流 f 对应不同的剩余图。

【例 8.82】 图 8.101 给出了剩余图中的边和容量的构造方法：根据(a)中边的容量和边上的流量可以在剩余图中构造两条边，如(b)所示；根据(c)中边的容量和边上的流量可以在剩余图中构造一条边，如(d)所示（也可以视为构造了两条边并忽略容量为 0 的边）。

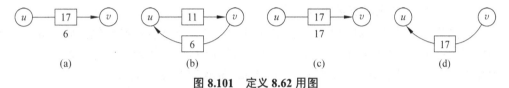

图 8.101　定义 8.62 用图

【例 8.83】 图 8.102(a)的剩余图如(b)所示，(c)的剩余图如(d)所示。

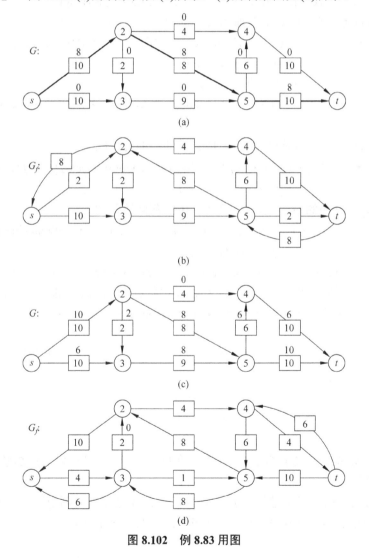

图 8.102　例 8.83 用图

定义 8.63   假设网络 $G=(V, E, s, t, c)$中有流 f, G 关于 f 的剩余图中的简单 s-t 道路 P 称作**可增广道路（augment path）**，定义 bottleneck(P, f)为 P 所经过各边的最小容量。

可以由增广道路 P 构造 G 的一个新的流 f'：

$$f'_{uv} = \begin{cases} f_{uv} + \text{bottleneck}(P, f), & (u, v) \text{ 是}P\text{中的前向边} \\ f_{uv} - \text{bottleneck}(P, f), & (v, u) \text{ 是}P\text{中的后向边} \\ f_{uv}, & \text{其他情况} \end{cases}$$

可以验证函数 f' 满足容量条件和守恒条件：

（1）满足容量条件。对于不在道路 P 上的边而言，不产生任何变化；如果(u, v)是 P 中的前向边，则由定义 8.62 有 $f'_{uv}=f_{uv}+\text{bottleneck}(P,f)\leqslant f_{uv}+c'_{uv}=f_{uv}+c_{uv}-f_{uv}=c_{uv}$；如果$(v, u)$ 是 P 中的后向边，则由定义 8.62 有 $f'_{uv}=f_{uv}-\text{bottleneck}(P,f)\leqslant f_{uv}\leqslant c_{uv}$。

（2）满足守恒条件。对于不在道路 P 上的顶点而言，不产生任何变化；对于在 P 上的顶点 $v\in V-\{s, t\}$，假设在道路 P 上与 v 关联的边是(u, v)和(v, w)。

如果(u, v)和(v, w)都是 P 中的前向边，则

$$f'(\cdot, v)-f'(v, \cdot)=(f(\cdot, v)+\text{bottleneck}(P,f))-(f(v, \cdot)+\text{bottleneck}(P,f))$$
$$=f(\cdot, v)-f(v, \cdot)=0$$

如果(u, v)和(v, w)都是 P 中的后向边，则

$$f'(\cdot, v)-f'(v, \cdot)=(f(\cdot, v)-\text{bottleneck}(P,f))-(f(v, \cdot)-\text{bottleneck}(P,f))$$
$$=f(\cdot, v)-f(v, \cdot)=0$$

如果(u, v)是 P 中的前向边，(v, w)是 P 中的后向边，则

$$f'(\cdot, v)-f'(v, \cdot)=(f(\cdot, v)+\text{bottleneck}(P,f)-\text{bottleneck}(P,f))-f(v, \cdot)$$
$$=f(\cdot, v)-f(v, \cdot)=0$$

如果(u, v)是 P 中的后向边，(v, w)是 P 中的前向边，则

$$f'(\cdot, v)-f'(v, \cdot)=f(\cdot, v)-(f'(v, \cdot)+\text{bottleneck}(P,f)-\text{bottleneck}(P,f))$$
$$=f(\cdot, v)-f(v, \cdot)=0$$

而且，$|f'|=f'(s, \cdot)=f(s, \cdot)+\text{bottleneck}(P,f)>f(s, \cdot)=|f|$，即流的流量得以提升。

由此可以得到如下结论，其包含了福特和福尔克森（Ford-Fulkerson）1956 年得到的**可增广道路定理和最大流最小割定理（max-flow min-cut theorem）**，即网络图中最大流量等于最小割容量。

定理 8.32   假设 f 是网络 $G=(V, E, s, t, c)$的一个流，则以下陈述等价：

（a）f 是一个最大流。

（b）当前 f 的剩余图中不存在可增广道路。

（c）存在 G 的一个 s-t 割(S, T)使得$|f|=\text{cap}(S, T)$。

证明.

(a)$\Rightarrow$(b)。如果当前关于 f 的剩余图中存在可增广道路，则可以通过这条道路扩大流，与 f 是最大流矛盾。

(b)$\Rightarrow$(c)。假设 f 是不存在可增广道路的流。设 S 是在当前剩余图中由 s 可达的顶点之集合，则显然 $s\in S$，且 $t\notin S$，否则存在可增广道路，令 $T=V-S$。

假设 $u \in S$，$v \in T$。若 $(u, v) \in E$，则必然有 $f_{uv}=c_{uv}$，否则 $(u, v) \in E_f$，v 也由 s 可达，与 S 的定义矛盾；若 $(v, u) \in E$，则必然有 $f_{vu}=0$，否则 $(u, v) \in E_f$，v 也由 s 可达，与 S 的定义矛盾。

因此由定理 8.30 有 $|f|=f(S, T)-f(T, S)=c(S, T)-0=cap(S, T)$。

(c)$\Rightarrow$(a)由定理 8.31 的推论即得。   □

定理 8.32 "(b)$\Rightarrow$(c)"部分的证明也给出了由最大流构造最小割的方法。

【例 8.84】 对于图 8.92 的网络实例，图 8.95(c)是一个最大流，图 8.97(c)是对应于该最大流的一个最小割。

由定理 8.32(a)和(b)的等价性可以给出最大流的构造算法——福特-福尔克森最大流算法（Ford-Fulkerson，1956 年）：

最大流算法 Ford-Fulkerson (G)

输入：网络 $G=(V, E, s, t, c)$

输出：G 的一个最大流 f

1　初始流量选为 0 流量，即对所有边 uv，$f_{uv} \leftarrow 0$。
2　构造 G 关于 f 的剩余图 G_f。
3　若 G_f 中存在增广道路 P，则按照前述方法由增广道路 P 构造 G 的一个新的流 f'，
　　$f \leftarrow f'$，转到步骤 2；否则输出 f。

【例 8.85】 对于图 8.103(a)中的网络，福特-福尔克森最大流算法的执行过程如(a)~(l)所示，而对应的最小割见(m)。

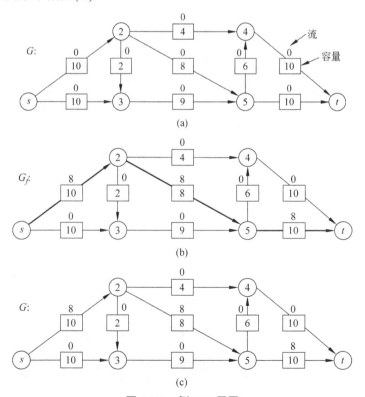

图 8.103　例 8.85 用图

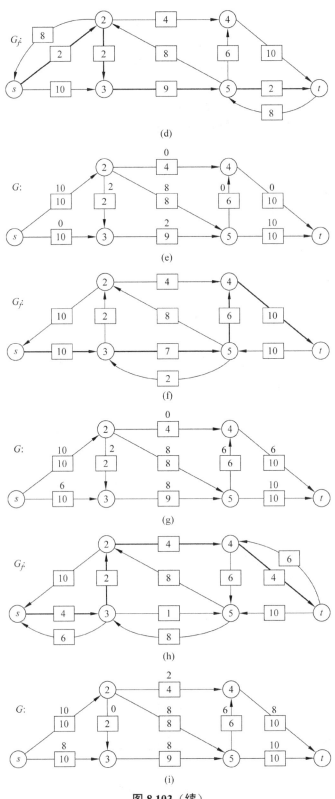

图 8.103（续）

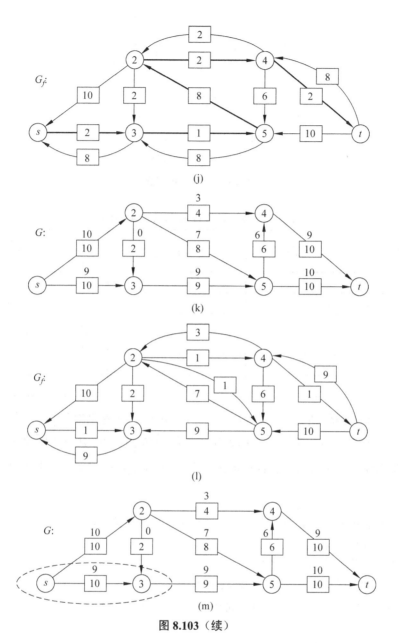

图 8.103（续）

如果各边的容量都是整数，则每次 $f \leftarrow f'$ 的更新都使得流的值至少增加 1，因此算法至多在 $\sum\limits_{v \in succ(s)} c_{sv}$ 次结束；如果各边的容量都是一般实数，那么该算法有可能永远运行下去而无法终止。

【例 8.86】考虑如图 8.104 所示的网络，s 是源，t 是汇，边 e_1、e_2 和 e_3 的容量分别是 1、$r = \left(\sqrt{5} - 1\right)/2$（$r$ 满足 $r^2 = 1 - r$）和 1，其他边的容量都是整数 $M \geq 2$。记道路 $p_1 = s$, v_4, v_3, v_2, v_1, t、$p_2 = s, v_2, v_3, v_4, t$ 和 $p_3 = s, v_1, v_2, v_3, t$。

考虑按如表 8.2 所示的次序执行福特-福尔克森最大流算法的前几次循环。

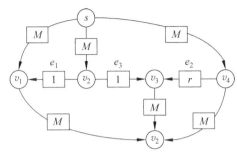

图 8.104　例 8.86 用图

表 8.2　不终止的福特-福尔克森算法实例

循环次数	可增广道路	增加的流量值	边容量的剩余值		
			e_1	e_2	e_3
0			$r^0=1$	r	1
1	$\{s, v_2, v_3, t\}$	1	r^0	r^1	0
2	p_1	r^1	r^2	0	r^1
3	p_2	r^1	r^2	r^1	0
4	p_1	r^2	0	r^3	r^2
5	p_3	r^2	r^2	r^3	0

注意到第 1 次循环到第 5 次循环边 e_1、e_2 和 e_3 的剩余容量都是 $\{r^n, r^{n+1}, 0\}$ 的形式，其中 n 是非负整数。可以证明，不断使用可增广道路 p_1、p_2、p_3 增加流量，e_1、e_2 和 e_3 的剩余容量都还是这种形式，而且总流量的极限是 $1+2\sum_{i=1}^{\infty} r^i = 3+2r$（前 5 次循环的总流量为 $1+2r+2r^2$）。

然而很明显该网络的最大流是 $2M+1 \geqslant 5 > 3+2r$，即福特-福尔克森最大流算法不会终止，也无法达到最大流。

最后介绍一些网络最大流的应用。

可以将二部图的匹配问题化为网络流图：

（1）将原图的所有无向边改为有向边，由 X 中顶点指向 Y 中顶点。

（2）添加一个超源顶点 s 和一个超汇顶点 t。

（3）添加 s 到 X 中每个顶点的有向边，添加 Y 中每个顶点到 t 的有向边。

（4）所有有向边的容量都设置为 1。

所得的图称作**匹配网络（matching nerwork）**。则有以下定理。

定理 8.33　（a）可以由匹配网络的一个流给出 G 的一个匹配，其中顶点 $x \in X$ 和 $y \in Y$ 相匹配当且仅当边 (x, y) 上的流量是 1。

（b）一个最大匹配对应于一个最大流。

（c）一个值为 $|X|$ 的流对应于一个使 X 中每个顶点饱和的匹配。

证明留作习题。

应用匹配网络和最大流最小割定理可以给出霍尔定理的另一个证明：

（必要性）从"流量"的角度来看，明显有 $|N_G(S)| \geq |S|$。

（充分性）考虑 G 的匹配网络图 G_1 的任一个割 (S, T)。边集合 $E_1 = \{(u, v)|u \in S, v \in T\}$ 中的元素是以下 3 种类型之一（如图 8.105 所示）：

类型 I ——(s, x)，$x \in X$。

类型 II ——(x, y)，$x \in X$，$y \in Y$。

类型 III ——(y, t)，$y \in Y$。

记 $n = |X|$。若 $X \subseteq T$，则 $\mathrm{cap}(S, T) \geq \sum_{x \in X} c(s, x)$ 至少为 n。

若 $X_1 = X \cap S$ 非空，则 E_1 中有 $n - |X_1|$ 条类型 I 的边。记 $Y_1 = N_G(X_1) \cap S$，$Y_2 = N_G(X_1) \cap T$。则 E_1 中至少有 $|Y_1|$ 条类型 III 的边（$|\{(y, t)|y \in Y_1\}|$）。而另一方面，由 $|X_1| \leq |N_G(X_1)| = |Y_1| + |Y_2|$，表明 E_1 中类型 II 的边数至少是 $|Y_2| \geq |X_1| - |Y_1|$。

于是 $\mathrm{cap}(S, T) = |$类型 I 的边$| + |$类型 II 的边$| + |$类型 III 的边$| \geq n - |X_1| + |X_1| - |Y_1| + |Y_1| = n$。

因此任意一个割的容量都至少为 n，而割 $(\{s\}, X \cup Y \cup \{t\})$ 的容量恰好为 n，因此 G_1 的最小割的容量为 n。而这就表示 G_1 最大流的值是 n，即存在使 X 中每个结点饱和的匹配。 □

舞伴问题（dancing problem，k-正则二部图的完美匹配）：一次舞会有 n 个男孩和 n 个女孩，每个男孩恰好认识 k 个女孩，每个女孩也恰好认识 k 个男孩（$1 \leq k \leq n$），是否可以安排得当，使得每人的舞伴都是自己认识的（即是否存在 k-正则二部图的完美匹配）？

建立一个匹配网络，并考虑如下定义的流：$f(s, x_i) = 1$，$f(y_j, t) = 1$，$f(x_i, y_j) = 1/k$，其中 $1 \leq i, j \leq n$，$x_i \in X$，$y_j \in Y$（例如图 8.106），可以证明它是一个值为 n 的最大流。这就证明了完美匹配的存在性。

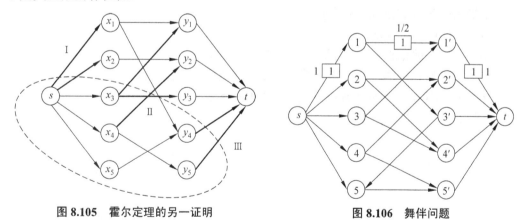

图 8.105 霍尔定理的另一证明 　　图 8.106 舞伴问题

下面讨论一个与有向图中道路和连通性有关的结果。

定义 8.64 设 $G = (V, E)$ 是一个有向连通图，s 和 t 是图中两个给定的不同顶点。在图中从顶点 s 到顶点 t 的没有公共边的初级道路称为**边不相交的道路（edge-disjoint path）**。如果 $E' \subseteq E$，且满足每条从 s 到 t 的初级道路都必然包含 E' 中的边，则称 E' 是 G 的 **st-分离集(st-disconnectigng set)**。

由于要求找到从 s 到 t 的初级道路，因此可以忽略指向 s 的有向边和由 t 发出的有向边、忽略不是 s 或 t 但入度为 0 或出度为 0 的顶点，故而可以假定图中只有一个入度为 0 的顶点 s，只有一个出度为 0 的顶点 t，并给每条有向边都赋以权值 1，于是形成一个网络。

容易看出，其中最大流的值就是 s 到 t 的边不相交道路的最大数目，而最小割的容量则是 st-分离集的最少有向边数（参看图 8.107）。由最大流最小割定理即得到**门格定理**（Menger，1927 年）。

定理 8.34 有向图 D 中从顶点 s 到顶点 t 的边不相交有向道路的最大数目等于 st-分离集的最小有向边数。

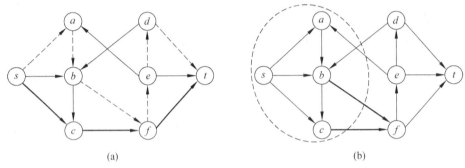

图 8.107　门格定理

习　题　8

8.1　已知无向图 G 如图 8.108 所示。

（a）求顶点数和边数。

（b）写出各顶点的度数，并验证握手定理及其推论。

（c）指出图 G 中的重边、环、孤立顶点、悬挂顶点、悬挂边。

（d）要使图 G 成为简单图，至少需要删去几条边？

8.2　已知有向图 G 如图 8.109 所示。

（a）求顶点数和边数。

（b）写出各顶点的出度、入度和度数，并验证握手定理。

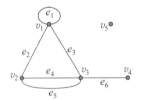

图 8.108　习题 8.1 用图

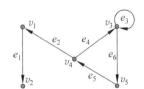

图 8.109　习题 8.2 用图

8.3　设图 G 有 n 个顶点和 $n+1$ 条边，证明：G 中至少有一个顶点度数大于或等于 3。

8.4 设 n 阶图 G 有 m 条边，证明：$\delta(G) \leqslant \dfrac{2m}{n} \leqslant \Delta(G)$。

8.5 确定下面的序列中哪些构成图的度数序列？若是图的度数序列，请画出一个对应的图。

（a）6, 5, 4, 3, 2, 1。

（b）6, 5, 4, 3, 2, 2。

（c）5, 5, 4, 3, 2, 1。

8.6 证明：不存在 7 阶无向简单图以 1, 3, 3, 4, 6, 6, 7 为度数序列。

8.7 7 阶无向图 G 中有 1 个 2 度顶点、3 个 3 度顶点、2 个 4 度顶点、1 个 5 度顶点，求 G 的边数。

8.8 具有 13 条边的无向图 G 中有 3 个 2 度顶点、2 个 3 度顶点、1 个 4 度顶点和若干个 5 度顶点，求 G 的阶数。

8.9 无向图 G 的边数为 16，G 有 3 个 4 度顶点、4 个 3 度顶点、其余顶点度数均小于 3，求 G 至少有多少个顶点。

8.10 已知无向图 G 中顶点数 n 与边数 m 相等，2 度与 3 度顶点各 2 个，其余顶点均为悬挂顶点，求 G 的边数。

8.11 已知无向图 G 中边数 $m=10$，有 3 个 2 度顶点和 2 个 4 度顶点，其余顶点均为奇数度顶点，试讨论奇数度顶点的个数及度数分配情况。

8.12 有 n 个人，每个人恰好有 3 个朋友，证明：n 是偶数。

8.13 证明：任意 n（$n \geqslant 2$）个人之中，不认识另外奇数个人的人数为偶数。

8.14 9 阶无向图 G 中顶点度数不是 5 就是 6，证明：G 中至少有 5 个 6 度顶点或者至少有 6 个 5 度顶点。

8.15 假设 (n, m)-图 G 中，每个顶点的度数不是 k 就是 $k+1$，且 G 中有 N 个 k 度顶点，有 $N+1$ 个 $k+1$ 度顶点，试用 n、m、k 表示 N 的值。

8.16 证明：如果简单图 G 的所有顶点度数都大于 2，则 G 的边数不可能是 7。

8.17 证明：简单图中存在度相同的顶点。

8.18 n 阶 k 度正则图中有多少条边？

8.19 将有向图 G 的边的方向去掉得到的无向图称作 G 的**基图**，基图是完全图的有向图称作**竞赛图**。证明：竞赛图中所有顶点的入度平方之和等于所有顶点的出度平方之和。

（提示：利用 $(\deg^-(v))^2 = (n-1-\deg^+(v))^2$。）

8.20 判断图 8.110 中的各图是否是二部图。

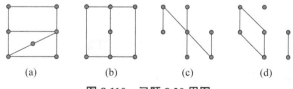

（a）　　　　　（b）　　　　　（c）　　　　　（d）

图 8.110　习题 8.20 用图

8.21 画出完全二部图 $K_{3,4}$。

8.22 完全二部图 $K_{r,s}$ 中有多少条边？

8.23 n 满足什么条件时，完全图 K_n 是二部图？

8.24 由完全二部图 $K_{r,s}$（$r \geq 1$, $s \geq 1$）产生完全图 K_n（$n=r+s$）需要增加多少条边？

8.25 设 G 是 (n, m)-简单二部图，证明：$m \leq \dfrac{n^2}{4}$。

8.26 在一次舞会中，A、B 两国学生各有 n（$n>2$）人参加，A 国内每个学生都与 B 国一些（不是所有）学生跳过舞，B 国每个学生至少和 A 国一个学生跳过舞。证明：一定可以找到 A 国的两个学生 a 和 b 及 B 国两个学生 x 和 y，使得 a 和 x，b 和 y 跳过舞，而 a 和 y，b 和 x 没有跳过舞。

（提示：记与 B 国学生 x 跳过舞的 A 国学生集合为 $S(x)$，则如果结论不成立，所有 $S(x)$ 形成包含关系的"链"，将与"A 国内每个学生都不与 B 国所有学生跳过舞"产生矛盾。）

8.27 某次会议有 n 名（$n \geq 4$）代表出席，已知任意的 4 名代表中都有 1 个人与其余的 3 个人握过手。证明：任意的 4 名代表中必有一个人与其余的 $n-1$ 名代表都握过手。

（提示：等价于证明没有与其余的 $n-1$ 名代表都握过手的代表不超过 3 人。）

8.28 设 G 是 n 阶简单图。G 的**带宽**是指 $\max\{|i-j| \mid a_i$ 与 a_j 是相邻的$\}$ 在 G 的顶点的所有排列 $a_1, a_2, \cdots, a_n$ 上所取的最小值，即带宽是赋给相邻顶点的下标的最大差值在顶点标号的所有置换中所可能取得的最小值。求以下各图的带宽：完全图 K_5、完全二部图 $K_{2,3}$、完全二部图 $K_{3,3}$、立方体图 B_3、圈图 C_5、轮图 W_4。

8.29 令 G 是一个图。假设对于 G 中的每对不同的顶点 v_1 和 v_2，G 中存在唯一顶点 w，使得：v_1 和 w 是相邻的，v_2 和 w 是相邻的。

（a）证明：如果 v 和 u 是 G 中不相邻的顶点，那么 $\deg(v)=\deg(u)$。

（提示：建立与 u 相邻的顶点和与 v 相邻的顶点之间的一一对应。）

（b）证明：如果存在一个度为 $k>1$ 的顶点，且没有顶点与所有其他顶点相邻，那么每个顶点的度都为 k。

（提示：证明如果 u 与 v 相邻且均不与其他所有顶点相邻，则 $\deg(v)=\deg(u)$。）

8.30 有 $2n$（$n>1$）个空间点，试证明：用 n^2+1 条线段任意连接这 $2n$ 个点形成一个简单图，其中必然出现一个三角形。并证明用 n^2 条边连接，则可能不出现三角形。

8.31 求图 8.111 的所有 3 阶子图、4 阶导出子图和支撑子图。

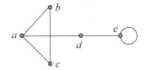

图 8.111 习题 8.31 用图

8.32 证明：完全图的导出子图也是完全图。

8.33 在完全图 K_n（$n \geq 2$）中，寻找边数最多的生成子图，使得其成为完全二部图 $K_{r,s}$（$n=r+s$）。

8.34 判断图 8.112 中的两图是否同构。

8.35 判断图 8.113 中的两图是否同构。

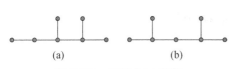

(a)　　　　　　(b)

图 8.112 习题 8.34 用图

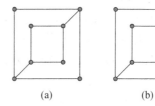

(a)　　　　(b)

图 8.113 习题 8.35 用图

8.36 判断图 8.114 中的两图是否同构。

8.37 判断图 8.115 中的两图是否同构。

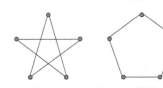

图 8.114 习题 8.36 用图

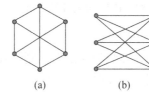

(a)　　　(b)

图 8.115 习题 8.37 用图

8.38 画出所有不同构的 (5, 3)-简单图。

8.39 画出所有不同构的 (5, 4)-简单图。

8.40 有多少个不同构的 5 阶简单正则图？

8.41 有多少个不同构的 6 阶简单正则图？

8.42 已知 3 度正则图 G 的阶数 n 与边数 m 满足 $m=2n-3$，证明：G 只有两种非同构的情况。

8.43 求图 8.116 中的各图的补图。

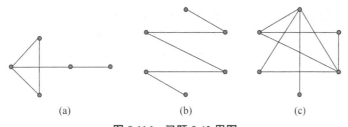

(a)　　　　　　　(b)　　　　　　　(c)

图 8.116 习题 8.43 用图

8.44 画出 K_4 的所有不同构的子图和生成子图，指出哪些是自补图。

8.45 给出一个 5 阶自补图的例子。

8.46 假设 G 是 n（$n \geq 2$）阶 k-正则图，证明：$\overline{G}$ 也是正则图。

8.47 假设 n 阶简单图 G 有 m 条边，G 的补图 $\overline{G}$ 有多少条边？

8.48 假设 G 是 n 阶自补图，计算 G 的边数。

8.49 假设 G 是 n 阶自补图，证明：或者 n 是 4 的倍数，或者 n 模 4 余 1。

8.50 假设 G 是 n 阶简单图，试用 $\delta(G)$ 和 $\varDelta(G)$ 表示 $\delta(\overline{G})$ 和 $\varDelta(\overline{G})$。

8.51 设 G_1 与 G_2 均为无向简单图，证明：G_1 与 G_2 同构当且仅当 $\overline{G_1}$ 与 $\overline{G_2}$ 同构。

8.52 已知无向图 G 如图 8.117 所示，求 v_1 到 v_3 的所有简单道路、初级道路，求 v_1 到 v_1 的所有简单回路、初级回路。

8.53 已知无向图 G 如图 8.118 所示，指出图中所有的桥。

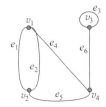

图 8.117　习题 8.52 用图　　　　　　　　图 8.118　习题 8.53 用图

8.54 证明定理 8.6。

8.55 证明：如果边 e 是桥，则 $G-e$ 恰有两个连通分支。

8.56 证明：在 n 阶图 G 中，若从顶点 u 到 $v(u \neq v)$ 存在道路，则

（a）u 到 v 一定存在长度小于或等于 $n-1$ 的道路。

（b）u 到 v 一定存在长度小于或等于 $n-1$ 的初级道路。

8.57 证明：在 n 阶图 G 中，若存在 v 到自身的回路，则

（a）一定存在 v 到自身长度小于或等于 n 的回路。

（b）一定存在 v 到自身长度小于或等于 n 的初级回路。

8.58 证明：若无向图 G 中恰有两个奇数度的顶点，则这两个顶点之间必然存在一条通路。

8.59 令 m 和 n 是正整数，满足 $1 \leqslant m \leqslant 2^n$。证明：$n$ 立方体图中存在一个长度为 m 的简单回路当且仅当 $m \geqslant 4$ 且 m 为偶数。

8.60 n 阶非连通简单图至多有多少条边？至少有多少条边？

8.61 假设 G_1 和 G_2 是两个简单图，如果有 G_1 的某个特性，且 G_1 与 G_2 同构，则 G_2 也具有该特性。这样的特性称为**不变量（invariant）**。证明以下特性是不变量（其中 k 是一个正整数）：

（a）有一个度为 k 的顶点。

（b）含有 n 个度为 k 的顶点。

（c）图是连通的。

（d）有一个长度为 k 的简单回路。

（e）有 n 个长度为 k 的简单回路。

8.62 假设无向连通图 G 中存在初级回路，证明：删除该回路中任何一边后，图仍然是连通的。

8.63 假设 n 阶简单图 G 中每个顶点的度数都大于 $n/2$，证明：G 是连通图。

8.64 如果无向图 G 中，既存在顶点 u 到顶点 v 的长度为奇数的道路，又存在顶点 u 到顶点 v 的长度为偶数的道路，证明：图 G 中存在简单回路。

8.65 如果无向图 G 中，存在顶点 u 到顶点 v 的两条不同的简单道路，证明：图 G 中存在简单回路。

8.66 假设 G 为 n 阶无向连通图，证明：

（a）至少有 $n-1$ 条边。（提示：使用归纳法。）

（b）若边数大于 $n-1$，则至少有一条回路。（提示：使用归纳法及定理 8.5。）

（c）如果恰好有 $n-1$ 条边，则至少有一个顶点的度数为奇数。

8.67 设 G 是 n（$n \geqslant 5$）阶简单图，证明：G 或 $\bar{G}$ 必定存在回路。

8.68 设 (n, m)-简单图 G 满足 $m > \dfrac{1}{2}(n-1)(n-2)$。

（a）证明：G 是连通图。

（b）构造一个 $m = \dfrac{1}{2}(n-1)(n-2)$ 的非连通简单图。

8.69 n 个城市由 k 条公路连接（公路两端为城市，中间不通过其他任何城市，两个不同城市之间最多有一条公路），证明：若 $k > (n-1)(n-2)/2$，则总可以通过连接城市的公路在任何两个城市之间旅行。

8.70 令 G 是一个 k 正则 n 阶简单图，其中

$$k \geqslant \frac{n-3}{2}, n \bmod 4 = 1$$

$$k \geqslant \frac{n-1}{2}, n \bmod 4 \neq 1$$

证明：G 是连通的。

8.71 证明：简单图 G 是二部图当且仅当图中不存在回路或所有回路的长度都是偶数。

8.72 证明：无向图 $G=(V, E, \gamma)$ 不是连通图当且仅当存在 V 的一个划分 $\{V_1, V_2\}$，使得 G 中任何边都不会以 V_1 中的一个顶点和 V_2 中的一个顶点作为两端。

8.73 证明：在图 8.119 中从 u 到 v 的长度为 n 的道路的数目等于 n 阶斐波那契数 f_n。

图 8.119　习题 8.73 用图

8.74 称无向连通图 G 中的顶点 v 为**割点**，是指如果将顶点 v 和所有与 v 关联的边删除，会使得图 G 变为非连通图。

（a）给出一个 6 阶图的例子，其中恰好有两个割点。

（b）给出一个 6 阶图的例子，其中没有割点。

（c）证明：连通图 G 中的顶点 v 为割点当且仅当 G 中存在两个顶点 x 和 y，使得从 x 到 y 的每条道路都经过 v。

8.75 连通简单图的两个不同顶点 v_1 和 v_2 之间的**距离**是在 v_1 和 v_2 之间的最短简单道路的长度（边数）。图的**半径**是从顶点 v 到其他顶点的最大距离在所有顶点 v 上所取的最小值。图的**直径**是在两个不同顶点之间的最大距离。

（a）直径是否一定是半径的 2 倍？

（b）直径是否一定大于半径？

（c）求下列图的半径和直径：K_6、$K_{4,5}$、超立方体图 B_3、C_6。

（d）证明：若简单图 G 的直径至少为 4，则它的补图 $\overline{G}$ 的直径不超过 2。

（提示：考虑两个点 a 和 b 在 $\overline{G}$ 中的距离，如果不是 1，则 a 和 b 在 G 中相邻，继而证明在 $\overline{G}$ 中有 a 到 b 长度为 2 的道路。）

（e）证明：若简单图 G 的直径至少为 3，则它的补图 $\overline{G}$ 的直径不超过 3。

8.76　举例说明有向图中顶点之间的可达关系既无对称性也无反对称性。

8.77　判断图 8.120 中的各有向图是否连通，是否是单向连通的，是否是强连通的。

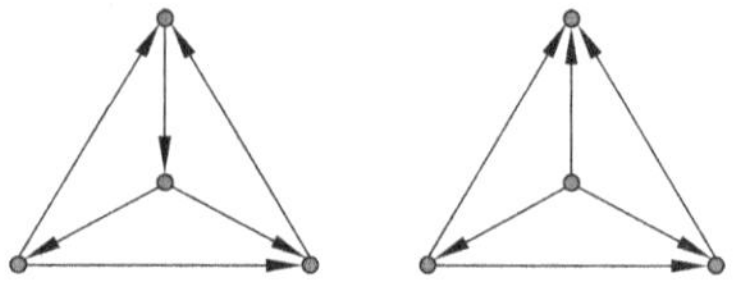

8.78　寻找 3 个 5 阶有向图 G_1、G_2、G_3，满足：G_1 是强连通的，G_2 是单向连通的但不是强连通的，G_3 是有向连通的但不是单向连通的。

8.79　证明：在一个没有回路的竞赛图中，对于任意顶点 u 和 v，有 $\deg^+(u) \neq \deg^+(v)$。

图 8.120　习题 8.77 用图

8.80　设有向图 D 是单向连通图，证明：D 中存在经过每个顶点至少一次的道路。

8.81　设有向图 D 是单向连通图，但不是强连通图，问在 D 中至少加几条边可以得到强连通图？

8.82　证明：一个简单有向图是强连通的当且仅当图中有一条包含每个顶点的回路。

8.83　证明：在一个 DAG 中至少存在一个顶点出度为 0。

8.84　证明：在一个 n 阶 DAG 中边的最大数目是 $n(n-1)/2$。

8.85　假设有向图如图 8.121 所示。

（a）写出图的邻接矩阵。

（b）利用邻接矩阵计算各个顶点的出度和入度。

（c）计算 v_1 到 v_4 的长度为 3 的不同道路数。

（d）计算 v_1 到 v_4 的长度不超过 3 的不同道路数。

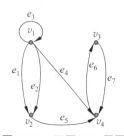

图 8.121　习题 8.80 用图

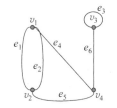

图 8.122　习题 8.86 用图

8.86　假设无向图如图 8.122 所示。

（a）写出图的邻接矩阵。

（b）利用邻接矩阵计算各个顶点的度数。

（c）计算 v_1 到 v_3 的长度为 4 的不同道路数。

（d）计算 v_4 到 v_4 长度不超过 3 的不同回路数。

8.87 令 A 是图 $K_{m,n}$ 的邻接矩阵。给出 A^i 中元素的表示公式。

8.88 在完全图 K_n（$n>2$）中，

（a）有多少长度 $k \geqslant 1$ 的道路？

（b）有多少条长度在 1 和 k（包括 k）之间的道路？

8.89 令 v 和 w 是 K_n 中的两个不同的顶点。令 p_m 代表 K_n 中从 v 到 w 的长度为 m 的道路的数目，$1 \leqslant m \leqslant n$。

（a）寻找 p_m 的递归关系。

（b）给出 p_m 的显示公式。

8.90 令 v 和 w 是 K_n（$n \geqslant 2$）中的两个不同的顶点，证明：从 v 到 w 的简单道路的数目是 $(n-2)! \sum_{k=0}^{n-2} \dfrac{1}{k!}$。

8.91 判断图 8.123 中的各图是否存在欧拉道路，是否存在欧拉回路。

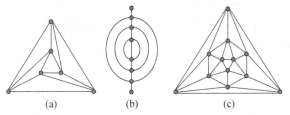

（a）　　　（b）　　　（c）

图 8.123　习题 8.91 用图

8.92 画一个无向欧拉图，使得它满足以下条件：

（a）有偶数个顶点和偶数条边。

（b）有奇数个顶点和偶数条边。

（c）有偶数个顶点和奇数条边。

（d）有奇数个顶点和奇数条边。

8.93 设 G 是 n（$n \geqslant 2$）阶欧拉图，证明：图 G 中不存在桥。

8.94 n 满足什么条件时，完全图 K_n 是欧拉图？

8.95 r,s 满足什么条件时，二部图 $K_{r,s}$ 是欧拉图？

8.96 构造图 8.124 中各图的欧拉回路。

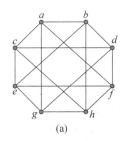 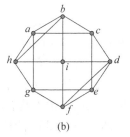

（a）　　　　　（b）

图 8.124　习题 8.96 用图

8.97 判断图 8.125 中的各有向图是否存在欧拉道路，是否存在欧拉回路。

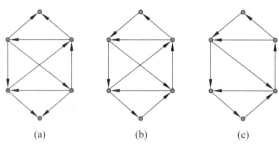

图 8.125   习题 8.97 用图

8.98   画一个有向欧拉图，使得它满足以下条件：
　　　　（a）有偶数个顶点和偶数条边。
　　　　（b）有奇数个顶点和偶数条边。
　　　　（c）有偶数个顶点和奇数条边。
　　　　（d）有奇数个顶点和奇数条边。

8.99   证明：若连通有向图 G 是欧拉图，则它一定是强连通的。其逆命题成立吗？

8.100   判断图 8.126 中的各图是否存在哈密顿道路，是否存在哈密顿回路。

8.101   说明图 8.127 中的图不是哈密顿图。

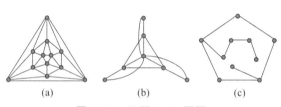

图 8.126   习题 8.100 用图

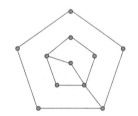

图 8.127   习题 8.101 用图

8.102   证明：彼得森图不是哈密顿图。

8.103   画一个无向哈密顿图，使得它满足以下条件：
　　　　（a）有偶数个顶点和偶数条边。
　　　　（b）有奇数个顶点和偶数条边。
　　　　（c）有偶数个顶点和奇数条边。
　　　　（d）有奇数个顶点和奇数条边。

8.104   画出一个图，使其满足以下条件：
　　　　（a）具有欧拉回路和哈密顿回路。
　　　　（b）具有欧拉回路，但不具有哈密顿回路。
　　　　（c）不具有欧拉回路，但具有哈密顿回路。
　　　　（d）既不具有欧拉回路，也不具有哈密顿回路。

8.105   如果简单无向连通 (n, m)-图 G 的边数满足 $m=(n^2-3n+4)/2$，G 是否一定是哈密顿图？说明理由。

8.106   一只蚂蚁可否从立方体的一个顶点出发，沿着棱爬行过每一个顶点一次且仅一次，最后回到出发点？利用图作解释。

8.107 对一个 3×3×3 的立方体，能否从一个角上开始，通过所有 27 个 1×1×1 的小立体方块各一次，最后达到中心？试说明理由。

8.108 一个班的学生共计选修 *A*、*B*、*C*、*D*、*E*、*F* 共 6 门课程，其中一部分人同时选修了 *D*、*C*、*A*，一部分人同时选修了 *B*、*C*、*F*，一部分人同时选修了 *E* 和 *B*，还有一部分人同时选修了 *A* 和 *B*。期终考试要求每天考一门课，6 天内考完，而且为了减轻学生负担，要求每人都不会连续两天参加考试。试设计一个考试日程表。

8.109 10 个人围坐于一个圆桌旁，每个人都至少和其余的 5 个人是朋友，请问能否安排座位使得每个人左右两边都是他的朋友？

8.110 某工厂生产 6 种不同颜色的纱制成的双色布，已知在生产的品种中，每种颜色至少和其他 5 种颜色中的 3 种颜色搭配，证明：可以挑出 3 种双色布，它们恰有 6 种不同的颜色。

8.111 *r* 和 *s* 满足什么条件时，二部图 $K_{r,s}$ 是哈密顿图？

8.112 完全图 K_n（*n*≥3）共有多少条不同的哈密顿回路？

8.113 设 *G* 是 *n*（*n*≥2）阶哈密顿图，证明：图 *G* 中不存在桥。

8.114 当 *m* 和 *n* 取何值时图 8.128 是欧拉图？当 *m* 和 *n* 取何值时图 8.128 是哈密顿图？

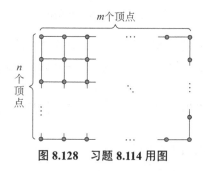

图 8.128　习题 8.114 用图

8.115 修改习题 8.114 中的图 8.128，对所有 *i*=1, 2, …, *n*，在第 *i* 行第 1 列顶点和第 *i* 行第 *m* 列顶点之间都添加一条边。证明：得到的图是哈密顿图。

8.116 证明：

（a）3×3 的棋盘上不存在骑士巡游回路。

（b）4×3 的棋盘上不存在骑士巡游回路。

（c）4×4 的棋盘上不存在骑士巡游回路。

（提示：称顶上的和底下的 8 个格子为外格子，称其他 8 个格子为内格子。骑士必须从一个外格子移动到一个内格子，或者从一个内格子移动到一个外格子。此外，骑士必须从一个白格子移动到一个黑格子，或者从一个黑格子移动到一个白格子。）

8.117 证明：任何竞赛图中一定存在哈密顿道路。

8.118 证明：任何强连通的竞赛图必定是哈密顿图。

8.119 设 *n* 为正整数，证明：

（a）K_{2n}的边集合是边不相交的 m 个哈密顿道路的边集的并，并计算 m 的值。

（提示：考虑图 8.129 或图 8.130）

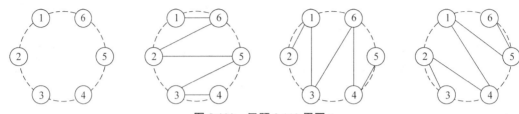

图 8.129　习题 8.119 用图 1

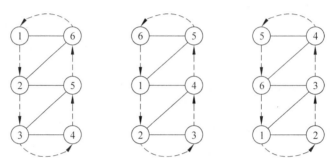

图 8.130　习题 8.119 用图 2

（b）K_{2n+1}的边集合是边不相交的 m 个哈密顿回路的边集的并，并计算 m 的值。

8.120　$2n+1$ 个人围圆桌开会，每次开会时每人的邻座都与以前不同，问最多可以安排多少次这种会议？

8.121　若无向图中每一条边都能定一个方向，使得到的有向图是强连通图，则称该图为**可定向**的。证明：

（a）判断图 8.131 中的图是否可定向。

（b）证明：欧拉图是可定向的。

（c）证明：哈密顿图是可定向的。

（d）证明：若一个连通图具有桥，则它不是可定向的。

（e）证明：连通图是可定向的当且仅当图的每一条边至少在一条回路上。

（f）因为城市中心区交通流量正在增长，所以交通工程师计划将目前所有双行街道都变成单行街道。解释如何为这个问题建模。

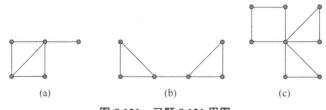

图 8.131　习题 8.121 用图

8.122　证明：$n \geq 3$ 时，轮图 W_n 具有如下性质：

（a）W_n 中简单回路的数目是 $n^2 - n + 1$。

（b）W_n 不是欧拉图。

（c）W_n 是哈密顿图。

8.123 图 8.132 中的各图是否是平面图？

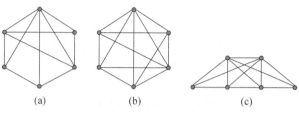

图 8.132 习题 8.123 用图

8.124 证明定理 8.13。

8.125 计算图 8.133 中的各图的顶点数、边数、面数、每个面的次数，并验证定理 8.13 和定理 8.14。

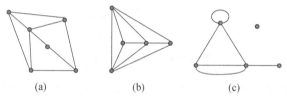

图 8.133 习题 8.125 用图

8.126 已知 8 阶连通平面图 G 有 5 个面，求 G 的边数 m。

8.127 已知具有 4 个连通分支的平面图 G 有 8 个面和 15 条边，求 G 的阶数。

8.128 假设简单连通平面图 G 的顶点数 $n=6$ 且 $m=12$，求 G 的面数和每个面的次数。

8.129 设简单连通图 G 有 15 个顶点，其中 7 个顶点的度是 4，6 个顶点的度是 6，2 个顶点的度是 8，证明：G 是非平面图。

8.130 证明：任何有 31 条边和 12 个顶点的简单连通图都不是平面图。

8.131 假设简单连通平面 (n, m)-图 G 的阶数大于 2，证明：G 的面数 $f \leqslant 2n-4$。

8.132 证明：边数 $m<30$ 的简单连通平面图 G 必定存在顶点 v 满足 $\deg(v) \leqslant 4$。

8.133 证明：不存在非连通的 7 阶 15 条边的简单平面图。

8.134 设 G 是阶数不小于 11 的简单图，证明：G 和 $\overline{G}$ 至少有一个是非平面图。

8.135 证明：$n \leqslant 3$ 时，n-立方体图是平面图；$n>3$ 时，n-立方体图不是平面图。

8.136 r 和 s 满足什么条件时，二部图 $K_{r,s}$ 是平面图？

8.137 n 满足什么条件时，完全图 K_n 是平面图？

8.138 设 G 是一个 3-正则的简单连通平面图，令 ϕ_k 表示由 k 条边围成的面的数目。证明：

$$\sum_{k=3}^{\infty} (6-k)\phi_k = 12 。$$

8.139 设 G 是一个 n 阶无环的连通平面图，假设 G 含有哈密顿回路 C，证明：

$$\sum_{t=1}^{n} (i-2)(f_i^{(1)} - f_i^{(2)}) = 0$$

其中 $f_i^{(1)}$和$f_i^{(2)}$ 分别是含在 C 内部和外部的度数为 i 的面的数目。

8.140 证明图 8.134 中的各图是非平面图。

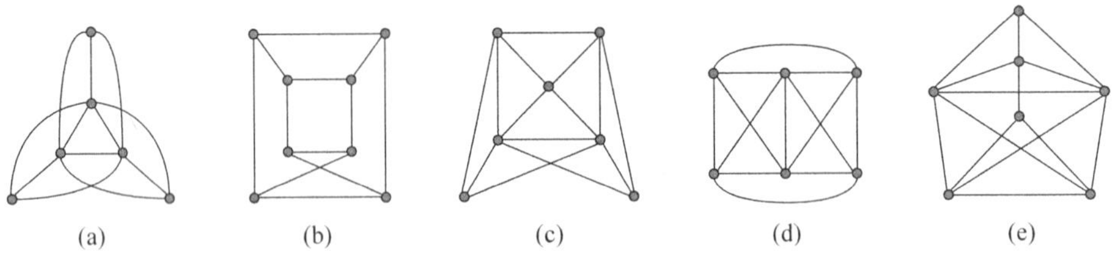

图 8.134 习题 8.140 用图

8.141 画出图 8.135 中的各图的对偶图，并验证定理 8.18。

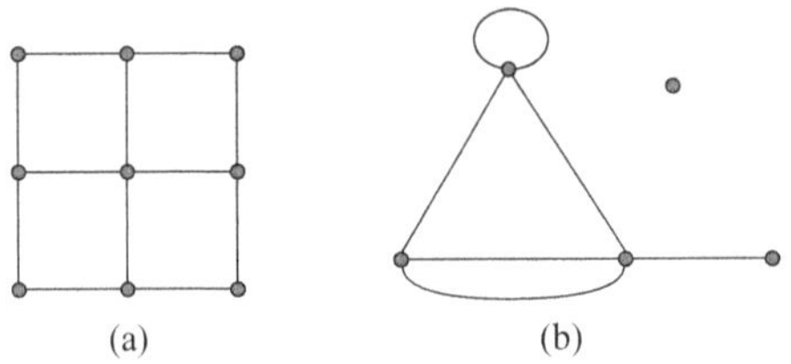

图 8.135 习题 8.141 用图

8.142 已知平面图 G 的阶数 n=8，边数 m=8，面数 f=4，连通分支数 k=3，求 G 的对偶图的阶数、边数、面数。

8.143 设 G^*是具有 k（$k \geqslant 2$）个连通分支的平面图 G 的对偶图，已知 G 的边数 m=10，面数 f=3，求 G^*的面数 f^*。

8.144 给出平面图 G 的对偶图 G^*是欧拉图的充要条件。

8.145 假设平面图 G 有 f 个面，而且每两个面的边界都恰好共享一条公共边，求 f 的最大值。

8.146 假设(n, m)-图 G 是简单平面图，每个顶点的度数都大于 2。

（a）证明：若面数 f<12，则 G 必存在一个次数至多为 4 的面。

（b）举例说明，若 f=12，则（a）中结论不成立。

8.147 举例说明“平面图 G 如果有度数为 1 的顶点，则对偶图 G^*含有自环；平面图 G 如果有度数为 2 的顶点，则对偶图 G^*含有重边”的逆命题不真。

8.148 举例说明同构的两个图的对偶图不一定同构。

（提示：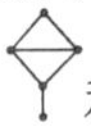和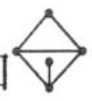。）

8.149 如果平面图 G 和它的对偶图是同构的，称 G 是**自偶图**。证明：若(n, m)-图 G 是自偶的，则 m=2n−2；并构造一个自偶图。

8.150 验证轮图 W_4 和 W_5 是自偶图。

8.151 求 8 阶自对偶平面图的边数和面数。

8.152 假设无向图如图 8.136 所示。

（a）找到图中的所有支配集、极小支配集、最小支配集，求图的支配数。

（b）找到图中的所有独立集、极大独立集、最大独立集，求图的独立数。

（c）找到图中的所有点覆盖集、极小点覆盖集、最小点覆盖集，求图的点覆盖数。

8.153 已知二部图如图 8.137 所示。

（a）找到图中的所有支配集、极小支配集、最小支配集，求图的支配数。

（b）找到图中的所有独立集、极大独立集、最大独立集，求图的独立数。

（c）找到图中的所有点覆盖集、极小点覆盖集、最小点覆盖集，求图的点覆盖数。

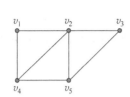

图 8.136 习题 8.152 用图

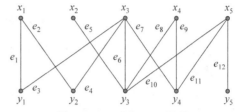

图 8.137 习题 8.153 用图

8.154 无向简单图的最大独立集是否一定是最小支配集？

8.155 无向简单图的最小支配集是否一定是最大独立集？

8.156 求彼得森图的支配数、独立数、点覆盖数。

8.157 求立方体图 B_n（$n \geqslant 1$）的支配数、独立数、点覆盖数。

8.158 已知 10 阶无向图 G 中无孤立顶点，G 的独立数为 4，求 G 的点覆盖数，并给出一个这样的无向图 G。

8.159 证明：对于任意的无向简单图 G，都有 $\beta(G) \geqslant \delta(G)$。

（提示：证明 $n - \alpha(G) \geqslant \delta(G)$。）

8.160 令 P_n 是由 n（$n \geqslant 1$）个顶点构成的简单道路。证明：P_n 中点独立集（包括空集 $\varnothing$）的数目是 $n+2$ 阶斐波那契数 f_{n+2}。

8.161 找到图 8.138 中各图的所有匹配、极大匹配、最大匹配，求图的匹配数。图中是否存在完美匹配？

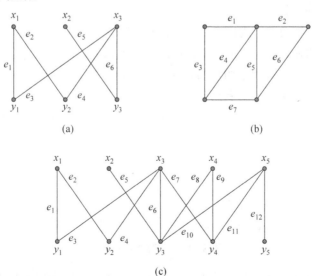

图 8.138 习题 8.161 用图

8.162 在图 8.139 中，寻找一个最大匹配。

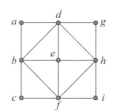

图 8.139 习题 8.162 用图

8.163 是否每一个匹配都包含在一个最大匹配中？如果成立，请证明之；如果不成立，请给出反例。

8.164 寻找 W_7 中的完美匹配。

8.165 证明：树最多有一个完美匹配。

8.166 证明：立方体图 B_n（$n \geqslant 1$）存在完美匹配。

8.167 求 K_{2n} 和 $K_{n,n}$ 中不同的完美匹配数目。

8.168 两个人通过轮流在图 G 上选取不同的顶点 v_0, v_1, v_2, …进行游戏，要求对于任意 $i>0$，v_i 与 v_{i-1} 都是相邻的。无法再拿到顶点者失败。证明：先行者有获胜策略当且仅当图中不存在完美匹配。

8.169 在一个 8×8 的正方形的左上角和右下角分别去掉一个 1×1 的小块后，证明：不可能只用 1×2 的小矩形拼出这样一个图形。

8.170 减肥俱乐部希望将会员分成两人一组的互助小组，同一个组的两个人的重量相差不应该超过 25 lb（1 lb≈0.454 kg）。Andrew 重 185 lb，Bob 重 250 lb，Carl 重 215 lb，Dan 重 210 lb，Edward 重 260 lb，Frank 重 205 lb。是否可以找到合适的分组方法？

8.171 某中学有 3 个课外小组：物理组、化学组、生物组。今有张、王、李、赵、陈 5 名同学。若已知：

（1）张、王为物理组成员，张、李、赵为化学组成员，李、赵、陈为生物组成员。

（2）张为物理组成员，王、李、赵为化学组成员，王、李、赵、陈为生物组成员。

（3）张为物理组和化学组成员，王、李、赵、陈为生物组成员。

在以上 3 种情况下能否各选出 3 名不兼职的组长？

8.172 设图 8.140 中的初始匹配 $M=\{x_1y_1, x_2y_5\}$，求它的一个最大匹配。

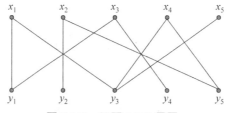

图 8.140 习题 8.172 用图

8.173 把一组联合国维和士兵分成两个人的小队，同队的两个成员要能讲同一种语言以

便进行沟通。士兵和所掌握的语言如表 8.3 所示。至多可以将士兵分为多少个组？（允许有士兵未被编入任何组）

表 8.3　习题 8.173 用表

士兵	语言
1	法语、德语、英语
2	西班牙语、法语
3	德语、朝鲜语
4	希腊语、德语、俄语、阿拉伯语
5	西班牙语、俄语
6	汉语、朝鲜语、日语
7	希腊语、汉语

8.174 有 5 个字符串 BC、ED、AC、BD 和 ABE，能否用其中的一个字母代表该字符串并且不产生混淆？如果可以，试给出一种方案。

8.175 5 个学生 V、W、X、Y、Z 是 4 个兴趣协会 C_1、C_2、C_3、C_4 的成员。C_1 的成员是 V、X 和 Y，C_2 的成员是 X 和 Z，C_3 的成员是 V、Y 和 Z，C_4 的成员是 V、W、X 和 Z。希望从每个兴趣协会中选出一个代表，一个学生不能代表两个兴趣协会，这样的要求是否可以实现？

8.176 某工作室有 4 项（彼此独立的）工作要做，工作室负责人可以把这些工作分配给 4 个工人。每个工人做各项工作所需要的时间（以小时计）如表 8.4 所示。

表 8.4　习题 8.176 用表

工人	工作 1	工作 2	工作 3	工作 4
工人 1	3	7	5	8
工人 2	6	3	2	3
工人 3	3	5	8	6
工人 4	5	8	6	3

负责人希望尽早结束这 4 项工作，所以他希望能选出 4 名工人并合理地给他们分配工作（每人一项），使得最大工作时间尽可能短。

8.177 举例说明霍尔定理对非二部图不成立。

8.178 在一个舞会上男女各占一半，假定每位男士都认识 k 位女士，每位女士也认识 k 位男士。问：是否可以安排得当，使每位都有认识的人做舞伴？

8.179 假设每位导师只有一个研究生指导名额，有 6 个学生报名了研究生面试，4 位导师的意愿如表 8.5 所示，是否能够让每位导师都选择到自己认可的研究生？

表 8.5 习题 8.179 用表

导师	学生					
	a	b	c	d	e	f
A	√		√	√		√
B	√	√			√	
C		√	√			√
D		√	√	√	√	

8.180 申请人 A 可以胜任工作 J_1、J_2、J_4 和 J_5，申请人 B 可以胜任工作 J_1、J_4 和 J_5，申请人 C 可以胜任工作 J_1、J_4 和 J_5，申请人 D 可以胜任工作 J_1 和 J_5，申请人 E 可以胜任工作 J_2、J_3 和 J_6，申请人 F 可以胜任工作 J_4 和 J_5。每项工作最多只能分配给一个申请人。最多可以同时为多少人分配工作？是否可以让每人都有工作可做？

8.181 Bat 先生带了 6 种不同味道的软糖回家，给他的 6 个孩子。但是，当他到家时，发现每个孩子都只喜欢某几种味道的糖。Amy 只吃巧克力、香蕉或香草味的糖，Burt 只喜欢巧克力和香蕉味的糖，Chris 只吃香蕉、草莓和桃子味的糖，Dan 只接受香蕉和香草味的糖，Edesl 艾德塞只喜欢巧克力和香草味的糖，Frank 只吃巧克力、桃子和薄荷味的糖。证明并非每个孩子都会得到他（或她）喜欢的软糖。

8.182 在国际象棋的棋盘的 64 个方格中，有 16 个方格已经标上记号，而且每行、每列都恰好有两个标记号的方格。证明：可以在已经标记号的方格中放上 8 个黑子和 8 个白子，使得每行每列都各有一个白子和一个黑子。

8.183 设 0-1 矩阵 A 每行恰有 k 个 1，每列最多有 k 个 1。证明：存在 k 个 0-1 矩阵 P_1, P_2, $\cdots$, P_k，使得 $A=P_1+P_2+\cdots+P_k$，其中每个矩阵 P_i 每行恰有一个 1，每列最多有一个 1。

8.184 6 位教师 Y_1, Y_2, $\cdots$, Y_6 给 4 个班 X_1, X_2, X_3, X_4 上课，课时安排由图 8.141 给出，第 i 行第 j 列数值表示教师 Y_j 给班级 X_i 每周上课的学时数。已知教室固定，问能否都安排在每天的前两节上课？试说明理由。

$$\begin{array}{c} \quad\ Y_1\ \ Y_2\ \ Y_3\ \ Y_4\ \ Y_5\ \ Y_6 \\ \begin{array}{c} X_1 \\ X_2 \\ X_3 \\ X_4 \end{array} \begin{bmatrix} 3 & 0 & 3 & 2 & 2 & 2 \\ 2 & 3 & 2 & 3 & 2 & 0 \\ 2 & 3 & 0 & 2 & 2 & 3 \\ 0 & 2 & 3 & 2 & 3 & 2 \end{bmatrix} \end{array}$$

图 8.141 习题 8.184 用图

8.185 集合 A_1, A_2, $\cdots$, A_m 的相异代表系（system of distinct representatives, SDR）由不同的元素 x_1, x_2, $\cdots$, x_m 组成，使得对于所有 $1 \leqslant i \leqslant m$，$x_i \in A_i$。

（a）集合 $\{1, 3, 5\}$、$\{1, 2\}$、$\{3, 4\}$、$\{2, 3, 4\}$ 中是否存在 SDR？

（b）集合 $\{1, 2, 3\}$、$\{1, 2\}$、$\{2, 3\}$、$\{1, 3\}$ 中是否存在 SDR？

（c）证明：设集合 $A_1, A_2, \cdots, A_m$ 都是集合 S 的子集，如果存在正整数 k 使得

（c-1）对所有 $1 \leqslant i \leqslant m$ 都有 $|A_i| \geqslant k$，且

（c-2）S 的每个元素恰好出现在 $A_1, A_2, \cdots, A_m$ 中的 k 个集合里。

则 $A_1, A_2, \cdots, A_m$ 具有一个相异代表系。

（d）集合 $A_1, A_2, \cdots, A_m$ 具有一个相异代表系的充要条件是什么？

（e）证明：如果集合 $A_1, A_2, \cdots, A_m$ 都是集合 S 的子集，它们的并集所包含的元素超过 m 个，且它们具有有相异代表系。证明：它们具有多个不同的相异代表系。

8.186 设 $G=(X, Y, E)$ 为二部图，定义 G 的**亏格**为 $g(G)=\max\{|S|-|N_G(S)| \mid S \subseteq X\}$。证明：

（a）G 有完美匹配当且仅当 $g(G)=0$。

（b）X 中能与 Y 中顶点相匹配的顶点的最大数量是 $|X|-g(G)$。

8.187 设 $G=(X, Y, E)$ 为二部图，设 M_Y 是 Y 中顶点的最大度数，m_X 是 X 中顶点的最小度数。

（a）证明：如果 $0<M_Y \leqslant m_X$，则 G 中存在使 X 中每个结点饱和的匹配 M。

（b）举例说明存在二部图 G，其中有使 X 中每个结点饱和的匹配但不满足 $M_Y \leqslant m_X$。

8.188 对于图 8.142 所示的无向图，找到图的所有边覆盖集、极小边覆盖集、最小边覆盖集，求图的边覆盖数。

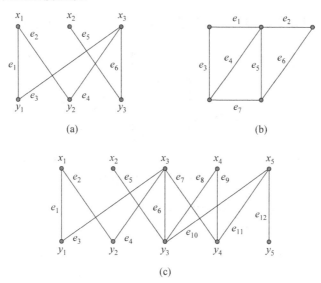

图 8.142　习题 8.188 用图

8.189 求图 8.143 所示的二部图的一个最大匹配、一个最小边覆盖集，并验证定理 8.25(c)。

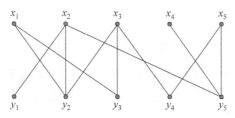

图 8.143　习题 8.189 用图

8.190　求彼得森图的匹配数、边覆盖数。

8.191　在彼得森图中，寻找既是完美匹配又是最小边覆盖的边集合。

8.192　求立方体图 B_n（$n \geq 1$）的匹配数、边覆盖数。

8.193　已知 8 阶二部图 G 中无孤立顶点，G 的匹配数为 1，求 G 的边覆盖数，并给出一个这样的二部图 G。

8.194　图 8.144 表示一张城市地图。相邻顶点间的线是一条街道，在一些路口（顶点）上安排警察，使任何一条街道都至少有一端有一个警察。求出实现这个目标所需要的最小警察数并指出他们应该安排在哪里。

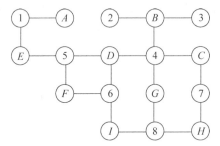

图 8.144　习题 8.194 用图

8.195　求图 8.145 所示的二部图的一个最大匹配、一个最小点覆盖集，并验证定理 8.27。

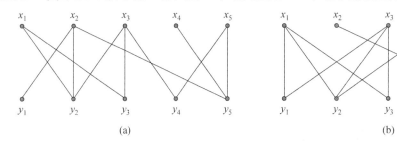

(a)　　　　　　　　　　　　　　(b)

图 8.145　习题 8.195 用图

8.196　对图 8.146 所示的 0-1 矩阵，验证定理 8.28。

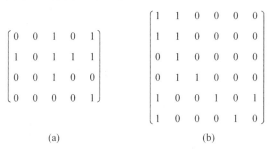

(a)　　　　　　　　　　　(b)

图 8.146　习题 8.196 用图

8.197　称简单图 G 的一个 k-正则支撑子图为 G 的一个 k 因子。如果存在两两没有公共边的 k 因子 $H_1 = (V, E_1)$，$H_2 = (V, E_1)$，$\cdots$，$H_m = (V, E_m)$，使得

$$G = H_1 \cup H_2 \cup \cdots \cup H_m = \left(V, \bigcup_{i=1}^{m} E_i \right)$$

则称 G 是 k 可因子分解的。

（a）证明：$K_{n, n}$ 和 K_{2n} 是 1 可因子分解的。

（提示：考虑图 8.147。）

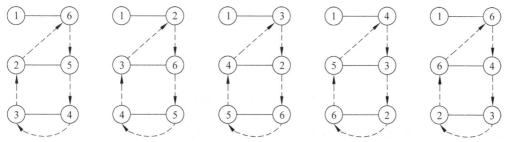

图 8.147　习题 8.197 用图

（b）证明：K_{2n+1} 可以表示为 n 个连通的 2 因子的并（参考习题 8.119）。

（c）证明：每个 k-正则简单二部图是 1 可因子分解的。

（d）证明：每个 $2k$-正则简单二部图是 2 可因子分解的。

8.198　已知利润矩阵如图 8.148 所示，求最大利润。

8.199　已知成本矩阵如图 8.148 所示，求最小成本。

$$\begin{bmatrix} 3 & 6 & 0 & 1 & 4 \\ 2 & 3 & 5 & 5 & 2 \\ 4 & 0 & 6 & 1 & 5 \\ 8 & 2 & 3 & 6 & 4 \\ 7 & 4 & 2 & 5 & 6 \end{bmatrix} \quad \begin{bmatrix} 5 & 3 & 2 & 1 & 4 \\ 0 & 6 & 5 & 0 & 3 \\ 2 & 6 & 3 & 3 & 5 \\ 4 & 3 & 1 & 4 & 3 \\ 3 & 5 & 5 & 4 & 1 \end{bmatrix} \quad \begin{bmatrix} 3 & 3 & 6 & 4 & 9 \\ 6 & 4 & 5 & 3 & 8 \\ 7 & 5 & 3 & 4 & 2 \\ 6 & 3 & 2 & 2 & 5 \\ 8 & 4 & 5 & 4 & 7 \end{bmatrix} \quad \begin{bmatrix} 5 & 4 & 5 & 3 & 5 & 8 \\ 7 & 3 & 6 & 6 & 6 & 10 \\ 5 & 6 & 8 & 4 & 2 & 9 \\ 11 & 7 & 6 & 8 & 3 & 2 \\ 8 & 9 & 5 & 4 & 6 & 7 \\ 7 & 4 & 3 & 2 & 4 & 5 \end{bmatrix}$$

　　　(a)　　　　　　　(b)　　　　　　　(c)　　　　　　　(d)

图 8.148　习题 8.198 和习题 8.199 用图

8.200　用尽可能少的颜色对 C_6、W_6、K_4、K_5、$K_{3,3}$、$K_{3,4}$ 进行点着色。

8.201　用尽可能少的颜色对 C_6、W_6、K_4、K_5、$K_{3,3}$、$K_{3,4}$ 进行边着色。

8.202　用尽可能少的颜色对 W_5、W_6 进行面着色。

8.203　证明：若 G 是欧拉图，则线图 $L(G)$ 也是欧拉图，反之不成立。

8.204　证明：对于任意简单图 G 都有 $\chi(G) \leqslant \Delta(G) + 1$。

8.205　假设 T 是非平凡的无向树，证明：$\chi(T) = 2$。

8.206　设 G 是 n 阶 k-正则图，证明：$\chi(G) \geqslant n/(n-k)$。

8.207　设 G 是平面简单图，证明：$\chi(G) \leqslant 6$。

　　　（提示：利用定理 8.15 推论 3，存在顶点度数至多为 5。）

8.208　设 G 是连通的简单平面图，其中任一简单回路至少包含 4 条边，证明：

　　　（a）$\delta(G) \leqslant 3$。

（b）$\chi(G) \leqslant 4$。

8.209 证明：一个图的点色数小于或等于 $v-i+1$，其中 v 是这个图的顶点数，i 是这个图的独立数。

8.210 证明：一个简单图的顶点数小于或等于这个图的独立数和点色数之积。

8.211 使用韦尔奇-鲍威尔方法对图 8.149 中的图进行顶点着色。

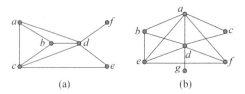

图 8.149 习题 8.211 用图

8.212 使用韦尔奇-鲍威尔方法对图 8.150 中的图进行面着色。

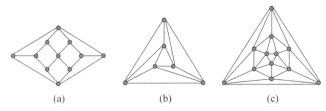

图 8.150 习题 8.212 用图

8.213 使用韦尔奇-鲍威尔方法对图 8.151 中的图进行边着色。

图 8.151 习题 8.213 用图

8.214 用尽可能少的颜色对彼得森图进行边着色。

8.215 证明：简单图 G 是二部图当且仅当 G 可以顶点 2 着色。

8.216 育才中学高二年级有 5 个班，在"欢乐英语日"时 4 位教师需要为各班上英语故事听力课和英文散文阅读课，安排如表 8.6 所示。请问当天至少需要安排多少节课？至少需要多少个教室？

表 8.6 习题 8.216 用表

教师	1班	2班	3班	4班	5班
教师甲	故事听力	散文阅读			散文阅读
教师乙	散文阅读		故事听力	散文阅读1	
教师丙		故事听力		故事听力	故事听力1
教师丁			散文阅读	散文阅读2	故事听力2

8.217 有 6 名硕士研究生需要进行论文答辩，答辩委员会的成员分别是 $A=\{$张教授，王教授，李教授$\}$、$B=\{$李教授，赵教授，刘教授$\}$、$C=\{$赵教授，刘教授，田教授$\}$、

$D=\{$张教授，刘教授，王教授$\}$、$E=\{$张教授，王教授，田教授$\}$、$F=\{$王教授，李教授，张教授$\}$，这次论文答辩必须安排多少个不同的时间？

8.218 证明：一个 4-正则图可以用红、蓝两色染它的边，每边只使用一种颜色，而使每个顶点所关联的边恰好有两条为红色，两条为蓝色。将上述结论推广到 $2k$-正则图（$k>0$）。证明存在一种对边上色的方法，使得每个顶点关联的边中恰有 k 条为红色，恰有 k 条为蓝色。

（提示：利用欧拉回路。）

8.219 如果一个连通图 G 的点色数为 k，但是对于 G 的任意一条边 e，从 G 中删掉边 e 后得到的新图的点色数都是 $k-1$，则称 G 为**着色 k 关键**的。

（a）证明：只要 n 是正的奇数且 $n \geqslant 3$，那么 C_n 就是着色 3 关键的。

（b）证明：只要 n 是正的奇数且 $n \geqslant 3$，那么 W_n 就是着色 4 关键的。

（c）证明：如果图 G 为着色 k 关键的，那么 G 中各个顶点的度至少为 $k-1$。

8.220 设 G 是每个面都是三角形的平面图，现用 3 种颜色对它的所有顶点任意着色（允许相邻颜色相同）。证明：3 个顶点恰好得到了这 3 种颜色的面的数目是偶数个。

（提示：两端同色的边染为红色，两端不同色的边染为蓝色。之后统计蓝色边的条数。）

8.221 计算 $R(3, 4)$。

8.222 有 17 位学者，每位都给其余的人写一封信，信的内容是讨论 3 个问题中的任意一个，而且两个人互相通信所讨论的是同一个题目。证明：至少有 3 位学者，他们之间通信所讨论是同一个题目。

8.223 在图 8.152 中填上缺失的边流量，使得到的结果是给出的网络的流，并确定流的值。

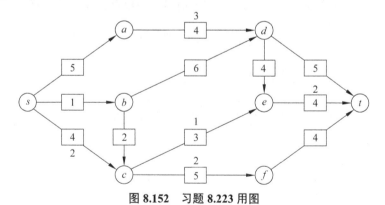

图 8.152 习题 8.223 用图

8.224 如果 f 是一个流，(S, T) 是一个 s-t 割，$\text{cap}(S, T)>|f|$，是否可以得到结论：(S, T) 不是最小割且 f 不是最大流？如果成立，请证明之；如果不成立，请给出反例。

8.225 求图 8.153 的最大流和最小割。

8.226 假设有 3 个自来水厂 A、B 和 C，有 3 个用水的用户 X、Y 和 Z，供水管线图如图 8.154 所示。

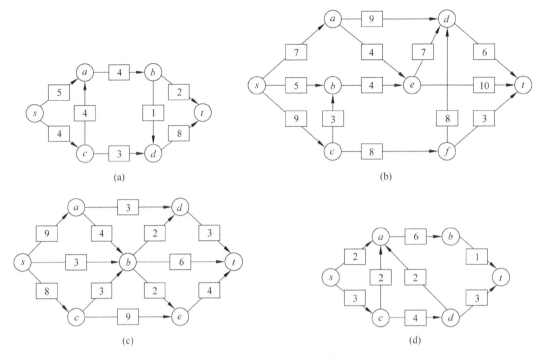

图 8.153　习题 8.225 用图

（a）请将其修改为一个等价的网络模型。

（b）假设自来水厂 A 至多可以提供 2 个单位的水，B 至多可以提供 4 个单位的
水，C 至多可以提供 7 个单位的水，请对(a)部分的模型进行修改。

（c）如果再次添加条件用户 X 至多需要 4 个单位的水，Y 至多需要 3 个单位的水，
Z 至多需要 4 个单位的水，请对(b)部分的模型再次进行修改。

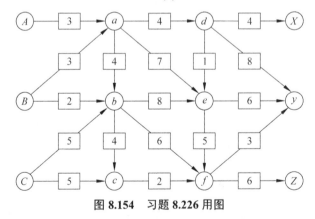

图 8.154　习题 8.226 用图

8.227　7 种设备要用 5 架飞机运往目的地。每种设备各有 4 台，5 架飞机容量（台数）
分别是 8、8、5、4、4，问能否有一种装法使同一类型设备不会有两台在同一架
飞机上。

8.228　假设 $f(A, B)$ 如定义 8.61。

（a）证明：若 $V_1 \cap V_2 = \varnothing$，则 $f(U, V_1 \cup V_2) = f(U, V_1) + f(U, V_2)$。

（b）证明：若 $U_1 \cap U_2 = \varnothing$，则 $f(U_1 \cup U_2, V) = f(U_1, V) + f(U_2, v)$。

（c）给出一个例子，说明：如果 V_1 和 V_2 不是不相交的，那么 $f(U, V_1 \cup V_2)$ 可能不等于 $f(U, V_1) + f(U, V_2)$。

（d）证明：对于任何顶点集合 U、V、W，$f(U, V \cup W) = f(U, V) + f(U, W) - f(U, V \cap W)$。

8.229 给出一个网络的例子，其中每条有向边的容量都是整数，但存在一个最大流，在某些有向边上的流量不是整数。

8.230 设 N 是一个网络，实数 $d > 0$。定义网络 N'，N' 和 N 的有向图相同，但其所有有向边的容量都为 N 中相应的边的容量乘以 d。

（a）证明：$\{S, T\}$ 是 N' 的一个最小割当且仅当它是 N 的一个最小割。

（b）证明：如果 v 和 v' 分别是 N 和 N' 的最大流的值，那么 $v' = dv$。

（c）证明：f 是 N 的一个最大流当且仅当 f' 是 N' 的一个最大流，其中，$f'(e) = df(e)$。

（d）由此证明：如果各边的容量都是有理数，则福特-福尔克森最大流算法一定会在有限步骤后终止。

8.231 如果每边 (u, v) 还有非负的最小边流量条件 m_{uv}，流 f_{ij} 必须对所有边 (u, v) 满足 $m_{uv} \leqslant f_{uv} \leqslant c_{uv}$。

（a）举例说明对所有边 (u, v) 满足 $m_{uv} \leqslant c_{uv}$，但其中没有流存在的网络图 G 的例子。

（b）定义 $m(A, B) = \sum\limits_{\substack{u \in A, v \in B \\ (u,v) \in E}} m_{uv}$。证明：任意一个流的流量 V 对任意一个 $s\text{-}t$ 割 (S, T) 满足

$$m(S, T) - c(T, S) \leqslant V \leqslant c(S, T) - m(T, S)$$

（c）如果每条边 (u, v) 都满足 $c_{uv} = \infty$，那么如何在网络图 G 中寻找最小流？

（d）证明：如果 G 存在流，则 G 中存在流量为 $\max\{c(S, T) - m(T, S) | (S, T)$ 是一个 $s\text{-}t$ 割$\}$ 的最大流。

（e）证明：如果 G 存在流，则 G 中存在流量为 $\min\{m(S, T) - c(T, S) | (S, T)$ 是一个 $s\text{-}t$ 割$\}$ 的最小流。

8.232 证明定理 8.33。

第 9 章

树及其应用

树是一类简单而非常重要的特殊图，它在算法分析、数据结构等计算机科学及其他许多领域都有广泛而重要的应用。

1847 年德国学者基尔霍夫就用树的理论来研究电网络。1857 年英国数学家凯莱（Arthur Cayley，1821—1895）在计算有机化学中 C_nH_{2n+2} 的同分异构物的数目时独立地提出了树的概念。

本章主要介绍无向树和根树的定义、性质及其典型应用。

9.1 无 向 树

树是一类特殊的图，具有简单的形式和很好的性质，可以从多个角度去刻画它。另外，在不特殊说明的情况下，本节所提及的图都是无向图。

定义 9.1 连通且不含任何简单回路的无向图称为**无向树**（**undirected tree**），简称**树**（**tree**）。树中度数为 1 的顶点称为**叶子**（**leaf**），度数大于 1 的顶点称为**分枝点**（**branch point**）。

注：

（a）根据这个定义，一阶简单图 K_1 也是树，称作**平凡树**（**trivial tree**），它是一棵既无叶子又无分枝点的特殊树。

（b）由定义可知，树必定是不含重边和自环的，即树一定是简单图。

定义 9.2 不含任何简单回路的图称为**森林**（**forest**）。

注：显然，森林的每个连通分支都是树。

【例 9.1】 在图 9-1 中，(a)是树，(b)存在简单回路，因而不是树，(c)是森林。在(a)中，b、c、h、i、j 都是叶子，而 a、d、e、f 都是分枝点。

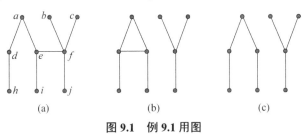

图 9.1 例 9.1 用图

【例 9.2】 碳氢化合物 C_4H_{10} 的分子结构图也可以表示为一棵树。

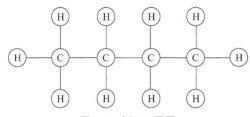

图 9.2　例 9.2 用图

树有许多等价的定义，在表述等价定义之前，首先给出如下结果。

定理 9.1　设 $n(n \geq 2)$ 阶无向连通图 G 的边数满足 $m=n-1$，则图 G 中至少存在两个度数为 1 的顶点。

证明. 因为图 G 是连通的，从而各顶点的度数均大于 0。设图 G 有 t 个顶点度数为 1，其余顶点度数都至少是 2，则 $2m = \sum\limits_{i=1}^{n} \deg(v_i) \geq t + 2(n-t)$，由 $m=n-1$，可得 $2(n-1)=2m \geq t+2n-2t$，即 $t \geq 2$。　□

在此基础上，给出并证明无向树的如下等价定义。

定理 9.2　设 T 是 (n, m)-无向图，则下述命题相互等价。

（a）T 是树，即 T 连通且不存在简单回路。

（b）T 的每一对相异顶点之间存在唯一的简单道路。

（c）T 不存在简单回路，但在任何两个不相邻的顶点之间加一条新边后得到的图中存在简单回路（也称作"极大无圈"）。

（d）T 连通且 $m=n-1$。

（e）T 连通，但是删去任何一边后便不再连通，即 T 中每一条边都是桥（也称作"极小连通"）。

（f）T 不存在简单回路且 $m=n-1$。

证明. 采用循环论证的方式。

(a)$\Rightarrow$(b)：对阶数 n 进行归纳。

（1）$n=1$ 时，T 不存在相异顶点，(b)成立。

（2）设 $n=k$ 时(b)成立。当 $n=k+1$ 时，已知 T 连通且不含简单回路，由定理 8.5，T 中存在度数为 1 的顶点，不妨记之为 v，并设 uv 为悬挂边（如图 9.3 所示）。

对于 $T-v$ 中任意两个相异顶点 w_1 和 w_2，w_1 到 w_2 的任一条简单道路必然不经过 uv，由归纳假设，w_1 和 w_2 之间存在唯一的简单道路。

图 9.3　定理 9.2 用图 1

对于 $T-v$ 中任一顶点 w，由于每条到 v 的道路必然经过 u，而且由归纳假设唯一存在 w 到 u 的简单道路，因此 w 和 v 之间存在唯一的简单道路。

(b)$\Rightarrow$(c)：显然图 T 中不存在重边和自环，对阶数 n 进行归纳。

（1）$n=1$ 时，T 只存在孤立顶点，(c)成立。

（2）设 $n=k$ 时(c)成立。当 $n=k+1$ 时，首先证明图 T 不存在简单回路。如果 T 中存在

简单回路 $v_1, v_2, \cdots, v_{k-1}, v_k$，则从 v_2 到 v_1 存在两条不同的道路：v_2, v_1 和 $v_2, \cdots, v_{k-1}, v_k, v_1$，与(b)的条件矛盾。

而对于任意不相邻的两个顶点 u 和 v，由条件(b)存在 v 到 u 的简单道路 $v, v_1, v_2, \cdots, v_k, u$，于是添加边 uv 后构成简单回路 $v, v_1, v_2, \cdots, v_k, u, v$。

(c)$\Rightarrow$(d)：对阶数 n 进行归纳。

（1）$n=1$ 时，T 只存在孤立顶点，边数为 $0=1-1$，(d)成立。

（2）设 $n=k$ 时(d)成立。当 $n=k+1$ 时，首先证明图 T 是连通的，否则连接两个不同连通分支中的两个顶点不会形成回路。

由于 T 连通且不包含任何回路，由定理 8.5，T 中存在度数为 1 的顶点，不妨记之为 v，并设 uv 为悬挂边（如图 9.3 所示）。由归纳假设，$T-v$ 顶点数 n' 与边数 m' 满足 $m'=n'-1$，故 T 的顶点数 n 与边数 m 满足 $m=m'+1=n'-1+1=n-1$。

(d)$\Rightarrow$(e)：对阶数 n 进行归纳。

（1）$n=1$ 时，T 只存在孤立顶点，(e)成立。

（2）设 $n=k$ 时(e)成立。当 $n=k+1$ 时，由定理 9.1，T 中存在度数为 1 的顶点，不妨记之为 v，并设 uv 为悬挂边（如图 9.3 所示）。则 uv 为桥，而且由归纳假设 $T-v$ 中每一条边都是桥，于是 T 中每一条边都是桥。

(e)$\Rightarrow$(f)：对阶数 n 进行归纳。

（1）$n=1$ 时，T 只存在孤立顶点，边数为 $0=1-1$，(f)成立。

（2）设 $n=k$ 时(f)成立。当 $n=k+1$ 时，首先证明图 T 不包含简单回路，否则由定理 8.6，回路中任何一条边都不是桥，因此删去回路中的一条边不会使得图 T 变得不连通。

由于 T 连通且不包含任何回路，由定理 8.5，T 中存在度数为 1 的顶点，不妨记之为 v，并设 uv 为悬挂边（如图 9.3 所示）。由归纳假设，$T-v$ 顶点数 n' 与边数 m' 满足 $m'=n'-1$，故 T 的顶点数 n 与边数 m 满足 $m=m'+1=n'-1+1=n$。

(f)$\Rightarrow$(a)：显然图 T 中不存在重边和自环，对阶数 n 进行归纳。

（1）易验证 $n=1, 2$ 时，(a)成立。

（2）设 $n=k$ 时(a)成立。当 $n=k+1$ 时，由定理 8.5，T 中存在度数小于 2 的顶点。

若 T 中存在孤立顶点 v，考虑 $T-v$ 中任何一个边 uw（如图 9.4 所示）。$T-v-uw$ 的顶点数 n' 和边数 m' 满足 $m'=n'-1$，由归纳假设 $T-v-uw$ 连通，因此存在 w 到 u 的道路 $w, v_1, v_2, \cdots, v_k, u$，于是在 T 中存在回路 $w, v_1, v_2, \cdots, v_k, u, w$，产生矛盾。

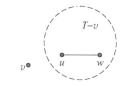

图 9.4　定理 9.2 用图 2

由于 T 中不存在孤立顶点，T 中必然存在度数为 1 的顶点，不妨记之为 v，并设 uv 为悬挂边（如图 9.3 所示）。$T-v$ 的顶点数 n' 和边数 m' 满足 $m'=n'-1$，由归纳假设，$T-v$ 连通，因此 T 也连通。　　　　　　　□

注：由定理 9.2 有以下结论。

设 T 是无向图，则当满足下述 3 个条件中的至少两个时 T 是树：

（a）T 连通。

（b）T 不存在简单回路。

（c）$m=n-1$。

由定理 9.1 及定理 9.2 即得如下推论。

推论 1　任何非平凡树至少有 2 个叶子顶点。

推论 2　对于任何无向(n, m)-图，若图中不存在简单回路，则 $m \leq n-1$。

证明. 若无向(n, m)-图 G 中 $m > n-1$，则删去任意 $m-(n-1)$ 条边得到图 G'。图 G' 中仍然不存在任何简单回路，由定理 9.2(f)，图 G' 是树。再将删去的边重新添加到图 G' 中，由定理 9.2(c)，G 中存在回路，产生矛盾。□

定理 9.3　无向树都是平面图。

证明. 对阶数 n 进行归纳即易得。□

定理 9.4　假设无向树 T 中有 a_i 个度数为 i 的顶点，则 T 的叶子数为 $\sum_{i=3}(i-2) \times a_i + 2$。

证明. 假设无向树 T 中有 a_i 个度数为 i 的顶点和 m 条边，则由握手定理有 $\sum_i i \times a_i = 2m$，由定理 9.2 有 $\sum_i a_i = m+1$，于是 $\sum_i i \times a_i = 2\left(\sum_i a_i - 1\right)$，整理得到 $a_1 = \sum_{i=3}(i-2) \times a_i + 2$。□

【例 9.3】　已知无向树 T 中有 2 个 2 度顶点和 1 个 3 度顶点，其余顶点都是叶子，计算 T 有多少个顶点。

解. 将已知条件代入定理 9.4 的公式，得 $a_1 = (3-2) \times 1 + 2 = 3$，故 T 共有 $3+2+1=6$ 个顶点。

【例 9.4】　无向树 T 中有 1 个 6 度顶点、2 个 7 度顶点、34 个叶子，其余顶点度数都是 8，计算 T 的边数。

解. 将已知条件代入定理 9.4 的公式，得 $34 = (6-2) \times 1 + (7-2) \times 2 + (8-2) \times a_8 + 2$，解得 $a_8 = 3$。于是 T 的顶点数是 40，故边数为 $40-1=39$。

定理 9.5　如果正整数序列 $d_1, d_2, \cdots, d_n$ 满足 $\sum_{i=1}^{n} d_i = 2(n-1)$，则存在以 $d_1, d_2, \cdots, d_n$ 为度序列的无向树。

证明. 对阶数 n 进行归纳。

（1）$n=1$ 时，$d_1 = 2(1-1) = 0$，表明图中只存在孤立顶点，定理成立。

（2）$n=2$ 时，$d_1 + d_2 = 2(2-1) = 2$，表明 $d_1 = d_2 = 1$，定理成立。

（3）设 $n=k>2$ 时定理 9.5 成立。当 $n=k+1$ 时，由 $\sum_{i=1}^{n} d_i = 2(n-1) < 2n$ 知存在 $d_j = 1$（$1 \leq j \leq n$），不妨设 $j=1$；由 $\sum_{i=1}^{n} d_i = 2(n-1) > n$ 知存在 $d_k > 1$（$1 \leq k \leq n$），不妨设 $k=n$。则正整数序列 $d_2, \cdots, d_{n-1}, d_n-1$ 满足 $\sum_{i=2}^{n-1} d_i + (d_n - 1) = 2(n-1) - 1 - 1 = 2(n-2)$，由归纳假设，存在无向树 T 以 $d_2, \cdots, d_{n-1}, d_n-1$ 为度数序列。假设顶点 u 的度数为 d_n-1，新增一个顶点 v，则 T 增添顶点 v 和边 uv 后得到的树 T' 即以 $d_1, d_2, \cdots, d_n$ 为度数序列。□

9.2 支撑树及其应用

有些连通图本身不是树，但它的某些子图是树。一个图可能有许多子图是树，其中重要的一类是支撑树。

定义 9.3 若连通图 G 的支撑子图 T 是一棵树，则称 T 为 G 的**生成树**或**支撑树**（**spanning tree**），记为 T_G。

【**例 9.5**】 图 9.5 中，(b)、(c)、(d)、(e)都是(a)的支撑树；(f)不是(a)的支撑子图，因此不是(a)的支撑树；(g)虽然是(a)的支撑子图，但是不是树，因此也不是(a)的支撑树。这个例子也表明图的支撑树可能不唯一。

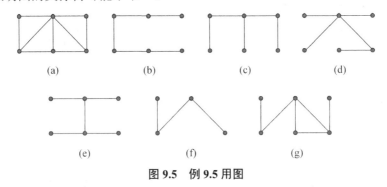

图 9.5　例 9.5 用图

定理 9.6 无向图 G 具有支撑树，当且仅当 G 是连通图。

证明.（必要性）因为树是连通的，所以如果无向图 G 具有支撑树作为支撑子图，则 G 必定也是连通的。

（充分性）如果 G 中无回路，G 本身就是支撑树。如果 G 中存在回路 C，则去掉 C 中任何一条边，得到图 G_1。由定理 8.6，桥不属于任何一个回路，所以图 G_1 仍是连通的。

若 G_1 中还有回路，则重复上述去边步骤，最终可以得到一个不含回路且连通的 G 的支撑子图 T，T 即为 G 的支撑树。　□

推论 设 G 为一个 n 阶无向连通图，则其边数 $m \geqslant n-1$。

证明. 若 G 是 n 阶连通图，它必定含有支撑树，即至少包含 $n-1$ 条边。　□

定理 9.6 的证明实际上给出了求连通图 G 的支撑树的一种算法，要点是逐次删除图中回路上的任一条边，直至图中不存在回路为止。

【**例 9.6**】 图 9.6(b)~(f)给出了构造(a)的一棵支撑树的过程。

注意：由于边的选择不唯一，所以形成的支撑树也可能不唯一。

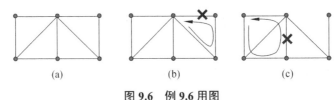

图 9.6　例 9.6 用图

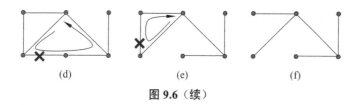

图 9.6（续）

【例 9.7】 一个地区有 5 个村庄和一个池塘，各村庄都希望从池塘直接或间接引水到村里，但受限于客观条件，水道只能依图 9.7(a)中的无向边铺设。请问最少要修几条水道？

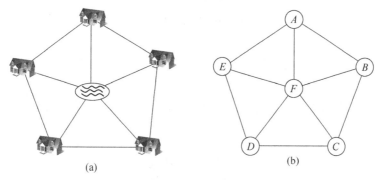

(a)
(b)

图 9.7 例 9.7 用图 1

可以将这个实际问题抽象成图 9.7(b)，记该图为 G，满足题目要求的修水道方法即是求 G 的一个子图 T，满足：包含 G 的所有顶点，连通，不存在回路（否则边数不是最少）。因此 T 就是 G 的一棵支撑树，边数至少为 5，即最少要修 5 条水道。图 9.8(a)和(b)都是 G 的支撑树。

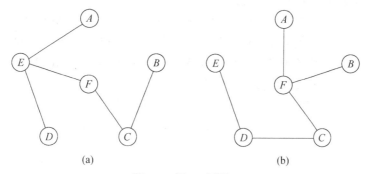

(a)
(b)

图 9.8 例 9.7 用图 2

但是在现实中，各条水道的修建费用很可能存在差异，这时应该抽象为赋权图，例如图 9.9 的情形。此时，图 9.8(a)和(b)两个方案存在很大不同，见图 9.10(a)和(b)，前者的总成本为 105，而后者的总成本仅为 79。因此对修水道方案还要增加"总成本最低"这一要求。

定义 9.4 设(G, W)是无向连通赋权图，T 是 G 的一棵支撑树，T 的各边权值之和称为 T 的权（weight），记为 $w(T)$；G 的所有支撑树中权最小的称为 G 的**最小支撑树**（minimal spanning tree, MST）或最小生成树。

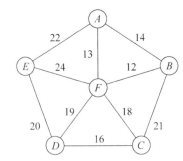

图 9.9　例 9.7 用图 3

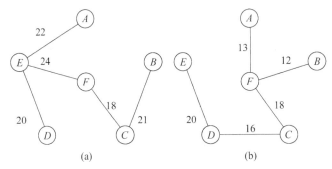

图 9.10　例 9.7 用图 4

　　注：由定义可知，在考虑图的最小支撑树时，不必考虑重边（因为至多选择其中权值最小的一条边）和自环，因此以后的讨论中都假定图是简单图。

　　下面介绍 4 种主要的求最小支撑树算法。

　　（a）普里姆算法。该算法于 1930 年由捷克数学家亚尔尼克（Vojtěch Jarník，1897—1970）发现；1957 年，美国计算机科学家普里姆（Robert Clay Prim，1921—）独立发现了该算法；1959 年，迪杰斯特拉（Edsger Wybe Dijkstra，1930—2002）再次发现了该算法。因此，普里姆算法又被称为 DJP 算法。

　　算法的思想是：维护两个集合 V_T 和 E_T，E_T 中为所有已经确定属于最小支撑树的边，V_T 保存 E_T 中所有边的端点，每一步都将距离 V_T "最近"但是不属于 V_T 的顶点移入 V_T。

　　算法的具体步骤如下：

普里姆算法　Prim（G）

输入：赋权简单连通图 $G=(V, E)$

输出：G 的最小支撑树 $T=(V_T, E_T)$

1　　　$V_T \leftarrow \{v\}$，其中 v 为顶点集合 V 中的任一顶点（起始点），$E_T \leftarrow \varnothing$

2　　　若 $V_T = V$，则输出 $T=(V_T, E_T)$，否则

2.1　　　　在集合 E 中选取权值最小的边 uv，其中 $u \in V_T$ 且 $v \in V-V_T$
　　　　　　　（如果存在多条满足条件的边，则可任选其中之一）

2.2　　　　$V_T \leftarrow V_T \cup \{v\}$，$E_T \leftarrow E_T \cup \{uv\}$；

2.3　　　　返回步骤 2

【例 9.8】 用普里姆算法求图 9.9 中赋权图的最小支撑树的过程如表 9.1 所示。

表 9.1 普里姆算法示例

图	V_T	$V-V_T$	E_T	可选择的边	选择的边
(赋权图：A,E,B,F,D,C；边权 AE=22,AF=13,AB=14,EF=24,FB=12,ED=20,FD=19,FC=18,BC=21,DC=16)	$\{A\}$	$\{B, C, D, E, F\}$	$\varnothing$	$w(AB)=14$ $w(AF)=13$ $w(AE)=22$	AF
(同上，AF 已选)	$\{A, F\}$	$\{B, C, D, E\}$	$\{AF\}$	$w(AB)=14$ $w(FB)=12$ $w(AE)=22$ $w(FE)=24$ $w(FC)=18$ $w(FD)=19$	FB
(同上，AF、FB 已选)	$\{A, F, B\}$	$\{C, D, E\}$	$\{AF, FB\}$	$w(AE)=22$ $w(BC)=21$ $w(FC)=18$ $w(FD)=19$ $w(FE)=24$	FC
(同上，AF、FB、FC 已选)	$\{A, F, B, C\}$	$\{D, E\}$	$\{AF, FB, FC\}$	$w(AE)=22$ $w(CD)=16$ $w(FD)=19$ $w(FE)=24$	CD

续表

图	V_T	$V-V_T$	E_T	可选择的边	选择的边
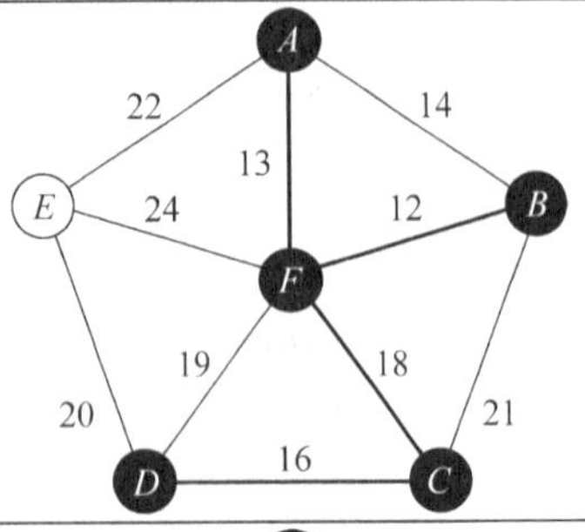	$\{A, F, B, C, D\}$	$\{E\}$	$\{AF, FB,$ $FC, CD\}$	$w(AE)=22$ $w(DE)=20$ $w(FE)=24$	DE
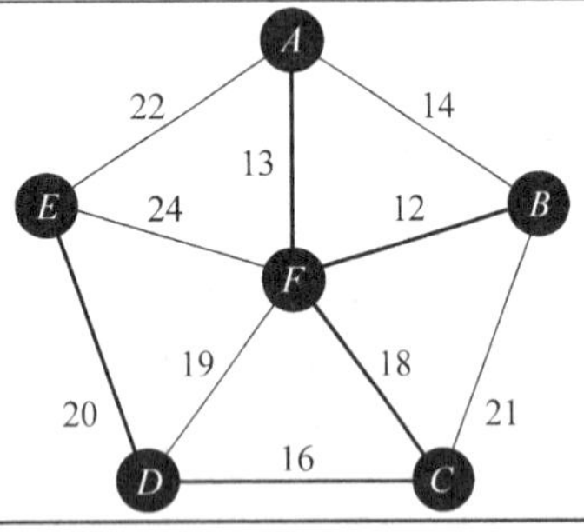	$\{A, F, B, C, D, E\}$	$\varnothing$	$\{AF, FB,$ $FC, CD,$ $DE\}$		

（b）克鲁斯卡尔算法。该算法由克鲁斯卡尔（Joseph Bernard Kruskal，1928—2010）在 1956 年发表。

算法的思想是：每一步都选择权值最小而且不与已选的边构成回路的边，直到边数等于顶点数减 1 为止。

算法的具体步骤如下：

克鲁斯卡尔算法 Kruskal (G)

输入：赋权简单连通图 $G=(V, E)$

输出：G 的最小支撑树 $T=(V, E_T)$

1　将图 G 的边按权值的不减顺序排成一个序列 e_1，e_2，$\cdots$，e_m，$E'{\leftarrow}E$，$E_T{\leftarrow}\varnothing$
2　若 $|E_T|=|V|-1$，则输出 $T=(V, E_T)$，否则
2.1　　假设 e 是 E' 中权值最小的边，$E'{\leftarrow}E'-\{e\}$
　　　（如果存在多条满足条件的边，则可任选其中之一）
2.2　　如果 e 与 E_T 中的边不构成回路，则 $E_T{\leftarrow}E_T\cup\{e\}$
2.3　　返回步骤 2

【**例 9.9**】　用克鲁斯卡尔算法求图 9.9 中赋权图的最小支撑树，首先将图 9.9 中的边按权值的不减顺序排序：$BF, AF, AB, CD, CF, DF, DE, BC, AE, EF$，随后的过程如表 9.2 所示。

表 9.2　克鲁斯卡尔算法示例

图	E'	E_T	E'中权值 最小的边	备注
	{BF, AF, AB, CD, CF, DF, DE, BC, AE, EF}	∅	BF	
	{AF, AB, CD, CF, DF, DE, BC, AE, EF}	{BF}	AF	
	{AB, CD, CF, DF, DE, BC, AE, EF}	{BF, AF}	AB	AB 与 BF、AF 构成回路
	{CD, CF, DF, DE, BC, AE, EF}	{BF, AF}	CD	

续表

图	E'	E_T	E'中权值最小的边	备注
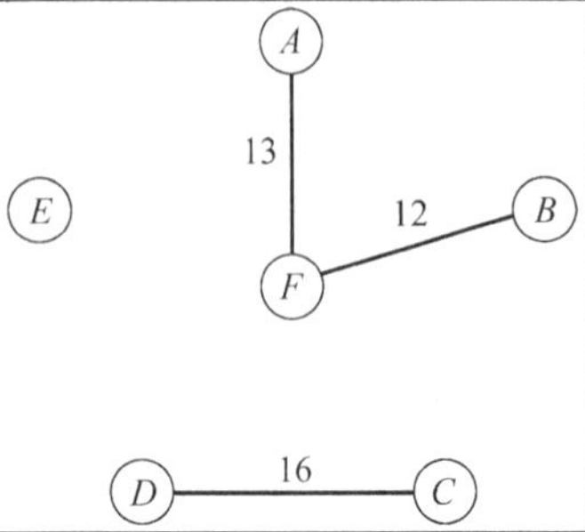 （图：E，A—F 13，F—B 12，D—C 16）	$\{CF,\ DF,\ DE,\ BC,AE,EF\}$	$\{CD,BF,AF\}$	CF	
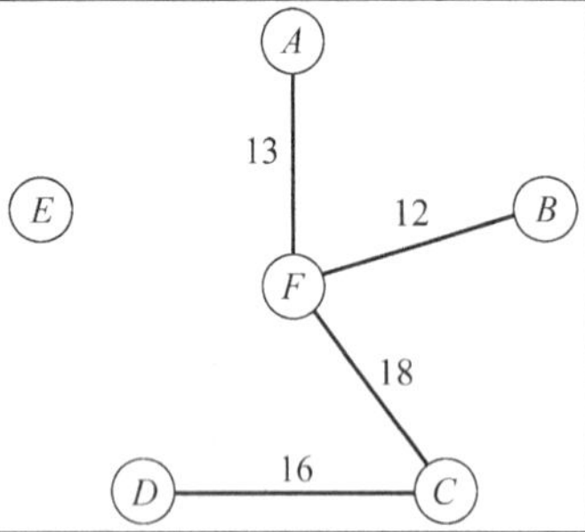 （图：E，A—F 13，F—B 12，F—C 18，D—C 16）	$\{DF,\ DE,\ BC,\ AE,EF\}$	$\{CF,CD,BF,AF\}$	DF	DF 与 CD、CF 构成回路
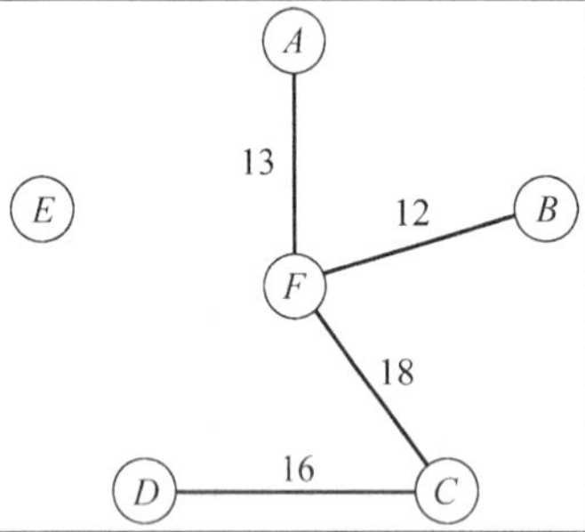 （图：E，A—F 13，F—B 12，F—C 18，D—C 16）	$\{DE,\ BC,\ AE,EF\}$	$\{CF,CD,BF,AF\}$	DE	
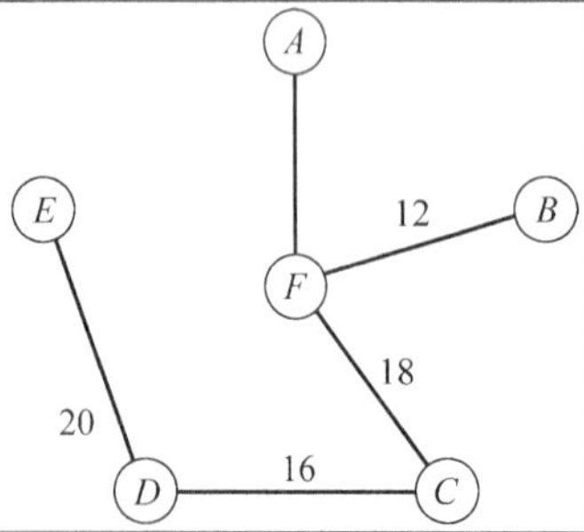 （图：E—D 20，A—F，F—B 12，F—C 18，D—C 16）		$\{DE,CF,CD,BF,AF\}$		

（c）破圈法。该算法的思想是：每一步都删除权值最大而且不必要的边（出现在回路中的边删除后不破坏连通性），直到边数等于顶点数减一为止。该算法的具体步骤如下：

破圈法 Reverse-delete（G）

输入：赋权简单连通图 $G=(V,E)$

输出：G 的最小支撑树 $T=(V,E_T)$

1     $E_T \leftarrow E$

2   若图 (V, E_T) 不存在回路，则输出 $T=(V, E_T)$，否则

2.1   假设 C 是图 (V, E_T) 中的一条简单回路，e 是 C 中权值最大的边

         （如果存在多条满足条件的边，则可任选其中之一）

2.2 $E_T \leftarrow E_T - \{e\}$

【例 9.10】 用破圈法求图 9.9 中赋权图的最小支撑树的过程如表 9.3 所示。

表 9.3 破圈法示例

图	E_T	回路 C	选择的边
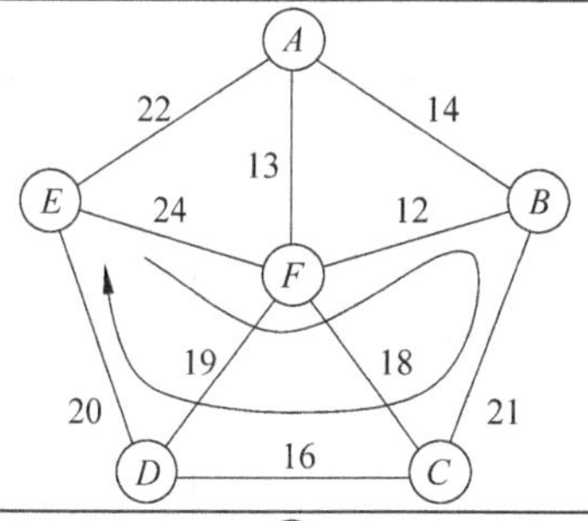	{AB, AE, AF, BC, BF, CD, CF, DF, EF}	EF, BF, BC, CD, DE	EF
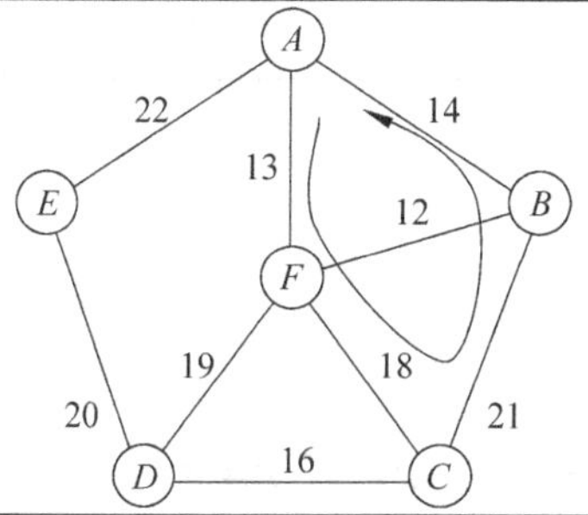	{AB, AE, AF, BC, BF, CD, CF, DE, DF}	AF, CF, BC, AB	BC
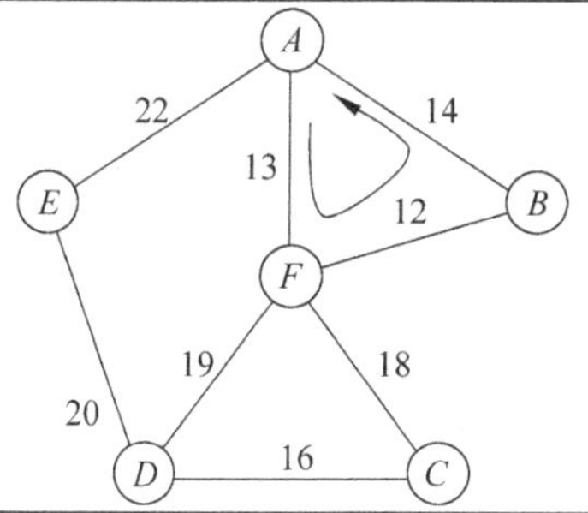	{AB, AE, AF, BF, CD, CF, DE, DF}	AF, BF, AB	AB
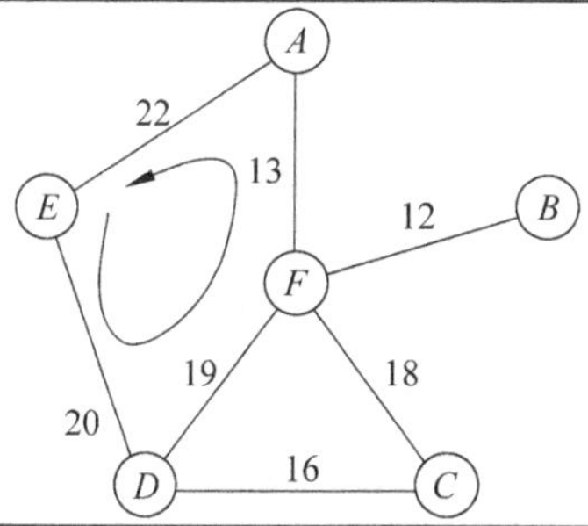	{AE, AF, BF, CD, CF, DE, DF}	AE, DE, DF, AF	AE

续表

图	E_T	回路 C	选择的边
	{$AF, BF, CD, CF, DE,$ DF}	DF, CD, CF	DF
	{AF, BF, CD, CF, DE}		

此外，可以证明，破圈法与如下算法是等价的：

破圈法Ⅱ Reverse-delete-Ⅱ(G)

输入：赋权简单连通图 $G=(V, E)$

输出：G 的最小支撑树 $T=(V, E_T)$

1　　将图 G 的边按权值的不增顺序排成一个序列 e_1, e_2, …, e_m, $E' \leftarrow E$, $E_T \leftarrow E$

2　　若 $|E_T| = |V|-1$，则输出 $T=(V, E_T)$，否则

2.1　　假设 e 是 E' 中权值最大的边，$E' \leftarrow E'-\{e\}$
　　　　（如果存在多条满足条件的边，则可任选其中之一）

2.2　　如果 e 不是 (V, E_T) 中的桥，则 $E_T \leftarrow E_T -\{e\}$

2.3　　返回步骤 2

它的流程和克鲁斯卡尔算法很类似。

（d）博鲁夫卡算法。该算法由捷克数学家博鲁夫卡（Otakar Boruvka，1899—1995）在 1928 年发现。

算法的思想是：每一步都选择最相近的两个连通分支合并，直到只剩下一个连通分支为止。

算法的具体步骤如下：

博鲁夫卡算法 Boruvka(G)

输入：赋权简单连通图 $G=(V, E)$

输出：G 的最小支撑树 $T=(V, E_T)$

1　　$E_T \leftarrow \varnothing$，图 G 中的每个顶点 v 都作为一个连通分支，$C \leftarrow (V, E_T)$

2　　对图 C 中的每两个不同连通分支，选择权重最小的边 $e=uv$，$E_T \leftarrow E_T \cup \{e\}$，$C \leftarrow (V, E_T)$

3 若只有一个连通分支则输出 $T=(V, E_T)$，否则返回步骤 2

【例 9.11】 用博鲁夫卡算法求图 9.9 中赋权图的最小支撑树，首先将图 9.9 中的边按权值的不减顺序排序：$BF, AF, AB, CD, CF, DF, DE, BC, AE, EF$，随后的过程如表 9.4 所示。

表 9.4 博鲁夫卡算法示例

图	连通分支	连通分支间最短的边	E_T
（图）	$\{\{A\}, \{B\}, \{C\}, \{D\}, \{E\}, \{F\}\}$	A–F B–F C–D D–C E–D F–B	$\varnothing$
（图）	$\{\{A, B, F\}, \{C, D, E\}\}$	F–C	$\{AF, BF, CD, DE\}$
（图）	$\{\{A, B, C, D, E, F\}\}$		$\{AF, BF, CD, DE, CF\}$

下面对最小支撑树做一些说明：

当一个赋权图中存在权值相同的边时，最小支撑树也可能不唯一。例如图 9.11(b) 和 (c) 都是 (a) 的最小支撑树。

图 9.11 最小支撑树

克鲁斯卡尔算法可以在非连通图中寻找最小支撑森林（图 9.12 所示）。其他算法是否可以在非连通图中寻找最小支撑森林留作习题。

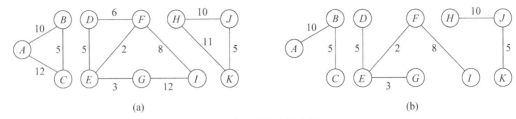

图 9.12　最小支撑森林

最后介绍两个与最小支撑树有关的问题：最小瓶颈支撑树和斯坦纳树。

定义 9.5　设 (G, W) 是无向连通赋权图，G 的所有支撑树中权值最大的边的权值最小的支撑树称为 G 的**最小瓶颈支撑树**（**minimal bottleneck spanning tree, MBST**）。

【例 9.12】　在图 9.13 中，(b)、(c)、(d) 都是 (a) 的最小瓶颈支撑树，这表明最小瓶颈支撑树可能不唯一；然而只有 (b) 是 (a) 的最小支撑树，这表明最小瓶颈支撑树可能不是最小支撑树。

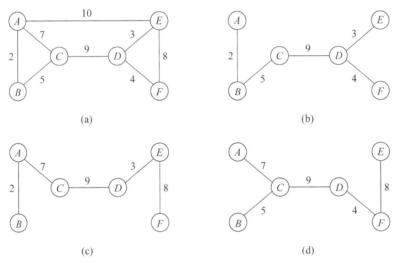

图 9.13　最小瓶颈支撑树

关于最小瓶颈支撑树和最小支撑树之间的关系，有如下定理。

定理 9.7　无向连通赋权图的最小支撑树一定是最小瓶颈支撑树，但最小瓶颈支撑树不一定是最小支撑树。

证明. 假设最小支撑树 T 不是最小瓶颈支撑树，设 T 的最大权值边为 e，则最小瓶颈支撑树 T_b 的所有边的权值都小于 $w(e)$。删除 T 中的 e 形成两棵树 T_1 和 T_2。由于 T_b 连通，因此存在 T_b 的边 e'，连接 T_1 中某顶点和 T_2 中某顶点。于是用 e' 连接 T_1 和 T_2 后得到新的支撑树，但其总权值小于 T，与 T 是最小支撑树产生矛盾。

最小瓶颈支撑树不一定是最小支撑树。考虑图 9.14 所示一个无向连通赋权图，图中仅存在一条桥而且权值最大，则图中每棵支撑树（无论是否最小支撑树）都是最小瓶颈支撑树。　　　　　　　　　　　　　　　　　　　　　　　　　　　□

定义 9.6　设 $(G=(V, E), W)$ 是无向连通赋权图，$R \subseteq V$，在 G 的所有包含 R 中所有顶点

的子图中，总权值最小的树称为 G 的**斯坦纳树**（**Steiner tree**）。

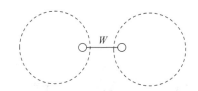

图 9.14　每个支撑树都是最小瓶颈支撑树

当 $R=V$ 时，斯坦纳树问题即是最小支撑树问题。

如果将例 9.7 的要求修改为"部分村庄希望从池塘直接或间接引水到村里，其他村庄是否从池塘直接或间接引水到村里无所谓"，则问题就变为求解图中的斯坦纳树。

【**例 9.13**】　当 $R=\{a, b, c\}$ 时，图 9.15(a)的斯坦纳树是最小支撑树，如图 9.15(b)所示；而图 9.15(c)的斯坦纳树则不是最小支撑树，如图 9.15(d)所示。

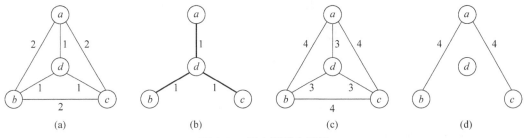

图 9.15　最小瓶颈支撑树

虽然斯坦纳树问题与最小支撑树问题具有相似之处，然而斯坦纳树问题要难得多，它属于 NPC 问题，事实上，它是卡普（Richard Manning Karp）证明的第一批 21 个 NPC 问题之一。

9.3　最短道路树

定义 9.7　假设 (G, W) 为赋权图，则图中一条道路的**长度**（**length**）是指该道路中各条边权值之和。

注：在本节中，假定赋权图中各边的权值都是正实数。

在实际应用中，经常要求计算给定的两个顶点之间长度最短的道路。

【**例 9.14**】　若干城市之间有铁路连通（图 9.16(a)），铁路旁边的数字表明了本段路程所需时间，希望知道从城市 s 到其他城市的最短时间及路线。

可以将它抽象成图 9.16(b)，问题就转化为计算顶点 s 到各个其他顶点的最短道路。

该问题的解如图 9.17 所示。

显然最短道路一定不包含回路，因此最短道路一定是初级道路。而且由定义可知，在考虑图的最短道路时，不必考虑重边（因为至多选择其中权值最小的一条边）和自环，因此以后的讨论中都假定图是简单图。

也可以这样理解最短道路问题：时刻 0 时洪水从图中某个顶点开始沿边蔓延，边的权表示洪峰通过这段河路的时间，问题为求洪水到达各个顶点的时刻。

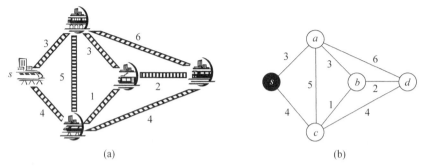

图 9.16　例 9.14 用图 1

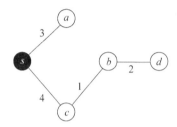

图 9.17　例 9.14 用图 2

最短道路具有如下性质。

定理 9.8　设 π: $v_0, v_1, \cdots, v_{k-1}, v_k$ 是图 G 中顶点 v_0 到 v_k 的最短道路，则 $v_0, v_1, \cdots, v_{k-1}$ 是 v_0 到 v_{k-1} 的最短道路。

证明.　若存在另一条从 v_0 到 v_{k-1} 的更短的道路 $v_0, u_1, \cdots, v_{k-1}$，则 π': $v_0, u_1, \cdots, v_{k-1}$, v_k 是 v_0 到 v_k 的更短的道路，产生矛盾。　　　□

基于定理 9.8，迪杰斯特拉于 1959 年给出了求唯一源点到其他各顶点的最短道路（之一）的算法，下面首先介绍该算法的思想。

记 $d(v)$ 表示从图 G 中给定顶点 s 到 v 的最短道路的长度。对于任一顶点 u（$u \neq s$）而言，假设与 u 相邻的顶点为 $v_1, v_2, \cdots, v_k$，则必然有 $d(u) = \min\limits_{1 \leqslant i \leqslant k} \{d(v_i) + w(uv_i)\}$。所以每次 $d(v_i)$ 的（估计）值的变化都可能会影响到 $d(u)$ 的（估计）值。

因此从时刻 0 开始，伴随着时间向前推移，总可以找到一个新的城市 v，洪水到达它的时间不多于到达其他城市的时间。洪水到达城市 v 后，不断更新与 v 相邻的顶点 u 的洪水最晚到达时间。

【例 9.15】　仍以例 9.14 的图为例。

（1）时刻 0 时，洪水从 s 开始，此时顶点 a 的洪水最晚到达时刻更新为 0+3=3，顶点 c 的洪水最晚到达时刻更新为 0+4=4，b、d 与 s 不相邻，因此它们的洪水最晚到达时刻不更新，仍为 ∞（图 9.18(a)）。

（2）时刻 3 时（之前局势不发生变化），洪水由 s 到达 a，此时顶点 b 的洪水最晚到达时刻更新为 3+3=6、顶点 c 的洪水最晚到达时刻更新为 $\min\{4, 3+5\}=4$，顶点 d 的更新为 3+6=9（图 9.18(b)）。

（3）时刻 4 时，洪水由 s 到达 c，此时不必考查顶点 a（即使它与 c 相邻），顶点 b 的洪水最晚到达时刻更新为 min{6, 4+1}=5，顶点 d 的洪水最晚到达时刻更新为 min{9, 4+4}=8（图 9.18(c)）。

（4）时刻 5 时，洪水由 c 到达 b，顶点 d 的洪水最晚到达时刻更新为 min{8, 5+2}=7（图 9.18(d)）。

（5）时刻 7 时，洪水由 b 到达 d（图 9.18(e)）。至此问题得到解决（图 9.18(f)）。

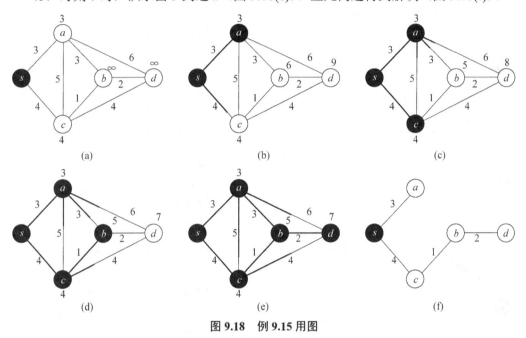

图 9.18 例 9.15 用图

具体来说，迪杰斯特拉算法维护两个集合 V_T 和 E_T，V_T 中为所有已确定 $d(v)$ 值的顶点，每一步都将距离 V_T "最近"（注意这里的"最近"与普里姆算法不同）但是不属于 V_T 的顶点移入 V_T，并更新与该点相邻的顶点的标签值，将该点距 V_T "最近"的边加入 E_T。

算法的具体步骤如下：

迪杰斯特拉算法 Dijkstra (G)

输入：赋权简单连通图 $G=(V, E)$，起点 s

输出：G 的最短道路树 $T=(V_T, E_T)$

1    $V_T \leftarrow \varnothing$, $E_T \leftarrow \varnothing$, $d(s) \leftarrow 0$
2   对于所有 $v \in V - \{s\}$, $d(v) \leftarrow \infty$
3   若 $V_T = V$, 则输出 $T = (V_T, E_T)$, 否则
3.1   在集合 $V - V_T$ 中选取 $d(v)$ 值最小的顶点 v
         （如果存在有多个满足条件的顶点 v, 则可任选其中之一）
3.2   若 $u \in V_T$ 满足 v 与 u 相邻且 $w(uv) = d(v) - d(u)$, 则 $E_T \leftarrow E_T \cup \{uv\}$
         （如果存在有多个满足条件的顶点 u, 则可任选其中之一）

3.3　　对于 $V-V_T$ 中所有与 v 相邻的顶点 u，$d(u) \leftarrow \min\{d(u), d(v)+w(uv)\}$
3.4　　$V_T \leftarrow V_T \cup \{v\}$
3.5　　返回步骤 3

【**例 9.16**】　用迪杰斯特拉算法求图 9.16(b)赋权图中以 s 为起点的最短道路树的过程如表 9.5 所示（各顶点标签一列加粗文字表示顶点的标签值在本轮产生更新）。

表 9.5　迪杰斯特拉算法示例

图	V_T	$V-V_T$	顶点标签	所选顶点	E_T
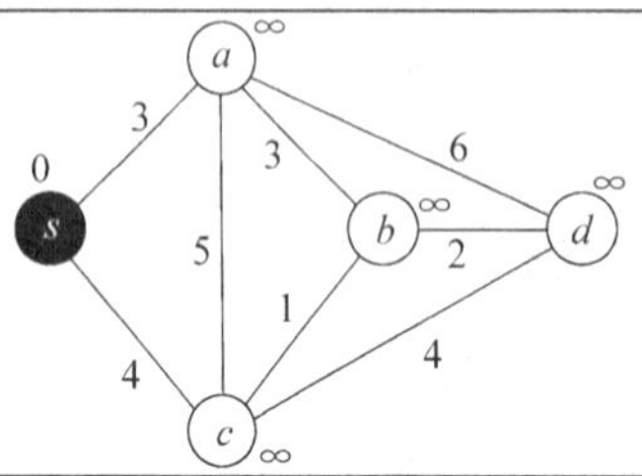	$\varnothing$	$\{s, a, b, c, d\}$	$d(s)=0$ $d(a)=\infty$ $d(b)=\infty$ $d(c)=\infty$ $d(d)=\infty$	s	$\varnothing$
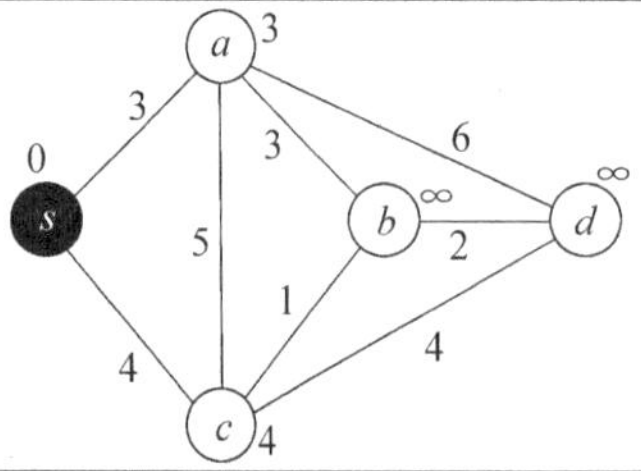	$\{s\}$	$\{a, b, c, d\}$	$\boldsymbol{d(a)=3}$ $d(b)=\infty$ $\boldsymbol{d(c)=4}$ $d(d)=\infty$	a	$\{sa\}$
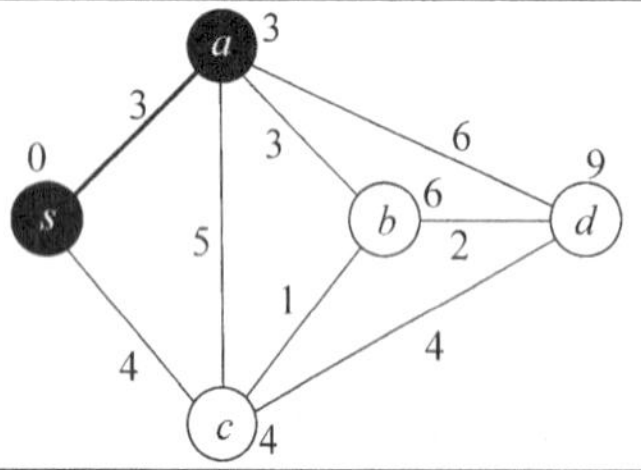	$\{s, a\}$	$\{b, c, d\}$	$\boldsymbol{d(b)=6}$ $d(c)=4$ $\boldsymbol{d(d)=9}$	c	$\{sa, sc\}$
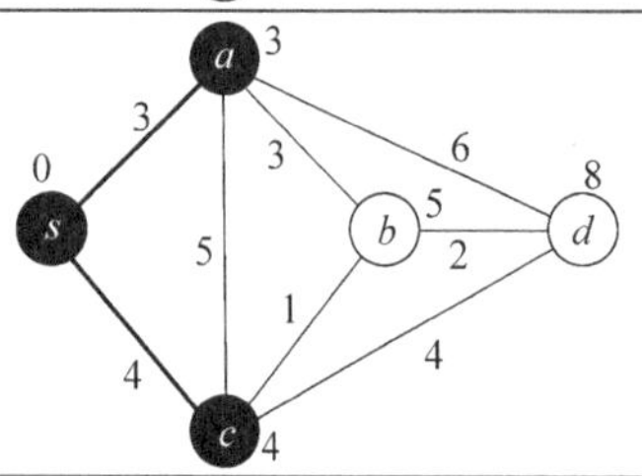	$\{s, a, c\}$	$\{b, d\}$	$\boldsymbol{d(b)=5}$ $\boldsymbol{d(d)=8}$	b	$\{sa, sc, bc\}$
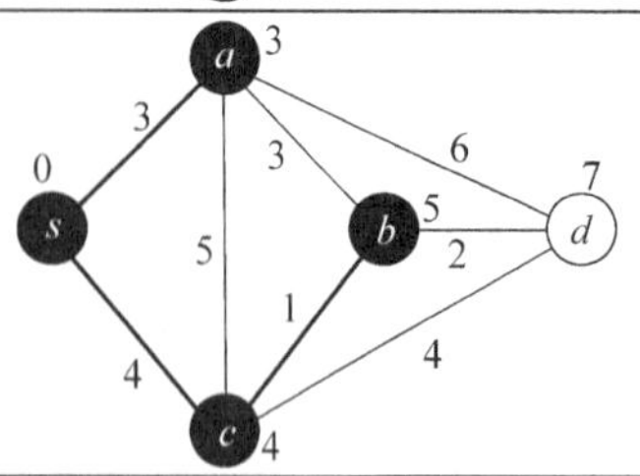	$\{s, a, b, c\}$	$\{d\}$	$\boldsymbol{d(d)=7}$	d	$\{sa, sc, bc, bd\}$

续表

图	V_T	$V-V_T$	顶点标签	所选顶点	E_T
	$\{s, a, b, c, d\}$	$\varnothing$			

由迪杰斯特拉算法可以得到下面的结果（证明略）。

定理 9.9 假设图 G 是一个赋权图，v 是 G 的一个顶点，则存在 G 的一棵支撑树 T，使得在 T 中 v 到任意顶点 u 的道路就是 G 中 v 到 u 的最短道路（之一）。称 T 为 G 的**最短道路树**。

最后给出迪杰斯特拉算法的几点说明：

（a）该算法只适合于边权值都是正数的情况。

（b）该算法解决的是已知起始点求最短道路的问题；而已知终点求最短道路的问题与之完全相同。

（c）该算法也适用于有向图的情况，所得结果构成一棵根树（参见定义 9.9）。

（d）迪杰斯特拉算法与普里姆算法非常相近，只需要把该算法的步骤 3.2 和步骤 3.3 改为

3.2　若 $u \in V_T$ 满足 v 与 u 相邻且 $w(uv)=d(u)$，则 $E_T \leftarrow E_T \cup \{uv\}$；

3.3　对于 $V-V_T$ 中所有与 v 相邻的顶点 u，$d(u) \leftarrow \min\{d(u), w(uv)\}$；

即是求最小支撑树的普里姆算法——事实上，迪杰斯特拉本人也曾经独立发现普里姆算法。

9.4　根树及其应用

9.4.1　根树的定义和基本概念

定义 9.8 如果一个有向图在不考虑边的方向时是一棵树，那么该有向图称为**有向树**（**directed tree**）。

【**例 9.17**】　图 9.19 中(a)、(b)、(c)均为有向树。

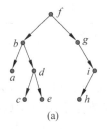
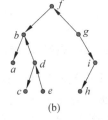

图 9.19　例 9.17 用图

而一类特殊的有向树——根树在实际问题中有着重要的应用。

定义 9.9　假设 T 是一棵有向树，若 T 恰有一个入度为 0 的顶点 v，其余顶点的入度皆为 1，则称 T 为**根树**（rooted tree），v 称作 T 的**根**（root）。根树中出度为 0 的顶点称为**叶子**（leaf），出度大于 0 的顶点称为**分枝点**（branch point）。

注：只有一个孤立顶点的平凡树也认为是根树。

【例 9.18】　图 9.19(a)是根树，其中 f 为根，a、c、e、h 为叶子，b、d、f、g、i 为分枝点；而(b)和(c)都不是根树。

例如一个单位的组织结构图就可以用根树表示，以顶点表示各级职务，边表示直属领导关系。

根树具有如下性质。

定理 9.10　在根树 T 中，从根到任一其他顶点都存在唯一的简单道路。

定理 9.10 实际上也是根树的本质性刻画，具体如下。

定理 9.11　如果有向图 T 中存在顶点 v，使得从 v 到 T 的任一其他顶点都存在唯一的简单道路，而且不存在从 v 到 v 的简单回路，则 T 是一棵以 v 为根的根树。

定义 9.10　在根树中，由根到顶点 v 的道路长度称作 v 的**层数**（level）。所有顶点的层数的最大值称为根树的**高度**（height）。

【例 9.19】　图 9.19(a)所示根树的高度为 3，各顶点的层数在图 9.20 中标明。

习惯上，将树根画在上端，叶子画在下端，于是有向边的方向都指向下方或斜下方，同一层的顶点都画在同一水平线上。有时在不引起混淆的情况下，也可省略全部箭头。

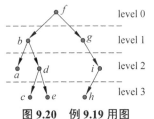

图 9.20　例 9.19 用图

例如瑞士著名的伯努利家族也可表示为一棵根树（图 9.21）。这个家族中产生了很多艺术家和科学家，特别是 17—18 世纪一些著名数学家：约翰·伯努利、雅各布·伯努利、丹尼尔·伯努利、尼古拉一世·伯努利、尼古拉二世·伯努利。

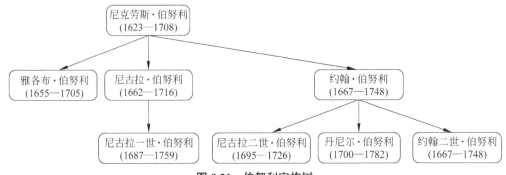

图 9.21　伯努利家族树

定义 9.11　在根树 T 中，若每个分枝点的出度最多为 m，则称 T 为 m **元树**或 m **叉树**（m-ary tree）；如果每个分枝点的出度都等于 m，则称 T 为**完全 m 叉树**（complete m-ary tree）；进一步，若 T 的全部叶子顶点的层数都相同，则称 T 为**正则 m 叉树**（regular m-ary tree）。

【例 9.20】 图 9.22(a)是 3 叉树，(b)是完全 3 叉树，(c)是正则 3 叉树。

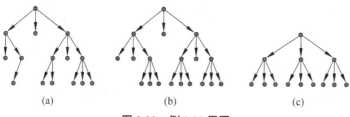

图 9.22 例 9.20 用图

定理 9.12 若 T 是完全 m 叉树，其叶子数为 t，分枝点数为 i，则 $(m-1)i=t-1$。

证明. 由握手定理，所有顶点的出度之和等于入度之和。所有顶点的出度之和为 $m \times i$；除了根，每个顶点的入度为 1，因此所有顶点的入度之和为 $t+i-1$。整理即得结论。 □

【例 9.21】 教室只有一个电源接口，但要同时使用 28 盏台灯，请问至少需要使用多少个 4 孔的接线板插座？

解. 将问题表示为根树，每个接线板插座看成是它的分枝点，台灯作为叶子顶点，则问题就是求总的分枝点的数目，由定理 9.12 可得分枝点数为 $(28-1)/3=9$，即至少需要 9 个接线板插座才能满足要求。

定理 9.13 假设完全二叉树 T 中分枝点数目为 t（$t \geq 1$），设 I 表示各分枝点层数之和，J 表示各叶子的层数之和，则 $J=I+2t$。

证明. 对分枝点个数 t 作归纳。

（1）$t=1$ 时，T 具有两个叶子，两个叶子的层数都是 1，唯一的分枝点为根，层数为 0。得到 $I=0$，$J=2$，故 $J=I+2t$ 成立。

（2）假设 $t=k$ 时定理 9.13 成立。$t=k+1$ 时，设在完全二叉树 T 中，v 的两个孩子顶点 v_1 和 v_2 都是叶子。则 $T-v_1-v_2$ 是含 k 个分枝点的完全二叉树，假设 v 的层数为 l，由归纳假设有 $J'=I'+2t'$，其中 $t'=t-1$。比较 T 和 $T-v_1-v_2$ 可得 $I'=I-l$，$J'=J-2(l+1)+l=J-l-2$，于是整理即得 $J=I+2t$。 □

定理 9.13 中的 I 和 J 又常分别称作树的**内部道路长度之和**与**外部道路长度之和**。

定义 9.12 假设 u 和 v 是根树中两个相异顶点，

（a）如果从 u 到 v 可达，则称 u 是 v 的**祖先（ancestor）**，v 是 u 的**后代（descendant）**。

（b）如果 (u, v) 是根树中的有向边，则称 u 是 v 的**父亲顶点或双亲顶点（parent）**，v 是 u 的**孩子顶点（offspring）**。

（c）如果 u 和 v 的父亲顶点相同，则称 u 和 v 是**兄弟顶点（sibling）**。

【例 9.22】 在图 9.23 中，f 是 i 的祖先，c 是 b 的后代，d 是 e 的父亲顶点，e 是 d 的孩子顶点，a 和 d 是兄弟顶点，b 和 g 也是兄弟顶点，但是 e 和 h 不是兄弟顶点。

定义 9.13 假设 v 是根树 T 中一个顶点，v 及其所有后代所导出的子图 T' 称为 T 的**以 v 为根的子树（subtree）**。

【例 9.23】 图 9.24 中，(b)和(c)都是(a)的子树。

一般来说，根树中各顶点出现的次序不重要；但是在实际应用中，常要考虑同一层

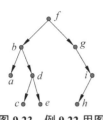

图 9.23 例 9.22 用图

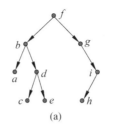

(a)　　　　　(b)　　　(c)

图 9.24 例 9.23 用图

中各顶点的次序，例如在真正的家族关系中，兄弟之间是有年龄大小次序的。于是我们引入有序树的概念。

定义 9.14　如果在根树 T 中规定了每个分枝点的孩子顶点之间的次序，则称 T 为**有序树（ordered tree）**。

一般来讲，根树中同一层各顶点的次序为从左至右，即一个分枝点最左边的孩子顶点为第一个孩子，紧邻它右边的是第二个孩子，以此类推，最右边的孩子顶点为最后一个孩子。

定义 9.15　若 m 叉树 T 是有序的，则称 T 为 m **叉有序树**。

定义 9.16　对于二叉有序树而言，一个分枝点 v 的第一个孩子顶点也称作**左孩子**，第二个孩子顶点也称作**右孩子**，以 v 的左孩子为根的子树称作 v 的**左子树**，以 v 的右孩子为根的子树称作 v 的**右子树**。

定义 9.17　如果 m 叉有序树 T 的每个顶点的孩子顶点都被规定了位置，则称 T 是 m **叉位置树（m-ary positional tree）**。

在二叉位置树中，一个分枝点可能只有左孩子而没有右孩子，也可能只有右孩子而没有左孩子。

【**例 9.24**】　图 9.25(a)和(b)作为根树是相同的，但作为位置树是不同的。

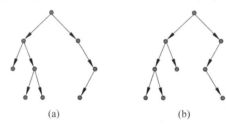

(a)　　　　　　(b)

图 9.25 例 9.24 用图

二叉树的应用最为广泛，事实上任何一棵有序树都可以转换为一棵二叉位置树，其方法是：将每个顶点 v 的第一个孩子作为它的左孩子，将 v 的下一个兄弟作为它的右孩子。

【**例 9.25**】　图 9.26(b)是(a)的二叉位置树表示。

有序树组成的森林也可以转换成二叉位置树，步骤如下：

（1）将森林中的每一棵树都表示成二叉位置树。

（2）除第一棵二叉位置树外，依次将剩下的每棵二叉位置树作为左边二叉位置树的根的右子树。

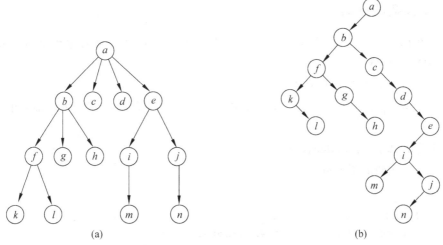

图 9.26　例 9.25 用图

【例 9.26】　图 9.27(a)是森林，(b)、(c)和(d)分别是其三个连通分枝的二叉位置树表示，(e)是该森林的二叉位置树表示。

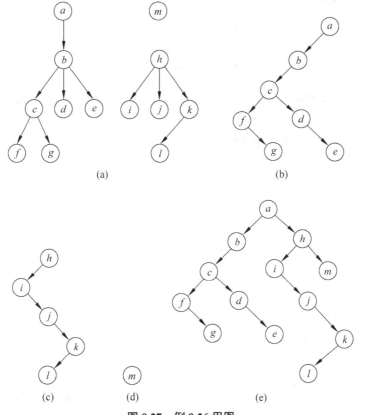

图 9.27　例 9.26 用图

9.4.2　二叉树的遍历

定义 9.18　对一棵树的每个顶点系统地访问一次且仅一次的方式称作树的**遍历**（**traversal**）或周游。

二叉树遍历主要有如下 3 种方式：

（a）**前序（preorder）遍历**。先访问根，然后前序遍历根的左子树，最后前序遍历根的右子树。

前序遍历算法　preorder (node)

输入：二叉树的根 node

```
1    visit (node)
2    If node.left ≠ NULL then preorder (node.left)
3    If node.right ≠ NULL then preorder (node.right)
```

（b）**中序（inorder）遍历**。先中序遍历根的左子树，然后访问根，最后中序遍历根的右子树。

中序遍历算法　inorder (node)

输入：二叉树的根 node

```
1    If node.left ≠ NULL then inorder (node.left)
2    visit (node)
3    If node.right ≠ NULL then inorder (node.right)
```

（c）**后序（postorder）遍历**。先后序遍历根的左子树，然后后序遍历根的右子树，最后访问根。

后序遍历算法　postorder (node)

输入：二叉树的根 node

```
1    If node.left ≠ NULL then postorder (node.left)
2    If node.right ≠ NULL then postorder (node.right)
3    visit (node)
```

【例 9.27】　对于图 9.28 中所示的二元树，前序遍历的次序为 $f, b, a, d, c, e, g, i, h$，中序遍历的次序为 $a, b, c, d, e, f, g, h, i$，后序遍历的次序为 $a, c, e, d, b, h, i, g, f$。

在计算机科学中，二叉有序树广泛地用于组织数据和描述算法，例如可以用二叉有序树来表示运算表达式和进行求值。

【例 9.28】　算术表达式 $((4×2)+1)−((6÷3)×2)$ 可以用如图 9.29 所示的有序树 T 表示。

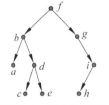

图 9.28　例 9.27 用图

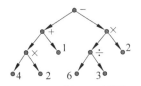

图 9.29　例 9.28 用图

其中分枝点表示运算符，叶子表示运算数，层数的高低表示运算执行的先后顺序。

（a）前序遍历 T 的结果为 –, +, ×, 4, 2, 1, ×, ÷, 6, 3, 2，因为运算符在运算数之前，故称此种表示法为**前缀表示（prefix notation）**或**波兰表示（Polish notation）**（使用这个名称是为了纪念波兰逻辑学家卢卡锡维茨（Lukasiewicz））。

（b）后序遍历 T 的结果为 4, 2, ×, 1, +, 6, 3, ÷, 2, ×, –，因为运算符在运算数之后，故称此种表示法为**后缀表示（postfix notation）**或**逆波兰表示（reverse Polish notation）**。

（c）中序遍历 T 的结果为 4, ×, 2, +, 1, –, 6, ÷, 3, ×, 2，因为运算符在运算数之间，故称此种表示法为**中缀表示（infix notation）**。

【例 9.29】　命题公式 $((p \wedge (\sim(q \vee r))) \Rightarrow ((p \vee q) \wedge (r \wedge s)))$ 可以表示为图 9.30 所示的二叉有序树。

由前缀表示或后缀表示可以唯一构造表示运算式的有序树，但是由中缀表示则不行。例如图 9.31(a) 和 (b) 分别表示运算式 $((4×2)+1)–((6÷3)×2)$ 和 $(4×2)+((1–6)÷(3×2))$，但是这两棵有序树的中序遍历结果是相同的。

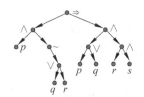

图 9.30　例 9.29 用图 1

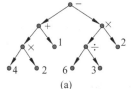

图 9.31　例 9.29 用图 2

采用前缀表示的运算表达式可以按照如下规则求值：从左至右扫描符号串，直到出现一个运算符（例如*）紧接着两个运算数（例如 a 和 b），此时计算 $a*b$，并将结果作为运算数替换这个运算符和两个运算数，重复此步骤，直至所有运算符处理完毕。一元运算和多元运算也类似地处理，遇到足够的运算数即产生运算结果并替代运算符和参与此次运算的所有运算数，迭代直至完成。

例如算术表达式 $((4×2)+1)–((6÷3)×2)$ 用有序树 T 表示后前序遍历的结果为 –, +, ×, 4, 2, 1, ×, ÷, 6, 3, 2，其求值过程如下：

（1）计算 ×, 4, 2 的值，得到 8=4×2，用 8 取代 ×, 4, 2，符号串化为 –, +, 8, 1, ×, ÷, 6, 3, 2。

（2）计算 +, 8, 1 的值，得到 9=8+1，用 9 取代 +, 8, 1，符号串化为 –, 9, ×, ÷, 6, 3, 2。

（3）计算 ÷, 6, 3 的值，得到 2=6÷3，用 2 取代 ÷, 6, 3，符号串化为 –, 9, ×, 2, 2。

（4）计算 ×, 2, 2 的值，得到 4=2×2，用 4 取代 ×, 2, 2，符号串化为 –, 9, 4。

（5）计算 –, 9, 4 的值，得到 5=9–4，用 5 取代 –, 9, 4，符号串化为 5，至此计算结束，5 就是运算表达式的结果。

采用后缀表示的运算表达式也可以用类似的方法求值：从左至右扫描符号串，直到出现两个运算数（例如 a 和 b）紧接着一个运算符（例如*），此时计算 $a*b$，并将结果作为运算数替换这个运算符和两个运算数，重复此步骤，直至所有运算符处理完毕。

例如算术表达式 $((4×2)+1)–((6÷3)×2)$ 用根树 T 表示后后序遍历 T 的结果为 4, 2, ×, 1, +, 6, 3, ÷, 2, ×, –，其求值过程如下：

（1）计算 4，2，×的值得到 8，用 8 取代 4，2，×，符号串化为 8，1，+，6，3，÷，2，×，−。

（2）计算 8，1，+的值得到 9，用 9 取代 8，1，+，符号串化为 9，6，3，÷，2，×，−。

（3）计算 6，3，÷的值得到 2，用 2 取代 6，3，÷，符号串化为 9，2，2，×，−。

（4）计算 2，2，×的值得到 4，用 4 取代 2，2，×，符号串化为 9，4，−。

（5）计算 9，4，−的值得到 5，用 5 取代 9，4，−，符号串化为 5，至此计算结束，5 就是运算表达式的结果。

前缀表示和后缀表示在程序语言、编译理论和科学计算器设计中都有很重要的作用。

9.4.3　最优二叉树与赫夫曼编码

在传输数据和消息时，需要对数据或消息进行编码，二进制编码法是最常用的方式。一般要求消息编码后的总长度尽可能短，以提高传输效率，减少差错可能。

【例 9.30】　信息"a banana"共有 8 个字符，由 4 种不同的字符组成，其中 a 出现 4 次，b 出现 1 次，n 出现 2 次，空格（下面用□表示）出现 1 次，将采用二进制方式对这 4 种字符进行编码。

编码方案一：用二进制编码 00、01、10 和 11 分别表示 a、b、n 和空格，则信息"a banana"编码为 0011010010001000，总长度为 16。此时每个符号编码后的长度相同，因此称作**定长编码**方式。

编码方案二：用二进制编码 1、000、01 和 001 分别表示 a、b、n 和空格，则信息"a banana"编码为 10010001011011，总长度为 14。此时各符号编码后的长度存在差异，因此称作**变长编码**方式。

编码方案三：用二进制编码 1、00、0 和 01 分别表示 a、b、n 和空格，则信息"a banana"编码为 1010010101，总长度为 10。虽然编码后的长度变得更短，但随之而来产生了问题：接收端如何对收到的符号串进行译码？例如接收端收到符号串 001 时，无法确定消息的内容应该是 n□、ba 还是 nna。

因此，在编码时必须考虑接收端不产生译码的二义性，这就需要引入前缀码的概念。

定义 9.19　设 $\alpha_1\alpha_2\cdots\alpha_{n-1}\alpha_n$ 为长度为 n 的符号串，称 α_1，$\alpha_1\alpha_2$，$\cdots$，$\alpha_1\alpha_2\cdots\alpha_{n-1}$ 分别为该符号串的长度为 1，2，$\cdots$，$n-1$ 的**前缀**（**prefix**）。

定义 9.20　设 $A=\{\beta_1, \beta_2, \cdots, \beta_m\}$ 为一个符号串集合，若对于任意的 $\beta_i, \beta_j \in A$，$i \neq j$，β_i 和 β_j 互不为前缀，则称 A 为**前缀码**（**prefix code**）或**无前缀码**（**prefix-free code**）。若 β_i 都是由 0、1 组成的符号串，则称 A 为**二元前缀码**。

【例 9.31】　例 9.30 中编码方案二{1, 000, 01, 001}是前缀码；而编码方案三{1, 00, 0, 01}则不是前缀码，因为 0 是 00 的前缀，0 也是 01 的前缀。

显然，采用前缀码可以唯一确定接收的符号串内容。

一个编码方案也可以使用二叉位置树来表示：对于树中的分枝点，令与它左孩子（如果存在）关联的边标记为 0，与右孩子（如果存在）关联的边标记为 1；对每个顶点而言，其编码就是由根到该顶点的道路中各边标号依次构成的序列。

【例 9.32】　例 9.30 中 3 种编码方式对应的二叉位置树如图 9.32(a)、(b)、(c)所示。

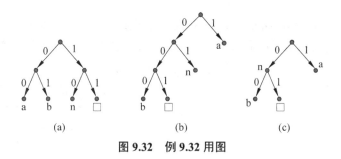

图 9.32 例 9.32 用图

注意，在图 9.32(a)和(b)中，表示符号的顶点都是叶子顶点；而在(c)中，表示符号 n 的顶点是分枝点，因此当接收端收到符号串 001 后，从二叉位置树的根开始按符号串中的符号顺序沿相应标号的边前进，却无法断定是在表示符号 n 的顶点中断继而译码成 n 还是应该继续前进。

一般地讲，在任何一个二元前缀码编码方案的二叉位置树表示中，表示符号的顶点都一定是叶子。而且，任一个二叉位置树编码后，各叶子的码构成的集合（或其子集）是一个前缀码。

假设一个二元前缀码编码方案中包括 t 种符号，每种符号在消息中出现的次数为 w_i，其编码长度为 l_i，则消息的总长度为 $\sum_{i=1}^{t} w_i \cdot l_i$。编码的目标是希望 $\sum_{i=1}^{t} w_i \cdot l_i$ 的值尽可能小，达到这个最小值的二元前缀码称作**最优二元前缀码**。

对应到二叉位置树 T 上，则有以下定义。

定义 9.21 设二叉树 T 有 t 个叶子 $v_1, v_2, \cdots, v_t$，分别赋予它们一个权值（非负实数）为 $w_1, w_2, \cdots, w_t$，称 $W(T) = \sum_{i=1}^{t} w_i \cdot l(v_i)$ 为 T 的权（**weight**），其中 $l(v_i)$ 是 v_i 的层数。

定义 9.22 在所有有 t 个叶子，带权 $w_1, w_2, \cdots, w_t$ 的二叉树中，权最小的二叉树称为**最优二叉树（optimal binary tree）**。

赫夫曼（David Albert Huffman, 1925—1999）于 1952 年给出了最优二叉树的构造方法（即构造最优二元前缀码的方法），因此最优二叉树也称作**赫夫曼树**，对应的最优二元前缀码也称作**赫夫曼码**。该算法的基本思想是使得从根到权值大的叶子的道路较短，反之从根到权值小的叶子的道路较长。

赫夫曼算法 Huffman ($w_1, w_2, \cdots, w_t$)

输入：一组非负权值 $w_1, w_2, \cdots, w_t$

输出：叶子顶点的权值为 $w_1, w_2, \cdots, w_t$ 的最优二叉树的根 v

1　　构造 t 个顶点 $v_1, v_2, \cdots, v_t$，权值分别为 $w_1, w_2, \cdots, w_t$，$S \leftarrow \{v_1, v_2, \cdots, v_t\}$
2　　若 $|S|=1$，则输出 S 中唯一的元素，否则
2.1　　　假设 u_1 和 u_2 是 S 中权值最小的两个顶点
2.2　　　构造一个新的顶点 w，令 w 的左孩子是 u_1，右孩子是 u_2，权值为 u_1 和 u_2 权值之和
2.3　　　$S \leftarrow (S-\{u_1, u_2\}) \cup \{w\}$，返回步骤 2

可以证明该算法的正确性，即所构造的树的确是一棵最优二叉树。

【**例9.33**】　信息"a banana"中 a 出现 4 次，b 出现 1 次，n 出现 2 次，空格出现 1 次。采用赫夫曼算法对其编码的过程如表 9.6 所示（顶点圆圈内的数字表示该顶点的权）。

表 9.6　赫夫曼算法示例

步骤	S（虚线框内顶点）
初始	
第 1 次循环	
第 2 次循环	
第 3 次循环	

　　在步骤 2.1 中两个权值最小的顶点的选择方法可能不唯一，因此由上述方法得到的最优二叉树不一定是唯一的（例如图 9.33 也是例 9.30 的一棵最优二叉树），编码方式也随之不同，但是构造出来的不同的树的权都是相同的。

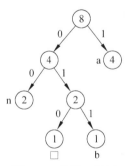

图 9.33　最优二叉树

习 题 9

9.1 分别画出所有不同构的 3~6 阶无向树。

9.2 已知无向树 T 中有 5 个叶子，其余顶点度数都是 3，计算 T 有多少个顶点。

9.3 已知无向树 T 中有 3 个 3 度顶点和 7 个叶子，其余顶点都是 4 度顶点，计算 T 有多少条边。

9.4 已知无向树 T 中有 2 个 4 度顶点和 3 个 3 度顶点，其余顶点都是叶子，计算 T 有多少个顶点并画出两棵不同构的满足上述要求的树。

9.5 已知无向树 T 中有 2 个 4 度顶点，2 个 3 度顶点，1 个 2 度顶点，其余顶点都是叶子，计算 T 的顶点数、边数和叶子数。

9.6 确定下面的序列中哪些可以构成无向树的度数序列。

（a）1, 1, 1, 1, 1, 1, 3, 3, 4。

（b）1, 1, 2, 3, 3, 4。

（c）1, 1, 2, 2, 3, 3, 4, 4。

（d）1, 1, 1, 1, 2, 2, 3, 3。

（e）1, 1, 1, 2, 2, 2, 2, 3。

9.7 给出所有以 1, 1, 1, 1, 2, 2, 4 为度数序列的非同构的无向树。

9.8 证明所有的醇（alcohols）$C_nH_{2n+1}OH$ 是树分子结构，其中 C、O、H 的度分别是 4、2、1。

9.9 证明：恰有两个叶子的无向树是一条道路。

9.10 证明：无向树都是二部图。

9.11 n 满足什么条件时，完全图 K_n 是无向树？

9.12 假设 T 是树，证明：T 中最长道路的起点和终点必然都是 T 的叶子。

9.13 若无向树 T 中度数最大的顶点度数为 k，证明：T 至少有 k 个叶子。

9.14 设 T 是 $k+1$ 阶无向树，$k \geq 1$，G 是无向简单图，已知 $\delta(G) \geq k$，证明：G 中存在与 T 同构的子图。

9.15 假设 (m, n)-图 G 是一个有 k（$k \geq 2$）个连通分支的森林，试建立 m 与 n 值之间的关系，并计算要添加多少条边才能使所得之图为无向树。

9.16 令 $v_1, v_2, \cdots, v_n$ 是给定的点，$d_1, d_2, \cdots, d_n$ 是给定的正整数，满足 $\sum_{i=1}^{n} d_i = 2(n-1)$，

证明：满足 $\deg(v_i)=d_i$（$i=1, 2, \cdots, n$）的树的数目是 $\dfrac{(n-2)!}{(d_1-1)! \cdots (d_n-1)!}$。

9.17 若可以用整数 1, 2, $\cdots$, n 来标记带有 n 个顶点的无向树的顶点，使得相邻顶点的标记之差的绝对值全都是不同的，则称这棵树为优美的。证明：图 9.34 中的树都是优美的。

9.18 毛虫图是含有一条简单通路的树，使得不包含在这条通路里的每个顶点都与这条通路里的一个顶点相邻。

图 9.34　习题 9.17 和习题 9.18 用图

（a）图 9.34 中，哪些是毛虫图？

（b）带 6 个顶点的互不同构的毛虫图有多少种？

（c）证明或反驳：其边形成一条简单道路的所有树都是优美的。

（提示：考虑序列 $1, n, 2, n-1, 3, n-2, \cdots$。）

（d）证明：所有的毛虫图都是二部图。

（e）证明：所有的毛虫图都是优美的。

（提示：考虑图 9.35。）

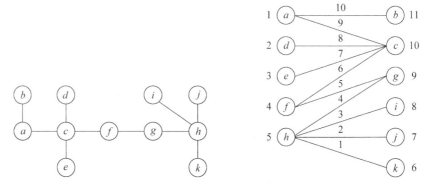

图 9.35　习题 9.18 用图

9.19　无向树中顶点的**离心度（偏心距）**是从这个顶点开始的最长的简单通路的长度。当树 T 的顶点 v 的偏心距最小时，则称 v 为树 T 的（一个）**中心**。

（a）求图 9.36 中顶点 a、g、l 的偏心距。

（b）求图 9.36 中所给的树的（所有）中心。

（c）证明：一棵树只有一个中心或两个相邻的中心。

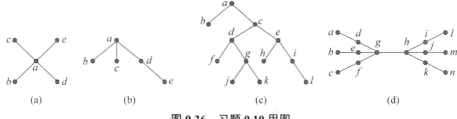

图 9.36　习题 9.19 用图

9.20　10 名学生参加一次考试，共有 10 道判断题。已知没有两个学生做对的题目完全相同。证明在这 10 道题中可以找到一道题，将这道题取消后，每两个学生做对的题目仍然不会完全相同。

（提示：若删除第 i 题后学生甲和乙无法区分，则在顶点甲和顶点乙之间连标号 i

的边。证明结果图中存在回路。）

9.21 图 9.37 中有多少个不同构的支撑树？

9.22 画出图 9.38 的所有不同构的支撑树。

图 9.37 习题 9.21 用图

图 9.38 习题 9.22 用图

9.23 K_n（$1 \leqslant n \leqslant 7$）各有多少棵非同构的支撑树？

9.24 设 G 是无向连通图，证明：如果 G 的支撑树是唯一的，那么 G 本身就是树。

9.25 设 G 是无向连通图，e 是 G 的边，证明：e 是桥当且仅当 e 在 G 的每个支撑树中出现。

9.26 设 G 是无向连通图，e 是 G 的边，如果 e 不属于 G 的任一个支撑树，那么 e 应具有什么性质？

9.27 设 G 是无向连通图，e 是 G 的边，e 既不是自环也不是桥，证明：存在 G 的某个支撑树包含 e，也存在 G 的某个支撑树不包含 e。

9.28 用普里姆算法求图 9.39 所示赋权图的最小支撑树（从顶点 a 开始）。

9.29 用克鲁斯卡尔算法求图 9.39 所示赋权图的最小支撑树。

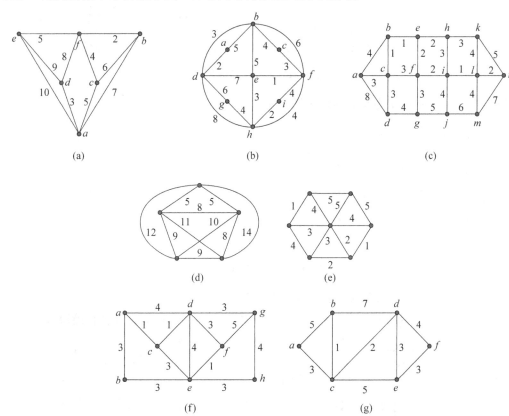

图 9.39 习题 9.28 至习题 9.31 用图

9.30 用破圈法求图 9.39 所示赋权图的最小支撑树。

9.31 用博鲁夫卡算法求图 9.39 所示赋权图的最小支撑树。

9.32 图 9.40 有多少棵最小支撑树？

9.33 如果要求计算赋权图中的最大支撑树，应该怎么处理？

9.34 如果要求计算赋权图中必须包含某条边的最小支撑树，应该怎么处理？

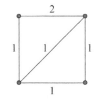

图 9.40　习题 9.32 用图

9.35 普里姆算法是否能在非连通图中寻找最小支撑森林？如果不能，需要怎样修改算法？

9.36 破圈法是否能在非连通图中寻找最小支撑森林？

9.37 博鲁夫卡算法是否可以在非连通图中寻找最小支撑森林？

9.38 假设 (G, W) 为赋权图，那么 G 的最短道路树是否一定是唯一的？

9.39 求图 9.41 以 s 为起点的最短道路树。

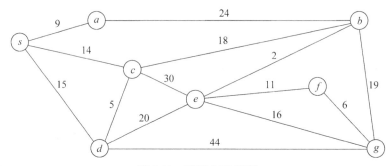

图 9.41　习题 9.39 用图

9.40 求图 9.42 中以 a 为起点的最短道路树。

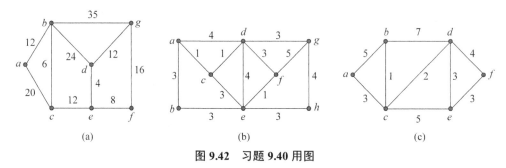

(a) (b) (c)

图 9.42　习题 9.40 用图

9.41 找到图 9.43 中从 a 到 k 且经过 e 的最短道路。

9.42 在图 9.44 所示的赋权图中寻找给定每对顶点之间的最短道路长度和最短道路。

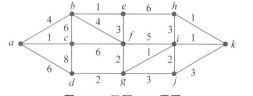

图 9.43　习题 9.41 用图

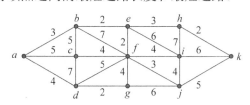

图 9.44　习题 9.42 用图

9.43　给出一个例子说明：如果图中存在负数权值的边，则迪杰斯特拉算法将可能给出不正确的结果。

9.44　某工厂使用一台设备，每年年初要决定是继续使用还是购买新的（购买新设备时将旧设备按残值卖出）。预计该设备第 1 年的价格为 11 万元，以后每年涨 1 万元。使用的第 1 年、第 2 年……第 5 年的维修费分别为 5、6、8、11、18 万元。使用 1 年后的残值为 4 万元，之后每使用 1 年残值减少 1 万元。试制订购买维修该设备的 5 年计划，使总支出最小。

9.45　画出所有非同构的 n（$1 \leqslant n \leqslant 5$）阶根树。

9.46　给出所有具有 3 个顶点的非同构的根树和非同构的有序树。

9.47　证明定理 9.10。

9.48　证明定理 9.11。

9.49　画出带有 84 个树叶而且高度为 3 的正则 m 叉树，其中 m 是正整数；或者证明这样树不存在。

9.50　假设 T 是完全 m 叉树，其叶子数为 l，分枝点数为 t，证明：T 的边数为 mt。

9.51　假设 T 是完全二叉树，其叶子数为 l，证明：T 的边数为 $2(l-1)$。

9.52　证明：一棵完全二叉树的顶点数为奇数。

9.53　假设 T 是完全 m 叉树，其叶子数为 l，高度为 h，证明：$m+(m-1)(h-1) \leqslant l \leqslant m^h$。

9.54　证明：高度为 h 的 m（$m \geqslant 2$）叉树至多有 $(m^{h+1}-1)/(m-1)$ 个顶点。

9.55　假设有一台计算机，它有一条加法指令，可计算 3 个数的和。如果要计算 9 个数 $x_1, x_2, x_3, x_4, x_5, x_6, x_7, x_8, x_9$ 之和，则至少要执行几次加法指令？

9.56　假设如果共有 n 名选手参加一次比赛，赛制是淘汰制，每局不超过 m 个选手参加，决出一名晋级。要决出冠军，至少要安排多少场比赛？

9.57　假定某人寄出一封连环信，要求收到信的每个人再把它寄给另外 4 个人。有一些人这样做了，但是其他人则没有寄出信，且假设没有人收到超过 1 封信。若读过信但是不寄出的人数超过 100 个后，连环信就终止了，则包括第 1 个人在内，多少人看过信？多少人寄出过信？

9.58　有多少个高为 2 的不同构的二叉位置树？

9.59　有多少个高为 2 的不同构的三叉位置树？

9.60　将图 9.45 所示的有序树表示为二叉位置树。

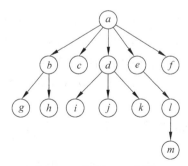

图 9.45　习题 9.57 用图

9.61 将图 9.46 所示的森林表示为二叉位置树。

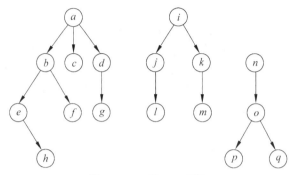

图 9.46　习题 9.61 用图

9.62 图 9.47 是有序树 T 的二叉位置树表示，请画出 T。

9.63 图 9.48 是有序树组成的森林的二叉位置树表示，请画出该森林。

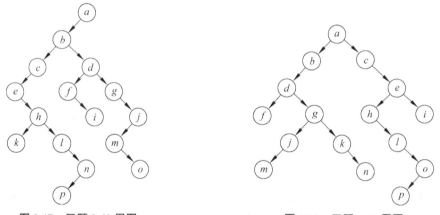

图 9.47　习题 9.62 用图　　　　图 9.48　习题 9.63 用图

9.64 给出一棵二叉位置树，使得其前序遍历结果是 b, a, t, i, s, t, h, e, b, e, s, t。

9.65 给出一棵二叉位置树，使得其中序遍历结果是 b, a, t, i, s, t, h, e, b, e, s, t。

9.66 给出一棵二叉位置树，使得其后序遍历结果是 b, a, t, i, s, t, h, e, b, e, s, t。

9.67 给出公式 $((p \land q) \Rightarrow (\sim(r \lor s))) \lor ((\sim s) \Leftrightarrow (\sim p))$ 的二叉位置树表示，并计算其前序遍历、中序遍历、后序遍历的结果。

9.68 写出表达式 $((a+(b \times c)) \times d-e) \div (f+g)+(h \times i) \times j$ 的前缀、中缀、后缀表示。

9.69 写出运算表达式 $((8 \div 2)-1)+(2 \times (6-3))$ 的前缀表示，并由此计算运算表达式的值。

9.70 写出运算表达式 $((8 \div 2)-1)+(2 \times (6-3))$ 的后缀表示，并由此计算运算表达式的值。

9.71 已知一个运算表达式的前缀表示为 $-$, $+$, 4, 5, $\times$, $\div$, 2, 2, 3，请给出该运算表达式的二叉位置树表示。

9.72 已知一个运算表达式的后缀表示为 2, 1, $+$, 6, 3, $\div$, $\times$, 4, $-$，请给出该运算表达式的二叉位置树表示。

9.73 请给出中缀表示为 4, $\div$, 1, $\times$, 2, $-$, 3, $+$, 5 的两棵不同构的二叉位置树表示。

9.74 以下集合中，哪些是前缀码？

(a) {0, 11, 101, 1111}。

(b) {1, 01, 010, 101}。

(c) {*a*, *b*, *c*, *ac*, *bca*}。

(d) {*ab*, *ac*, *b*, *caa*, *cac*}。

9.75 请画出二元前缀码{000, 001, 01, 11, 10}对应的二叉位置树。

9.76 根据图 9.49 所示的二叉位置树，写出各字母的编码，并对字符串 unsuccess 进行编码。

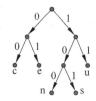

图 9.49 习题 9.76 用图

9.77 给定一组权 1, 3, 4, 5, 5, 6, 9，求对应的最优二叉树。

9.78 给定权 1, 4, 9, 16, 25, 36, 49, 64, 81, 100，构造一个最优二叉树，并求树的权以及由此产生的前缀码。

9.79 给定权 2, 3, 5, 7, 11, 13, 17, 19, 23，构造一个最优二叉树，并求树的权以及由此产生的前缀码。

9.80 给出 "bat is the best" 的赫夫曼编码方法（包括空格），并计算编码后的码长。

9.81 给出 "a fat cat eats at left" 的赫夫曼编码方法（包括空格），并计算编码后的码长。

9.82 给出 "large cat at large" 的赫夫曼编码方法（包括空格），并计算编码后的码长。

9.83 已知在数据中只出现 5 种符号 A、B、C、D、E，出现的频率分别是 10%、15%、30%、16%、29%，设计一种二进制编码方案，使得数据长度最少并且能正确解码。

9.84 已知在数据中只出现 6 种字母 A、B、C、D、E、F，出现的频率分别是 30%、25%、20%、10%、10%、5%，构造一个最优二元前缀码，假设数据长度为 1000 个字母，编码后的数据共用多少个二进制位？

9.85 有一个游戏，起初有 N 堆石子，每次将两个大小分别为 *m* 和 *n* 的石子合并为一堆，得到 *m+n* 分，目的是最终合成一堆。如何安排合并的次序才能使得总得分最小？如何安排合并的次序才能使得总得分最大？

第10章
形式语言、自动机与正则表达式

形式语言是一种由标记和符号按某些规则组成的形式化系统。

20 世纪 50 年代，语言学家乔姆斯基（Avram Noam Chomsky）将语言形式化地定义为由一个字母表的字母组成的一些串的集合，在字母表上按照一定的规则定义文法、产生语言，并根据产生语言的文法的产生式的不同特点，将文法和对应产生的语言分为三大类。

从识别语言的角度来看，还有另一种方式来描述语言：按照某种识别规则构造自动机，通过自动机能够识别的所有字符串来定义语言。

于是形式语言主要有两种不同的描述方式：文法产生语言和自动机识别语言，将分别在 10.2 节和 10.4 节中进行介绍，10.5 节中介绍这两种方式的等价性及相互转换方法。

20 世纪语言学还有其他一些重要事件。20 世纪 50 年代末至 60 年代初，巴科斯和诺尔使用巴科斯-诺尔范式（Backus-Naur Form，BNF）成功地对高级程序设计语言 ALGOL60 的词法和语法规则进行了形式化的描述。程序语言 ALGOL60 问世不久，人们就发现它有歧义性，而后证明了上下文无关文法是否有歧义性是不可判定的（也就是说不存在一个算法能够判断一个上下文无关文法是不是歧义的）。同时期，数学家克林（Stephen Cole Kleene）引入了正则集合及正则表达式的概念，并提出了克林定理证明了正则表达式和有限状态自动机之间的等价性；等等。

有限自动机和某些种类的形式文法已经成为计算机科学的理论基础，被用于一些重要软件的设计和构造，如某些编译器部件。实际上，形式语言与自动机理论的应用范围已经扩展到生物工程、自动控制系统、图像处理与模式识别等许多领域。

10.1 语　　言

《韦氏大词典》[①]对"语言（language）"的解释之一是"词汇、发音及其组合方法，以在一个社会群体中所使用和理解（the words, their pronunciation, and the methods of combining them used and understood by a community）。"这通常称为自然语言（nature language）。

而《韦氏大词典》的另一个解释是"一种由标记和符号组成的形式化系统，包括该系统所容许的表达式的形成和转换的规则（a formal system of signs and symbols including

---

①　https://www.merriam-webster.com/

rules for the formation and transformation of admissible expressions）。"这通常称为形式语言（formal language），常用于建立自然语言模型以及与计算机通信。

自然语言的规则非常复杂且难以完全特征化，而形式语言可以通过一些确定的规则构造。

首先回顾 1.1.3 节中曾引入的一些基本概念。

定义 10.1　**字母表**（**alphabet**）是指一个有限的非空符号集Σ，Σ 中的元素称为**字母**。

定义 10.2　Σ^*为所有由Σ 中元素生成的有限长度序列全体，Σ^*中元素称为Σ上的**词**（**word**）或**串**（**string**）（在不引起混淆时，也可忽略序列各项间的逗号），即串是有限长度的符号序列。

定义 10.3　Σ^*中的空序列称作**空串**（**empty string**），习惯上使用λ 或 ε 表示，用Λ表示集合$\{\lambda\}$。

定义 10.4　串 w 所含字母个数（即序列的项数）称作 w 的**长度**（**length**），记作$|w|$。

可以这样来理解：字母表是有限的符号集，而串是有限长度的符号序列。

【例 10.1】　常用的字母表有

$\Sigma = \{0, 1\}$，二进制字母表。

$\Sigma = \{a, b, \cdots, z\}$，所有小写字母的集合。

所有 ASCII 字符的集合，或者所有可打印的 ASCII 字符的集合。

【例 10.2】　01101 是二进制字母表$\Sigma = \{0, 1\}$上的一个串，长度为 5；111 是这个字母表上的另一个串，长度为 3；空串 λ 的长度为 0。

定义 10.5　假设 $w_1 = s_1 s_2 s_3 \cdots s_n$ 和 $w_2 = t_1 t_2 t_3 \cdots t_m$ 都是字母表Σ上的串，则 w_1 和 w_2 的**连接**定义为 $s_1 s_2 s_3 \cdots s_n t_1 t_2 t_3 \cdots t_m$，记作 $w_1 \circ w_2$ 或 $w_1 w_2$。$\circ$称作Σ^*上的**连接运算**。

注：假设Σ是字母表，$w \in \Sigma^*$，则 $w \circ \lambda = \lambda \circ w = w$。

【例 10.3】假设$\Sigma = \{a, b, \cdots, z\}$，post, office$\in \Sigma^*$，则 post$\circ$office=postoffice。

定义 10.6　假设 w 是字母表Σ上的串，则可以定义 w 的 **n 次幂** w^n 为

$$w^0 = \lambda$$
$$w^n = w^{n-1} \circ w, \quad n \geq 1$$

【例 10.4】

（a）$a^3 = aaa$，$(ab)^2 a = ababa$。

（b）$\{0^n 1^n \mid n \geq 1\} = \{01, 0011, 000111, \ldots\}$。

定义 10.7　假设 x、y、z 是字母表Σ上的串，且 $x = yz$。称 y 是 x 的**前缀**（**prefix**），如果 $z \notin \lambda$，则称 y 是 x 的**真前缀**（**proper prefix**）；称 z 是 x 的**后缀**（**suffix**），如果 $y \notin \lambda$，则称 z 是 x 的**真后缀**（**proper suffix**）。

定义 10.8　假设 x、y 是字母表Σ上的串，且存在字母表Σ上的串 z, w 使得 $x = zyw$，则称 y 是 x 的**子串**（**substring**）。简言之，x 的子串就是由 x 删去某个前缀后再删去某个后缀得到的结果。

【例 10.5】　串 $abcde$ 的前缀是λ、a、ab、abc、$abcd$、$abcde$，真前缀是λ、a、ab、abc、$abcd$；后缀是λ、e、de、cde、$bcde$、$abcde$，真后缀是λ、e、de、cde、$bcde$。对于任意字符串 x，x 的前缀有$|x|+1$ 个，真前缀有$|x|$个；x 的后缀有$|x|+1$ 个，真后缀有$|x|$个。

【例10.6】　串 abc 的所有子串是 λ、a、b、c、ab、bc、abc。

【例10.7】

（a）对于任意非空字符串 x，λ 是 x 的前缀，且是真前缀；λ 是 x 的后缀，且是真后缀；λ 是 x 的子串。

（b）对于任何字符串 x，x 是自身的前缀，但不是真前缀；x 是自身的后缀，但不是真后缀；x 是自身的子串。

（c）对于任何字符串 x，x 的任意前缀 y 有唯一的一个后缀 z 与之对应，使得 $x=yz$，反之亦然。

容易看出串在连接运算下形成的代数结构，见以下定理。

定理10.1　假设 Σ 是一个字母表，则 $(\Sigma^*, \circ)$ 构成一个半群。

语言是由符合语法的句子组成的集合。下面形式化地定义"语言"。

定义10.9　设 Σ 是有限字母表，Σ^* 的任一个子集 L 都称为 Σ 上的一个**语言（language）**。语言 L 的元素称作**句子**。

注：

（a）Σ 上语言中的串不必包含 Σ 中的所有符号。

（b）语言可分为有穷语言与无穷语言。

【例10.8】

（a）对于任意字母表 Σ，Σ^* 都是一个语言。

（b）空语言 $\varnothing$ 是任意字母表上的语言。

（c）仅由空串组成的集合 $\{\lambda\}$ 也是任意字母表上的语言（注意，$\varnothing \neq \{\lambda\}$，前者没有串，而后者有一个串）。

（d）设 $\Sigma=\{0, 1\}$，由相同个数的 0 和 1 组成的串的集合 $\{\lambda, 01, 10, 0011, 0101, 1001, \cdots\}$ 构成一个语言。

（e）设 $\Sigma=\{0, 1\}$，n 是一个正整数，由 n 个 0 后面紧跟 n 个 1 组成的串的集合 $\{01, 0011, 000111, \cdots\}$ 构成一个语言。

（f）设 $\Sigma=\{0, 1\}$，其值为素数的二进制数的集合 $\{10, 11, 101, 111, 1011, \cdots\}$ 构成一个语言。

（g）$\{0^i 1^j | 0 \leqslant i \leqslant j\}$，此语言由若干个 0（允许一个也没有）后面跟至少这么多个 1 的串组成。

（h）$\{0^n 1^m 0^k | n, m, k \geqslant 1\}$、$\{0^n 1^m 0^k | n, m, k \geqslant 0\}$ 都是字母表 $\{0, 1\}$ 上的语言。

定义10.10　设 L_1 和 L_2 是有限字母表 Σ 上的两个语言，则可定义 L_1 与 L_2 的**连接** $L_1 \circ L_2$ 为

$$L_1 \circ L_2 = \{ \alpha\beta \mid \alpha \in L_1, \beta \in L_2 \}$$

$L_1 \circ L_2$ 也可简写作 $L_1 L_2$。

通常来讲 $L_1 L_2 \neq L_2 L_1$。

【例10.9】　假设 $A=\{a, ab\}$，$B=\{b, bb\}$，则 $AB=\{ab, abb, abbb\}$，$BA=\{ba, bab, bba, bbab\}$。

语言的连接运算具有如下性质。

定理 10.2　设 A、B、C、D 是有限字母表 Σ 上的语言，$\varnothing$ 为空集，$\Lambda=\{\lambda\}$，则有

（a）$\varnothing A=A\varnothing=A$。

（b）$\Lambda A=A\Lambda=A$。

（c）$(AB)C=A(BC)$。

（d）$(A\cap B)C\subseteq AC\cap BC$。

（e）$A(B\cap C)\subseteq AB\cap AC$。

（f）$(A\cup B)C=AC\cup BC$。

（g）$A(B\cup C)=AB\cup AC$。

（h）若 $A\subseteq B$ 且 $C\subseteq D$，则 $AC\subseteq BD$。

假设 Σ 是一个字母表，则 $\mathscr{P}(\Sigma^*)$ 即为 Σ 上所有语言的全体，它在语言的连接运算下也形成特定的代数结构。

定理 10.3　假设 Σ 是一个字母表，则 $(\mathscr{P}(\Sigma^*),\circ)$ 构成一个半群。

定义 10.11　设 L 是有限字母表 Σ 上的语言，定义 L 的 n 次幂 L^n 为

$$L^0=\Lambda$$
$$L^n=L^{n-1}\circ L,\ n\geq 1$$

定义 10.12　设 L 是有限字母表 Σ 上的语言，定义 L 的正闭包 L^+ 为 $L^+=L^1\cup L^2\cup L^3\cup\cdots$；定义 L 的星闭包 L^* 为 $L^*=\Lambda\cup L^+=L^0\cup L^1\cup L^2\cup\cdots$。

【例 10.10】　假设 $A=\{0,1\}$，则

（a）$A^0=\{\lambda\}$，即长度为 0 的 0 和 1 组成的串的集合。

（b）$A^1=\{0,1\}$，即所有长度为 1 的 0 和 1 组成的串的集合。

（c）$A^2=A^1A=\{00,01,10,11\}$，即所有长度为 2 的 0 和 1 组成的串的集合。

（d）$A^3=A^2\circ A=\{000,001,010,011,100,101,110,111\}$，即所有长度为 3 的 0 和 1 组成的串的集合。

（e）$A^+=A^1\cup A^2\cup A^3\cup\ldots=\{$所有 0 和 1 组成的有限长度的非空串$\}$。

（f）$A^*=\Lambda\cup A^+=\{$所有 0 和 1 组成的有限长度的串$\}$。

【例 10.11】　$\Lambda^*=\Lambda$，$\Lambda^+=\Lambda$。

【例 10.12】　$\{00,11\}^+$、$\{010,101\}^*$、$\{0\}\{00,11\}^*\{1\}$、$\{0,1\}^*\{111\}\{0,1\}^*$ 都是字母表 $\{0,1\}$ 上的语言。

语言的闭包具有如下性质。

定理 10.4　设 A 和 B 是有限字母表 Σ 上的语言，则有

（a）$A^n\subseteq A^*$，对所有 $n\geq 0$。

（b）$A^n\subseteq A^+$，对所有 $n\geq 1$。

（c）$A\subseteq AB^*$，$A\subseteq B^*A$。

（d）若 $A\subseteq B$，则 $A^*\subseteq B^*$，且 $A^+\subseteq B^+$。

（e）$\lambda\in A$ 当且仅当 $A^+=A^*$。

（f）$AA^*=A^*A=A^+$。

（g）$(A^*)^*=A^*A^*=A^*$。

（h）$(A^*)^+=(A^+)^*=A^*$。

（i）$(A^*B^*)^*=(A\cup B)^*=(A^*\cup B^*)^*$。

证明. 仅给出(i)的证明，其余部分作为习题。

（1）若 $x\in(A^*B^*)^*$，则存在非负整数 k 使得 $x=(y_1z_1)(y_2z_2)\cdots(y_kz_k)$，其中 $y_i\in A^*$，$z_i\in B^*$，$1\le i\le k$。

由 $A\subseteq A\cup B$、$B\subseteq A\cup B$ 和(d)有 $y_i\in A^*\subseteq(A\cup B)^*$，$z_i\in B^*\subseteq(A\cup B)^*$，由(g)有 $y_iz_i\in(A\cup B)^*$ $(A\cup B)^*=(A\cup B)^*$，由(g)有 $x\in((A\cup B)^*)^*=(A\cup B)^*$，因此 $(A^*B^*)^*\subseteq(A\cup B)^*$。

（2）由 $A\subseteq A^*$ 和 $B\subseteq B^*$ 有 $(A\cup B)\subseteq(A^*\cup B^*)$，因此由(d)有 $(A\cup B)^*\subseteq(A^*\cup B^*)^*$。

（3）若 $x\in(A^*\cup B^*)^*$，则存在非负整数 k 使得 $x=y_1y_2\cdots y_k$，其中 $y_i\in A^*\cup B^*$，$1\le i\le k$。如果 $y_i\in A^*$，则 $y_i=y_i\lambda\in A^*B^*$；如果 $y_i\in B^*$，则 $y_i=\lambda y_i\in A^*B^*$；因此总有 $y_i\in A^*B^*$，故而 $x\in(A^*B^*)^*$。所以 $(A\cup B)^*\subseteq(A^*B^*)^*$。 $\square$

10.2 文　　法

文法是定义和阐明（一类）语言的一种规则化方式，也可以说是以有穷的集合刻画无穷的集合的一个工具。美国语言学家乔姆斯基在 1957 年提出了短语结构文法。

定义 10.13 **一个短语结构文法（phrase structure grammar）（或简称文法）** G 包括

（1）一个有限集合 N，其元素称为**非终结符号（non-terminal symbol）**。

（2）一个有限集合 T，其元素称为**终结符号（terminal symbol）**，其中 $N\cap T=\varnothing$。

（3）$\{(N\cup T)^*-T^*\}\times(N\cup T)^*$ 的一个有限子集 P，称为**产生式的集合**。

（4）一个开始符号 $\sigma\in N$。

记作 $G=(N, T, P, \sigma)$。

产生式 $(\alpha, \beta)\in P$ 通常写为 $\alpha\to\beta$。在产生式 $\alpha\to\beta$ 中，$\alpha\in(N\cup T)^*-T^*$，于是 α 至少包括一个非终结符号，而 β 能够由非终结符号和终结符号的任意组合构成。α 称作这个产生式的**左部**，β 称作这个产生式的**右部**。

定义 10.14 设 $G=(N, T, P, \sigma)$ 是一个文法。如果 $\alpha\to\beta$ 是一个产生式且 $x\alpha y\in(N\cup T)^*$，这里 $x, y\in(N\cup T)^*$，则称 $x\beta y$ 可直接从 $x\alpha y$ 推导，并写成 $x\alpha y\Rightarrow x\beta y$。如果对于 $\alpha_i\in(N\cup T)^*(i=1, 2,\cdots, n-1)$，都有 $\alpha_{i+1}(i=1, 2, \cdots, n-1)$ 可直接从 α_i 推导，则称 $\boldsymbol{\alpha_n}$ **可从** $\boldsymbol{\alpha_1}$ **推导**，并写成 $\alpha_1\Rightarrow\alpha_n$。称 $\alpha_1\Rightarrow\alpha_2\Rightarrow\cdots\Rightarrow\alpha_n$ 是 α_n（从 α_1）的**推导（derivation）**。

约定：$(N\cup T)^*$ 的任意元素都是从自身可推导的。称 $w\in T^*$ 是**文法正确的**，当且仅当 $\sigma\Rightarrow w$。

容易看出，$\Rightarrow$ 是 $(N\cup T)^*$ 上的关系，而且具有传递性。

【例 10.13】 设 $N=\{\text{sentence, noun, verb, adverb}\}$，$T=\{\text{BAT, CAT, TABLE, EAT, RUN, SLEEP, WELL, FAST, HORRIBLY}\}$，$P$ 中元素为

sentence → noun verb adverb,

noun → BAT,

noun → CAT,

noun → TABLE,

verb → EAT,

verb → RUN，

verb → SLEEP，

adverb → WELL，

adverb → FAST，

adverb → HORRIBLY，

σ =sentence。

则 sentence ⇒ noun verb adverb ⇒ BAT verb adverb ⇒ BAT EAT adverb ⇒BAT EAT FAST，故 "BAT EAT FAST" 是文法正确的；而 "WELL RUN CAT" 不是文法正确的。

但是注意 "文法正确" 和 "语义正确" 是不同的，例如 "TABLE SLEEP HORRIBLY" 是文法正确的，但不存在正常的语义。

定义 10.15　由 G 生成的语言是指从 σ 可推导的 T 上的所有字符串组成的集合，记作 $L(G)$。

【例 10.14】

（a）文法 $G=(\{\sigma\}, \{x\}, \{\sigma{\to}x\sigma,\ \sigma{\to}x\}, \sigma)$生成的语言是 $L(G)=\{x^n|n{\geqslant}1\}$。

（b）文法 $G=(\{\sigma\}, \{x\}, \{\sigma{\to}x\sigma,\ \sigma{\to}\lambda\}, \sigma)$生成的语言是 $L(G)=\{x^n|n{\geqslant}0\}$。

（c）文法 $G=(\{\sigma\}, \{x\}, \{\sigma{\to}x\sigma y,\ \sigma{\to}xy\}, \sigma)$生成的语言是 $L(G)=\{x^n y^n|n{\geqslant}1\}$。

（d）文法 $G=(\{\sigma\}, \{x\}, \{\sigma{\to}x\sigma y,\ \sigma{\to}\lambda\}, \sigma)$生成的语言是 $L(G)=\{x^n y^n|n{\geqslant}0\}$。

【例 10.15】

（a）设 $N=\{\sigma, A\}$，$T=\{a, b, c\}$，$P=\{\sigma{\to}a\sigma b,\ \sigma b{\to}bA,\ abA{\to}c\}$，则文法 $G=(N, T, P, \sigma)$生成的语言是$\{a^n c b^n|n{\geqslant}0\}$。

（b）设 $N=\{\sigma, A\}$，$T=\{a, b, c\}$，$P=\{\sigma{\to}aA,\ A{\to}bbA,\ A{\to}\lambda\}$，则文法 $G=(N, T, P, \sigma)$生成的语言是$\{a(bb)^n|n{\geqslant}0\}$。

定义 10.16　如果 $L(G)=L(G')$，那么称文法 G 和 G'**等价**。

事实上，不同的短语结构文法可以产生相同的语言（例如例 10.18）。

可以根据文法的产生规则的类型将文法细分。

定义 10.17　设 $G=(N, T, P, \sigma)$是一个文法并设 λ 是空串。

产生式的两端无任何限制的为 0 型文法，产生 0 型语言或称**递归可数语言**。

如果每个产生式形式为 $\alpha A\beta{\to}\alpha\delta\beta$，其中 $\alpha, \beta{\in}(N{\cup}T)^*$，$A{\in}N$，$\delta{\in}(N{\cup}T)^*{-}\{\lambda\}$，则称 G 为**上下文相关**（**1 型**）**文法**（content sensitive grammar）。

如果每个产生式形式为 $A{\to}\delta$，其中 $A{\in}N$，$\delta{\in}(N{\cup}T)^*$，则称 G 为**上下文无关**（**2 型**）**文法**（content-free grammar）。

如果每个产生式形式为 $A{\to}a$ 或 $A{\to}aB$ 或 $A{\to}\lambda$，其中 $A, B{\in}N$，$a{\in}T$，则称 G 为**正则**（**3 型**）**文法**（regular grammar）。

上下文相关（1 型）文法中，产生式 $\alpha A\beta{\to}\alpha\delta\beta$表明只有当非终止符 A 的前后为 α、β 的条件下（即所谓 "上下文"），A 才可以改写成 δ。而在上下文无关文法中，产生式 $A{\to}\delta$ 表明任何时候都可以将 A 替换为 δ。

正则文法的产生式非常简单，右部为一个终结符号，或者为一个终结符号后跟一个非终结符号，或者用空串替换一个非终结符号。

定义 10.18 如果存在一个上下文有关（上下文无关/正则）文法 G，使得 $L=L(G)$，那么称语言 L 是**上下文有关（上下文无关/正则）**的。

从 0 型文法到 3 型文法，在产生式规则上的限制是逐步增加的，它们所生成的语言有包含关系，例如，0 型文法所产生的语言真包含上下文相关语言，不具有 $A\to\lambda$ 产生式的上下文无关文法生成的语言也是上下文相关语言，而一个正则语言是上下文无关语言。

分析树（**parse tree** 或者 **parsing tree**），也称作**派生树**（**derivation tree**）、**具体语法树**（**concrete syntax tree**），使用位置根树的形式描述一个上下文无关文法中句子的推导结果。

假设 $G=(N, T, P, \sigma)$ 是一个上下文无关文法，则

（1）对树中每一个顶点使用 $N\cup T$ 中的一个符号加上标号。

（2）根的标号为 σ。

（3）树的叶子顶点都是终结符号。

（4）树的非叶子顶点都是非终结符号。

（5）若顶点 A 的子女顶点从左到右依次为 $B_1, B_2, \cdots, B_n$，则必有产生式 $A\to B_1B_2\cdots B_n$。

（6）从左到右读出各个叶子的标号。

分析树是句子结构的图形表示，简单说，它就是按照某一规则进行推导时所形成的树。

例 10.13 的分析树如图 10.1 所示。

【**例 10.16**】 设 $N=\{\sigma, S\}$，$T=\{a, b\}$，$P=\{\sigma\to b\sigma, \ \sigma\to aS, \ S\to bS, \ S\to b\}$，则 $G=(N, T, P, \sigma)$ 是一个文法。因为每个产生式具有形式 $A\to a$ 或 $A\to aB$，这里 $A, B\in N$，$a\in T$，故 G 为正则文法。

一般地，从 σ 唯一可推导的是

$$\sigma\Rightarrow b\sigma \Rightarrow\cdots\Rightarrow b^n\sigma \qquad (n\geqslant 0)$$
$$\Rightarrow b^n aS\Rightarrow\cdots\Rightarrow b^n ab^{m-1}S \quad (n\geqslant 0, m\geqslant 1)$$
$$\Rightarrow b^n ab^m$$

于是 $L(G)$ 由 $\{a, b\}$ 上恰有一个 a 且以 b 结尾的所有字符串组成，即 $L(G)=\{b^n ab^m \mid n\geqslant 0, m\geqslant 1\}$。

字符串 $bbab$ 从 σ 可推导，写为 $\sigma\Rightarrow bbab$，这个推导是 $\sigma\Rightarrow b\sigma\Rightarrow bb\sigma\Rightarrow bbaS\Rightarrow bbab$，分析树如图 10.2 所示。

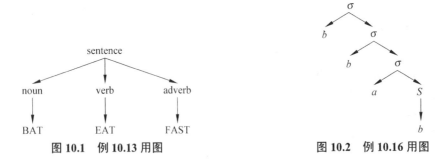

图 10.1 例 10.13 用图　　　　图 10.2 例 10.16 用图

【**例 10.17**】 $G=(\{\sigma\}, \{0, 1, +, \times\}, \{\sigma\to 0, \sigma\to 1, \sigma\to\sigma+\sigma, \sigma\to\sigma\times\sigma\} P, \sigma)$ 是一个上下文无

关文法。

图 10.3(a)所示的分析树对应的推导式为 $\sigma\Rightarrow\sigma+\sigma\Rightarrow1+\sigma\Rightarrow1+\sigma\times\sigma\Rightarrow1+1\times\sigma\Rightarrow1+1\times1$。

图 10.3(b)所示的分析树对应的推导式为 $\sigma\Rightarrow\sigma\times\sigma\Rightarrow\sigma\times1\Rightarrow\sigma+\sigma\times1\Rightarrow1+\sigma\times1\Rightarrow1+1\times1$。

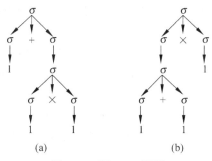

图 10.3　例 10.16 用图

这两个推导的不同之处是有意义的。从表达式的结构考虑，前者推导表示第二和第三个 1 先相乘，再和第一个 1 相加；而后者推导则表示先将前两个 1 相加，再将它们的和与第三个 1 相乘。很明显，结果是不同的。

设 $G=(N, T, P, \sigma)$是一个上下文无关文法，若存在 $x\in L(G)$，使得有两个（或两个以上）不同的分析树可以产生 x，则称 G 为一个**有歧义的文法**，或简称 G 为一个**歧义文法**（**ambiguous grammar**）。

例 10.17 的文法是歧义文法，而例 10.16 的文法不是。

歧义文法对程序语句的理解会有一定影响，例如语句"**if** condition1 **then if** condition2 **then** procedure1 **else** procedure2"中的"**else**"是应该匹配第一个"**if**"还是第二个？

可以证明上下文无关文法是否有歧义性是不可判定的，即不存在一个算法能够判断一个上下文无关文法是不是歧义的。1961 年帕里克（Rohit Parikh）证明了一些文法具有固有的歧义性，即每一个与之等价的文法都一定是歧义文法。

【例 10.18】　"整数"可以使用如下的上下文无关文法表示。

$N=\{$<数字>, <整数>, <带符号整数>, <无符号整数>$\}$。

$T=\{0, 1, 2, 3, 4, 5, 6, 7, 8, 9, +, -\}$。

P 中产生式为

<数字>→0，<数字>→1，…，<数字>→9

<整数>→<带符号整数>，<整数>→<无符号整数>

<带符号整数>→+<无符号整数>，<带符号整数>→–<无符号整数>

<无符号整数>→<数字>，<无符号整数>→<数字><无符号整数>

开始符号 σ=<整数>。

这个文法是上下文无关的，但不是正则的；然而可以通过对产生式的修改得到正则文法。

<数字>→0<数字>，<数字>→1<数字>，…，<数字>→9<数字>，<数字>→λ

<整数>→+<无符号整数>，<整数>→–<无符号整数>

<整数>→0<数字>，<整数>→1<数字>，…，<整数>→9<数字>

<无符号整数>→0<数字>，…，<无符号整数>→9<数字>

这也表明不同的短语结构文法可以产生相同的语言。

【**例 10.19**】 设 $T=\{a, b\}$，$P=\{\sigma \to aA$，$\sigma \to bB$，$B \to bB$，$B \to aA$，$A \to aB$，$A \to bA$，$A \to \lambda\}$，则正则文法 $G=(\{\sigma, A, B\}, T, P, \sigma)$ 生成的语言是 T 上所有含有奇数个 a 的串的集合。

【**例 10.20**】 设 $N=\{\sigma, A, B, C, D, E\}$，$T=\{a, b, c\}$，$P=\{\sigma \to aAB$，$\sigma \to aB$，$A \to aAC$，$A \to aC$，$B \to Dc$，$D \to b$，$CD \to CE$，$CE \to DE$，$DE \to DC$，$Cc \to Dcc\}$，则 $G=(N, T, P, \sigma)$ 是一个上下文相关文法。可以证明 $L(G)=\{a^n b^n c^n | n \geqslant 1\}$ 不是正则的，即不存在与 G 等价的正则文法。

本节最后简要介绍由林登麦伊尔（Aristid Lindenmayer）于 1968 年创建的**林登麦伊尔系统（L-system）**中使用的文法，最初它是为了刻画植物生长的模型，而今越来越多地用于生成分形曲线。

定义 10.19 一个（非交互）林登麦伊尔系统 L 包括

（1）一个有限的符号集合 V。

（2）一个有限的产生式 $\alpha \to \beta$ 的集合 P，其中 $\alpha \in V$ 且 $\beta \in V^*$。

（3）一个开始串 $\sigma \in V^*$。

定义 10.20 设 $L=(V, P, \sigma)$ 是一个林登麦伊尔系统，如果 $\alpha=x_1 x_2 \cdots x_n$，并在 P 中存在产生式 $x_i \Rightarrow \beta_i$（对于 $i=1, 2, \cdots, n$），则写为 $\alpha \Rightarrow \beta_1 \beta_2 \cdots \beta_n$，并称 $\beta_1 \beta_2 \cdots \beta_n$ 是**直接可推导**的。

林登麦伊尔系统中 $x_1 x_2 \cdots x_n \Rightarrow \beta_1 \beta_2 \cdots \beta_n$ 需要同时尽可能多地使用多个产生式；而在上下文无关文法中，允许只使用一个产生式，推导 $x_1 x_2 \cdots x_n \Rightarrow \beta_1 x_2 \cdots x_n$。

【**例 10.21**】 **科赫雪花（koch snowflake）**——设 $L=(\{F, +, -\}, \{F \to F+F--F+F\}, F)$ 是一个林登麦伊尔系统，其中 F 表示以当前方向画一条固定长度的线段，"+"表示向左逆时针旋转 60°，"–"表示向右顺时针旋转 60°。

$F \quad \Rightarrow F+F--F+F$

$\quad \Rightarrow F+F--F+F+F+F--F+F--F+F--F+F+F+F--F+F$

$\quad \cdots\cdots$

由此推导得到的前 6 次曲线如图 10.4(a)~(f)所示，在这些曲线中，部分类似整体（图 10.4(g)），是一种典型的分形（fractal）图形。

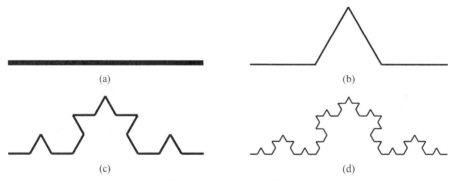

图 10.4　例 10.21 用图

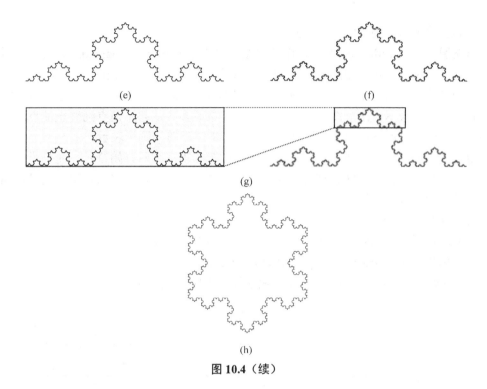

图 10.4（续）

　　将 3 个曲线按照一个"正三角形"的形式"拼合"起来，就得到了科赫雪花（图 10.4(h)）。

　　将 L 的开始符号改作"F++F++F"（一个正三角形），推导得到的图形就是科赫雪花。

10.3　巴科斯-诺尔范式和语法图

　　下面介绍描述上下文无关文法的一些其他方法。

　　美国人巴科斯（John Backus）首次在程序设计语言 ALGOL58 中使用一种形式化方法描述其语法，而后丹麦人诺尔（Peter Naur）在其创建的 ALGOL60 语言中发展并简化了巴科斯的表示方法。因此，这种形式化的语法表示方法被称作**巴科斯-诺尔范式 (Backus-Naur Form, BNF)**，它是一种典型的元语言，便于语法分析和编译。

　　在 BNF 中，每条规则的左部是一个非终结符，右部是由非终结符和终结符组成的一个符号串；非终结符用尖括号括起，以"<"开始，以">"结束；产生式 $S \to T$ 写作 $S ::= T$；具有相同左部的规则可以共用一个左部，各右部之间以竖线"|"隔开，"|"表示"或"。

　　【例 10.22】　"整数"的 BNF 表示方法是

　　<整数>::= <带符号整数>|<无符号整数>

　　<带符号整数>::= +<无符号整数>|−<无符号整数>

　　<无符号整数>::= <数字>|<数字><无符号整数>

　　<数字>::= 0|1|2|3|4|5|6|7|8|9

这等价地表示了例 10.18 的文法。

语法图（syntax diagram） 又称作**句法图**或**铁路图（railroad diagram）**，可以使用图形化方式表示某些巴科斯-诺尔范式。（语法图可以用来表示所有正则文法。）

一个文法一般由多个语法图组成，每个图都有一个起始顶点和一个终止顶点，每个图的起始顶点都表示一个非终结符。图中存在一条或多条从起始顶点到终止顶点的有向道路，道路中经过的非终结符用矩形表示，经过的终结符用圆形表示。

组合所有的语法图形成一个大的图，该图的起始顶点表示开始符号，而且只有一个终止顶点，这样得到的语法图称为主图。而属于语言的一个词"文法正确"当且仅当它在主语法图中形成一条道路。

【例 10.23】

（a）BNF 范式 $<x>::=<y><z>a$ 的语法图如图 10.5(a)所示。

（b）BNF 范式 $<x>::=<y>|<z>|a$ 的语法图如图 10.5(b)所示。

（c）BNF 范式 $<x>::=<y>|<y>a<x>$ 的语法图如图 10.5(c)所示。

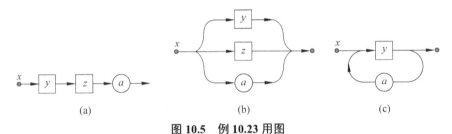

图 10.5 例 10.23 用图

【例 10.24】 图 10.6(a)是对应例 10.22 中 BNF 范式的语法图，主图如图 10.6(b)所示。

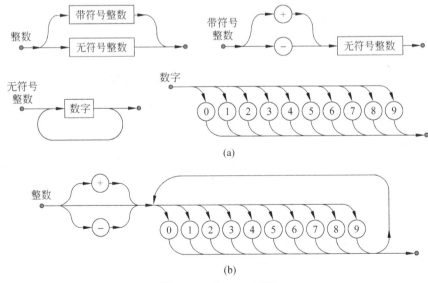

图 10.6 例 10.24 用图

10.4　有限状态自动机

（确定性）有限状态自动机（Finite State Automata，FSA）是为研究有限内存的计算过程和某些语言类而抽象出的一种计算模型，表示有限个状态以及在这些状态之间的转移和动作等行为，最终判断一系列行为是否符合"可接受"的要求。

定义 10.21　有限状态自动机指一个五元组 $M=(S, I, f, A, S_0)$，其中 S 是一个有限的状态集合，I 是一个有限的输入符号集合，f 表示状态的转换是从 $S\times I$ 到 S 的函数，接受状态的非空集合 $A\subseteq S$，初始状态 $S_0\in S$。

【例 10.25】　五元组 $M=(\{S_0, S_1\}, \{a, b\}, f, \{S_1\}, S_0)$ 构成一个有限状态自动机，其中 $f(S_0, a)=S_0$，$f(S_0, b)=S_1$，$f(S_1, a)=S_1$，$f(S_1, b)=S_0$。

可以分析得到，对于例 10.25 中的有限状态自动机，可接受的语言 $L(M)$ 为包含奇数个 b 的 a-b 串。

有限状态自动机还有其他两种表示方式：状态转换表和状态转换图。

状态转换表第 S_i 行第 I_j 列的交叉处是 $S_k=f(S_i, I_j)$，表示一种状态转换。对于例 10.25 中的有限状态自动机的状态转换表如表 10.1 所示。

表 10.1　例 10.25 用表

S	I	
	a	b
S_0	S_0	S_1
S_1	S_1	S_0

有限状态自动机的状态转移图是一个有向图，顶点表示状态集合 S 中各个元素（图 10.7(a)）；通过在有向边上标明输入符号表示 f，例如图 10.7(b) 表示 $S_k=f(S_i, I_j)$；接受状态用双圈表示（图 10.7(c)）；此外，使用一个箭头指向表示开始状态的顶点（图 10.7(d)）。

（a）状态顶点　　　（b）状态转换　　　（c）接受状态　　　（d）开始状态

图 10.7　有限状态自动机的状态转移图

例 10.25 中的有限状态自动机的状态转换图如图 10.8 所示。

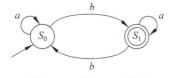

图 10.8　例 10.25 用图

可以把有限状态自动机 $M=(S, I, f, A, S_0)$ 看作一台机器，如图 10.9 所示，读写头从最左端开始自左向右逐位读入 x，然后由当前状态和当前读入的位，根据 f 得到下一个状态，读写头向右移动一位，直到读完 x 的所有位，最后判断最终状态是否属于可接受状态集合。如果最终状态属于可接受状态集合，则称 M **可接受** x。

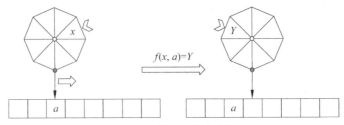

图 10.9　有限状态自动机

可以给出一个形式化的定义。

定义 10.22　假设 $M=(S, I, f, A, S_0)$ 是一个有限状态自动机，$x=x_1x_2\cdots x_n\in I^n$。定义 $f^{(0)}(x)=S_0$，$f^{(k+1)}(x)=f(f^{(k)}(x), x_{k+1})$，其中 $0\leqslant k\leqslant n-1$，如果 $f^{(|x|)}(x)\in A$，则称 x **可以被** M **接受**。I 上所有可被 M 接受的串全体记作 Ac(M)，也称作 M **可接受的（定义的）语言**，记作 $L(M)$。

直观地说，x 可以被 M 接受是指：在 M 的状态转换图中，从顶点 S_0 出发，存在一条到一个接受状态顶点的道路，途经的各条有向边上的符号之连接恰好是 x。

【**例 10.26**】　设 $I=\{a, b\}$。

（a）接受所有偶数长度的串的有限状态自动机如图 10.10(a)所示。

（b）接受所有以 b 结尾的串的有限状态自动机如图 10.10(b)所示。

（c）接受所有包含偶数个 a 的串的有限状态自动机如图 10.10(c)所示。

（d）接受所有包含至少一个 a 和至少一个 b 的串的有限状态自动机如图 10.10(d)所示。

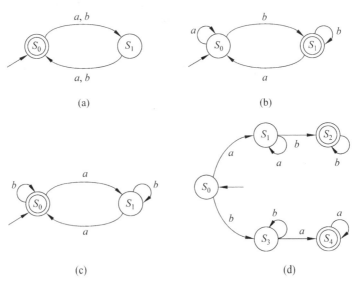

图 10.10　例 10.26 用图

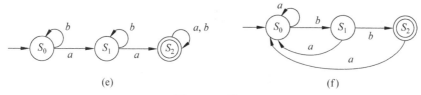

(e)　　　　　　　　　　　　　　　　(f)

图 10.10（续）

（e）接受所有包含至少两个 a 的串的有限状态自动机如图 10.10(e)所示。

（f）接受所有以 bb 结尾的串的有限状态自动机如图 10.10(f)所示。

【例 10.27】　构造一个有限状态自动机 M，它接受的语言为 $\{x000y|x, y \in \{0, 1\}^*\}$。

解．假设状态 S_0 表示 M 的启动状态；S_1 表示 M 读到了一个 0，这个 0 可能是子串 000 的第 1 个 0；S_2 表示 M 在 S_1 后紧接着又读到了一个 0，这个 0 可能是子串 000 的第 2 个 0；S_3 表示 M 在 S_2 后紧接着又读到了一个 0，发现输入字符串含有子串 000，因此这个状态应该是终止状态。

下面考虑状态转换函数。

明显有 $f(S_0, 0)=S_1, f(S_1, 0)=S_2, f(S_2, 0)=S_3$。

$f(S_0, 1)=S_0$——M 在 S_0 读到了一个 1，它需要继续在 S_0 "等待"可能是子串 000 的第 1 个 0 的输入字符 0。

$f(S_1, 1)=S_0$——M 在刚刚读到了一个 0 后，读到了一个 1，表明在读入这个 1 之前所读入的 0 并不是子串 000 的第 1 个 0，因此，M 需要重新回到状态 S_0，以寻找子串 000 的第 1 个 0。

$f(S_2, 1)=S_0$——M 在刚刚发现了 00 后，读到了一个 1，表明在读入这个 1 之前所读入的 00 并不是子串 000 的前两个 0，因此，M 需要重新回到状态 S_0，以寻找子串 000 的第 1 个 0。

$f(S_3, 0)=S_3$——M 已经找到了子串 000，只要继续读完该串的剩余部分即可。

$f(S_3, 1)=S_3$——M 已经找到了子串 000，只要继续读完该串的剩余部分即可。

因此得到 $M=(\{S_0, S_1, S_2, S_3\}, \{0, 1\}, \{f(S_0, 0)=S_1, f(S_1, 0)=S_2, f(S_2, 0)=S_3, f(S_0, 1)=S_0, f(S_1, 1)=S_0, f(S_2, 1)=S_0, f(S_3, 0)=S_3, f(S_3, 1)=S_3\}, \{S_3\}, S_0)$。

【例 10.28】　以类似于例 10.27 的方法可以构造 $\{0, 1\}$ 上的有限状态自动机。

（a）接受所有包含 01011 的串的有限状态自动机如图 10.11(a)所示。

（b）接受所有包含偶数个 01 的串的有限状态自动机如图 10.11(b)所示。

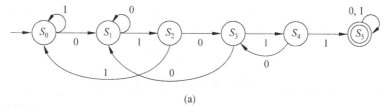

(a)

图 10.11　例 10.28 用图

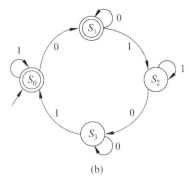

(b)

图 10.11（续）

【例 10.29】

（a）构造一个有限状态自动机 M，它接受的语言为 $\{0^n 1^m | n, m \geq 1\}$。

（b）构造一个有限状态自动机 M，它接受所有以 11 开始的 0-1 串。

解. （a）假设状态 S_0 表示 M 的启动状态；S_1 表示 M 读到至少一个 0，并等待读更多的 0；S_2 表示 M 读到至少一个 0 后，读到了至少一个 1，并等待读更多的 1。

如果在 S_0 读到 1，则说明不能被接受，进入一个"陷阱状态" S_t，之后只要继续读完该串的剩余部分即可。

到达 S_2 后，读到 0 则说明不能被接受，进入 S_t，之后继续读完该串的剩余部分；读到 1 后，继续留在状态 S_2 即可。

可以得到如图 10.12(a)所示的有限状态自动机。

（b）类似于(a)的方法，可以构造如图 10.12(b)所示的有限状态自动机。

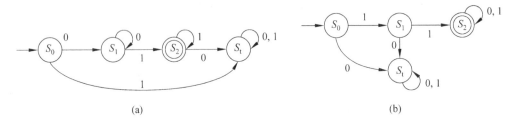

(a)　　　　　　　　　　　　　　　　(b)

图 10.12　例 10.29 用图

【例 10.30】　构造一个有限状态自动机 M，它接受的语言为 $\{x | x \in \{0, 1\}^*$，且当把 x 看成二进制数时，x 能被 3 整除$\}$。

解. 假设 $x = b_1 b_2 \cdots b_k$，M 读入 x 时是自左而右逐位读入，当 M 在读入 b_i 时，已经读过的 x 的各位形成的值 $y = b_1 b_2 \cdots b_{i-1}$（最初情况的初值为 0），在读过 b_i 后，形成的值为 $2y + b_i$。于是 y 和 $2y + b_i$ 模 3 的余数之间存在如表 10.2 所示的关系。

表 10.2　模 3 的余数之间关系

$y \bmod 3$	b_i	$2y + b_i \bmod 3$
0	0	0
0	1	1

$y \bmod 3$	b_i	$2y+b_i \bmod 3$
1	0	2
1	1	0
2	0	1
2	1	2

于是可以得到如图 10.13 的有限状态自动机。

定义 10.23　非确定性有限状态自动机（Nondeterministic Finite Automata, NFA）
是一个五元组 $M=(S, I, f, A, S_0)$，其中 S 是一个有限的状态集合，I 是一个有限的输入符号集合，接受状态的非空集合 $A\subseteq S$，初始状态 $S_0\in S$，f 是从 $S\times I$ 到 $\mathcal{P}(S)$ 的函数——表示所有可能转换到的状态的全体。

在非确定性有限状态自动机中，f 的一般形式是 $f(X, a)=\{Y_1, Y_2, \cdots, Y_m\}\subseteq S$ 或者 $f(X, a)=\varnothing$。

为更加明确起见，之前所介绍的"有限状态自动机"也称作**"确定性有限状态自动机（Deterministic Finite Automata, DFA）"**。如果将函数 f 的值 X 视作等同于 $\{X\}$，那么确定性有限状态自动机也是一种特殊的非确定性有限状态自动机。

【例 10.31】　五元组 $M=(\{S_0, S_1, S_2\}, \{a, b\}, f, \{S_1, S_2\}, S_0)$ 构成一个非确定性有限状态自动机，其中 $f(S_0, a)=\{S_0, S_1\}$，$f(S_0, b)=\{S_2\}$，$f(S_1, a)=\{S_1\}$，$f(S_1, b)=\varnothing$，$f(S_2, a)=\varnothing$，$f(S_2, b)=\{S_1, S_2\}$。

状态转换表如表 10.3 所示。

表 10.3　例 10.31 用表

S	I	
	a	b
S_0	$\{S_0, S_1\}$	$\{S_2\}$
S_1	$\{S_1\}$	$\varnothing$
S_2	$\varnothing$	$\{S_1, S_2\}$

状态转移图如图 10.14 所示。

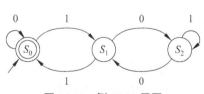

图 10.13　例 10.30 用图

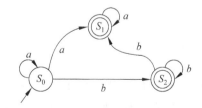

图 10.14　例 10.31 用图

定义 10.24　假设 $M=(S, I, f, A, S_0)$ 是一个非确定性有限状态自动机，$x=x_1x_2\cdots x_n\in I^n$。定义 $f^{(0)}(x)=\{S_0\}$，$f^{(k+1)}(x)=\bigcup_{X\in f^{(k)}(x)} f(X, x_{k+1})$，其中 $0\leqslant k\leqslant n-1$，如果 $f^{(|x|)}(x)\cap A\neq\varnothing$，

则称 x 可以被 M 接受。I 上所有可被 M 接受的串全体记作 Ac(M)，也称作 M 可接受的（定义的）语言，记作 $L(M)$。

直观地说，x 可以被 M 接受是指：在 M 的状态转换图中，从顶点 S_0 出发，存在一条到一个接受状态顶点的道路，途经的各条有向边上的符号之连接恰好是 x。

【例 10.32】 aa、$bbbb$、bba 可以被例 10.31 的非确定性有限状态自动机接受，而 λ、ba、aba、$bbaabb$ 都不能被接受。

定义 10.25 假设 M_1 和 M_2 是两个有限状态自动机，若 $L(M_1)=L(M_2)$，则称 M_1 和 M_2 等价。

【例 10.33】 图 10.15 所示的确定性有限状态自动机和例 10.31 的非确定性有限状态自动机是等价的，能接受的语言都是 $\{a^n \mid n\geq 1\} \cup \{a^n b^m \mid n\geq 0, m\geq 1\} \cup \{a^n b^m a^k \mid n\geq 0, m\geq 2, k\geq 0\}$。

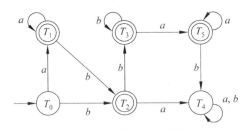

图 10.15 例 10.33 用图

定理 10.5 假设语言 L 可以被一个非确定性有限状态自动机 $M_1=(S, I, f, A, S_0)$ 接受，则存在一个确定性有限状态自动机 M_2 接受 L。

证明. 构造 $M_2=(S', I, F, A', \{S_0\})$，其中：$S'=\mathcal{P}(S)$，$A'=\{X\subseteq S \mid X\cap A\neq\varnothing\}$，对任意 $a\in I$，定义 $F(\{X_1, X_2, \cdots, X_m\}, a)=f(X_1, a)\cup f(X_2, a)\cup \cdots \cup f(X_m, a)$，并定义 $F(\varnothing, a)=\varnothing$。

下面证明 $L(M_1)=L(M_2)$。

很容易看到 $\lambda\in L(M_1)$ 当且仅当 $\lambda\in L(M_2)$。

对于任意 $w\in I^*$，假设 $n=|w|$，$w=w_1 w_2\cdots w_n$。下面使用归纳法证明对于所有 $1\leq k\leq n$，有 $F^{(k)}(x)=f^{(k)}(x)$。

（1）由 $f^{(1)}(x)=f(S_0, x_1)$ 有 $F^{(1)}(x)=F(\{S_0\}, x_1)=f(S_0, x_1)=f^{(1)}(x)$。

（2）假设 $F^{(k)}(x)=f^{(k)}(x)$，则有

$$F^{(k+1)}(x)=F(F^{(k)}(x), x_{k+1})=\bigcup_{X\in F^{(k)}(x)} f(X, x_{k+1})=\bigcup_{X\in f^{(k)}(x)} f(X, x_{k+1})=f^{(k+1)}(x)$$

于是 $w\in L(M_1)$ 当且仅当 $f^{(n)}(w)\cap A\neq\varnothing$，而这当且仅当 $F^{(n)}(w)=f^{(n)}(w)\in A'$，即 $w\in L(M_2)$。 □

【例 10.34】 例 10.31 的非确定性有限状态自动机可以通过定理 10.5 所述方法转化为等价的确定性有限状态自动机，如图 10.16 所示，这与图 10.15 是相同的。

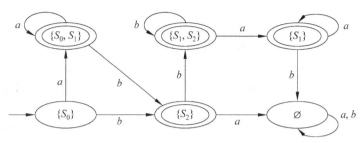

图 10.16　例 10.34 用图

10.5　语言与自动机的关系

本节将建立起正则文法和有限状态自动机的等价性。

定理 10.6　可以由确定性有限状态自动机 $M=(S, I, f, A, S_0)$ 构造一个正则文法 $G=(S, I, P, S_0)$，使得 $L(G)=L(M)$：假设 $X, Y \in S$，$a \in I$，若 $f(X, a)=Y$，则在 P 中有 $X \to aY$；若 $X \in A$，则在 P 中有 $X \to \lambda$。

证明．很容易看到 $S_0 \to \lambda$ 当且仅当 $S_0 \in A$，故 $\lambda \in L(G)$ 当且仅当 $\lambda \in L(M)$。

首先证明 $L(M) \subseteq L(G)$。

对于任意 $w \in L(M)$，假设 $n=|w|$，$w=w_1 w_2 \cdots w_n$。对所有 $1 \leqslant i \leqslant n$，记 $S_i = f^{(i)}(w)$，则有 $S_i = f(S_{i-1}, w_i)$，而且 $S_n \in A$，于是由 P 的构造有 $S_{i-1} \to w_i S_i$ 及 $S_n \to \lambda$。

因而 $S_0 \Rightarrow w_1 S_1 \Rightarrow w_1 w_2 S_2 \Rightarrow \cdots \Rightarrow w_1 w_2 \cdots w_n S_n \Rightarrow w_1 w_2 \cdots w_n$，表明 $w \in L(G)$。

下面证明 $L(G) \subseteq L(M)$。

由 P 的构造方法，每个产生式或者增加一个终结符号，或者减少一个非终结符号。

对于任意 $w \in L(G)$，假设 $S_0 \Rightarrow \alpha_1 \Rightarrow \cdots \Rightarrow w$ 是 w 从 S_0 的推导（$\alpha_1 \in (S \cup I)^*$），则容易证明一定是经过 $|w|$ 次 $X \to aY$ 型直接推导之后再进行一次 $X \to \lambda$ 型直接推导。而每一次直接推导在 M 中都是符合 f 的，从形式上讲，如果直接推导是 $X \to aY$，则 $f^{(i)}(w)=X$，$Y=f^{(i+1)}(x)=f(f^{(i)}(x), a)$，最后一次 $X \to \lambda$ 表明 $X \in A$，即得 $w \in L(M)$。　□

【例 10.35】　由图 10.11(b) 所示的有限状态自动机，可以构造正则文法 $G=(\{S_0, S_1, S_2, S_3\}, \{0, 1\}, P, S_0)$，其中 $P=\{S_0 \to 0S_1, S_0 \to 1S_0, S_1 \to 0S_1, S_1 \to 1S_2, S_2 \to 0S_3, S_2 \to 1S_2, S_3 \to 0S_3, S_3 \to 1S_0, S_0 \to \lambda, S_1 \to \lambda\}$。

定理 10.7　可以由正则文法 $G=(N, T, P, \sigma)$ 构造一个非确定性有限状态自动机 $M=(S, T, f, A, \sigma)$，使得 $L(G)=L(M)$，其中：

$S=N \cup \{F\}$，$F \notin N \cup T$

$f(X, a)=\{Y | X \to aY \in P\} \cup \{F | X \to a \in P\}(a \in T)$

$A=\{F\} \cup \{X | X \to \lambda \in P\}$

证明．很容易看到 $\sigma \to \lambda \in P$ 当且仅当 $\sigma \in A$，故 $\lambda \in L(G)$ 当且仅当 $\lambda \in L(M)$。

首先证明 $L(G) \subseteq L(M)$。

对于任意 $w \in L(G)$，w 从 σ 的推导的形式必定是

$$\sigma \Rightarrow w_1 X_1 \Rightarrow w_1 w_2 X_2 \Rightarrow \cdots \Rightarrow w_1 w_2 \cdots w_{n-1} X_{n-1} \Rightarrow w_1 w_2 \cdots w_n$$

或者

$$\sigma \Rightarrow w_1 X_1 \Rightarrow w_1 w_2 X_2 \Rightarrow \cdots \Rightarrow w_1 w_2 \cdots w_n X_n \Rightarrow w_1 w_2 \cdots w_n$$

则 $X_1 \in f(\sigma, w_1)=f^{(1)}(w)$，$X_2 \in f(f^{(1)}(w), w_2)=f^{(2)}(w)$（由于 $X_1 \to w_2 X_2$），$\cdots$，$X_{n-1} \in f^{(n-1)}(w)$。而最后一次推导或者是 $X_{n-1} \to w_n$，或者是 $X_n \to \lambda$，前者表明 $F \in \bigcup\limits_{X \in f^{(n-1)}(w)} f(X, w_n)=$
$f^{(n)}(w)$，后者表明 $X_n \in f^{(n)}(w)$ 且 $X_n \in A$。两者都表明 $f^{(n)}(w) \cap A \neq \varnothing$，即 w 可以被 M 接受。

下面证明 $L(M) \subseteq L(G)$。

对于任意 $w \in L(M)$，假设 $n=|w|$，$w=w_1 w_2 \cdots w_n$。对所有 $0 \leqslant k \leqslant n-1$，由
$$f^{(k+1)}(w)=\bigcup\limits_{X \in f^{(k)}(x)} \left(\{Y \mid X \to w_{k+1} Y \in P\} \bigcup \{F \mid X \to w_{k+1} \in P\}\right)$$

知或者存在 $X_k \in f^{(k)}$，$X_{k+1} \in f^{(k+1)}$，使得 $X_k \to w_{k+1} X_{k+1} \in P$；或者存在 $X_k \in f^{(k)}$，使得 $X_k \to w_{k+1} \in P$。而且当 $k<n-1$ 时，不会不存在 $X_k \to w_{k+1} X_{k+1} \in P$ 而只有 $X_k \to w_{k+1} \in P$，否则 $f^{(k+1)}=F$，$f^{(k+2)}=\varnothing$。

当 $k=n-1$ 时，$w \in L(M)$ 表明 $f^{(n)}(x) \cap A \neq \varnothing$。

若 $F \in f^{(n)}(x)$，则存在 $X_{n-1} \in f^{(n-1)}$，使得 $X_{n-1} \to w_n \in P$，因此可以得到推导
$$\sigma=X_0 \Rightarrow w_1 X_1 \Rightarrow w_1 w_2 X_2 \Rightarrow \cdots \Rightarrow w_1 w_2 \cdots w_{n-1} X_{n-1} \Rightarrow w_1 w_2 \cdots w_n$$

若存在 $X_n \in f^{(n)}(x) \cap A \cap N$，则 $X_n \to \lambda \in P$，因此可以得到推导
$$\sigma=X_0 \Rightarrow w_1 X_1 \Rightarrow w_1 w_2 X_2 \Rightarrow \cdots \Rightarrow w_1 w_2 \cdots w_n X_n \Rightarrow w_1 w_2 \cdots w_n$$

从而无论哪种请况都可以得到 $w \in L(G)$。 □

【例 10.36】 由正则文法 $G=(\{S_0, S_1, S_2, S_3\}, \{1, 0\}, P, S_0)$，其中 $P=\{S_0 \to 0S_1, S_0 \to 0, S_0 \to 1S_0, S_1 \to 0S_1, S_1 \to 0, S_1 \to 1S_2, S_2 \to 0S_3, S_2 \to 1S_2, S_3 \to 0S_3, S_3 \to 1S_0, S_0 \to \lambda\}$，可以构造一个非确定性有限状态自动机 $M=(S, I, f, A, S_0)$，使得 $L(G)=L(M)$，其中 $S=\{S_0, S_1, S_2, S_3, F\}$，$f(S_0, 0)=\{S_1, F\}$，$f(S_0, 1)=\{S_0\}$，$f(S_1, 0)=\{S_1, F\}$，$f(S_1, 1)=\{S_2\}$，$f(S_2, 0)=\{S_3\}$，$f(S_2, 1)=\{S_2\}$，$f(S_3, 0)=\{S_3\}$，$f(S_3, 1)=\{S_0\}$，$A=\{F, S_0\}$。

M 的状态转移图如图 10.17 所示。可以很容易验证它和图 10.11(c)所示的有限状态自动机是等价的。

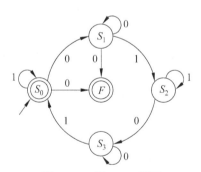

图 10.17 例 10.36 用图

从定理 10.5、定理 10.6、定理 10.7 即可得到正则文法和有限状态自动机之间的等价性，由此可以证明如下结果。

【例 10.37】 $L=\{a^n b^n \mid n \geqslant 1\}$ 不是正则语言，即不存在任何正则文法 G 使得 $L=L(G)$。下面仅给出简要的说明，严格的证明请读者完成。

假设存在有限状态自动机 $M=(S, I, f, A, S_0)$ 可以接受 L，设 $|S|=k$。由于 M 可以接受 $a^{k+1}b^{k+1}$，因此 M 的状态转移图中存在从 S_0 开始、长为 $2(k+1)$ 的道路 P，终点是一个接受状态顶点。考虑读到第一个 b 之前的道路，记之为 P_1；读到第一个 b 开始到结束的道路记之为 P_2。

P_1 必定经过图中同一个顶点（记为 S_i）两次，即 P_1 包含 S_i 到 S_i 的回路。在 P_1 中将这个回路去除，再连接 P_2 后，仍然得到一条从 S_0 开始到该接受状态顶点的道路。于是存在 $0 \leqslant j \leqslant k$ 使得 a^jb^{k+1} 也可以被 M 接受——产生矛盾。

而其根本原因在于有限状态自动机只有有限的"记忆能力"，所以无法"记住"读到第一个 b 之前有多少个 a。

这也表明使用有限状态自动机无法进行"括号匹配"的检测，此时需要能力更强的计算模型。

10.6　正则表达式

20 世纪 50 年代，克林提出了正则集和正则表达式的概念。

定义 10.26　假设 Σ 是一个字母表，如下递归定义 Σ 上的**正则表达式**（**regular expression**）：

（1）λ 是一个正则表达式。

（2）若 $x \in \Sigma$，则 x 是一个正则表达式。

（3）若 α 和 β 都是正则表达式，则 $(\alpha\beta)$ 是一个正则表达式。

（4）若 α 和 β 都是正则表达式，则 $(\alpha+\beta)$ 是一个正则表达式。

（5）若 α 是正则表达式，则 $(\alpha)^*$ 是一个正则表达式。

而且只有有限次使用上述规则的符号串才是正则表达式。

为书写的简洁，约定：

（1）最外层的括号可以省略。

（2）$*$ 的优先级最高，其次为连接（如 ab），$+$ 的优先级最低。

（3）同一种构造（$+$、连接、$*$）连续出现时，从左至右构造，中间的括号可以省略。

定义 10.27　每一个正则表达式可以对应 Σ^* 的一个子集，称作（Σ^* 的）**正则集**（**regular set**）。对应的规则如下：

（1）正则表达式 λ 对应 $\Lambda=\{\lambda\}$。

（2）若 $x \in \Sigma$，则正则表达式 x 对应 $\{x\}$。

（3）若 α 和 β 都是正则表达式，分别对应集合 M 和 N，则 $(\alpha\beta)$ 对应 MN。

（4）若 α 和 β 都是正则表达式，分别对应集合 M 和 N，则 $(\alpha+\beta)$ 对应 $M \cup N$。

（5）若 α 是正则表达式，对应集合 M，则 $(\alpha)^*$ 对应 M^*。

【例 10.38】　部分正则表达式和正则集合的对应关系如表 10.4 所示。

若 α 和 β 都是正则表达式，则 $(\alpha\beta)$ 对应的语法图如图 10.18(a) 所示，$(\alpha+\beta)$ 对应的语法图如图 10.18(b) 所示，$(\alpha)^*$ 的语法图如图 10.18(c) 所示。

表 10.4　部分正则表达式和正则集合的对应

正则表达式 r	对应的正则集合 R
λ	$\{\lambda\}$
a	$\{a\}$
b	$\{b\}$
$(a+b)$	$\{a, b\}$
(ab)	$\{ab\}$
$(a)^*$	$\{a^n | n \geqslant 0\}$
$(a+b)^*$	$\{a, b\}^*$
$(a+b^*)$	$\{a\} \cup \{b^n | n \geqslant 0\}$

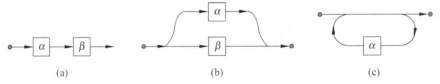

(a)　　　　　　　(b)　　　　　　　(c)

图 10.18　正则表达式的语法图

【例 10.39】　正则表达式 $(a+bc^*)d(b+ac)^*$ 对应的语法图如图 10.19 所示。

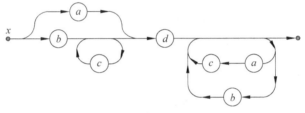

图 10.19　例 10.39 用图

下面不加证明地给出正则集和有限状态自动机之间的等价性关系。

定理 10.8　（克林定理）L 是正则集当且仅当存在有限状态自动机 M 可接受 L。

习　题　10

10.1　假设 $\Sigma=\{a, b\}$ 是字母表，$A=\{a, b, aa, bb, aaa, bbb\}$，$B=\{w|w\in\Sigma^*,\ |w|\geqslant2\}$，$C=\{w|w\in\Sigma^*,\ |w|\leqslant2\}$，计算 $A-(B\cap C)$。

10.2　设 $\Sigma=\{a, b\}$，求字符串 $aaba$ 的所有前缀、真前缀、后缀、真后缀、子串。

10.3　设 $\Sigma=\{aa, ab, bb, ba\}$，求字符串 $aaaaabbbba$ 的所有前缀、真前缀、后缀、真后缀、子串。

10.4　λ 的前缀是什么？真前缀是什么？后缀是什么？真后缀是什么？

10.5　对于任何字符串 x，x 的任意子串 w 是否有唯一的一个前缀 y 和唯一的一个后缀 z 与之对应，使得 $x=ywz$？

10.6　对于任意字符串 x，x 的子串有多少个？

10.7　设 $\Sigma=\{a, b\}$ 上的语言是 $A=\{\lambda, a\}$，$B=\{a, b\}$，$C=\{ab\}$，计算

（a）A^2。

（b）C^3。

（c）CAB。

（d）A^+。

（e）C^*。

10.8　证明定理 10.2。

10.9　设 A、B、C 是有限字母表 Σ 上的语言，证明或反驳：

（a）$(A \cap B)C = AC \cap BC$。

（b）$A(B \cap C) = AB \cap AC$。

10.10　证明定理 10.4(a)～(h)。

10.11　设 A、B、C 和 D 都是有限字母表 Σ 上的语言，证明：

（a）$(A^*B^*)^* = (B^*A^*)^*$。

（b）$A \cup B \cup C \subseteq A^*B^*C^*$。

（c）$(A^+)^+ = A^+$。

（d）$(AB)^*A = A(BA)^*$。

（e）$(A^*B^*C^*D^*)^* = (A \cup B \cup C \cup D)^*$。

10.12　是否对于任意的语言 L，都有 $L^+ = L^* - \Lambda$？

10.13　证明：如果 $A \neq \varnothing$，$A^2 = A$，那么 $A^* = A$。反之是否成立？

10.14　设 L 是空串 λ 及所有能通过反复使用如下规则构造出的串的集合。

$$若\ \alpha \in L，则\ a\alpha b \in L\ 且\ b\alpha a \in L$$
$$若\ \alpha \in L\ 且\ \beta \in L，则\ \alpha\beta \in L$$

例如，$ab \in L$——取 $\lambda \in L$，由第一条规则有 $ab = a\lambda b \in L$；同理，$ba \in L$；$aabb \in L$——取 $\alpha = ab \in L$，由第一条规则有 $aabb = a\alpha b \in L$；$aabbba \in L$——取 $\alpha = aabb$ 和 $\beta = ba$，则 $\alpha \in L$ 且 $\beta \in L$，由第二条规则有 $aabbba = \alpha\beta \in L$。

（a）证明：$aaabbb \in L$。

（b）证明：$baabab \in L$。

（c）证明：$aab \notin L$。

（d）证明：若 $\alpha \in L$，则 α 中 a 和 b 的个数相等。

（e）证明：若 α 中 a 和 b 的个数相等，则 $\alpha \in L$。

10.15　设 Σ 是字母表，对于任意 $x \in \Sigma^*$，字符串 x 的**倒序**定义为

若 $|x| < 2$，则 $x^{\mathrm{T}} = x$。

若 $|x| > 1$，令 $x = ya$，其中 $y \in \Sigma^*$，$a \in \Sigma$，则 $x^{\mathrm{T}} = ay^{\mathrm{T}}$。

设 L 是 Σ 上的一个语言，$L^{\mathrm{T}} = \{x^{\mathrm{T}} | x \in L\}$ 称为语言 L 的**逆**。当 $L = L^{\mathrm{T}}$ 时，L 称为**镜像语言**。

给定语言 L，令 $\hat{L} = L \cap L^{\mathrm{T}}$。如果 L 是镜像语言，$\hat{L}$ 必定是镜像语言吗？反之，如果 $\hat{L}$ 是镜像语言，L 必定是镜像语言吗？

10.16　确定以下文法 $G = (N, T, P, \sigma)$ 是否是上下文有关的、上下文无关的、正则的或者不

是它们任何一种。

（a）$N=\{\sigma\}$，$T=\{a\}$，$P=\{\sigma\to aa\sigma,\ \sigma\to aa\}$。

（b）$N=\{\sigma\}$，$T=\{a,b\}$，$P=\{\sigma\to aa\sigma,\ \sigma\to a,\ \sigma\to b\}$。

（c）$N=\{\sigma\}$，$T=\{a,b,c\}$，$P=\{\sigma\to a\sigma,\ \sigma\to b\sigma,\ \sigma\to c\}$。

（d）$N=\{\sigma,A\}$，$T=\{a,b\}$，$P=\{\sigma\to aA,\ \sigma\to b\sigma,\ A\to a\}$。

（e）$N=\{\sigma,A\}$，$T=\{a,b\}$，$P=\{\sigma\to Ab,\ A\to aAb,\ A\to\lambda\}$。

（f）$N=\{\sigma,A\}$，$T=\{a,b\}$，$P=\{\sigma\to aA,\ A\to b\sigma,\ \sigma\to\lambda\}$。

（g）$N=\{\sigma,A\}$，$T=\{a,b\}$，$P=\{\sigma\to b\sigma,\ \sigma\to aA,\ A\to a\sigma,\ A\to bA,\ A\to a,\ \sigma\to b\}$。

（h）$N=\{\sigma,A\}$，$T=\{a,b,c\}$，$P=\{\sigma\to a\sigma,\ \sigma\to bA,\ A\to bA,\ A\to c\}$。

（i）$N=\{\sigma,A,B\}$，$T=\{a,b\}$，$P=\{\sigma\to AA\sigma,\ AA\to B,\ B\to bB,\ A\to a\}$。

（j）$N=\{\sigma,\ A,\ B\}$，$T=\{a,\ b\}$，$P=\{\sigma\to A,\ \sigma\to AAB,\ Aa\to ABa,\ A\to Aa,\ Bb\to ABb,\ AB\to ABB,\ B\to b\}$。

（k）$N=\{\sigma,A,B\}$，$T=\{a,b,c\}$，$P=\{\sigma\to AB,\ AB\to BA,\ A\to aA,\ B\to Bb,\ A\to a,\ B\to b\}$。

（l）$N=\{\sigma,\ A,\ B\}$，$T=\{a,\ b,\ c\}$，$P=\{\sigma\to BAB,\ \sigma\to ABA,\ A\to AB,\ B\to BA,\ A\to aA,\ A\to ab,\ B\to b\}$。

（m）$N=\{\sigma,A,B\}$，$T=\{a,b,c\}$，$P=\{\sigma\to\sigma A,\ \sigma A\to B\sigma,\ B\sigma\to ab,\ B\to a,\ A\to c\}$。

（n）$N=\{\sigma,A,B\}$，$T=\{a,+,(,)\}$，$P=\{\sigma\to(\sigma),\ \sigma\to a+A,\ A\to a+B,\ B\to a+B,\ B\to a\}$。

10.17   指出习题 10.16(a)～(f)中文法正确的串的特征。

10.18   设 $G=(N,T,P,\sigma)$，其中 $N=\{\sigma,A,B,C\}$，$T=\{a,b,c\}$，$P=\{\sigma\to aa\sigma,\ \sigma\to bA,\ A\to cBb,\ A\to cb,\ B\to bbB,\ B\to bb\}$。

（a）判断以下各串是否属于 $L(G)$：

      $aabcb$; $abbcb$; $aaaabcbb$; $aaaaababbb$; $abcbbbbb$。

（b）说明语法产生的语言 $L(G)$。

10.19   文法 $G=(N,T,P,\sigma)$中 $N=\{\sigma,A\}$，$T=\{a,b\}$，$P=\{\sigma\to b\sigma,\ \sigma\to aA,\ A\to a\sigma,\ A\to bA,\ A\to a,\ \sigma\to b\}$。证明：$w\in L(G)$当且仅当 w 非空且含有偶数个 a。

10.20 （a）对文法 $G=(N,T,P,\sigma)$，其中 $N=\{\sigma,A\}$，$T=\{a,b\}$，$P=\{\sigma\to b\sigma,\ \sigma\to aA,\ A\to a\sigma,\ A\to bA,\ A\to a,\ \sigma\to b\}$，给出$\sigma\Rightarrow bbabbab$ 的推导。

    （b）对文法 $G=(N,T,P,\sigma)$，其中 $N=\{\sigma,A,B\}$，$T=\{a,b\}$，$P=\{\sigma\to AB,\ AB\to BA,\ A\to aA,\ B\to bB,\ A\to a,\ B\to b\}$，给出$\sigma\Rightarrow abab$ 的推导。

10.21   0 型文法 $G=(\{\sigma,A,B,C,D,E\},\{0,1\},P,\sigma)$中 $P=\{\sigma\to ABC,\ AB\to 0AD,\ AB\to 1AE,\ AB\to\lambda,\ D0\to 0D,\ D1\to 1D,\ E0\to 0E,\ E1\to 1E,\ C\to\lambda,\ DC\to B0C,\ EC\to B1C,\ 0B\to B0,\ 1B\to B1\}$，请描述 $L(G)$，并写出 01100110 的推导过程。

10.22   设 $G=(N,T,P,\sigma)$，其中 $N=\{\sigma,A,B,C\}$，$T=\{a,b,c\}$，$P=\{\sigma\to\sigma A,\ \sigma A\to B\sigma,\ B\sigma\to ab,\ B\to a,\ A\to c\}$。对语法 G，给出两个不同的由 σ 到 abc 的推导。

10.23   对文法 $G=(N,T,P,\sigma)$，其中 $N=\{\sigma,A,B\}$，$T=\{a,b\}$，$P=\{\sigma\to AB,\ A\to aBa,\ B\to bAb,\ A\to a,\ B\to b\}$，画出 $\sigma\Rightarrow abab$ 的两棵不同的分析树，并判断 G 是否是歧义文法。

10.24   设 $\Sigma=\{a,b\}$，请给出 Σ 上的短语结构语法 G，使其语言为

（a）$L(G)=\{a^nb^n|n\geqslant 1\}$。

（b）$L(G)=\{a^n b^n | n \geq 3\}$。

（c）$L(G)=\{$相同个数的 a 和 b 构成的串，且长度大于 $0\}$。

（d）$L(G)=\{a^n b^m | n \geq 1, m \geq 1\}$。

（e）$L(G)=\{a^n b^m | n \geq 1, m \geq 3\}$。

（f）$L(G)=\{a^n b^m | n \geq 2, m$ 是非负偶数$\}$。

（g）$L(G)=\{a^n b^m | n$ 是正整数，m 是正奇数$\}$。

10.25　设 $\Sigma=\{a, b\}$，写一个文法，使其产生的语言是

（a）$\{a, b\}$ 上以 a 开始的字符串。

（b）$\{a, b\}$ 上以 ba 结束的字符串。

（c）$\{a, b\}$ 上以 ba 为子串的字符串。

（d）$\{a, b\}$ 上至少包含 3 个 a 的串。

（e）$\{a, b\}$ 上不含形如 aa 的子串的串。

10.26　给出一个正则文法，产生语言 $L=\{w | w \in \{0, 1\}^*$ 且 w 不含有两个相邻的 1$\}$。

10.27　给出一个产生语言 $L=\{ww^T | w \in \{0, 1\}^*\}$ 的上下文相关文法。

10.28　设 $\Sigma=\{a, b, c\}$，设计一个短语结构语法 G，使其语言为 $L(G)=\{x \in \Sigma^* | x^T=x\}$。

10.29　假设 G_1 和 G_2 都是正则文法，设计一个短语结构语法 G，使其语言为 $L(G)=\{w_1 w_2 | w_1 \in L(G_1)$，$w_2 \in L(G_2)\}$。

10.30　假设 G_1 和 G_2 都是正则文法，设计一个短语结构语法 G，使其语言为 $L(G)=\{w | w \in L(G_1)$ 或 $w \in L(G_2)\}$。

10.31　假设 G_1 是正则文法，设计一个短语结构语法 G，使其语言为 $L(G)=L(G_1)^*$。

10.32　（希尔伯特曲线，Hilbert curve）设 $L=(\{A, B, F, +, -\}, \{A \to -BF+AFA+FB-, B \to +AF-BFB-FA+\}, A)$ 是一个林登麦伊尔系统，其中 F 表示以当前方向画一条固定长度的线段，"$+$"表示向右顺时针旋转 90°，"$-$"表示向左逆时针旋转 90°，A、B 不做任何动作。

请画出由此推导得到的前 5 次图形。

10.33　（龙曲线，dragon curve）设 $L=(\{X, Y, F, +, -\}, \{X \to X+YF+, Y \to -FX-Y\}, FX)$ 是一个林登麦伊尔系统，其中 F 表示以当前方向画一条固定长度的线段，"$+$"表示向右顺时针旋转 90°，"$-$"表示向左逆时针旋转 90°，X、Y 不做任何动作。

请画出由此推导得到的前 5 次图形。

10.34　给出如下上下文无关文法的巴科斯-诺尔范式表示。

（a）$N=\{\sigma\}$，$T=\{a\}$，$P=\{\sigma \to aa\sigma, \sigma \to aa\}$。

（b）$N=\{\sigma\}$，$T=\{a, b\}$，$P=\{\sigma \to aa\sigma, \sigma \to a, \sigma \to b\}$。

（c）$N=\{\sigma\}$，$T=\{a, b, c\}$，$P=\{\sigma \to a\sigma, \sigma \to b\sigma, \sigma \to c\}$。

（d）$N=\{\sigma, A\}$，$T=\{a, b, c\}$，$P=\{\sigma \to a\sigma, \sigma \to bA, A \to bA, A \to c\}$。

（e）$N=\{\sigma, A\}$，$T=\{a, b\}$，$P=\{\sigma \to b\sigma, \sigma \to aA, A \to a\sigma, A \to bA, A \to a, \sigma \to b\}$。

（f）$N=\{\sigma, A\}$，$T=\{a, b\}$，$P=\{\sigma \to aA, \sigma \to b\sigma, A \to a\}$。

（g）$N=\{\sigma, A, B\}$，$T=\{a, +, (,)\}$，$P=\{\sigma \to (\sigma), \sigma \to a+A, A \to a+B, B \to a+B, B \to a\}$。

（h）$N=\{\sigma, A, B\}$，$T=\{a, b, c\}$，$P=\{\sigma \to BAB, \sigma \to ABA, A \to AB, B \to BA, A \to aA, A \to ab,$

$B{\rightarrow}b\}$。

10.35 给出如下文法的语法图。

（a）$N=\{\sigma\}$，$T=\{a\}$，$P=\{\sigma{\rightarrow}aa\sigma,\ \sigma{\rightarrow}aa\}$。

（b）$N=\{\sigma\}$，$T=\{a,b,c\}$，$P=\{\sigma{\rightarrow}a\sigma,\ \sigma{\rightarrow}b\sigma,\ \sigma{\rightarrow}c\}$。

（c）$N=\{\sigma,A\}$，$T=\{a,b\}$，$P=\{\sigma{\rightarrow}b\sigma,\ \sigma{\rightarrow}aA,\ A{\rightarrow}a\sigma,\ A{\rightarrow}bA,\ A{\rightarrow}a,\ \sigma{\rightarrow}b\}$。

（d）$N=\{\sigma,A,B\}$，$T=\{a,b,c\}$，$P=\{\sigma{\rightarrow}BAB,\ \sigma{\rightarrow}ABA,\ A{\rightarrow}aA,\ A{\rightarrow}ab,\ B{\rightarrow}b\}$。

10.36 给出图 10.20 中的各语法图对应的巴科斯-诺尔范式。

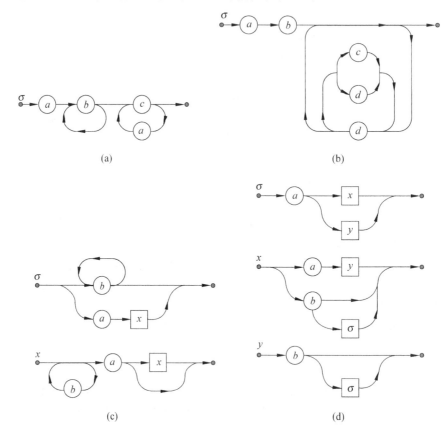

图 10.20　习题 10.36 用图

10.37 根据有限状态自动机的状态转移表绘制状态转移图。

（a）$A=\{S_0\}$，见表 10.5。

（b）$A=\{S_0,S_2\}$，见表 10.6。

（c）$A=\{S_0,S_2\}$，见表 10.7。

表 10.5　习题 10.37 用表 1

S	I	
	a	b
S_0	S_1	S_0
S_1	S_2	S_0
S_2	S_0	S_2

表 10.6　习题 10.37 用表 2

S	I	
	a	b
S_0	S_1	S_1
S_1	S_0	S_2
S_2	S_0	S_1

表 10.7　习题 10.37 用表 3

S	I		
	a	b	c
S_0	S_1	S_0	S_2
S_1	S_0	S_3	S_0
S_2	S_3	S_2	S_0
S_3	S_1	S_0	S_1

10.38　由图 10.21 所示的有限状态自动机 $M=(S, I, f, A, S_0)$ 的状态转移图给出 S_0、集合 S、I、A 及状态转移表。

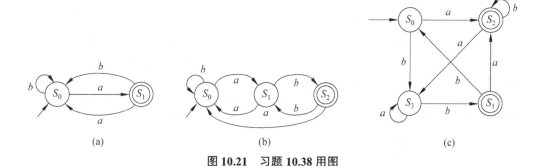

图 10.21　习题 10.38 用图

10.39　设 L 是 $\{a, b\}$ 上串的有限集合，证明：存在接受 L 的有限状态自动机。

10.40　画出接受 $\{0, 1\}$ 上以下语言的有限状态自动机的状态转移图。

（a）$L=\{x|x$ 以 000 或 101 结尾$\}$。

（b）$L=\{x|x$ 以 011 或 10 开始$\}$。

（c）$L=\{x|x$ 以 01 开始，以 100 结尾$\}$。

（d）$L=\{x|x$ 包含 3 个连续的 0 或者 3 个连续的 1$\}$。

（e）$L=\{x|x$ 以 0110 为子串$\}$。

（f）$L=\{x|x$ 不包含 10 或者 111$\}$。

（g）$L=\{x|x$ 包含的 1 的个数是 3 的倍数$\}$。

（h）$L=\{x|x$ 中每个 1 后面都紧跟一个 0$\}$。

（i）$L=\{0^n1^m2^k|n, m, k\geqslant1\}$。

（j）$L=\{x|$将 x 看成二进制数时，x 除以 3 余 2，除以 5 余 1，x 的首字符为 1$\}$。

（k）$L=\{x|$将 x 看成二进制数时，x 模 5 和 3 同余$\}$。

（1）$\{x \mid x \in \{0, 1\}^* $ 且如果 x 以 1 结尾，则它的长度为偶数；如果 x 以 0 结尾，则它的长度为奇数$\}$。

10.41 假设 $M=(S, I, f, A, S_0)$ 是一个有限状态自动机，构造一个有限自动机 M' 使得 $L(M')=I^*-L(M)$。

10.42 假设 $M_1=(S_1, I, f_1, A_1, S_{01})$ 和 $M_2=(S_2, I, f_2, A_2, S_{02})$ 是两个有限状态自动机，定义 $S=S_1 \times S_2$，$A=A_1 \times A_2$，$S_0=(S_{01}, S_{02})$，$f(x, (S_1, S_2))=(f_1(x, S_1), f_2(x, S_2))$。证明：$M=(S, I, f, A, S_0)$ 是一个有限状态自动机且接受的语言是 $L(M_1) \cap L(M_2)$。

10.43 假设 $M_1=(S_1, I, f_1, A_1, S_{01})$ 和 $M_2=(S_2, I, f_2, A_2, S_{02})$ 是两个有限状态自动机，定义 $S=S_1 \times S_2$，$A=\{(a_1, a_2) \mid a_1 \in A_1$ 或 $a_2 \in A_2\}$，$S_0=(S_{01}, S_{02})$，$f(x, (S_1, S_2))=(f_1(x, S_1), f_2(x, S_2))$。证明：$M=(S, I, f, A, S_0)$ 是一个有限状态自动机且接受的语言是 $L(M_1) \cup L(M_2)$。

10.44 根据状态转移表绘制非确定性有限状态自动机的状态转移图。

（a）$A=\{S_0, S_1\}$，如表 10.8 所示。

（b）$A=\{S_0\}$，如表 10.9 所示。

（c）$A=\{S_1\}$，如表 10.10 所示。

表 10.8　习题 10.44 用表 1

S	I	
	a	b
S_0	$\{S_1\}$	$\{S_0, S_2\}$
S_1	$\varnothing$	$\{S_2\}$
S_2	$\{S_1\}$	$\varnothing$

表 10.9　习题 10.44 用表 2

S	I		
	a	b	c
S_0	$\{S_1\}$	$\varnothing$	$\varnothing$
S_1	$\{S_0\}$	$\{S_2\}$	$\{S_0, S_2\}$
S_2	$\{S_0, S_1, S_2\}$	$\{S_0\}$	$\{S_0\}$

表 10.10　习题 10.44 用表 3

S	I	
	a	b
S_0	$\varnothing$	$\{S_3\}$
S_1	$\{S_1, S_2\}$	$\{S_3\}$
S_2	$\varnothing$	$\{S_0, S_1, S_3\}$
S_3	$\varnothing$	$\varnothing$

10.45 由图 10.22 所示的非确定性有限状态自动机的状态转移图给出 S_0、集合 S、I、A 及状态转移表。

10.46 构造一个 3 个状态的非确定性有限状态自动机，接受的语言为 $\{ab, abc\}^*$。

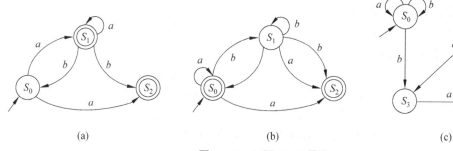

图 10.22　习题 10.45 用图

10.47　画出接受 {0, 1} 上以下语言的非确定性有限状态自动机的状态转移图。

（a）$L=\{x|x$ 以 011 或 10 开始\}。

（b）$L=\{x|x$ 以 011 或 10 结尾\}。

（c）$L=\{x|x$ 以 01 开始但不以 01 结尾\}。

（d）$L=\{x|x$ 包含 0110 或者 111\}。

（e）$L=\{x|x$ 包含 101 和 11\}。

10.48　由表 10.8 至表 10.10 和图 10.22 的非确定性有限状态自动机构造等价的确定性有限状态自动机。

10.49　由图 10.21 的确定性有限状态自动机构造等价的正则文法。

10.50　由以下正则文法 $G=(N, T, P, \sigma)$ 构造等价的非确定性有限状态自动机。

（a）$N=\{\sigma\}$，$T=\{a, b\}$，$P=\{\sigma{\to}a\sigma,\ \sigma{\to}a,\ \sigma{\to}b\}$。

（b）$N=\{\sigma, A\}$，$T=\{a, b\}$，$P=\{\sigma{\to}aA,\ A{\to}b\sigma,\ A{\to}a\}$。

（c）$N=\{\sigma, A\}$，$T=\{a, b\}$，$P=\{\sigma{\to}aA,\ A{\to}b\sigma,\ \sigma{\to}\lambda\}$。

（d）$N=\{\sigma, A, B\}$，$T=\{a, b, c\}$，$P=\{\sigma{\to}a,\ \sigma{\to}aA,\ A{\to}a,\ A{\to}aA,\ A{\to}cA,\ A{\to}bB,\ B{\to}a,$
$B{\to}b,\ B{\to}c,\ B{\to}aB,\ B{\to}bB,\ B{\to}cB\}$。

（e）$N=\{\sigma, A, B, C\}$，$T=\{a, b, c\}$，$P=\{\sigma{\to}aA,\ \sigma{\to}bB,\ \sigma{\to}cB,\ A{\to}aA,\ A{\to}aC,\ A{\to}a,$
$B{\to}aC,\ B{\to}bA,\ B{\to}cA,\ B{\to}c,\ B{\to}\lambda,\ C{\to}\lambda\}$。

10.51　证明：语言 $L(G)=\{a^nb^nc^n|n=1, 2, 3,\ \cdots\}$ 不是正则语言。

10.52　证明：$L=\{a^{n!}|n{\geqslant}0\}$ 不是正则语言。

10.53　若 $\Sigma=\{a, b, c\}$，给出下述正则表达式对应的正则集。

（a）$(a+b)cb^*$。

（b）$a(bb)^*c$。

（c）$(b^*ab^*ab^*)^*$。

10.54　给出正则表达式以对应下述正则集。

（a）$L=\{0^n1^m2^k|n, m, k{\geqslant}1\}$。

（b）$L=\{x|x$ 以 01 开始以 100 结尾\}。

（c）$L=\{x|x$ 的倒数第 3 个字符是 0\}。

（d）$L=\{x|x$ 长度为偶数\}。

（e）$L=\{x|x$ 有奇数个 0\}。

（f）$L=\{x|x$ 包含 3 个连续的 0 或者 3 个连续的 1\}。

（g）$L=\{x|x{\in}\{0, 1\}^*$ 且：如果 x 以 1 结尾，则它的长度为偶数；如果 x 以 0 结尾，

则它的长度为奇数}。

（h）$L=\{x|x$ 中只有一对连续的 0}。

（i）$L=\{x|x$ 中最多有一对连续的 0}。

（j）$L=\{x|x$ 中最多有一对连续的 0 或者最多有一对连续的 1}。

（k）$L=\{x|x$ 中有一对连续的 0 并且有一对连续的 1}。

（l）$L=\{x|x$ 中最多有一对连续的 0 并且最多有一对连续的 1}。

10.55 对语法 $G=(N, T, P, \sigma)$，给出对应语言 $L(G)$ 的正则表达式。

（a）$N=\{\sigma\}$，$T=\{a\}$，$P=\{\sigma \rightarrow aa\sigma, \sigma \rightarrow aa\}$。

（b）$N=\{\sigma\}$，$T=\{a, b\}$，$P=\{\sigma \rightarrow aa\sigma, \sigma \rightarrow a, \sigma \rightarrow b\}$。

（c）$N=\{\sigma, A\}$，$T=\{a, b, c\}$，$P=\{\sigma \rightarrow a\sigma, \sigma \rightarrow b\sigma, \sigma \rightarrow c\}$。

（d）$N=\{\sigma, A\}$，$T=\{a, b\}$，$P=\{\sigma \rightarrow aA, A \rightarrow b\sigma, A \rightarrow a\}$。

10.56 给出下述正则表达式对应的语法图。

（a）$(a+bc)b^*$。

（b）$a+(b+c^*)^*$。

（c）$a((cb)^*+(ba)^*)$。

10.57 给出图 10.23 中的各语法图对应的正则表达式。

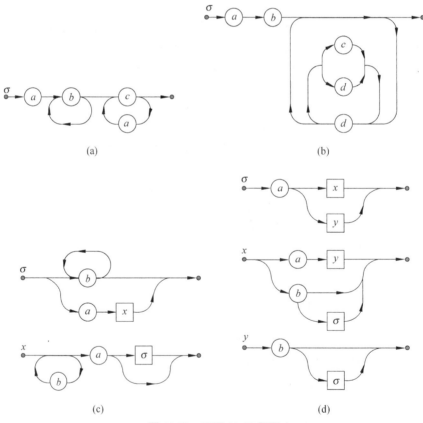

图 10.23　习题 10.57 用图

综合性研讨专题

本部分主要介绍应用离散数学知识分析和解决的一些问题，其中很多问题不乏趣味性，可供课后阅读和研讨使用。

A.1　凑邮资、分油、爬台阶与台球桌

【关键词】裴蜀等式

A.1.1　邮资问题

首先介绍一个凑邮资的问题。

【例 A.1】　当 $n>17$ 时，用面值 4 元和 7 元的邮票可支付任何 n 元邮资。即，对于任意正整数 $n>17$ 时，存在非负整数 a、b 使得 $4a+7b=n$。

证明. 假设 $P(n)$ 表示"可以用面值 4 元和 7 元的邮票支付 n 元邮资"，令 $Q(n)=P(n)\wedge P(n+1)\wedge P(n+2)\wedge P(n+3)$。

则 $P(18)$ 为真：$18=2\times7+4$；$P(19)$ 为真：$19=3\times4+7$；$P(20)$ 为真：$20=5\times4$；$P(21)$ 为真：$21=3\times7$。于是 $Q(18)$ 为真。

假设对于 $k\geqslant18$，有 $Q(k)=P(k)\wedge P(k+1)\wedge P(k+2)\wedge P(k+3)$ 为真。由 $P(k)$ 为真易知 $P(k+4)$ 为真（多使用一张面值 4 元的邮票即可），故而 $Q(k+1)=P(k+1)\wedge P(k+2)\wedge P(k+3)\wedge P(k+4)$ 为真。

由归纳法可以完成证明。　　　　　　　　　　　　　　　　　　　　　　　□

更一般的情况是：令 a 和 b 是正整数，不失一般性地假设 $\mathrm{GCD}(a, b)=1$（读者可以思考这个假定的合理性）。则存在 n，使得对所有的正整数 $k\geqslant n$，k 元的邮资都可以用 a 元的邮票和 b 元的邮票凑齐，即找到非负整数 s 和 t 使得 $sa+tb=k$，这就是 1.2 节中介绍的裴蜀等式。

定理 A.1　对于不全为 0 的整数 x、y 和 d，方程 $sx+ty=d$ 存在整数解 s 和 t 当且仅当 $\mathrm{GCD}(x, y)|d$。方程 $sx+ty=d$ 称作**裴蜀（Bezout）等式**。

对于裴蜀等式的解，有如下一般性结果。

定理 A.2　假设 x、y 和 d 是不全为 0 的整数，s_0 和 t_0 是方程 $sx+ty=d$ 的一组整数解，则方程 $sx+ty=d$ 的所有整数解为

$$\begin{cases} s = s_0 + \dfrac{y}{\mathrm{GCD}(x,y)} \times k \\ t = t_0 - \dfrac{x}{\mathrm{GCD}(x,y)} \times k \end{cases}, \text{ 其中 } k \text{ 是整数}$$

证明. "构成解"很容易验证。反过来，假设 s_1 和 t_1 是方程 $sx+ty=d$ 的一组整数解，则有 $(s_0-s_1)x=-(t_0-t_1)y$。

于是 $(s_0 - s_1)\dfrac{x}{\mathrm{GCD}(x,y)} = -(t_0 - t_1)\dfrac{y}{\mathrm{GCD}(x,y)}$ ，由于 $\dfrac{x}{\mathrm{GCD}(x,y)}$ 和 $\dfrac{y}{\mathrm{GCD}(x,y)}$ 互素

（习题 1.51），有 $\dfrac{x}{\mathrm{GCD}(x,y)}\Big|(t_0-t_1)$（习题 1.43），令 $k = (t_0 - t_1)\Big/\dfrac{x}{\mathrm{GCD}(x,y)}$ ，即得

$$\begin{cases} s = s_0 + \dfrac{y}{\mathrm{GCD}(x,y)} \times k \\ t = t_0 - \dfrac{x}{\mathrm{GCD}(x,y)} \times k \end{cases} \qquad\qquad \square$$

推论 假设大于 1 的整数 x 与 y 互素,则存在整数 $s_0>0, t_0<0, s_1<0, t_1>0$ 使得 $s_0x+t_0y=1$ 及 $s_1x+t_1y=1$。

下面首先给出邮资问题的一个构造性的形式解。

如果 a 或者 b 为 1，可以取 $n=1$；因此假设 $a>1$ 且 $b>1$。

存在整数 s 和 t，满足 $sa-tb=1$，$s, t>0$。令 $n=t(a-1)b$。则断言只利用 a 元和 b 元邮票可以凑齐 $n, n+1, \cdots, n+a-1$ 元邮资：由 $n+j=t(a-1)b+j(sa-tb)=(js)a+t((a-1)-j)b$，其中 $0\leqslant j\leqslant a-1$，可知用 js 张 a 元邮票和 $t(a-1-j)$ 张 b 元邮票凑齐 $k=n+j$ 元邮资。

假设 $x=\lfloor(k-n)/a\rfloor$，$y=(k-n) \bmod a$，则用 $x+sy$ 张 a 元邮票和 $t(a-1-y)$ 张 b 元邮票凑齐 $n+j$ 元邮资。

【例 A.2】 $a=7, b=4$ 时，$1=3\times7-5\times4$，$s=3$，$t=5$。计算 $n=5\times(7-1)\times4=120$。对于 $k=222$，$x=\lfloor(222-120)/7\rfloor=14$，$y=(222-120) \bmod 7=4$，于是使用 $14+3\times4=26$ 张 7 元邮票和 $5\times(7-1-4)=10$ 张 4 元邮票凑齐 222 元邮资。

下面给出更"紧"的理论上的下界 n。

定理 A.3 设 a 和 b 是互素的正整数，则当 $n>ab-a-b$ 时，方程 $ax+by=n$ 均有非负整数解，而 $ax+by=ab-a-b$ 没有非负整数解。

证明. 假设 $n>ab-a-b$，方程 $ax+by=n$ 的所有整数解为 $x=x_0+bt$，$y=y_0-at$，其中 $t\in\mathbb{Z}$。取 $t=t_0$，使得 $0\leqslant x_0+bt_0\leqslant b-1$，则由 $a(x_0+bt_0)+b(y_0-at_0)=n>ab-a-b$，有 $b(y_0-at_0)>ab-a-b-a(b-1)=-b$，从而 $y_0-at_0>-1$，即 $y_0-at_0\geqslant0$。于是 (x_0+bt_0, y_0-at_0) 就是 $ax+by=n$ 的一个非负整数解。

另一方面，若非负整数 x 和 y 使得 $ax+by=ab-a-b$，则 $a(x+1)+b(y+1)=ab$。于是 $b|a(x+1)$，由 $\mathrm{GCD}(a, b)=1$ 有 $b|x+1$，从而 $x+1\geqslant b$；同样可知 $y+1\geqslant a$。因此 $ab=a(x+1)+b(y+1)\geqslant ab+ab=2ab$，导致矛盾，所以 $ax+by=ab-a-b$ 不存在非负整数解。 $\square$

定理表明，如果 a 和 b 是互素的正整数，则 $N=ab-a-b$ 具有这样的性质：N 元邮资

无法用 a 元的邮票和 b 元的邮票凑齐；而对于每个大于 N 的正整数 k，k 元的邮资都可以用 a 元的邮票和 b 元的邮票凑齐。

A.1.2 分油问题

接下来介绍第二个有趣的数学问题——分油（酒/水）问题（水壶问题）。它是一个历史悠久、流传广泛的初等的数学趣题，古往今来，在世界各地有很多种版本。

〔日〕《尘劫记》：斗桶中有油一斗（10 升），7 升和 3 升各有一，今欲油分两个 5 升。

〔法〕泊松分酒问题：某人有 12 品脱美酒，想把一半赠人，但只有一个 8 品脱和一个 5 品脱的容器，问怎样才能把 6 品脱的酒倒入 8 品脱的容器中。

〔俄〕别莱利曼《趣味几何学》（原书 10.8 节）：一只水桶可容 12 杓水，还有两只空桶，一只容量为 9 杓，另一只为 5 杓，怎样利用这两只空桶来把这大水桶中满盛的水分做两半？

〔波兰〕史泰因豪斯《数学万花镜》（原书第 3 章）：有 3 个容积各为 12 升、7 升和 5 升的容器，要将装在最大容器中的 12 升酒 2 等分。

〔美〕帕帕斯《数学趣闻集锦（下）》：有一个 8 公升装满苹果酒的壶，和一个 3 公升、一个 5 公升的空壶，要怎么操作才能将苹果酒平分成两个 4 公升？

我国韩信分油问题：一天，韩信在路上遇到两个路人争执不下，原因是两人有装满 10 斤的油篓和两个 3 斤、7 斤的（无刻度）空油篓，无法平均分出两份，每份 5 斤油。

只考虑其中一类子问题：简记 3 个桶（容器）为大桶、中桶、小桶，简记"3 个容器容积分别为 a 升、b 升、c 升（$b>c$），要从装在最大容器中的 a 升油（酒/水）中分出 d 升油（酒/水），$a \geq b+c-1$，$a-b-c \leq d < a$。"为一个 $(a, b, c; d)$ 问题。

$a-d \leq b+c$（即 $a-b-c \leq d$）的要求是为了保证在大桶留下 d 升油（酒/水）后，多出来的 $a-d$ 升油（酒/水）有地方可放。

不失一般性，可以假定 GCD$(b, c)=1$。

可以给出 $(a, b, c; d)$ 问题的两个通用方法。

方法 1：

0   倒油方法只允许：大桶⇒中桶，中桶⇒小桶，小桶⇒大桶
1   若中桶已空，则从大桶中将油倒满中桶。若未达到目标，则进行步骤 2
2   若小桶未满且中桶有油，则从中桶中倒油入小桶
3   若小桶已满，则从小桶中将油倒入大桶。若未达到目标，则返回步骤 1

能够做到步骤 1 中的"倒满"实际上是由 $a \geq b+c-1$ 保证的。如果 $a < b+c-1$，例如 $(6, 5, 3)$ 的情况，则进行到 $(6, 0, 0) \rightarrow (1, 5, 0) \rightarrow (1, 2, 3) \rightarrow (4, 2, 0) \rightarrow (4, 0, 2)$ 后，方法 1 无法进行下去。

【例 A.3】 $(10, 7, 3; 5)$ 的解决方法如图 A.1 所示。

方法 2：

0   倒油方法只允许：大桶⇒小桶，小桶⇒中桶，中桶⇒大桶
1   若小桶已空，则从大桶中将油倒满小桶。若未达到目标，则进行步骤 2

2　若中桶未满且小桶有油，则从小桶中倒油入中桶
3　若中桶已满，则从中桶中将油倒入大桶。若未达到目标，则返回步骤 1

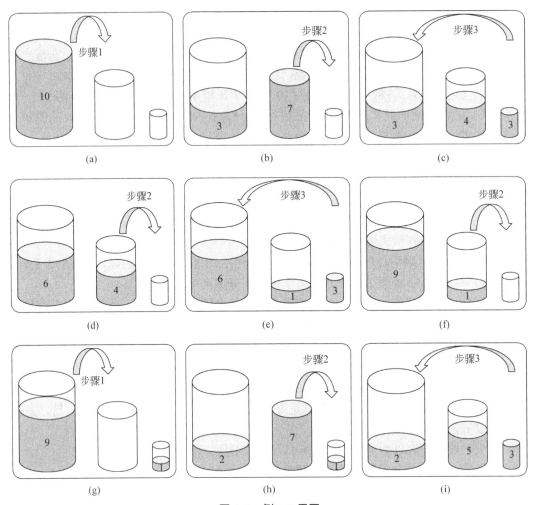

图 A.1　例 A.3 用图

能够做到步骤 1 中的"倒满"实际上是由 $a \geqslant b+c-1$ 保证的。如果 $a < b+c-1$，例如(6, 5, 4)的情况，则进行到(6, 0, 0)→(2, 0, 4)→(2, 4, 0)后，方法 2 无法进行下去。

【例 A.4】　(10, 7, 3; 5)的解决方法如图 A.2 所示。

接下来解释这两个方法的合理性。

将中桶和小桶看作一个整体系统，而最终目标就是在该系统里留下 $a-d$ 升油。

方法 1 的步骤 1 相当于在系统里"$+b$"，步骤 3 相当于在系统里"$-c$"，而步骤 2 是系统内部变化。例如图 A.1 就对应于 $2 \times (+7) + 3 \times (-3) = 10 - 5$，其中(a)、(g)表示"$+7$"，(c)、(e)、(i)表示"$-3$"。

方法 2 的步骤 1 相当于在系统里"$+c$"，步骤 3 相当于在系统里"$-b$"，而步骤 2 是系统内部变化。例如图 A.2 就对应于 $4 \times (+3) + 1 \times (-7) = 10 - 5$，其中(a)、(c)、(e)、(i)表示"$+3$"，

(g)表示 "-7"。

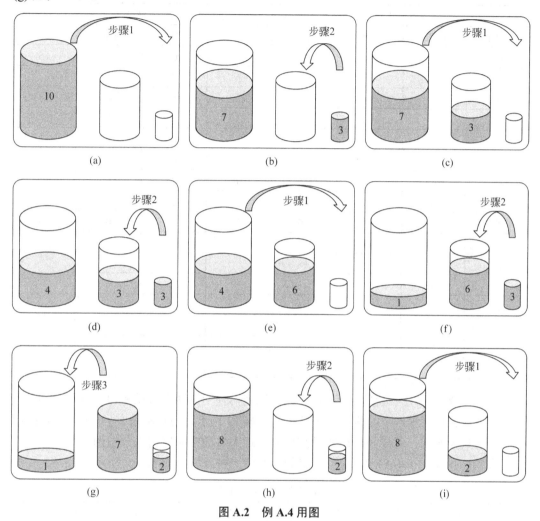

图 A.2 例 A.4 用图

这其实就是裴蜀等式 $sb+t(-c)=a-d$ 和 $s(-b)+tc=a-d$。

由于 $a-d>0>(b-1)(-c-1)>b(-c)-b-(-c)$，$a-d>0>(c-1)(-b-1)>c(-b)-c-(-b)$，GCD$(b, -c)=GCD(-b, c)=1$，由定理 A.3 方程 $sb+t(-c)=a-d$ 和方程 $s(-b)+tc=a-d$ 都一定存在非负整数解。

如果 (s_0, t_0) 是一组非负特解，则通解是 $s=s_0+ck$，$t=t_0+bk$，其中 k 是整数，易见存在最小非负解。

【例 A.5】 变化的泊松分酒问题：某人有 12 品脱美酒，但只有一个 8 品脱和一个 5 品脱的容器，问怎样才能分出 6 品脱的酒。

由 $4\times(+8)+4\times(-5)=12-0$ 和 $4\times(+5)+1\times(-8)=12-0$ 可以得到分酒的两种方法，如表 A.1 所示。

表 A.1 例 A.5 用表

方法 1				方法 2			
大桶	中桶	小桶	备注	大桶	中桶	小桶	备注
12	0	0	+8	12	0	0	+5
4	8	0		7	0	5	
4	3	5	−5	7	5	0	+5
9	3	0		2	5	5	
9	0	3	+8	2	8	2	−8
1	8	3		10	0	2	
1	6	5	−5	10	2	0	+5
6	6	0		5	2	5	
6	1	5	−5	5	7	0	+5
11	1	0		0	7	5	
11	0	1	+8				
3	8	1					
3	4	5	−5				
8	4	0					
8	0	4	+8				
0	8	4					

【例 A.6】 部分不满足 $a \geqslant b+c-1$ 的问题也可使用这两个方法解决。例如〔俄〕别莱利曼《趣味几何学》中的问题：一只水桶可容 12 枡水，还有两只空桶，一只容量为 9 枡，另一只为 5 枡，怎样利用这两只空桶来把这大水桶中满盛的水分做两半？

解. 由 $3 \times (+5) + 1 \times (-9) = 12-6$ 可以得到分水的一种方法，如表 A.2 所示。

表 A.2 例 A.6 用表

大桶	中桶	小桶	备注
12	0	0	+5
7	0	5	
7	5	0	+5
2	5	5	
2	9	1	−9
11	0	1	
11	1	0	+5
6	1	5	
6	6	0	

A.1.3 登阶问题

有一个 n 阶的台阶，只允许向上登 p 阶或者向下走 q 阶。那么从地面开始，是否可以登上台阶顶部？

这个问题似乎只要求解方程 $ps+(-q)t=n$ 的非负整数解即可。但实际上情况复杂得多，例如 $p=7$, $q=4$ 时，虽然 $1×7+1×(-4)=3$，但是显然不可能登上只有 3 阶的台阶顶部；虽然 $3×7+3×(-4)=9$，但是依然不存在登上 9 阶台阶顶部的方法。

断言：假设每次只允许向上登 p 阶或向下行 q 阶，$GCD(p, q)=1$。如果台阶阶数至少 $p+q-1$，则一定可以登顶，而且这个界是"紧的"，即台阶阶数为 $p+q-2$ 时有可能无法登顶。

【例 A.7】 台阶恰好 $n=9=(7+4-1)-1$ 阶，则只允许向上登 7 阶、向下行 4 阶是无法做到的。

假设台阶恰好 $n=p+q-1$ 阶，只允许向上登 p 阶，向下行 q 阶，$GCD(p, q)=1$，可以将"登到第 k 阶（$1≤k≤p+q-1$）"这一问题转化为一个分油问题。当 $p>q$ 时，转为只使用方法 1 的 $(n, p, q; p+q-1-k)$ 问题；当 $p<q$ 时，转为只使用方法 2 的 $(n, q, p; p+q-1-k)$ 问题。

【例 A.8】 $p=7$，$q=4$ 的情况见图 A.3(a)；$p=4$，$q=7$ 的情况见图 A.3(b)。

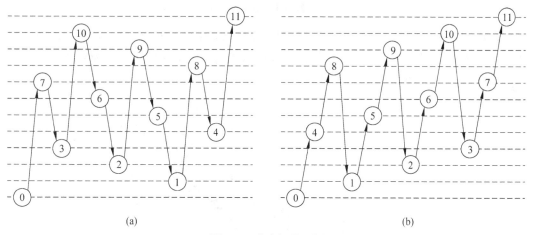

图 A.3 登阶问题示例

【例 A.9】 表 A.1 的左半部分方法 1 的"备注"栏给出了"共 12 阶，只允许向上登 8 阶，向下行 5 阶，如何登顶？"的一个解决方法：上 8(8)、下 5(3)、上 8(11)、下 5(6)、下 5(1)、上 8(9)、下 5(4)、上 8(12)；而表 A.1 的右半部分方法 2 的"备注"给出了"共 12 阶，只允许向上登 5 阶、向下行 8 阶"的一个解决方法：上 5(5)、上 5(10)、下 8(2)、上 5(7)、上 5(12)。（括号中表示所在阶的位置，地面记为 0。）

当台阶阶数超过 $p+q-1$ 时，例如阶数 $n=p+q-1+5, 5≤p+q-1$，可以先利用第 $1～p+q-1$ 阶台阶到达位置 5，之后再从位置 5 到达位置 n（间隔共 $p+q-1$ 阶）。

（转为分油问题，相当于先分出 5 升油在中桶和小桶中，之后将中桶和小桶的油倒在地上或河里，然后再分出来 $p+q-1$ 升油。）

一般地讲，假设台阶阶数为 $m=(p+q-1)+s$（$s≥0$），则可以按如下步骤登顶：

（1）利用第 0 阶到第 $p+q-1$ 阶，到达位置 $s \bmod p$。

（2）再向上登 $\lfloor s/p \rfloor$ 次，到达位置 $(s \bmod p)+p×\lfloor s/p \rfloor=s$。

（3）从位置 s 出发登顶到达位置 m（间隔共 $p+q-1$ 阶）。

A.1.4 台球问题

假设台球桌是一个 $a \times b$ 的矩形（如图 A.4 所示），不失一般性地假定 GCD$(a, b)=1$，假设球桌在坐标 $(0, 0)$、$(a, 0)$、$(0, b)$、(a, b) 位置有 4 个球洞。台球的位置在 (x, y)，其中整数 x、y 满足 $0 \leqslant x < a$，$0 \leqslant y < b$。球只允许以朝右斜上 45° 击出，球碰到桌边后反弹。

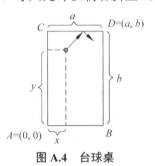

图 A.4 台球桌

【**例 A.10**】 $a=3$，$b=5$，$x=0$，$y=0$ 时（很靠近球洞 A，但是不在球洞中），通过图 A.5 可以看出，以桌边为轴的连续镜像的反射可以将球的前进轨迹连接为直线，台球在击碰桌边 5−1+3−1=6 次后落入球洞 D。

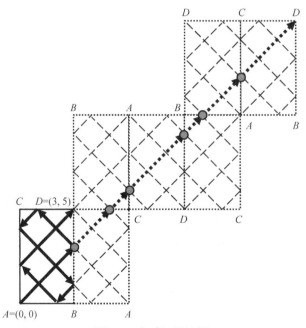

图 A.5 台球问题示例

对于一般情况，图 A.6 表明该问题相当于求解方程 $sa+(a-x)=tb+(b-y)$，即 $sa+t(-b)=(b-y)-(a-x)$。

由于 $((b-y)-(a-x))-a(-b)+a+(-b)=ab+x-y=(a-1)b+x+(b-y)>0$，根据定理 A.3，该方程存在非负整数解。如果 (s_0, t_0) 是一组非负特解，则通解是 $s=s_0+ck$，$t=t_0+bk$，其中 k 是整

数，易见存在最小非负解(s_1, t_1)。

从直观上讲，台球要向上穿过 t_1 个"镜像"台球桌，而每次"穿过"都相当于与水平桌边碰撞并反弹；台球要向右穿过 s_1 个"镜像"台球桌，而每次"穿过"都相当于与垂直桌边碰撞并反弹；因此台球在碰撞桌边 s_1+t_1 次后落入某球洞。

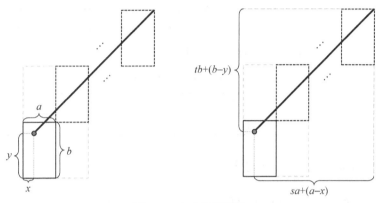

图 A.6　台球问题解法

例如 $x=0$，$y=0$ 时，方程为 $sa+(a-x)=tb+(b-y)$，即 $(s+1)a=(t+1)b$，由于 $\mathrm{GCD}(a, b)=1$，因此最小非负解为 $s_1=b-1$，$t_1=a-1$，台球在碰撞桌边 $a+b-2$ 次后落入球洞。

A.2　基于模运算的校验码

【关键词】模运算；求余；素数

A.2.1　EAN-13 码

UPC（Universal Product Code，统一商品代码）即通常讲的"条形码"。美国的乔·伍德兰德（Joe Woodland）和贝尼·西尔佛（Beny Silver）两位工程师最早研究用条形码表示食品项目以及相应的识别系统设备，并于 1949 年获得了美国的专利。UPC 码共有 A、B、C、D、E 5 种版本。

EAN（European Article Number，欧洲物品编号）条码是欧洲的国际物品编码协会（International Article Numbering Association）制定的一种条码，是在 UPC-A 标准的基础上建立的。EAN 条码符号有标准版和缩短版两种，标准版由 13 位数字构成，又称为 EAN-13 码，缩短版由 8 位数字构成，又称为 EAN-8 码。两种条码的最后一位为校验位，由前面的 12 位或 7 位数字计算得出。我国于 1991 年加入 EAN 组织。

- EAN-13 码由前缀码、生产厂商代码（厂商识别码）、商品项目代码和校验码组成。
- 前缀码是国际 EAN 组织标识各会员组织的代码，我国为 690～695。
- 变长的生产厂商代码是 EAN 编码组织分配给厂商的代码。
- 商品项目代码由厂商自行编码。
- 校验码，只有一位，取值范围为 0～9，目的是校验代码的正确性。计算方法是用 1 分别乘以 EAN-13 的前 12 位(位数从左到右为 1～12）中的奇数位，用 3 乘以偶数位，二者求和得到结果 S，然后校验码为 $10-(S \bmod 10)$。换言之，用 1 分别乘以 EAN-13 的所有奇数位(位数从左到右为 1～13)，用 3 乘以全部偶数位，二者的和是 10 的倍数。

【例 A.11】 以条形码 6940211890004 为例。此条形码分为 4 个部分。

第一部分：国家和地区代码，1～3 位，该条码的 694 是中国的国家代码之一。

第二部分和第三部分是生产厂商代码及厂内商品代码，对应该条码的 021189000。

第 13 位：共 1 位，由 694021189000 计算得来，过程见表 A.3。

表 A.3　EAN-13 码示例

6	9	4	0	2	1	1	8	9	0	0	0	S	$10-(S \bmod 10)$
6	27	4	0	2	3	1	24	9	0	0	0	76	4

A.2.2　新版国际标准书号 ISBN-13

新版国际标准书号（International Standard Book Number，ISBN）由 13 位数字组成，并以 4 个连接号或 4 个空格分隔为 5 组，每组数字都有固定的含义。

第一组：978 或 979。

第二组：国家、语言或区位代码（例如中国为 978-7，表示汉语）。

第三组：出版社代码，由各国家或地区的国际标准书号分配中心分配给各个出版社。

第四组：书序码，是该出版物的代码，由出版社具体给出。

第五组：校验码，只有一位，计算方法与 EAN-13 相同。

【例 A.12】 某图书的 ISBN 为 978-7-100-06938-0，其中 978-7 表示汉语，100 表示出版社为商务印书馆，06938 为图书的代码。9+8+1+0+6+3=27，3×(7+7+0+0+9+8)=93，于是校验码为 $10-((27+93) \bmod 10)=0$。

A.2.3　第二代身份证

1984 年 4 月 6 日国务院发布《中华人民共和国居民身份证试行条例》，并且开始颁发第一代居民身份证。2004 年 3 月 29 日起，中国正式开始为居民换发第二代居民身份证，其编码方法如表 A.4 所示。

表 A.4　第二代居民身份证编码方法

1	2	3	4	5	6	7	8	9	10	11	12	13	14	15	16	17	18
A	A	A	A	A	A	Y	Y	Y	Y	M	M	D	D	B	B	B	X
地址码						出生日期码								顺序及性别码			校验码

其中，第 1、2 位数字表示所在省（直辖市、自治区）的代码（例如北京市为 11），第 3、4 位数字表示所在地级市（自治州）的代码，第 5、6 位数字表示所在区（县、自治县、县级市）的代码，第 7～14 位数字表示出生年月日，第 15、16 位数字表示所在地的派出所的代码，第 17 位数字表示性别（奇数表示男性，偶数表示女性），第 18 位数字

是校检码（由前 17 位计算得来）。

为表述方便，将身份证的 18 位数自左而右记作 $K_{17}, K_{16}, \cdots, K_1, K_0$。

校检码的计算方法符合 ISO/IEC 7064:2003，具体如下：

1. 将前 17 位数分别乘以不同的系数。从左至右前 17 位的系数（W_{17}，W_{16}，…，W_1）分别为：7，9，10，5，8，4，2，1，6，3，7，9，10，5，8，4，2（可以看出 $W_i = 2^i \bmod 11$）。

2. 将这 17 个数字和系数相乘的结果累加后模 11 求余。

3. 余数 0，1，2，3，4，5，6，7，8，9，10 分别对应（相当于下述公式中的函数 f）的校验码为 1，0，X，9，8，7，6，5，4，3，2。（即校验码与余数的和模 11 余 1，X 代表 10）

这个计算方法使用公式表示就是 $f\left(\sum\limits_{i=1}^{17} K_i \times W_i \bmod 11\right) = \left(12 - \sum\limits_{i=1}^{17} K_i \times W_i\right) \bmod 11$，于

是 $\sum\limits_{i=0}^{17} K_i \times 2^i \equiv 1 (\bmod 11)$。

【例 A.13】 某（虚拟）身份证号的前 17 位为 11010420180915195，最后一位校验码的计算过程见表 A.5，再通过查询表 A.6 即得校验码是 2。

表 A.5 例 A.13 用表 1

i	17	16	15	14	13	12	11	10	9	8	7	6	5	4	3	2	1	Sum($K_i \times W_i$)	Sum mod 11
K_i	1	1	0	1	0	4	2	0	1	8	0	9	1	5	1	9	5	241	10
W_i	7	9	10	5	8	4	2	1	6	3	7	9	10	5	8	4	2		
$K_i \times W_i$	7	9	0	5	0	16	4	0	6	24	0	81	10	25	8	36	10		

表 A.6 例 A.13 用表 2

S	0	1	2	3	4	5	6	7	8	9	10
$f(S)$	1	0	X	9	8	7	6	5	4	3	2

第二代身份证的验证码可以发现 1 个字符的错误。假设某个 K_j 被错抄成 K'_j（$0 \leqslant j \leqslant 17$），则 $\sum\limits_{i=0, i \neq j}^{17} K_i \times 2^i + K'_j \times 2^j = \sum\limits_{i=0}^{17} K_i \times 2^i + \left(K'_j - K_j\right) \times 2^j \equiv 1 + \left(K'_j - K_j\right) \times 2^j (\bmod 11)$，由于 11 是素数，而且 2 和 $\left(K'_j - K_j\right)$ 都与 11 互素，所以 $\left(K'_j - K_j\right) \times 2^j \neq 0 \bmod 11$，即不可能有 $\sum\limits_{i=0, i \neq j}^{17} K_i \times 2^i + K'_j \times 2^j \equiv 1 (\bmod 11)$，于是无法通过验证。

第二代身份证的验证码可以纠正 1 个已知位置的错误。假设某个 K_j 被错抄成 K'_j（$0 \leqslant j \leqslant 17$ 已知），则 $\sum\limits_{i=0, i \neq j}^{17} K_i \times 2^i + K'_j \times 2^j = \sum\limits_{i=0}^{17} K_i \times 2^i + \left(K'_j - K_j\right) \times 2^j \equiv 1 + \left(K'_j - K_j\right) \times 2^j$

$(\bmod 11)$，于是可以计算得到正确的 $K_j = \left(K'_j - \left(\displaystyle\sum_{i=0, i \neq j}^{17} K_i \times 2^i + K'_j \times 2^j - 1 \right) \times 6^j \right) \bmod 11$。

第二代身份证的验证码可以发现 2 个相邻字符的颠倒错误。假设某个 K_j 和 K_{j+1} 被抄颠倒了（$0 \leqslant j \leqslant 16$，$K_j \neq K_{j+1}$），则

$$\sum_{i=0, i \neq j, i \neq j+1}^{17} K_i \times 2^i + K_{j+1} \times 2^j + K_j \times 2^{j+1}$$

$$= \sum_{i=0}^{17} K_i \times 2^i + \left(K_j - K_{j+1} \right) \times \left(2^{j+1} - 2^j \right)$$

$$\equiv 1 + \left(K_j - K_{j+1} \right) \times 2^j \, (\bmod 11)$$

由于 11 是素数，而且 2 和 $K_j - K_{j+1}$ 都与 11 互素，所以 $\left(K_j - K_{j+1} \right) \times 2^j \neq 0 \ \bmod 11$，即不可能通过验证。

A.3　应用鸽巢原理的纸牌魔术二则[①]

【关键词】鸽巢原理；模运算；全排列

本节通过两个精彩的纸牌魔术介绍鸽巢原理的应用。

A.3.1　纸牌魔术 A

1. 魔术简介

魔术师邀请一位不知情的观众从一副标准的扑克牌（52 张）中随机选出 5 张牌。这位观众把它们展示给魔术师的助手，但不向魔术师展示。助手看过这 5 张牌后，从中选择 4 张，并按照一定的顺序逐一展示给魔术师看。魔术师便可以说出第 5 张纸牌的花色和点数。

2. 魔术揭秘

助手只能按照某种次序展示其中的 4 张纸牌，以此来向魔术师传递第 5 张牌的信息，具体而言就是第 5 张牌的花色和点数。

（1）注意到在任意 5 张纸牌中都必然有两张牌花色相同（鸽巢原理）。助手向魔术师展示的第一张牌就是这两张牌中的一张，这事实上就告诉了魔术师第 5 张牌的花色。而假如两张牌是♠3 和♠J 时，助手要选择哪一张向魔术师展示，是必须选择其中的某一张还是随意一张都可以？这个选择是要由第 5 张牌的点数决定的。

（2）确定第 5 张牌的点数。

按顺时针方向将同一套花色的扑克牌从 A(1)到 J(11)、Q(12)和 K(13)循环编号（即点

[①] 本部分内容引用自 Edwin Kwek Swee Hee, Huang Meiizhuo, Koh Chan Swee, Heng Wee Kuan. Applications of the Pigeonhole Principle. 2003 Singapore Maths Project Festival (Senior Section), River Valley High School.

数 1 排在点数 13 之后），排成一个圆形序列，如图 A.7 所示。

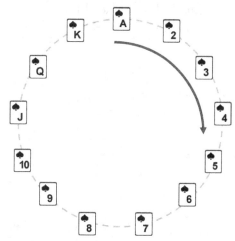

图 A.7   同花色的扑克牌排成一个圆形序列

对于任意给定的两张纸牌（同花色）X 和 Y，定义 distance(X, Y)为从 X 到 Y 的顺时针距离（即(Y–X) mod 13）。例如 distance(A, 7)=6，distance (7, A)=7。

distance(X, Y)具有如下性质：distance(X, Y)+distance(Y, X)=13。（第二次）使用鸽巢原理，可以得到 distance(X, Y) ≤6 或者 distance(Y, X) ≤6。

于是回到"助手要选择同花色牌中的哪一张向魔术师展示"的问题，回答是：从相同花色的 X 和 Y 两张牌中，助手向魔术师展示纸牌 X 而隐藏纸牌 Y，使得 distance(X, Y) ≤ 6。例如两张同花色纸牌是♣3 和♣J 时，助手要向魔术师展示♣J 而隐藏♣3，这是因为 distance(J, 3)=5，而 distance(3, J)=8。

这事实上界定了第 5 张牌的范围（6 种可能）。例如助手向魔术师展示牌♠5 时，表明第 5 张牌来自{♠6, ♠7, ♠8, ♠9, ♠10, ♠J}。

（3）下面使用第 2、3、4 张纸牌来说明第 5 张纸牌是这 6 种可能中的哪一个。

对于所有 52 张纸牌进行编号（1~52）以便排序，如表 A.7 所示。

于是，任意 3 张不同的纸牌都可以"排序"为"大""中""小"。由此可以形成 3!=6 个全排列，一一对应着 1~6 这 6 个数值：

小、中、大   ↔   6
小、大、中   ↔   5
中、小、大   ↔   4
中、大、小   ↔   3
大、小、中   ↔   2
大、中、小   ↔   1

因此助手可以通过给出第 2、3、4 张纸牌的一个全排列来指代 1~6 中的一个值，于是可以由这个值向魔术师表明第 5 张牌是 6 种可能中的第几张。

最后给出一个完整的魔术示例，假设五张牌选择如图 A.8 所示。

表 A.7　52 张纸牌的编号

♠A	♥A	♣A	♦A	♠K	♥K	♣K	♦K	♠Q	♥Q	♣Q	♦Q
1	2	3	4	5	6	7	8	9	10	11	12
♠J	♥J	♣J	♦J	♠10	♥10	♣10	♦10	♠9	♥9	♣9	♦9
13	14	15	16	17	18	19	20	21	22	23	24
♠8	♥8	♣8	♦8	♠7	♥7	♣7	♦7	♠6	♥6	♣6	♦6
25	26	27	28	29	30	31	32	33	34	35	36
♠5	♥5	♣5	♦5	♠4	♥4	♣4	♦4	♠3	♥3	♣3	♦3
37	38	39	40	41	42	43	44	45	46	47	48
♠2	♥2	♣2	♦2								
49	50	51	52								

（编号46）　　（编号37）　　（编号35）　　（编号30）　　（编号52）

图 A.8　纸牌魔术 A 示例

助手注意到♥3 和♥7 花色相同，由于 distance(3, 7)=4，distance (7, 3)=9，因此助手选择♥3 作为第 1 张展示给魔术师的纸牌而隐藏♥7。7–3=4，4 对应的排列是"中、小、大"，因此助手将依次展示给魔术师♠5、♦2、♣6。

A.3.2　纸牌魔术 B

1. 魔术简介

魔术师将点数为 A 到 10 的 10 张纸牌交给一位不知情的观众，观众随机排列这 10 张纸牌（即观众选择全排列之一）后，面朝上展示给助手（但不向魔术师展示），之后将所有纸牌翻转，背面朝上按照原次序排在桌面上。助手从中选择 6 张，并按照一定的顺序逐一翻开展示给魔术师看，之后魔术师便可以指出背面朝上的 4 张纸牌的点数。

2. 魔术揭秘

根据鸽巢原理，在 1～10 的任一个排列中，都存在长度为 4 的递增子序列或长度为 4 的递减子序列（参看例 1.57）。

因此助手留下的 4 张牌就是这个排列中的一个长度为 4 的递增子序列或长度为 4 的递减子序列。

而到底是递增子序列还是递减子序列，可以由助手翻开 6 张牌的方向来"告知"魔术师——如果助手从左向右翻转这 6 张牌，就表明是递增子序列；如果助手从右向左翻转这 6 张牌，就表明是递减子序列。

下面给出一个完整的魔术示例，假设观众按如图 A.9 所示的方式排列这 10 张牌（自左而右）。

图 A.9　纸牌魔术 B 示例

其中有递增子序列 3, 5, 8, 10，也有递减子序列 10, 7, 4, 2。如果助手决定使用递增子序列，他留下前 4 张牌，并且将另外 6 张牌以从左往右的顺序翻开，魔术师意识到缺失的 4 个数字是 3, 5, 8 和 10，而且是递增的；如果助手决定用递减子序列，他将印有数字 10, 7, 4, 2 的纸牌留下，并且将另外 6 张牌以从右往左的顺序翻开，魔术师意识到缺失的 4 个数字是 2, 4, 7 和 10，而且是递减的。

当对 52 张纸牌进行编号（表 A.7）后，这个魔术还可以引入更多张数的纸牌、花色和点数也可以更加丰富。

A.4　完美洗牌法

【关键词】置换；周期；映射

为后续理论的叙述方便，将一摞纸牌自上而下从 0 开始计数，即自上而下是第 0 张牌、第 1 张牌……第 50 张牌、第 51 张牌。

交错式洗牌（riffle）又称为完美洗牌法（perfect riffle shuffle）或鸽尾洗牌法，是一种常见的洗牌方法，主要流程为先将纸牌分成两半（图 A.10(a)），之后使两叠纸牌一张又一张地交错叠在一起。

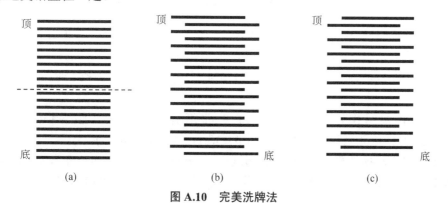

图 A.10　完美洗牌法

完美洗牌法有两种：顶端的纸牌洗牌后仍在顶端，称作外洗法（图 A.10(b)）；否则

（顶端纸牌洗牌后处在第 1 张牌位置）称作内洗法（图 A.10(c)）。

图 A.11 是 8 张纸牌的外洗法和内洗法的示例。其中, (a)为将纸牌分为两半, (b)和(c)分别为外洗法和内洗法的结果。

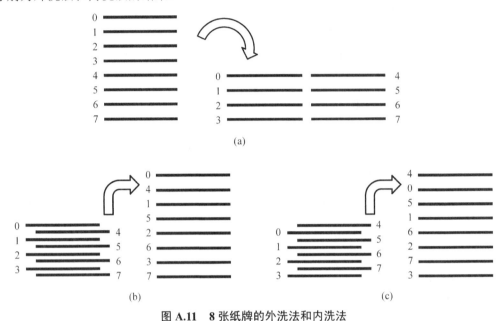

图 A.11　8 张纸牌的外洗法和内洗法

无论外洗法还是内洗法，都是某位置上纸牌的置换，如图 A.12 所示，外洗法和内洗法的置换分别为(a)和(b)。逆置换就是纸牌所在位置的置换。

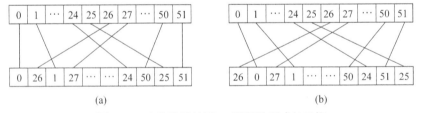

图 A.12　完美洗牌法下 52 张纸牌形成的置换

52 张纸牌的外洗法置换的形式化表示为：$f(2i)=i$, $f(2i+1)=26+i$, $0{\leqslant}i{\leqslant}25$；内洗法置换的形式化表示为：$g(2i+1)=i$, $g(2i)=26+i$, $0{\leqslant}i{\leqslant}25$。

（$f^{-1}(x)=2x$, $2x{<}51$ 时；$f^{-1}(x)=2x-51$, $2x{\geqslant}51$ 时。$g^{-1}(x)=2x+1$, $2x{<}51$ 时；$g^{-1}(x)=2x-52$, $2x{\geqslant}51$ 时。）

可以将置换写作轮换的乘积，如 8 张纸牌的外洗法（图 A.13(a)）可写作 (0)(142)(356)(7)，8 张纸牌的内洗法（图 A.13(b)）可写作(046731)(25)。

于是可以由轮换计算置换的周期：假设置换 $\pi=\sigma_1\sigma_2\cdots\sigma_k$, σ_i 的长度为 l_i，则得到 π 的周期为 $LCM[l_1, l_1,\cdots, l_k]$。如图 A.14 所示，8 张纸牌的外洗法置换(0)(142)(356)(7)的周期是 3。

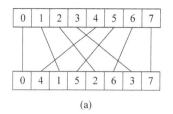

(a)

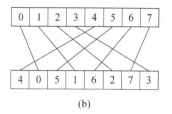

(b)

图 A.13 完美洗牌法下 8 张纸牌形成的置换

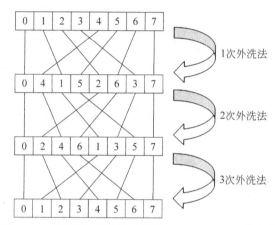

1次外洗法

2次外洗法

3次外洗法

图 A.14 8 张纸牌的外洗法置换(0)(142)(356)(7)的周期

52 张纸牌的外洗法置换为(0)(1, 26, 13, 32, 16, 8, 4, 2)(3, 27, 39, 45, 48, 24, 12, 6)(5, 28, 14, 7, 29, 40, 20, 10)(9, 30, 15, 33, 42, 21, 36, 18)(11, 31, 41, 46, 23, 37, 44, 22)(19, 35, 43, 47, 49, 50, 25, 38)(17, 34)(51)，周期为 8，即使用外洗法洗牌 8 次就会将整叠纸牌恢复到最初的顺序。

而 52 张纸牌的内洗法置换为(0, 26, 39, 19, 9, 4, 28, 40, 46, 49, 24, 38, 45, 22, 37, 18, 35, 17, 8, 30, 41, 20, 36, 44, 48, 50, 51, 25, 12, 32, 42, 47, 23, 11, 5, 2, 27, 13, 6, 29, 14, 33, 16, 34, 43, 21, 10, 31, 15, 7, 3, 1)，周期为 52，需要 52 次洗牌才会将整叠纸牌恢复到最初的顺序。

虽然 52 远多于 8，但和一副牌的全排列数 52!相比实在太微不足道了，从置乱的角度上讲，"完美洗牌法"远非完美；然而它在魔术中却具有奇妙的作用。

1954 年，英国魔术发明家埃尔姆斯利发现，可以通过完美洗牌法将最上面一张牌洗到给定的任意位置 x：

（1）将 x 的值用二进制表示。

（2）自左而右，将 1 看作内洗法，将 0 看作外洗法，按此顺序洗牌即可。

例如 $x=18=(10010)_2$。如图 A.15 所示，经过 1 次内洗法、2 次外洗法、1 次内洗法、2 次外洗法就可将最初位置 0 的纸牌洗到给定的位置 18。

假设目标位置 x 的二进制表示为 $b_1 b_2 \cdots b_k$（$1 \leqslant k \leqslant 6$），下面使用归纳法证明上述方法的正确性。

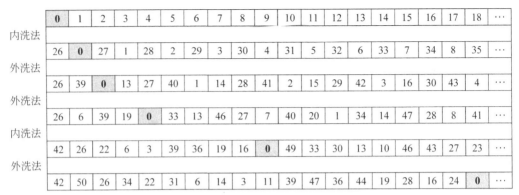

图 A.15　用完美洗牌法将第 0 张牌洗到位置 18 的过程

证明．　$k=1$ 时很容易验证上述方法正确。

$k>1$ 时，设 $y=\lfloor x/2 \rfloor = b_1 b_2 \cdots b_{k-1}$，由归纳假设，上述方法可以将最初最上面一张牌洗到第 y 个位置。

若 $b_k=1$，则进行一次内洗法，$g(x)=g(2y+1)=y$，表明最初最上面的牌从第 y 个位置洗到了第 x 个位置。

若 $b_k=0$，则进行一次外洗法，$f(x)=f(2y)=y$，表明最初最上面的牌从第 y 个位置洗到了第 x 个位置。

完成归纳法证明。　　　　　　　　　　　　　　　　　　　　　□

A.5　Chomp 游戏

【关键词】偏序关系；策梅洛定理

Chomp 是一个双人游戏，有 $m \times n$ 块曲奇饼排成一个矩形格状，称作棋盘。两个玩家轮流自选吃掉一块还剩下的曲奇饼，而且要把它右边和下面所有的曲奇饼都取走（如果存在）。如果不吃左上角的那一块曲奇饼（位置记为(1, 1)）就没有其他选择的玩家为失败。

【例 A.14】　图 A.16 展示了一个棋盘为 4×6 的 Chomp 游戏的完整过程：

（a）是初始情况。

（b）表示玩家一吃掉位置为(3, 3)的曲奇饼。

（c）表示玩家二吃掉位置为(1, 4)的曲奇饼。

（d）表示玩家一吃掉位置为(1, 2)的曲奇饼。

（e）表示玩家二吃掉位置为(2, 1)的曲奇饼。

（f）表示玩家一在游戏中落败。

首先需要补充介绍一个重要的结果。

1913 年，德国逻辑学家和数学家恩斯特·策梅洛（Ernst Zermelo）在论文 *Über eine Anwendung der Mengenlehre auf die Theorie des Schachspiels* 中证明了策梅洛定理（Zermelo's theorem），该定理表明在二人参与的游戏中，如果满足以下条件：

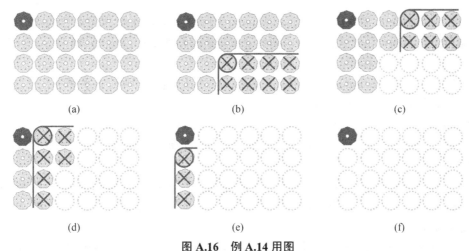

图 A.16 例 A.14 用图

（a）游戏步骤有限。

（b）信息完备（可以理解为参与者知道所有与游戏相关的信息以及本次游戏中已发生的所有步骤和结果）。

（c）不会产生平局。

（d）每一步骤都是确定性的（即运气因素并不牵涉在游戏中）。

则或者先行一方有必胜策略，或者后行一方有必胜策略。

策梅洛定理的另一种表述是：在二人参与的游戏中，如果游戏步骤有限，信息完备，每一步骤都是确定性的，则或者先行一方有必胜策略，或者先行一方有必和策略，或者后行一方有必胜策略。

定理 A.4 除去 1×1 大小的棋盘外，对于其他大小的棋盘，先手存在必胜策略。

证明. 假设棋盘规模为 $m \times n$。首先，游戏不可能产生平局。其次，由于每一步移动至少吃掉 1 块曲奇饼干，因此不超过 mn 步后游戏必定结束。

由策梅洛定理，这个确定性二人有限游戏信息完备，且不存在平局，则或者先行一方有必胜策略，或者后行一方有必胜策略。

如果后手有必胜策略，使得无论先手第一次取哪个曲奇饼，后手都能获得最后的胜利，那么现在假设先手取最右下角的曲奇饼(m, n)，接下来后手可以取某块曲奇饼(a, b)使得自己进入必胜的局面。

事实上，先手在第一次取的时候就可以取曲奇饼(a, b)，之后完全模仿后手的必胜步骤，迫使后手失败。

于是产生矛盾。因此不存在后手必胜策略，先手存在必胜策略。 □

注意：这个证明是非构造性存在性证明，即只是证明了先手必胜策略的存在性，但没有构造出具体必胜策略。

虽然对于一些特殊的情况，比如棋盘是正方形、棋盘只有两行，可以找到必胜策略；但对于一般情况，还没有人能具体给出 Chomp 游戏的一般性必胜策略。

Chomp 游戏还可以做如下变形：

（a）三维 Chomp 游戏。将曲奇排成 $p\times q\times r$ 的长方体，两个玩家轮流自选吃掉一块留下的曲奇饼，若曲奇饼干为 (i, j, k)，则也要取走所有满足 $p\geq a\geq i$，$q\geq b\geq j$，$r\geq c\geq k$ 的曲奇饼 (a, b, c)（如果存在）。

可以类似地将 Chomp 游戏扩展到任意维，并可以类似地证明，先手都存在必胜策略。

（b）有限偏序集上的 Chomp 游戏。

Chomp 游戏可以推广到在任意一个存在最小元 a 的有限偏序集 $(S, \leq)$ 上：两名游戏者轮流选择 S 中的元素 x，移走 x 以及所有 S 中比 x 大的元素。失败者是被迫选择最小元 a 的玩家。

而且可以证明：传统 Chomp 游戏（曲奇饼摆放在 $m\times n$ 的矩形网格中）与偏序集 $(S, |)$ 上的 Chomp 游戏相同，其中 S 是 $p^{m-1}q^{n-1}$ 的所有正因子组成的集合，这里 p 和 q 是两个不同的素数。

假设 $(A, \leq)$ 和 $(B, \leq)$ 都是全序集，则传统 Chomp 游戏与偏序集 $(A\times B, \leq)$ 上的 Chomp 游戏相同。

A.6 麻 花 辫

【关键词】群；群的运算

"你那美丽的麻花辫/缠呀缠住我心田/叫我日夜地想念/那段天真的童年"

——郑智化《麻花辫子》

麻花辫是一种发型，把头发分成 3 股交叉扎起来形成像麻花样的辫子：

（1）把头发分成三股。

（2）把最左边（右边）一股头发从上面压到中间一股和右边（左边）一股之间（图 A.17(a)、(c)）。

（3）如果还需要继续编辫子，则再把最右边（左边）一股头发从上面压到中间一股和左边（右边）一股之间（图 A.17(b)、(d)）。

（4）如果还需要继续编辫子则返回步骤 2。

（5）最后头发编完，用头绳（或皮筋、绑线带）扎住（图 A.17(e)）。

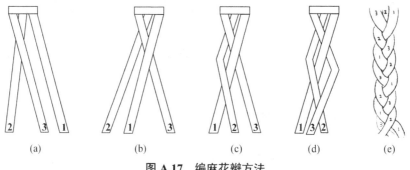

图 **A.17** 编麻花辫方法

但为什么无论古今中外，编麻花辫的方法如此单一，都是上述操作序列不断重复（或者左右镜像）？

先看最简单的情况：头发只分为一股，梳为马尾辫即可。

如果头发只分为两股，则只有图 A.18 所示一种编辫子方式（或者左右镜像），实际上就是搓麻绳的方法。

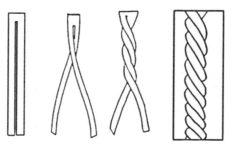

图 A.18   两股头发的编辫方法

再讨论头发只分为两股时最简单的情况（交叉 0 次或 1 次），如图 A.19 所示，3 种情况分别记为 e、a 和 b。

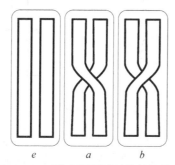

图 A.19   只分为两股时最简单的情况

下面来看交叉至多两次的情况，如图 A.20 所示是图 A.19 的 9 种组合形式，采用。表示"上下连接"。

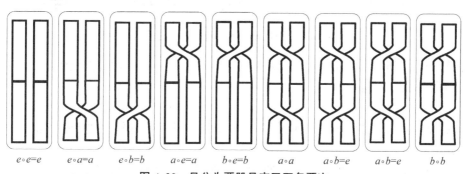

图 A.20   只分为两股且交叉至多两次

容易看出 $e \circ e = e$、$e \circ a = a$、$e \circ b = b$、$a \circ e = a$、$b \circ e = b$、$a \circ b = e$、$b \circ a = e$。因此可以将"$\circ$"视作 G 上的可交换的运算，其中 $G = \{$所有由 e、a、b 组成的有限长度的串，字符之间的连接表示"$\circ$"$\}$，则 $(G, \circ)$ 构成一个群，其中 e 是单位元，a 和 b 互为逆。由此可知 $G = \{e\} \cup \{a^i | i \in \mathbb{Z}^+\}$ $\cup \{b^i | i \in \mathbb{Z}^+\} = \{a^i | i \in \mathbb{Z}\}$，事实上 G 是一个循环群，a^i 中 i 的正负对应编麻绳的两种（对

称）方式（$i=0$ 时就是"不编"）。

【例 A.15】 *aeabbaaebaa* 表示图 A.21(a)，实际上可以通过 *ae(ab)(ba)ae(ba)a* 化简为 a^3，即为图 A.21(b)。

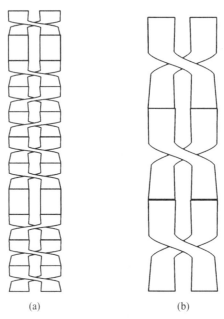

(a)　　　　　　　　　　(b)

图 A.21　例 A.15 用图

所以头发只分为两股时，（本质上）只有一种编辫子方式。

如果头发分为 3 股，最简单的情况（交叉 0 次或 1 次）如图 A.22 所示，有 5 种情况。

e　　　　a　　　　a^{-1}　　　　b　　　　b^{-1}

图 A.22　头发分为 3 股时最简单的情况

依然令 $G=\{$所有由 e、a、a^{-1}、b、b^{-1} 组成的有限长度的串，字符之间的连接表示"∘"$\}$，则 $(G,\circ)$ 同样构成一个群。

下面来分析头发分为 3 股时，"通常意义上的美观"的辫子会是什么样子，考察"辫子"其实也就是考察 G 中的一个有限长度的串 S，假定 S 中不会连续出现 $a\circ a^{-1}$、$a^{-1}\circ a$、$b\circ b^{-1}$ 和 $b^{-1}\circ b$。

（1）以 a^2、$(b^{-1})^2$ 为例，如图 A.23(a)、(b)所示，会出现"一边单股，另一边搓麻绳"的情况，通常会认为这是不美观的。因此定义"通常意义上的美观"的辫子为 G 的一个子集 $H=\{S\in G|S$ 中不连续出现 aa^{-1}、$a^{-1}a$、bb^{-1}、$b^{-1}b$、a^2、$(a^{-1})^2$、b^2 和 $(b^{-1})^2\}$。

可以看出，从形式上讲 $H-\{e\}$ 中的元素形如 $a^{i_1}b^{j_1}a^{i_2}b^{j_2}\cdots$ 或 $b^{j_1}a^{i_1}b^{j_2}a^{i_2}\cdots$，其中 i_k，$j_k=\pm1$。

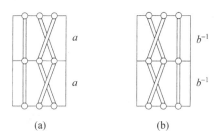

图 A.23 "一边单股，另一边搓麻绳"的情况

（2）可以验证：

$$aba^{-1} = ba^{-1}b^{-1}$$
$$ab^{-1}a^{-1} = bab^{-1}$$
$$a^{-1}ba = b^{-1}a^{-1}b$$
$$a^{-1}b^{-1}a = b^{-1}ab$$
$$ab^{-1}a = b^{-1}ab^{-1}$$
$$a^{-1}ba^{-1} = ba^{-1}b$$

【例 A.16】 对于 $aba^{-1} = ba^{-1}b^{-1}$，可以参看图 A.24（(a)和(b)实质上都是(c)）。

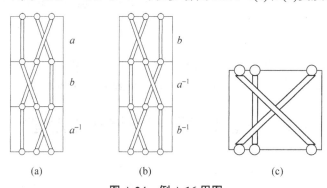

图 A.24 例 A.16 用图

于是可以得到（可参看图 A.25，(a)和(b)实质上都是(c)）：

$$abab^{-1} = a(ab^{-1}a^{-1}) = a^2b^{-1}a^{-1} \qquad （出现了 a^2）$$
$$aba^{-1}b = a(a^{-1}ba^{-1}) = ba^{-1} \qquad （串的长度缩短）$$
$$aba^{-1}b^{-1} = a(aba^{-1}) = a^2ba^{-1} \qquad （出现了 a^2）$$
$$\cdots\cdots$$

最终可以得到：在 $\{a^{i_1}b^{j_1}a^{i_2}b^{j_2}, b^{j_1}a^{i_1}b^{j_2}a^{i_2}, i_k, j_k = \pm 1\}$ 共 32 个元素中，除了 $\{abab, a^{-1}b^{-1}a^{-1}b^{-1}, baba, b^{-1}a^{-1}b^{-1}a^{-1}\}$ 外，其他串或者（等价地）将会出现 a^2、b^2、$(a^{-1})^2$ 和 $(b^{-1})^2$ 的情况，或者串可以化简变短。

综合上述两方面的讨论，"通常意义上的美观"的辫子为 $H = H_0 \cup H_1 \cup H_2 \cup H_3 \cup H_4$，其中 $H_0 = \{e\}$，$H_1 = \{a, a^{-1}, b, b^{-1}\}$，$H_2 = \{ab, ab^{-1}, a^{-1}b, a^{-1}b^{-1}, ba, ba^{-1}, b^{-1}a, b^{-1}a^{-1}\}$，$H_3 = \{aba^{-1}, ab^{-1}a^{-1}, a^{-1}ba, a^{-1}b^{-1}a, ab^{-1}a, a^{-1}ba^{-1}\}$，$H_4 = \{(ab)^n, (ab)^n a, (ba)^n, (ba)^n b, (a^{-1}b^{-1})^n, (a^{-1}b^{-1})^n a^{-1}, (b^{-1}a^{-1})^n, (b^{-1}a^{-1})^n b^{-1}, n \geqslant 1\}$。

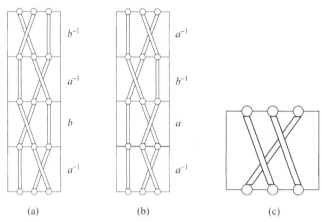

(a)　　　　　　(b)　　　　　　(c)

图 A.25　串可以化简变短

可以看出，如果编辫子中的"交叉"数至少是 4（在现实中，这是一个合理的条件），"通常意义上的美观"的辫子就是 H_4 中的元素，通俗地讲就是以下两种情况之一：

- a、b 交替出现的串——对应之前描述的编麻花辫方法（或者左右镜像方法）。
- a^{-1}、b^{-1} 交替出现的串——对应之前描述的编麻花辫方法的前后翻转（也即将"压住另一股头发"改为"被另一股头发压住"，本质上没有区别，但是在"编"辫子时会感觉不顺手）。

上述讨论的只是辫子群、纽结理论的一个初等应用，事实上辫子群、纽结理论在数学、统计力学、量子力学、密码学中都具有非常重要的地位和价值。

A.7　伯恩赛德引理与波利亚定理[①]

【关键词】置换；置换群；陪集分解；拉格朗日定理

先考虑一个"简单"的问题：对 2×2 的方格纸用黑白两种颜色着色，能得到多少种不同的着色方案？经过旋转使之吻合的两种方案算是同一种方案。

首先经过简单的枚举可以得到：不考虑旋转后的"等价性"时，所有的涂色方案如图 A.26 所示。

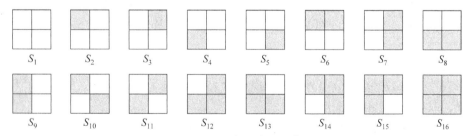

S_1　S_2　S_3　S_4　S_5　S_6　S_7　S_8

S_9　S_{10}　S_{11}　S_{12}　S_{13}　S_{14}　S_{15}　S_{16}

图 A.26　所有的涂色方案

---

① 本节只是比较通俗化的表述，对于更严谨和一般性的论述，推荐读者查阅"群对集合的作用""稳定子群与轨道"等内容。

考虑旋转的等价性后，其中本质上彼此相异的着色方案只有图 A.27 所示的 6 种。

图 A.27　本质上彼此相异的着色方案

将"格子"视作 4 个元素 $\{x_1, x_2, x_3, x_4\}$，颜色集合为{黑，白}，允许的"旋转""翻转"等都是置换，且构成一个置换群 $G=\{\pi_1, \pi_2, \cdots, \pi_n\}$。

本节将采用问答形式对该问题进行分析和解答。

问题 1：什么是"着色方案"？

回答 1：一个着色方案指一个函数 $c: \{x_1, x_2, x_3, x_4\} \rightarrow$ {黑，白}。也可以将一个着色方案写作 $S=(c_1, c_2, c_3, c_4)=(c(x_1), c(x_2), c(x_3), c(x_4))$，这也称作一个**状态**。

问题 2：什么是"相同"的着色方案？

回答 2：函数 c 和 c' 称作"相同"的或者本质上相同的着色方案，是指存在一个置换 $\sigma \in \{\pi_1, \pi_2, \cdots, \pi_n\}$，使得 $c' \circ \sigma = c$，这时也简记为 $\sigma(S)=S'$，其中，$S=(c(x_1), c(x_2), c(x_3), c(x_4))$，$S'=(c'(x_1), c'(x_2), c'(x_3), c'(x_4))$。（注意这时 $\sigma^{-1}(S')=S$，因此"相同"不具有"方向性"。）图 A.28 是一个具体例子。在（a）中，$c_3 \circ \pi_2=c_2$，c_3 与 c_2 是本质上相同的着色方案；（b）为 $\pi_2(S_2)=S_3$。此时也记作 $S \sim S'$。

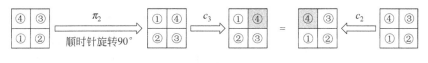

（a）

（b）

图 A.28　本质上相同的着色方案

可以定义着色方案（状态）上的关系 R，$(S, S') \in R$ 当且仅当 S 可以由旋转 S' 得到，则可以证明 R 是等价关系，与着色方案（状态）S 本质上相同的着色方案（状态）全体是 S 所在的等价类$[S]$。

问题 3：以图 A.29 为例，有的置换使得着色方案 S_j 本质上不发生变化（称之为 S_j 的一个**稳定置换**），这样的置换有什么性质？

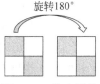

图 A.29　稳定置换

回答 3：很容易看出使得着色方案 S_j 不发生变化的置换是 $\{\pi_1, \pi_2, \cdots, \pi_n\}$ 的子群（称之为 S_j 的**稳定子群**），记之为 Z_j。

在表 A.8 中，如果 $\pi_i(S_j)=S_j$，则在 S_j 所在的行和 π_i 所在的列的交叉处画一个"√"（为清晰起见，将等价的着色方案列在一起）。

表 A.8 着色方案与置换

S_j		π_1 不动	π_2 顺时针旋转 90°	π_3 旋转 180°	π_4 逆时针旋转 90°	$|Z_j|$
S_1		√	√	√	√	4
S_2		√				1
S_3		√				1
S_4		√				1
S_5		√				1
S_6		√				1
S_7		√				1
S_8		√				1
S_9		√				1
S_{10}		√		√		2
S_{11}		√		√		2
S_{12}		√				1
S_{13}		√				1
S_{14}		√				1
S_{15}		√				1
S_{16}		√	√	√	√	4
Π_i		16	2	4	2	

问题 4：如果 $S_i \sim S_j$，Z_i 和 Z_j 之间有什么关系？

回答 4：分 3 步来回答这个问题。

第 1 步——假设 $\sigma(S_i)=S_j$，$\tau \in Z_i$，则 $\sigma \circ \tau \circ \sigma^{-1}(S_j)=\sigma \circ \tau(S_i)=\sigma(S_i)=S_j$，即 $\sigma \circ \tau \circ \sigma^{-1} \in Z_j$。

第 2 步——如果 $\sigma \circ \tau_1 \circ \sigma^{-1}=\sigma \circ \tau_2 \circ \sigma^{-1}$，则由 $\sigma^{-1} \circ (\sigma \tau_1 \circ \sigma^{-1}) \circ \sigma = \sigma^{-1} \circ (\sigma \tau_2 \circ \sigma^{-1}) \circ \sigma$，得到 $\tau_1 = \tau_2$。说明 Z_i 中不同元素 τ 对应着 Z_j 中不同元素 $\sigma \circ \tau \circ \sigma^{-1}$。这也表明 $|Z_i| \leqslant |Z_j|$。

第 3 步——由于 $S_i \sim S_j$ 不具有方向性，因此也可以类似地得到 $|Z_j| \leqslant |Z_i|$，从而有 $|Z_i|=|Z_j|$。

问题 5：和 S_i 等价的着色方案有多少个（也就是 S_i 所在等价类有多少个元素，$|[S_i]|$ 的值是多少）？

回答 5：答案是$|[S_i]|=[G:Z_i]$，分两步来证明。

第 1 步——若$S_j \in [S_i]$，则存在置换σ使得$\sigma(S_i)=S_j$，于是σZ_i就是Z_i的一个左陪集。若$\sigma(S_i)=S_j$，$\tau(S_i)=S_j$，则$\sigma^{-1}\circ\tau(S_i)=\sigma^{-1}(S_j)=S_i$，即$\sigma^{-1}\circ\tau\in Z_i$，因此$\sigma Z_i=\tau Z_i$。这表明一个$S_j$唯一对应$Z_i$的一个左陪集。

第 2 步——另一方面，如果σZ_i是Z_i的一个左陪集，那么$\sigma(S_i)$就是$[S_i]$中的一个元素。

这两点表明了$[S_i]$中的元素和Z_i的左陪集之间的一一对应（例如表 A.9），立得$[G:Z_i]=|[S_i]|$。

表 A.9 $[S_i]$中的元素和Z_i的左陪集之间的一一对应

S_j		π_1 不动	π_2 顺时针旋转 90°	π_3 旋转 180°	π_4 逆时针旋转 90°	$|Z_j|$
S_2		$\pi_1(S_2)=S_2$				$Z_2=\{\pi_1\}$
$S_3=\pi_2(S_2)$		$\pi_2\circ\pi_1=\pi_2$				$\pi_2 Z_2=\{\pi_2\}$
$S_4=\pi_3(S_2)$		$\pi_3\circ\pi_1=\pi_3$				$\pi_3 Z_2=\{\pi_3\}$
$S_5=\pi_4(S_2)$		$\pi_4\circ\pi_1=\pi_4$				$\pi_4 Z_2=\{\pi_4\}$
S_{10}		$\pi_1(S_{10})=S_{10}$		$\pi_3(S_{10})=S_{10}$		$Z_{10}=\{\pi_1,\pi_3\}$
$S_{11}=\pi_2(S_{10})$		$\pi_2\circ\pi_1=\pi_2$		$\pi_2\circ\pi_3=\pi_4$		$\pi_2 Z_{10}=\{\pi_2,\pi_4\}$

问题 6：对于给定的置换π，满足$\pi(S)=S$的着色方案有多少个？

回答 6：先看图 A.30 所示的 3 个实例。

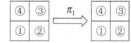

图 A.30 3 个置换实例

（1）π_3分解为轮换的积为$\pi_3=(13)(24)$，因此如果$\pi_3(S)=S$，那么必然有①和③颜色相同，②和④颜色相同，①和②颜色没有关系，①和④颜色没有关系，③和②颜色没有关系，③和④颜色没有关系。独立的颜色选择有两个，由①（或③）的颜色和②（或④）的颜色决定。

（2）π_2分解为轮换的积为$\pi_2=(1432)$，因此如果$\pi_2(S)=S$，那么必然有①、②、③和④颜色相同，独立的颜色选择只有 1 个。

（3）π_1分解为轮换的积为$\pi_1=(1)(2)(3)(4)$（此处要求将长度为 1 的轮换也全部写出），因此如果$\pi_1(S)=S$，那么①、②、③和④的颜色彼此之间都互不相同，独立的颜色选择有 4 个。

可以总结出一般性结果：如果置换π分解为k个轮换的积，则独立的颜色选择有k个，如果可以使用m种颜色，则一共有m^k种着色方案S使得$\pi(S)=S$。

问题 7：现在可以回答最初问题了吗？

回答 7：如表 A.8 所示，如果$\pi_i(S_j)=S_j$，则在S_j所在的行和π_i所在的列的交叉处画一个"√"。于是S_j所在行的"√"数目就是S_j的稳定子群Z_j的元素个数$|Z_j|$，π_i所在列的"√"

数目是在 π_i 下保持不变的着色方案个数（记之为 Π_i），而最右一列的数值之和明显等于最下一行的数值之和，即 $\sum_j |Z_j| = \sum_{i=1}^n \Pi_i$。

下面要证明同一等价类的着色方案代表的各行的最右列的数值和都是 n。

考虑 $[S_j]$，问题 4 的回答表明，对于和 S_j 等价的任意着色方案 S_k 而言，$|Z_j|=|Z_k|$，即 S_j 所在行的"√"数目等于 S_k 所在行的"√"数目；而问题 5 的回答表明 $|[S_j]|=[G:Z_j]$，这就是 $[S_j]$ 包含的行数。

所以 $[S_j]$ 包含的各行中"√"的总数就是行数和每行中"√"数目的乘积，由拉格朗日定理即得 $[G:Z_j] \times |Z_j| = |G| = n$。

那么，等价类的个数（也就是本质上不同的着色方案数）就是表中所有的"√"数目除以 n，即 $\frac{1}{n}\sum_j |Z_j| = \frac{1}{n}\sum_{i=1}^n \Pi_i$，这就是**伯恩赛德引理（Burnside's lemma）**。

再由问题 6 的回答知道，假设总共可以使用 m 种颜色，而置换 π_i 分解为 k_i 个轮换的积，则 $\Pi_i = m^{k_i}$，于是本质上不同的着色方案数为 $\frac{1}{n}\sum_{i=1}^n m^{k_i}$，此即**波利亚（Pólya）定理**。

回到最初的问题，应用波利亚定理，计算得到本质上不同的着色方案数为

$$(2^4 + 2^1 + 2^2 + 2^1)/4 = 6$$

A.8   顿时错乱问题

【关键词】图；支撑子图；正则图

顿时错乱/即刻疯狂（Instant Insanity）智力玩具由 Franz Owen Armbruster 发明，并于 1967 年投放市场。它包括 4 个立方体，每一个立方体的每一面都染了红、白、蓝或绿 4 种颜色之一（例如图 A.31 所示，其中深色字表示可见面，浅色字表示不可见面。）。

图 A.31   一个顿时错乱问题

游戏的目标是将 4 个立方体堆起来形成一个 $1 \times 1 \times 4$ 的柱体，使得无论从前面、后面、左面还是右面都可以看到所有的 4 种颜色。

首先可以将立方体表示为平面形式，例如图 A.32(a)所示的立方体对应图 A.32(b)所

(a)   (b)

图 A.32   立方体的平面形式

示的平面形式。

图 A.33 给出了图 A.31 所示 4 个立方体的一个解，灰底黑字表示左右两面，白底黑字表示前后两面。

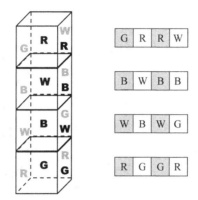

图 A.33 图 A.31 中的顿时错乱问题的解

下面介绍使用图模型分析顿时错乱问题的方法：首先设置 4 个顶点 R（红色）、G（绿色）、B（蓝色）、W（白色）（图 A.34(a)），对于一个特定的立方体（图 A.34(b)），在表示相对面的颜色顶点之间连一条无向边（图 A.34(c)～(e)），形成一个无向图（图 A.34(f)）。

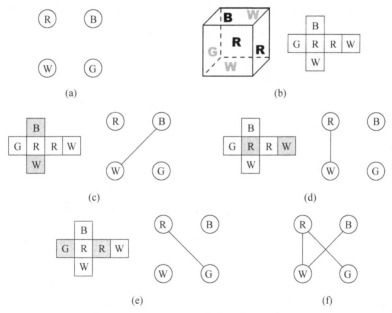

图 A.34 图 A.32 立方体对应的无向图

（注意：染色立方体与无向图不是一一对应的，但是这并不影响本问题的求解。）

类似地，可以得到图 A.31 中其他 3 个立方体对应的无向图，如图 A.35 所示。

将 4 个方块对应的无向图叠加起来，并对边标号 1、2、3、4（表示边来自哪个立方体的无向图，来自同一个立方体的 3 条边给予相同的标号），得到图 A.36。

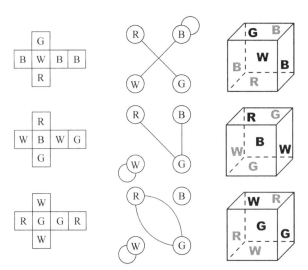

图 A.35　图 A.31 中其他 3 个立方体对应的无向图

如果游戏的解是存在的（如图 A.33 所示），那么首先考虑前后两面，第 1 个立方体前后两面相对颜色是 R-W、第 2 个立方体前后两面相对颜色是 W-B，第 3 个立方体前后两面相对颜色是 B-G、第 4 个立方体前后两面相对颜色是 G-R，这就形成了叠加图 G 的一个有 4 条边的 2-正则支撑子图（图 A.37(a)），而且每条边标号各异。类似地，可以得到左右两面对应的子图（图 A.37(b)），而且这两个子图不存在公共边。

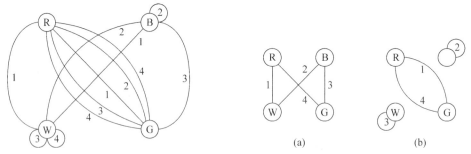

图 A.36　图 A.31 中 4 个立方体无向图的叠加图 G　　图 A.37　叠加图的两个特殊支撑子图

反之，如果给出一个有 4 个顶点且每条边标号各异的 2-正则图，就可以给出一种对应的码放方式，使得前后面都能看到所有的 4 种颜色。例如由图 A.38(a)可以得到图 A.38(b)所示的方案。类似地针对左面和右面，可以由图 A.38(c)得到图 A.38(d)所示的方案。

最后将图 A.38(b)所示的方案和图 A.38(d)所示的方案"组合"即可得到游戏的一个解。

在"组合"的过程中唯一可能遇到的问题是：将图 A.38(b)和图 A.38(d)叠加后可得到图 A.39(a)，而如图 A.39(b)所示的立方体 2 则是 GGWB。但是可以在保证不改变前面和后面的颜色的情况下，对换左面和右面的颜色，这只需要将立方体 2 翻转 180°即可（图 A.39(c)）。

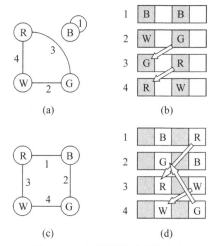

图 A.38 由子图得到码放方案

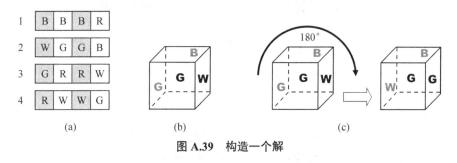

图 A.39 构造一个解

从前面的讨论可以看出，对于一个"顿时错乱"问题，求解过程如下：

（1）对每个立方体，给出对应的无向图。

（2）得到 4 个立方体无向图的叠加图 G。

（3）需要叠加图 G 的两个具有 4 条边、没有公共边且各边标号互异的 2-正则支撑子图（使用习题 8.197 的描述方式就是"G 的两个没有公共边且各边标号互异的 2 因子"）。

（4）如果步骤 3 不能成功，则不存在解，否则由两个支撑子图构造一个解。

【例 A.17】 求图 A.40 所示的顿时错乱问题的一个解。

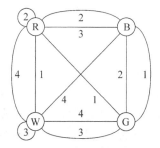

图 A.40 一个顿时错乱问题

找到图 A.40 中的两个具有 4 条边且没有公共边的 2-正则支撑子图（图 A.41(a)），进而可以得到原问题的一个解（图 A.41(b)）。

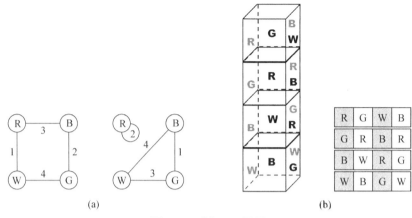

图 A.41　例 A.17 用图

A.9　抽芽游戏与抱子甘蓝游戏

【关键词】图；握手定理；平面图；欧拉公式

A.9.1　抽芽游戏

1. 游戏规则描述

在 20 世纪 60 年代，康威（John Horton Conway）教授与派特森（Michael Stewart Paterson）创造了抽芽游戏（Sprouts）这个二人纸笔游戏。

抽芽游戏的规则如下：

（1）初始时，纸上有任意 n 个孤立顶点。

（2）二人轮流在图中加上一条边（边的两端是两个相异顶点或是同一顶点），并在新增的边上任意加上一个顶点，但有如下要求：

① 新增的边不能穿过任意已经存在的边。

② 新增的边与自身不相交。

③ 新增的边不经过任何顶点。

④ 每个点最多关联 3 条边（产生自环时记作两条边），即图中任意顶点的度数不能超过 3。

当图中无法添加边时，游戏结束。在初始的玩法中，画最后一条边的玩家获胜；也可以做相反的游戏规定，即被迫画最后一条边的玩家落败。

【例 A.18】　$n=2$ 时，图 A.42 展示了一次完整的游戏过程，实线表示玩家一，虚线表示玩家二，空心顶点表示初始顶点，黑色顶点表示度数达到 3 的顶点。

【例 A.19】　图 A.43 是 $n=3$ 时的一次完整的游戏过程，共进行了 8 次操作。

2. 游戏的最多操作次数

首先陈述一些基本事实和基本定义：如果图中存在某个点的度数小于等于 1，则至少还可以在该点进行一次操作——画一个自环。因此游戏结束时，每个顶点的度数或者

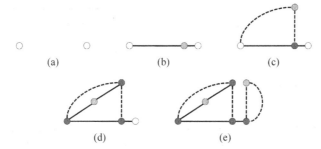

图 A.42　$n=2$ 时一次完整的抽芽游戏过程

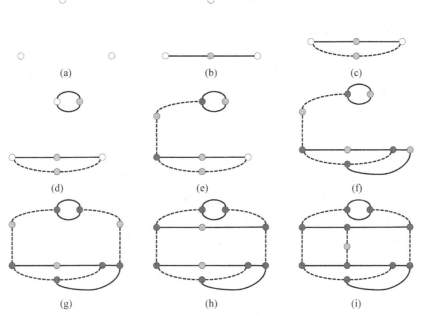

图 A.43　$n=3$ 时一次完整的抽芽游戏过程

是 2 或者是 3，称游戏结束时度数为 2 的顶点为**幸存顶点（survivor）**，度数为 3 的顶点为**死亡顶点**。

下面来证明抽芽游戏是一个有限步骤的游戏（博弈）。

定理 A.5　抽芽游戏必将终止。

证明. 定义图中的**自由度（freedom）**为（顶点数×3−边数×2），也就是当前图中所有顶点的"不饱和度"之和（点的度数为 3 称作饱和）。

由握手定理，图中的自由度总是非负的。游戏初始的自由度为 $3n$，而每一次操作都使得图的自由度递减 1（增加 1 个顶点、2 条边），因此操作不可能无限进行下去，不超过 $3n$ 次操作游戏一定终止。此外注意到最后一次操作总会产生一个新的度数为 2 的顶点，因此自由度不可能降到 0，换言之，一次游戏的最多操作次数为 $3n-1$。

这个值是确实可以达到的，例如图 A.43 所示；一般情况可见图 A.44。　　　□

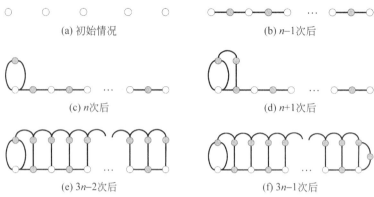

(a) 初始情况   (b) $n-1$次后

(c) n次后   (d) $n+1$次后

(e) $3n-2$次后   (f) $3n-1$次后

图 A.44   抽芽游戏最多操作次数的情形

3. 游戏的最少操作次数

下面计算抽芽游戏的最少操作次数。

游戏结束时，每个顶点的度数或者是 2 或者是 3。假设游戏经过 m 次操作后结束，由于每次操作都增加一个顶点，将画出的边分为两段，所以游戏结束时有 $m+n$ 个顶点和 $2m$ 条边。假设游戏结束时有 s 个幸存顶点，则由握手定理有

$$2\times 2m=3\times(m+n-s)+2\times s$$

整理可得 $m=3n-s$。

考虑幸存顶点（度数为 2），与它相邻的顶点必定都是度数为 3 的（否则彼此之间可以再连一条边），那么必定是图 A.45 所示两种情况之一（参看图 A.42 (e)的两个幸存顶点），每一个灰色的幸存顶点都联系着两个黑色的死亡顶点，而且不同的幸存顶点联系的死亡顶点彼此不同（否则这两个幸存顶点之间可以连一条边，参看图 A.46 的几种情况）。

(a)   (b)

图 A.45   每一个幸存顶点都联系着两个死亡顶点

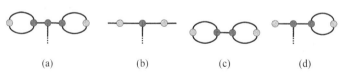

(a)   (b)   (c)   (d)

图 A.46   不同的幸存顶点联系的死亡顶点相同时的情况

因此有 $s+2\times s\leqslant m+n$，代入 $m=3n-s$，可得 $m\geqslant 2n$。这表明游戏结束时，一定至少进行了 $2n$ 次操作，而且这个值是可以取到的，如图 A.47 所示。

图 A.47   抽芽游戏最少操作次数的情形

4. 游戏的必胜策略

虽然根据策梅洛定理可知，抽芽游戏的必胜策略必然存在，但目前为止，尚只是对较小的 n 值使用计算机搜索得到了具体的必胜策略，而无一般性结果。

A.9.2　抱子甘蓝游戏

1. 游戏规则描述

抱子甘蓝（Brussels sprouts）游戏属于抽芽游戏的一个变体，其得名于"抱子甘蓝"这种植物的外形有一个"+"。

抱子甘蓝游戏与抽芽游戏的区别在于前者的顶点是"+"符号，称之为有 4 个自由臂。游戏的两个参与者轮流在图中加上一条边连接两个自由臂，之后在边中间加一个短线"–"，形成一个新的"+"符号，增加两个自由臂（图 A.48）。

(a)　　　　　　　　　　　　　　(b)

图 A.48　抱子甘蓝游戏规则描述

图 A.49 展示了一次完整的游戏过程，游戏共进行了 8 次操作。

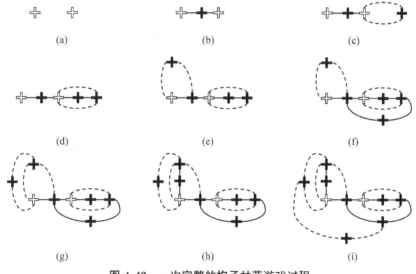

(a)　　　　　　　　　　(b)　　　　　　　　　　(c)

(d)　　　　　　　　　　(e)　　　　　　　　　　(f)

(g)　　　　　　　　　　(h)　　　　　　　　　　(i)

图 A.49　一次完整的抱子甘蓝游戏过程

2. 游戏的分析和证明

如果还是用之前的方式来分析，就会发现此时图中的自由度为（顶点数×4–边数×2），而每一次操作都不改变图的自由度（增加 2 个自由臂和 2 条边），无法判断游戏是否一定会终止。

而事实上，抱子甘蓝游戏的顶点情况和"度数不超过 4"是不等价的。例如，图 A.50(a) 中间的"+"虽然有两个自由臂，但是不可以和自己连接，而图 A.50(b) 中间的顶点是可以和自己连接的（如虚线所示）。

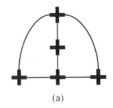 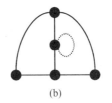

图 A.50 抱子甘蓝游戏的顶点情况和"度数不超过 4"不等价

事实上有如下结果。

定理 A.6 抱子甘蓝游戏经过有限步骤后终止；不仅如此，步骤数目是确定的。

证明. 根据操作的规则可知，无论如何操作，游戏任一阶段的图都是平面图。

初始时候认为每一个"+"都是一个连通分支。在游戏的过程中，操作可能会增加面的个数或者减少连通分支数，例如图 A.49 的情况列在表 A.10 中。

表 A.10 定理 A.6 用表

图 A.49	(a)	(b)	(c)	(d)	(e)	(f)	(g)	(h)	(i)
面数	1	1	2	3	4	5	6	7	8
连通分支数	2	1	1	1	1	1	1	1	1

可以用归纳法证明，每个面（包括外部面）中至少有一个自由臂。如果图不连通，则任意两个连通分支的外部面都包含至少一个自由臂，这两个自由臂之间可以相互连接，使得图中的连通分支数目减少 1，称这类操作为**甲操作**。而一个面中包含至少两个自由臂时，这两个自由臂之间还可以相互连接，游戏至少还可以进行一次操作，称这类操作为**乙操作**。

游戏中的每一次操作所连接的两个自由臂如果不属于同一个连通分支，则必然是甲操作，而甲操作只能进行 $n-1$ 次；所连接的两个自由臂如果属于同一个连通分支，则必然是乙操作，如图 A.51 所示，减少同一个面内的两个自由臂，而增加的两个自由臂分属两个面，因此乙操作也不可能无限进行下去。由此可知游戏必定在有限步骤后结束。

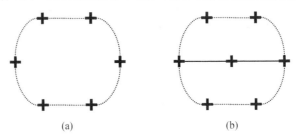

图 A.51 乙操作

假设游戏经过 m 次操作后结束，得到的连通平面图有 f 个面（包括外部面）。由于每次操作都增加一个顶点，将画出的边分为两段，所以游戏结束时有 $2m$ 条边；由于不能再进行乙操作，因此每个面中只有一个自由臂。

计算图中每个顶点的 4 个臂，它们或者在 1 个面中，或者被边占用，因此有 $4\times(m+n)=2\times2m+f$，即得 $f=4n$。

另一方面，根据欧拉公式，可以得到 $(m+n)+f-2m=2$，则 $m=n+f-2=5n-2$。　□

由定理 A.6 可以知道，抱子甘蓝游戏的"策略"很简单：无论如何连线加边，游戏都必定恰好在 $5n-2$ 个步骤后结束，当 n 是奇数时先手必胜，当 n 是偶数时后手必胜。

A.10　汉诺塔杂谈

【关键词】图；道路；哈密顿道路/回路；二进制表示

A.10.1　汉诺塔图

考虑 n 个盘子的汉诺塔问题，称一种"各个盘子在 3 个柱上的一种合法放置"为一个"状态"，用一个 $\{A, B, C\}$ 上长度为 n 的字符串表示当前状态，串中的第 i 项表示第 $n+1-i$ 个盘子所在的柱子的标号。

【例 A.20】　图 A.52(a) 的当前状态是 AAA，图 A.52（b）的当前状态是 ABB，图 A.52(c) 的当前状态是 CBC，图 A.52(d) 的当前状态是 CCC。

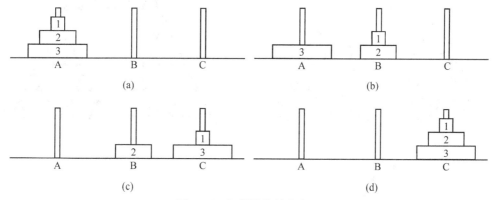

图 A.52　汉诺塔的状态表示

将状态作为图中的顶点，如果经过一次合法的移动可以将状态 X 变化到状态 Y，则在顶点 X 向顶点 Y 引一条无向边，可以得到 n 个盘子的汉诺塔的无向图。n 为 1～6 时对应的图如图 A.53 所示（(d)、(e)、(f) 隐去顶点文字）。

从直观上可以看出，图 A.53(a)～(f) 具有相似性，n 个盘子的汉诺塔的无向图由 3 个 $n-1$ 个盘子的汉诺塔的无向图"垒"成。

考察汉诺塔的无向图中从"左下角"顶点 AA⋯AA 到"右下角"顶点 CC⋯CC 的道路，每条简单道路都是汉诺塔的一个移动过程。

从直观上看，这些道路中最短者就是 AA⋯AA 到顶点 CC⋯CC 的"直线"，也就是"三角形的边"（参看图 A.54）。

而最长的简单道路如图 A.55 所示。(b) 可以分为 AA→AC、AC→BC、BC→BA、BA→CA、CA→CC 共 5 段，其中 AA→AC、BC→BA、CA→CC 与 (a) 类似；同样地，(c) 由 3 次 (b) 拼接而成，(d) 也可由 3 次 (c) 拼接而成，这也体现了一种相似性。

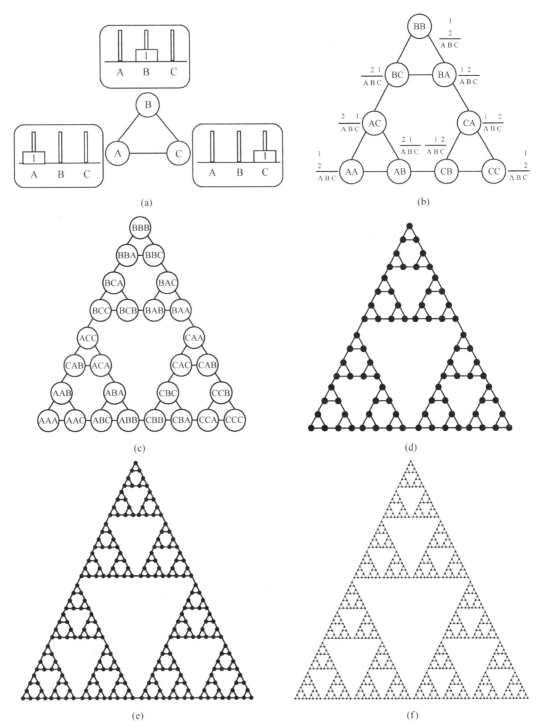

图 A.53 　汉诺塔图

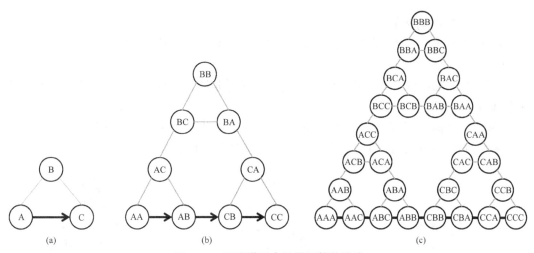

图 A.54 汉诺塔图中的最短简单道路

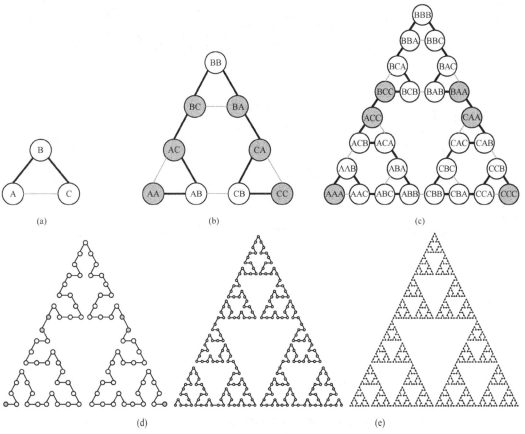

图 A.55 汉诺塔图中的最长简单道路

推而广之，根据这种相似性，可以使用归纳法证明，对于任意的 $n \geqslant 2$，n 个盘子的汉诺塔的无向图中：

（a）有 3^n 个顶点。

（b）有 $3(3^n-1)/2$ 条边。

（c）顶点 AA…AA 到顶点 CC…CC 的最短道路长度为 2^n-1（即汉诺塔问题最少移动数）。

（d）顶点 AA…AA 到顶点 CC…CC 的最长简单道路，是图中的一条哈密顿道路，因此长度是 3^n-1。

而且，以 $n=3$、4 为例，如图 A.56 所示，将最长道路"下方的两个小三角形"的边水平翻转 180° 后再添加一条边即得图中的一条哈密顿回路。

图 A.56　汉诺塔图中的哈密顿回路

A.10.2　汉诺塔的非递归算法

下面介绍 n 个盘子的汉诺塔的非递归算法：

1　将 3 根柱子按顺序排成品字型。若 n 为偶数，按顺时针方向依次摆放 A、B、C；若 n 为奇数，按顺时针方向依次摆放 A、C、B。

2　把圆盘 1 从现在的柱子移动到顺时针方向的下一根柱子上。

3　把另外两根柱子上可以移动的圆盘移动到新的柱子上（事实上只有唯一的选择）。

4　如果没有达到目标要求，则返回步骤 2。

【例 A.21】　$n=3$ 的情况见图 A.57。

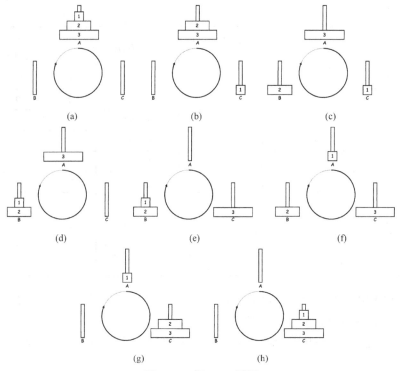

图 A.57　例 A.21 用图

A.10.3　汉诺塔与普通二进制码

对于有 n 个盘子的汉诺塔问题，依次写出所有 $1-(n-1)$ 的二进制表示 $B_n B_{n-1} \cdots B_2 B_1$，自左而右标记为第 n 位、第 $n-1$ 位、$\cdots$ 第 2 位、第 1 位。则 $\min(k|i=B_n B_{n-1} \cdots B_2 B_1, B_k=1)$ 表示第 i 步移动 k 号盘子。

对于最小的盘子而言，总是有两种移动的可能性；对于其他盘子，总是有唯一的移动可能性。若 n 为偶数，最小的盘子的移动次序是 A→B→C→A→$\cdots$；若 n 为奇数，最小的盘子的移动次序是 A→C→B→A→$\cdots$。

【例 A.22】　$n=4$ 的情况见表 A.11。

表 A.11　例 A.22 用表

i	4 位二进制码				移动的盘子编号	移动方法	汉诺塔状态		
							A 柱	B 柱	C 柱
0	0	0	0	0			4321		
1	0	0	0	1	1	A→B	432	1	
2	0	0	1	0	2	A→C	43	1	2
3	0	0	1	1	1	B→C	43		21
4	0	1	0	0	3	A→B	4	3	21
5	0	1	0	1	1	C→A	41	3	2

续表

i	4 位二进制码				移动的 盘子编号	移动方法	汉诺塔状态		
							A 柱	B 柱	C 柱
6	0	1	1	0	2	C→B	41	32	
7	0	1	1	1	1	A→B	4	321	
8	1	0	0	0	4	A→C		321	4
9	1	0	0	1	1	B→C		32	41
10	1	0	1	0	2	B→A	2	3	41
11	1	0	1	1	1	C→A	21	3	4
12	1	1	0	0	3	B→C	21		43
13	1	1	0	1	1	A→B	2	1	43
14	1	1	1	0	2	A→C		1	432
15	1	1	1	1	1	B→C			4321

在 Mathematica 中，输入 IntegerExponent [Range[2^n - 1], 2] + 1[①]可以得到 n 个盘子的汉诺塔问题依次移动的盘子的号码。

例如，IntegerExponent[Range[2^4-1],2]+1 的结果是{1,2,1,3,1,2,1,4,1, 2,1,3,1,2,1}。

A.11 存 储 器 轮

【关键词】有向图；哈密顿回路；欧拉回路；映射；轮换

A.11.1 存储器轮及解决方法

考虑 4 个 0 和 4 个 1 的一个圆形排列，使得每个 3 元组 000、001、010、101、011、111、110、100 依次出现（如图 A.58 所示），称其为存储器轮。它描述所有 8 个 3 位 0-1 串只需要 8 位数字。

将这个问题一般化：将 2^n 个二进制数字 0 或 1 排列成圆，使得这 2^n 个相邻的 n 元组包括所有的 2^n 个 n 位二进制序列。

（可以证明这 2^n 个二进制数字中有 2^{n-1} 个 0 及 2^{n-1} 个 1。）

$n=3$ 时，方法之一是将三元组 xyz 作为顶点，从顶点 xyz 到顶点 yzw 引一条有向边，形成一个有向图（图 A.59(a)），之后在图中寻找哈密顿回路即可（图 A.59(b)粗线所示，它导出图 A.58 所示的存储器轮）。

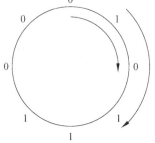

图 A.58 3 位存储器轮

---

① "IntegerExponent[n,b] - gives the highest power of *b* that divides *n*." 即返回能整除 n 的 b 的最高次幂。

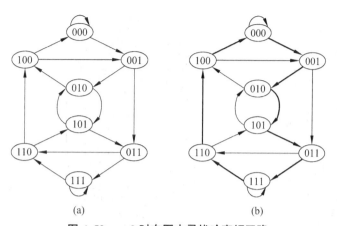

(a)   (b)

图 A.59　$n=3$ 时在图中寻找哈密顿回路

下面提出两个问题：

（a）$n=4$ 时，存在这样的存储器轮吗？

（b）是否对于任意的 $n \geqslant 1$ 都存在存储器轮？

然而当 $n \geqslant 4$ 时，图的规模较大，而哈密顿回路的构造又缺乏有效算法，因此上述方法不具有可操作性。

1946 年，古德（I.J.Good）在一篇关于数论的论文中，使用不同的数学模型解决了这个问题。

例如 $n=3$ 时，三元组 xyz 作为顶点 xy 到顶点 yz 的有向边（参看图 A.60(a)）所生成的有向图如图 A.60(b)所示，因为它的所有顶点的入度都等于出度，所以它是一个有向欧拉图。其中一条欧拉回路是 $000 \to 001 \to 010 \to 101 \to 011 \to 111 \to 110 \to 100$，对应着图 A.58所示的存储器轮。

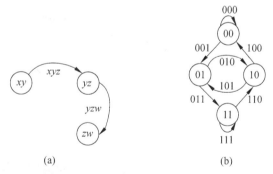

(a)   (b)

图 A.60　$n=3$ 时在图中寻找欧拉回路

【例 A.23】　$n=4$ 时，可以构造如图 A.61(a)所示的有向图，其中存在一条欧拉回路，如图 A.61(b)所示，可以得到如图 A.61(c)所示的存储器轮。

定理 A.7　对于任意正整数 n，都存在着存储器轮。

证明．$n=1$ 的情况很容易验证。

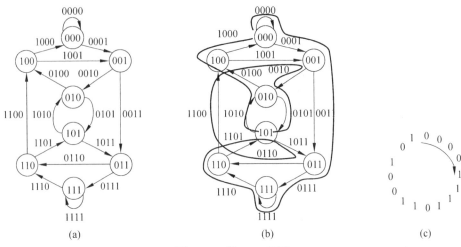

$$(a) \qquad\qquad (b) \qquad\qquad (c)$$

图 A.61　例 A.23 用图

$n \geqslant 2$ 时，构造 2^{n-1} 个顶点 $a_1 a_2 \cdots a_{n-1} \in \{0,1\}^{n-1}$。每个顶点 $a_1 a_2 \cdots a_{n-1}$ 有两条入边 $0 a_1 a_2 \cdots a_{n-2} \xrightarrow{0 a_1 a_2 \ldots a_{n-1}} a_1 a_2 \cdots a_{n-1}$、$1 a_1 a_2 \cdots a_{n-2} \xrightarrow{1 a_1 a_2 \ldots a_{n-1}} a_1 a_2 \cdots a_{n-1}$ 和两条出边 $a_1 a_2 \cdots a_{n-1} \xrightarrow{a_1 a_2 \ldots a_{n-1} 0} a_2 a_3 \cdots a_{n-1} 0$、$a_1 a_2 \cdots a_{n-1} \xrightarrow{a_1 a_2 \ldots a_{n-1} 1} a_2 a_3 \cdots a_{n-1} 1$（参看图 A.62），因此所有顶点的入度和出度都等于 2。

任意两个顶点 $a_1 a_2 \cdots a_{n-1}$ 和 $b_1 b_2 \ldots b_{n-1}$ 之间都存在道路 $a_1 a_2 \cdots a_{n-1} \to a_2 \cdots a_{n-1} b_1 \to a_3 \cdots a_{n-1} b_1 b_2 \to \cdots \to b_1 b_2 \cdots b_{n-1}$，因此该图是连通的。

由以上二者可以得到：该图是欧拉图，每一条欧拉回路对应一个存储器轮。　　□

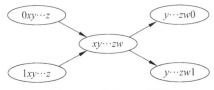

图 A.62　定理 A.7 用图

A.11.2　德·布鲁因序列

由图中的欧拉回路得到的 0-1 串称作长度 2^n 的**德·布鲁因（de Bruijn）序列**。例如由图 A.61(b) 得到长度 16 的德·布鲁因序列 0000111101100101。

长度 2^n 的德·布鲁因序列还有其他的构造方法，举例如下。

方法 1：令 $m = 2^{n-1}$，第一行写下 m 个 1 和 m 个 0，第二行写下 m 个 10，上一行编号和 1 或 0 之间的映射关系为：$f(i)=1$，$f(m+i)=0$，$1 \leqslant i \leqslant m$。

然后将第一行和第二行的 1 自左而右依次一一相连，将第一行和第二行的 0 也自左而右依次一一相连。连线实际上构成了位置编号的置换 $\pi(i)=2i-1$，$\pi(m+i)=2i$，$1 \leqslant i \leqslant m$。

将这个置换写成轮换的乘积的形式（每个轮换中最小的数值是递增的，且每个轮换都满足其中最小数值在第一个位置)。自左而右逐个写出各个轮换中数值对应第一行各个位置所映射到的第二行的 1 或 0，则得到有 2^n 个元素的德·布鲁因序列。

$n=2, 3, 4$ 时的情况如图 A.63(a)、(b)、(c)所示。图 A.63(a)分解为轮换的乘积后，符合要求的表示为(1)(23)(4)，对应的序列为 $f(1)f(2)f(3)f(4)=1100$；图 A.63(b)分解为轮换的乘积后，符合要求的表示为(1)(235)(476)(8)，对应的序列为 $f(1)f(2)f(3)f(5)f(4)f(7)f(6)f(8)=11101000$；图 A.63(c)分解为轮换的乘积后，符合要求的表示为(1)(2,3,5,9)(4,7,13,10)(6,11)(8,15,14,12)(16)，对应的序列为 $f(1)f(2)f(3)f(5)f(9)f(4)f(7)f(13)f(10)f(6)f(11)f(8)f(15)f(14)f(12)$ $f(16) = 1111011001010000$。

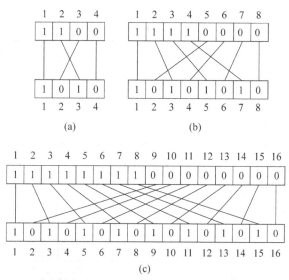

图 A.63　由置换得到德·布鲁因序列

方法 2：马丁（M.A.Martin）1934 年证明了以下贪婪算法对所有的 $n \geqslant 2$ 都可以构造出一个长度 2^n 的德·布鲁因序列：

1　写出 n 个 0 构成序列开始的 n 项
2　如果在序列尾部添加一个 1 后，和前 n-1 项相连构成已经出现过的长为 n 的 0-1 子串，则在序列尾部添加一个 0；否则在序列尾部添加一个 1
3　若序列还不够 2^n 项，则返回步骤 2；否则序列就是一个长度 2^n 的德·布鲁因序列

$n=3, 4$ 时算法过程如表 A.12、表 A.13 所示。

表 A.12　$n=3$ 时贪婪算法构造德·布鲁因序列

序列	序列尾部添加	备注
000	1	
0001	1	
00011	1	
000**111**	0	否则出现 111
0001110	1	
00011101		

表 A.13　$n=4$ 时贪婪算法构造德·布鲁因序列

序列	序列尾部添加	备注
0000	1	
00001	1	
000011	1	
0000111	1	
00001**1111**	0	否则出现 1111
000011110	1	
0000111101	1	
00001**111**011	0	否则出现 0111
000011**110**110	0	否则出现 1101
0000111101100	1	
00001**111011001**	0	否则出现 0011
000011110110010	1	
0000111101100101		

接下来介绍一个应用德·布鲁因序列的纸牌魔术[①]。

首先需要介绍一下"切牌"的概念：将一摞扑克中上面的若干张放到一摞的最下面称作一次切牌（如图 A.64 所示）。

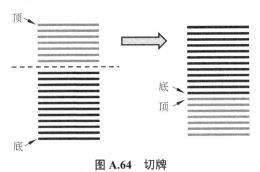

图 A.64　切牌

如果将纸牌视作一个循环序列（即最下面一张牌的"下 1 张"是顶端的一张），则切牌并不改变纸牌之间的前后相邻关系。

魔术师邀请 4 位丝毫不知情的观众参加，拿出 8 张背面朝上的纸牌交给第 1 位观众。魔术师请第 1 位观众随意地切牌任意多次后将这叠纸牌交给第 2 位观众，第 2 位观众取走最上面的一张后将剩下的纸牌交给第 3 位观众，第 3 位观众取走最上面的一张后将剩下的纸牌交给第 4 位观众，第 4 位观众取走最上面的一张。魔术师故弄玄虚一番后，请第 2～4 位观众中取到红色花色纸牌者举一下手。然后魔术师可以再故弄玄虚一番，并道出第 2～4 位观众手中的纸牌。

---

① 实际上是一个充分简化的版本，只使用 $2^3=8$ 张纸牌，更复杂的情况和更多的技巧介绍可参考：珀西·迪亚科尼斯，葛立恒. 魔法数学：大魔术的数学灵魂. 汪晓勤，黄友初，译. 上海：上海科技教育出版社，2015.

游戏的关键就在于 8 张纸牌的红黑花色排序为一个德·布鲁因序列"红红红黑黑黑红黑"(红色表示 1,黑色表示 0,则得到 11100010),随后第 1 位观众的切牌并不会改变这个循环的德·布鲁因序列,而连续 3 个"红/黑"组合是唯一的,所以对应的 3 张纸牌是可以唯一确定的。更进一步地,纸牌的点数可以采用一些便于记忆的方法。

例如,通过一些技巧设计,8 张纸牌依次如表 A.14 所示。

表 A.14 8 张纸牌的设计

牌面花色	红	红	红	黑	黑	黑	红	黑
连续三张纸牌的颜色	111	110	100	000	001	010	101	011
前两位	11	11	10	00	00	01	10	01
前两位确定花色	♥	♥	♦	♣	♣	♠	♦	♠
二进制值就是点数	7	6	4	0	1	2	5	3
纸牌	♥7	♥6	♦4	♣10	♣A	♠2	♦5	♠3

如果魔术过程中第 3 位和第 4 位观众取到红花色纸牌,那么连续的 3 个"红/黑"组合为"黑红红",计算得第 2 位观众手中的纸牌是♠3;第 3 位观众开始的组合为"红红红",手中的纸牌是♥7;第 4 位观众开始的组合为"红红黑",手中的纸牌是♥6。

A.12 中国邮路问题

【关键词】图;回路;欧拉回路

假设图 A.65 是一个住宅小区的平面图,昨夜突降大雪,希望扫雪车从小区大门进入,将每条道路的积雪都清理干净后再离开小区,当然希望扫雪车总路程尽可能短。

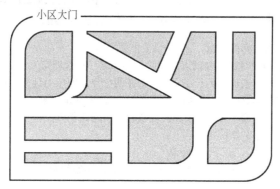

图 A.65 住宅小区的平面图

类似的问题还有:

一个邮递员从邮局出发,要走完他所管辖的每一条街道,然后返回邮局。那么如何选择一条尽可能短的路线?

一名安全员需要从休息室出发,巡查美术馆中的每条道路后回到休息室,什么样的巡逻路线最短?

由于该问题最早由管梅谷（Kwan Mei-Ko）先生于 1960 年提出，西方将之命名为**中国邮递员问题（Chinese Postman Problem，CPP）**，也称为**中国邮路问题**。

将图 A.65 用图的模型来表示：以街道为图的边，以街道交叉口为图的顶点，即得到图 A.66。更一般的情形则是在一个赋权图中（权值均大于零）寻找至少包含每个边一次的"总长最短"的回路（不必是简单回路）。

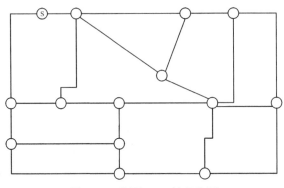

图 A.66 将图 A.65 抽象为图

在欧拉图中，任何一条欧拉回路都符合要求；当图不是欧拉图时，所求回路必然重复通过某些边。

管梅谷证明：若图的边数为 m，则所求回路的边数最少是 m，最多不超过 $2m$，并且每条边在其中最多出现两次。

而这两个界都是"紧"的：如果图是欧拉图，则所求回路是一条欧拉回路，边数为 m；如果图是树，则所求回路需要经过每条边两次，总边数为 $2m$。

考虑一个简化情形：所有边的权值都是 1。道路的长度就是经过的边数。

可以经过如下方法在无向连通非欧拉图中寻找最短邮路：

1 将图的奇数度顶点两两配对
2 找到步骤 1 中同一对奇数度顶点之间的一条道路（任选即可），并添加到原图中
3 如果在两个点之间添加了多于 1 条边，则在两个点之间成对地去除添加上的边（即若添加了偶数次边，则全部删去；若添加了奇数次边，则仅保留一条）
4 如果图中存在一个简单回路，添加的边数超过了回路长度的一半，则将该回路中添加的边去除，未添加边的添加新的重边
5 按步骤 4 反复修改，直到不能修改
6 结果图即为欧拉图，构造其中的欧拉回路，即得中国邮路问题的解

可以证明步骤 3 和 4 都是在不改变顶点度数的奇偶性的情况下减少图中的边数。

【**例 A.24**】 图 A.67(a)有 12 个奇点，(b)和(c)对应步骤 2，(d)对应步骤 3，(e)对应步骤 4，(f)是最终结果。

下面给出求解一般无向赋权图中的中国邮路问题的算法：

1 将图的奇数度顶点两两配对
2 找到步骤 1 中同一对奇数度顶点的一条道路（任选即可），并添加到原图中
3 如果在两个点之间添加了多于 1 条边，则在两个点之间成对地去除添加上的边

4　如果图中存在一个简单回路，添加的边的总长度超过了回路长度的一半，则将该回路中添加了的边去除，未添加边的添加新的重边

5　按步骤 4 反复修改，直到不能修改

6　结果图即为欧拉图，构造其中的欧拉回路，即得中国邮路问题的解

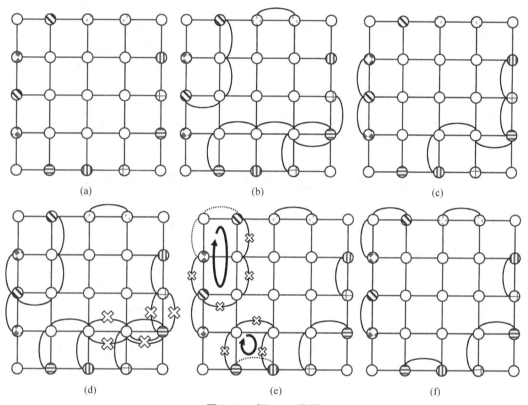

图 A.67　例 A.24 用图

可以证明步骤 3 和 4 都是在不改变顶点度数的奇偶性的情况下减少图中所有边的总权重数。

【**例 A.25**】　图 A.68(a)含有 4 个奇数度顶点 a、b、c、d，(b)和(c)对应步骤 2，(d)对应步骤 3，(e)对应步骤 4，(f)是最终结果。

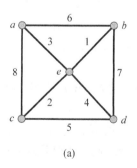
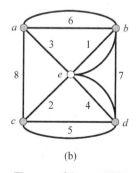
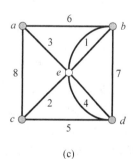

图 A.68　例 A.25 用图

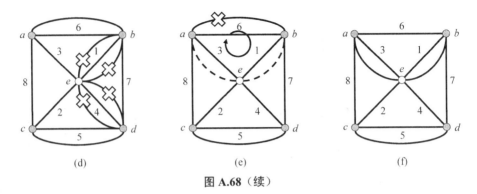

图 A.68（续）

特别是如果图中只有两个奇数度顶点，那么计算两点之间的最短道路，之后将最短道路的边添加到原图中即得。

A.13　格雷码、超立方体的哈密顿回路和九连环

【关键词】二进制表示；超立方体图；哈密顿回路；递推关系

A.13.1　格雷码

格雷码（Gray Code）由贝尔实验室的弗兰克·格雷（Frank Gray，1887—1969）在 20 世纪 40 年代提出，并在 1953 年取得美国专利 Pulse Code Communication。最初目的是在使用 PCM（Pusle Code Modulation）方法传输数字信号的过程中降低错误可能。

定义 A.1　如果将 2^n 个长为 n 的二进制串组成一个序列，使得将序列按圆形排列时一对相邻的二进制串只有一位不同，则称这些序列为 **n 阶格雷码**或简称**格雷码（Gray code）**。

在格雷码中，任意两个相邻的代码只有一位二进制数不同，最大码与最小码之间也仅一位不同，即"首尾相连"，因此又称**循环码**或**反射码**。

【例 A.26】　长度为 3 的普通二进制码（即 $0 \sim (2^3-1)$ 的二进制表示）为 000、001、010、011、100、101、110、111，而长度为 3 的格雷码为 000、001、011、010、110、111、101、100。

在数字系统、机械工具、汽车制动等系统中，有时需要用传感器产生的数字值来指示位置。图 A.69 是编码盘概念图（此图中 $n=3$），它把圆周等分成 2^n 个扇形，每个扇形分成 n 个部分，并且给每个部分赋值，暗的区域与对应的逻辑 1 的信号源相连，亮的区域没有连接，将其解释为逻辑 0。

盘可以旋转，而触点（图 A.69 中箭头）将产生一个 n 位二进制编码，但当触点靠近两个扇形的边界时，在读出触点位置时可能发生错误。

例如，图 A.69(a) 使用普通二进制码，读出触点位置时的错误可能达到最大化，即 3 位都是错的；而图 A.69(b) 则使用格雷码对编码盘上的亮暗区域编码，使得其连续的码字之间只有一个数位变化，错误的影响可以降到最低。

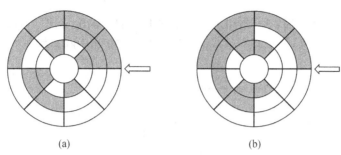

(a)　　　　　　　　　　　(b)

图 A.69　编码盘概念图

对 n 位二进制的码字，从右到左以 0 到 $n-1$ 编号，一个 n 位普通二进制码记为 $B_{n-1}\cdots B_1 B_0$，一个 n 位格雷码记为 $G_{n-1}\cdots G_1 G_0$。n 位普通二进制码和 n 位格雷码之间的转换方法如下所示。

（a）n 位普通二进制码转换为 n 位格雷码：

$$\begin{cases} G_{n-1} = B_{n-1} \\ G_i = B_i \oplus B_{i+1}, \ 0 \leqslant i \leqslant n-2 \end{cases}$$

其中 $\oplus$ 表示异或运算（即模 2 加法），$0 \oplus 0 = 0$，$0 \oplus 1 = 1$，$1 \oplus 0 = 1$，$1 \oplus 1 = 0$。

转换方法的示意图参见图 A.70(a)。

（b）n 位格雷码转换为 n 位普通二进制码：

$$\begin{cases} B_{n-1} = G_{n-1} \\ B_i = G_i \oplus B_{i+1}, \ 0 \leqslant i \leqslant n-2 \end{cases}$$

转换方法的示意图参见图 A.70(b)。

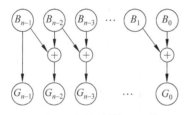
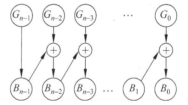

(a) n 位普通二进制码转换为 n 位格雷码　　　(b) n 位格雷码转换为 n 位普通二进制码

图 A.70　普通二进制码和格雷码的相互转换

【例 A.27】　当 $n=3$ 时，3 位普通二进制码和 3 位格雷码之间的对应如表 A.15 所示。

表 A.15　3 位普通二进制码和 3 位格雷码

$G_2G_1G_0$	000	001	011	010	110	111	101	100
$B_2B_1B_0$	000	001	010	011	100	101	110	111

A.13.2　超立方体图中的哈密顿回路

下面介绍格雷码与超立方体图中哈密顿道路（回路）的关系。

回顾 k-立方体图的定义：用长为 k 的 0-1 串组成的序列给顶点标号，两个顶点邻接当且仅当它们的标号串仅在一位上数字不同。

从图 A.71 中可以看到 3 位格雷码 000、001、011、010、110、111、101、100 对应着 3-立方体图中的一条哈密顿道路（事实上，顶点 000 和 100 是相邻的，因此可以形成一条哈密顿回路）。

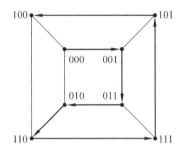

图 A.71　3-立方体图中的一条哈密顿道路

易见，$n \geqslant 1$ 时，n 阶格雷码一一对应着 n-立方体图的哈密顿道路（$n=1, 2, 4$ 的情况参见图 A.72(a)、(b)、(c)）；$n \geqslant 2$ 时，这条道路可以连接起点和终点形成哈密顿回路。

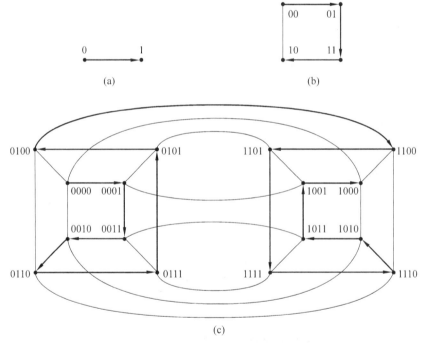

图 A.72　立方体图中的哈密顿道路

下面给出由 $(n-1)$-立方体图的这条特殊的哈密顿道路构造 n-立方体图的一条哈密顿道路的方法（$n \geqslant 2$）：

1　将 $(n-1)$-立方体图的这条哈密顿道路（例如图 A.73(a)）经过的顶点标号最左端添加 0，形成 n-立方体图的一条道路 π_1（例如图 A.73(b) 中的粗实线部分）

2　将 $(n-1)$-立方体图的这条哈密顿道路（例如图 A.73(a)）经过的顶点标号最左端添加 1，形成 n-立方体图的一条道路 π_2，将 π_2 反向得到道路 π_3（例如图 A.73(b) 中的粗点画线部分）

3 将 π_1 的终点与 π_3 的起点相连（图 A.73(b) 中的粗虚线部分），即形成 n-立方体图的一条哈密顿道路

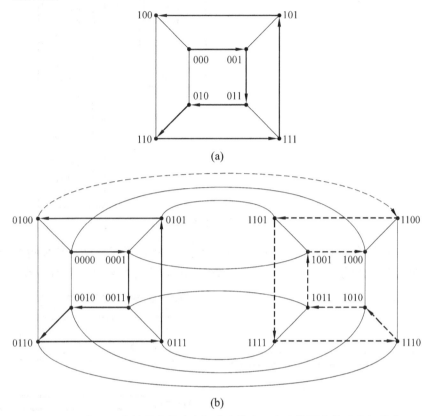

(a)

(b)

图 A.73　由 2-立方体图中的哈密顿道路构造 3-立方体图中的哈密顿道路

根据上述构造 n-立方体图的哈密顿道路的方法可以给出递归构造格雷码的方法（示例参看图 A.74）：

1 1 位格雷码有两个码字 0 和 1。
2 将 n 位格雷码的码字加前缀 0 后，按顺序书写。
3 将 n 位格雷码的码字加前缀 1 后，按逆序书写。
4 步骤 2 和步骤 3 的结果就是 $n+1$ 位格雷码。

A.13.3　九连环与格雷码

本节最后介绍一个中国传统民间智力玩具——九连环[1]。它以金属丝制成 9 个圆环，将圆环套装在横板或各式框架上，并贯以环柄。环柄部分称作"钗"，如图 A.75(a) 所示；另一部分主要是由 9 个环构成的，如图 A.75(b) 所示，它们从首至尾依次称为 1 号环到 9 号环。按照和钗的关系，每个环都有两个状态：在钗上或在钗下，简称在上和在下。游

---

① 部分插图来自 http://www.edu11.net/space-96-do-blog-id-440968.html 及 http://blog.sina.com.cn/s/blog_561ade010101igzu.html

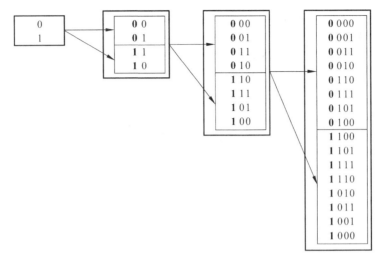

图 A.74 递归构造格雷码

戏初始状态是 9 个环都在钗上，如图 A.75(c)所示，目标是经过一些操作使得 9 个环都在钗下，如图 A.75(d)所示（或者反之，从 9 个环都在钗下操作到 9 个环都在钗上）。

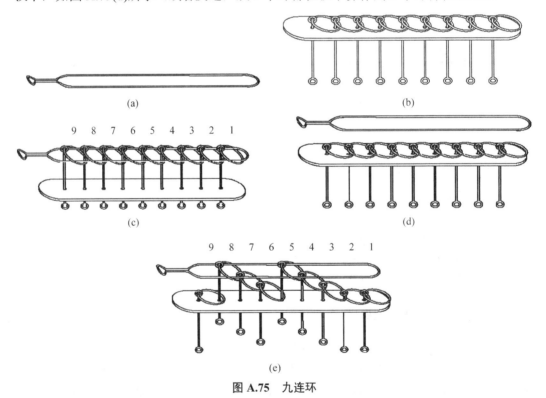

图 A.75 九连环

　　用长度为 9 的 0-1 串依次表示 9 号环到 1 号环的状态，用 0 表示在钗下，用 1 表示在钗上。例如图 A.75(c)对应的状态是 111111111，图 A.75(d)对应的状态是 000000000，图 A.75(e)对应的状态是 010010000。

九连环只有 3 个基本操作（本质上是两个）。

操作 1：任何时候可以改变 1 号环的状态，即当 1 号环在上的时候，可以下 1 号环；当 1 号环在下的时候，可以上 1 号环。

（上 1 号环将状态 $b_9b_8\cdots b_20$ 变为 $b_9b_8\cdots b_21$；而下 1 号环将状态 $b_9b_8\cdots b_21$ 变为 $b_9b_8\cdots b_20$，表示状态的串只有一位不同。）

操作 2：可以改变紧跟在领头环后的环的状态，所谓"领头环"是指在钗上的最靠首的环，而并不一定是 1 号环（图 A.75(e)中的领头环是 5 号环，可以进行的操作是上 6 号环）。

（将状态 $b_9\cdots b_i010\cdots 0$ 变为 $b_9\cdots b_i110\cdots 0$；或者将状态 $b_9\cdots b_i110\cdots 0$ 变为 $b_9\cdots b_i010\cdots 0$，表示状态的串只有一位不同。）

操作 3：1 号、2 号环状态相同时可以同时改变状态，即当 1 号、2 号环都在钗上时可以一次操作同时下；当 1 号、2 号环都在钗下时可以一次操作同时上。

实质上这相当于先上 1 号环（操作 1）再上 2 号环（操作 2），或者先下 2 号环（操作 2）再下 1 号环（操作 1）。

将所有环从钗上取下（状态 $1\cdots 1$ 到 $0\cdots 0$）的方法反向进行——下改为上，上改为下，操作顺序逆序进行，就是将所有环从钗下装上（状态 $0\cdots 0$ 到 $1\cdots 1$）的方法。

使用上述基本操作，可以给出全部取下 n 连环的递归式解法：

1　若 $n=1$，则使用操作 1 直接下 1 号环。

2　若 $n=2$，则使用操作 2 下 2 号环后使用操作 1 下 1 号环，或者使用操作 3 一起下 2 号环和 1 号环。

3　若 $n>2$，则

3.1 使用解决 $(n-2)$ 连环的方法，将 $n-2$ 号环至 1 号环全部取下（状态 $111\cdots 1$ 到 $110\cdots 0$）。

3.2 使用操作 2，取下 n 号环（状态 $110\cdots 0$ 到 $010\cdots 0$）。

3.3 反向使用解决 $(n-2)$ 连环的方法，将 $n-2$ 号环至 1 号环全部装上（状态 $010\cdots 0$ 到 $011\cdots 1$）。

3.4 使用解决 $(n-1)$ 连环的方法，将 $(n-1)$ 号环至 1 号环全部取下（状态 $011\cdots 1$ 到 $000\cdots 0$）。

用 $R(n)$ 表示全部取下 n 连环操作次数，则 $R(1)=1$；只允许操作 1 和操作 2 时 $R(2)=2$，允许操作 3 时 $R(2)=1$。

当 $n>2$ 时，有递推关系

$$R(n)=R(n-2)+1+R(n-2)+R(n-1)$$

令 $T(n)=R(n)+1/2$，则得到 2 阶常系数线性齐次递推关系：

$$T(n)=T(n-1)+2T(n-2)$$

求解得到

$$R(n)=(2^{n+2}+(-1)^{n+1}-3)/6, \quad R(2)=2 \text{ 时}$$
$$R(n)=(2^n-(-1)^n-1)/2, \qquad R(2)=1 \text{ 时}$$

当 $n=9$ 时，$R(9)=341$ 或 256。

下面介绍九连环与格雷码之间的联系。

注意到操作 1 和操作 2 会改变状态，但是表示状态的串都只有一位发生改变，事实上一次求解 n 连环过程中状态编码的变化是 n 位格雷码的一个连续部分（而不是全部）。

【例 A.28】 求解 3 连环的过程如表 A.16 所示。

表 A.16 求解 3 连环的过程

图示	状态	状态转换为二进制码	二进制码对应的十进制数值	到下一状态的操作
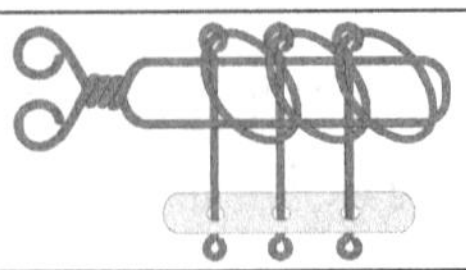	111	101	5	取下 1 号环
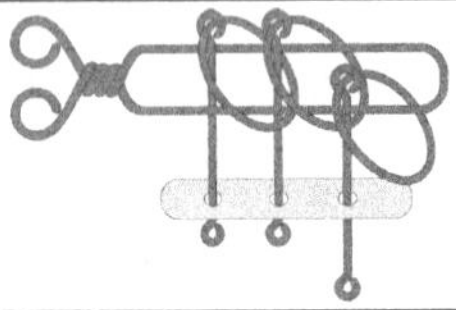	110	100	4	取下 3 号环
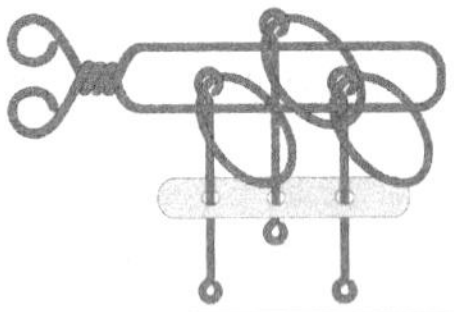	010	011	3	装上 1 号环
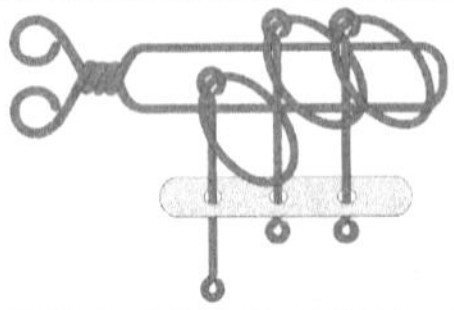	011	010	2	取下 2 号环
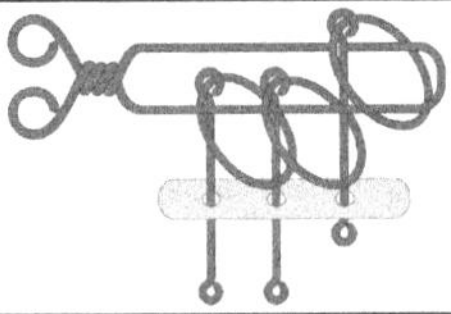	001	001	1	取下 1 号环
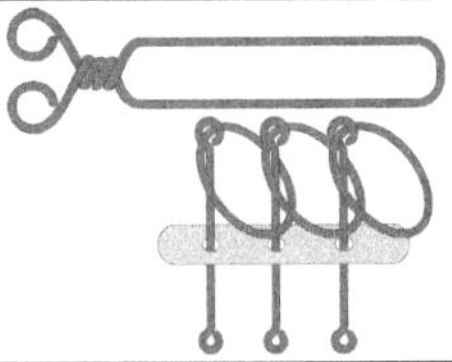	000	000	0	

令 S_n 表示 n 位格雷码字 $11\cdots11$ 对应的普通二进制码的十进制数值，则可以证明：

（1）只允许使用操作 1 和操作 2，求解 n 连环过程中状态编码作为格雷码字对应的普通二进制码的十进制数值是从 S_n 递减到 0。

（2）当 n 是奇数时，$S_n=(2^{n+1}-1)/3$；当 n 是偶数时，$S_n=(2^{n+1}-2)/3$（$n>1$）。

由此也可以得到九连环的求解操作步数恰为 $S_9=341$。

A.14 谢尔宾斯基三角

【关键词】组合数；林登麦伊尔系统；混沌游戏；元胞自动机

北宋人贾宪约在 1050 年首先使用"贾宪三角"进行高次开方运算。南宋数学家杨辉在《详解九章算法》（1261 年）中记载并保存了"贾宪三角"，故又称"杨辉三角"。元朝数学家朱世杰在《四元玉鉴》（1303 年）中扩充"贾宪三角"成为"古法七乘方图"。法国数学家帕斯卡（Blaise Pascal，1623—1662）在 1653 年发表的 *Traité du triangle arithmétique*（*Treatise on the Arithmetical Triangle*）中描述了这个三角形，因此它在欧洲被称作"帕斯卡三角"。

在图 A.76(a)中，第 m（$m \geqslant 0$）行第 n（$0 \leqslant n \leqslant m$）个值为 $C(m, n)$。每个数都等于它左斜上方和右斜上方两数之和。（图 A.76(a)为古法七乘方图，图 A.76(b)将其翻译为阿拉伯数字记法。）

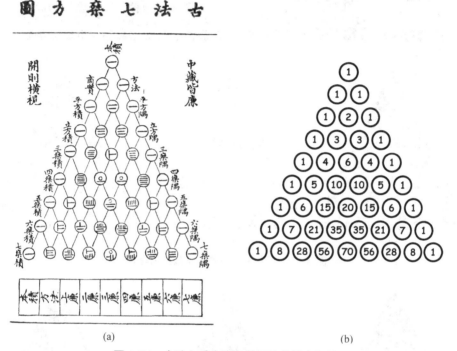

(a)   (b)

图 A.76　古法七乘方图及其阿拉伯数字记法

将有 4×2^n（$n \geqslant 0$）行的贾宪三角中的奇数染为黑色，n 为 0～5 的情况见图 A.77，类似于 n 个盘子的汉诺塔图，也呈现出了很强的自相似性（指一个图形相似于它自身的一部分）。

事实上，无论图 A.77 还是 n 个盘子的汉诺塔图，当 $n \to \infty$ 时，都将形成谢尔宾斯基三角（Sierpinski triangle），它由波兰数学家谢尔宾斯基在 1915 年提出。

下面再给出几种生成谢尔宾斯基三角的方法：

方法一：几何方法（图 A.78）。

1　取一个实心的正三角形。
2　对所有实心正三角形，进行如下操作：
2.1　　连接 3 条边的中点，将它分成 4 个小正三角形。
2.2　　将正中间的正三角形"挖空"。
3　重复步骤 2。

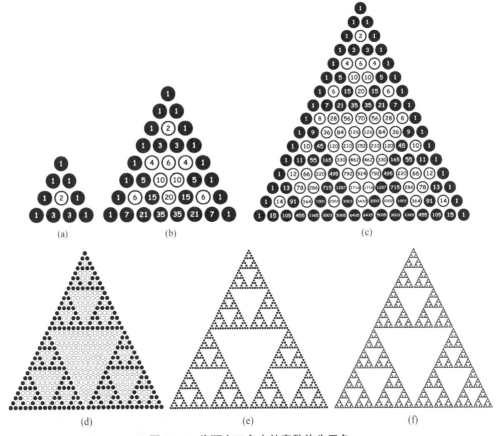

图 A.77　将贾宪三角中的奇数染为黑色

图 A.78　用几何方法生成谢尔宾斯基三角

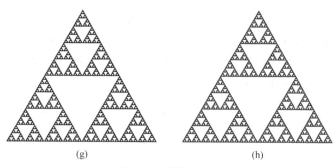

(g)   (h)

图 A.78（续）

方法二：混沌（chaos）游戏（图 A.79）。

1   在平面上选取一个正三角形的 3 个顶点，记为 A、B、C，将 3 个点染为黑色
2   在平面上随机选取一个点 P
3   生成一个 [1，3] 内的随机整数
4   如果该随机数为 1，则更新 P 为 P 和 A 连线的中点；如果该随机数为 2，则更新 P 为 P 和 B 连线的中点；如果该随机数为 3，则更新 P 为 P 和 C 连线的中点
5   将 P 点染为黑色
6   重复步骤 3

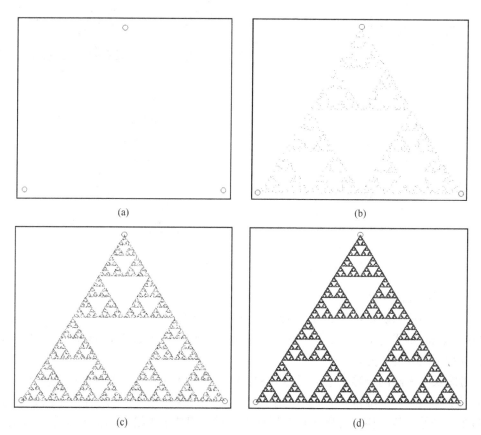

(a)   (b)

(c)   (d)

图 A.79　用混沌游戏方法生成谢尔宾斯基三角

方法三：林登麦伊尔系统（Lindenmayer system）。

开始符号为 F–G–G，规则为($F{\rightarrow}F$–G+F+G–F)及($G{\rightarrow}GG$)，其中 F 和 G 都表示向前画单位长度的线段，加号和减号（+和–）分别表示左转逆时针 120°和右转顺时针 120°。

图 A.80 表示由规则构造谢尔宾斯基三角的前几步过程。

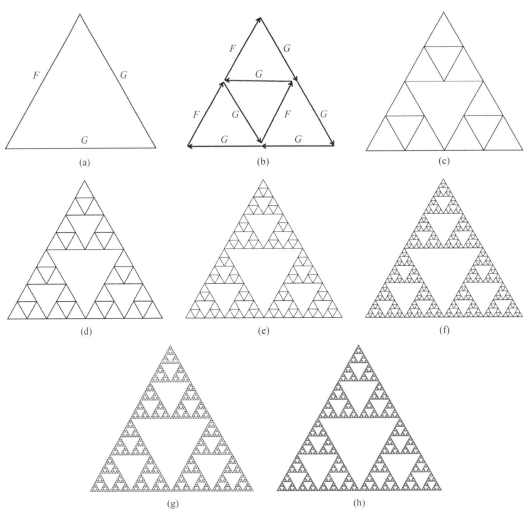

图 A.80　用林登麦伊尔系统生成谢尔宾斯基三角

方法四：元胞自动机。

元胞自动机（cellular automaton）也译作**细胞自动机**，由冯·诺依曼（J. von Neumann）在 20 世纪 50 年代提出。此后，史蒂芬·沃尔夫勒姆（Stephen Wolfram）对元胞自动机理论进行了深入的研究。

考虑长度无限的一维格子表（图 A.81(a)），用黑色格子表示 1，用白色格子表示 0。有无限多行这样的一维格子表就形成了一个"有始无终"的二维格子表（图 A.81(b)）。从第 2 行开始，每个格子是黑还是白根据上一行的相邻若干格子的情况（称作 pattern）并依照一定的规则（rule）决定。

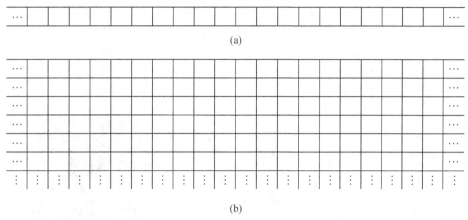

图 A.81　元胞自动机

例如表 A.17 显示的"规则 90"，相邻的 3 个格子决定下一行 3 个位置正中间的格子的状态。可以参看图 A.82（为清晰起见，图中用灰色表示"白"）。

表 A.17　规则 90

当前行相邻的 3 个格子	111	110	101	100	011	010	001	000
下一行正中间位置格子的状态	0	1	0	1	1	0	1	0

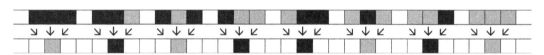

图 A.82　规则 90

假设第一行只有一个黑色格子，不断应用规则 90（图 A.83），也可以得到谢尔宾斯基三角。

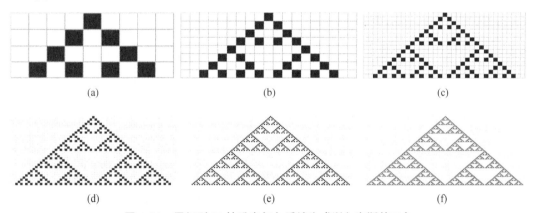

图 A.83　用规则 90 林登麦伊尔系统生成谢尔宾斯基三角

谢尔宾斯基三角是自相似集的例子，是一种分形。1973 年，曼德勃罗（B.B.Mandelbrot）首次提出了分维和分形（fractal）的设想，其原意具有不规则、支离破碎等意义。分形一般是指"一个粗糙或零碎的几何形状，可以分成数个部分，且每一部分都（至少会大略）是整体缩小尺寸的形状"，此一性质称为自相似。

分形作为一种数学工具，现已应用于各个领域，如数学、生物、大气、海洋、社会学科、计算机科学（例如基于分形的图片压缩）等，在音乐、美术领域也产生了一定的影响。图 A.84 就是使用分形创作软件 Fractal Explorer 所作的电脑图形。

图 A.84　分形创作软件创作的电脑图形

课程综合实验

B.1　实验一：汉诺塔问题的变体

B.1.1　实验内容

1.3.5 节介绍了汉诺塔问题及其递归解法、总移动次数的递推表达式和求解。本次实验的内容是考虑汉诺塔问题的若干变体。

1. 邻近移动

邻近移动即在原始的汉诺塔问题上增加一个要求：不允许 A 柱与 C 柱之间的直接转移，即每次只能移动到中间柱 B 或从中间柱 B 移出，如图 B.1 所示。

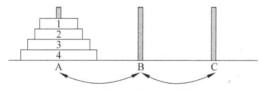

图 B.1　邻近移动汉诺塔

2. 循环移动

循环移动的变化在于：设 A 柱、B 柱、C 柱（及 A 柱）构成一个顺时针方向的三角形，所有的移动必须是顺时针方向，即或从 A 柱到 B 柱，或从 B 柱到 C 柱，或从 C 柱到 A 柱，如图 B.2 所示。

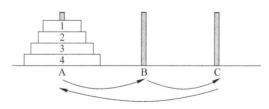

图 B.2　循环移动汉诺塔

3. 奇偶汉诺塔

奇偶汉诺塔不对移动方式增加限制，但是要求最终结果是：所有奇数号的盘子放到 B 柱上，所有偶数号的盘子放到 C 柱上，如图 B.3 所示。它的求解方法和最少移动步数又是怎样呢？

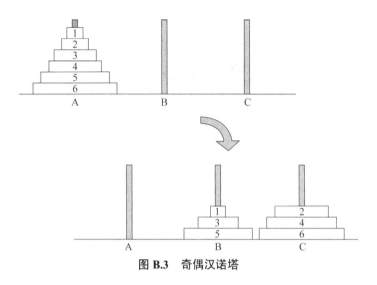

图 **B.3** 奇偶汉诺塔

4. 双色汉诺塔

双色汉诺塔与汉诺塔问题在规则本质上是相同的，但不同的是，现在每种大小的盘子都有两个：一个黑色和一个白色。初始情况是 A 和 B 柱交错放置不同颜色的盘子，目标是使 A 柱和 B 柱上的盘子都是同色的，而且底部最大的圆盘需要交换位置，如图 B.4 所示。

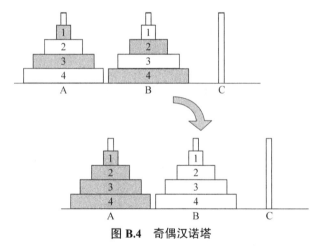

图 **B.4** 奇偶汉诺塔

B.1.2　实验要求

学生须提交以下内容：

（1）汉诺塔各问题的解法描述。

（2）各问题总移动次数的递推表达式。

（3）各问题总移动次数（通过求解(2)的递推表达式得到）。

（4）实现各问题解法的源程序代码（须有适量注释）及输出结果（应和(1)~(3)所得到的结果一致）。

B.1.3　扩展阅读

有兴趣的学生可以查阅以下主题的资料：

（1）磁性汉诺塔（magnetic Hanoi）。

（2）多柱汉诺塔（multi-pegs Hanoi）。

B.2　实验二：命题演算的计算机实现

真值表是命题逻辑中的一个重要工具，利用它可以解决命题逻辑中的几乎所有问题。例如，可以求命题公式的主范式，判断命题公式的类型，判断两个命题公式是否等价，判断推理形式是否正确，等等。

本实验要求编写程序完成以下功能：

（1）从文件读入逻辑表达式（由教师提供，仅由合取联结词"&"、析取联结词"|"、否定联结词"!"及命题变项 p、q、r、u、v、w 组成，且命题变项的个数不超过6），判断其是否是命题公式。

（2）实现计算机对命题公式的存储，给出命题公式的二叉树表示方法。

（3）给出得到的二叉树的前序、中序、后序遍历结果。

（4）构造该命题公式的真值表。

（5）由该命题公式的真值表得到主范式（包括主合取范式和主析取范式）。

（6）通过真值表判断该命题公式的类型。特别是，可以：

（a）判断两个给定的命题公式是否等值。

（b）判断一个给定的推理形式是否正确。

（7）利用上面的工作解决下面两个逻辑趣题：

（a）灵灵新买了一条裙子，但是她不肯给大家看，只是给出了一个提示："我新买的裙子的颜色是红、黄、黑之一。"

小张说："灵灵一定不会买红色的。"

小王说："那一定是黑色或黄色。"

小李说："一定是黑色。"

最后灵灵说："你们三人中至少有一个人说对了，至少有一个人说错了。"

请问，灵灵的新裙子是什么颜色的？

（b）灵灵、欢欢和乐乐一起去吃早饭，他们每人要的不是包子就是面条，已知：

① 如果灵灵要的是包子，那么欢欢要的就是面条。

② 灵灵或乐乐要的是包子，但是不会两人要的都是包子。

③ 欢欢和乐乐不会两人都要面条。

请问："灵灵要的是面条"这一判断是否正确？

B.3　实验三：二元关系及其应用

关系是客观的，为事物所固有，存在于相应的事物之间。在日常生活学习和工作中我们经常遇到和处理关系，例如兄弟关系、同学关系、上下级关系、朋友关系、平面上直线的平行关系、整数之间的整除关系、实数之间的大小关系等。

在数学中关系被抽象成一个基本概念，它在计算机科学中被广泛应用，也是"离散数学"这门课程的基本概念和核心概念。其中等价关系和偏序关系则是两种重要且常见的特殊关系。例如，在生活中，平面上三角形的"相似"关系是一个等价关系，学生的"同班"关系也是一个等价关系，工程问题（如建水坝、造飞机、组装机床、软件开发等）中包含的工序之间的先后关系构成一个偏序关系。

另一方面，在生活中很多时候当我们谈到一件事情时，可能会有意无意地省略其作为关系的某些性质。例如：

（a）"打开电脑后请输入正确的密码进行登录，登录成功后请打开 Word。"这段话中隐含"打开 Word"是在"打开电脑"之后进行的。

（b）省略"同班"关系满足的传递性、对称性和自反性。例如"张良和陈平是同班同学，萧何和陈平也是同班同学"这段话中实际上隐含着一些有序对。

因此，对于实际生活中的问题，首先要将其表示为关系的形式，然后很重要的一个步骤就是将其所隐含的有序对补充完整，才能进行下一步的理论分析和处理。

本实验的主要内容就是对于给定的关系 R，通过添加一些有序对使其满足特定性质，并通过关系的运算解决一些看似和关系性质、关系运算无关的问题。

B.3.1　准备工作

关系作运算后的结果可能影响关系原来所具有的性质。请判断以下命题是否成立，如不成立请给出反例：

（a）如果 R 满足对称性，那么 R^{∞} 一定满足对称性。

（b）如果 R 满足自反性，那么 R^{∞} 一定满足自反性。

（c）如果 R 满足对称性，那么 R^{-1} 一定满足对称性。

（d）如果 R 满足传递性，那么 R^{-1} 一定满足传递性。

（e）如果 R 满足自反性，那么 $R \cup R^{-1}$ 一定满足自反性。

（f）如果 R 满足传递性，那么 $R \cup R^{-1}$ 一定满足传递性。

（g）如果 R 满足反对称性，那么 R^{2} 一定满足反对称性。

（h）如果 R 满足反对称性，那么 R^{∞} 一定满足反对称性。

B.3.2　等价关系及其应用

首先定义要研究的对象：对于给定的集合 A 上关系 R，若 A 上关系 S 满足

（1）$R \subseteq S$。

（2）S 是一个等价关系。

（3）若 A 上关系 S' 满足上述两个条件，则必有 $S \subseteq S'$。

则称 S 为 R 的等价闭包，记作 $S=R^{e}$。

请完成以下内容：

（1）若 R 为定义在集合 A 上的关系，那么应当如何计算 R^{e}？若 R 为定义在 $A=\{a, b, c, d, e, f\}$ 上的关系，其有向图如图 B.5 表示。请计算 R^{e}。

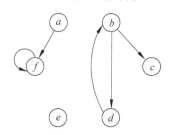

图 B.5　关系 R

（2）编写一个程序，根据一个关系 R 的矩阵表示，计算其等价闭包 R^{e}。

（3）考虑一个实际应用场景：某软件开发项目共包括 16 个模块，以下模块须由同一个开发小组实现：模块 1 与 2，模块 6 与 3，模块 4 与 12，模块 11 与 5，模块 7 与 13，模块 16 与 2，模块 14 与 9，模块 4 与 6，模块 5 与 1，模块 10 与 9，模块 9 与 13，模块 7 与 8，模块 13 与 10，模块 11 与 16，模块 3 与 4。

（a）请利用前面(1)和(2)的结果，通过程序回答：

① 最多可以分成多少个开发小组？

② 每个小组各自的开发任务是什么？

（b）现实生活中的问题永远都是变化的。要解决这些不断变化的问题，是每一次都新建一个数学模型，还是每次都对已有模型进行改造更好呢？换言之，把改变留在前期数据的处理部分和留在后期的算法实现部分哪个更好呢？

如果在(a)的基础上，增加要求"每个小组至多实现 5 个模块"，那么是否有满足要求的分组方案？通过程序回答这个问题。

（c）在(a)的基础上，增加要求"模块 9 和模块 13 不可以由同一个开发小组实现"，请通过程序回答：是否有满足要求的分组方案？如果有，最多可以分成多少个开发小组？每个小组各自的开发任务是什么？

B.3.3　偏序关系及其应用

哈斯图的引入简化了偏序关系的图形表示，前面讲授了将关系的有向图转化为哈斯图的方法。注意到哈斯图中不存在"三角形"，即不存在顶点 a、b、c，使得有向边 (a, b)、(b, c) 和 (a, c) 都存在，因此这里提出了另一种画哈斯图的方法：

```
1    去掉所有顶点的自环：
     S←R-{(a, a)|a∈A}
2    For i = 1 to |A|
```

2.1　　若 $a<b$ 且使得 $a<i$ 且 $i<b$，则去掉有向边 (a, b)，更新原图。

If exists `(a, i)`, `(i, b)`, `(a, b)` **then** $S \leftarrow S-\{(a, b)\}$

例如，偏序集($\{1, 2, 3, 4\}, \leq$)在步骤 1 之后的结果如图 B.6 所示。

然后依次去掉三角形$\{1, 2, 3\}$中的有向边$(1, 3)$、三角形$\{1, 2, 4\}$中的有向边$(1, 4)$、三角形$\{2, 3, 4\}$中的有向边$(2, 4)$，则结果如图 B.7 所示。

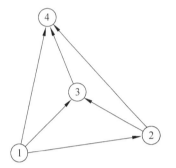

图 B.6　偏序集($\{1, 2, 3, 4\}, \leq$)在步骤 1 之后的结果

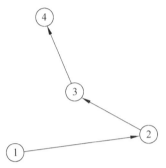

图 B.7　去掉有向边后的结果

下面证明此方法的正确性。要证明最终结果中不存在多边形（图 B.8 中加粗箭线表示的部分）。

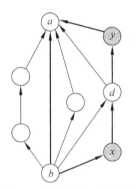

图 B.8　正确性证明用图

将所有满足 bRc 且 cRa 的元素 c 中最先被处理（即执行第 2 步）的记作 d。

如果处理 d 时$(b, d) \in S$ 且$(d, a) \in S$，则(b, a)已被删除，因此不会形成多边形。

如果不满足上述两个条件，假设$(b, d) \notin S$，于是之前必定存在 $x \in A$，bRx 且 xRd，从而删去了(b, d)。但是 bRx、xRd 且 dRa，有 bRx 且 xRa，与 d 的选择矛盾。

假设$(d, a) \notin S$，于是之前必定存在 $y \in A$，dRy 且 yRa，从而删去了(d, a)。类似地可以证明 bRy 且 yRa，与 d 的选择矛盾。　　　□

（1）根据前面的说明，给出由关系的布尔矩阵形式表示直接画哈斯图的方法。

（2）定义下一步要研究的对象：

对于给定的集合 A 上关系 R，如果 A 上关系 S 满足

① $R \subseteq S$。

② S 是一个偏序关系。

③ S 是这样的偏序关系中最小的一个。

则以下简记 S 为 R^p（即包含 R 的最小偏序关系）。

本实验内容完成以下两个任务：

（a）若 R 为定义在集合 A 上的关系，且假设 R^p 存在，那么如何计算 $S=R^p$？

（b）编写一个程序，从文件读入一个关系 R 的矩阵表示，计算 R^p 的矩阵表示（此环节假定 R^p 必定存在），继而画 R^p 的哈斯图。

（3）在环节(2)中，假设 R^p 必定存在，但事实上，是否"对于任意一个关系 R，R^p 都存在"？

请思考并回答："从理论上讲，如何断定'对于给定的集合 A 上关系 R，是否存在包含 R 的最小偏序关系？'"。并请编程实现对给定关系 R 是否存在包含 R 的最小偏序关系的断定。

（4）考虑一个实际应用问题：一个程序中通常包括多个模块，各个模块之间存在调用关系。如果产生了模块之间的循环调用（例如，模块 1 调用模块 2，模块 2 调用模块 3，模块 3 调用模块 1），那么就有可能出现死循环。能否设计一个方法检测程序中是否有这种情况出现？

假设一个程序共包含 8 个模块，其调用关系是：模块 1 调用了模块 2 和模块 3，模块 2 调用了模块 8 和模块 3，模块 3 调用了模块 6，模块 4 未调用其他模块，模块 5 调用了模块 4 和模块 7，模块 6 调用了模块 5 和模块 7，模块 7 未调用其他模块，模块 8 调用了模块 5。

请编写程序判断该程序中是否存在模块循环调用的情况，如果不存在，请给出各模块之间调用关系的哈斯图以及一个拓扑排序。

（5）完成实验 B.3.2 及本实验前 4 个环节后，请思考并回答以下问题：

（a）关系一般有 3 种表示方法：集合的方式、关系矩阵的方式、关系图的方式。你认为本实验都采用关系矩阵的方式来处理的原因是什么？

（b）为什么对于每一个关系都存在包含它的等价关系，但是却可能不存在包含它的偏序关系？你认为其根本问题何在？

（c）你认为对于某关系 R 不存在包含其的偏序关系的本质原因是什么？你还能想到其他方法判定是否存在包含 R 的偏序关系么（此为可选答的问题）？

B.3.4　连通性和欧拉道路/回路

4.3 节介绍过（有限集合上）关系中的道路和回路，在第 8 章中又介绍了图中的道路和回路，图中与道路有关的问题是否可以通过关系的运算解决？

一个简单图可以视作某关系的图形表示，即此时可以将图和有限集合上的对称关系一一对应起来。

（1）编写程序，从文件读入一个简单图的矩阵表示，判断图中是否存在从顶点 a 到顶点 b 的道路。

（2）编写程序，从文件读入简单图的矩阵表示，判断其连通性。

（3）给定一个简单图的邻接矩阵表示如下：

$$
\begin{array}{c}
\begin{array}{cccccc} a & b & c & d & e & f \end{array} \\
\begin{array}{c} a \\ b \\ c \\ d \\ e \\ f \end{array}
\begin{pmatrix}
0 & 1 & 0 & 1 & 1 & 0 \\
1 & 0 & 1 & 0 & 0 & 0 \\
0 & 1 & 0 & 0 & 0 & 0 \\
1 & 0 & 0 & 0 & 1 & 0 \\
1 & 0 & 0 & 1 & 0 & 1 \\
0 & 0 & 0 & 0 & 1 & 0
\end{pmatrix}
\end{array}
$$

编写一个程序，判断边 ab、de、ef 是否是桥。

（4）编写一个程序，从文件读入一个简单图的矩阵表示，判断该图属于以下哪种情况。

① 存在欧拉回路。

② 不存在欧拉回路，但是存在欧拉道路。

③ 不存在欧拉道路。

对于属于情况①的图，使用弗勒里（Fleury）算法构造一条从 a 点开始的欧拉回路；对于属于情况②的图，使用弗勒里算法构造一条欧拉道路。

（5）前面讨论的都是无向图，实际上在有向图上也可以定义连通性、欧拉道路和欧拉回路。请编写一个程序，从文件读入一个有向图的矩阵表示，判断该图属于以下哪种情况。

① 存在欧拉回路。

② 不存在欧拉回路，但是存在欧拉道路。

③ 不存在欧拉道路。

对于属于情况①的图，从 a 点开始构造一条欧拉回路；对于属于情况②的图，构造一条欧拉道路。

B.4　实验四：村庄修引水渠问题

一个村庄有若干户人家，村庄附近有一条河（假定河岸为直线），如图 B.9 所示。

图 B.9　村庄与河

各户希望从河直接或间接引水到家中，但受限于客观条件，只能：

（1）由河岸修到农户家中，即各户从河岸引水道。

（2）由农户家中修到农户家中，即各户之间引水道。

即允许图 B.10(a)或(b)的修水道方式，但是不允许(c)的方式。

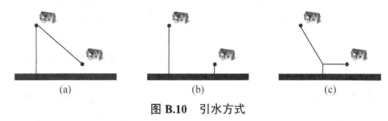

（a）　　　　　　　　　（b）　　　　　　　　　（c）

图 B.10　引水方式

B.4.1　实验内容（一）

（1）假定水道的成本与直线距离成正比，16 个农户的坐标为(1, 13), (2, 19), (3, 2), (4, 7), (6, 5), (6, 11), (9, 14), (11, 2), (11, 8), (11, 17), (12, 20), (14, 12), (15, 5), (19, 1), (19, 16), (20, 6)，河岸是直线 $y=0$。请编写程序给出最省钱的修水道方法。

（2）现实生活中的问题永远都在变化。现在假设有两条相交的河流分别是直线 $x=0$ 和 $y=0$，如图 B.11 所示，各个农户的坐标不变。请编写程序给出最省钱的修水道方法。

（3）现在假设有 3 条相交的河流（假定两条河流相互平行且都与第三条垂直，如图 B.12 所示）。应该如何求最省钱的修水道方法？请写出你对模型的修改和调整。

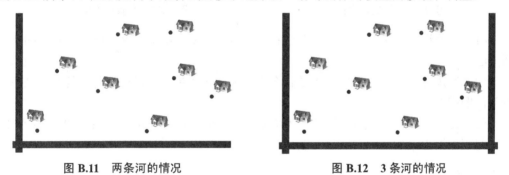

图 B.11　两条河的情况　　　　　　　**图 B.12　3 条河的情况**

（4）请分析：如果河流从村庄中间穿过，如图 B.13 所示，是否需要修改抽象模型？会对上面 3 个问题的结果产生影响吗？

图 B.13　河流从村庄中间穿过的情况

B.4.2　实验内容（二）

问题在实验内容（一）的基础上又有了变化。例如在图 B.14 中，农户 1 与河流之间的水管要给 5 家农户供水，因此不能使用普通水管，否则农户 6 得到的水量太小，因此农户 1 与河流之间的水管的成本要提高（就像人体中主动脉和毛细血管的半径也有很大差别一样）。

假定一段水管的成本不仅正比于水管长度，还正比于该水管供水（从河流算起）的农户的数目（参看图 B.15）。例如图 B.14 中，农户 1 与河流之间水管的成本是 $y_1 \times 6$ 个单位成本（供水给农户 1~6），农户 1 与农户 2 之间水管的成本是 $\sqrt{(x_1-x_2)^2+(y_1-y_2)^2} \times 4$ 个单位成本（供水给农户 2、4、5、6）。

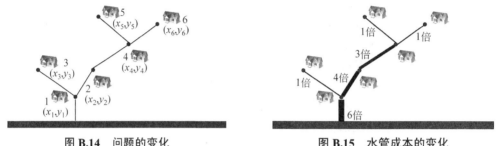

图 B.14　问题的变化　　　　　　　图 B.15　水管成本的变化

（1）仍假设河流是直线 $y=0$，各个农户的坐标不变。请编写程序给出最省钱的修水道方法。

（2）你认为在(1)中得到的结果是否合理？为什么？是否可以用你总结的方法来解决这类问题呢？

（3）在(1)的基础上，将河流增加为两条，分别是 $x=0$ 和 $y=0$，各个农户的坐标不变。请编写程序给出最省钱的修水道方法。

B.4.3　讨论与思考

（1）实验内容（一）和（二）是不同的问题，采用的解决方法也有所不同，你觉得这两个方法之间有什么联系？

（2）现实生活中，可能既不是实验内容（一）的情况，也不是实验内容（二）的情况，而更接近一种折中。例如，水管的成本不只和它给几户供水有关，也和供水户的远近有关，具体如下：

水管的成本=水管长度×该段水管总权重

而该段水管的总权重值为 $\sum_{i=1}^{n} \alpha^{L_i-1}$，其中 n 表示该水管给 n 家农户供水，L_i 表示其中农户 i 沿该水管到河的水管段数，$\alpha \in [0,1]$ 是一个常数（如图 B.16、图 B.17 所示）。

问题仍然是：如何修水道最省钱？给出你对这个问题的抽象建模和分析。它和实验内容（一）和（二）有什么关系？

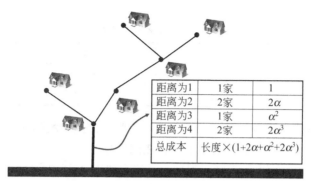

距离为1	1家	1
距离为2	2家	2α
距离为3	1家	α^2
距离为4	2家	$2\alpha^3$
总成本	长度$\times(1+2\alpha+\alpha^2+2\alpha^3)$	

图 B.16 折中的情况 1

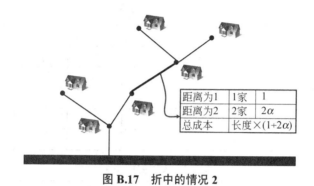

距离为1	1家	1
距离为2	2家	2α
总成本	长度$\times(1+2\alpha)$	

图 B.17 折中的情况 2

B.5 实验五：考场安排问题

B.5.1 实验内容

学校期末要举行各个课程的考试，要求学同一门课程的学生考试时间必须相同。

例如，表 B.1 表示了 5 名学生和 8 门课程的选课情况：

表 B.1 学生选课情况

学生	课程							
	A	B	C	D	E	F	G	H
甲	√	√	√	√				
乙	√		√	√				
丙			√				√	
丁					√	√		
戊				√	√			√

那么学校就要安排 4 场考试（每场考试必须是同一时间，但是可以在不同地点进行不同课程的考试），如表 B.2 所示。

表 B.2　考试安排表 1

场次	课程	场次	课程
第一场考试	A, E	第三场考试	B, G
第二场考试	C, H	第四场考试	D, F

而在实际的考试安排中不仅要考虑学生，还要考虑授课教师作为主考官，他所教授的各课程的考试时间不能冲突，即不能安排在同一场。

例如，在表 B.3 中给出了教师授课情况，那么课程 A 和 E 的考试就不能安排在同一时间，因此考试的安排需要变更为表 B.4 所示。

表 B.3　教师授课情况

学生	课程							
	A	B	C	D	E	F	G	H
赵老师	√		√		√			
钱老师				√				
孙老师		√					√	
李老师							√	√

表 B.4　考试安排表 2

场次	课程	场次	课程
第一场考试	A	第四场考试	D, F
第二场考试	C, H	第五场考试	E
第三场考试	B, G		

B.5.2　实验要求

（1）根据教师提供的学生选课情况（可以采用矩阵形式存放在文件中），编写程序给出考试的场次安排表（不要求一定得到最优方案）；

（2）在(1)的基础上，根据教师提供的教师教课情况（可以采用矩阵形式存放在文件中），编写程序给出考试的场次安排表（不要求一定得到最优方案）。

B.6　实验六：展览馆的参观与维护

图 B.18 是一个展览馆的平面图，该展览馆共有 3 条相互隔开的走廊、7 个展厅和男女盥洗室各一。

问题如下：

（1）如果你是一个参观者，是否可以设计一条参观线路，使得每个展厅只进出一次（走廊可以随意走），而且去一次盥洗室？

（2）如果你是一个维修工，可否设计一条线路，使得除大门和盥洗室外，各展室的每个门只经过一次？

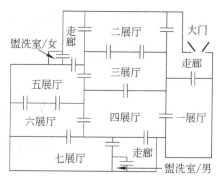

图 B.18　展览馆平面图

（3）如果该展览馆经过整修，平面图发生变化（如图 B.19 所示），重新考虑问题(1)。

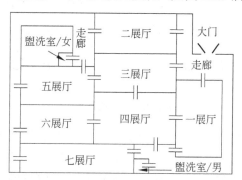

图 B.19　整修后的展览馆平面图

请给出你对这个问题的抽象，并给出问题(1)～(3)的解答。

B.7　实验七：导师和研究生的自动分配

某校软件学院的开学季又到了，今年有 m 名导师需要招收研究生，并有 $n=m\times k$ 名研究生需要分配导师。每位导师都至少需要选择 $m+k-1$ 名研究生作为他的学生的候选集（排名不分先后）。

学院希望设计一个程序，可以根据导师的志愿自动分配研究生，每位导师都能够被分配到 k 名属于他的学生候选集的研究生。例如志愿如表 B.5 所示时，可以分配给导师 A｛学生 a，学生 f｝，分配给导师 B｛学生 b，学生 c｝，分配给导师 C｛学生 d，学生 e｝。

表 B.5　导师的志愿

导师	学生					
	a	b	c	d	e	f
A	√		√	√		√
B	√	√	√		√	
C		√	√	√	√	

首先请分析，这个程序是否可以设计并实现，换言之，是否一定存在满足"每位导

师都能够被分配到 k 名属于他的学生候选集的研究生"要求的方案？

如果存在这样的方案，请根据教师提供的导师志愿情况（可以矩阵形式存放在文件中），编写程序给出满足要求的研究生分配方案。

B.8　实验八：绿色健康城市规划

某城市的街道路网设计呈方格路网的子图形式，而且不存在长度是奇数的回路（例如图 B.20(a)、(b)）。

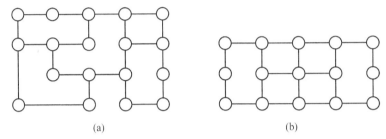

(a) (b)

图 B.20　街道路网设计

为推广绿色出行和健康出行，市长决定设立一些步行街和便民服务站。要求：每个路口至少连接一条步行街，每条街道（两个路口之间）至少有一端的路口设有便民服务站。而从成本考虑，又希望在满足要求的前提下，步行街和便民服务站的数目应尽可能少。

在给定城市街道图的情况下，请你帮助市长确定应该将哪些街道设置为步行街，应该在哪些路口设置便民服务站。例如，图 B.20 所示的两个图的最佳方案如图 B.21 所示，其中粗线段表示步行街，深色顶点表示便民服务站。

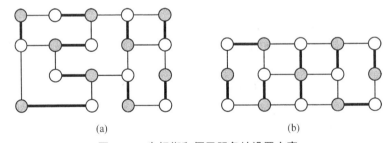

(a) (b)

图 B.21　步行街和便民服务站设置方案

根据教师提供的城市街道图（可以存放在文件中），编写程序给出数目尽可能少且满足要求的步行街和便民服务站设置方案。

B.9　实验九：羽毛球双打配对和住宿安排

互为友好城市的 A 市和 B 市决定联合组建若干个羽毛球男子双打组合，参加国际羽毛球友谊邀请赛。计划每个组合由 1 名 A 市男运动员和 1 名 B 市男运动员组成。

由于运动员打法风格各不相同，因此不同运动员组合成双打配对的水平高低和竞赛优势也存在差异。例如在图 B.22(a)所示的矩阵中，第 i 行第 j 列的值是 A 市男运动员 i 和 B 市男运动员 j 配对组成双打的竞赛优势。

10	2	3
2	3	4
3	4	4

6	4	2
3	5	3
4	1	5

(a)　　　　　　　　　(b)

图 B.22　两市选手的竞赛优势和生活习惯差异

希望能将 n 名 A 市男运动员和 n 名 B 市男运动员配对组成 n 个双打组合，且竞赛优势总和达到最大。例如在图 B.22(a)所示的情况下，最优的组合方式是：A 市男运动员 1 与 B 市男运动员 1 配对，A 市男运动员 2 与 B 市男运动员 3 配对，A 市男运动员 3 与 B 市男运动员 2 配对。

另外，在比赛期间需要安排住宿，计划每个房间都由 1 名 A 市男运动员和 1 名 B 市男运动员合住。但是运动员都存在生活习惯上的差异，例如在图 B.22(b)所示的矩阵中，第 i 行第 j 列的值是 A 市男运动员 i 和 B 市男运动员 j 的生活习惯差异大小。

希望能为 n 名 A 市男运动员和 n 名 B 市男运动员安排房间，使得生活差异总值达到最小。例如在图 B.22(b)所示的情况下，最佳的安排房间方法是：A 市男运动员 1 和 B 市男运动员 3 同住一间，A 市男运动员 2 和 B 市男运动员 1 同住一间，A 市男运动员 3 和 B 市男运动员 2 同住一间。

根据教师提供的 A 市男运动员和 B 市男运动员的配对竞赛优势及生活差异（可以矩阵形式存放在文件中），编写程序给出使得总竞赛优势达到最大的双打配对方案以及总生活习惯差异尽可能小的安排房间方案。

Abelian group	阿贝尔群
addition principle	加法原理，加法法则
adjacent	邻接的，相邻的
adjacent matrix	邻接矩阵
algebraic structure	代数结构
algebraic system	代数系统
alphabet	字母表
alternating path	交错道路
ambiguous grammar	歧义文法
ancestor	祖先
antisymmetric	反对称的
arc	弧
argument	自变量
assignment	真值指派，赋值
associative	结合的
asymmetric	非对称的
atom proposition	原子命题
augment path	可增广道路
augmenting path	可增广道路
automorphism	自同构
Backus-Naur Form (BNF)	巴科斯-诺尔范式
backward edge	后向边
biconditional	等价，双条件
bijection	双射
binary operation	二元运算
bipartite graph	二部图
bit matrix	位矩阵
block	划分块
Boolean algebra	布尔代数
Boolean lattice	布尔格
Boolean matrix	布尔矩阵

Boolean product	布尔积
boundary	边界
bounded lattice	有界格
bounded variable	约束变项
branch point	分枝点
bridge	桥
canonical map	典范映射，自然映射
capacity	容量
cardinality	基数，势
Cartesian product	笛卡儿积
catenation	连接
ceiling function	天花板函数，上取整函数
chain	链
characteristic equation	特征多项式
characteristic function	特征函数
characteristic root	特征根
chromatic number	色数
chromatic number	点色数
circuit	回路
closed	封闭的
closure	闭包
combination	组合
commutative	可交换的
comparable	可比的
compatibility block	相容类
compatibility relation	相容关系
compatible class	相容类
complement	补
complemented lattice	有补格
complete graph	完全图
complete m-ary tree	完全 m 叉树
complete matching	完全匹配
component	连通分支
composite number	合数
composition	复合，合成
compound statement	复合命题
conclusion	结论
concrete syntax tree	具体语法树
congruent	同余

conjunction	合取词
conjunctive normal form	合取范式
connected	连通的
content sensitive grammar	上下文相关语法
content-free grammar	上下文无关语法
contradiction	矛盾式，永假式
coset	陪集
cost	代价
countable	可数的，可列的
cover	覆盖
covering	覆盖
cut	割
cycle	圈
cycle permutation	轮换
degree	度数，次数
derivation	推导
derivation tree	派生树
descendant	后代
Deterministic Finite Automata (DFA)	确定性有限状态自动机
dictionary order	字典序
difference	差
digraph	有向图
directed graph	有向图
directed tree	有向树
direct product	直积
disconnected	不连通的
disconnecting set	分离集
discrete graph	离散图
disjunction	析取词
disjunctive normal form	析取范式
distributive	分配的
distributive lattice	分配格
divide	整除
divisor	因子
domain	定义域；无零因子环
dominating set	支配集
domination number	支配数
drawer principle	抽屉原则
dual	对偶

dual graph	对偶图
edge	边
edge coloring	边着色
edge cover	边覆盖集，简称边覆盖
edge covering number	边覆盖数
edge-disjoint paths	边不相交的道路
element	元素
empty set	空集
empty string	空串
end point	端点
endomorphism	自同态
equivalence	等价词
equivalence classes	等价类
equivalence relation	等价关系
equivalent	等值
Eulerian circuit	欧拉回路
Eulerian graph	欧拉图
Eulerian path	欧拉道路
exclusive or	异或词
Existential Generalization (EG)	存在量词引入规则
existential quantification	存在量词
Existential Specification (ES)	存在量词消去规则
face	面
face coloring	面着色
factorial	阶乘
field	域
finite	有限的
floor function	地板函数，下取整函数
flow	流
flow network	流网络
forest	森林
forward edge	前向边
free variable	自由变项
full conjunctive normal form	主合取范式
full disjunctive normal form	主析取范式
function	函数
fundamental conjunction	合取式
fundamental disjunction	析取式
generator	生成元

graph	无向图
graph coloring	图着色
Greatest Common Divisor (GCD)	最大公约数，最大公因子
greatest element	最大元
Greatest Lower Bound (GLB)	下确界
group	群
Hamiltonian circuit	哈密顿回路
Hamiltonian graph	哈密顿图
Hamiltonian path	哈密顿道路
hash function	哈希函数，散列函数，杂凑函数
height	高度
homomorphic	同态的
homomorphism	同态
hypothesis	假设
identity	单位元，幺元
identity function	恒等函数
image	像
implication	蕴含词
inclusion-exclusion principle	容斥原理
incomparable	不可比的
in-degree	入度
independence number	独立数
independent set	点独立集，简称独立集
individual	个体词
inference	推理
infinite	无限的
infix notation	中缀表示
injection	单射
inorder	中序
integral domain	整环
interpretation	解释
intersection	交
inverse	逆
invertible	可逆的
irreflexive	非自反的
isolated vertex	孤立顶点
isomorphic	同构的
isomorphism	同构
item	项

join	并
Koch snowflake	科赫雪花
language	语言
Latin square	拉丁方
lattice	格
leaf	叶子
Least Common Multiple (LCM)	最小公倍数
least element	最小元
least upper bound	上确界
length	长度
level	层数
lexicographic order	词典序
line graph	线图
linear homogeneous relation	常系数线性齐次递推关系
linearly ordered set	线序集
linear order	线序
literal	文字
logic	逻辑
logically equivalent	逻辑等价的
logically valid formula	普遍有效的公式，逻辑有效式
loop	自环
lower bound	下界
map	映射
m-ary tree	m 元树，m 叉树
matching	匹配；边独立集
matching network	匹配网络
matching number	匹配数
maximal compatibility block	最大相容类
maximal element	极大元
maximal independent set	极大独立集
maximal matching	极大匹配
maximum-cardinality matching	最大基数匹配
maximum flow	最大流
maximum independent set	最大独立集
maximum matching	最大匹配
maxterm	极大项
meet	交
minimal dominating set	极小支配集
minimal edge cover	极小边覆盖

pendant edge	悬挂边
pendant vertex	悬挂点
perfect matching	完美匹配
period	周期
permutation	排列，置换
permutation group	置换群
phrase structure grammar	短语结构文法
pierce	或非词
pigeonhole principle	鸽巢原理
planar graph	平面图
Polish notation	波兰式
positional tree	位置树
postfix notation	后缀表示
postorder	后序
power	幂
power set	幂集
predecessor	前驱
predicate	谓词
predicate logic	谓词逻辑
prefix	前缀
prefix code	前缀码
prefix-free code	无前缀码
prefix notation	前缀表示
premise	前提
prenex normal form	前束范式
preorder	前序
prime	素数，质数
product	积
proper prefix	真前缀
proper subring	真子环
proper subset	真子集
proper suffix	真后缀
proposition	命题
proposition connective	命题联结词
propositional variables	命题变项，命题变元
proposition operator	命题运算符
quantification	量词
quasiorder	拟序
quotient	商

quotient group	商群
quotient set	商集
railroad diagram	铁路图
range	值域
reachable	可达的
recurrence relation	递推关系
reflexive	自反的
regular expression	正则表达式
regular grammar	正则语法
regular graph	正则图
regular m-ary tree	正则 m 叉树
regular set	正则集
relation	关系
relatively prime	互素，互质
remainder	余数
residual graph	剩余图
restriction	限制
reverse Polish notation	逆波兰式
ring	环
root	根
rooted tree	根树
satisfiable	可满足的
scope	辖域，个体域
semigroup	半群
semi order	半序
semi ordered set	半序集
sequence	序列
set	集合
sheffer	与非词
sibling	兄弟顶点
simple circuit	简单回路
simple graph	简单图
simple path	简单道路
simple proposition	简单命题
sink	汇
sourse	源
spanning tree	生成树，支撑树
string	串
strongly connected	强连通的

subformula	子公式
subgraph	子图
subgroup	子群
sublattice	子格
subring	子环
subset	子集
substring	子串
subtree	子树
successor	后继
suffix	后缀
superset	超集
super-sink	超汇
super-source	超源
surjection	满射
syllogism	三段论
symmetric	对称的
symmetric difference	对称差
symmetric group	对称群
syntax diagram	语法图，句法图
tautology	重言式，永真式
term rank	秩
terminal symbol	终结符号
the domain of the discourse	论域
topology sorting	拓扑排序
totally ordered set	全序集
total order	全序
transformation	变换
transitive	传递的
Traveling Salesman Problem (TSP)	旅行商问题
traversal	遍历，周游
tree	树
trivial subgroup	平凡子群
trivial tree	平凡树
truth table	真值表
unary operation	一元运算
uncountable	不可数的，不可列的
undirected graph	无向图
undirected tree	无向树
union	并

使用 Mathematica 学习离散数学

Mathematica 软件是由美国物理学家沃尔弗拉姆（Stephen Wolfram）领导的 Wolfram Research 开发的数学系统软件。Mathematica 拥有强大的数值计算和符号计算能力，还可以很方便地进行图形的表示，它是理论研究工作者和工程技术人员的功能非常强大的助手。

本附录介绍如何在学习离散数学的过程中融合 Mathematica 软件的使用，使读者可以通过软件学习课程、通过课程学习软件，达到相得益彰的效果。

Mathematica 软件的使用非常简单，在 Mathematica 笔记本（notebook）部分中通过键盘输入，而后只需按 Shift+Enter 键就可以看到输出。限于篇幅，本附录各节只给出离散数学学习需要实现的功能、输入的命令以及输出结果[①]，更多关于 Mathematica 软件安装和使用的内容请读者参看其他相关书籍。

D.1　集合、序列与矩阵

【功能】生成集合{1,2,3,4,5,1}（准确地说是一个序列，即有序并允许重复元素）。

输入：A={1,2,3,4,5,1}

输出：{1,2,3,4,5,1}

【功能】去掉集合中的重复元素。

输入：Union[A]

输出：{1,2,3,4,5}

【功能】生成集合{1,3,5,7,9}。

输入：B={1,3,5,7,9}

输出：{1,3,5,7,9}

【功能】计算 A 与 B 的交集。

输入：Intersection[A,B]

输出：{1,3,5}

【功能】计算 A 与 B 的并集。

输入：Union[A,B]

输出：{1,2,3,4,5,7,9}

---

① 均在 Mathematica 6.0.2.0 中运行通过。

【功能】计算 A 与 B 的差(A–B)。

输入：Complement[A,B]

输出：{2,4}

【功能】计算 A 与 B 的对称差。

输入：Union[Complement[A,B],Complement[B,A]]

输出：{2,4,7,9}

【功能】计算有限集合 A 的元素个数。

输入：Length[Union[A]]

输出：5

【功能】判断元素 1 是否属于集合 A。

输入：MemberQ[A,1]

输出：True

【功能】判断{1,2}是否是集合 A 的一个子集。

输入：Intersection[A,{1,2}]=={1,2}

输出：True

【功能】计算 63 与 175 的最大公约数。

输入：GCD[63,175]

输出：7

【功能】计算(s, t)使得 63s+175t=GCD(63,175)。

输入：{g,{s,t}}=ExtendedGCD[63,175]

输出：{7,{-11,4}}

输入：63*s+175*t==g

输出：True

【功能】计算 63 与 175 的最小公倍数。

输入：LCM[63,175]

输出：1575

【功能】判断 63 与 175 是否互素。

输入：CoprimeQ[63,175]

输出：False

【功能】判断 63 是否素数。

输入：PrimeQ[63]

输出：False

【功能】判断 189 是否可以整除 63。

输入：Divisible[189,63]

输出：True

【功能】计算 175 除以 63 的商。

输入：Quotient[175,63]

输出：2

【功能】计算 175 除以 63 的余数（也就是 175 模 63 的值）。

输入：Mod[175,63]

输出：49

【功能】计算 175^3 除以 63 的余数（也就是 175^3 模 63 的值）。

输入：PowerMod[175,3,63]

输出：28

【功能】计算 175 的所有正因子。

输入：Divisors[175]

输出：{1,5,7,25,35,175}

【功能】计算 175 的整数分解（结果表示 $175=5^2 \times 7^1$）。

输入：FactorInteger[175]

输出：{{5,2},{7,1}}

【功能】给出 175 的十进制表示的各位。

输入：IntegerDigits[175]

输出：{1,7,5}

【功能】给出 175 的二进制表示的各位。

输入：IntegerDigits[175,2]

输出：{1,0,1,0,1,1,1,1}

【功能】给出 175 的十六进制表示的各位。

输入：IntegerDigits[175,16]

输出：{10,15}

【功能】由二进制表示得到十进制表示的数值。

输入：FromDigits[{1,0,1,1,1,1,0,1},2]

输出：189

【功能】定义矩阵 X。

输入：X={{1,1},{0,1}}

输出：{{1,1},{0,1}}

【功能】以矩阵的形式显示 X。

输入：MatrixForm[X]

输出：$\begin{pmatrix} 1 & 1 \\ 0 & 1 \end{pmatrix}$

【功能】计算 X 的转置。

输入：Transpose[X]

输出：{{1,0},{1,1}}

【功能】定义矩阵 Y(不输出结果)。

输入：Y={{0,1},{1,1}}

【功能】计算 $X+Y$。

输入：X+Y

输出：{{1,2},{1,2}}

【功能】计算 *X* 与 *Y* 逐个元素的乘积。

输入：X*Y

输出：{{0,1},{0,1}}

【功能】计算 *X* 与 *Y* 的乘积。

输入：X.Y

输出：{{1,2},{1,1}}

【功能】将一个矩阵大于 1 的元素都变为 1。

输入：Sign[{{1,2},{1,1}}]

输出：{{1,1},{1,1}}

【功能】计算 *X* 与 *Y* 的交。

输入：X*Y

输出：{{0,1},{0,1}}

【功能】计算 *X* 与 *Y* 的并。

输入：Sign[X+Y]

输出：{{1,1},{1,1}}

【功能】计算 *X* 与 *Y* 的布尔积。

输入：Sign[X.Y]

输出：{{1,1},{1,1}}

D.2　排列、组合、递推关系与划分

本节及后面的诸功能都需要使用 Combinatorica 函数包，使用方法为输入 "<<Combinatorica`"。

【功能】生成{*a*, *b*, *c*}的所有全排列。

输入：Permutations[{a,b,c}]

输出：{{a,b,c},{a,c,b},{b,a,c},{b,c,a},{c,a,b},{c,b,a}}

【功能】生成可重元素的所有全排列。

输入：Permutations[{a,a,b}]

输出：{{a,a,b},{a,b,a},{b,a,a}}

【功能】生成{*a*, *b*, *c*, *d*}的所有的 1-排列到 3-排列。

输入：Permutations[{a,b,c,d},{1,3}]

输出：{{a},{b},{c},{d},{a,b},{a,c},{a,d},{b,a},{b,c},{b,d},{c,a},{c,b},{c,d},{d,a},{d,b}, {d,c},{a,b,c},{a,b,d},{a,c,b},{a,c,d},{a,d,b}, {a,d,c}, {b,a,c}, {b,a,d}, {b,c,a}, {b,c,d}, {b,d,a}, {b,d,c}, {c,a,b},{c,a,d},{c,b,a},{c,b,d},{c,d,a},{c,d,b},{d,a,b}, {d,a,c}, {d,b,a},{d,b,c},{d,c,a}, {d,c,b}}

【功能】生成{*a*, *b*, *c*, *d*}的所有的 2-排列。

输入：Permutations[{a,b,c,d},{2}]

输出：{{a,b},{a,c},{a,d},{b,a},{b,c},{b,d},{c,a},{c,b},{c,d}, {d,a},{d,b},{d,c}}

【功能】生成{a,b,c}的所有的组合（即子集）。

输入：Subsets[{a,b,c}]

输出：{{},{a},{b},{c},{a,b},{a,c},{b,c},{a,b,c}}

【功能】生成{a, b, c, d}的所有至多包含两个元素的组合（即子集）。

输入：Subsets[{a,b,c,d},2]

输出：{{},{a},{b},{c},{d},{a,b},{a,c},{a,d},{b,c},{b,d},{c,d}}

【功能】生成{a,b,c,d}的所有恰包含 2 个元素的组合（即子集）。

输入：Subsets[{a,b,c,d},{2}]

　或　KSubsets[{a,b,c,d},2]

输出：{{a,b},{a,c},{a,d},{b,c},{b,d},{c,d}}

【功能】组合数 C(6,2)的计算。

输入：Binomial[6,2]

输出：15

【功能】计算斐波那契数列的第 10 项。

输入：Fibonacci[10]

输出：55

【功能】计算集合{a,b,c,d}的所有不同划分。

输入：SetPartitions[{a,b,c,d}]

输出：{{{a,b,c,d}},{{a},{b,c,d}},{{a,b},{c,d}},{{a,c,d},{b}}, {{a,b,c},{d}}, {{a,d}, {b,c}},{{a,b,d},{c}},{{a,c},{b,d}},{{a},{b},{c,d}},{{a},{b,c},{d}},{{a},{b,d}, {c}},{{a,b},{c},{d}}, {{a,c},{b},{d}},{{a,d},{b},{c}},{{a},{b},{c},{d}}}

D.3　关系与有向图

【功能】生成一个关系。

输入：L={{1,1},{1,2},{1,4},{2,1},{3,2},{3,4}}

输出：{{1,1},{1,2},{1,4},{2,1},{3,2},{3,4}}

【功能】生成该关系的有向图。

输入：G=FromOrderedPairs[L]

输出：Graph:< 6,4,Directed >

【功能】计算{a,b}和{1,2,3}的笛卡儿积。

输入：CartesianProduct[{a,b},{1,2,3}]

输出：{{a,1},{a,2},{a,3},{b,1},{b,2},{b,3}}

【功能】由有序对构造有向图。

输入：ShowGraph[FromOrderedPairs[{{1,2},{2,1},{3,4}}]]

输出：（见图 D.1）

【功能】由无序对构造无向图。

输入：ShowGraph[FromUnorderedPairs[{{1,2},{2,1},{3,4}}]]

输出：（见图 D.2）

图 D.1　由有序对构造的有向图

图 D.2　由无序对构造的无向图

【功能】由邻接矩阵构造无向图。

输入：ShowGraph[FromAdjacencyMatrix[{{0,1,0,0},{1,0,0,0}, {0,0,0,1},{0,0,1,0}}]]

输出：（见图 D.3）

【功能】显示关系 *G* 的有向图（显示顶点标号）。

输入：ShowGraph[G, VertexNumber->True]

输出：（见图 D.4）

图 D.3　由邻接矩阵构造的无向图

图 D.4　显示关系 *G* 的有向图

【功能】使有向图变为无向图。

输入：ShowGraph[MakeUndirected[G]]

输出：（见图 D.5）

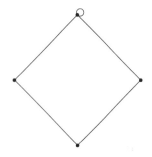

图 D.5　使有向图变为无向图

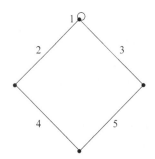

图 D.6　使有向图变为无向图并给每条边标号

【功能】使有向图变为无向图并给每条边标号。

输入：ShowGraph[MakeUndirected[G],EdgeLabel->{1,2,3,4,5}]

输出：（见图 D.6）

【功能】判断由图表示给出的一个关系是否是自反关系。

输入：ReflexiveQ[G]

输出：False

【功能】生成恒等关系的图并显示。

输入：ShowGraph[MakeGraph[Range[4],#2==#1&]]

输出：（见图 D.7）

【功能】计算关系的自反闭包并显示。

输入：ShowGraph[MakeGraph[Range[4],MemberQ[L,{#2,#1}]||#1==#2&]]

输出：（见图 D.8）

图 D.7 相等关系的图

图 D.8 关系的自反闭包

【功能】判断由图表示给出的一个关系是否是对称关系。

输入：SymmetricQ[G]

输出：False

【功能】计算关系的对称闭包。

输入：ToOrderedPairs[MakeUndirected[G]]

输出：{{2,1},{4,1},{3,2},{4,3},{1,1},{1,2},{1,4},{2,3},{3,4}}

【功能】计算由图表示给出的一个关系的逆并显示。

输入：ShowGraph[MakeGraph[Range[4],MemberQ[L,{#2,#1}]&]]

输出：（见图 D.9）

图 D.9 关系的逆

图 D.10 关系的对称闭包

【功能】计算关系的对称闭包并显示。

输入：ShowGraph[MakeGraph[Range[4],MemberQ[L,{#2,#1}]||MemberQ[L,{#1,#2}] &]]

输出：（见图 D.10）

【功能】判断由图表示给出的一个关系是否是反对称关系。

输入：AntiSymmetricQ[G]

输出：False

【功能】判断由图表示给出的一个关系是否是等价关系。

输入：EquivalenceRelationQ[G]

输出：False

【功能】计算由邻接矩阵{{1,1,0,0},{1,1,0,0},{0,0,1,0}, {0,0,0,1}}所定义等价关系的等价类。

输入：EquivalenceClasses[{{1,1,0,0},{1,1,0,0},{0,0,1,0}, {0,0,0,1}}]

输出：{{1,2},{3},{4}}

【功能】判断由图表示给出的一个关系是否是传递关系。

输入：TransitiveQ[G]

输出：False

【功能】计算由{(1,1), (1,2), (1,4), (2,1), (3,2), (3,4)}所定义关系的传递闭包并显示。

输入：ShowGraph[TransitiveClosure[G]]

输出：（见图 D.11）

输入：ToOrderedPairs[TransitiveClosure[G]]

输出：{{1,1},{1,2},{1,4},{2,1},{2,2}, {2,4}, {3,1}, {3,2}, {3,4}}

输入：TransitiveQ[TransitiveClosure[G]]

输出：True

【功能】判断由图表示给出的一个关系是否是偏序关系。

输入：PartialOrderQ[G]

输出：False

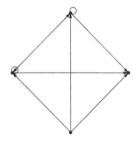

图 D.11　关系的传递闭包

【功能】显示有 3 个元素的集合的所有子集在包含关系下的有向图。

输入：ShowGraph[MakeGraph[Subsets[3],Intersection[#2,#1]==#1&]]

输出：（见图 D.12）

【功能】显示有 3 个元素的集合的所有子集在包含关系下的哈斯图。

输入：ShowGraph[HasseDiagram[MakeGraph[Subsets[3],Intersection[#2, #1]==#1&]]]

输出：（见图 D.13）

【功能】显示 1～12 在整除关系下的有向图（显示顶点标号）。

输入：ShowGraph[MakeGraph[Range[12],Divisible[#2,#1]&], VertexNumber->True]

输出：（见图 D.14）

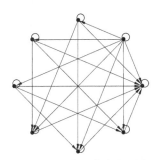

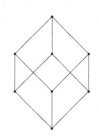

图 D.12　3 个元素的集合的所有子集
　　　　在包含关系下的有向图

图 D.13　3 个元素的集合的所有子集
　　　　在包含关系下的哈斯图

【功能】显示 1～12 在整除关系下的哈斯图（显示顶点标号）。

输入：ShowGraph[HasseDiagram[MakeGraph[Range[12], Divisible[#2,#1]&]],

VertexNumber->True]

输出：（见图 D.15）

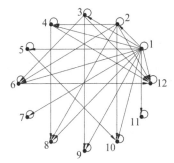

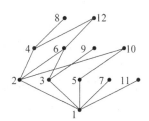

图 D.14　1～12 在整除关系下的有向图

图 D.15　1～12 在整除关系下的哈斯图

【功能】显示 1～12 在整除关系下的一个拓扑排序。

输入：TopologicalSort[MakeGraph[Range[12],Divisible[#2,#1]&]]

输出：{1,2,3,5,7,11,4,6,9,10,8,12}

D.4　图

【功能】显示有 5 个顶点的完全图。

输入：ShowGraph[CompleteGraph[5]]

输出：（见图 D.16）

【功能】给出有 5 个顶点的完全图的邻接矩阵表示。

输入：TableForm[ToAdjacencyMatrix [CompleteGraph[5]]]

输出：0　1　1　1　1
　　　1　0　1　1　1
　　　1　1　0　1　1
　　　1　1　1　0　1
　　　1　1　1　1　0

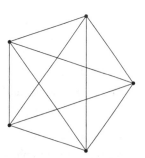

图 D.16　有 5 个顶点的
　　　　完全图

【功能】计算有 5 个顶点的完全图的顶点数。

输入：V[CompleteGraph[5]]

输出：5

【功能】计算有 5 个顶点的完全图的边数。

输入：M[CompleteGraph[5]]

输出：10

【功能】计算有 5 个顶点的完全图各顶点的度数。

输入：Degrees[CompleteGraph[5]]

输出：{4,4,4,4,4}

【功能】将图表示转换为有序对的表示方法。

输入：ToOrderedPairs[CompleteGraph[5]]

输出：{{2,1},{3,1},{4,1},{5,1},{3,2},{4,2},{5,2},{4,3},{5,3},{5,4},{1,2},{1,3},{1,4},
{1,5}, {2,3}, {2,4},{2,5},{3,4},{3,5},{4,5}}

【功能】将图表示转换为无序对的表示方法。

输入：ToUnorderedPairs[CompleteGraph[5]]

输出：{{1,2},{1,3},{1,4},{1,5},{2,3},{2,4},{2,5},{3,4},{3,5},{4,5}}

【功能】显示有 5 个顶点的完全图保留顶点{1,2,4}后得到的生成子图（顶点标号）。

输入：ShowLabeledGraph[InduceSubgraph[CompleteGraph[5],{1,2,4}]]

输出：（见图 D.17）

【功能】显示有 10 个顶点的星形图。

输入：ShowGraph[Star[10]]

输出：（见图 D.18）

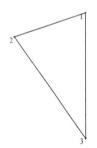

图 D.17　5 个顶点的完全图保留顶点
{1,2,4}后得到的生成子图

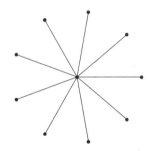

图 D.18　有 10 个顶点的星形图

【功能】在有 10 个顶点的星形图中加入边{1,2}并显示（顶点标号）。

输入：ShowLabeledGraph[AddEdge[Star[10],{1,2}]]

输出：（见图 D.19）

【功能】在有 10 个顶点的星形图中加入边{1,2}、{5,7}并显示。

输入：ShowGraph[AddEdges[Star[10],{{1,2},{5,7}}]]

输出：（见图 D.20）

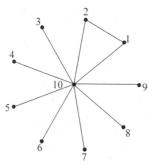

图 D.19 在有 10 个顶点的星形
图中加入边 {1,2}

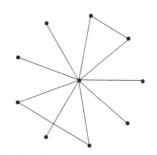

图 D.20 在有 10 个顶点的星形图中
加入边 {1,2}、{5,7}

【功能】在有 10 个顶点的星形图中删除边 {8,10} 并显示。

输入：ShowGraph[DeleteEdge[Star[10],{8,10}]]

输出：（见图 D.21）

【功能】显示一个完全二部图 $K_{3,4}$。

输入：ShowGraph[CompleteGraph[3,4]]

输出：（见图 D.22）

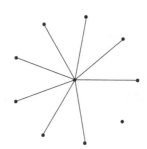

图 D.21 在有 10 个顶点的星形图中删除边 {8,10}

图 D.22 完全二部图 $K_{3,4}$

【功能】显示彼得森图。

输入：ShowGraph[PetersenGraph]

输出：（见图 D.23）

【功能】显示一个 6×6 棋盘上骑士的可能行动路线图。

输入：ShowLabeledGraph[KnightsTourGraph[6,6]]

输出：（见图 D.24）

【功能】寻找一个 6×6 棋盘上的一个骑士周游道路。

输入：HamiltonianPath[KnightsTourGraph[6,6]]

输出：{1,9,5,16,3,7,15,2,10,6,17,30,34,26,13,21,32,19,8,4,12,23,36,28,20,31,27,35,24,11,
22,18,29,33,25,14}

【功能】寻找一个 6×6 棋盘上的一个骑士周游解。

输入：HamiltonianCycle[KnightsTourGraph[6,6]]

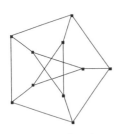

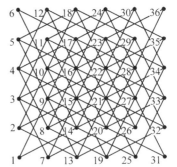

图 D.23   彼得森图   图 D.24   6×6 棋盘上骑士的可能行动路线

输出：{1,9,5,16,3,7,15,2,10,6,17,30,34,26,13,21,32,19,8,4,12,23,36,28,20,31,27,35,24,11,
22,18,29,33,25,14,1}

【功能】给出有 6 个顶点的完全图的一条哈密顿回路。

输入：HamiltonianCycle[CompleteGraph[6]]

输出：{1, 2, 3, 4, 5, 6, 1}

【功能】判断 4×4 棋盘上的是否存在一个骑士周游回路。

输入：HamiltonianQ[KnightsTourGraph[4,4]]

输出：False

【功能】判断有 6 个顶点的完全图是否存在欧拉回路。

输入：EulerianQ[CompleteGraph[6]]

输出：False

【功能】给出有 5 个顶点的完全图的一条欧拉回路。

输入：EulerianCycleCompleteGraph[5]]

输出：{2,3,1,4,5,3,4,2,5,1,2}

【功能】给有 4 个顶点的完全图每个边编号（即权值）并输出。

输入：ShowLabeledGraph[CompleteGraph[4],EdgeLabel->{1,2,3,4,6,8}]

输出：（见图 D.25）

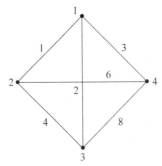

图 D.25   有 4 个顶点的赋权完全图

【功能】给有 4 个顶点的完全图每个边赋权值并计算其旅行商问题解。

输入：TravelingSalesman[SetEdgeWeights[CompleteGraph[4],{1,2,3,4,6,8}]]

输出：{1,3,2,4,1}

注：此时解为 2+4+6+3=15。

D.5　树

【功能】判断一个图是否无圈。

输入：L={{1,1},{1,2},{1,4},{2,1},{3,2},{3,4}}

输出：{{1,1},{1,2},{1,4},{2,1},{3,2},{3,4}}

输入：G=FromOrderedPairs[L]

输出：Graph:< 6,4,Directed >

输入：AcyclicQ[G]

输出：False

【功能】找出一个图中的一个圈。

输入：FindCycle[G]

输出：{1,1}

【功能】找出该关系的对称闭包的一个生成树并显示。

输入：ShowGraph[MinimumSpanningTree[MakeUndirected[G]]]

输出：（见图 D.26）

【功能】判断一个无向图是否是树。

输入：TreeQ[MakeUndirected[G]]

输出：False

【功能】随机生成一个有 8 个顶点的树。

输入：ShowGraph[RandomTree[8]]

输出：（见图 D.27）

【功能】给无向图每个边编号（即权值）并输出。

输入：ShowGraph[MakeUndirected[G],EdgeLabel->{1,2,3,4,5}]

输出：（见图 D.28）

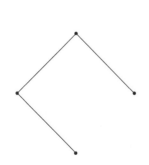

图 D.26　关系的对称闭包的一个生成树

图 D.27　有 8 个顶点的树

【功能】给无向图每个边赋权值并计算其最小生成树。

输入：ShowGraph[MinimumSpanningTree[SetEdgeWeights[MakeUndirected[G],{1,2,3, 4, 5}]]]

输出：（见图 D.29）

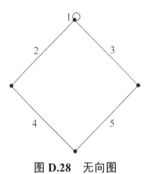

图 D.28　无向图　　　　　　　　图 D.29　最小生成树

【功能】给无向图每个边编号（即权值）并输出（换了一组权值）。

输入：ShowGraph[MakeUndirected[G],EdgeLabel->{5,4,3,2,1}]

输出：（见图 D.30）

【功能】给无向图每个边赋权值并计算其最小生成树。

输入：ShowGraph[MinimumSpanningTree[SetEdgeWeights[MakeUndirected[G],{5,4,3, 2, 1}]]]

输出：（见图 D.31）

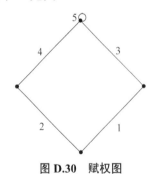

图 D.30　赋权图　　　　　　　　图 D.31　图 D-30 的最小生成树

附录 E

Prolog 语言与逻辑推理

Prolog 是 Programming in Logic 的缩写，意为使用逻辑的语言编写程序。它是一种逻辑编程语言。Prolog 语言最早由法国艾克斯-马赛（Aix-Marseille）大学的 Alain Colmerauer 与 Phillipe Roussel 等人于 20 世纪 60 年代末研究开发。一直在北美和欧洲被广泛使用。日本政府曾经为了建造智能计算机而用 Prolog 来开发 ICOT 第五代计算机系统。在早期的机器智能研究领域，Prolog 曾经是主要的开发工具。1995 年 ISO 制定了 Prolog 标准。

Prolog 建立在逻辑学的理论基础之上，最初被运用于自然语言等研究领域。现在它已广泛应用在人工智能的研究中，可以用来建造专家系统、自然语言理解、智能知识库等。

相比于其他编程语言，Prolog 语言更容易理解，但是编程思路有极大差异。它很适合开发有关人工智能方面的程序，例如专家系统、自然语言理解、定理证明以及许多智力游戏。

本节的示例都将使用基于 Visual Prolog 6.2 的 PIE（智能推理机）。

E.1 Prolog 基础

本节只介绍 Prolog 与其他程序语言（如 C 语言）差异较大的方面。

Prolog 区分大小写，一个**原子**是由一个小写字母开始的字符串（包括英文字母、数字），有些原子是常量，而其他的是谓词。而一个**变量**是由一个大写字母或者下画线"_"开始的字符串。在 Prolog 中，变量和常数不用事先声明。除了原子及变量外，Prolog 也可以处理数字。原子、变量及数字可以置于方括号"[]"内并使用逗号","分隔，形成一个列表。

Prolog 的一段注释以"/*"开始，以"*/"结尾，单行注释使用"%"。

一个 Prolog 程序包含数个短句，每个短句或者是**事实**或者是**规则**，每一个短句以英文句号"."（注意不是分号）结尾。

事实就是前提或已知条件，由谓词和个体词构成，以英文句号结束，形式为

谓词(个体词 1，个体词 2,…).

个体词可以是原子（在这种情况下，这些原子被当成常数）、数字、变量或列表，个体词以逗号分隔。

在一个 Prolog 程序中，有一个事实存在即代表一个语句是真的；无事实存在代表一个语句不是真的。

在 Prolog 解释程序被加载（或被查阅）时，使用者可以提交目标或查询，解释程序就会根据事实和规则给出结果（答案）。

【例 E.1】 事实

有如下命题：

（1）上海是一个现代化的城市。

（2）甲是乙的父亲。

（3）3 比 2 大。

（4）李岚与高翔是同班同学。

4 个命题的 Prolog 语言表示如下：

```
(1) modern_city (shanghai).
(2) father (jia, yi).
(3) bigger (3, 2).
(4) classmates (lilan, gaoxiang).
```

【例 E.2】 事实与询问

在 PIE 中，输入

```
sunny.                              /* 晴天。 */
```

按 F9 键(Reconsult)，选择 Window|Dialog 命令打开对话框，在 Dialog 框中输入 sunny，回车后出现

```
True              /* 响应是 True 是因为事实 sunny 存在 */
1 Solution
```

在 Dialog 框中输入

```
rainy.
```

回车后出现

```
No solutions    /* 有错的结果是因为没有一个叫 rainy 的谓词 */
```

除事实之外，还可以使用规则来定义新的谓词，它的格式为

要定义的谓词:-条件谓词 1，条件谓词 2，…，条件谓词 n.

分隔符 "," 表示合取，";" 表示析取（不常用）。

【例 E.3】 规则

在整数范围内，谓词 bigger(X, Y)表示 X 大于 Y，那么如何利用这个谓词来定义如下的谓词？

（1）max(X, Y, Z)表示 X 大于 Y 和 Z。

（2）min(X, Y, Z)表示 X 小于 Y 和 Z。

（3）middle(X, Y, Z)表示 X 位于 Y 和 Z 之间。

解. 可定义谓词如下：

```
(1) max(X, Y, Z):- bigger(X, Y), bigger(X, Z).
(2) min(X, Y, Z):- bigger(Y, X), bigger(Z, X).
```

（3）X 位于 Y 和 Z 之间可能有两种情况，一是 bigger(X, Y)且 bigger(Z, X)，二是 bigger(Y, X)且 bigger(X, Z)。在新谓词有多种情况时，Prolog 允许多次定义同一个名字的谓词。

因此可定义谓词如下：

```
middle(X, Y, Z):- bigger(X, Y), bigger(Z, X).
middle(X, Y, Z):- bigger(Y, X), bigger(X, Z).
```

在 PIE 中的代码及结果如下：

```
bigger(3, 2).
bigger(5, 2).
bigger(5, 3).
middle(X, Y, Z) :- bigger(X, Y), bigger(Z, X).
middle(X, Y, Z) :- bigger(Y, X), bigger(X, Z).
```

按 F9 键后在 Dialog 框中输入

```
middle(3, 2, 5).
```

回车后出现

True
1 Solution.

表示数 3 位于 2 和 5 之间是成立的。

【例 E.4】 规则与查询

在 PIE 中，输入

```
father(jack, susan).                          /* 事实 1 */
father(jack, ray).                            /* 事实 2 */
father(david, liza).                          /* 事实 3 */
father(david, john).                          /* 事实 4 */
father(john, peter).                          /* 事实 5 */
father(john, mary).                           /* 事实 6 */
mother(karen, susan).                         /* 事实 7 */
mother(karen, ray).                           /* 事实 8 */
mother(amy, liza).                            /* 事实 9 */
mother(amy, john).                            /* 事实 10 */
mother(susan, peter).                         /* 事实 11 */
mother(susan, mary).                          /* 事实 12 */
parent(X, Y) :- father(X, Y).                 /* 规则 1 */
parent(X, Y) :- mother(X, Y).                 /* 规则 2 */
grandfather(X, Y):- father(X, Z), parent(Z, Y).  /* 规则 3 */
```

```
grandmother(X, Y) :- mother(X, Z), parent(Z, Y).     /* 规则 4 */
yeye(X, Y) :- father(X, Z), father(Z, Y).            /* 规则 6 */
popo(X, Y) :- mother(X, Z), mother(Z, Y).            /* 规则 9 */
```

按 F9 键在 Dialog 框中进行查询：

```
mother(susan,mary).
True
1 Solution                    /* 事实 12 */
father(john,susan).
No solutions                  /* 这不能被推断出来 */
parent(susan, mary).
True
1 Solution
```

说明：这个目标要证明"Susan 是 Mary 的一个家长"。从事实 12 和规则 2 得知，这个目标是真的。

```
parent(ray, peter).
No solutions
```

说明：这个目标要证明"Ray 是 Peter 的一个家长"。没有事实和规则支持。

```
yeye(X, susan).
No solutions
```

说明：这个查询问谁是 Susan 的"yeye"。由于不能从程序中找到解，因此 Prolog 解释程序回传 no。

```
popo(karen, X).
X= peter
X= mary
2 Solutions
```

说明：这个查询问谁称呼 Karen 为"popo"。从程序得知 Peter 和 Mary 都是解，因此 Prolog 解释程序会显示这两个答案。

```
yeye(X, Y).
X= david, Y= peter
X= david, Y= mary
2 Solutions
```

说明：这个查询问"X 是 Y 的'yeye'，X 和 Y 是谁？"从程序得知，X 是 David，而 Y 可以是 Peter 或 Mary。所以 Prolog 解释程序会回传两组结果。

除了自定义的谓词外，Prolog 也提供了一些常用的内置谓词：

（a）算术谓词（算术运算符）：+、-、*、/（这些运算符只作用于数字和变量）。

（b）比较谓词（比较运算符）：

<（小于）——只作用于数字及变量。

>（大于）——只作用于数字及变量。

=<（小于或等于）——只作用于数字及变量。

>=（大于或等于）——只作用于数字及变量。

is——两个操作数有相同的值。

= ——两个操作数完全一样。

=\= ——两个操作数没有相同的值。

以上的内置谓词有两个变元，一个在左面，另一个在右面（和其他的程序设计语言类似）。

【例 E.5】 "is" 和 "=" 的区别

在 PIE 中，输入：

```
4=4.
```
True

1 Solution

说明：很明显。

```
4 is 4.
```
True

1 Solution

说明：很明显。

```
4=1+3.
```
No solutions

说明：答案是 no，因为 "=" 左面（4）和右面（1+3）形式不同。

```
4 is 1+3.
```
True

1 Solution

说明："is" 左面的值和右面的值相等。

列表是 Prolog 中的一种特有的数据结构，如[1, 2, 3, 4]就指定了 Prolog 中的一个列表。Prolog 提供了两种特别的列表操作：

（a）Prolog 提供了把表头项以及表头项以外的列表分离的方法。

（b）Prolog 强大的递归功能可以方便地访问除去表头项后的列表。

列表的基本形式如下：[X|Y]。使用此列表可以与任意的列表匹配，匹配成功后，X 绑定为列表的第一个元素的值(表头)，而 Y 则绑定为剩下的列表(表尾)。

【例 E.6】 列表操作——删除列表中一个给定元素

在 PIE 中，输入

```
delete(A, [A|X], X).
delete(A, [B|X], [B|Y]):-delete(A, X, Y).
```

按 F9 键后在 Dialog 框中输入

```
delete(2, [1, 2, 3, 4], X).
```

回车后出现

```
X= [1,3,4]
1 Solution
delete(A, [1, 2、3, 4], X);
A= 1, X= [2,3,4]
A= 2, X= [1,3,4]
A= 3, X= [1,2,4]
A= 4, X= [1,2,3]
4 Solutions
delete(C, [l, 2, 3, 4], [1, 2, 4]);
C= 3
1 Solution
delete(D, [1, 2, 3, 4], [1, 2, 5]);
No solutions
delete(1, E, [2, 3, 4]).
E= [1,2,3,4]
E= [2,1,3,4]
E= [2,3,1,4]
E= [2,3,4,1]
4 Solutions
middle(3, 2, 5).
True
1 Solution.
```

delete/3(斜线前为谓词名字，斜线后的数字表示参数数量)这个谓词的第一个规则是 delete(A, [A|X], X)，这是一个边界条件，当元素 A 是列表 B 的表头时，列表 X 就是列表 B 的表尾。第二个规则定义了递归条件，如果元素 A 不是列表的表头，那么就递归调用 delete/3，在表尾列表中除去 A。

【例 E.7】列表操作——将列表第一个数值递增 1

在 PIE 中，输入

```
a(A1, [A | B]) :- A1 is A + 1.   %表示将列表第一个数值递增1
```

按 F9 键后在 Dialog 框中输入

```
a(X,[2,3,4])
X= 3
1 Solution
```

E.2 典型逻辑问题

【例 E.8】 字谜

在图 E.1 中白色的方格(带有 L*标识的方格)里填上英文单词，可供选择的单词有 dog、run、top、five、four、lost、mess、unit、baker、forum、green、super、prolog、vanish、wonder、yellow。

L1	L2	L3	L4	L5	
L6		L7		L8	
L9	L10	L11	L12	L13	L14
L15				L16	

图 E.1 例 E.8 用图

解. 完整的程序代码如下：

```
word(d,o,g).
word(r,u,n).
word(t,o,p).
word(f,i,v,e).
word(f,o,u,r).
word(l,o,s,t).
word(m,e,s,s).
word(u,n,i,t).
word(b,a,k,e,r).
word(f,o,r,u,m).
word(g,r,e,e,n).
word(s,u,p,e,r).
word(p,r,o,l,o,g).
word(v,a,n,i,s,h).
word(w,o,n,d,e,r).
word(y,e,l,l,o,w).
solution(L1,L2,L3,L4,L5,L6,L7,L8,L9,L10,L11,L12,L13,L14,L15,L16):-
    word(L1,L2,L3,L4,L5),
    word(L9,L10,L11,L12,L13,L14),
    word(L1,L6,L9,L15),
    word(L3,L7,L11),
    word(L5,L8,L13,L16).
```

按 F9 键后在 Dialog 框中输入

```
solution(L1,L2,L3,L4,L5,L6,L7,L8,L9,L10,L11,L12,L13,L14,L15,L16)
```

回车后出现

L1= f, L2= o, L3= r, L4= u, L5= m, L6= i, L7= u, L8= e, L9= v, L10= a, L11=

n, L12= i, L13= s, L14= h, L15= e, L16= s
1 Solution

【例 E.9】 汉诺塔问题

分析. 如果只有一个盘子，直接移过去就行了，这是递归的边界条件。

如果要移动 n 个盘子，就要分 3 步走：

（1）把 $n-1$ 个盘子移动到 B 柱上(把 C 柱作为临时存放盘子的位置)。

（2）把最后一个盘子直接移到 C 柱上。

（3）最后把 B 柱上的盘子移到 C 柱上(把 A 柱作为临时存放盘子的位置)。

上面第（1）、（3）步用到了递归。通过递归把 n 个盘子的问题变成了两个 $n-1$ 个盘子的问题。如此下去，最后变成了 1 个盘子的问题了，这也就是说问题被解决了。

解. 完整的程序代码如下：

```
hanoi(N):-move(N, left, middle, right).
move(1, A, _, C):-inform(A, C),!.
move(N, A, B, C):-
N1 is N-1,                   %注意这里的赋值
move(N1, A, C, B),
inform(A, B),
move(N1, B, A, C).
inform(Loc1, Loc2):-
write("Move a disk from ", Loc1, " to ", Loc2),nl.
```

按 F9 键后在 Dialog 框中输入

```
hanoi(4)
```

回车后出现

```
Move a disk from left to middle
Move a disk from left to middle
Move a disk from middle to right
Move a disk from left to right
Move a disk from right to left
Move a disk from right to left
Move a disk from left to middle
Move a disk from left to middle
Move a disk from middle to right
Move a disk from middle to right
Move a disk from right to left
Move a disk from middle to left
Move a disk from left to middle
Move a disk from left to middle
Move a disk from middle to right
True
1 Solution
```

主程序为 hanoi/1，它的参数为盘子的数目。它调用递归谓词 move 来完成任务。3 个柱子的名字分别为 left、middle 和 right。

第一个 move/4 子句是边界情况，即只有一个盘子时，直接调用 inform/2 显示移动盘子的方法。后面使用"!"表示停止搜索，这是因为：如果只有一个盘子，就是边界条件，无须再对第二条子句进行匹配了。

第二个 move/4 子句为递归调用，首先把盘子数目减少一个，再递归调用 move/4，把 *n*–l 个盘子从 A 柱通过 C 柱移到 B 柱，再把 A 柱上的最后一个盘子直接从 A 柱移到 C 柱上，最后再递归调用 move/4，把 B 柱上的 *n*–l 个盘子通过 A 柱移到 C 柱上。这里的柱子都是使用变量来代表的，A、B、C 柱可以是 1eft、middle、right 中的任何一个，这是在移动的过程中决定的。

inform/2 把移动过程通过 write 谓词写出。write 类似 C 语言中的 printf 语句。

move 子句中的 "_" 表示任意变量。

【例 E.10】　全排列问题

分析. permutation/2 采用递归编写。它的第一个规则是边界条件，表示空表的全排列是空表。第二个规则定义递归，首先使用 delete/3 把表 Y 分解成元素 A 和 Y1，再对 Y1 进行全排列。因此全排列的思路就是把列表的每个元素作为新列表的头，而把除去某个元素后剩下的列表全排列后作为新列表的尾部。

解. 完整的程序代码如下：

```
delete(A, [A|X], X).
delete(A, [B|X], [B|Y]):-delete(A, X, Y).
permutation([], []).
permutation([A|X], Y):-delete(A, Y, Y1), permutation(X, Y1).
```

按 F9 键后在 Dialog 框中输入

```
permutation(X, [1, 2, 3, 4]).
```

回车后出现

```
X= [1,2,3,4]
X= [1,2,4,3]
X= [1,3,2,4]
X= [1,3,4,2]
X= [1,4,2,3]
X= [1,4,3,2]
X= [2,1,3,4]
X= [2,1,4,3]
X= [2,3,1,4]
X= [2,3,4,1]
X= [2,4,1,3]
X= [2,4,3,1]
X= [3,1,2,4]
```

```
X= [3,1,4,2]
X= [3,2,1,4]
X= [3,2,4,1]
X= [3,4,1,2]
X= [3,4,2,1]
X= [4,1,2,3]
X= [4,1,3,2]
X= [4,2,1,3]
X= [4,2,3,1]
X= [4,3,1,2]
X= [4,3,2,1]
24 Solutions
```

参 考 文 献

[1] Kolman B, Busby R, Ross S C. Discrete Mathematical Structures(影印版)[M]. 6 版. 北京: 高等教育出版社, 2010.

[2] Rosen K H. Discrete Mathematics and Its Applications(影印版) [M]. 7 版. 北京: 机械工业出版社, 2012.

[3] Lovasz L, Pelikan J, Vesztergi K. Discrete Mathematics(影印版) [M]. 北京: 清华大学出版社, 2006.

[4] Dossey J A, Otto A D, Charles L E S, et al. Discrete Mathematics(影印版) [M]. 5 版 北京: 机械工业出版社, 2006.

[5] Johnsonbaugh R. Discrete Mathematics(影印版) [M]. 7 版 北京: 电子工业出版社, 2009.

[6] 屈婉玲, 耿素云, 张立昂. 离散数学[M]. 北京: 高等教育出版社, 2008.

[7] 左孝凌, 李为鉴, 刘永才. 离散数学[M]. 上海: 上海科学技术文献出版社, 1982.

[8] 马振华. 离散数学导引[M]. 北京: 清华大学出版社, 1993.

[9] 王树禾. 离散数学引论[M]. 合肥: 中国科学技术大学出版社, 2001.

[10] 徐洁磐, 朱怀宏, 宋方敏.离散数学及其在计算机中的应用[M]. 5 版. 北京: 人民邮电出版社, 2008.

[11] 耿素云, 屈婉玲, 王捍贫. 离散数学教程[M]. 北京: 北京大学出版社, 2002.

[12] 王元元, 张桂芸. 离散数学[M]. 2 版. 北京: 机械工业出版社, 2010.

[13] 卢开澄, 卢华明. 组合数学[M]. 3 版. 北京: 清华大学出版社, 2002.

[14] 潘承洞, 潘承彪. 初等数论[M]. 2 版. 北京: 北京大学出版社, 2003.

[15] 柯召, 孙琦. 数论讲义: 上[M]. 2 版. 北京: 高等教育出版社, 2001.

[16] 柯召, 孙琦. 数论讲义: 下[M]. 2 版. 北京: 高等教育出版社, 2003.

[17] 石纯一, 王家廞. 数理逻辑与集合论[M]. 2 版. 北京: 清华大学出版社, 2000.

[18] 戴一奇, 胡冠章, 陈卫. 图论与代数结构[M]. 北京: 清华大学出版社, 1995

[19] 卢开澄, 卢华明. 图论及其应用[M]. 2 版. 北京: 清华大学出版社, 1995.

[20] 姜伯驹. 一笔画和邮递路线问题[M]. 北京: 科学出版社, 2002.

[21] Chartrand G, Zhang P. 图论导引[M]. 范益政, 汪毅, 等译. 北京: 人民邮电出版社, 2007.

[22] Dasgupta S, Papadimitriou C, Vazirani U. 算法概论[M]. 钱枫, 邹恒明, 译. 北京: 机械工业出版社, 2009.

[23] 尤枫, 颜可庆. 离散数学[M]. 2 版. 北京: 机械工业出版社, 2008.

[24] 檀凤琴, 何自强. 离散数学[M]. 北京: 机械工业出版社, 2012.

[25] 蒋宗礼, 姜守旭. 形式语言与自动机理论[M]. 3 版. 北京: 清华大学出版社, 2013.

[26] 陈有祺. 形式语言与自动机[M]. 北京: 机械工业出版社, 2008.

[27] 吴鹤龄. 七巧板、九连环和华容道[M]. 北京: 科学出版社, 2008.